개정판

회로망 합성과 필터 설계

| 최석우·윤창훈·방준호 공저 |

Human Science
휴먼싸이언스

목 차

제 1 장 서 론 ··1

1.1 회로 합성론과 필터 이론의 발달과정 ···1

1.2 필터의 일반적 개념 ··4

    1.2.1 저역통과 필터(Low-pass filter) ···4

    1.2.2 고역통과 필터(High-pass filter) ··5

    1.2.3 대역통과 필터(Band-pass filter) ···6

    1.2.4 대역저지 필터(Band-stop filter) ···7

    1.2.5 전역통과 필터(All-pass filter) ··8

1.3 필터 응용 예시 ···10

제 2 장 회로망 함수 ···13

2.1 회로망 함수의 일반 형태 ··13

2.2 허위쓰 다항식(Hurwitz Polynomial) ··17

2.3 구동점 함수(Driving-Point Function) ···23

2.4 양실함수(Positive Real Function) ··26

2.5 2단자쌍 회로망(Two-Port Network) ··28

    2.5.1 임피던스 파라미터 ··29

    2.5.2 어드미턴스 파라미터 ··33

    2.5.3 전송 파라미터 ··37

    2.5.4 하이브리드 파라미터 ··40

    2.5.5 파라미터 변환 ··41

2.6 전달함수(Transfer Function) ···43

    연 습 문 제 ···45

제 3 장 필터 함수 근사법 ·········· 61

3.1 필터 함수의 크기와 위상 ·········· 61
3.1.1 크기 특성으로 부터 함수 $H(s)$를 구하는 방법 ·········· 64
3.2 저역통과 함수와 크기 특성 ·········· 65
3.3 바터워스 함수(Butterworth Function) ·········· 66
3.4 체비셰프 함수(Chebyshev Function) ·········· 75
3.5 바터워스 함수와 체비셰프 함수의 특성 비교 ·········· 85
3.6 역 체비셰프 함수(Inverse Chebyshev Function) ·········· 89
3.7 체비셰프 함수와 역 체비셰프 함수의 특성 비교 ·········· 95
3.8 타원 필터 함수(Elliptic Filter Function) ·········· 97
3.9 위상 특성 중심의 필터 함수 근사법 ·········· 101
3.10 벳셀-톰슨 함수(Bessel-Thomson Functions) ·········· 102
3.11 전역통과 함수와 위상 등화(Phase Equalization) ·········· 107
3.12 시간 영역에서의 고찰 ·········· 109
3.13 MATLAB을 활용한 함수 시뮬레이션 ·········· 114
연 습 문 제 ·········· 122

제 4 장 회로망 합성의 기초 ·········· 129

4.1 구동점 함수의 합성 ·········· 129
4.1.1 LC 구동점 함수의 성질 ·········· 129
4.1.2 LC 구동점 함수의 합성 ·········· 133
4.1.3 RC 구동점 함수의 성질 ·········· 143
4.1.4 RC 구동점 함수의 합성 ·········· 145

4.2 제자형 회로망과 전송영점 ···152

4.3 전달함수의 합성 : 단종단 회로망 ···································155

    4.3.1 단종단 회로망의 성질과 전달함수 ························156

    4.3.2 전송영점이 무한대나 원점에 있을 때의 합성 ·······163

    4.3.3 전송영점이 $j\omega$축상에 있을 때의 합성 : 영점추이 ···166

    4.3.4 전송영점이 허축상의 유한점에 있을 때의 합성 ···170

4.4 격자형 회로망 ···173

    4.4.1 대칭 격자형 회로망 ··173

    4.4.2 정저항 격자형 회로망 ··176

4.5 전달함수의 합성 : 복종단 회로망 ···································181

    4.5.1 복종단 제자형 회로망의 성질과 전달함수 ···········182

    4.5.2 복종단 제자형 회로망의 합성 : 전극점 함수 ······183

    4.5.3 복종단 제자형 회로망의 합성 : 유리함수 ···········190

    연 습 문 제 ··195

제 5 장 주파수 변환 ···213

5.1 주파수 신축(Frequency Scaling) ···213

5.2 저역통과 → 고역통과 변환 ··214

5.3 저역통과 → 대역통과 변환 ··216

5.4 극점 Q와 극점 주파수 ···220

5.5 저역통과 → 대역저지 변환 ··223

5.6 주파수 변환에 따른 소자 변환 ···227

    연 습 문 제 ··231

제 6 장 수동 필터 회로 — 235

- 6.1 저역통과 필터 — 235
  - 6.1.1 바터워스 필터 — 235
  - 6.1.2 체비셰프 필터 — 241
  - 6.1.3 벳셀-톰슨 필터 — 244
  - 6.1.4 역 체비셰프 필터와 타원 필터 — 247
- 6.2 수동 필터의 해 정규화(Denormalization) — 250
- 6.3 고역통과 필터 — 252
- 6.4 대역통과 필터 — 254
- 6.5 대역저지 필터 — 257
- 6.6 전역통과 회로망 — 258
  - 6.6.1 1차 전역통과 회로망 — 259
  - 6.6.2 2차 전역통과 회로망 — 259
- 6.7 PSpice를 이용한 수동 필터 시뮬레이션 — 260
- 연 습 문 제 — 266

제 7 장 능동 RC 필터 회로 I — 273

- 7.1 능동 소자 — 273
  - 7.1.1 이상적 연산 증폭기 — 274
- 7.2 유한이득 증폭기(Finite-gain Amplifiers) — 275
- 7.3 유한이득 증폭기의 역할 — 276
- 7.4 저역통과 필터 — 280
- 7.5 고역통과 필터 — 285
- 7.6 대역통과 필터 — 289

7.7 대역저지 필터 ··292

7.8 고차 필터(Higher-order Filters) ···295

7.9 PSpice를 이용한 능동 RC 필터 시뮬레이션 ··300

연 습 문 제 ···305

제 8 장 능동 RC 필터 회로 II ···311

8.1 무한이득 증폭기를 이용한 필터 회로의 분석 ··311

8.2 저역통과 필터 ···313

8.3 고역통과 필터 ···315

8.4 대역통과 필터 ···317

8.5 대역저지 필터 ···320

8.6 전역통과 필터 ···322

8.7 고차 필터 ··324

8.8 직접모의법(Direct Simulation) ··328

   8.8.1 일반 임피던스 전환기 ··328

   8.8.2 저역통과 필터 : FDNR 이용 ··330

8.9 간접모의법(Indirect Simulation) ··333

   8.9.1 개구리 도약형 선도(Leapfrog Diagram) ···333

   8.9.2 저역통과 필터 : 개구리 도약형 이용 ··336

8.10 PSpice를 이용한 능동 RC 필터 시뮬레이션 ··341

연 습 문 제 ···346

제 9 장 기타 능동 필터와 스위치드 커패시터 필터 ···353

9.1 OTA(Operational Transconductance Amplifier) 필터 ··353

   9.1.1 OTA의 성질 ··353

9.1.2 필터 구성 요소 ··354

9.1.3 OTA 2차 필터 ··357

9.1.4 OTA 고차 필터 ··360

9.2 DDA(Differential Difference Amplifier) 필터 ··362

9.2.1 DDA ··362

9.2.2 DDA를 이용한 응용 회로 ··364

9.2.3 DDA 차동 적분기 ··365

9.3 스위치드 커패시터 필터 ··369

9.3.1 저항 모의 ··369

9.3.2 스위치드 커패시터(SC) 필터의 주요 구성 요소 ··372

연 습 문 제 ··380

제 10 장 회로망의 감도 ··385

10.1 감도의 정의와 관계식 ··385

10.2 함수 감도와 크기 감도 ··387

10.3 근의 감도 ··389

10.4 ω_0의 감도와 Q의 감도 ··395

연 습 문 제 ··400

부 록 ··· 405

    A. 바터워스 함수표 ·· 407

    B. 체비셰프 함수표 ·· 408

    C. 역 체비셰프 함수표 ··· 413

    D. 타원 필터 함수표 ·· 428

    E. 벳셀-톰슨 함수표 ·· 443

참 고 문 헌 ·· 445

제 1 장 서 론

1.1 회로 합성론과 필터 이론의 발달 과정

전기 회로망 합성론(Network synthesis)이 독립된 학문 체계로 발전하기 시작한 것은 1930년 전후로 그 역사가 짧다. 회로망 합성론은 필터 설계와 신호처리에 필요하여 탄생한 학문으로 RLC 회로망 이론을 기초로 시작되었는데 크게 2가지 절차를 밟는다. 설계 명세 조건(Design specification)이 주어질 때 근사법(Approximation)을 사용하여 회로망 함수를 얻는 것과 그 함수를 실현(Realization)하는 절차이다. 그런데 이 과정에서 해법이 유일하지 않다는 점이 흥미를 유발시킨다.

회로망 함수를 합성할 때에는 크기, 가격, 무게, 그리고 수명 등을 고려해야 하므로 무엇을 제일 우선적으로 취급하여 가장 적합한 회로를 만들 것인가 하는 최적화(Optimization) 문제가 수반된다. 이렇게 경제성, 실현성 등을 참작해야 하기 때문에 회로망 합성은 원래 수학과 물리학을 많이 이용하지만 자연 과학이라기 보다 오히려 공학에 속한다.

1924년 미국 Bell 전화 회사의 연구원인 R. M. Foster가 발표한 "A reactance theorem"이라는 논문은 회로망 합성을 수학적으로 다룬 최초의 논문으로 볼 수 있다. 그후 2년 후에 독일의 W. A. Cauer는 필터를 합성하는 과학적인 방법을 논문으로 발표하였다. 이들 Foster나 Cauer가 제시한 방법들은 수동 제자형 회로망(Passive ladder network)을 설계할 수 있으므로 필터 합성에 아주 적합하다. 그후에도 많은 논문들을 통하여 1920~1940년대에 회로망 합성의 이론적 기반이 이루어졌다.

필터 합성은 초기에 수동 RLC 회로가 주로 사용되었지만 1930년대에 이미 진공관을 사용하여 능동 필터를 만들 수 있는 가능성이 있었다.

1950년대는 수동 필터로부터 능동 RC 필터로의 전환이 이루어진 시대이다. 종래 사용된 인덕터는 공간을 많이 차지하고 무거우며 비경제적이라는 점외에도 쉽게 포화되기 때문에 매우 불편한 소자였다. 따라서 인덕터를 능동 소자로 대치하면 크기를 줄일 수 있고, 가격도 내릴 수 있다는 가능성 때문에 많은 회로 연구가들의 관심이었다.

1960년대 중반에 들어서서 비교적 값싼 연산 증폭기(Operational amplifier)가 나오기 시작하면서 능동 RC 필터를 실험실에서 만들게 되었고, 집적회로 기술이 원숙해진 1970

년대 초반부터는 경제적인 상용 제품이 등장하였다. 특히 연산 증폭기를 사용함으로서 수동 *RLC* 회로로 불가능하였던 증폭 기능도 가능하게 되었다.

 크기와 경제적인 면에서 유리한 능동 필터는 필터의 특성을 좌우하는 중요한 변수인 감도(Sensitivity)가 높아 소자의 값이 주위의 온도나 습기 등에 영향을 많이 받는다는 단점을 갖는다. 이러한 능동 *RC* 필터의 단점을 해결하기 위하여 낮은 감도를 갖도록 개선된 능동 회로들이 개발되었고, 1970년대에 여러 가지 장점을 지닌 수동 제자형 회로망을 능동 필터로 모의하는 방법이 출현했다.
 직접모의법을 위해서는 GIC(Generalized Impedance Converter)나 FDNR(Frequency Dependent Negative Resistor)등이 이용되었고, 간접모의법에서는 개구리 도약형(Leap-frog)의 블록 선도를 그린 후에 적분기등으로 각 블록을 실현한다.

 최근에는 전압제어 전압원(Voltage Controlled Voltage Source : VCVS) 형태의 연산 증폭기보다 대역폭이 더 넓고 또한 하나의 칩(Chip)안에 디지털 회로와 함께 완전 집적화할 수 있는 전압제어 전류원(Voltage Controlled Current Source : VCCS) 형태의 연산 트랜스컨덕턴스 증폭기(Operational Transconductance Amplifier : OTA)를 이용한 필터 설계법과 외부 소자간의 정합(Matching)이 필요치 않는 형태로 응용 회로를 설계할 수 있는 DDA(Differential Difference Amplifier)를 이용한 필터 등이 활발히 연구되고 있다.

 이상에서 언급한 수동 필터와 능동 필터는 각기 용도가 다르고, 장단점이 있다. 여기서 두 가지 형태의 필터를 비교해 보자.

(1) 능동 필터는 그 유용 주파수 범위가 $0 < f <$ 수십 MHz 정도이므로 음성 주파수 (Voice frequency : $f < 4$ kHz)와 가청 주파수(Audio frequency : $f < 30$ kHz)의 신호 처리에 유용하다. 능동 필터의 유용 주파수의 제한은 연산 증폭기의 이득 대역폭(Gain bandwidth) 곱이 한정되어 있기 때문이다. 그런데 유용 주파수의 범위를 넓히기 위해서 최근에는 연산 증폭기보다 훨씬 넓은 대역폭을 갖는 OTA 필터가 활용되고 있다.

  수동 필터는 주파수 범위가 GHz 단위까지 확장된다. 능동 필터는 유용 주파수 범위를 벗어나면 능동 소자의 동작이 불안정함으로 인덕터를 사용하는 수동 필터가 필터 특성도 우수하고 경제적이다.

(2) 능동 필터에서는 능동 소자를 동작시키기 위한 전원이 따로 필요하나 수동 필터에서는 필요하지 않다.

(3) 능동 필터는 증폭이 가능하지만 수동 필터는 불가능하다.

(4) 능동 필터는 집적회로(IC)로 제작되어 대량생산이 가능하고, 수동 필터보다 작다.

(5) 능동 필터는 수동 필터에 비하여 소자값 변동에 따른 감도가 일반적으로 높다.

또한 능동 필터는 최근 집적회로의 발달로 각종 증폭기와 함께 집적화할 수 있으나 저항을 MOS 트랜지스터로 모의하는 과정에서 정확한 저항값을 얻을 수 없다. 그러나 저항을 MOS 스위치와 커패시터로 정확히 모의할 수 있는 스위치드 커패시터 필터(Switched Capacitor Filter : SCF)는 정확한 필터 특성을 얻을 수는 있지만 스위칭 소자 등에서 발생하는 잡음을 제거하기 위한 회로가 필요하여 회로가 복잡해지는 단점이 있다.

그리고 지연 소자, 곱셈기 및 덧셈기 들로 구성된 디지털 필터는 완전 집적화가 가능하고, 가장 정확한 필터 특성을 얻을 수 있다. 그러나 디지털 필터는 이산 신호(Discrete-time signal) 형태인 디지털 신호처리 시스템이므로 인간의 음성과 같은 아날로그 신호를 처리하기 위해서는 **그림 1.1**과 같은 A/D 변환기(Analog-to-Digital converter)와 D/A 변환기(Digital-to-Analog converter) 등이 필요로 하여 칩의 면적이 커진다.

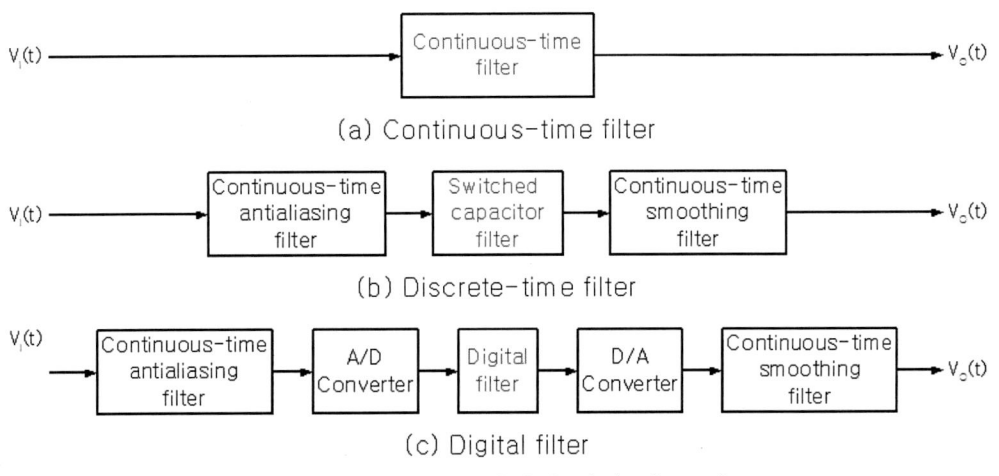

그림 1.1 아날로그, 디지털 필터 블록 선도

1.2 필터의 일반적 개념

필터는 회로망 합성의 한 분야로 광범위한 주파수 대역에서 필요한 신호 성분만 통과시키고 그 이외의 주파수는 저지, 감쇠시키거나 방해가 되는 신호를 제거하는 특성을 갖는다. 이러한 필터의 기능은 매우 다양하여 현대의 전기, 전자 기기는 거의 모두가 어떠한 종류의 필터를 적어도 한 두개씩은 포함하고 있다. 필터는 주파수 선택 기능에 따라 저역통과 필터, 고역통과 필터, 대역통과 필터, 대역저지 필터로 분류하고 신호 성분 중에서 진폭의 크기에 중점을 두지만, 전역통과 필터는 신호의 위상(phase) 또는 전송 시간만 변화시키고 크기에는 영향을 주지 않는다. 이중 주파수 선택 기능을 갖는 필터 중에서 저역통과 필터는 간단한 주파수 변환을 통하여 다른 필터로 변환할 수 있어 필터 설계에 기본이 된다.

필터의 진폭 크기 특성에서 신호가 통과되는 범위를 통과역(Passband), 저지되는 범위를 저지역(Stopband)이라 한다. 이상적인 저역통과 필터는 통과역에서 손실(Loss)이 없고 저지역에서는 무한대의 손실을 갖지만, 실제로는 실현할 수 없으므로 필터 함수에 의한 근사법으로 설계한다. 일반적으로 필터 합성에서 설계 명세조건은 주파수에 관한 진폭의 크기 특성으로 주어지는데, 이러한 특성에 일치하는 필터 함수를 이용하여 합성할 수 있다.

1.2.1 저역통과 필터(Low-pass filter)

저역통과 필터 특성은 그림 1.2와 같이 비교적 낮은 주파수의 신호는 통과시키고 높은 주파수의 신호는 저지한다.

(a) 이상 특성　　　　　　　　(b) 실제 특성
그림 1.2　저역통과 필터

통과역내에서 제일 높은 주파수 ω_c를 차단 주파수(Cutoff frequency)라 한다. **그림 1.2**(*a*)는 이상적인 특성이고, **그림 1.2**(*b*)는 실제로 근사법을 이용하여 얻을 수 있는 특성의 예이다.

그림 1.2(*b*)의 곡선은 단조롭게 그려졌으나 근사법에 따라서는 통과역에서 최대 평탄(Maximally flat) 특성을 갖거나 등파상(Equal ripple) 특성을 갖는다. 또한 저지역에만 등파상이 생기도록 하거나 통과역과 저지역 모두에서 등파상이 생기도록 하는 근사법도 있다.

일반적으로 회로 해석을 통해 회로망 함수를 구하면 필터의 특성을 판별할 수 있다. 전극점 함수(All-pole function)인 경우, 2차 저역통과 필터 함수는 식(1.1)과 같이 분자항에 상수항을 갖는다.

$$H(s) = \frac{K}{s^2 + as + b} \tag{1.1}$$

1.2.2 고역통과 필터(High-pass filter)

비교적 낮은 주파수를 갖는 신호는 저지하고 높은 주파수의 신호를 통과시키는 필터를 고역통과 필터라 한다. 그 특성은 **그림 1.3**과 같다. 저역통과 필터와는 달리 통과역내에서 가장 낮은 주파수 ω_c를 차단 주파수라 한다.

그림 1.3(*a*)는 이상적인 특성이고, **그림** 1.3(*b*)는 실제로 근사법을 이용하여 얻을 수 있는 특성의 예이다. 저역통과의 경우와 같이 근사법에 따라서 통과역이나 저지역을 최대 평탄이나 등파상으로 할 수 있다. 고역통과 필터 특성과 저역통과 필터 특성은 서로 역관계를 갖는다.

(*a*) 이상 특성   (*b*) 실제 특성

그림 1.3 고역통과 필터

전극점 함수(All-pole function)인 경우, 2차 고역통과 필터 함수의 분자항의 s 차수는 식 (1.2)와 같이 분모항의 최고 차수와 동일한 2차를 갖는다.

$$H(s) = \frac{Ks^2}{s^2 + as + b} \tag{1.2}$$

1.2.3 대역통과 필터(Band-pass filter)

주파수가 ω_1보다 크고 ω_2보다는 적은 모든 신호를 통과시키고, 그 외의 주파수를 갖는 신호를 저지시키는 필터가 대역통과 필터이다. 그 특성은 그림 1.4와 같다.

(a) 이상 특성   (b) 실제 특성

그림 1.4 대역통과 필터

통과역내에서 제일 낮은 주파수가 ω_1이고, 제일 높은 주파수가 ω_2이다. 그리고 이들의 기하 평균치 $\sqrt{\omega_1 \omega_2} = \omega_0$를 중심 주파수라 한다. 여기서도 최대 평탄이나 등파상이 나타나도록 하는 근사법이 있다. 그림 1.4(a)는 이상적인 특성이고, 그림 1.4(b)는 실질적
인 특성을 대표한다. 대역통과 필터는 저역통과 필터와 더불어 가장 자주 사용하는 필터이다. 전극점 함수(All-pole function)인 경우, 2차 대역통과 필터 함수의 분자항의 s 차수는 식(1.3)과 같이 분모항의 최고 차수의 1/2인 s이다. 즉 분모의 최고 차수가 2차이면 분자의 차수는 1차이고, 분모의 최고 차수가 4차이면 분자의 차수는 2차이다.

$$H(s) = \frac{Ks}{s^2 + as + b} \tag{1.3}$$

1.2.4 대역저지 필터(Band-stop filter)

주파수가 ω_1보다 크고 ω_2보다는 적은 신호는 저지되고 그 외의 주파수를 갖는 모든 신호를 통과시키는 필터가 대역저지 필터이다. 이는 대역통과와 역관계가 있다.

(a) 이상 특성   (b) 실제 특성

그림 1.5 대역저지 필터

그림 1.5(a)는 이상적인 특성이고 그림 1.5(b)는 근사법을 통한 실제적인 특성이다. 여기서도 ω_1과 ω_2의 기하 평균치 $\sqrt{\omega_1 \omega_2} = \omega_0$를 중심 주파수라 한다. 대역저지 필터는 놋치 필터(Notch filter)라고도 부르고 그림 1.6과 같이 크기 특성에 따라 저역통과 놋치, 고역통과 놋치 등으로 구분한다.

(a) 저역통과 놋치   (b) 고역통과 놋치

그림 1.6 놋치 필터

특별한 경우를 제외하고 고역통과 필터 함수, 대역통과 필터 함수, 대역저지 필터 함수는 각각 저역통과 필터 함수로부터 주파수 변환을 통하여 구할 수 있다. 전극점 함수(All-pole function)인 경우, 2차 대역저지 필터 함수의 분자항은 식(1.4)와 같이 분모항의 최고 차수와 상수항의 합의 형태를 갖는다.

$$H(s) = \frac{Ks^2 + c}{s^2 + as + b} \tag{1.4}$$

1.2.5 전역통과 필터(All-pass filter)

지금까지 소개한 4가지 필터는 위상(Phase)과 지연(Delay) 특성을 고려하지 않고, 주로 필터의 크기 특성을 중요시할 때 사용하는 필터이다. 일반적으로 음성 주파수 응용에는 위상이나 지연 특성이 크게 문제되지 않는다. 그러나 영상 신호나 디지털 신호를 전송할 때에는 필터로 인해 일어나는 위상 변화가 시간 영역에서의 영상이나 디지털 신호에 왜곡(Distortion)을 일으킨다.

이 때 위상 변화를 보상하기 위하여 사용하는 것을 지연 등화기(Delay equalizer)라고 한다. 그림 1.7은 2차 전역통과 특성의 예로 진폭 크기는 어떤 주파수에나 일정한데 위상은 주파수에 따라 변화한다. 2차 전역통과 필터 함수는 식(1.5)와 같다.

$$H(s) = \frac{s^2 - as + b}{s^2 + as + b} \tag{1.5}$$

(a) 크기 특성   (b) 위상 특성

그림 1.7 전역통과 필터

앞서 언급한 바와 같이 필터는 광범위한 주파수 대역 중에서 시스템이 필요로 하는 신호만을 선택하는 신호처리 시스템이다. 일반적으로 신호처리 시스템에서 신호가 처리되는 대역폭(Bandwidth)이 중요한 요소이다. 그림 1.8에서는 각종 신호의 대역폭을 나타낸 것으로 음성 신호를 처리하는 시스템의 주파수 대역폭이 가장 낮고 마이크로웨이브(Microwave) 통신이 가장 높은 주파수 대역에서 신호가 처리됨을 알 수 있다.

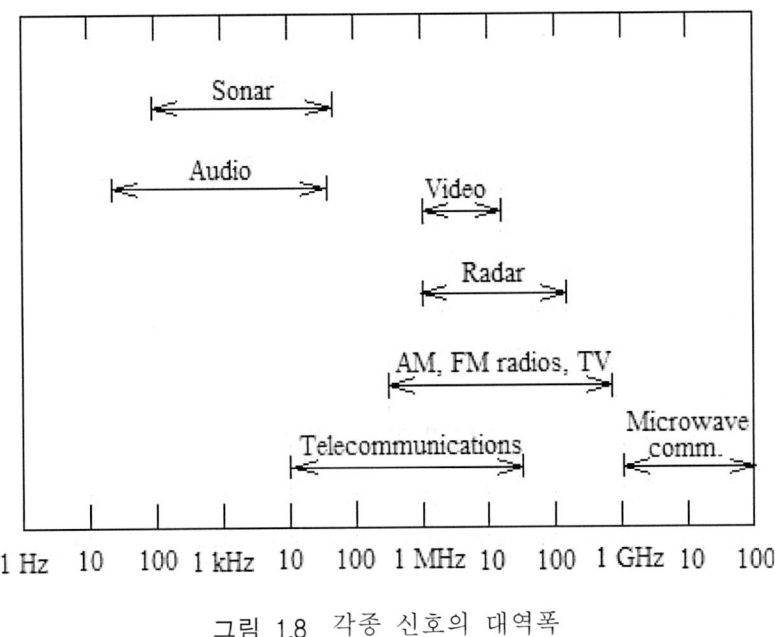

그림 1.8 각종 신호의 대역폭

이와 같은 신호처리 시스템의 고유한 주파수 대역폭 범위에서 신호처리를 위한 다양한 설계법이 개발되고 있다. 그림 1.9는 여러 가지 설계법이 처리할 수 있는 주파수 대역폭을 나타낸 것이다. 여기서 수동 소자를 이용한 아날로그 설계법이 가장 넓은 주파수 대역폭에서 신호를 처리할 수 있다는 특징을 가지고 있다.

그림 1.9에서 신호를 처리할 수 있는 대역폭이 중첩되어 있는 경우는 각각의 설계법이 고유한 특징을 가지므로 설계자가 시스템에 적합한 설계법을 선택해야 한다. 예를 들면 높은 정확도를 필요로 하는 시스템에서는 디지털 설계법이 저가격, 저감도를 요구하는 시스템에서는 아날로그 설계법이 적합하다.

따라서 필터를 설계할 때에는 필터가 처리하는 주파수 대역폭을 결정한 후 그 주파수 처리가 가능한 설계법을 선택해야 한다.

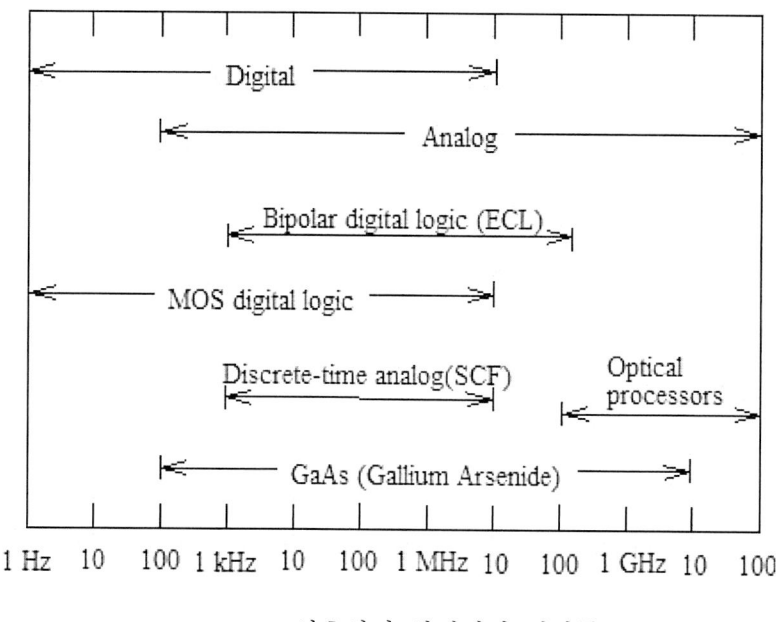

그림 1.9 신호처리 설계법의 대역폭

1.3 필터 응용 예시

필터는 전기, 전자, 통신 시스템 등에서 광범위하게 사용되고 있다. 그림 1.10은 음원의 주파수 대역을 3개 영역으로 분리한 후 출력하는 3-Way 크로스오버(Crossover) 스피커이다. 크로스오버 스피커는 저역통과, 대역통과, 고역통과 필터를 사용하여 서브우퍼(20Hz~80Hz)는 저음, Midrange(80Hz~2kHz)는 중음, Tweeter(2kHz~20kHz)는 고음의 출력을 각각 담당한다.

 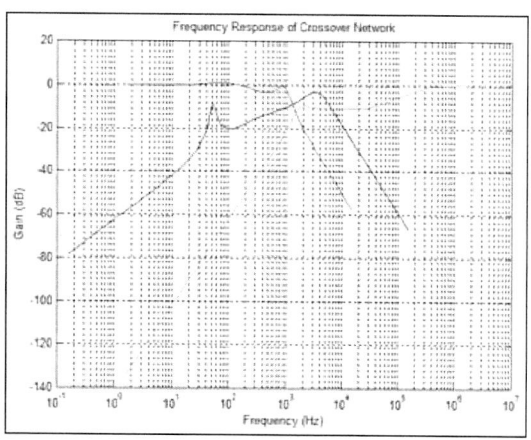

그림 1.10 3-Way 크로스오버 스피커와 주파수 특성

그림 1.11은 2개 이상의 주파수 성분을 포함한 입력 신호를 필터링 한 출력 신호이다. 사용된 필터는 위에서부터 저역통과 필터, 고역통과 필터, 대역통과 필터이다.

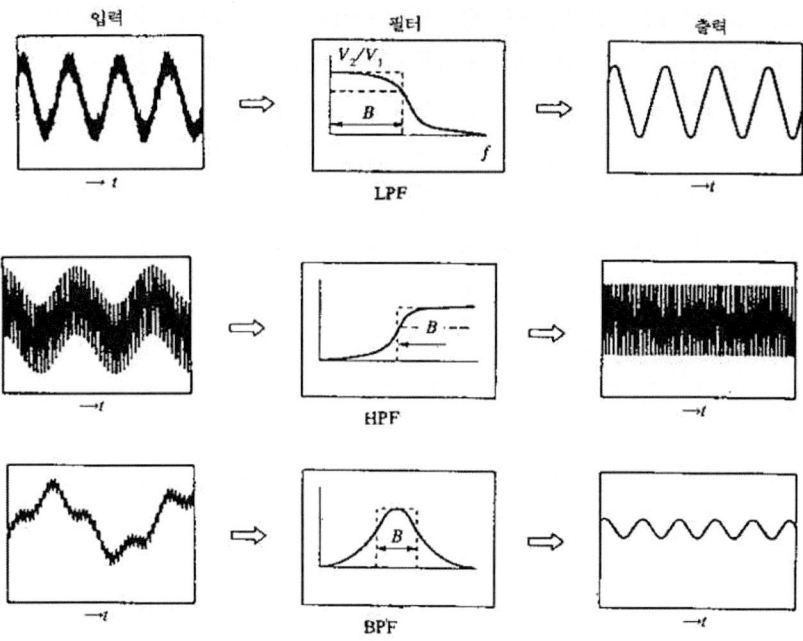

그림 1.11 입력 신호, 필터, 출력 신호

제 2 장 회로망 함수

2.1 회로망 함수의 일반 형태

이 장에서는 회로망 합성에 있어서 가장 중요한 개념인 회로망 함수(Network function)에 관해 살펴본다. 어떤 회로망에 입력 또는 여기(Excitation)로서 $a(t)$가 가해졌을 때 출력 또는 응답(Response) $b(t)$가 발생한다고 하자. 여기서 $a(t)$와 $b(t)$는 각각 전압 또는 전류로서 일반적으로 시간의 함수이다.

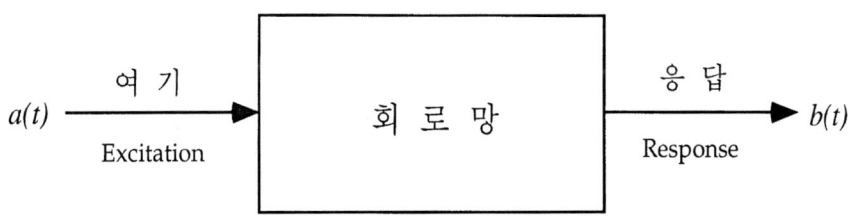

그림 2.1 회로망의 여기(입력)와 응답(출력)

이때에 회로망 함수 $H(s)$는 아래와 같이 정의된다.

$$\text{회로망 함수} = \frac{\mathcal{L}\,[\,\text{정상상태의}\ b(t)\,]}{\mathcal{L}\,[\,\text{정상상태의}\ a(t)\,]} \tag{2.1a}$$

또는

$$H(s) = \frac{B(s)}{A(s)} \tag{2.1b}$$

식(2.1a)에서 $\mathcal{L}$는 라플라스 변환을 뜻하며, 식(2.1b)의 s는 복소주파수(Complex frequency)이다. 정상상태란 과도응답(Transient responses) 성분이 모두 없어진 후의 상태를 말한다. 그림 2.1에서 입력과 출력은 전압이거나 전류일 수 있고 모두 전압 또는 전류가 될 수 있다. 따라서 회로망 함수는 라플라스 변환된 2개의 전기량의 비이므로 각 전기량이 전압인지 전류인지에 따라 임피던스(Impedance), 어드미턴스(Admittance), 전압비(Voltage ratio), 전류비(Current ratio)로 정의된다. 여기에서 전압비와 전류비는 무차원(Dimensionless) 함수이다. 한편 회로망 함수는 응답이 회로망의 입력측에 있는가 출력측에 있는가에 따라서 구동점 함수(Driving-point function)와 전달함수(Transfer function)로 구별된다.

그림 2.2와 같이 전압 $v(t)$가 입력, 전류 $i(t)$가 출력인 직렬 RLC 회로는 단자쌍(Terminal pair)이 한개만 있기 때문에 이런 형태를 갖춘 회로망은 1단자쌍 회로망(One-port network) 또는 2단자 회로망(Two terminal network)이다. $t = 0$일 때 KVL을 적용하여 망 방정식(Mesh equation)을 세우고

$$L\frac{di(t)}{dt} + Ri(t) + \frac{1}{C}\int_0^t i(\tau)\,d\tau + v_c(0) = v(t) \tag{2.2a}$$

양측을 라플라스 변환시켜 주면 다음과 같다.

$$L[sI(s) - i(0)] + RI(s) + \frac{1}{Cs}I(s) + \frac{v_c(0)}{s} = V(s) \tag{2.2b}$$

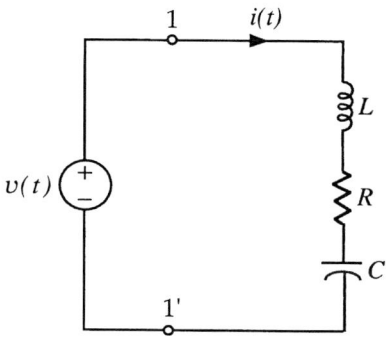

그림 2.2 직렬 RLC 회로 [단위 : Ω, H, F]

초기조건이 0일 때, 즉 인덕터의 초기 전류 $i(0)$와 커패시터의 초기 전압 $v_c(0)$가 모두 0인 상태에서 회로망 함수 $H(s)$는 다음과 같다.

$$H(s) = \frac{I(s)}{V(s)} = Y(s) = \frac{1}{Ls + R + \frac{1}{Cs}} = \frac{Cs}{LCs^2 + RCs + 1} \tag{2.3}$$

식(2.3)에서 회로망 함수 $H(s)$는 전류와 전압의 비로서 그 차원이 어드미턴스인 $Y(s)$로 표시된다. 또한 위 회로에서 입력 전원을 전류로 하고, 단자쌍 1-1'에서 측정한 전압을 응답으로 가정하면 이때의 회로망 함수는 차원이 임피던스인 $Z(s)$이다.

$$H(s) = \frac{V(s)}{I(s)} = Z(s) = Ls + R + \frac{1}{Cs} = \frac{LCs^2 + RCs + 1}{Cs} \tag{2.4}$$

식(2.3)의 어드미턴스나 식(2.4)의 임피던스를 구할 때 두 개의 전기량, 즉 전압과 전류는

모두 같은 단자쌍인 1-1'에서 측정된 것이다. 이러한 회로망 함수를 구동점 함수라 하며 이 때의 임피던스를 구동점 임피던스, 그리고 어드미턴스를 구동점 어드미턴스라 한다. 일반적으로 회로가 복잡해지면 회로망 함수의 차수도 커진다. 특히 인덕터와 커패시터가 들어 있는 회로의 함수는 주파수의 함수이므로, 회로망 속에 포함된 L과 C의 갯수에 비례해서 회로망 함수의 차수도 증가하는 것이 보통이다. 예를 들면 **그림 2.3**과 같이 인덕터 2개와 커패시터 2개로 이루어진 회로의 구동점 함수의 차수는 4차가 된다.

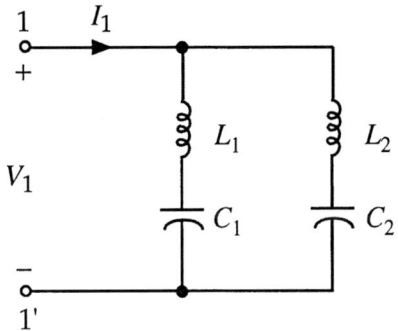

그림 2.3 인덕터 2개와 커패시터 2개로 구성된 회로 [단위 : 오옴(Ω), 헨리(H), 패럿(F)]

그리고 **그림 2.4**와 같이 두개의 단자쌍, 즉 입력 단자쌍(Input port) 1-1'와 출력 단자쌍(Output port) 2-2'를 가진 회로망은 2단자쌍 회로망(Two-port network) 또는 4단자 회로망(Four terminal network)이라 하고 V_1을 여기, V_2를 응답으로 간주하자. 이때 전압비인 V_2/V_1를 구하기 위하여 회로 방정식을 써 보자. 이제부터 전기량 $V(s)$나 $I(s)$를 간단하게 표기하기 위하여 (s)를 생략하기로 한다.

그림 2.4에서 $V_2 = I_2$이므로 회로망 함수를 구하면 다음과 같다.

$$\frac{V_2}{V_1} = \frac{1}{(s+1)(2s^2 + 2s + 2)}$$

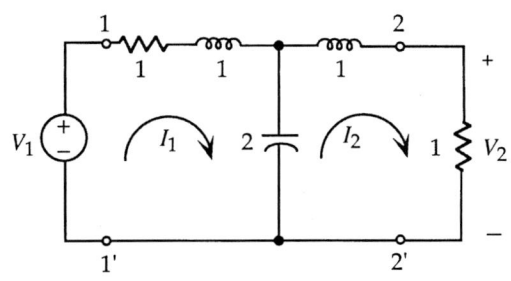

그림 2.4 2단자쌍 회로망의 예 [단위 : Ω, H, F]

즉
$$H(s) = \frac{V_2}{V_1} = \frac{1/2}{s^3 + 2s^2 + 2s + 1}$$

이때 회로망 함수는 입력측 전압 V_1에 대한 출력측 전압 V_2의 전압비이므로 구동점 함수와 구분하기 위하여 전달함수(Transfer function)라 한다. 위의 경우 V_1과 V_2가 모두 전압이기 때문에 V_2 / V_1을 전압 전달함수라 부른다.

이상의 예에서 회로망 함수는 일반적으로 실계수(Real coefficient)를 갖는 유리 함수(Rational function)이다. 이제 n개의 망을 이루고 n개의 단자쌍을 갖는 일반적인 회로망을 생각하여 라플라스 변환된 형태의 회로망 방정식을 세워 보자.

$$\begin{aligned} Z_{11}I_1 + Z_{12}I_2 + \cdots + Z_{1n}I_n &= V_1 \\ Z_{21}I_1 + Z_{22}I_2 + \cdots + Z_{2n}I_n &= V_2 \\ \cdots \\ Z_{n1}I_1 + Z_{n2}I_2 + \cdots + Z_{nn}I_n &= V_n \end{aligned} \qquad (2.5)$$

위에서 I_i는 i번째의 망 전류이고, V_j는 j번째의 전압원이며, 임피던스 Z_{ij}는 i번째 망과 j번째 망에 공통된 지로(Branch)의 임피던스이다. Z_{ij}의 일반형은 다음과 같다.

$$Z_{ij} = L_{ij}s + R_{ij} + \frac{1}{C_{ij}s} \qquad (2.6)$$

식(2.6)에서 L_{ij}, R_{ij}, C_{ij}는 모두 양수이다. 연립 방정식(2.5)를 벡터와 행렬을 이용하여 표시하면 다음과 같이 간단해진다.

$$Z I = V \qquad (2.7)$$

여기에서 $Z = [Z_{ij}]$는 $n \times n$ 행렬로 망 임피던스 행렬, $I = [\, I_1\; I_2\; I_3\; \cdots\; I_n \,]^T$는 망 전류 벡터, $V = [\, V_1\; V_2\; V_3\; \cdots\; V_n \,]^T$는 전압원 벡터이다.

일반적으로 선형 회로망의 입력이 $v_i(t)$이고, 출력이 $v_o(t)$인 경우 식(2.8)과 같은 관계가 있다고 가정하자.

$$a_n \frac{d^n v_o}{dt^n} + a_{n-1} \frac{d^{n-1} v_o}{dt^{n-1}} + \cdots + a_1 \frac{dv_o}{dt} + a_0 v_o$$
$$= b_m \frac{d^m v_i}{dt^m} + b_{m-1} \frac{d^{m-1} v_i}{dt^{m-1}} + \cdots + b_1 \frac{dv_i}{dt} + b_0 v_i \quad (2.8)$$

모든 초기 조건이 0이라 하고 위 방정식을 라플라스 변환하면

$$(a_n s^n + a_{n-1} s^{n-1} + \cdots + a_1 s + a_0) V_o(s)$$
$$= (b_m s^m + b_{m-1} s^{m-1} + \cdots + b_1 s + b_0) V_i(s) \quad (2.9)$$

식(2.9)와 같이 변환되고 입력 전압에 대한 출력 전압의 회로망 함수는 모두 실계수를 갖는 유리 함수로 식(2.10)과 같은 형태를 갖는다.

$$H(s) = \frac{B(s)}{A(s)} = \frac{b_m s^m + b_{m-1} s^{m-1} + \cdots + b_1 s + b_0}{a_n s^n + a_{n-1} s^{n-1} + \cdots + a_1 s + a_0} \quad (2.10)$$

또는

$$H(s) = \frac{b_m (s-z_1)(s-z_2) \cdots (s-z_m)}{a_n (s-p_1)(s-p_2) \cdots (s-p_n)} \quad (2.11)$$

여기서 $A(s)$와 $B(s)$는 각각 다항식이다. 이 경우 $z_1, z_2, \cdots, z_m$을 식(2.10)에 대입하면 회로망 함수가 0이 되기 때문에 영점(zero)이라 하고, $p_1, p_2, \cdots, p_n$을 대입하면 회로망 함수가 무한대로 되기 때문에 극점(pole)이라 한다.

2.2 허위쓰 다항식(Hurwitz Polynomial)

회로망 또는 필터를 설계할 때 우리는 흔히 다항식을 이용하게 되는데 이때 다항식 근의 대략적인 위치를 복소평면 상에서 알아내는 것은 대단히 편리한 일이다. 이 절에서는 일반 다항식을 $P(s)$로 표기한다.

다항식 $P(s)$중에서 모든 근이 복소평면의 좌반면에 존재하고 허축, 즉 $j\omega$축상에는 근을 갖지 않는 다항식이 허위쓰 다항식(Strictly Hurwitz polynomial)이다. 하지만 다항식 $P(s)$중에서 $j\omega$축상에 단일 근을 갖고 나머지 모든 근들이 복소평면의 좌반면에 위치하는 다항식을 광의의 허위쓰 다항식(Modified Hurwitz polynomial)이라 부른다. 특수한 경우로는 모든 근이 단일근으로서 $j\omega$축상에 위치할 때도 있다. 그리고 1개 이상의 근이 복소평면의 우반면에 존재하는 경우는 비허위쓰 다항식(Non Hurwitz polynomial)이다.

<예제 2.1> $P(s) = s^4 + 4s^3 + 7s^2 + 8s + 4 = (s+1)(s+2)(s^2+s+2)$

풀이 : 다항식 $P(s)$의 근이 아래 그림의 ○표로 표시된 바와 같이 모두 좌반면에 위치하므로 $P(s)$는 허위쓰 다항식이다.

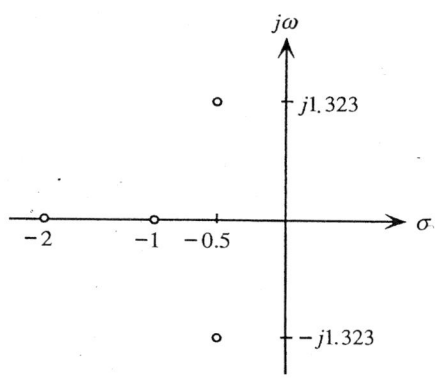

<예제 2.2> $P(s) = s^5 + 2s^4 + 3s^3 + 3s^2 + 2s + 1 = (s+1)(s^2+1)(s^2+s+1)$

풀이 : 다항식 $P(s)$의 근중에서 3개가 좌반면에 위치하고 $j\omega$축상에도 단일근이 존재하므로 광의의 허위쓰 다항식이다.

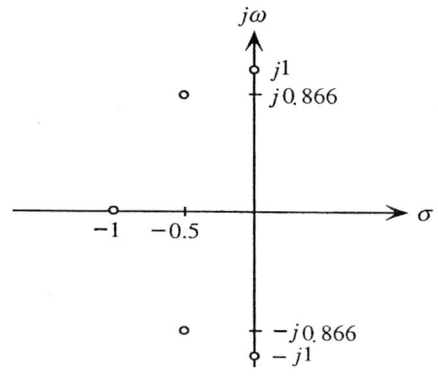

<예제 2.3> $P(s) = 2s^5 + 4s^4 + 3s^3 + 2s^2 + 4s + 3$
$= (s+1)(s^2-s+1)(2s^2+4s+3)$

풀이 : 다항식 $P(s)$의 5개 근중에서 2개가 우반면에 존재하므로 $P(s)$는 비허위쓰 다항식이다.

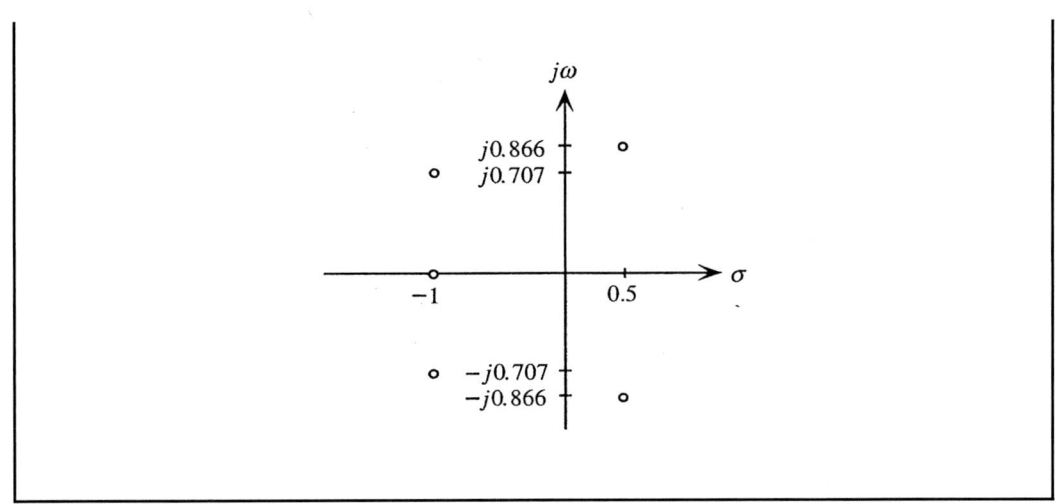

위의 예에서는 다항식의 근의 위치를 미리 알았기 때문에, 허위쓰 다항식인지의 여부를 바로 식별할 수가 있었다. 그러나 주어진 다항식의 정확한 근의 위치를 모두 찾아내기 위해서는 상당한 시간과 노력을 필요로 한다.

그런데 시스템을 분석하거나 설계할 때에 안정성 또는 실현성을 먼저 살펴보아야 할 경우가 흔히 있다. 그때는 물론 근의 위치를 자세히 알 필요는 없고 다만 그 다항식이 허위쓰 다항식인지 아닌지만 판별하면 된다. 이러한 판별을 손쉽고 빨리하기 위해 고안된 방법으로서 허위쓰 판별법(Hurwitz test)이 있다.

허위쓰 판별법

(1) n차의 다항식 $P(s)$를 우수부(Even part) $M(s)$와 기수부(Odd part) $N(s)$의 합으로 나누어 쓴다.

$$P(s) = a_n s^n + a_{n-1} s^{n-1} + \cdots + a_1 s + a_0 = M(s) + N(s) \tag{2.12}$$

(2) 새로운 시험 함수 $W(s)$를 다음과 같이 정한다.

n이 짝수일 때는 $\quad W(s) = \dfrac{M(s)}{N(s)} \tag{2.13a}$

n이 홀수일 때는 $\quad W(s) = \dfrac{N(s)}{M(s)} \tag{2.13b}$

(3) $W(s)$를 다음과 같은 형태로 연분수전개(Continued fraction expansion) 한다.

$$W(s) = \alpha_1 s + \cfrac{1}{\alpha_2 s + \cfrac{1}{\ddots \cfrac{1}{\alpha_n s}}} \tag{2.14}$$

위 식(2.14)로 부터 다음과 같은 결론을 얻는다.

(1) n개의 전개 계수 ($\alpha_1, \alpha_2, \cdots, \alpha_n$)가 모두 양수이면 $P(s)$가 허위쓰 다항식이다. 한편 $m\,(m \leq n)$개의 전개 계수가 음수이면 m개의 근이 우반면에 있다는 것을 뜻하므로 이때는 $P(s)$가 비허위쓰 다항식이다.

(2) n개의 전개 계수를 모두 얻기 전에 연분수전개가 일찍 종료되면 $M(s)$와 $N(s)$에 공통인자를 포함하고 있다는 것을 의미한다. 이러한 경우, 공통인자를 s에 관해서 미분한 후 연분수전개를 계속한다. 이렇게 얻은 n개의 전개 계수가 모두 양수이면 $P(s)$는 광의의 허위쓰 다항식이다. 그러나 이때 $m\,(m \leq n)$개의 전개 계수가 음수이면 m개의 근이 우반면에 있다는 것을 의미하며 비허위쓰 다항식이다.

허위쓰 판별법의 방법과 절차를 다음 예제들을 통해 알아보자.

<예제 2.4> 다음 다항식 $P(s)$가 허위쓰 다항식인가를 판별하라.

$$P(s) = s^4 + 10s^3 + 35s^2 + 50s + 24$$

풀이 : 1) 다항식 $P(s)$를 우수부와 기수부로 나누어 쓴다.

$$P(s) = (s^4 + 35s^2 + 24) + (10s^3 + 50s) = M(s) + N(s)$$

2) 다항식 $P(s)$의 최고 차수가 짝수이므로 시험 함수 $W(s)$는 다음과 같다.

$$W(s) = \frac{M(s)}{N(s)} = \frac{s^4 + 35s^2 + 24}{10s^3 + 50s}$$

3) 여기서 연분수전개는 다음과 같은 Euclid 알고리즘을 이용한다.

$$
\begin{array}{r}
\dfrac{s}{10} \\
10s^3+50s \overline{\smash{\big)}\, s^4+35s^2+24} \\
\underline{s^4+5s^2} \\
30s^2+24
\end{array}
$$

$$
\begin{array}{r}
\dfrac{s}{3} \\
30s^2+24 \overline{\smash{\big)}\, 10s^3+50s} \\
\underline{10s^3+8s} \\
42s
\end{array}
$$

$$
\begin{array}{r}
\dfrac{30}{42}s \\
42s \overline{\smash{\big)}\, 30s^2+24} \\
\underline{30s^2} \\
24
\end{array}
$$

$$
\begin{array}{r}
\dfrac{42}{24}s \\
24 \overline{\smash{\big)}\, 42s} \\
\underline{42s} \\
0
\end{array}
$$

이것을 식(2.14)의 형태로 다시 표현하면 다음과 같다.

$$W(s) = \frac{1}{10}s + \cfrac{1}{\frac{1}{3}s + \cfrac{1}{\frac{30}{42}s + \cfrac{1}{\frac{42}{24}s}}}}$$

4개의 전개 계수 $(\alpha_1, \alpha_2, \alpha_3, \alpha_4) = (\dfrac{1}{10}, \dfrac{1}{3}, \dfrac{30}{42}, \dfrac{42}{24})$가 모두 양수이므로 $P(s)$는 허위쓰 다항식이다.

<예제 2.5> 다음 다항식 $P(s)$가 허위쓰 다항식인가를 판별하라.

$$P(s) = s^5 + 2s^4 + 3s^3 + 3s^2 + 2s + 1$$

풀이 :

$$W(s) = \frac{N(s)}{M(s)} = \frac{s^5 + 3s^3 + 2s}{2s^4 + 3s^2 + 1} = \frac{1}{2}s + \cfrac{1}{\frac{4}{3}s + \cfrac{1}{\frac{3}{2}s}}$$

여기서 조숙종지가 된다. 즉 $P(s)$는 5차식인데 3개의 전개 계수가 나온 후 종지된다. $m(s)$를 s에 관해서 미분하면 $2s$로 되는데, 이때의 $2s$로서 $s^2 + 1$을 나누면서 다시 연분수 전개를 계속한다.

$$\frac{s^2 + 1}{2s} = \frac{1}{2}s + \frac{1}{2s}$$

$$2s^4+3s^2+1 \overline{\smash{\big)}\, s^5+\ 3\ s^3+\ 2\ s} \phantom{\frac{s}{2}}^{\displaystyle \frac{s}{2}}$$

$$\underline{s^5+\frac{3}{2}s^3+\frac{1}{2}s} \quad \frac{4}{3}s$$

$$\frac{3}{2}s^3+\frac{3}{2}s \ \overline{\smash{\big)}\, 2s^4+3s^2+1}$$

$$\underline{2s^4+2s^2} \quad \frac{3}{2}s$$

$$s^2+1 \ \overline{\smash{\big)}\, \frac{3}{2}s^3+\frac{3}{2}s}$$

$$\underline{\frac{3}{2}s^3+\frac{3}{2}s}$$

$$0$$

$$2s \ \overline{\smash{\big)}\, s^2+1}^{\displaystyle \frac{s}{2}}$$

$$\underline{s^2} \quad 2s \ \overline{\smash{\big)}\, 2s}$$

$$1 \quad \underline{2s}$$

$$0$$

5개의 전개계수 $(\alpha_1, \alpha_2, \alpha_3, \alpha_4, \alpha_5) = (\frac{1}{2}, \frac{4}{3}, \frac{3}{2}, \frac{1}{2}, 2)$가 모두 양수이다. 그런데 조숙종지가 일어나서 한번 미분을 했으므로, $P(s)$는 광의의 허위쓰 다항식이다. 즉 전개계수는 미분을 전후하여 각각 3개와 2개가 나왔으므로 3개의 근이 좌반면에 그리고 2개가 허축상에 단일 근으로 존재한다.

<예제 2.6> 다음 다항식 $P(s)$가 허위쓰 다항식인가를 판별하라.

$$P(s) = 2s^5 + 4s^4 + 3s^3 + 2s^2 + 4s + 3$$

풀이 :

$$W(s) = \frac{N(s)}{M(s)} = \frac{2s^5+3s^3+4s}{4s^4+2s^2+3}$$

$$= \frac{1}{2}s + \cfrac{1}{2s + \cfrac{1}{-\frac{2}{3}s + \cfrac{1}{-\frac{3}{4.5}s + \cfrac{1}{1.5s}}}}$$

여기서 $(\alpha_1, \alpha_2, \alpha_3, \alpha_4, \alpha_5) = (\frac{1}{2}, 2, -\frac{2}{3}, -\frac{1}{1.5}, 1.5)$로 2개의 전개계수가 음수이므로 우반면에 2개의 근이 존재한다는 것을 알 수 있다. 따라서 $P(s)$는 비허위쓰 다항식이다.

그런데 연분수전개가 필요없이 바로 다항식을 판별할 수도 있다. 즉 $P(s)$가 음계수를 갖거나 몇개의 항이 빠져 있는 경우는 비허위쓰 다항식이다. 만일 우수부나 기수부가 모두 빠져 있는 경우에는 미분을 하고 연분수전개를 시도하여 계수가 모두 양수이면 광의의 허위쓰 다항식이다.

2.3 구동점 함수(Driving-Point Function)

구동점 함수를 완전히 이해하려면 양실 함수의 성질을 알아야 되는데 여기서는 우선 간단한 회로의 구동점 함수를 얻고 그 형태와 기본적인 성질을 알아보자. 그림 2.5에서 구동점 함수의 분모다항식이나 분자다항식의 계수는 회로망의 소자치를 곱하거나 합하여 만들어진 수치이므로 항상 양수이다.

그리고 함수의 차수는 보통 인덕터나 커패시터의 수가 많아질수록 증가한다. 여기서 $Z(s)$나 $Y(s)$가 함수의 성질상 유사하므로 편의상 양자를 일괄하여 $F(s)$로 표기하기로 하자. 아래 식에서 a_j, b_i와 K는 모두 실수이고, p_j와 z_i는 각각 $F(s)$의 극점과 영점이다.

$$F(s) = \frac{b_m s^m + b_{m-1} s^{m-1} + \cdots + b_1 s + b_0}{a_n s^n + a_{n-1} s^{n-1} + \cdots + a_1 s + a_0} = \frac{B(s)}{A(s)} \qquad (2.15a)$$

또는

$$F(s) = K\frac{(s-z_1)(s-z_2)\cdots(s-z_m)}{(s-p_1)(s-p_2)\cdots(s-p_n)} = K\frac{\prod_{i=1}^{m}(s-z_i)}{\prod_{j=1}^{n}(s-p_j)} = \frac{B(s)}{A(s)} \qquad (2.15b)$$

위 함수의 성질을 자세히 알아보기 위하여 그림 2.6의 1단자쌍 회로망에 입력 신호로 단위 임펄스(Unit impulse) 전류 $\delta(t)$를 인가하고 단자쌍에 나타나는 전압을 관찰해 보자.

회로망　　　　　　　　　구동점 함수

(1)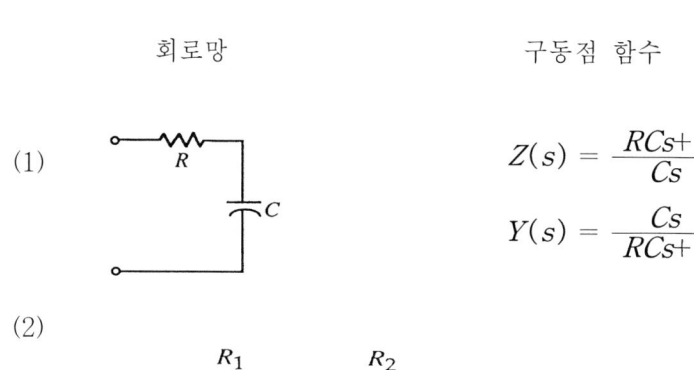

$$Z(s) = \frac{RCs+1}{Cs}$$

$$Y(s) = \frac{Cs}{RCs+1}$$

(2)

$$Y(s) = \frac{R_1R_2C_1C_2s^2+(R_1C_1+R_2C_1+R_2C_2)s+1}{R_1R_2C_2s+R_1+R_2}$$

(3)

$$Z(s) = \frac{L_1L_2C_1s^3+(R_1L_2+R_2L_1)C_1s^2+(L_1+L_2+R_1R_2C_1)s+R_1+R_2}{L_2C_1s^2+R_2C_1s+1}$$

그림 2.5 1단자쌍 회로망의 예

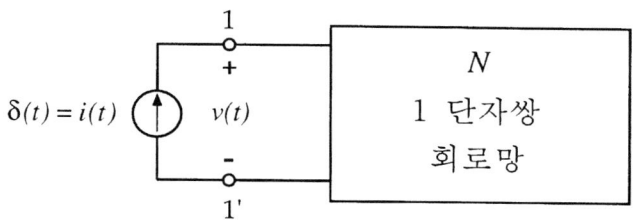

그림 2.6 1단자쌍 회로망에 단위 임펄스 전류를 걸어줄 때

이때 $\mathcal{L}[i(t)] = I(s) = 1$ 이므로

$$V(s) = I(s)\,Z(s) = Z(s) \qquad (2.16a)$$

$$v(t) = \mathcal{L}^{-1}[\,V(s)\,] = \mathcal{L}^{-1}[\,Z(s)\,] \qquad (2.16b)$$

회로망 N이 수동 회로이기 때문에 $v(t)$는 유한치이며 시간에 따라 계속 증가할 수 없다. 이 사실은 식(2.15)가 임피던스라 할 때 $Z(s)$의 극점 p_j가 모두 좌반면에 존재하며 $j\omega$ 축상에 위치하는 극점은 모두 단일 극점이어야 한다는 것을 의미한다.

다음에는 회로망 N에 단위 임펄스 전압 $v(t) = \delta(t)$로 여기하고 이에 대한 응답 $i(t)$를 측정하는 경우를 생각해 보자.

$$I(s) = V(s)\,Y(s) = Y(s) \qquad (2.17a)$$

$$i(t) = \mathcal{L}^{-1}[\,I(s)\,] = \mathcal{L}^{-1}[\,Y(s)\,] \qquad (2.17b)$$

여기서 $i(t)$도 역시 유한치이어야 하므로 $Y(s)$의 극점 즉 $Z(s)$의 영점 z_i에 관해서도 p_j에 주어지는 모든 조건이 성립되어야 한다.

이상을 요약하면 다음과 같다.

구동점 함수 $F(s)$의 성질

$$F(s) = \frac{b_m s^m + b_{m-1} s^{m-1} + \cdots + b_1 s + b_0}{a_n s^n + a_{n-1} s^{n-1} + \cdots + a_1 s + a_0} = \frac{B(s)}{A(s)}$$

(1) 분모 $A(s)$와 분자 $B(s)$는 모두 허위쓰 다항식이거나 광의의 허위쓰 다항식이다.
  따라서 계수 a_j와 b_i는 모두 양수이다.
(2) 분모와 분자 다항식의 차수차는 1이거나 0이다. 즉 $m = n \pm 1$ 이거나 $m = n$이다.
(3) 분모와 분자 다항식의 최저차 항의 차수차도 1이거나 0이다.

이상의 3가지 성질을 이용하여 구동점 함수가 될 수 없는 함수를 쉽게 찾아낼 수 있다.

<예제 2.7>

$$F(s) = \frac{s^2 - 2s + 1}{s^2 + 3s + 5}$$

풀이 : 분자다항식에 음계수가 있으므로 $F(s)$는 구동점 함수가 될 수 없다.

<예제 2.8>
$$F(s) = \frac{2s^6 + 4s^4 + 3s^2 + 1}{s^5 + 2s^4 + 3s^2 + 2s + 1}$$

풀이 : 분자가 허위쓰 다항식이 아니므로, $F(s)$는 구동점 함수가 될 수 없다.

<예제 2.9>
$$F(s) = \frac{s^3 + 2s^2 + 4s + 1}{s + 1}$$

풀이 : 성질 (2)에 위반되므로 $F(s)$는 구동점 함수가 될 수 없다.

<예제 2.10>
$$F(s) = \frac{s^4 + 2s^3 + 3s^2 + s + 1}{s^4 + 5s^3 + 3s^2}$$

풀이 : 성질 (3)에 위반되므로 $F(s)$는 구동점 함수가 될 수 없다.

그런데 위의 3가지 성질은 구동점 함수가 될 수 없는 함수를 손쉽게 골라내는 데에는 편리하나 구동점 함수를 판정하는 충분한 조건이 될 수 없다. 다음의 예를 살펴보자.

<예제 2.11>
$$F(s) = \frac{4s^2 + s + 1}{s^2 + s + 2}$$

풀이 : $F(s)$는 앞의 3가지의 성질을 모두 만족시키지만 그렇다고 반드시 구동점 함수라 단정할 수는 없다. 다음 절에서 구동점 함수가 되기 위한 충분조건을 규명하기 위하여 양실함수라는 특수한 함수를 고찰해 보자.

2.4 양실함수(Positive Real Function)

브루니(O. Brune)는 1931년에 양실함수의 개념을 밝히고 주어진 함수가 양실함수이면 수동 회로망의 구동점 함수로서 실현할 수 있으며, 또한 역으로 수동 회로망의 구동점 함수는 반드시 양실함수라는 것을 증명하였다. 여기서는 그의 정의만을 설명하기로 한다.

2.4 양실함수

양실함수 $F(s) = \dfrac{B(s)}{A(s)}$ 의 정의

(1) s가 실수일 때 $F(s)$도 실수이다.
(2) $A(s) + B(s)$가 허위쓰 다항식이다.
(3) 모든 ω에서 Re $F(j\omega) \geq 0$ 이다.

정의 (1), (2)는 허위쓰 판별식 등을 통하여 쉽게 알아낼 수 있고, 정의 (3)은 $j\omega$축상에서만 시험해 보면 된다.

<예제 2.12> 다음 함수가 양실함수인가를 판정하라.

$$F(s) = \frac{4s^2+s+1}{s^2+s+2}$$

풀이 : 이 함수는 예 2.11과 동일하다.
정의 (1)과 (2)가 만족된다는 것은 $F(s)$를 점검하여 바로 알 수 있다. 다음에는 정의 (3)을 시험해 보기로 하자.

$$F(j\omega) = \frac{-4\omega^2 + j\omega + 1}{-\omega^2 + j\omega + 2} = \frac{(1-4\omega^2) + j\omega}{(2-\omega^2) + j\omega}$$

$$= \frac{[(1-4\omega^2) + j\omega][(2-\omega^2) - j\omega]}{(2-\omega^2)^2 + \omega^2}$$

따라서 $F(j\omega)$의 실수부만 취하면 다음과 같다.

$$\text{Re } F(j\omega) = \frac{4\omega^4 - 8\omega^2 + 2}{(2-\omega^2)^2 + \omega^2}$$

어떤 주파수, 예를 들어 $\omega = 1$에서 Re $F(j\omega)$가 0보다 작아진다. 그러므로 $F(s)$는 양실함수가 아니고 예 2.11의 $F(s)$가 구동점 함수일 수 없다는 것을 단정할 수 있다.

<예제 2.13> 다음 함수가 양실함수인가를 판정하라.

$$F(s) = \frac{2s^2+s+1}{s^2+s+2}$$

풀이 : 정의 (1), (2)가 만족된다는 것은 바로 알 수 있다. 정의 (3)을 조사해 보자.

$$\text{Re } F(j\omega) = \frac{2(\omega^2-1)^2}{(2-\omega^2)^2+\omega^2} > 0$$

따라서 $F(s)$는 양실함수라는 것을 알게 된다. 이때 분모는 항상 0보다 크기 때문에 분자만 시험해 보면 된다.

2.5 2단자쌍 회로망(Two-Port Network)

구동점 함수는 2가지밖에 없다. 즉, 전압을 여기로 하고 전류를 응답으로 생각했을 때의 구동점 어드미턴스 $F(s) = Y(s) = I(s)/V(s)$와 전류를 여기로 하고 전압을 응답으로 하였을 때의 구동점 임피던스 $F(s) = Z(s) = V(s)/I(s)$가 있다. 한편 2.1절에서 간략히 소개되었던 2단자쌍 회로망, 즉 입력측과 출력측을 따로 갖는 회로망은 필터 설계 등에 유용하다. 그림 2.7은 단자쌍이 2개(입력측과 출력측)인 2단자쌍 회로망이다.

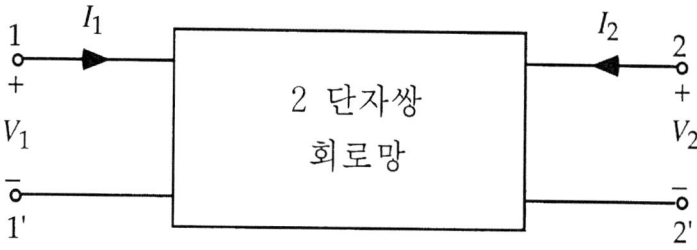

그림 2.7 2단자쌍 회로망

일반적으로 그림 2.7의 단자 1'와 2'는 흔히 공통 접지가 되어 사실상 3단자 회로망이 된다. 이때 4개의 전기량 변수(V_1, I_1, V_2, I_2)가 있으므로 2단자쌍 회로망에서는 구동점 함수와 전달함수가 모두 정의될 수 있다. 예로써 V_1/I_1과 V_2/I_2는 구동점 임피던스이다. 전달함수는 하나의 단자쌍에서 구한 2개의 변수비로서 정의된다. 그 중에서 차원이 없는 것으로는, 전압 전달함수 V_2/V_1와 전류 전달함수 I_2/I_1가 있다. 이때 I_2/I_1는 단자쌍 2-2'에 부하가 있거나 단락되어서 전류 I_2가 흐르는 상태에서 존재한다. 2단자쌍 회로망의 동작을 표현하는데 있어서는 4개의 변수 중 2개의 독립변수와 2개의 종속변수를 어떤 조합으로 선택하느냐에 따라서 여러가지 방법이 있다.

2.5.1 임피던스 파라미터

I_1과 I_2를 독립변수로 잡고 V_1과 V_2에 관한 방정식을 구하면

$$V_1 = z_{11}I_1 + z_{12}I_2$$
$$V_2 = z_{21}I_1 + z_{22}I_2 \tag{2.18}$$

또는

$$\begin{bmatrix} V_1 \\ V_2 \end{bmatrix} = \begin{bmatrix} z_{11} & z_{12} \\ z_{21} & z_{22} \end{bmatrix} \begin{bmatrix} I_1 \\ I_2 \end{bmatrix} \tag{2.19}$$

여기서

$$\begin{bmatrix} z_{11} & z_{12} \\ z_{21} & z_{22} \end{bmatrix} = Z \tag{2.20}$$

파라미터 z_{11}, z_{12}, z_{21} 및 z_{22}는 식(2.21)과 같이 정의되고, 2단자쌍 회로망의 입력측이나 또는 출력측을 개방함으로써 얻어진다. 또한 차원이 임피던스이기 때문에 개방회로 임피던스 파라미터, z 파라미터라 하고 식(2.20)은 개방회로 임피던스 행렬이다.

$$z_{11} = \left.\frac{V_1}{I_1}\right|_{I_2=0} \qquad z_{12} = \left.\frac{V_1}{I_2}\right|_{I_1=0}$$
$$z_{21} = \left.\frac{V_2}{I_1}\right|_{I_2=0} \qquad z_{22} = \left.\frac{V_2}{I_2}\right|_{I_1=0} \tag{2.21}$$

식(2.21)에서 z_{11}과 z_{22}는 구동점 임피던스이고, z_{12}와 z_{21}은 전달 임피던스이다.

개방회로 임피던스 파라미터를 사용하여 2단자쌍 회로망을 표시하기 위하여 식(2.18)의 형태를 약간 바꾸어 보자.

$$V_1 = (z_{11} - z_{12})I_1 + z_{12}(I_1 + I_2)$$
$$V_2 = (z_{22} - z_{12})I_2 + z_{12}(I_1 + I_2) + (z_{21} - z_{12})I_1 \tag{2.22}$$

식(2.22)에 해당하는 2단자쌍 회로망은 그림 2.8(a)와 같다. 여기에 $z_{12} = z_{21}$이라는 조건(거의 모든 수동회로에서 성립)이 성립될 때는 2단자쌍 회로망이 그림 2.8(b)와 같이 간략해진다. 이러한 형태의 2단자쌍 회로망을 T형 회로망이라고 부른다. 2단자쌍 회로망에서 $z_{12} = z_{21}$일 때는 상호성 회로망(Reciprocal network)이라 하고, $z_{11} = z_{22}$일 때는 대칭성 회로망(Symmetrical network)이라고 부른다.

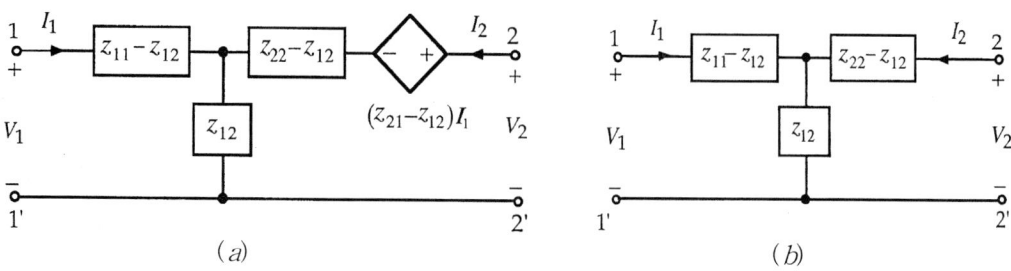

(a) (b)

그림 2.8 개방회로 임피던스 파라미터를 사용하여 얻어진 T형 회로망

<예제 2.14> 다음 2단자쌍 회로망의 개방회로 임피던스 파라미터를 구하라.

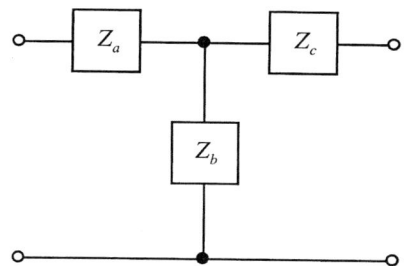

풀이 : 위 회로는 T형 회로망이다. 그러므로 **그림 2.8**(b)를 참조하여 다음과 같은 방정식을 구할 수 있다.

$$z_{11} - z_{12} = Z_a, \quad z_{12} = z_{21} = Z_b, \quad z_{22} - z_{12} = Z_c$$

그러므로

$$z_{11} = Z_a + Z_b, \quad z_{12} = z_{21} = Z_b, \quad z_{22} = Z_b + Z_c$$

<예제 2.15> 다음 회로의 개방회로 임피던스 파라미터를 구하라.

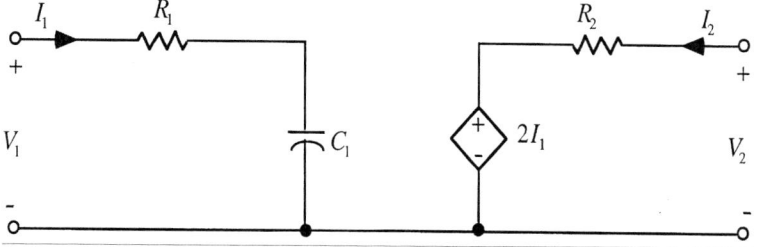

풀이 : 이때는 식(2.21)을 이용할 수도 있지만 V_1과 V_2에 관한 방정식을 얻은 후에 파라미터를 구한다.

$$V_1 = \left(R_1 + \frac{1}{C_1 s}\right) I_1, \quad V_2 = 2I_1 + R_2 I_2$$

또는

$$\begin{bmatrix} V_1 \\ V_2 \end{bmatrix} = \begin{bmatrix} R_1 + \dfrac{1}{C_1 s} & 0 \\ 2 & R_2 \end{bmatrix} \begin{bmatrix} I_1 \\ I_2 \end{bmatrix} = \begin{bmatrix} z_{11} & z_{12} \\ z_{21} & z_{22} \end{bmatrix} \begin{bmatrix} I_1 \\ I_2 \end{bmatrix}$$

여기서 $z_{12} \neq z_{21}$이므로 2단자쌍 회로망이 비상호성이고 또 $z_{11} \neq z_{22}$이어서 비대칭성이다. 위에서 보는바와 같이 2단자쌍 파라미터를 구할 때는 회로망의 형태에서 직접 구하는 방법이 있고 일단 방정식을 써서 얻는 방법이 있다.

주어진 2단자쌍 회로망이 구조상 어떠한 조건을 만족시킬 때는 2개의 2단자쌍 회로망이 상호 연결된 것으로 간주하고 전체 회로망의 파라미터를 각 부분 회로망의 파라미터의 합으로 구할 수 있다.

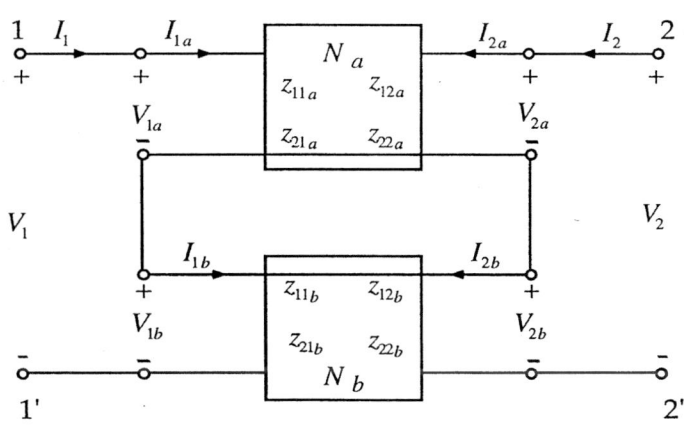

그림 2.9 직렬 연결된 2개의 2단자쌍 회로망

2개의 2단자쌍 회로망이 그림 2.9와 같이 상호 연결되어 있을 때 직렬 연결되어 있다고 한다. 특히 N_a 회로망의 $(-)$ 단자와 N_b 회로망의 $(+)$ 단자가 그림 2.9와 같이 공통점으로 되어 있을 때는 다음과 같은 관계가 성립된다. 즉 전체 회로망의 개방회로 임피던스 행렬은 각 부분 회로망의 개방회로 임피던스 행렬을 합한 것과 같다.

$$\begin{bmatrix} V_1 \\ V_2 \end{bmatrix} = \begin{bmatrix} V_{1a} \\ V_{2a} \end{bmatrix} + \begin{bmatrix} V_{1b} \\ V_{2b} \end{bmatrix}$$

$$= \begin{bmatrix} z_{11a} & z_{12a} \\ z_{21a} & z_{22a} \end{bmatrix} \begin{bmatrix} I_{1a} \\ I_{2a} \end{bmatrix} + \begin{bmatrix} z_{11b} & z_{12b} \\ z_{21b} & z_{22b} \end{bmatrix} \begin{bmatrix} I_{1b} \\ I_{2b} \end{bmatrix}$$

(2.23a)

그런데

$$\begin{bmatrix} I_{1a} \\ I_{2a} \end{bmatrix} = \begin{bmatrix} I_{1b} \\ I_{2b} \end{bmatrix} = \begin{bmatrix} I_1 \\ I_2 \end{bmatrix} \qquad (2.23b)$$

그러므로

$$\begin{bmatrix} z_{11} & z_{12} \\ z_{21} & z_{22} \end{bmatrix} = \begin{bmatrix} z_{11a} & z_{12a} \\ z_{21a} & z_{22a} \end{bmatrix} + \begin{bmatrix} z_{11b} & z_{12b} \\ z_{21b} & z_{22b} \end{bmatrix} = \begin{bmatrix} z_{11a}+z_{11b} & z_{12a}+z_{12b} \\ z_{21a}+z_{21b} & z_{22a}+z_{22b} \end{bmatrix} \qquad (2.23c)$$

<예제 2.16> 다음 브릿지 T형 회로망 N의 개방회로 임피던스 행렬을 구하라.

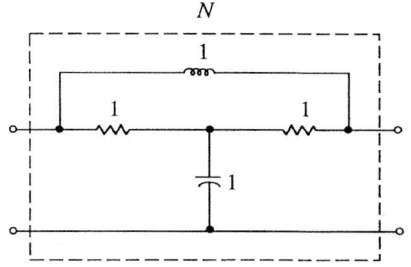

풀이 : 우선 위 회로망을 다음과 같이 2개의 회로망 (N_a와 N_b)이 직렬 연결된 형태로 변환시켜 주고 N_a와 N_b의 파라미터를 각각 구한다.

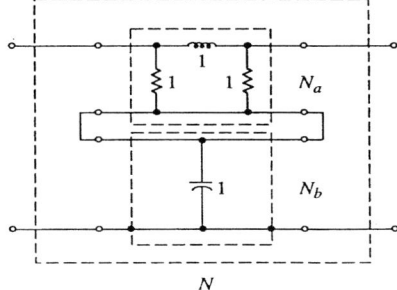

이때 N_a 회로망은 Π-T 변환을 이용하면 쉽게 파라미터를 구할 수 있다.

$$N_a : z_{11} = z_{22} = \frac{1+s}{2+s}, \qquad z_{12} = z_{21} = \frac{1}{2+s}$$

$$N_b : z_{11} = z_{22} = z_{12} = z_{21} = \frac{1}{s}$$

전체 회로망의 행렬은 다음과 같다.

$$Z = \begin{bmatrix} \dfrac{1+s}{2+s}+\dfrac{1}{s} & \dfrac{1}{2+s}+\dfrac{1}{s} \\ \dfrac{1}{2+s}+\dfrac{1}{s} & \dfrac{1+s}{2+s}+\dfrac{1}{s} \end{bmatrix}$$

2.5.2 어드미턴스 파라미터

V_1과 V_2를 독립변수로 잡고 I_1과 I_2에 관한 방정식을 구하면

$$I_1 = y_{11}V_1 + y_{12}V_2$$
$$I_2 = y_{21}V_1 + y_{22}V_2 \tag{2.24}$$

또는

$$\begin{bmatrix} I_1 \\ I_2 \end{bmatrix} = \begin{bmatrix} y_{11} & y_{12} \\ y_{21} & y_{22} \end{bmatrix} \begin{bmatrix} V_1 \\ V_2 \end{bmatrix} \tag{2.25}$$

여기서

$$\begin{bmatrix} y_{11} & y_{12} \\ y_{21} & y_{22} \end{bmatrix} = Y \tag{2.26}$$

파라미터 y_{11}, y_{12}, y_{21} 및 y_{22}는 아래 식(2.27)과 같이 정의되고, 2단자쌍 회로망의 입력측이나 또는 출력측을 단락함으로서 얻어진다. 또한 차원상으로 어드미턴스이기 때문에 단락회로 어드미턴스 파라미터, y 파라미터라 하고, 식(2.26)은 단락회로 어드미턴스 행렬이다.

$$y_{11} = \left.\frac{I_1}{V_1}\right|_{V_2=0} \qquad y_{12} = \left.\frac{I_1}{V_2}\right|_{V_1=0}$$
$$y_{21} = \left.\frac{I_2}{V_1}\right|_{V_2=0} \qquad y_{22} = \left.\frac{I_2}{V_2}\right|_{V_1=0} \tag{2.27}$$

식(2.27)에서 y_{11}과 y_{22}는 구동점 어드미턴스이고, y_{12}와 y_{21}은 전달 어드미턴스이다.

식(2.25)의 양측에 개방회로 임피던스 행렬을 곱하여 줄 때 식(2.19)와 동일해야 하므로 다음과 같은 관계가 성립된다.

$$\begin{bmatrix} z_{11} & z_{12} \\ z_{21} & z_{22} \end{bmatrix} \begin{bmatrix} y_{11} & y_{12} \\ y_{21} & y_{22} \end{bmatrix} = \begin{bmatrix} 1 & 0 \\ 0 & 1 \end{bmatrix} \tag{2.28}$$

즉, 2개의 행렬은 서로 역관계를 갖는다.

$$\begin{bmatrix} z_{11} & z_{12} \\ z_{21} & z_{22} \end{bmatrix} = \frac{1}{\Delta_y} \begin{bmatrix} y_{22} & -y_{12} \\ -y_{21} & y_{11} \end{bmatrix} \tag{2.29a}$$

$$\begin{bmatrix} y_{11} & y_{12} \\ y_{21} & y_{22} \end{bmatrix} = \frac{1}{\Delta_z} \begin{bmatrix} z_{22} & -z_{12} \\ -z_{21} & z_{11} \end{bmatrix} \tag{2.29b}$$

여기서

$$\begin{aligned} \Delta_y &= y_{11}y_{22} - y_{12}y_{21} \\ \Delta_z &= z_{11}z_{22} - z_{12}z_{21} \end{aligned} \tag{2.30}$$

단락회로 어드미턴스 파라미터를 사용하여 2단자쌍 회로망을 표시하기 위하여 식(2.24)를 변형시키면 다음과 같이 쓸 수 있다.

$$I_1 = (y_{11} + y_{12})V_1 - y_{12}(V_1 - V_2) \tag{2.31a}$$

$$I_2 = (y_{22} + y_{12})V_2 - y_{12}(V_2 - V_1) + (y_{21} - y_{12})V_1 \tag{2.31b}$$

식(2.31)에 해당하는 2단자쌍 회로망은 그림 2.10(a)와 같다. 여기서 $y_{12} = y_{21}$이라는 조건(거의 모든 수동회로가 갖는 상호성)이 성립될 때는 그림 2.10(b)와 같이 간략해진다.

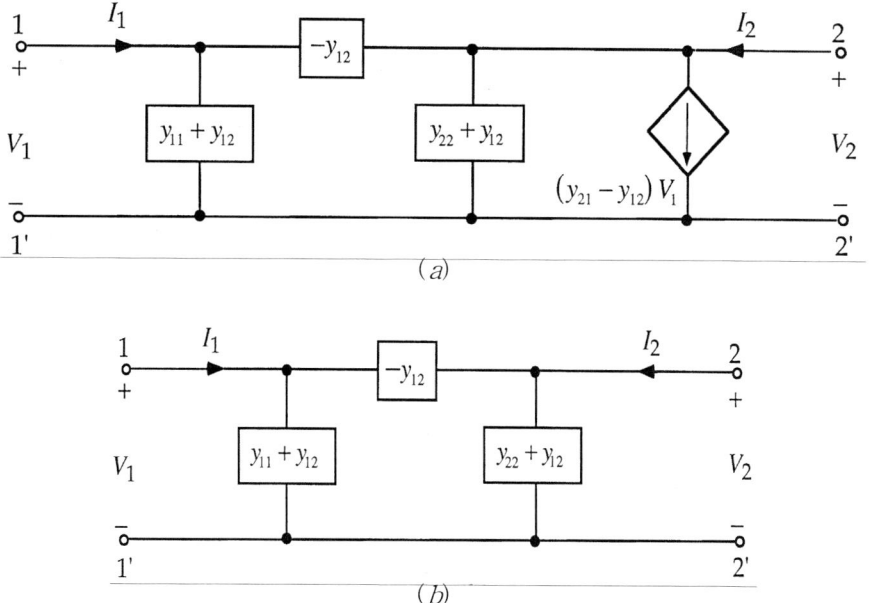

그림 2.10 단락회로 어드미턴스 파라미터를 사용하여 얻어진 Π형 회로망

이러한 형태의 2단자쌍 회로망을 편의상 Π형 회로망이라고 부른다. 2단자쌍 회로망에서 $y_{12} = y_{21}$일 때는 상호성 회로망, $y_{11} = y_{22}$일 때는 대칭성 회로망이라고 한다.

<예제 2.17> 다음 Π형 회로망의 단락회로 어드미턴스 파라미터를 구하라.

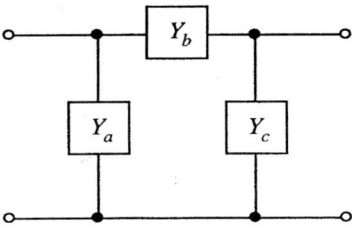

풀이 : 그림 2.10(b)를 이용하여

$$y_{11} + y_{12} = Y_a, \quad -y_{12} = Y_b, \quad y_{22} + y_{12} = Y_c$$

따라서
$$y_{11} = Y_a + Y_b, \quad y_{12} = y_{21} = -Y_b, \quad y_{22} = Y_b + Y_c$$

<예제 2.18> 다음 2단자쌍 회로망에서 (a) 단락회로 어드미턴스 (b) 개방회로 임피던스를 구하라.

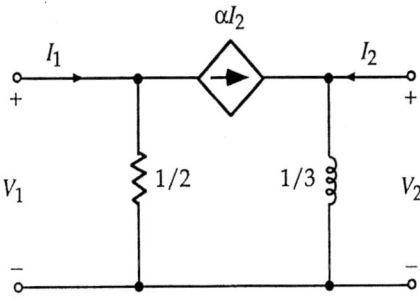

풀이 : (a) 먼저 I_1과 I_2에 관한 방정식을 얻는다.

$$I_1 = 2V_1 + \alpha I_2$$

$$I_2 = \frac{3}{s} V_2 - \alpha I_2 \quad 또는 \quad I_2 = \frac{3}{(1+\alpha)s} V_2$$

그러므로

$$I_1 = 2V_1 + \frac{3\alpha}{(1+\alpha)s} V_2 \qquad Y = \begin{bmatrix} 2 & \frac{3\alpha}{(1+\alpha)s} \\ 0 & \frac{3}{(1+\alpha)s} \end{bmatrix}$$

$$I_2 = 0 V_1 + \frac{3}{(1+\alpha)s} V_2$$

(b)
$$Z = Y^{-1} = \begin{bmatrix} \frac{1}{2} & -\frac{\alpha}{2} \\ 0 & \frac{(1+\alpha)s}{3} \end{bmatrix} = \begin{bmatrix} z_{11} & z_{12} \\ z_{21} & z_{22} \end{bmatrix}$$

2개의 2단자쌍 회로망이 **그림 2.11**과 같이 상호 연결되어 있을 때 병렬 연결되어 있다고 한다. 특히 2개의 회로망의 (−) 단자들이 공통점으로 되어 있을 때는 다음과 같은 관계가 성립된다. 즉 전체 회로망의 단락회로 어드미턴스 행렬은 각 부분 회로망의 단락회로 어드미턴스 행렬을 합한 것과 같다.

$$\begin{bmatrix} I_1 \\ I_2 \end{bmatrix} = \begin{bmatrix} I_{1a} \\ I_{2a} \end{bmatrix} + \begin{bmatrix} I_{1b} \\ I_{2b} \end{bmatrix} \tag{2.32a}$$

$$= \begin{bmatrix} y_{11a} & y_{12a} \\ y_{21a} & y_{22a} \end{bmatrix} \begin{bmatrix} V_{1a} \\ V_{2a} \end{bmatrix} + \begin{bmatrix} y_{11b} & y_{12b} \\ y_{21b} & y_{22b} \end{bmatrix} \begin{bmatrix} V_{1b} \\ V_{2b} \end{bmatrix}$$

그런데

$$\begin{bmatrix} V_{1a} \\ V_{2a} \end{bmatrix} = \begin{bmatrix} V_{1b} \\ V_{2b} \end{bmatrix} = \begin{bmatrix} V_1 \\ V_2 \end{bmatrix} \tag{2.32b}$$

그러므로

$$\begin{bmatrix} y_{11} & y_{12} \\ y_{21} & y_{22} \end{bmatrix} = \begin{bmatrix} y_{11a} & y_{12a} \\ y_{21a} & y_{22a} \end{bmatrix} + \begin{bmatrix} y_{11b} & y_{12b} \\ y_{21b} & y_{22b} \end{bmatrix} \tag{2.32c}$$

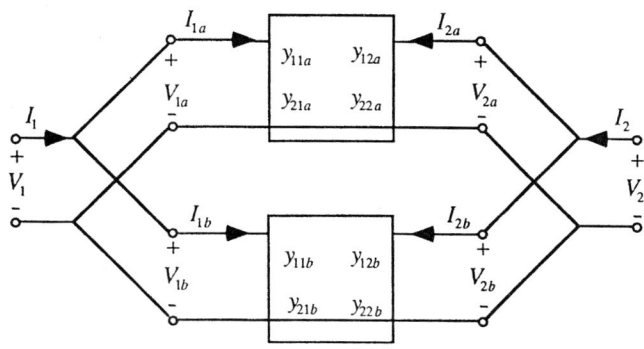

그림 2.11 병렬연결된 2개의 2단자쌍 회로망

<예제 2.19> 다음 쌍-T형 회로망(Twin-T network)의 단락회로 어드미턴스 행렬을 구하라.

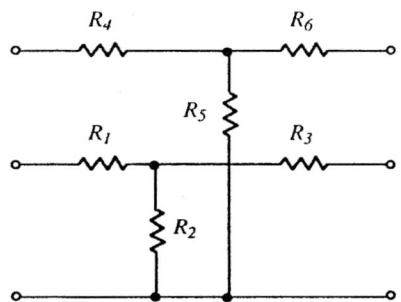

풀이 : 2개의 T형 회로망이 병렬연결되어 있으므로 각 T형 회로망의 개방회로 임피던스 행렬을 먼저 구한다.

$$Z_a = \begin{bmatrix} R_4+R_5 & R_5 \\ R_5 & R_5+R_6 \end{bmatrix}, \quad Z_b = \begin{bmatrix} R_1+R_2 & R_2 \\ R_2 & R_2+R_3 \end{bmatrix}$$

다음에는 식(2.29b)에 의하여 Y_a와 Y_b를 구한다.

$$Y_a = Z_a^{-1} = \frac{1}{\Delta_a}\begin{bmatrix} R_5+R_6 & -R_5 \\ -R_5 & R_4+R_5 \end{bmatrix}, \quad Y_b = Z_b^{-1} = \frac{1}{\Delta_b}\begin{bmatrix} R_2+R_3 & -R_2 \\ -R_2 & R_1+R_2 \end{bmatrix}$$

전체 회로망의 행렬은 다음과 같다.

$$Y = Y_a + Y_b$$

여기서 행렬식은 각각 다음과 같다.

$$\Delta_a = R_4R_5 + R_5R_6 + R_6R_4$$
$$\Delta_b = R_1R_2 + R_2R_3 + R_3R_1$$

2.5.3 전송 파라미터

V_2와 I_2를 독립변수로 잡고 V_1과 I_1에 관한 방정식을 구하면

$$\begin{aligned} V_1 &= AV_2 + B(-I_2) \\ I_1 &= CV_2 + D(-I_2) \end{aligned} \quad (2.33)$$

또는

$$\begin{bmatrix} V_1 \\ I_1 \end{bmatrix} = \begin{bmatrix} A & B \\ C & D \end{bmatrix} \begin{bmatrix} V_2 \\ -I_2 \end{bmatrix} \quad (2.34)$$

여기서
$$T = \begin{bmatrix} A & B \\ C & D \end{bmatrix} \tag{2.35}$$

위에서 A, B, C, D는 전송 파라미터(Transmission parameters)로 아래 식(2.36)과 같이 정의하고 T는 전송 행렬이다.

$$A = \left.\frac{V_1}{V_2}\right|_{I_2=0} \qquad B = \left.\frac{V_1}{-I_2}\right|_{V_2=0}$$
$$C = \left.\frac{I_1}{V_2}\right|_{I_2=0} \qquad D = \left.\frac{I_1}{-I_2}\right|_{V_2=0} \tag{2.36}$$

전송 파라미터도 앞에 이미 정의한 z 파라미터나 y 파라미터와 상관관계가 있다는 것을 알아보기 위하여 다음과 같은 방정식을 얻을 수 있다.

$$A = \left.\frac{V_1}{V_2}\right|_{I_2=0} = \left.\frac{V_1/I_1}{V_2/I_1}\right|_{I_2=0} = \frac{z_{11}}{z_{21}} = -\frac{y_{22}}{y_{21}}$$

전송 파라미터와 전송행렬은 전기량의 전송 성질을 알아볼 때 유용하다. 다음에는 2개의 2단자쌍 회로망이 **그림 2.12**와 같이 종속연결(Cascade connection)되어 있다 하자.

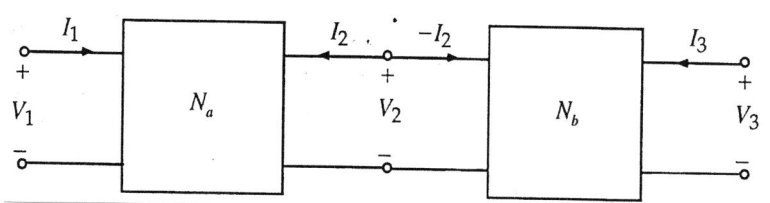

그림 2.12 종속연결된 2개의 2단자쌍 회로망

$$\begin{bmatrix} V_1 \\ I_1 \end{bmatrix} = \begin{bmatrix} A_a & B_a \\ C_a & D_a \end{bmatrix} \begin{bmatrix} V_2 \\ -I_2 \end{bmatrix} , \quad \begin{bmatrix} V_2 \\ -I_2 \end{bmatrix} = \begin{bmatrix} A_b & B_b \\ C_b & D_b \end{bmatrix} \begin{bmatrix} V_3 \\ -I_3 \end{bmatrix}$$

위의 둘째 식을 첫째 식에 대입하여 식(2.37)을 얻는다.

$$\begin{bmatrix} V_1 \\ I_1 \end{bmatrix} = \begin{bmatrix} A_a & B_a \\ C_a & D_a \end{bmatrix} \begin{bmatrix} A_b & B_b \\ C_b & D_b \end{bmatrix} \begin{bmatrix} V_3 \\ -I_3 \end{bmatrix} \tag{2.37}$$

2.5 2단자쌍 회로망

그러므로 전체 회로망의 전송행렬은 각 부분 회로망의 전송행렬을 곱한 것이 된다.

$$\begin{bmatrix} A & B \\ C & D \end{bmatrix} = \begin{bmatrix} A_a & B_a \\ C_a & D_a \end{bmatrix} \begin{bmatrix} A_b & B_b \\ C_b & D_b \end{bmatrix} \tag{2.38}$$

위의 결과는 제자형 회로망을 분석할 때 아주 편리하다. 예를 들어 **그림 2.13**과 같은 제자형 회로망을 우선 최소단위로 세분하여 각 부분 회로의 전송행렬을 얻은 다음 전체 회로망의 전송행렬을 식(2.39)와 같이 얻을 수 있다.

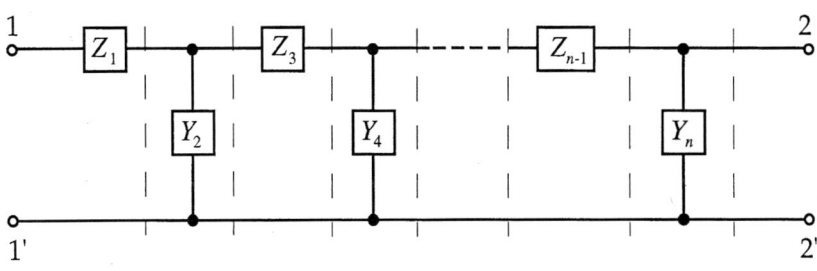

그림 2.13 최소 단위로 세분된 제자형 회로망

$$\begin{bmatrix} A & B \\ C & D \end{bmatrix} = \begin{bmatrix} 1 & Z_1 \\ 0 & 1 \end{bmatrix} \begin{bmatrix} 1 & 0 \\ Y_2 & 1 \end{bmatrix} \begin{bmatrix} 1 & Z_3 \\ 0 & 1 \end{bmatrix} \cdots \begin{bmatrix} 1 & Z_{n-1} \\ 0 & 1 \end{bmatrix} \begin{bmatrix} 1 & 0 \\ Y_n & 1 \end{bmatrix} \tag{2.39}$$

<예제 2.20> 다음 회로망의 전송행렬을 구하라.

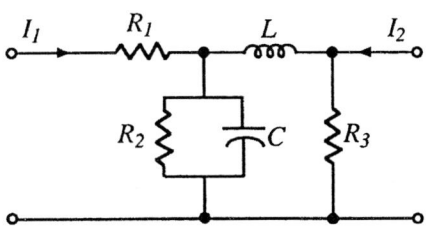

풀이 :

$$\begin{bmatrix} A & B \\ C & D \end{bmatrix} = \begin{bmatrix} 1 & R_1 \\ 0 & 1 \end{bmatrix} \begin{bmatrix} 1 & 0 \\ G_2 + Cs & 1 \end{bmatrix} \begin{bmatrix} 1 & Ls \\ 0 & 1 \end{bmatrix} \begin{bmatrix} 1 & 0 \\ G_3 & 1 \end{bmatrix}$$

$$= \begin{bmatrix} \{1 + R_1(G_2 + Cs)\}(1 + LG_2s) + R_1G_2 & \{1 + R_1(G_2 + Cs)\}Ls + R_1 \\ (G_2 + Cs)(1 + LG_2s) + G_2 & (G_2 + Cs)Ls + 1 \end{bmatrix}$$

2.5.4 하이브리드 파라미터

I_1과 V_2를 독립변수로 잡고 V_1과 I_2에 관한 방정식을 구하면

$$V_1 = h_{11}I_1 + h_{12}V_2$$
$$I_2 = h_{21}I_1 + h_{22}V_2 \tag{2.40}$$

또는

$$\begin{bmatrix} V_1 \\ I_2 \end{bmatrix} = \begin{bmatrix} h_{11} & h_{12} \\ h_{21} & h_{22} \end{bmatrix} \begin{bmatrix} I_1 \\ V_2 \end{bmatrix} \tag{2.41}$$

여기서

$$\mathbf{H} = \begin{bmatrix} h_{11} & h_{12} \\ h_{21} & h_{22} \end{bmatrix} \tag{2.42}$$

그리고

$$h_{11} = \left.\frac{V_1}{I_1}\right|_{V_2=0} = \frac{1}{y_{11}} \qquad h_{12} = \left.\frac{V_1}{V_2}\right|_{I_1=0} = \frac{z_{12}}{z_{22}}$$
$$h_{21} = \left.\frac{I_2}{I_1}\right|_{V_2=0} = \frac{y_{21}}{y_{11}} \qquad h_{22} = \left.\frac{I_2}{V_2}\right|_{I_1=0} = \frac{1}{z_{22}} \tag{2.43}$$

여기서 h_{11}은 임피던스, h_{22}는 어드미턴스, 그리고 h_{12}와 h_{21}은 무차원이다. 따라서 h_{ij}를 하이브리드 파라미터(Hybrid parameters)라고 부르고 H를 하이브리드 행렬이라 부른다. 하이브리드 파라미터를 사용하여 2단자쌍 회로망을 그려보면 **그림 2.14**와 같다.

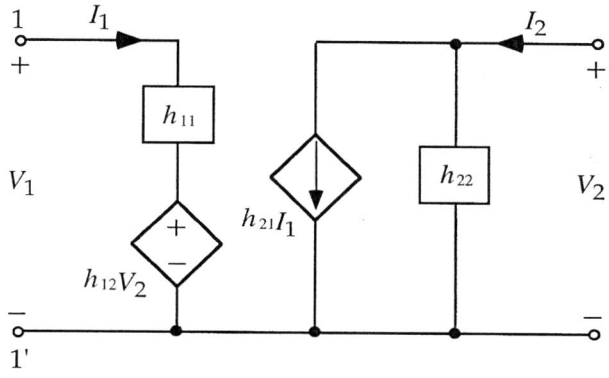

그림 2.14 하이브리드 파라미터를 사용한 2단자쌍 회로망

<예제 2.21> 다음 회로망에 대한 하이브리드 파라미터를 구하라.

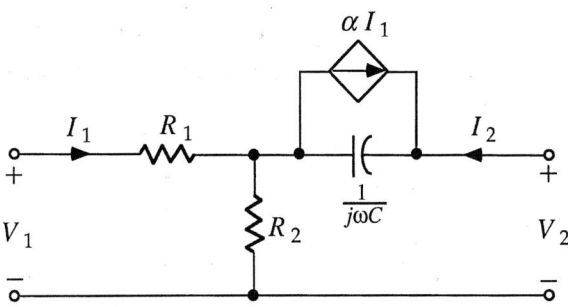

풀이 : V_2를 단락시켜 h_{11}과 h_{21}을 구하고

$$h_{11} = R_1 + \frac{1-\alpha}{1/R_2 + j\omega C} \quad , \quad h_{21} = -\frac{\alpha + j\omega C R_2}{1 + j\omega C R_2}$$

I_1을 개방시켜 h_{12}와 h_{22}를 구한다.

$$h_{12} = \frac{R_2}{R_2 + 1/j\omega C} \quad , \quad h_{22} = \frac{1}{R_2 + 1/j\omega C}$$

그러므로

$$\begin{bmatrix} h_{11} & h_{12} \\ h_{21} & h_{22} \end{bmatrix} = \begin{bmatrix} R_1 + \dfrac{1-\alpha}{1/R_2 + j\omega C} & \dfrac{R_2}{R_2 + 1/j\omega C} \\ -\dfrac{\alpha + j\omega C R_2}{1 + j\omega C R_2} & \dfrac{1}{R_2 + 1/j\omega C} \end{bmatrix}$$

2.5.5 파라미터 변환

어떤 2단자쌍 회로망에서 파라미터들은 변수 V_1, I_1, V_2 및 I_2와 상호 밀접한 관련이 있기 때문에 한가지 파라미터를 구하면 다른 파라미터로 변환이 가능하다. 예를 통하여 파라미터 상호간의 변환을 알아보자. 표 2.1은 파라미터 사이의 관계를 요약하였다.

<예제 2.22> z 파라미터를 알고 있을 때 하이브리드 파라미터를 구하라.

풀이 : z 파라미터를 가지고 2 단자쌍 방정식을 써 보면

$$V_1 = z_{11}I_1 + z_{12}I_2 \quad , \quad V_2 = z_{21}I_1 + z_{22}I_2$$

이 되고 위 두번째 식에서 I_2를 구하면, 이것은 두번째 하이브리드 파라미터

방정식의 형태가 된다. 즉 I_2는

$$I_2 = -\frac{z_{21}}{z_{22}} I_1 + \frac{1}{z_{22}} V_2$$

이것을 첫번째 파라미터 방정식에 대입하면 다음과 같이 V_1이 구해지며

$$V_1 = \frac{z_{11}z_{22} - z_{12}z_{21}}{z_{22}} I_1 + \frac{z_{12}}{z_{22}} V_2$$

z 파라미터를 사용한 이들 I_2와 V_1의 방정식을 하이브리드 파라미터 방정식과 비교해 보면 다음의 관계를 얻을 수 있다.

$$h_{11} = \frac{\Delta z}{z_{22}}, \quad h_{12} = \frac{z_{12}}{z_{22}}, \quad h_{21} = -\frac{z_{21}}{z_{22}}, \quad h_{22} = \frac{1}{z_{22}}$$

<예제 2.23> y 파라미터로 부터 z 파라미터를 구하라.

풀이 : z 파라미터와 y 파라미터를 각각 행렬로 나타내면 다음과 같다.

$$\begin{bmatrix} V_1 \\ V_2 \end{bmatrix} = \begin{bmatrix} z_{11} & z_{12} \\ z_{21} & z_{22} \end{bmatrix} \begin{bmatrix} I_1 \\ I_2 \end{bmatrix}$$

$$\begin{bmatrix} I_1 \\ I_2 \end{bmatrix} = \begin{bmatrix} y_{11} & y_{12} \\ y_{21} & y_{22} \end{bmatrix} \begin{bmatrix} V_1 \\ V_2 \end{bmatrix}$$

두번째 방정식으로부터

$$\begin{bmatrix} V_1 \\ V_2 \end{bmatrix} = \begin{bmatrix} y_{11} & y_{12} \\ y_{21} & y_{22} \end{bmatrix}^{-1} \begin{bmatrix} I_1 \\ I_2 \end{bmatrix}$$

따라서 y 파라미터에 대한 행렬의 역행렬을 구함으로서 z 파라미터를 결정할 수 있다. y 파라미터로 z 파라미터를 표시해 보면 다음과 같이 된다.

$$z_{11} = \frac{y_{22}}{\Delta_y} \qquad z_{12} = \frac{-y_{12}}{\Delta_y}$$

$$z_{21} = -\frac{y_{21}}{\Delta_y} \qquad z_{22} = \frac{y_{11}}{\Delta_y}$$

표 2.1 2단자쌍 회로망의 파라미터 변환표

	Z	Y	T	H
Z	$\begin{bmatrix} z_{11} & z_{12} \\ z_{21} & z_{22} \end{bmatrix}$	$\begin{bmatrix} \dfrac{y_{22}}{\Delta y} & -\dfrac{y_{12}}{\Delta y} \\ -\dfrac{y_{21}}{\Delta y} & \dfrac{y_{11}}{\Delta y} \end{bmatrix}$	$\begin{bmatrix} \dfrac{A}{C} & \dfrac{\Delta_T}{C} \\ \dfrac{1}{C} & \dfrac{D}{C} \end{bmatrix}$	$\begin{bmatrix} \dfrac{\Delta_H}{h_{22}} & \dfrac{h_{12}}{h_{22}} \\ -\dfrac{h_{21}}{h_{22}} & \dfrac{1}{h_{22}} \end{bmatrix}$
Y	$\begin{bmatrix} \dfrac{z_{22}}{\Delta z} & -\dfrac{z_{12}}{\Delta z} \\ -\dfrac{z_{21}}{\Delta z} & \dfrac{z_{11}}{\Delta z} \end{bmatrix}$	$\begin{bmatrix} y_{11} & y_{12} \\ y_{21} & y_{22} \end{bmatrix}$	$\begin{bmatrix} \dfrac{D}{B} & \dfrac{-\Delta_T}{B} \\ -\dfrac{1}{B} & \dfrac{A}{B} \end{bmatrix}$	$\begin{bmatrix} \dfrac{1}{h_{11}} & -\dfrac{h_{12}}{h_{11}} \\ \dfrac{h_{21}}{h_{11}} & \dfrac{\Delta_H}{h_{11}} \end{bmatrix}$
T	$\begin{bmatrix} \dfrac{z_{11}}{z_{21}} & \dfrac{\Delta z}{z_{21}} \\ \dfrac{1}{z_{21}} & \dfrac{z_{22}}{z_{21}} \end{bmatrix}$	$\begin{bmatrix} -\dfrac{y_{22}}{y_{21}} & -\dfrac{1}{y_{21}} \\ -\dfrac{\Delta y}{y_{21}} & -\dfrac{y_{11}}{y_{21}} \end{bmatrix}$	$\begin{bmatrix} A & B \\ C & D \end{bmatrix}$	$\begin{bmatrix} -\dfrac{\Delta_H}{h_{21}} & -\dfrac{h_{11}}{h_{21}} \\ -\dfrac{h_{22}}{h_{21}} & -\dfrac{1}{h_{21}} \end{bmatrix}$
H	$\begin{bmatrix} \dfrac{\Delta z}{z_{22}} & \dfrac{z_{12}}{z_{22}} \\ -\dfrac{z_{21}}{z_{22}} & \dfrac{1}{z_{22}} \end{bmatrix}$	$\begin{bmatrix} \dfrac{1}{y_{11}} & -\dfrac{y_{12}}{y_{11}} \\ \dfrac{y_{21}}{y_{11}} & \dfrac{\Delta y}{y_{11}} \end{bmatrix}$	$\begin{bmatrix} \dfrac{B}{D} & \dfrac{\Delta_T}{D} \\ -\dfrac{1}{D} & \dfrac{C}{D} \end{bmatrix}$	$\begin{bmatrix} h_{11} & h_{12} \\ h_{21} & h_{22} \end{bmatrix}$

2.6 전달함수(Transfer Function)

그림 2.15와 같이 2단자쌍 회로망에 임피던스가 Z인 부하가 걸려 있고, 입력단 변수는 V_1과 I_1, 그리고 출력단 변수는 V_2와 I_2이다.

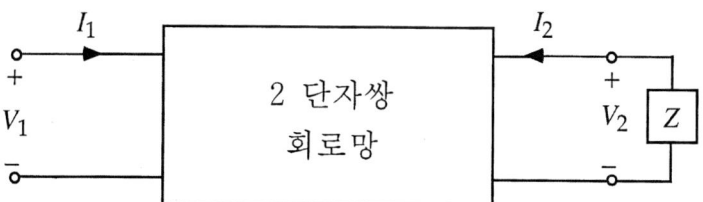

그림 2.15 부하 임피던스 Z로 종단된 2단자쌍 회로망

여기서 여러가지 종류의 전달함수를 생각할 수 있는데 편의상 전압 전달함수 V_2/V_1 (또는 전류 전달함수 I_2/I_1)을 $H(s)$로 대표하여 표시해 보자.

$$H(s) = \frac{b_m s^m + b_{m-1} s^{m-1} + \cdots + b_1 s + b_0}{a_n s^n + a_{n-1} s^{n-1} + \cdots + a_1 s + a_0} = \frac{B(s)}{A(s)} \quad (2.44a)$$

또는

$$H(s) = K\frac{(s-z_1)(s-z_2)\cdots(s-z_m)}{(s-p_1)(s-p_2)\cdots(s-p_n)} = K\frac{\prod_{i=1}^{m}(s-z_i)}{\prod_{j=1}^{n}(s-p_j)} = \frac{B(s)}{A(s)} \quad (2.44b)$$

그림 2.15의 회로망이 수동소자 RLC로 구성되었다고 가정할 때 식(2.44)의 계수 a_j와 b_i는 모두 실수라야 한다. 그리고 입력 전압을 단위 임펄스 즉 $v_1(t) = \delta(t)$로 잡아 줄 때 출력 전압 $v_2(t)$가 무한정으로 커질 수 없으므로 $H(s)$의 극점들은 모두 좌반면에 위치하며 $j\omega$축상에 존재할 때는 단극점이어야 한다. 다시 말하면 $A(s)$는 허위쓰 또는 광의의 허위쓰 다항식이다.

그리고 아주 높은 주파수($s = \infty$)의 입력 전압이 가해졌을 때 출력 전압이 무한정으로 커질 수 없으므로 $H(s)$는 $s = \infty$에 극점을 가질 수 없다. 즉 이 사실은 다항식 $B(s)$의 차수가 $A(s)$의 차수 보다 높을 수 없음을 의미한다. 이상의 논리를 통하여 전달함수의 성질을 요약해 보면 다음과 같다. 동일한 논리를 입력 전류와 출력 전류에 대해서도 전개할 수 있으므로 V_2 / V_1의 성질은 바로 I_2 / I_1에도 적용된다.

전달함수 $H(s) = \dfrac{V_2}{V_1}$ (또는 $H(s) = \dfrac{I_2}{I_1}$)의 성질
___

(1) 분모다항식 $A(s)$가 허위쓰 다항식이다.
(2) 분자다항식 $B(s)$는 허위쓰 다항식일 필요가 없다.
(3) 분자다항식 $B(s)$의 차수는 분모다항식 $A(s)$의 차수보다 클 수 없다.
    즉 $m \leq n$이다.

끝으로 이 장에서 구한 회로망 함수들을 계통적으로 분류해 보면 다음과 같다.

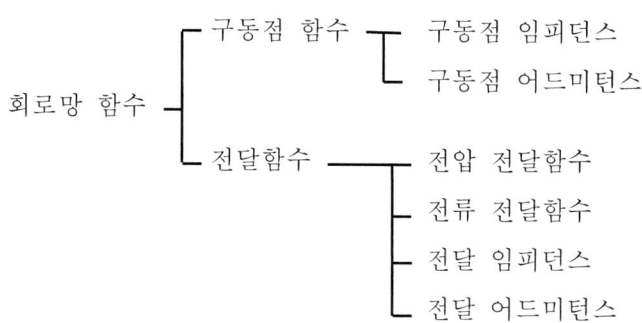

제 2 장 회로망 함수

연 습 문 제

2.1 다음 다항식이 허위쓰 다항식인지 아닌지를 판정하라.

(a) $P(s) = s^3 + 7s^2 + 14s + 8$

(b) $P(s) = s^3 + 2s^2 + 2s + 5$

(c) $P(s) = s^4 + 3s^3 + 3s^2 + 3s + 2$

(d) $P(s) = s^5 + s^4 + 2s^3 + 2s^2 + 5s + 5$

(e) $P(s) = s^4 + s^2 + 1$

(f) $P(s) = s^5 + 5s^3 + 4s$

풀이 : (a) Strictly Hurwitz   (b) Non Hurwitz   (c) Modified Hurwitz
(d) Non Hurwitz   (e) Non Hurwitz   (f) Modified Hurwitz

2.2 다음 다항식이 각 영역(좌반면, 우반면, $j\omega$축)에서 근을 몇 개씩 갖는지 구하라.

(a) $P(s) = s^5 + s^4 + s^3 + s^2 + s + 1$

(b) $P(s) = s^5 + 2s^4 + 3s^3 + 6s^2 + 4s + 8$

(c) $P(s) = s^4 + 2s^3 + 2s^2 + 11s + 4$

(d) $P(s) = 2s^3 + s^2 + s + 2$

(e) $P(s) = s^6 + 2s^5 + 3s^4 + 3s^2 + 2s + 1$

(f) $P(s) = s^7 + 1$

(g) $P(s) = s^5 + s^4 + 3s^3 + 3s^2 + 2s + 2$

(h) $P(s) = s^5 + 3s^4 + 3s^3 + s^2 - 4s - 4$

풀이 : (a) $P(s) = s^5 + s^4 + s^3 + s^2 + s + 1$
$= (s^5 + s^3 + s) + (s^4 + s^2 + 1)$

$$\begin{array}{r} s \\ s^4+s^2+1 \overline{\smash{\big)}\, s^5+s^3+s} \\ \underline{s^5+s^3+s} \\ 0 \end{array}$$

여기서 전개가 종료된다. 이때 $m(s) = s^4 + s^2 + 1$이 $P(s)$의 공통인자이다. $m(s)$를 s에 관해서 미분하면 $d(s^4 + s^2 + 1)/ds = 4s^3 + 2s$이므로, 이때의 $4s^3 + 2s$로서 $s^4 + s^2 + 1$을 나누면서 다시 연분수전개를 계속한다.

$$
\begin{array}{r}
\frac{1}{4}s \\
4s^3+2s \overline{\big)\, s^4+s^2+1 } \\
\underline{s^4 + \frac{1}{2}s^2} 8s \\
\frac{1}{2}s^2 + 1 \,\big|\, 4s^3 + 2s \\
\underline{4s^3 + 8s} -\frac{1}{12}s \\
-6s \,\big|\, \frac{1}{2}s^2 + 1 \\
\underline{\frac{1}{2}s^2} -6s \\
1 \,\big|\, -6s \\
\underline{-6s} \\
0
\end{array}
$$

5개의 전개 변수는 $(\alpha_1, \alpha_2, \alpha_3, \alpha_4, \alpha_5) = (1, 1/4, 8, -1/12, -6)$이다. 따라서 좌반면에 근이 1개, 허축상에 2개, 우반면에 근이 2개 존재한다.

(c) $P(s) = s^4 + 2s^3 + 2s^2 + 11s + 4$
$= (s^4 + 2s^2 + 4) + (2s^3 + 11s)$

4개의 전개 변수는 $(\alpha_1, \alpha_2, \alpha_3, \alpha_4) = (1/2, -4/7, -49/186, 93/28)$이다. 따라서 좌반면에 근이 2개, 우반면에 근이 2개 존재한다.

제 2 장 회로망 함수

$$
\begin{array}{r}
\frac{1}{2}s \\
2s^3+11s \overline{\smash{\big)}\,s^4+2s^2+4}\\
s^4+\frac{11}{2}s^2 \quad -\frac{4}{7}s\\
\hline
-\frac{7}{2}s^2+4 \,\Big|\, 2s^3+11s\\
2s^3-\frac{16}{7}s \quad -\frac{49}{186}s\\
\hline
\frac{93}{7}s \,\Big|\, -\frac{7}{2}s^2+4\\
-\frac{7}{2}s^2 \quad \frac{93}{28}s\\
\hline
4 \,\Big|\, \frac{93}{7}s\\
\frac{93}{7}s\\
\hline
0
\end{array}
$$

(f) $P(s) = s^7 + 1$

이를 만족하는 근은 유일하게 $s=-1$이다. 방정식에서 근이 좌반면에 존재하지만 이는 비 허위쓰 방정식이다.

(g) $P(s) = s^5 + s^4 + 3s^3 + 3s^2 + 2s + 2$

$ = (s^5 + 3s^3 + 2s) + (s^4 + 3s^2 + 2)$

$$
\begin{array}{r}
s\\
s^4+3s^2+2 \overline{\smash{\big)}\,s^5+3s^3+2s}\\
s^5+3s^3+2s\\
\hline
0
\end{array}
$$

여기서 전개가 종료된다. 이때 $m(s) = s^4+3s^2+2$가 $P(s)$의 인자이다. $m(s)$를 s에 관해서 미분하면 $d(s^4+3s^2+2)/ds = 4s^3+6s$ 이므로, 이때의 $4s^3+6s$로서 s^4+3s^2+2를 나누면서 다시 연분수전개를 계속한다.

5개의 전개 변수는 $(\alpha_1, \alpha_2, \alpha_3, \alpha_4, \alpha_5) = (1, 1/4, 8/3, 9/4, 1/3)$이다. 따라서 좌반면에 근이 1개, 허축상에 근이 4개 존재한다.

48　제 2 장　회로망 함수

$$
\begin{array}{r}
\dfrac{1}{4}s \\
4s^3+6s\,\big)\overline{s^4+3s^2+2}\\
s^4+\dfrac{3}{2}s^2 \quad\quad \dfrac{8}{3}s \\
\hline
\dfrac{3}{2}s^2+2\,\big)\,4s^3+6s \\
4s^3+\dfrac{16}{3}s \quad \dfrac{9}{4}s \\
\hline
\dfrac{2}{3}s\,\big)\,\dfrac{3}{2}s^2+2 \\
\dfrac{3}{2}s^2 \quad \dfrac{1}{3}s\\
\hline
2\,\big)\,\dfrac{2}{3}s\\
\dfrac{2}{3}s\\
\hline
0
\end{array}
$$

2.3 그림 2.16의 구동점 임피던스 $Z(s)$를 구하라.

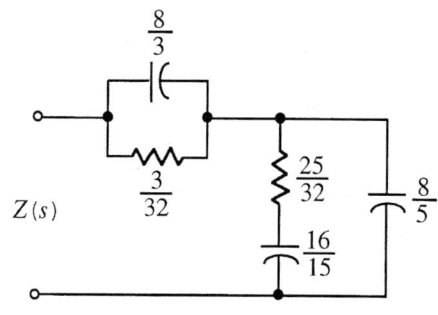

그림 2.16　[단위 : Ω, F]

풀이 :

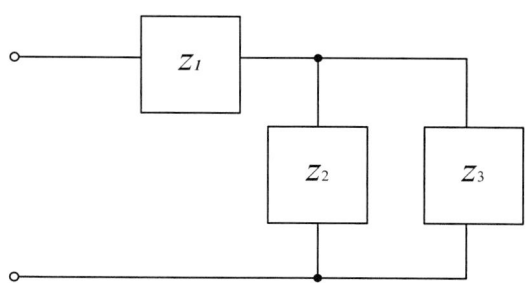

$$Z_1 = \frac{\frac{3}{32} \times \frac{3}{8s}}{\frac{3}{32} + \frac{3}{8s}} = \frac{9}{8(3s+12)} = \frac{3}{8(s+4)}$$

$$Z_2 = \frac{25}{32} + \frac{15}{16s} = \frac{5(5s+6)}{32s}$$

$$Z_2 + Z_3 = \frac{\frac{5(5s+6)}{32s} \times \frac{5}{8s}}{\frac{5(5s+6)}{32s} + \frac{5}{8s}} = \frac{(5s+6)}{8s(s+2)}$$

$$Z_1 + Z_2 + Z_3 = \frac{3}{8(s+4)} + \frac{5s+6}{8s(s+2)} = \frac{3s(s+2)+(5s+6)(s+4)}{8s(s+2)(s+4)}$$

$$= \frac{8s^2 + 32s + 24}{8s(s+2)(s+4)} = \frac{(s+1)(s+3)}{s(s+2)(s+4)}$$

$$\therefore \ Z(s) = \frac{(s+1)(s+3)}{s(s+2)(s+4)}$$

2.4 그림 2.17의 회로망에서 구동점 임피던스 $Z(s)$를 각각 구하라.

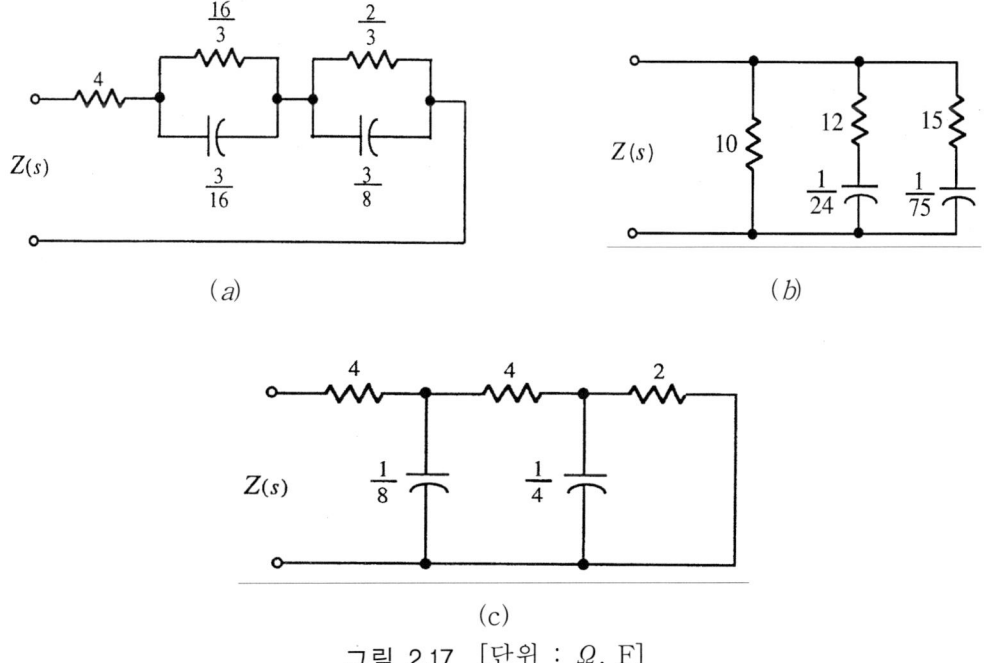

그림 2.17 [단위 : Ω, F]

풀이 : (b)

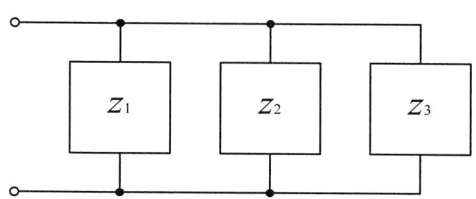

$$Z_1 = 10$$
$$Z_2 = 12 + \frac{24}{s} = \frac{12(s+2)}{s}$$
$$Z_3 = 15 + \frac{75}{s} = \frac{15(s+5)}{s}$$

$$Z(s) = \frac{10 \times \frac{12(s+2)}{s} \times \frac{15(s+5)}{s}}{10 \times \frac{12(s+2)}{s} + \frac{12(s+2)}{s} \times \frac{15(s+5)}{s} + 10 \times \frac{15(s+5)}{s}}$$

$$= \frac{4 \times 15(s+2)(s+5)}{4s(s+2) + 6(s+2)(s+5) + 5s(s+5)}$$

$$= \frac{60(s+2)(s+5)}{15s^2 + 75s + 60} = \frac{4(s+2)(s+5)}{(s+1)(s+4)}$$

(c)

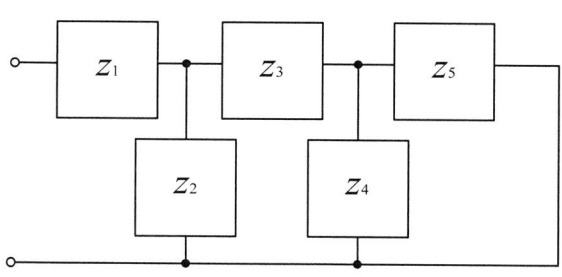

$$Z_4 + Z_5 = \frac{2 \times \frac{4}{s}}{2 + \frac{4}{s}} = \frac{4}{s+2}$$

$$Z_3 + (Z_4 + Z_5) = 4 + \frac{4}{s+2} = \frac{4(s+3)}{s+2}$$

제 2 장 회로망 함수

$$Z_2+(Z_3+Z_4+Z_5) = \frac{\frac{8}{s}\times\frac{4(s+3)}{s+2}}{\frac{8}{s}+\frac{4(s+3)}{s+2}} = \frac{8(s+3)}{s^2+5s+4}$$

$$Z(s) = Z_1+(Z_2+Z_3+Z_4+Z_5) = 4+\frac{8(s+3)}{s^2+5s+4}$$

$$= \frac{4(s^2+7s+10)}{(s+1)(s+4)}$$

$$= \frac{4(s+2)(s+5)}{(s+1)(s+4)}$$

2.5 그림 2.18의 구동점 어드미턴스 $Y(s)$를 구하라.

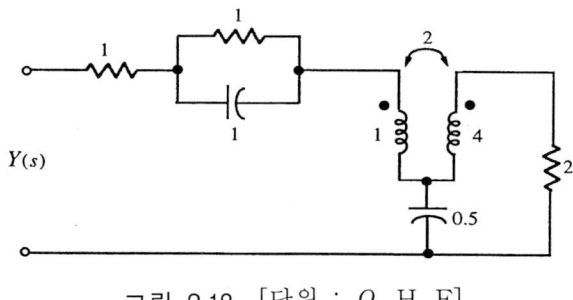

그림 2.18 [단위 : Ω, H, F]

2.6 다음 함수 $F(s)$가 양실함수인지의 여부를 판정하라.

(a) $F(s) = \dfrac{2s^2+5s+1}{s^2+2s+2}$ (b) $F(s) = \dfrac{s^2+s+2}{4s^2+s+1}$

풀이 :

(a) 1) s가 실수일때, $F(s)$도 실수이다.

2) $A(s)+B(s)$가 허위쓰다항식이다.

3) $\text{Re} F(j\omega) = \dfrac{2\omega^4+5\omega^2+2}{(2-\omega^2)^2+4\omega^2} > 0$

∴ $F(s)$는 양실함수이다.

(b) 1) s가 실수일때, $F(s)$도 실수이다.

2) $A(s)+B(s)$가 허위쓰다항식이다.

3) $\operatorname{Re}F(j\omega) = \dfrac{4\omega^4 - 8\omega^2 + 2}{(1-4\omega^2)^2 + \omega^2}$

$\omega = 1$에서 $\operatorname{Re}F(j\omega) < 0$

∴ $F(s)$는 양실함수가아니다.

2.7 $F_1(s)$와 $F_2(s)$가 양실함수일 때 $F(s)=F_1(s)+F_2(s)$도 역시 양실함수임을 증명하라.

2.8 $F(s)$가 양실함수일 때 $F\left(\dfrac{1}{s}\right)$도 양실함수임을 증명하라.

풀이 :

$\dfrac{1}{s} = S$라 하면, $F(\dfrac{1}{s}) = F(S)$이고,

$s = \sigma + j\omega$이 $S = \Sigma + j\Omega$이다.

$\Sigma + j\Omega = \dfrac{1}{\sigma + j\omega} = \dfrac{\sigma - j\omega}{\sigma^2 + \omega^2} = \dfrac{\sigma}{\sigma^2+\omega^2} - j\dfrac{\omega}{\sigma^2+\omega^2}$

여기에서 $\Sigma = \dfrac{\sigma}{\sigma^2+\omega^2}$ 이므로,

$\sigma = \operatorname{Re} s \geq 0$이면, 역시 $\Sigma = \operatorname{Re} S \geq 0$ 이다.

그리고 s가 실수이면 S도 실수이다.
(1) s가 실수일 때는 S도 실수이므로 $F(S)$도 실수이다.
(2) $\operatorname{Re} s \geq 0$이면 $\operatorname{Re} S \geq 0$이다. 그래서 $\operatorname{Re} S \geq 0$일 때 $\operatorname{Re} F(S) \geq 0$이다.

2.9 그림 2.19의 2 단자쌍 회로망의 단락회로 어드미턴스 행렬을 구하라.

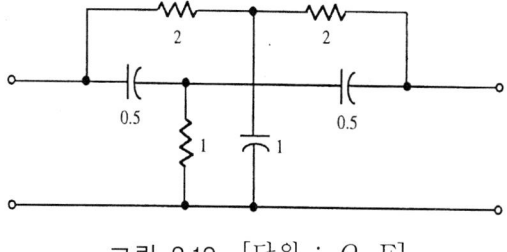

그림 2.19 [단위 : Ω, F]

제 2 장 회로망 함수

2.10 그림 2.20의 2단자쌍 회로망의 Z, Y 및 T 행렬을 각각 구하라.

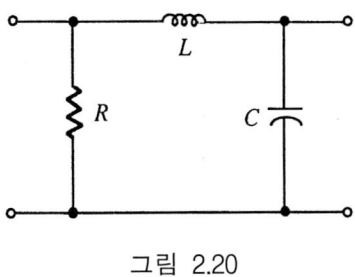

그림 2.20

풀이 : 주어진 회로망은 π형 회로망이므로 먼저 어드미턴스 파라미터를 구한 후 Z와 T는 파라미터 변환표를 이용하여 구한다.

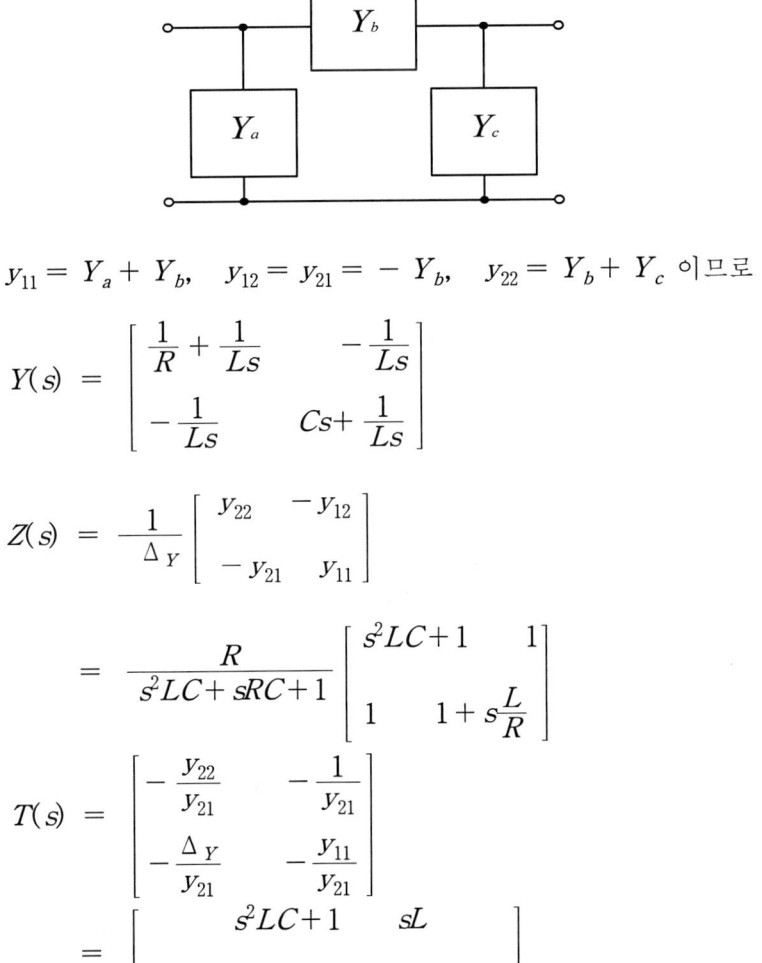

$y_{11} = Y_a + Y_b$, $y_{12} = y_{21} = -Y_b$, $y_{22} = Y_b + Y_c$ 이므로

$$Y(s) = \begin{bmatrix} \dfrac{1}{R} + \dfrac{1}{Ls} & -\dfrac{1}{Ls} \\ -\dfrac{1}{Ls} & Cs + \dfrac{1}{Ls} \end{bmatrix}$$

$$Z(s) = \dfrac{1}{\Delta_Y} \begin{bmatrix} y_{22} & -y_{12} \\ -y_{21} & y_{11} \end{bmatrix}$$

$$= \dfrac{R}{s^2LC + sRC + 1} \begin{bmatrix} s^2LC + 1 & 1 \\ 1 & 1 + s\dfrac{L}{R} \end{bmatrix}$$

$$T(s) = \begin{bmatrix} -\dfrac{y_{22}}{y_{21}} & -\dfrac{1}{y_{21}} \\ -\dfrac{\Delta_Y}{y_{21}} & -\dfrac{y_{11}}{y_{21}} \end{bmatrix}$$

$$= \begin{bmatrix} s^2LC + 1 & sL \\ \dfrac{s^2LC + sRC + 1}{R} & 1 + s\dfrac{L}{R} \end{bmatrix}$$

2.11 그림 2.21의 2단자쌍 회로망의 Z, Y, T 및 H 행렬을 각각 구하라.

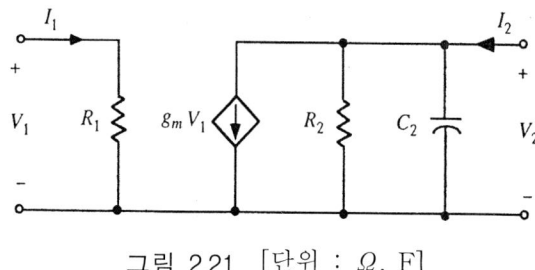

그림 2.21 [단위 : Ω, F]

풀이 : 회로방정식을 구하면,

$$I_1 = \frac{1}{R_1} V_1$$

$$I_2 = g_m V_1 + \left(\frac{1}{R_2} + C_2 s\right) V_2$$

위 식으로부터 Y 행렬을 구하면

$$Y(s) = \begin{bmatrix} \dfrac{1}{R_1} & 0 \\ g_m & \dfrac{1}{R_2} + C_2 s \end{bmatrix}$$

또한 I_1과 V_2를 독립변수로 잡으면,

$$V_1 = R_1 I_1$$
$$I_2 = R_1 g_m I_1 + \left(\frac{1}{R_2} + C_2 s\right) V_2$$

위의 식에서 H 행렬을 구한다.

$$V_1 = h_{11} I_1 + h_{12} V_2$$

$$I_2 = h_{21} I_1 + h_{22} V_2$$

$$\therefore H(s) = \begin{bmatrix} R_1 & 0 \\ R_1 g_m & \dfrac{1}{R_2} + C_2 s \end{bmatrix}$$

Z와 T는 표 2.1의 변환표를 이용하여 구한다.

제 2 장 회로망 함수

2.12 그림 2.22에 주어진 회로망의 2단자쌍 파라미터가 다음과 같음을 증명하라.

$$z_{11} = z_{22} = \frac{1}{2}(Z_b + Z_a) \qquad y_{11} = y_{22} = \frac{1}{2}(Y_b + Y_a)$$

$$z_{12} = z_{21} = \frac{1}{2}(Z_b - Z_a) \qquad y_{12} = y_{21} = \frac{1}{2}(Y_b - Y_a)$$

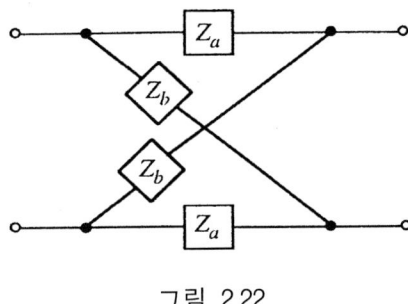

그림 2.22

풀이 : 주어진 회로의 전압과 전류를 위와 같이 가정하면, 개방회로 임피던스는

$$V_1 = Z_{11}I_1 + Z_{12}I_2$$
$$V_2 = Z_{21}I_1 + Z_{22}I_2$$

1) $Z_{11} = \left.\dfrac{V_1}{I_1}\right|_{I_2=0} = \dfrac{\frac{1}{2}I_1(Z_a+Z_b)}{I_1} = \dfrac{1}{2}(Z_b+Z_a)$

Z_{12}와 Z_{21}을 구하기 위해서는 다음과 같은 등가회로로 변환하면 쉽게 구할 수 있다.

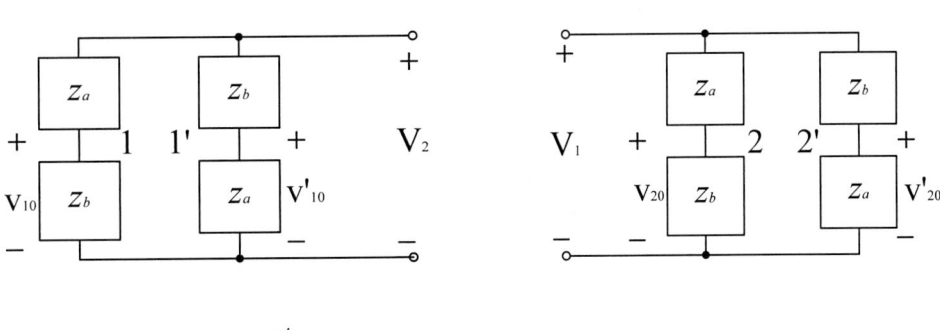

$$V_1 = V_{10} - V_{10}'$$
$$= \frac{V_2}{Z_a+Z_b} \cdot Z_b - \frac{V_2}{Z_a+Z_b} \cdot Z_a = \frac{V_2(Z_b-Z_a)}{Z_a+Z_b}$$

2) 또한 $V_2 = \dfrac{(Z_a + Z_b)}{2} I_2$ 이므로, 이를 위의 식에 대입하여 정리하면

$$\dfrac{V_1}{I_2} = \dfrac{1}{2}(Z_b - Z_a) = Z_{12}$$

3) $Z_{21} = \left.\dfrac{V_2}{I_1}\right|_{I_2 = 0}$ 이므로

그림 (b)의 출력단자 2 - 2′에서

$$V_2 = V_{20} - V'_{20}$$
$$= \dfrac{V_1}{Z_a + Z_b} \cdot Z_b - \dfrac{V_1}{Z_a + Z_b} \cdot Z_a = \dfrac{V_1(Z_b - Z_a)}{Z_a + Z_b}$$

또한 $V_1 = \dfrac{(Z_a + Z_b)}{2} I_1$ 이므로, 이를 위의 식에 대입하여 정리하면

$$\dfrac{V_2}{I_1} = \dfrac{1}{2}(Z_b - Z_a) = Z_{21}$$

4) $Z_{22} = \left.\dfrac{V_2}{I_2}\right|_{I_1 = 0} = \dfrac{\frac{1}{2} I_2 (Z_a + Z_b)}{I_2} = \dfrac{1}{2}(Z_a + Z_b)$

∴ 1), 2), 3) 및 4)로서 증명할 수 있다.

2.13 그림 2.23의 회로망은 대칭격자형 회로가 1Ω의 부하로 종단된 것이다. $\dfrac{V_2}{I_1}$, $\dfrac{V_1}{I_1}$ 및 $\dfrac{V_2}{V_1}$ 을 구하라.

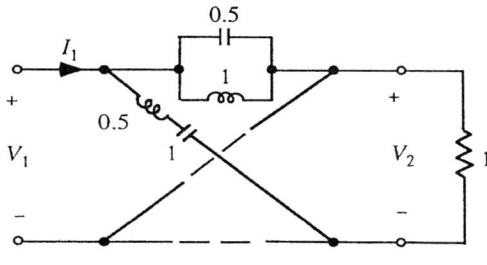

그림 2.23 [단위 : Ω, H, F]

제 2 장 회로망 함수

2.14 z_{11}, z_{12}, z_{21}, z_{22}는 2단자쌍 회로망의 개방회로 임피던스 파라미터이다. 그리고 $\Delta_z = z_{11}z_{22} - z_{12}z_{21}$이다. 그림 2.24에서 전압 전달함수 V_2/V_0 와 구동점 임피던스 Z가 다음과 같다는 것을 증명하라.

(a) $\dfrac{V_2}{V_0} = \dfrac{z_{21}R_2}{(R_1+z_{11})(R_2+z_{22})-z_{21}z_{12}}$ (b) $Z = \dfrac{V_1}{I_1} = \dfrac{z_{11}R_2+\Delta_z}{z_{22}+R_2}$

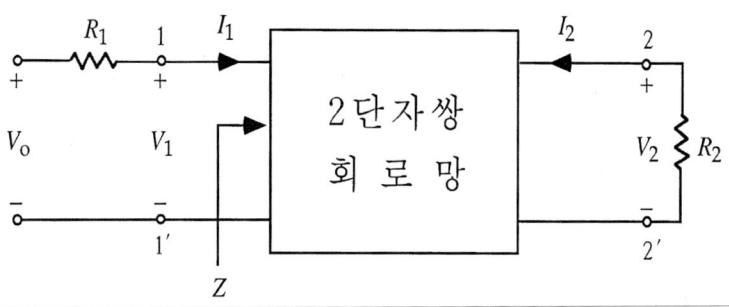

그림 2.24

풀이 : (a) $V_0 = (R_1 + z_{11})I_1 + z_{12}I_2$

$V_2 = -R_2 I_2 = z_{21}I_1 + z_{22}I_2$

또는 $(R_1+z_{11})I_1 + z_{12}I_2 = V_0$

$z_{21}I_1 + (z_{22}+R_2)I_2 = 0$

따라서

$$I_1 = \dfrac{\begin{bmatrix} V_0 & z_{12} \\ 0 & z_{22}+R_2 \end{bmatrix}}{\begin{bmatrix} R_1+z_{11} & z_{12} \\ z_{21} & R_2+z_{22} \end{bmatrix}} = \dfrac{(z_{22}+R_2)V_0}{(R_1+z_{11})(R_2+z_{22})-z_{12}z_{21}}$$

$$I_2 = \dfrac{\begin{bmatrix} R_1+z_{11} & V_0 \\ z_{21} & 0 \end{bmatrix}}{\begin{bmatrix} R_1+z_{11} & z_{12} \\ z_{21} & R_2+z_{22} \end{bmatrix}} = \dfrac{-z_{21}V_0}{(R_1+z_{11})(R_2+z_{22})-z_{12}z_{21}}$$

$$\therefore \frac{V_2}{V_0} = \frac{-R_2 I_2}{V_0} = \frac{\frac{z_{21} R_2 V_0}{(R_1+z_{11})(R_2+z_{22})-z_{12}z_{21}}}{V_0}$$

$$= \frac{z_{21} R_2}{(R_1+z_{11})(R_2+z_{22})-z_{12}z_{21}}$$

(b) $z_{11}I_1 + z_{12}I_2 = V_1$

$z_{21}I_1 + (z_{22}+R_2)I_2 = 0$

따라서

$$I_1 = \frac{\begin{bmatrix} V_1 & z_{12} \\ 0 & z_{22}+R_2 \end{bmatrix}}{\begin{bmatrix} z_{11} & z_{12} \\ z_{21} & R_2+z_{22} \end{bmatrix}} = \frac{(z_{22}+R_2)V_1}{z_{11}(R_2+z_{22})-z_{12}z_{21}}$$

$$\therefore Z = \frac{V_1}{I_1} = \frac{V_1}{\frac{(z_{22}+R_2)V_1}{z_{11}(R_2+z_{22})-z_{12}z_{21}}}$$

$$= \frac{z_{11}(R_2+z_{22})-z_{12}z_{21}}{R_2+Z_{22}}$$

2.15 그림 2.25의 회로망에서 부하 임피던스 R_2는 8Ω이고 전원 임피던스 R_1은 200Ω이다. 최대전력 전송을 위하여 임피던스 정합이 이루어졌다 하자. 이때의 변압기 권선비를 구하라.

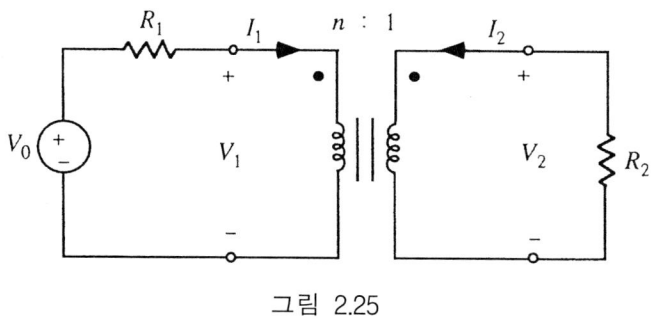

그림 2.25

풀이 : 주어진 회로로 부터

$$V_1 = nV_2$$

$$I_1 = -\frac{1}{n}I_2$$

$$\therefore \frac{V_1}{I_1} = n^2\left(\frac{V_2}{-I_2}\right) = n^2 R_2$$

임피던스 정합을 위해서는

$R_1 = n^2 R_2$ 이므로 $200 = 8n^2$

$$\therefore n = 5$$

2.16 다음 회로망의 개방회로 임피던스 행렬을 구하고 V_2/V_1을 찾아내라.

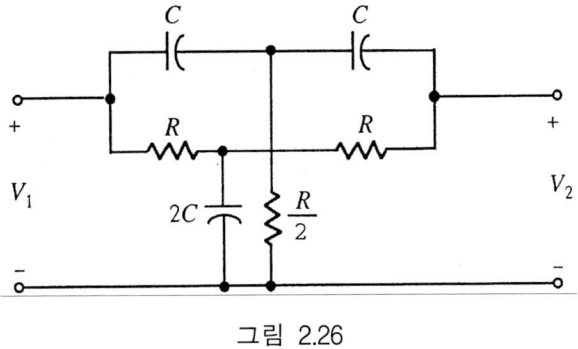

그림 2.26

제 3 장   필터 함수 근사법

이상적인 필터는 통과역(Passband)내에서는 모든 주파수의 신호가 완전히 통과하고, 저지역(Stopband)에서는 신호가 완전히 저지된다. 그러나 실제 물리계에서는 이상적인 필터 실현이 불가능하므로 필터 함수 근사법(Approximation of filter functions)을 이용한다.

필터 합성에서 설계 명세조건(Design specification)은 주파수 ω에 관한 크기(Magnitude) 특성이나 위상(Phase) 특성으로 주어지는데, 이러한 특성에 맞는 함수를 찾아내는 과정이 근사법이다. 근사법은 필터 설계 과정에 있어서 가장 먼저 수행한다.

크기 특성으로 분류한 근사법에는 바터워스 함수(Butterworth function), 체비셰프 함수(Chebyshev function), 역 체비셰프 함수(Inverse Chebyshev function) 및 타원 함수(Elliptic function)등이 있다.

또한 위상 특성으로 분류한 근사법은 벳셀-톰슨 함수(Bessel-Thomson function) 및 위상 등화에 주로 이용되는 전역통과 함수(All-pass function)가 있다.

이러한 여러가지 필터 함수의 근사법을 전개하는 과정에서 함수의 계수, 극점 및 영점의 위치, 그리고 인수항(Factor)등을 부록의 표로 작성하여 앞으로 필터 설계 시에 편리하게 사용할 수 있도록 하였다.

3.1 필터 함수의 크기와 위상

필터 함수를 $H(s)$로 표시하면 정상 상태에서의 함수는 s를 $j\omega$로 대치할 때 얻어진다. 이때 $H(j\omega)$는 대부분의 경우 복소수(Complex number)이다.

$$H(j\omega) = |H(j\omega)|e^{j\phi(\omega)} \tag{3.1}$$

식(3.1)에서 $|H(j\omega)|$는 $H(j\omega)$의 크기이고, $\phi(\omega)$는 $H(j\omega)$의 위상이다.

함수의 크기나 신호의 레벨(Level)등을 표시할 때 선형 눈금(Linear scale)보다 대수 눈금(Logarithmic scale)을 사용하면 편리한 때가 많다. 선형 눈금의 크기나 수준을 K로 표시할 때 대수 눈금 크기 dB량은 식(3.2)의 변환식으로 구한다.

$$\alpha = 20\log_{10}K \quad \text{dB} \tag{3.2}$$

<예제 3.1> 다음 함수의 크기와 위상을 구하라.

$$H(s) = \frac{b_2 s^2 + b_1 s + b_0}{a_2 s^2 + a_1 s + a_0}$$

풀이 : $H(j\omega) = \dfrac{(b_0 - b_2\omega^2) + jb_1\omega}{(a_0 - a_2\omega^2) + ja_1\omega}$

$$|H(j\omega)| = \sqrt{\frac{(b_0 - b_2\omega^2)^2 + (b_1\omega)^2}{(a_0 - a_2\omega^2)^2 + (a_1\omega)^2}}$$

$$\phi(\omega) = \tan^{-1}\left(\frac{b_1\omega}{b_0 - b_2\omega^2}\right) - \tan^{-1}\left(\frac{a_1\omega}{a_0 - a_2\omega^2}\right)$$

예를 들어 10,000은 80 dB, 1,000은 60 dB, 1은 0 dB, 0.001은 -60 dB이고 0.0001은 -80 dB이다. 따라서 아주 큰 수량이나 극히 작은 수량을 표현하기 쉽다. 그런데 필터 함수의 크기는 설계시에 정규화(Normalization)하는 것이 보통이므로 통과역에서 가장 클 때가 1(Unity)이고 그 외의 주파수에서는 1보다 작은 양이 된다. 그러므로 dB량으로 변환할 때 0 dB 나 (−) dB(Minus dB)로 표시되지만, 일반적으로 편의상 (−) 부호를 제거하고 양수로 취급한다.

$$\alpha(\omega) = -20\log_{10}|H(j\omega)| \quad \text{dB} \tag{3.3a}$$

또는

$$\alpha(\omega) = 20\log_{10}\frac{1}{|H(j\omega)|} \quad \text{dB} \tag{3.3b}$$

<예제 3.2> 아래의 크기 K를 dB로 환산하라.

(a) $K = 0.5$

(b) $K = 0.0032$

풀이 : 식(3.3)을 이용한다. 이제부터 기수(Base) 10을 생략하기로 한다.

(a) $\alpha = -20 \log 0.5 = 6.021$ dB

(b) $\alpha = -20 \log 0.0032 = 50$ dB

3.1 필터 함수의 크기와 위상

필터 함수의 크기는 정규화할 때 0에서 1 사이의 값을 갖는다. 표 3.1은 이러한 값들에 관한 크기와 dB의 변환이다.

표 3.1 필터 함수의 크기 ⟷ dB 변환표

K (크기)	α (dB)	α (dB)	K (크기)
1.000	0.000	0.0	1.0000
0.990	0.088	0.1	0.9886
0.980	0.175	0.2	0.9772
0.970	0.265	0.3	0.9661
0.960	0.355	0.4	0.9550
0.950	0.446	0.5	0.9441
0.940	0.537	0.6	0.9333
0.930	0.630	0.7	0.9226
0.920	0.724	0.8	0.9120
0.910	0.819	0.9	0.9016
0.900	0.915	1.0	0.8913
0.890	1.012	1.1	0.8810
0.880	1.110	1.2	0.8710
0.870	1.210	1.3	0.8610
0.860	1.310	1.4	0.8511
0.850	1.412	1.5	0.8414
0.840	1.514	1.6	0.8318
0.830	1.618	1.7	0.8222
0.820	1.724	1.8	0.8128
0.810	1.830	1.9	0.8035
0.800	1.938	2.0	0.7943
0.790	2.047	2.5	0.7499
0.780	2.158	3.0	0.7079
0.770	2.270	3.5	0.6683
0.760	2.384	4.0	0.6310
0.750	2.499	5.0	0.5623
0.740	2.615	6.0	0.5012
0.730	2.734	7.0	0.4467
0.720	2.853	8.0	0.3981
0.710	2.975	9.0	0.3548
0.700	3.098	10.0	0.3162
0.500	6.021	20.0	0.1000
0.200	13.979	30.0	0.0316
0.100	20.000	40.0	0.0100
0.050	26.021	50.0	0.0032
0.010	40.000	60.0	0.0010
0.005	46.021	70.0	0.0003
0.001	60.000	80.0	0.0001
0.0005	66.021	90.0	0.00003
0.0001	80.000	100.0	0.00001

3.1.1 크기 특성으로부터 함수 $H(s)$를 구하는 방법

모든 함수 $H(s)$에 $s = j\omega$를 대입하면 식(3.4)와 같은 복소수 형태로 표현할 수 있다.

$$H(j\omega) = a(\omega) + jb(\omega) = |H(j\omega)|e^{j\phi(\omega)} \tag{3.4}$$

이때 크기와 위상은 식(3.5)와 같다.

$$|H(j\omega)| = \sqrt{a^2(\omega) + b^2(\omega)} \tag{3.5a}$$

$$\phi(\omega) = \tan^{-1}\frac{b(\omega)}{a(\omega)} \tag{3.5b}$$

필터 함수를 구할 때는 필터의 용도에 따라 크기 특성을 위주로 하거나 위상을 중요시할 수 있지만 먼저 크기 특성을 살펴보자. $H(j\omega)$의 크기 제곱은 $H(j\omega)$에다 공액복소수 $\overline{H}(j\omega)$를 곱해 준 것과 같다.

$$|H(j\omega)|^2 = H(j\omega)\overline{H}(j\omega) \tag{3.6}$$

그런데 $\overline{H}(j\omega) = H(-j\omega)$이므로 $|H(j\omega)|^2$은 다음과 같다. 여기서 $|H(j\omega)|^2$은 ω^2의 함수이다.

$$|H(j\omega)|^2 = H(j\omega)H(-j\omega) \tag{3.7}$$

식(3.7)의 ω^2 대신에 $-s^2$을 대입하면 식(3.8)을 얻는다.

$$H(s)H(-s) = |H(j\omega)|^2 \big|_{\omega^2 = -s^2} \tag{3.8}$$

$H(s)H(-s)$로부터 $H(s)$를 분리하는 방법은 여러 가지가 있다. $H(s) = B(s)/A(s)$라 할 때

$$H(s)H(-s) = \frac{B(s)}{A(s)} \cdot \frac{B(-s)}{A(-s)} \tag{3.9}$$

$H(s)$가 실현될 수 있는 함수로 되기 위해서는 $A(s)$는 항상 허위쓰 다항식이어야 한다.

> <예제 3.3> 크기 특성이 다음과 같을 때 함수 $H(s)$를 구하라.
>
> $$|H(j\omega)| = \sqrt{\frac{\omega^2 + 4}{\omega^4 + 1}}$$
>
> 풀이 : $|H(j\omega)|^2 = \dfrac{\omega^2 + 4}{\omega^4 + 1}$
>
> 식(3.8)에 의해
>
> $$H(s)H(-s) = \left.\frac{\omega^2 + 4}{\omega^4 + 1}\right|_{\omega^2 = -s^2} = \frac{-s^2 + 4}{s^4 + 1} = \frac{(s+2)(-s+2)}{(s^2 + \sqrt{2}\,s + 1)(s^2 - \sqrt{2}\,s + 1)}$$
>
> $H(s)$로는 2가지의 함수를 생각할 수 있다.
>
> $$H(s) = \frac{s+2}{s^2 + \sqrt{2}\,s + 1} \quad , \quad H(-s) = \frac{-s+2}{s^2 - \sqrt{2}\,s + 1}$$
>
> $H(s)$의 영점이 우반면에 있어서는 안된다는 추가 조건이 있을 때는 전자를 선택해야 한다. 이러한 함수를 최소위상 함수(Minimum phase function)라 한다.

3.2 저역통과 함수와 크기 특성

저역통과 필터는 비교적 낮은 주파수의 신호는 통과시키고 높은 주파수 성분을 갖는 신호는 저지하는 회로망이다. 그러므로 이상적인 저역통과 필터가 그림 3.1(a)와 같은 직각을 이루는 곡선을 만들어낸다는 것은 유한계에서는 불가능하므로 현실적으로는 크기 곡선이 그림 3.1(b)와 같이 영면(Shaded area)안에 들어가면 된다는 조건을 만족시키면 된다. 이러한 크기 특성 곡선을 주파수 함수인 $|H(j\omega)|$로 나타내고 이에 따라 실현성 있는 저역통과 함수 $H(s)$를 구하는 과정이 바로 근사법이다.

그림 3.1(b)에서 통과역은 $0 \leq \omega \leq \omega_c$로 정의되고, 저지역은 $\omega \geq \omega_s$로 정한다. 여기서 ω_s는 저지역이 시작되는 주파수이고, 통과역과 저지역 사이에 있는 대역을 천이역(Transition band)이라 한다. 통과역과 천이역사이의 경계를 이루는 주파수 ω_c는 차단 주파수(Cutoff frequency)라 하고, $\omega_c = 1$ rad/sec로 정규화(Normalization)하는 것이 일반적이다. 또한 통과역에서의 크기의 최대치도 정규화하여 1로 설정한다. 부록에 제시된 모든 함수 표는 정규화된 주파수와 통과역의 크기 최대치를 1로 하여 만들어진다. 그림 3.1(b)에서 K_p는 통과역에서 허용되는 크기의 최소치이며 K_s는 저지역에서 허용되는 크기의 최대치이다.

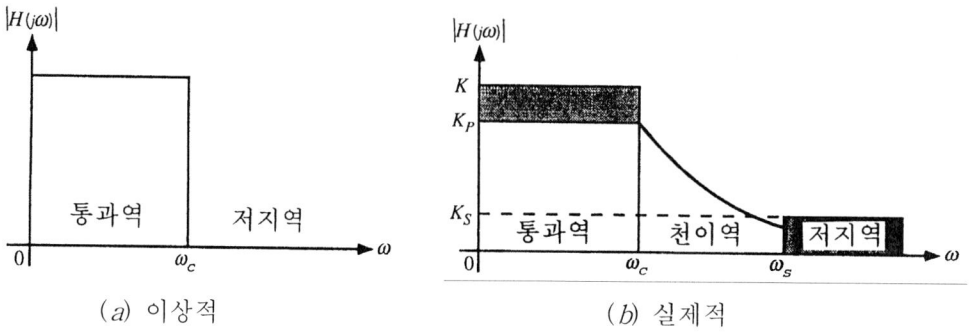

(a) 이상적   (b) 실제적

그림 3.1 저역통과 필터의 크기 특성

근사법을 통하여 필터 함수를 구할 때에는 일반적으로 저역통과 함수를 먼저 구한다. 특별한 경우에는 정해진 조건을 만족시키는 대역통과 함수를 직접 구하기도 하는데 이는 예외이다. 고역통과, 대역통과, 대역저지 등의 함수는 5장에서 주파수 변환을 통하여 저역통과 함수로부터 간단하게 구할 수 있다.

그림 3.1(b)에서 크기 곡선이 양쪽에 있는 영면 안에 들어가고 천이역에서는 급격하게 감소하도록 식(3.10)과 같이 표기하자.

$$|H(j\omega)| = \frac{K}{\sqrt{1 + \epsilon^2 f(\omega^2)}} \tag{3.10}$$

여기서 차단 주파수 $\omega_c = 1$ rad/sec로 정규화한 경우 바람직한 저역통과 크기 특성을 얻기 위한 $f(\omega^2)$의 조건은 다음과 같다.

$$f(\omega^2) \gg 1, \quad \omega > 1 \tag{3.11}$$
$$0 \leq f(\omega^2) \ll 1, \quad 0 \leq \omega \leq 1$$

3.3 바터워스 함수(Butterworth Function)

1930년 영국의 엔지니어 바터워스(S. Butterworth)는 식(3.10)의 $f(\omega^2)$으로써 식(3.12)를 제안했는데 이는 식(3.11)의 조건을 잘 만족시켜 준다.

$$f(\omega^2) = \omega^{2n} \quad n = 1, 2, 3, \cdots \tag{3.12}$$

위 식을 식(3.10)에 대입하면 바터워스 함수의 크기의 일반식을 식(3.13)과 같고, 편의상 $K = 1$, $\epsilon = 1$로 하면 식(3.14)와 같다.

3.3 바터워스 함수

$$|H(j\omega)| = \frac{K}{\sqrt{1 + \epsilon^2 \omega^{2n}}} \quad n = 1, 2, 3, \cdots \tag{3.13}$$

$$|H(j\omega)| = \frac{1}{\sqrt{1 + \omega^{2n}}} \quad n = 1, 2, 3, \cdots \tag{3.14}$$

아주 높은 주파수, 즉 $\omega \gg 1$에서는 $|H(j\omega)| \approx 1/\epsilon\,\omega^n$이다. 따라서 감쇠(Attenuation)는 식(3.15)와 같다.

$$\alpha(\omega) = -20 \log |H(j\omega)| \approx 20\,n \log \omega + 20 \log \epsilon \quad \text{dB} \tag{3.15}$$

식(3.14)로 부터 바터워스 함수의 크기 특성을 찾기 위하여 2항 정리(Binomial theorem)를 이용해서 전개해 보자.

$$|H(j\omega)| = (1 + \omega^{2n})^{-\frac{1}{2}} = 1 - \frac{1}{2}\omega^{2n} + \frac{3}{8}\omega^{4n} - \frac{5}{16}\omega^{6n} + \cdots$$

여기서 ω에 관한 도함수를 구해 보면 $(2n-1)$차 도함수까지는 모두 ω항을 인수로 가지므로 $\omega = 0$에서 크기가 1이 되고, $\omega = 0$ 근방에서는 평탄하므로 바터워스 크기 특성을 최대평탄 크기(Maximally flat magnitude) 특성이라고도 부른다.

이제 바터워스 함수를 구하는 방법을 알아보고, 필터 설계때 편리하게 사용할 수 있는 3종류의 표를 작성한다.

식(3.8)에 식(3.14)를 대입하면 다음과 같다.

$$H(s)H(-s) = |H(j\omega)|^2 \big|_{\omega^2 = -s^2} = \frac{1}{1 + (-s^2)^n} \tag{3.16}$$

여기서 $H(s)$와 $H(-s)$를 식(3.17)과 같이 다항식이 분모에만 있는 전극점 함수(All-pole function)로 표시하고 위 식의 분모에서 허위쓰 다항식인 $A(s)$를 분리해 내면 된다.

$$H(s) = \frac{1}{A(s)} \tag{3.17a}$$

$$H(-s) = \frac{1}{A(-s)} \tag{3.17b}$$

$$A(s)A(-s) = 1 + (-s^2)^n \tag{3.18}$$

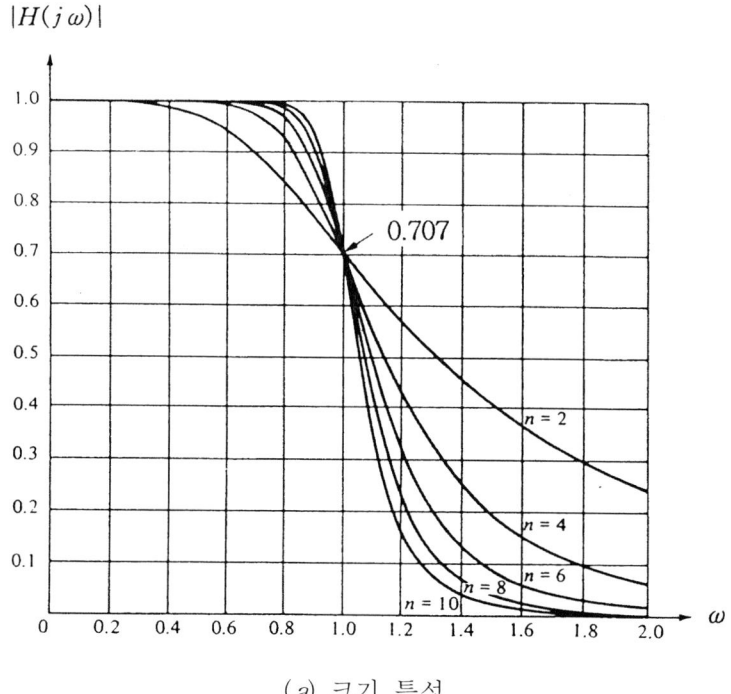

(a) 크기 특성

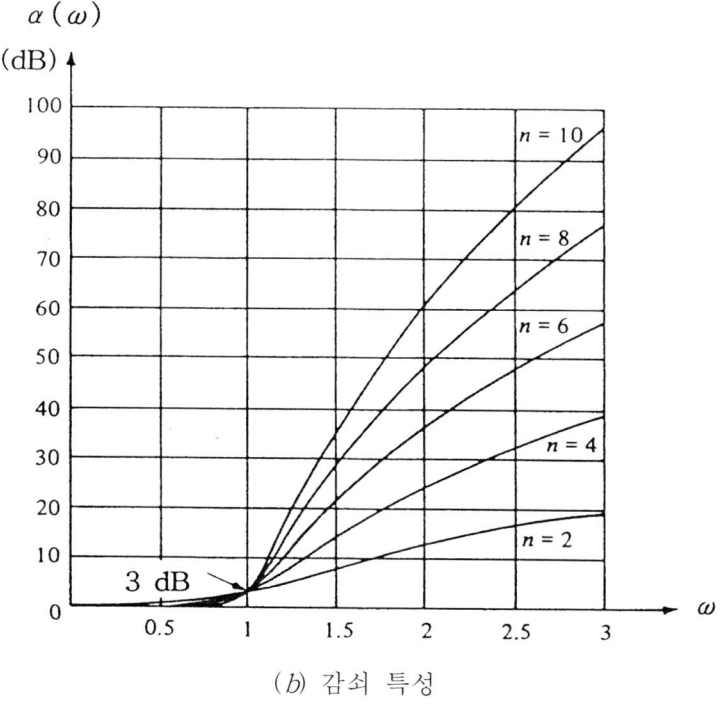

(b) 감쇠 특성

그림 3.2 바터워스 함수의 특성($\epsilon = 1$일 때)

3.3 바터워스 함수

식(3.17a)의 함수식은 크기 특성이 저역통과 기능을 갖기 때문에 저역통과 함수로 구분되지만 이 책에서는 간략히 바터워스 함수라 부르고 이를 실현하여 얻게 되는 회로망을 바터워스 필터라고 부르기로 한다. 그림 3.2는 바터워스 함수의 크기와 감쇠 특성이다.

<예제 3.4> 다음과 같은 차수에 해당하는 바터워스 함수를 구하라.

$(a)\ n = 2$

$(b)\ n = 3$

풀이 : (a) 식(3.14)와 식(3.18)로 부터

$$\begin{aligned}A(s)A(-s) &= 1 + s^4 \\ &= s^4 + 2s^2 + 1 - 2s^2 \\ &= (s^2+1)^2 - (\sqrt{2}\,s)^2 \\ &= (s^2 + \sqrt{2}\,s + 1)(s^2 - \sqrt{2}\,s + 1)\end{aligned}$$

식(3.17a)에 따라

$$H(s) = \frac{1}{s^2 + \sqrt{2}\,s + 1}$$

(b)
$$\begin{aligned}A(s)A(-s) &= 1 - s^6 \\ &= (s^3 + a_2 s^2 + a_1 s + 1)(-s^3 + a_2 s^2 - a_1 s + 1) \\ &= -s^6 + (a_2^2 - 2a_1)s^4 + (2a_2 - a_1^2)s^2 + 1\end{aligned}$$

여기서

$$a_2^2 - 2a_1 = 0,\quad 2a_2 - a_1^2 = 0$$

$$\therefore\ a_2 = 2 \quad a_1 = 2$$

$$A(s)A(-s) = (s^3 + 2s^2 + 2s + 1)(-s^3 + 2s^2 - 2s + 1)$$

식(3.17a)에 의해

$$H(s) = \frac{1}{s^3 + 2s^2 + 2s + 1}$$

예제 3.4와 같이 차수 n이 비교적 낮은 경우에는 바터워스 함수는 $1 + (-s^2)^n$의 인수분해로 구할 수 있지만 차수가 높아지면 인수분해로 구하기 어렵다. 따라서 n차 바터워스 함수는 $H(s)H(-s)$의 극점 s_k를 구한 후 좌반면에 있는 n개를 선택하여 함수를 구한다.

$$H(s) = \frac{1}{(s-s_1)(s-s_2)\cdots(s-s_n)} \tag{3.19a}$$

또는

$$H(s) = \frac{1}{s^n + a_{n-1}s^{n-1} + \cdots + a_1 s + 1} \tag{3.19b}$$

여기서 $H(s)H(-s)$의 극점 s_k를 구하기 위하여 식(3.18)을 이용하면 된다.

$$A(s)A(-s) = 1 + (-s^2)^n = 0 \tag{3.20a}$$

또는

$$(-1)^n s^{2n} = -1 = e^{j(2k-1)\pi} \quad k = 1, 2, \cdots, 2n \tag{3.20b}$$

여기서 k번째 극점을 $s_k = \sigma_k + j\omega_k$라고 할 때

$$s_k^{2n} = e^{j(2k-1)\pi + jn\pi}$$

또는

$$s_k = \sigma_k + j\omega_k = e^{j(n+2k-1)\pi/2n} \tag{3.21}$$

위 식(3.21)에서 k번째 극점의 실수부 및 허수부를 구하면 다음과 같다. 여기서 k를 n까지만 구하는 것은 그 범위 안에서만 실수부가 모두 음수로 되기 때문이다.

$$\sigma_k = \cos\frac{n+2k-1}{2n}\pi = -\sin\frac{2k-1}{2n}\pi \tag{3.22}$$
$$\omega_k = \sin\frac{n+2k-1}{2n}\pi = \cos\frac{2k-1}{2n}\pi$$
$$k = 1, 2, \cdots, n$$

식(3.22)에서

(1) $\sigma_k^2 + \omega_k^2 = 1$이므로 모든 극점이 단위 원(Unit circle)상에 있으며 π/n 라디안의 각도차를 두고 등거리로 분포되어 있다.

(2) $\sigma_k \neq 0$이므로 극점 s_k가 $j\omega$축상에 위치할 수 없다. 그래서 $H(s)H(-s)$는 그림 3.3과 같이 n개의 극점을 좌반면에 그리고 나머지 n개의 극점은 우반면에 대칭으로 갖는다.

(3) 식(3.22)에서 $k = 1, 2, \cdots n$까지는 $\sigma_k < 0$이다. 그러므로 식(3.22)를 이용하여 $H(s)$의 n개의 필요한 극점을 직접 구할 수 있다.

3.3 바터워스 함수

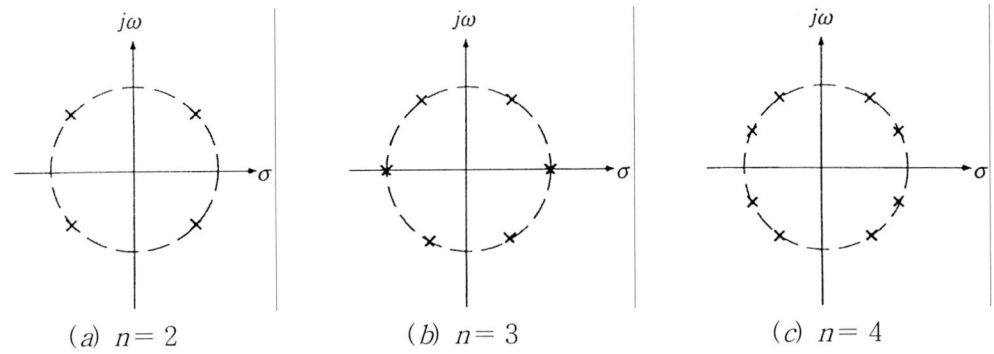

(a) $n=2$　　　　(b) $n=3$　　　　(c) $n=4$

그림 3.3　$H(s)H(-s)$의 극점 분포 : 바터워스 함수

<예제 3.5> 4차 바터워스 함수의 극점과 함수를 구하라.

풀이 : 식(3.22)에 의하여

$$\sigma_1 = -\sin\frac{\pi}{8} = -0.38268343$$

$$\omega_1 = \cos\frac{\pi}{8} = 0.92387953$$

$$\sigma_2 = -\sin\frac{3\pi}{8} = -0.92387953$$

$$\omega_2 = \cos\frac{3\pi}{8} = 0.38268343$$

나머지 2개 극점은 위에 얻은 2개 극점의 공액복소수이다. 이렇게 얻은 4개의 극점을 식(3.19a)에 대입하여 4차의 바터워스 함수를 구한다.

$$H(s) = \frac{1}{(s-s_1)(s-\bar{s}_1)(s-s_2)(s-\bar{s}_2)}$$

$$= \frac{1}{s^4 + 2.61312593s^3 + 3.41421356s^2 + 2.61312593s + 1}$$

예제 3.5와 같이 식(3.22)를 사용하여 5차까지의 극점을 계산한 것이 표 3.2a이다. 이 극점을 식(3.19)에 대입하여 분모 다항식의 계수를 구하면 표 3.2b이다. 분모 다항식의 계수 사이에 $a_i = a_{n-i}$라는 대칭 관계가 성립되는데 이는 바터워스 함수의 고유한 성질이다. 필터 설계시에 항상 편리하게 사용할 수 있도록 $n=10$차까지 표로 작성하여 부록 A에 수록하였다.

표 3.2c와 같이 인수분해된 바터워스 다항식은 8 장에서 고차 능동 필터를 종속연결(Cascade connection) 방법으로 합성할 때 편리하게 사용된다.

표 3.2a 바터워스 함수 $H(s) = \dfrac{1}{A(s)} = \dfrac{1}{s^n + a_{n-1}s^{n-1} + \cdots + a_1 s + 1}$ 의 극점

n			
1	-1.00000000		
2	$-0.70710678 \pm j0.70710678$		
3	$-0.50000000 \pm j0.86602540$	-1.00000000	
4	$-0.38268343 \pm j0.92387953$	$-0.92387953 \pm j0.38268343$	
5	$-0.30901699 \pm j0.95105652$	$-0.80901699 \pm j0.58778525$	-1.00000000

표 3.2b 분모다항식 $A(s) = s^n + a_{n-1}s^{n-1} + \cdots + a_1 s + 1$ 의 계수($a_{n-i} = a_i$)

n	a_1	a_2	a_3	a_4
1	1.00000000			
2	1.41421356			
3	2.00000000	2.00000000		
4	2.61312593	3.41421356	2.61312593	
5	3.23606798	5.23606798	5.23606798	3.23606798

표 3.2c 인수분해된 분모 다항식 $A(s)$

n	
1	$s+1$
2	$s^2 + 1.41421356\,s + 1$
3	$(s+1)(s^2 + s + 1)$
4	$(s^2 + 0.76536686\,s + 1)(s^2 + 1.84775907\,s + 1)$
5	$(s+1)(s^2 + 0.61803399\,s + 1)(s^2 + 1.61803399\,s + 1)$

그리고 그림 3.2에서 $\omega_0 = 1$일 때 $|H(j\omega)|$의 값은 $1/\sqrt{2}$ 이다. 이때 식(3.13)에서 $\epsilon^2 \omega^{2n} = (\epsilon^{\frac{1}{n}}\omega)^{2n} = (\Omega)^{2n}$ 으로 쓸 수 있으므로 바터워스 함수의 s를 식(3.23)과 같이 변환하면 $|H(j1)|$을 $1/\sqrt{1+\epsilon^2}$ 보다 크게 할 수도 있다. 즉 $\epsilon \neq 1$일 때

$$S \rightarrow \epsilon^{\frac{1}{n}} s \tag{3.23}$$

즉, 회로에서는 각 인덕턴스와 각 커패시턴스 크기에 $\epsilon^{\frac{1}{n}}$로 곱해준다는 뜻이다. 여기서 ϵ은 통과역에서 허용될 수 있는 크기를 결정해 준다.

다음에는 필터의 설계 명세조건이 주어졌을 때 바터워스 함수의 차수 n을 구하는 방법을 알아보자. 표를 이용하기 위해서는 먼저 차수를 계산해야 한다.

그림 3.1(b)에서 필터의 설계 명세조건은 크기 특성의 3가지 파라미터의 크기로 주어진다. 즉 K_p, K_s 및 ω_s가 수량적으로 주어지고, 편의상 통과역에서의 최고치는 1로 정규화하여 $K=1$로 한다.

$$|H(j\omega)| \geq K_p \qquad 0 \leq \omega \leq 1 \qquad (3.24)$$
$$|H(j\omega)| \leq K_s \qquad \omega \geq \omega_s$$

식(3.24)에서 K_p는 통과역에서 허용될 수 있는 크기의 최소치인데 항상 $\omega=1$ rad/sec에서의 크기이다. K_s는 저지역에서 허용될 수 있는 크기의 최대치로서 항상 $\omega=\omega_s$ rad/sec에서 구할 수 있다.

$$K_p = \frac{1}{\sqrt{1+\epsilon^2}} \qquad (3.25a)$$

$$K_s = \frac{1}{\sqrt{1+\epsilon^2 \omega_s^{2n}}} \qquad (3.25b)$$

식(3.25a)에서 ϵ^2에 관하여 풀면 식(3.26a)를 얻는다. 식(3.26a)를 식(3.25b)에 대입하면 식(3.26b)와 같다.

$$\epsilon^2 = K_p^{-2} - 1 \qquad (3.26a)$$

$$n = \frac{\log\sqrt{(K_p^{-2}-1)^{-1}(K_s^{-2}-1)}}{\log\omega_s} \qquad (3.26b)$$

위 두 식은 설계 명세조건이 주어질 때 필터 함수 $H(s)$를 찾아내기 위하여 제일 먼저 이용하는 공식이다. 차수 n와 ϵ의 값을 알면 부록 A의 표로부터 바로 함수를 얻을 수 있다. 설계 명세조건이 dB 단위인 α_p 및 α_s로 주어지는 경우에 차수를 계산하기 위하여 K와 α 사이의 관계를 알아보자.

$$\alpha_p = -20 \log K_p \tag{3.27}$$

$$\alpha_s = -20 \log K_s$$

또는

$$K_p = 10^{-0.05 \alpha_p} \tag{3.28}$$

$$K_s = 10^{-0.05 \alpha_s}$$

식(3.28)을 식(3.26)에 대입하여 설계 명세조건이 dB로 주어질 때의 공식도 구할 수 있다.

$$\epsilon^2 = 10^{0.1 \alpha_p} - 1 \tag{3.29}$$

이상으로 바터워스 함수의 차수 n을 구하는 공식은 다음과 같다. 여기서 부등호가 들어 있는 이유는 n에 소수점이 붙을 때는 실제 회로 설계에서 차수는 정수이므로 그보다 큰 정수를 취해야 한다. 그 결과로서 저지역에서의 크기가 설계 명세조건보다 작아지는데, 이는 차수가 정수로 변환되면서 발생하는 현상이다.

$$n \geq \frac{\log \chi}{\log \omega_s} \tag{3.30a}$$

$$\chi = \sqrt{(K_p^{-2} - 1)^{-1} (K_s^{-2} - 1)} \tag{3.30b}$$

$$\chi = \sqrt{(10^{0.1 \alpha_p} - 1)^{-1} (10^{0.1 \alpha_s} - 1)} \tag{3.30c}$$

<예제 3.6> 다음 설계 명세조건을 만족하는 바터워스 함수를 구하라.

$$K_p = 1/\sqrt{2}$$

$$K_s = 0.17, \quad \omega_s = 2 \text{ rad/sec}$$

풀이 : 식(3.30)을 이용하여 먼저 차수를 계산한다.

$$\chi = \sqrt{(K_p^{-2} - 1)^{-1} (K_s^{-2} - 1)} = 5.797, \quad n \geq \frac{\log 5.797}{\log 2} = 2.535$$

실제 회로로 설계할 때 차수 n은 정수이므로 $n = 3$이 된다.

부록 A의 표(b)에서 함수를 구한다. 이때 $\epsilon = 1$이다

$$H(s) = \frac{1}{s^3 + 2s^2 + 2s + 1}$$

3.4 체비셰프 함수(Chebyshev Function)

앞 절에서 얻은 바터워스 함수의 크기 특성은 $\omega = 0$에서 최대평탄하고 점점 단조롭게 줄어드는 것이 특징이다. 바터워스 함수와 함께 자주 이용되는 함수로 체비셰프 함수가 있다. 체비셰프 근사법은 러시아인 체비셰프(P. L. Chebyshev)의 논문(1899년)에 나오는 다항식을 이용하여 만들어진 함수이다. 체비셰프 함수의 크기 특성은 통과역에서 폭이 같은 리플(Ripple)을 이루는 것이 특징이다. 이 리플 때문에 차단 주파수 근방에서 크기 곡선의 경사가 급하게 되고 주어진 설계 명세조건을 만족시키는 데 있어 차수 n이 바터워스 함수의 차수보다 항상 낮다는 장점을 갖는다.

체비셰프 함수도 바터워스 함수와 같이 저역통과 특성을 가지므로 체비셰프 저역통과 함수라고 부를 수도 있으나 이 책에서는 간략하게 체비셰프 함수로 한다. 단 고역통과, 대역통과 및 대역저지 함수의 경우에는 그 기능을 각각 명시한다.

체비셰프 함수는 식(3.10)의 $f(\omega^2)$ 대신 $C_n^2(\omega)$를 대입한 함수로 식(3.31)로 표시할 수 있다.

$$|H(j\omega)| = \frac{K}{\sqrt{1 + \epsilon^2 C_n^2(\omega)}} \quad n = 1, 2, 3, \cdots \tag{3.31}$$

위에서 ϵ은 통과역내의 리플의 폭을 결정하는 파라미터로서 리플 인자(Ripple factor)라고 부른다. $C_n(\omega)$는 체비셰프 다항식으로 다음과 같다.

$$C_n(\omega) = \cos(n\cos^{-1}\omega) \tag{3.32}$$

위 식(3.32)로 정의되는 $C_n(\omega)$를 ω의 다항식으로 표시하기 위하여 우선 $n = 0$과 $n = 1$일 때의 체비셰프 다항식을 식(3.32)로 부터 직접 구한다.

$$C_0(\omega) = \cos 0 = 1$$

$$C_1(\omega) = \cos(\cos^{-1}\omega) = \omega$$

여기서 새로운 변수 θ를 다음과 같이 정의하자.

$$\theta = \cos^{-1}\omega \text{ 또는 } \omega = \cos\theta \tag{3.33}$$

이때 식(3.32)는 식(3.34)로 쓸 수 있다.

$$C_n(\omega) = \cos n\theta \tag{3.34}$$

다음에는 삼각함수 관계식을 이용하여 $C_{n+1}(\omega)$와 $C_{n-1}(\omega)$를 구하자.

$$C_{n+1}(\omega) = \cos(n+1)\theta = \cos n\theta \cos\theta - \sin n\theta \sin\theta$$

$$C_{n-1}(\omega) = \cos(n-1)\theta = \cos n\theta \cos\theta + \sin n\theta \sin\theta$$

위 두 식을 합하면

$$C_{n+1}(\omega) + C_{n-1}(\omega) = 2\cos n\theta \cos\theta \tag{3.35}$$

식(3.33)과 식(3.34)를 식(3.35)에 대입하여 $C_{n+1}(\omega)$의 방정식을 써 보면 다음과 같다.

$$C_{n+1}(\omega) = 2\omega C_n(\omega) - C_{n-1}(\omega)$$

여기서 $n+1 \rightarrow n$으로 하나씩 추이(Shifting)시키면 다음 공식을 얻게 된다.

$$C_n(\omega) = 2\omega C_{n-1}(\omega) - C_{n-2}(\omega) \tag{3.36}$$

식(3.36)을 이용하면 선행하는 2개의 다항식으로 부터 그 다음 차수의 다항식을 유도해 낼 수 있다. 즉, $C_0(\omega)$와 $C_1(\omega)$로 부터 $C_2(\omega)$를 구할 수 있고, $C_1(\omega)$와 $C_2(\omega)$로 부터 $C_3(\omega)$를 얻을 수 있으므로 이 방법을 계속 반복하면 모든 차수의 체비셰프 다항식을 구할 수 있다.

$$C_2(\omega) = 2\omega C_1(\omega) - C_0(\omega) = 2\omega^2 - 1$$

$$C_3(\omega) = 2\omega C_2(\omega) - C_1(\omega) = 4\omega^3 - 3\omega$$

이러한 방법으로 $n = 10$까지의 $C_n(\omega)$를 구해보면 다음과 같다.

3.4 체비셰프 함수

$$C_0(\omega) = 1 \tag{3.37}$$

$$C_1(\omega) = \omega$$

$$C_2(\omega) = 2\omega^2 - 1$$

$$C_3(\omega) = 4\omega^3 - 3\omega$$

$$C_4(\omega) = 8\omega^4 - 8\omega^2 + 1$$

$$C_5(\omega) = 16\omega^5 - 20\omega^3 + 5\omega$$

$$C_6(\omega) = 32\omega^6 - 48\omega^4 + 18\omega^2 - 1$$

$$C_7(\omega) = 64\omega^7 - 112\omega^5 + 56\omega^3 - 7\omega$$

$$C_8(\omega) = 128\omega^8 - 256\omega^6 + 160\omega^4 - 32\omega^2 + 1$$

$$C_9(\omega) = 256\omega^9 - 576\omega^7 + 432\omega^5 - 120\omega^3 + 9\omega$$

$$C_{10}(\omega) = 512\omega^{10} - 1280\omega^8 + 1120\omega^6 - 400\omega^4 + 50\omega^2 - 1$$

여기서 체비셰프 다항식 $C_n(\omega)$의 특수성과 그에 따르는 $|H(j\omega)|$의 성질을 살펴보면 (1) n이 짝수일 때는 $C_n(\omega)$가 우다항식이고 n이 홀수일때는 $C_n(\omega)$가 기다항식이다. 즉,

$$C_n(-\omega) = C_n(\omega) \qquad n : 짝수$$

$$C_n(-\omega) = -C_n(\omega) \qquad n : 홀수$$

그리고 ω가 1 보다 클 때는 $C_n(\omega)$는 식(3.38b)의 쌍곡선(Hyperbolic) 함수로 정의된다.

$$C_n(\omega) = \cos(n\cos^{-1}\omega) \quad 0 \leq \omega \leq 1 \tag{3.38a}$$

$$C_n(\omega) = \cosh(n\cosh^{-1}\omega) \quad \omega > 1 \tag{3.38b}$$

식(3.38)과 그림 3.4를 관찰할 때 체비셰프 함수의 크기는 통과역에서 폭이 같은 리플 즉, 등폭 리플(Equal-ripple magnitude)을 이루고 차단 주파수를 통과하자마자 급격하게 작아지기 때문에 저지역에서는 크기가 아주 작아져 크기 특성이 우수하다.
(2) 식(3.31)에서 크기의 최대치를 1로 하면 $\omega=0$에서 n이 짝수일 때 $C_n^2(0)=1$이므로 $|H(j\omega)| = 1/\sqrt{1+\varepsilon^2}$이고, n이 홀수일 때는 $C_n^2(0)=0$이므로 $|H(j\omega)|=1$이 된다.

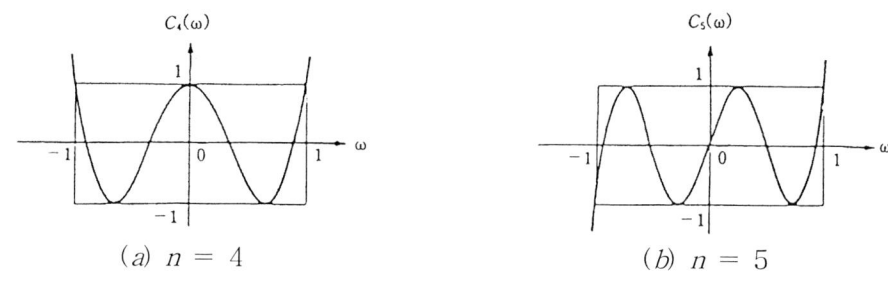

(a) $n = 4$ (b) $n = 5$

그림 3.4 $C_n(\omega)$의 모양 : 차수가 짝수일 때와 홀수일 때

$\omega = 1$에서는 n이 짝수때나 홀수때나 모두 $C_n(1) = 1$이므로 $|H(j\omega)| = 1/\sqrt{1+\epsilon^2}$ 이다. 그리고 $C_n(\omega) = 0$의 근이 $-1 < \omega < 1$ 에 분포되어 있다. 크기 특성은 그림 3.5와 같이 통과역에 있는 리플의 정점과 곡점(Peaks and valleys)의 수를 합한 것이 차수 n과 일치한다. 크기 특성이 통과역에서 리플을 이루는 특징을 따서 체비셰프 함수를 등폭 리플 함수라고도 한다.

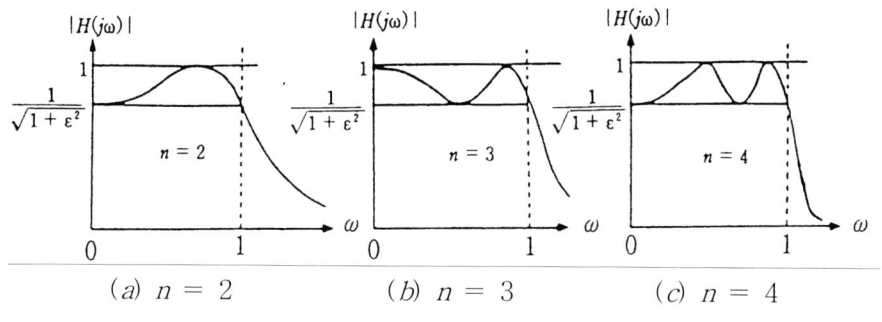

(a) $n = 2$ (b) $n = 3$ (c) $n = 4$

그림 3.5   체비셰프 함수의 크기 특성

(3) 아주 높은 주파수($\omega \gg 1$)에서는 $C_n(\omega) \approx 2^{n-1}\omega^n$으로 근사화되어 $|H(j\omega)| \approx \dfrac{1}{2^{n-1}\epsilon\omega^n}$ 이다. 따라서 이때의 감쇠는 다음과 같다.

$$\alpha(\omega) \approx 20n\log\omega + 20\log\epsilon + 6(n-1) \quad \text{dB} \tag{3.39}$$

식(3.39)와 식(3.15)를 비교해 볼 때 아주 높은 주파수에서 체비셰프 필터의 감쇠가 바터워스 필터의 감쇠보다 $6(n-1)$ dB만큼 더 크다는 것을 알 수 있고, 차수가 높아지면 감쇠의 차이는 더욱 증가한다.

다음에는 리플 인수 ϵ과 차수 n이 각각 크기 곡선에 미치는 영향을 살펴보기 위하여 식(3.31)을 재검토 해보자. 그림 3.6과 같이 차수 n을 고정시키고 ϵ을 점점 증가시키면 통과역에 있는 리플의 폭은 커지지만 천이역은 좁아지게 된다.

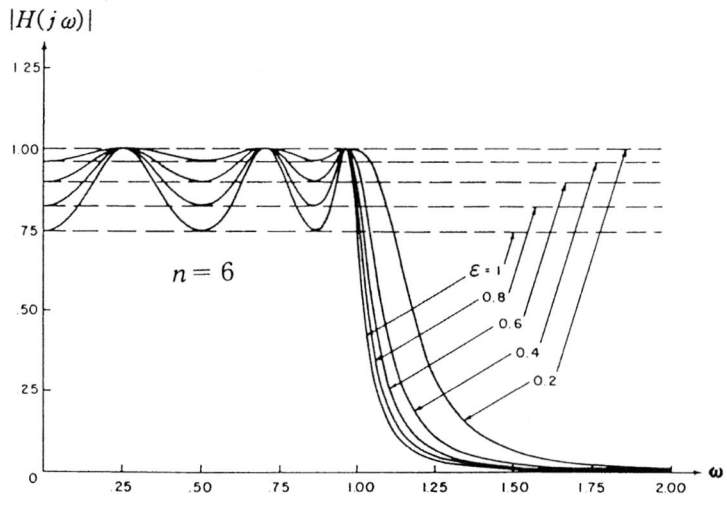

그림 3.6 리플 인자 ε의 변화에 따른 체비셰프 함수의 크기 특성

한편 ϵ을 고정시키고 n을 증가시키면 그림 3.7과 같이 저지역에서의 감쇠율은 커지고 통과역에서는 리플의 수가 증가한다. 따라서 필터 설계 시에는 이와 같은 크기 특성을 고려하여 함수를 결정해야 한다.

다음에는 체비셰프 함수 $H(s)$를 구하는 절차와 방법을 생각해 보자.

필터의 설계 명세조건이 주어지면, 통과역 조건에서 ϵ을 정하고 저지역 조건에서 차수 n을 구한다. 이들을 식(3.31)에 대입한 후에 $H(s)H(-s)$를 얻는다.

$$|H(j\omega)|^2 = \frac{K^2}{1+\epsilon^2 C_n^2(\omega)} \tag{3.40}$$

$$H(s)H(-s) = |H(j\omega)|^2\big|_{\omega=s/j} = \frac{K^2}{1+\epsilon^2 C_n^2(s/j)} \tag{3.41}$$

식(3.41)의 분모의 근을 찾아 좌반면에 위치한 것만을 선택하여 $H(s)$의 분모다항식을 구할 수 있다. 체비셰프 함수도 저역통과 필터인 경우 다항식이 분모에만 존재하므로 바터워스 함수와 같이 전극점 함수(All-pole function)가 된다.

$$H(s) = \frac{K}{A(s)} \tag{3.42}$$

체비셰프 함수를 구하기 위해서는 함수의 극점을 모두 찾아야 하므로 식(3.41)과 식(3.42)를 이용하여 먼저 다음과 같은 방정식을 써 보자.

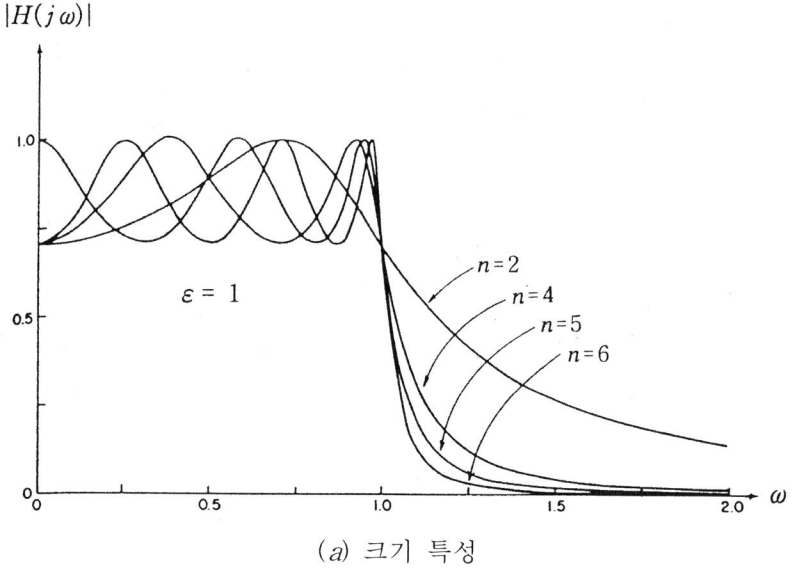

(a) 크기 특성

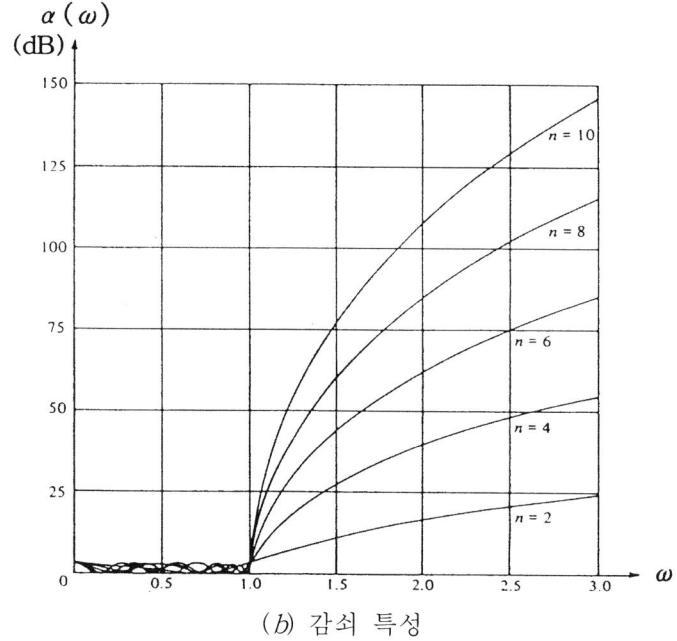

(b) 감쇠 특성

그림 3.7 체비셰프 함수의 크기(또는 감쇠)와 차수 n과의 관계

$$A(s)A(-s) = 1 + \epsilon^2 C_n^2(s/j) = 0 \tag{3.43}$$

여기서

$$C_n\left(\frac{s}{j}\right) = \pm j\frac{1}{\epsilon} = \cos\left(n\cos^{-1}\frac{s}{j}\right) \tag{3.44}$$

3.4 체비셰프 함수

식(3.44)를 풀기 위하여 우선 다음과 같은 복소수를 도입하자.

$$\cos^{-1}\left(\frac{s}{j}\right) = u + jv \tag{3.45}$$

식(3.45)를 식(3.44)에 대입하여 다시 써 보면

$$\cos n(u + jv) = \cos nu \cosh nv - j\sin nu \sinh nv = \pm j/\epsilon \tag{3.46}$$

그런데 식(3.46)이 성립되기 위해서는 실수부가 제거되어야 한다. 즉 $\cos nu \cosh nv = 0$ 이다. 그런데 $\cosh nv \geq 1$ 이므로 $\cos nu$ 가 0이 되어야 한다.

$$\cos nu = 0 \tag{3.47}$$

따라서 u는 특정한 값을 갖게 된다. 즉 식(3.47)의 근을 구해 보면

$$u_k = \frac{2k-1}{2n}\pi \quad k = 1, 2, 3, \cdots, 2n \tag{3.48}$$

식(3.48)과 같은 u값에서 $\sin nu = \pm 1$ 이 되므로 식(3.46)에서 결과적으로 다음과 같은 간단한 방정식을 얻을 수 있다.

$$\sinh nv = \frac{1}{\epsilon} \tag{3.49}$$

또는

$$v = \frac{1}{n}\sinh^{-1}\frac{1}{\epsilon} \tag{3.50}$$

식(3.45)를 s에 관하여 풀면 식(3.51)을 얻는다. 여기에 식(3.48)을 대입하면 극점 s_k 는 식(3.52)로 구할 수 있다.

$$s_k = j\cos(u_k + jv) = \sin u_k \sinh v + j\cos u_k \cosh v \tag{3.51}$$

$$s_k = \sigma_k + j\omega_k \qquad\qquad k = 1, 2, 3, \cdots, 2n \tag{3.52}$$

$$= \sin\frac{2k-1}{2n}\pi \cdot \sinh v + j\cos\frac{2k-1}{2n}\pi \cdot \cosh v$$

식(3.52)에서 k를 $2n$까지 하지 않고 처음 n까지만 선택하고, 좌반면에 위치한 극점을 모두 찾아낼 수 있도록 식(3.53)의 실수부에 (−) 부호를 넣어준다. 식(3.50)을 이용하여

n개 극점의 실수부와 허수부를 표기하면 다음과 같다.

3.4 체비셰프 함수

$$\sigma_k = -\sin\frac{2k-1}{2n}\pi \cdot \sinh\left(\frac{1}{n}\sinh^{-1}\frac{1}{\epsilon}\right) \quad (3.53)$$

$$\omega_k = \cos\frac{2k-1}{2n}\pi \cdot \cosh\left(\frac{1}{n}\sinh^{-1}\frac{1}{\epsilon}\right)$$

$$k = 1, 2, 3 \cdots, n$$

이상을 종합하면

(1) 식(3.52)에서 다음과 같은 관계식을 얻을 수 있다.

$$\frac{\sigma_k^2}{\sinh^2 v} + \frac{\omega_k^2}{\cosh^2 v} = 1 \quad (3.54)$$

여기서 지수(Index) k를 제거하면 식(3.54)는 장반축(Major semiaxis)이 $\cosh v$이고 단반축(Minor semiaxis)이 $\sinh v$인 타원 방정식이 된다. 따라서 체비셰프 함수의 극점은 타원상에 위치한다.

(2) $\sigma_k \neq 0$이므로 극점 s_k가 $j\omega$축상에 위치할 수 없다. 그래서 $H(s)H(-s)$의 극점은 $j\omega$축의 양측에 대칭적으로 n개씩 존재한다.

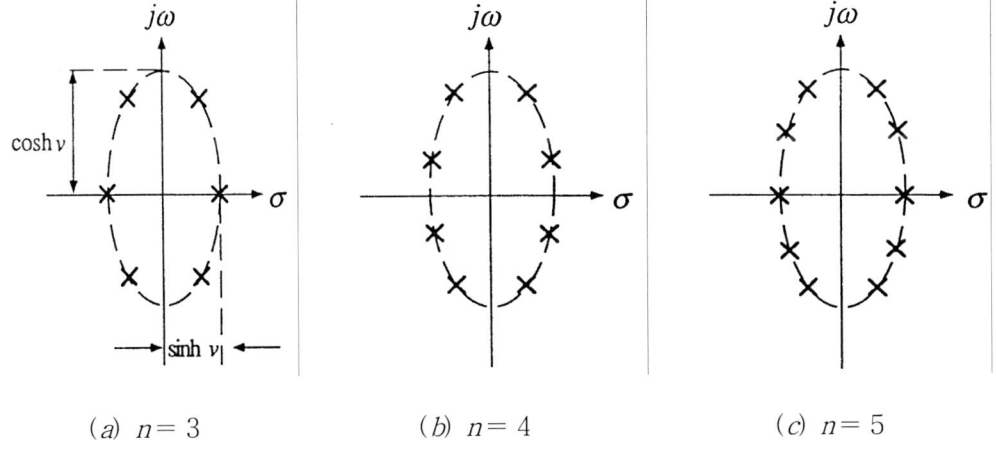

(a) $n=3$ (b) $n=4$ (c) $n=5$

그림 3.8 $H(s)H(-s)$의 극점 분포 : 체비셰프 필터 함수

식(3.53)과 예제 3.7과 같이 리플 인자 ϵ과 차수 n이 주어지면 체비셰프 함수의 극점과 분모 다항식 $A(s)$, 인수분해된 $A(s)$를 구할 수 있다.

앞으로 필터 설계시에 이용할 수 있도록 여러가지 α_p, 즉 α_p = 3 dB, 2 dB, 1 dB, 0.5 dB, 0.1 dB에 관한 $n=10$까지의 표를 부록 B에 수록하였다.

<예제 3.7> $\alpha_p = 3$ dB일 때 2차 체비셰프 함수의 극점과 함수를 구하라.

풀이 : $\omega = 1$ rad/sec에서의 감쇠량이 3 dB이므로

$$20\log\sqrt{1+\epsilon^2} = 3, \quad \epsilon = 0.9976283$$

식(3.53)을 사용한다.

$$\sigma_1 = -\sin\frac{\pi}{4}\sinh\left(\frac{1}{2}\sinh^{-1}\frac{1}{0.9976283}\right) = -0.32244983$$

$$\omega_1 = \cos\frac{\pi}{4}\cosh\left(\frac{1}{2}\sinh^{-1}\frac{1}{0.9976283}\right) = 0.77715757$$

두번째 극점은 위 극점의 공액복소수이다. 그래서 2개의 극점과 필터 함수는 다음과 같다.

$$s_{1,2} = -0.32244983 \pm j\,0.77715757$$

$$H(s) = \frac{K}{(s-s_1)(s-s_2)} = \frac{K}{s^2 + 0.64489965s + 0.70794778}$$

이런 방법으로 $n = 10$까지를 구하여 부록 B의 표 1에 수록하였다.

다음에는 설계명세조건이 주어졌을 때 차수 n을 구해 보자. 그림 3.1(b)에서 체비셰프 함수의 통과역과 저지역에서의 크기를 구하면 다음과 같은 식으로 각각 표시할 수 있다.

$$K_p = \frac{1}{\sqrt{1+\epsilon^2}} \tag{3.55a}$$

$$K_s = \frac{1}{\sqrt{1+\epsilon^2 C_n^2(\omega_s)}} \tag{3.55b}$$

저지역이 시작되는 주파수 ω_s는 1보다 크기 때문에 식(3.55b)의 $C_n(\omega_s)$는 식(3.38b)와 같이 쌍곡선 함수로 표시된다.

$$C_n(\omega_s) = \cosh(n\cosh^{-1}\omega_s) \tag{3.56}$$

식(3.27)을 사용하여 dB 단위로 구하면 식(3.55)는 다음과 같다.

$$\alpha_p = 10\log(1+\epsilon^2) \quad \text{dB} \tag{3.57a}$$

$$\alpha_s = 10\log[1+\epsilon^2 C_n^2(\omega_s)] \quad \text{dB} \tag{3.57b}$$

$$= 10\log[1+\epsilon^2\cosh^2(n\cosh^{-1}\omega_s)] \quad \text{dB}$$

설계 명세조건이 K_p, K_s 및 ω_s로 주어졌을 때는 식(3.55)를 풀어 다음과 같은 방정식을 얻을 수 있다.

$$\epsilon^2 = K_p^{-2} - 1 \tag{3.58a}$$

$$n = \frac{\cosh^{-1}\sqrt{\epsilon^{-2}(K_s^{-2}-1)}}{\cosh^{-1}\omega_s} \tag{3.58b}$$

식(3.58a)를 식(3.58b)에 대입하여 구한 식(3.59)를 이용하면 설계 명세조건에서 주어진 K_p, K_s 및 ω_s로부터 차수 n을 직접 구할 수 있다.

$$n = \frac{\cosh^{-1}\sqrt{(K_p^{-2}-1)^{-1}(K_s^{-2}-1)}}{\cosh^{-1}\omega_s} \tag{3.59}$$

한편, 설계 명세조건이 α_p, α_s 및 ω_s로 주어졌을 경우에는 식(3.58)을 다음과 같이 쓸 수 있다.

$$\epsilon^2 = 10^{0.1\alpha_p} - 1 \tag{3.60a}$$

$$n = \frac{\cosh^{-1}\sqrt{\epsilon^{-2}(10^{0.1\alpha_s}-1)}}{\cosh^{-1}\omega_s} \tag{3.60b}$$

식(3.60a)를 식(3.60b)에 대입함으로서 차수 n을 구하는 공식을 얻는다.

$$n = \frac{\cosh^{-1}\sqrt{(10^{0.1\alpha_p}-1)^{-1}(10^{0.1\alpha_s}-1)}}{\cosh^{-1}\omega_s} \tag{3.61}$$

그런데 $\cosh^{-1}\chi = \ln(\chi+\sqrt{\chi^2-1})$ 의 관계가 성립된다. 그리고 $(\ln y)/(\ln w) = (\log y)/(\log w)$이므로 체비셰프 함수의 차수를 구하는 공식은 다음과 같이 정리된다.

여기서 부등호가 들어 있는 이유는 차수 n에 소수점이 있는 경우 실제 회로 설계에서는 그보다 큰 정수를 취해야 하기 때문이다.

$$n \geq \frac{\cosh^{-1}\chi}{\cosh^{-1}\omega_s} = \frac{\log(\chi + \sqrt{\chi^2-1}\,)}{\log(\omega_s + \sqrt{\omega_s^2-1}\,)} \tag{3.62a}$$

여기서 $\quad \chi = \sqrt{(K_p^{-2}-1)^{-1}(K_s^{-2}-1)} \tag{3.62b}$

또는 $\quad \chi = \sqrt{(10^{0.1\alpha_p}-1)^{-1}(10^{0.1\alpha_s}-1)} \tag{3.62c}$

이 공식은 다음 절에서 역 체비셰프 함수의 차수를 구할 때에도 이용된다.

<예제 3.8> 다음 설계 명세조건을 만족시키는 체비셰프 함수를 구하라.

$\alpha_p = 0.1$ dB

$\alpha_s = 11$ dB, $\omega_s = 1.5$ rad/sec

풀이 : 식(3.62)를 이용하여 차수를 먼저 구한다.

$\chi = \sqrt{(10^{0.01}-1)^{-1}(10^{1.1}-1)} = 22.31, \quad n \geq \frac{\cosh^{-1} 22.31}{\cosh^{-1} 1.5} = 3.94$

부록 B 표 5에서 $n = 4$인 함수를 얻는다.

$$H(s) = \frac{0.81902540}{s^4 + 1.80377250s^3 + 2.62679762s^2 + 2.02550052s + 0.82850927}$$

이 예제에서는 n이 짝수이기 때문에 $H(0) = \dfrac{1}{\sqrt{1+\epsilon^2}} = 0.9885531$ 이다. 위 함수의 분자값은 이에 맞도록 (즉, $\omega=0$에서 크기가 0.9885531이 되도록) 정해 준 것이다.

3.5 바터워스 함수와 체비셰프 함수의 특성 비교

바터워스 함수와 체비셰프 함수는 흔히 쓰이는 필터 함수인데 양자가 모두 전극점 함수라는 공통점이 있다. 그들의 특성에는 여러가지 뚜렷한 차이점이 있는데 이 절에서는 두 함수의 비교를 통하여 각각의 특징을 알아보고 실제로 필터를 설계할 때 참고할 수 있도록 하자. 실현된 회로망의 구조와 소자 수는 차수 n이 같을 때 동일하다.

3.5 바터워스 함수와 체비셰프 함수의 특성 비교

(1) 크기 특성

표 3.3 바터워스 함수와 체비셰프 함수의 크기 특성 비교

	바터워스 함수	체비셰프 함수
통과역	리플이 없고, $\omega=0$에서 최대값을 갖으며 평탄하다.	등폭 리플을 이룬다.
저지역	단조롭고 아주 높은 주파수에서의 감쇠는 아래와 같다. $\alpha(\omega) \approx 20n\log\omega + 20\log\epsilon$ dB	단조롭고 아주 높은 주파수에서의 감쇠는 $6(n-1)$ dB 만큼 더 크다. $\alpha(\omega) \approx 20n\log\omega + 20\log\epsilon + 6(n-1)$ dB
차단 주파수 에서의 경사	$\left.\dfrac{d\|H(j\omega)\|}{d\omega}\right\|_{\omega=1} = -\dfrac{\epsilon^2}{(1+\epsilon^2)^{3/2}}n$	경사가 n배 더 급하다. $\left.\dfrac{d\|H(j\omega)\|}{d\omega}\right\|_{\omega=1} = -\dfrac{\epsilon^2}{(1+\epsilon^2)^{3/2}}n^2$

표 3.3과 같이 저지역에서의 감쇠가 바터워스 함수보다 체비셰프 함수가 $6(n-1)$ dB 만큼 크다. 따라서 동일한 설계 명세조건을 만족시키는 데 있어서 체비셰프 함수의 차수가 바터워스 함수보다 낮기 때문에 소자 수가 감소하여 경제적이다. 그림 3.9에서 같은 차수와 같은 α_p가 주어졌을 때는 저지역에서 체비셰프 필터의 감쇠가 훨씬 더 크다. 그러나 위상 특성을 비교해 보면 **그림 3.10**과 같이 바터워스 함수가 체비셰프 함수 보다 선형적인 특성을 갖기 때문에 우수하다.

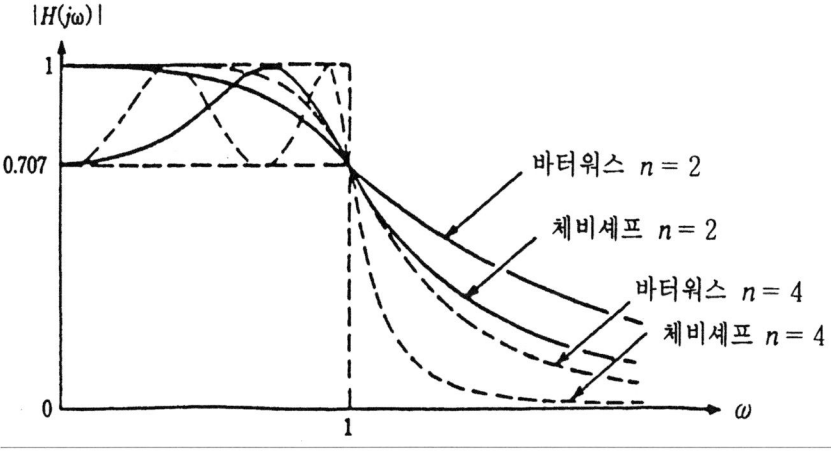

그림 3.9 크기 특성의 비교($\epsilon = 1$일 때)

(2) 위상 특성

체비셰프 함수는 크기 특성이 바터워스 함수보다 우수하지만 위상 특성은 통과역 리플 특성 때문에 비선형이 두드러지게 나타난다. 예를 들어 $n=4$일 때의 위상은 식(3.5b)에 의하여 다음과 같은 순서로 계산할 수 있다.

$$H(s) = \frac{K}{s^4 + a_3 s^3 + a_2 s^2 + a_1 s + a_0}$$

$$H(j\omega) = \frac{K}{(\omega^4 - a_2 \omega^2 + a_0) + j\omega(-a_3 \omega^2 + a_1)}$$

$$\phi(\omega) = -\tan^{-1}\frac{\omega(a_1 - a_3 \omega^2)}{\omega^4 - a_2 \omega^2 + a_0}$$

그림 3.10에서는 $n=4$일 때 두 함수의 위상을 비교하였다. 어떤 차수를 막론하고 바터워스 함수의 위상 곡선이 체비셰프 함수에 비하여 곡률이 작고 직선에 가깝다. 이상적인 경우, 위상이 완전한 직선이면 신호 전달을 할 때 왜곡(Distortion)이 전혀 일어나지 않는다. 그러므로 위상 특성으로 볼 때는 바터워스 함수가 더 우수하다.

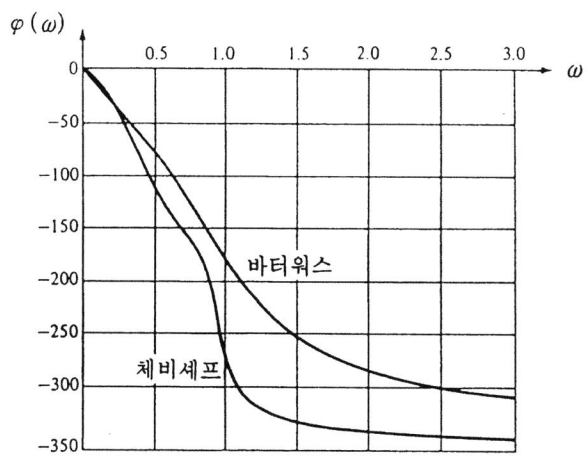

그림 3.10 위상 특성의 비교($n=4$일 때)

그러나 같은 크기 조건을 만족시키는 체비셰프 함수의 차수가 바터워스 함수의 차수보다 낮으므로 두 함수의 위상을 비교할 때 차수가 다른 2개의 함수를 구한 후 비교하는 방법이 사용될 수도 있다. 일반적으로 차수가 내려가면 그림 3.11, 그림 3.12와 같이 위상 특성은 선형적으로 좋아진다.

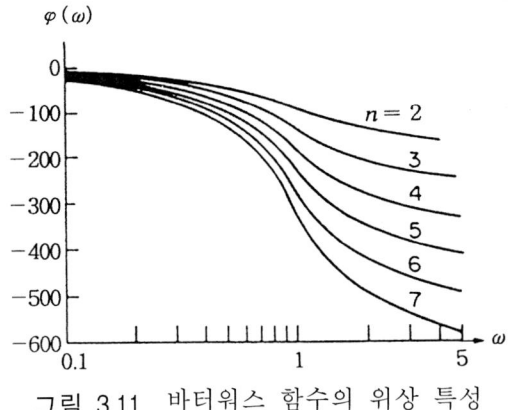

그림 3.11 바터워스 함수의 위상 특성

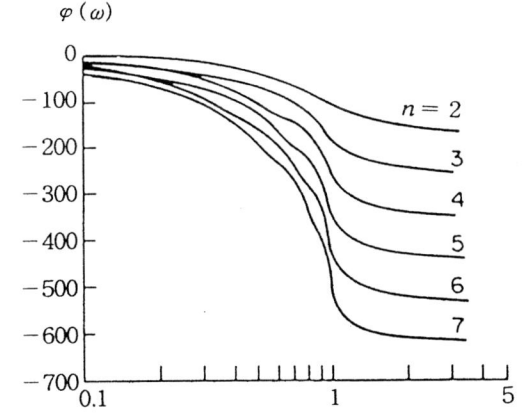

그림 3.12 체비셰프 함수의 위상 특성(2 dB 리플)

[C] 극점 위치

바터워스 함수의 극점은 원상에 등거리로 위치하고 체비셰프 함수의 극점은 타원상에 대응하는 점에 위치한다. 그림 3.13에 $n=4$(짝수)일 때와 $n=5$(홀수)일 때의 극점 분포 모양이 예시되어 있다. $\epsilon=1$인 경우, 원은 단위 원(Unit circle)이 된다.

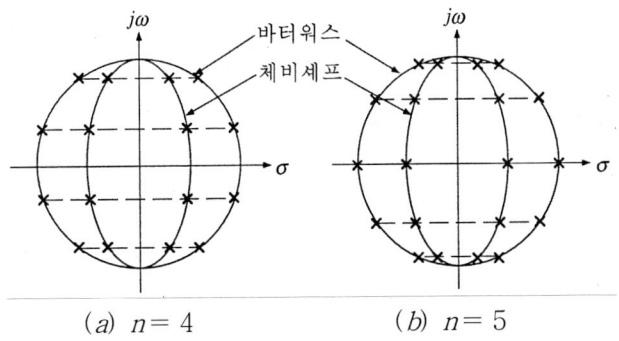

그림 3.13 바터워스 함수와 체비셰프 함수의 극점 위치 비교

이상에서 2개의 전극점 함수인 바터워스와 체비세프 함수의 여러가지 특성과 장단점을 비교해 보았다. 실제로 필터를 설계할 때는 어느 특성을 중요시할 것인가 또는 무엇을 강조할 것인가를 고려하여 함수를 선택해야 한다. 저지역에서 크기 특성은 체비세프 함수가 우수하고, 위상과 시간지연 특성은 바터워스 함수가 우수하다.

앞에서, 동일한 크기 특성을 만족시키는데 있어서 체비세프 함수의 차수가 더 낮다고 했는데 이 사실을 다음 예제를 통하여 구체적으로 알아보기로 하자.

<예제 3.9> 크기 특성이 다음과 같을 때 (a) 바터워스 함수와 (b) 체비세프 함수를 구하라.

$$K_p = 0.9, \quad K_s = 0.1, \quad \omega_s = 1.5 \text{ rad/sec}$$

풀이 : (a) 바터워스 함수의 차수는 식(3.30)에 의하여

$$\chi = \sqrt{(0.9^{-2} - 1)^{-1}(0.1^{-2} - 1)} = 20.544, \quad n \geq \frac{\log 20.544}{\log 1.5} = 7.45$$

실제 회로 설계에서는 정수이므로 $n = 8$이다.

(b) 체비세프 함수의 차수는 식(3.62)에 의하여

$$\chi = \sqrt{(0.9^{-2} - 1)^{-1}(0.1^{-2} - 1)} = 20.544$$

$$n \geq \frac{\log(x + \sqrt{x^2 - 1})}{\log(1.5 + \sqrt{1.5^2 - 1})} = 3.86$$

$n = 4$가 된다.

3.6 역 체비세프 함수(Inverse Chebyshev Function)

체비세프 함수의 경우 통과역에서 등폭 리플을 이루는 결과로서 그 크기 곡선이 차단 주파수에서 급경사를 이루고 따라서 저지역에서의 감쇠 특성이 우수하다.

여기서 크기 곡선의 특성이 체비세프 함수와 역인 경우, 즉 통과역에서 리플이 없이 평탄하고, 저지역에서 리플이 발생하도록 해주면 함수의 크기는 체비세프와 반전된 형태로 변환된다. 따라서 통과역의 리플이 없어져 바터워스와 같이 평탄해지고, 위상특성 등이 개선된다. 이러한 필터 함수 $H(s)$를 구하기 위하여 체비세프 함수를 $H_c(s)$로 표시하고, 다음과 같은 5개의 식을 전개해 보자.

3.6 역 체비셰프 함수

$$|H_c(j\omega)|^2 = \frac{1}{1 + \epsilon^2 C_n^2(\omega)} \tag{3.63a}$$

$$|H_1(j\omega)|^2 = 1 - |H_c(j\omega)|^2 = \frac{\epsilon^2 C_n^2(\omega)}{1 + \epsilon^2 C_n^2(\omega)} \tag{3.63b}$$

$$|H_2(j\omega)|^2 = |H_1(j\omega)|^2 \Big|_{\omega \to \frac{1}{\omega}} = \frac{\epsilon^2 C_n^2(1/\omega)}{1 + \epsilon^2 C_n^2(1/\omega)} \tag{3.63c}$$

$$|H_3(j\omega)|^2 = |H_2(j\omega)|^2 \Big|_{\omega \to \frac{\omega}{\omega_s}} = \frac{\epsilon^2 C_n^2(\omega_s/\omega)}{1 + \epsilon^2 C_n^2(\omega_s/\omega)} \tag{3.63d}$$

$$|H(j\omega)|^2 = \frac{[\epsilon^2 C_n^2(\omega_s)]^{-1} C_n^2(\frac{\omega_s}{\omega})}{1 + [\epsilon^2 C_n^2(\omega_s)]^{-1} C_n^2(\frac{\omega_s}{\omega})} \tag{3.63e}$$

식(3.63a)는 체비셰프 함수의 크기 자승으로서 그림 3.14(a)와 같다. 이 크기 자승을 식(3.63b)와 같이 1로부터 빼주면 그림 3.14(b)와 같은 고역통과 특성을 갖는다. 여기서 저역통과 함수로 변환하기 위해 $\omega \to 1/\omega$의 주파수 변환(5 장 참조)을 하면 식(3.63c)를 얻는다. 이에 해당하는 크기 자승을 그리면 그림 3.14(c)와 같이 저역통과로 변환된다. 이 그림의 특징을 자세히 관찰해보면 통과역에서 단조롭고, 저지역에서 등폭 리플을 이루어 그림 3.7에서 볼 수 있는 체비셰프 함수의 크기 특성과 상반된다. (크기 자승과 크기는 기본 특성을 공히 보유한다.) 이러한 이유로 역 체비셰프 함수라는 이름이 생긴 것이다. 그런데 그림 3.14(c)는 약간의 수정을 필요로 한다.

여기서 $\omega_c = 1/\omega_b < 1$이고, $\omega_s = 1$로 되어 있으므로 ω_s를 1(차단 주파수)보다 큰 임의의 값이 되도록 식(3.63d)에서와 같이 ω_s로 주파수 스케일링(Frequency scaling)을 해줌으로서 그림 3.14(d)와 같은 정규화된 저역통과 크기 특성을 얻게 된다.

그림 3.14(d)에서와 같이 저지역에 나타나는 리플의 폭은 ϵ으로 정해지고 통과역에서 허용될 수 있는 최소 크기는 차수 n으로서 정해진다. 이 사실은 바터워스 함수나 체비셰프 함수의 경우와 정반대이다. 이때 그림 3.14(d)의 $\omega = 1$에서 크기가 다른 함수와 동일하도록 $\epsilon^2 \to \dfrac{1}{\epsilon^2 C_n^2(\omega_s)}$로 변환시켜 주면 우리가 얻고자 하는 역 체비셰프 함수는 식(3.63e)와 같고, 그림 3.14(e)의 $\omega = 1$에서 크기가 $1/1+\epsilon^2$이 된다.

그러면 역 체비셰프 함수를 예제를 통하여 직접 구해보고 중요한 특성들을 살펴보자.

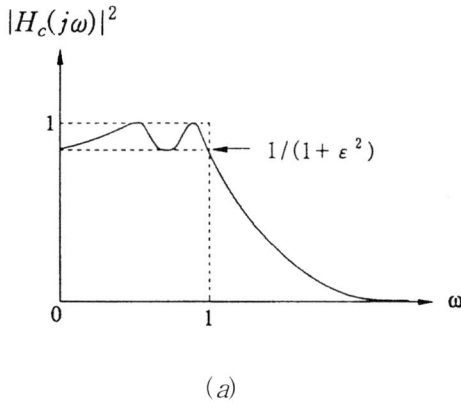
(a)

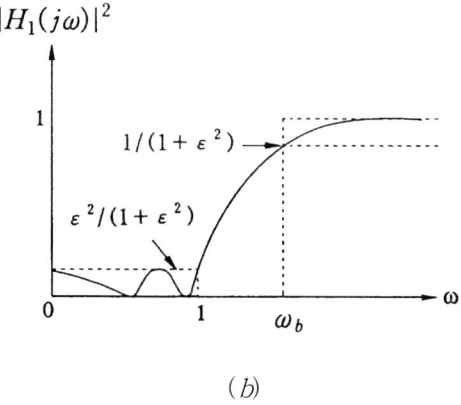
(b)

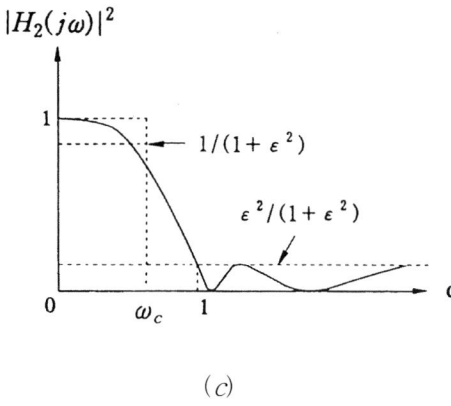
(c)

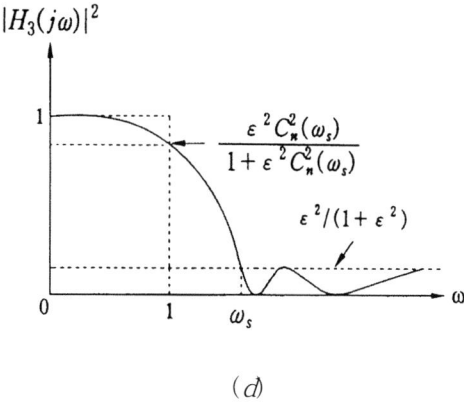
(d)

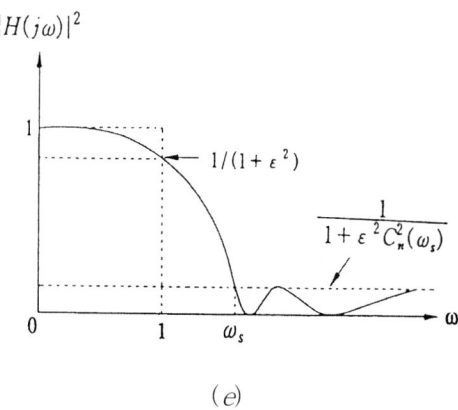
(e)

그림 3.14 역 체비셰프 함수의 크기 특성을 얻기 위한 과정

3.6 역 체비셰프 함수

<예제 3.10> $\alpha_p = 1$ dB이고 $\omega_s = 2$ rad/sec인 2차 역 체비셰프 함수를 구하라.

풀이 : $\alpha_p = 1$이므로 $\sqrt{1/(1+\epsilon^2)} = 0.891250938$, $\epsilon^2 = 0.25892541$이다.

그리고 $\omega_s = 2$이므로 $C_n\left(\dfrac{\omega_s}{\omega}\right) = 2\left(\dfrac{2}{\omega}\right)^2 - 1$이다. 이들을 식(3.63e)에 대입한 후 $|H(j\omega)|^2$으로 부터 $H(s)$를 구한다.

$$|H(j\omega)|^2 = \frac{0.07881870\left[2\left(\dfrac{2}{\omega}\right)^2 - 1\right]^2}{1 + 0.07881870\left[2\left(\dfrac{2}{\omega}\right)^2 - 1\right]^2} = \frac{0.07881870\,(8-\omega^2)^2}{\omega^4 + 0.07881870\,(8-\omega^2)^2}$$

식(3.8)에 의하여

$$H(s)H(-s) = |H(j\omega)|^2\big|_{\omega^2 = -s^2}$$

$$= \frac{0.07881870}{1 + 0.07881870} \cdot \frac{(s^2+8)^2}{s^4 + 1.16896305s^2 + 4.67585221}$$

$$H(s) = \frac{0.2703\,(s^2+8)}{s^2 + 1.776451s + 2.16237}$$

여기서 저지역의 감쇠를 그림 3.14(e)를 이용하여 구해보면

$$\alpha_s = -20\log\sqrt{\frac{1}{1+\epsilon^2 C_n^2(\omega_s)}} = -20\log\sqrt{\frac{1}{1+12.6873445}}$$

$$= 11.363 \text{ dB}$$

이상의 결과는 부록 C 표 3에서 확인할 수 있다.

<예제 3.11> $\alpha_p = 2$ dB, $\omega_s = 1.5$ rad/sec인 3차 역 체비셰프 함수를 구하라.

풀이 : $\epsilon^2 = 0.5848932$이고, $C_n\left(\dfrac{\omega_s}{\omega}\right) = 4\left(\dfrac{1.5}{\omega}\right)^3 - 3\left(\dfrac{1.5}{\omega}\right)$이다. 예제 3.10과 같은 방법으로 $H(s)$를 구한다.

$$|H(j\omega)|^2 = \frac{0.021107578\left[4\left(\dfrac{1.5}{\omega}\right)^3 - 3\left(\dfrac{1.5}{\omega}\right)\right]^2}{1 + 0.021107578\left[4\left(\dfrac{1.5}{\omega}\right)^3 - 3\left(\dfrac{1.5}{\omega}\right)\right]^2}$$

$$H(s) = \frac{0.65378\,(s^2 + 3)}{(s + 1.511862)(s^2 + 0.858082s + 1.297301)}$$

여기서 저지역의 감쇠를 그림 3.14(e)를 이용하여 구해 보면 다음과 같다.

$$\alpha_s = -20\log\sqrt{\frac{1}{1 + \epsilon^2 C_n^2(\omega_s)}} = 16.846 \text{ dB}$$

위의 2개의 예를 통하여 $n = 2$일 때는 분자와 분모의 차수가 같고, $n = 3$일 때는 분자의 차수가 분모의 차수보다 하나 적다는 것을 볼 수 있다. 이 현상을 일반화하여 차수 n이 짝수일 때는 분자와 분모의 차수가 같이 n이고, 홀수일 때는 분자의 차수가 하나 적어 $(n-1)$이라고 할 수 있으며 이 사실은 식(3.63e)에서 체비셰프 다항식의 성질을 이용하여 설명할 수 있다. 따라서 역 체비셰프 함수는 다음과 같이 분모다항식과 분자다항식을 갖는 유리함수(Rational function)의 형태를 갖게 된다.

$$H(s) = K\frac{s^n + b_{n-1}s^{n-1} + \cdots + b_1s + b_0}{s^n + a_{n-1}s^{n-1} + \cdots + a_1s + a_0} \quad n : 짝수 \tag{3.64}$$

$$H(s) = K\frac{s^{n-1} + \cdots + b_1s + b_0}{s^n + a_{n-1}s^{n-1} + \cdots + a_1s + a_0} \quad n : 홀수 \tag{3.65}$$

위 식들을 능동 회로망으로 합성할 때 유용한 형식으로 고쳐 쓰면 다음과 같다.

$$H(s) = K\prod_{i=1}^{n/2}\frac{s^2 + c_i}{(s - p_i)(s - \overline{p_i})} = K\prod_{i=1}^{n/2}\frac{s^2 + c_i}{(s^2 + a_i s + b_i)} \quad n : 짝수 \tag{3.66}$$

$$\begin{aligned}H(s) &= \frac{K}{s - \sigma_0}\prod_{i=1}^{(n-1)/2}\frac{s^2 + c_i}{(s - p_i)(s - \overline{p_i})} \\ &= \frac{K}{s - \sigma_0}\prod_{i=1}^{(n-1)/2}\frac{s^2 + c_i}{(s^2 + a_i s + b_i)} \quad n : 홀수\end{aligned} \tag{3.67}$$

부록 C는 통과역 감쇠 $\alpha_p = $ 3 dB, 2 dB, 1 dB, 0.5 dB, 0.1 dB와 저지역 주파수 ω_s = 1.05, 1.10, 1.20, 1.50, 2.00에 대한 역 체비셰프 함수 표이다.

3.6 역 체비셰프 함수

역 체비셰프 함수가 유리함수로 나타나는 것은 저지역에서 등폭 리플을 이루기 때문이다. 다시 말해서 $j\omega$축상에 전송영점을 갖기 때문이다.

또한 역 체비셰프 함수의 통과역에서의 크기 특성은 체비셰프 함수와 달리 바터워스 함수와 같이 단조롭고 최대평탄하여 양호한 위상특성을 갖는다.

역 체비셰프 함수의 또 하나의 특성은 필터 설계 명세 조건이 α_p, α_s 및 ω_s로 주어질 때 이를 만족시키는 함수의 차수가 체비셰프 함수와 동일하다는 점이다. 우선 **그림 3.14**(e)에서 통과역내에서의 최대 손실을 구하면 식(3.68)과 같다.

$$\alpha_p = -20\log\sqrt{1/(1+\epsilon^2)} \tag{3.68}$$

여기서 $\epsilon^2 = (10^{0.1\alpha_p} - 1)$ (3.69)

저지역에서의 최소 감쇠는 항상 $\omega = \omega_s$ rad/sec에서 일어난다. 이때 식(3.63e)를 이용하여 α_s를 구하면

$$\alpha_s = -20\log\frac{1}{\sqrt{1+\epsilon^2 C_n^2(\omega_s)}} \tag{3.70}$$

여기서 $C_n(\omega_s) = \cosh(n\cosh^{-1}\omega_s) = \dfrac{(10^{0.1\alpha_s}-1)^{1/2}}{\epsilon}$ (3.71)

따라서 $n = \dfrac{\cosh^{-1}[\epsilon^{-1}(10^{0.1\alpha_s}-1)^{1/2}]}{\cosh^{-1}\omega_s}$ (3.72)

식(3.69)에서 ϵ을 구하여 식(3.72)에 대입하면, 설계 명세조건에서 α_p, α_s 및 ω_s가 주어질 때 역 체비셰프 함수의 차수를 구하는 공식은 다음과 같다.

$$n = \frac{\cosh^{-1}\sqrt{(10^{0.1\alpha_p}-1)^{-1}(10^{0.1\alpha_s}-1)}}{\cosh^{-1}\omega_s} \tag{3.73}$$

역 체비셰프 함수의 차수를 구하는 공식(3.73)은 체비셰프 함수의 차수를 구하는 공식 (3.61)과 동일하다. 그러므로 역 체비셰프 함수의 차수를 구할 때도 일반 공식(3.62)를 이용할 수 있다.

3.7 체비셰프 함수와 역 체비셰프 함수의 특성 비교

(1) 크기 특성

통과역에서 체비셰프 함수의 크기 곡선은 등폭 리플을 갖지만 역 체비셰프 함수는 최대 평탄을 이룬다. 그러나 설계 명세조건이 크기 특성의 3가지 파라미터(α_p, α_s 및 ω_s)로 주어질 때 두 함수의 차수는 같다. 그림 3.15는 두 함수의 3차를 비교한 것으로 통과역에서는 역 체비셰프 함수의 크기 특성이 우수하지만 천이역에서 곡선의 경사는 ω_s가 아주 작을 때를 제외하고는 체비셰프 함수의 경우가 더 크다.

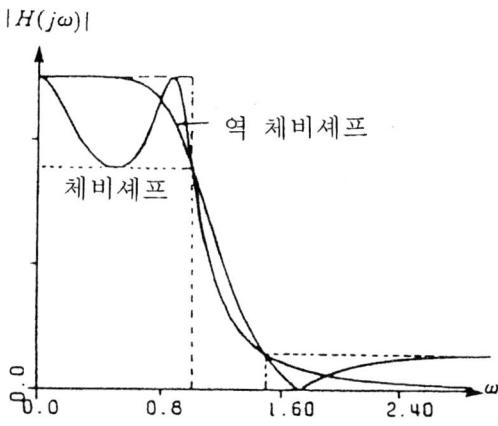

그림 3.15 크기 특성의 비교($\alpha_p = 3$ dB, $\alpha_s = 19.1$ dB, $\omega_s = 1.5$ rad/sec)

(2) 위상 특성과 시간지연 특성

위상 특성과 시간지연 특성은 식(3.74)와 같이 서로 밀접한 관계가 있다. 이 부분은 3.9절에서 자세하게 설명되어 있다.

$$T(\omega) = -\frac{d}{d\omega}\phi(\omega) \tag{3.74}$$

위상 $\phi(\omega)$는 선형에 가까울수록 더 바람직하며, 위상 특성이 선형적이면 시간지연 $T(\omega)$도 상수(Constant)에 가까워진다. 역 체비셰프 함수는 통과역에서 크기가 최대평탄하고 단조롭게 감소하는데 그 결과 체비셰프 함수와 비교하여 위상 특성과 시간지연 특성이 훨씬 양호하다. 이 점이 바로 역 체비셰프 함수의 장점이다. 그림 3.16은 위상 특성과 시간지연 특성을 $n = 3$일 때를 예로 들어 비교한 것이다.

3.7 체비셰프 함수와 역 체비셰프 함수의 특성 비교

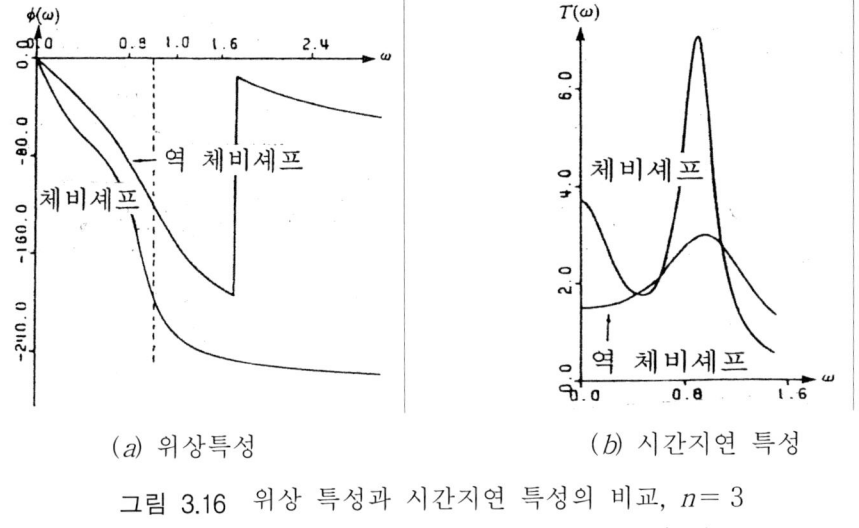

(a) 위상특성   (b) 시간지연 특성

그림 3.16 위상 특성과 시간지연 특성의 비교, $n=3$
($\alpha_p = 3$ dB, $\alpha_s = 19.1$ dB, $\omega_s = 1.5$ rad/sec)

그림 3.16(b)와 같이 역 체비셰프 함수의 시간지연 특성은 체비셰프 함수보다 더 수평선에 가까워 출력단에 나타나는 신호의 왜곡을 작게 해줄 수 있다. 또한 **그림 3.17**과 같이 차수가 높아져도 역 체비셰프 함수의 시간지연 특성은 변화가 크지 않지만 체비셰프 함수의 시간지연 곡선은 변화를 크게 일으킨다. 체비셰프 함수의 시간지연 곡선에서 정점 및 곡점의 수를 합한 것은 차수 n과 일치하는데 이 현상은 크기 특성에서 볼 수 있는 것과 일치한다.

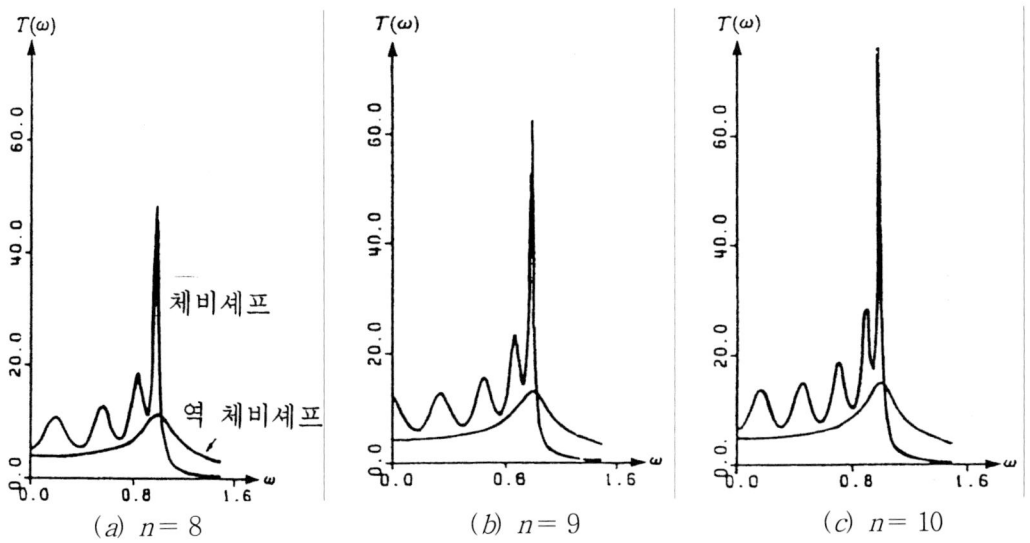

(a) $n=8$ (b) $n=9$ (c) $n=10$

그림 3.17 고차함수의 시간지연 특성 비교

(3) 극점과 영점 위치

체비셰프 함수의 극점이 $j\omega$축을 장축으로 하는 타원상에 위치하지만, 역 체비셰프 함수의 극점은 식(3.63e)에서 볼 수 있는 바와 같이 체비셰프 함수의 극점과 ω_s에 관하여 역 관계를 갖으나 σ 축을 장축으로 하는 정확한 타원상에 위치하지는 않는다.

체비셰프 함수는 전극점 함수이므로 영점은 모두 무한대에 존재하지만, 역 체비셰프 함수는 유리함수이기 때문에 영점은 $j\omega$축상에 분포되어 있다.

3.8 타원 필터 함수(Elliptic Filter Function)

저역통과 필터 함수인 경우, 바터워스 함수와 체비셰프 함수는 분모다항식만을 갖는 전극점 함수이지만, 역 체비셰프 함수와 타원 필터 함수는 유리함수이다. 식(3.10)의 $\epsilon^2 f(\omega^2)$으로 다항식을 사용하는 대신 이번에는 ω의 유리함수 $R_n^2(\omega)$을 이용한다.

$$|H(j\omega)| = \frac{K}{\sqrt{1 + R_n^2(\omega)}} \tag{3.75}$$

여기서

$$R_n(\omega) = M \frac{(\omega_1^2 - \omega^2/\omega_s)(\omega_2^2 - \omega^2/\omega_s) \cdots (\omega_{n/2}^2 - \omega^2/\omega_s)}{(1 - \omega_1^2 \omega^2/\omega_s)(1 - \omega_2^2 \omega^2/\omega_s) \cdots (1 - \omega_{n/2}^2 \omega^2/\omega_s)} \qquad n : \text{짝수} \tag{3.76a}$$

$$R_n(\omega) = N \frac{\omega(\omega_1^2 - \omega^2/\omega_s)(\omega_2^2 - \omega^2/\omega_s) \cdots (\omega_{(n-1)/2}^2 - \omega^2/\omega_s)}{(1 - \omega_1^2 \omega^2/\omega_s)(1 - \omega_2^2 \omega^2/\omega_s) \cdots (1 - \omega_{(n-1)/2}^2 \omega^2/\omega_s)} \qquad n : \text{홀수} \tag{3.76b}$$

$R_n(\omega)$의 영점에서 $|H(j\omega)|$는 최대치를 가지며, $R_n(\omega)$의 극점에서 $|H(j\omega)|$는 0이 된다. 그러므로 $R_n(\omega)$의 영점을 통과역에 극점을 저지역에 분포시킴으로써 양쪽 영역에서 같은 크기의 리플이 존재한다. 이때 $R_n(\omega)$의 영점과 극점을 정하는 데에는 제 1 종 야코비안(Jacobian) 타원 함수와 완전 타원적분을 사용해야 하므로 이렇게 얻어진 함수 $H(s)$를 타원 필터 함수(Elliptic filter function)라고 한다. 저자에 따라서는 이 필터 함수의 이론과 개발에 크게 기여한 회로망 이론가 카우어(W. Cauer)의 이름을 따서 카우어 필터 함수라고도 한다. 타원 필터 함수의 극점과 영점 및 크기 특성이 그림 3.18에 예시되어 있다.

식(3.75)와 식(3.76)에서 알 수 있듯이 타원 필터 함수도 유리함수로 되며 역 체비셰프 함수와 동일한 형태인 식(3.77)로 표현할 수 있다.

3.8 타원 필터 함수

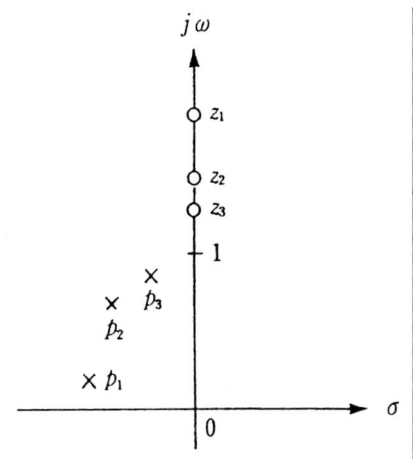

(a) $n=6$일 때의 극점과 영점(짝수)

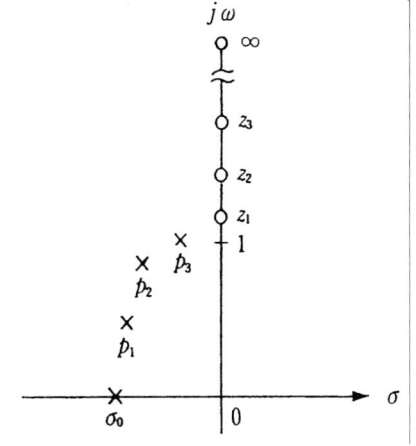

(b) $n=7$일 때의 극점과 영점(홀수)

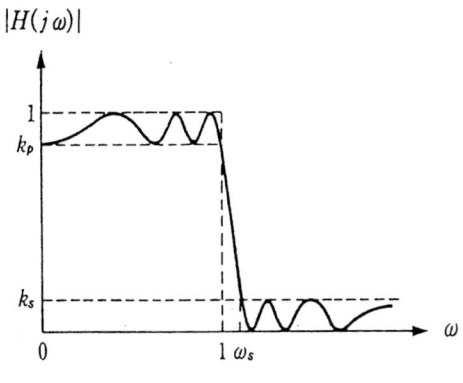

(c) $n=6$일 때의 크기 특성

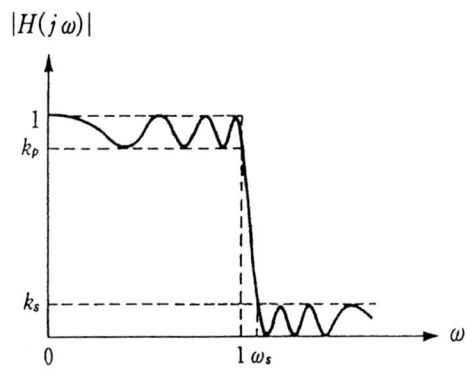

(d) $n=7$일 때의 크기 특성

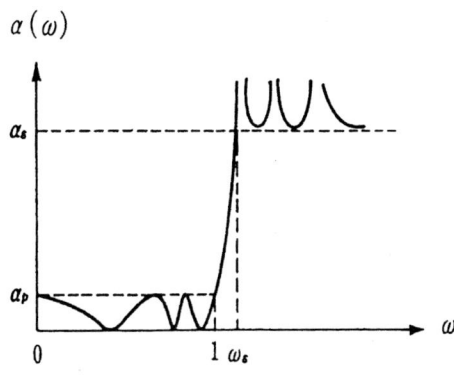

(e) $n=6$일 때의 감쇠 특성

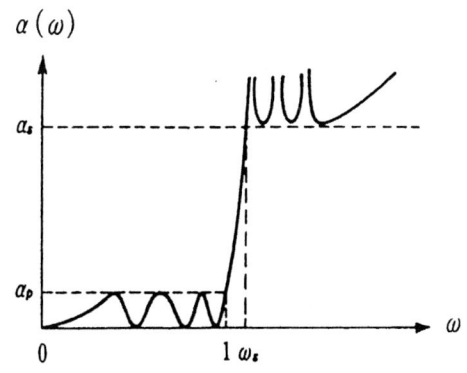

(f) $n=7$일 때의 감쇠 특성

그림 3.18 타원 필터 함수의 특성(차수가 짝수일 때와 홀수일 때)

$$H(s) = K\prod_{i=1}^{n/2} \frac{s^2 + c_i}{(s-p_i)(s-\overline{p_i})} = K\prod_{i=1}^{n/2} \frac{s^2 + c_i}{(s^2 + a_i s + b_i)} \qquad n : \text{짝수} \qquad (3.77)$$

$$H(s) = \frac{K}{s-\sigma_0}\prod_{i=1}^{(n-1)/2} \frac{s^2 + c_i}{(s-p_i)(s-\overline{p_i})} = \frac{K}{s-\sigma_0}\prod_{i=1}^{(n-1)/2} \frac{s^2 + c_i}{(s^2 + a_i s + b_i)} \qquad n : \text{홀수}$$

부록 D는 통과역 감쇠 α_p = 3 dB, 2 dB, 1 dB, 0.5 dB, 및 0.1 dB로 하여 극점과 영점 및 여러가지 계수를 n = 10까지 수록한 타원 필터 함수표이다.

<예제 3.12> 다음 조건을 만족하는 타원 필터 함수를 구하라.

α_p = 0.1 dB

α_s = 10 dB, $\qquad \omega_s$ = 1.1 rad/sec

풀이 : 부록 D의 표에서 차수가 n = 4 임을 알 수 있으므로 함수는 다음과 같다.

$$H(s) = K\frac{(s^2 + 1.290925)(s^2 + 4.349930)}{(s^2 + 1.407633s + 1.448899)(s^2 + 0.133467s + 1.141079)}$$

여기서 α_s와 ω_s를 고정할 때 α_p가 커짐에 따라 차수는 내려간다. [연습문제3.6 참조]

다음에는 지금까지 구한 4가지 함수의 차수를 비교할 수 있는 예제를 풀어보자.

<예제 3.13> 설계 명세조건이 다음과 같다. 각 함수의 차수 n을 구하라.

α_p = 1 dB

α_s = 38 dB, $\qquad \omega_s$ = 1.5 rad/sec

(a) 타원 필터 함수

(b) 역 체비셰프 함수

(c) 체비셰프 함수

(d) 바터워스 함수

풀이 :

(a) 부록 D 표 3에서 차수를 찾는다. $\qquad n$ = 4

(b) 부록 C 표 3에서 차수를 찾는다. $\qquad n$ = 6

(c) (b)와 같다. $\qquad n$ = 6

(d) 식(3.30)을 이용하면 $n \geq 12.5$이다. 정수를 택하여 $\qquad n$ = 13

3.8 타원 필터 함수

위 4가지 함수의 대략적인 크기 특성은 **그림 3.19**와 같고, 주어진 설계 명세조건을 만족시키는데 있어서 바터워스 함수의 차수가 제일 높다. 이는 크기 곡선이 단조로우며 통과역 및 저지역에 리플이 전혀 없기 때문이다.

다음으로 높은 차수는 체비셰프 함수와 역 체비셰프 함수로 서로 차수가 같다. 체비셰프 함수의 크기 곡선은 통과역에서 리플을 이루는 반면 역 체비셰프 함수의 크기 곡선은 저지역에서 리플을 갖는다. 차수가 제일 낮은 것은 타원 필터 함수인데 그 이유는 크기 곡선이 통과역과 저지역에 모두 리플을 가지고, 이들 리플의 정점과 곡점의 수가 최대 차수 n과 일치하기 때문이다. 따라서 동일한 설계 명세조건인 경우에 크기 특성을 중심으로 하는 필터 함수 근사법 중에서 타원 함수의 크기 특성이 우수하여 차수가 가장 낮지만, 위상 특성은 바람직하지 않다.

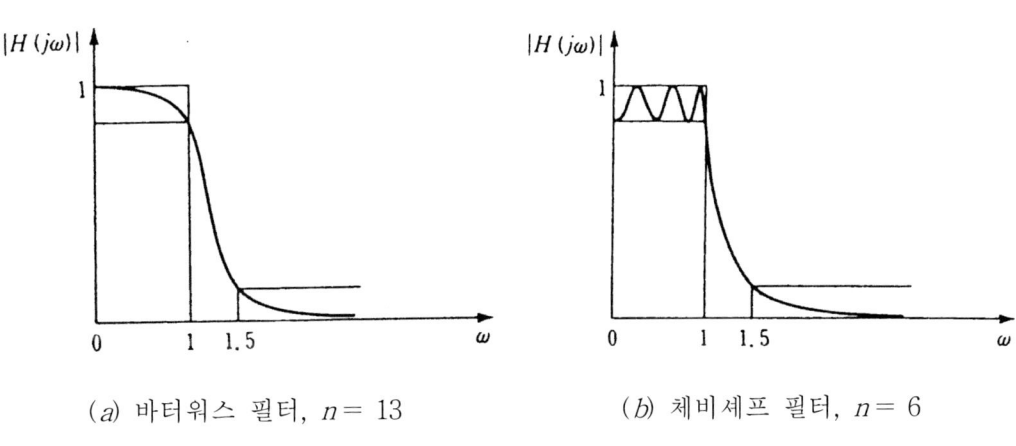

(a) 바터워스 필터, $n = 13$ (b) 체비셰프 필터, $n = 6$

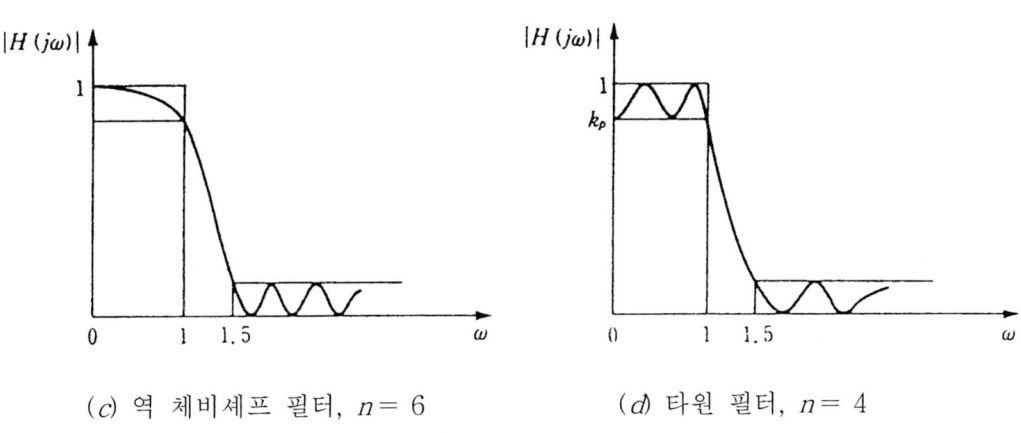

(c) 역 체비셰프 필터, $n = 6$ (d) 타원 필터, $n = 4$

그림 3.19 예 3.13의 각 함수의 크기 특성

그리고 ω_s가 차단 주파수에 가까워질수록 천이역이 좁아지고, 차수가 높아지는데 예를 들어 α_p = 1 dB, α_s = 25 dB, ω_s = 1.1 rad/sec 일 때 바터워스 함수, 체비셰프 함수, 역 체비셰프 함수, 타원 필터 함수의 차수는 각각 28, 10, 10, 5이다.

바터워스 함수나 체비셰프 함수의 차수는 계산기로 바로 찾아낼 수 있지만 타원 필터 함수의 차수는 컴퓨터 프로그램으로 구해야 한다. 그리고 이 책의 부록 D에 수록된 함수표를 이용하면 쉽게 차수를 구할 수 있다.

3.9 위상 특성 중심의 필터 함수 근사법

지금까지 설명한 근사법은 모두 크기 특성을 중심으로 한 것이었다. 여기서는 위상 특성과 시간지연 특성을 바람직하게 만들어 주는 데에 중점을 두는 근사법을 알아보기로 하자. 일반적으로 신호를 전송할 때에는 전송 매체로 동축 케이블이나 광섬유(Optical fiber) 등을 쓰는데 이때 시간지연이 발생한다.

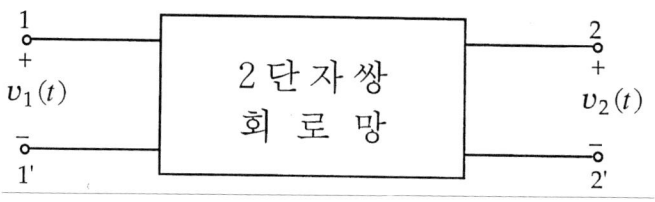

그림 3.20 2단자쌍 회로망

위 그림에서 입력신호 $v_1(t)$가 회로망에 가해졌을 때, 출력신호 $v_2(t)$가 $v_1(t)$의 모든 정보를 전송받았다면 $v_2(t)$는 $v_1(t)$와 파형이 같고 다만 T초의 시간지연이 발생한다. 즉 입력단에 가해진 신호가 왜곡없이 T초 후에 출력단에 K배 되어 나타난다. 이 현상을 식으로 나타내고 Laplace 변환시켜 전달함수를 구해 보자.

$$v_2(t) = Kv_1(t-T) \tag{3.78a}$$

$$\frac{V_2(s)}{V_1(s)} = H(s) = Ke^{-sT} \tag{3.78b}$$

여기서 $H(s)$에 $s = j\omega$를 대입하여 그 크기와 위상을 구해 보면 다음과 같다.

$$H(j\omega) = |H(j\omega)|e^{j\phi(\omega)} = Ke^{-j\omega T} \tag{3.79a}$$

$$|H(j\omega)| = K \tag{3.79b}$$

$$\phi(\omega) = -\omega T \tag{3.79c}$$

위상 $\phi(\omega)$는 식(3.79c)에서와 같이 주파수 ω에 관한 1차식이다. 이것은 식(3.78)과 같이 정확한 시간지연이 모든 신호 성분에 일어난다는 전제하에 성립된다. 그런데 실제적인 경우에는 $\phi(\omega)$가 ω의 복잡한 함수로 된다. 이때는 지연시간도 상수일 수는 없고 역시 ω의 함수 즉 $T(\omega)$로 표시된다. 이 시간지연 $T(\omega)$와 위상 $\phi(\omega)$사이에는 식(3.80)과 같은 관계가 있다. 즉 시간지연은 위상 $\phi(\omega)$를 ω로 미분하여 얻어지는 것으로 군 지연(Group delay) 또는 신호지연이라 하고, 단위는 초(second)를 사용한다.

$$T(\omega) = -\frac{d}{d\omega}\phi(\omega) \quad 초 \tag{3.80}$$

위상은 음성 주파수나 가청 주파수 대역에서는 중요하지 않다. 왜냐하면 우리 귀가 위상 왜곡을 잘 감지하지 못하기 때문이다. 그러나 화상 주파수(Video frequency)나 디지털 전송에서는 위상이 아주 중요하다.

전송 왜곡(Transmission distortion)을 없애려면 $T(\omega)$는 가능한 상수에 가까워야 한다. 이는 곧 위상 $\phi(\omega)$가 통과역내에서는 주파수의 변화에 따라서 선형적인 특성을 가져야 한다는 것을 의미한다.

3.10 벳셀-톰슨 함수(Bessel-Thomson Function)

벳셀-톰슨 필터는 위상특성을 위주로 하는 필터의 대표적인 것으로서 톰슨(W. E. Thomson)이 그의 논문에서 처음으로 발표했다. 우선 전달 함수 $H(s)$를 다음 식(3.81)과 같이 표기해 보자.

$$H(s) = \frac{K}{a_0 + a_1s + a_2s^2 + \cdots + s^n} = \frac{K}{A(s)} \tag{3.81}$$

$H(s)$는 전극점 함수이기 때문에 크기 특성으로 볼 때는 저역통과 함수에 속한다. 여기서 $H(s)$에 $s=j\omega$를 대입하여 실수부와 허수부로 분리하면 다음과 같다.

$$H(j\omega) = \frac{K}{(a_0 - a_2\omega^2 + a_4\omega^4 - a_6\omega^6 + \cdots) + j\omega(a_1 - a_3\omega^2 + a_5\omega^4 - a_7\omega^6 + \cdots)}$$

여기서 위상은 $\phi(\omega) = -\tan^{-1}\dfrac{\omega(a_1 - a_3\omega^2 + a_5\omega^4 - a_7\omega^6 + \cdots)}{a_0 - a_2\omega^2 + a_4\omega^4 - a_6\omega^6 + \cdots}$ (3.82)

식(3.80)에 의하여 $\phi(\omega)$를 ω로 미분하면 시간지연 $T(\omega)$를 얻는다. 이때 $T(\omega)$는 ω의 유리함수인데 이것을 테일러 급수(Taylor series)로 전개한 후 상수항만 남도록 a_i를 정하고 이 a_i를 식(3.81)에 대입한다. 이렇게 하는 과정이 바로 위상을 중심으로 하는(다시 말해서 시간지연이 상수에 가까워지도록 하는) 근사법이다. 이 방법을 이용하여 만들어진 함수를 벳셀-톰슨 함수라 한다. 예제를 통하여 벳셀-톰슨 함수를 구해보자.

<예제 3.14> 위상특성이 가장 좋은 2차 함수를 구하라.

풀이 : $H(s) = \dfrac{K}{s^2 + a_1 s + a_0}$, 여기서 $H(0)=1$이 되도록 $K = a_0$으로 정하면

$$\phi(\omega) = -\tan^{-1}\left(\frac{a_1\omega}{a_0 - \omega^2}\right)$$

$$T(\omega) = -\frac{d}{d\omega}\phi(\omega) = \frac{a_1}{a_0}\frac{1 + \omega^2/a_0}{1 + (a_1^2/a_0^2 - 2/a_0)\omega^2 + \omega^4/a_0^2}$$

위 $T(\omega)$의 분자를 분모로 나누어줌으로서 테일러 급수를 전개해 보자.

$$T(\omega) = \frac{a_1}{a_0}\left[1 + \left(\frac{1}{a_0} - \frac{a_1^2}{a_0^2} + \frac{2}{a_0}\right)\omega^2 + \cdots\right]$$

위 식이 상수로 되기 위해서는 ω^2항의 계수가 0이 되어야 한다. 즉, $a_1^2 = 3a_0$.
시간지연을 1초로 정규화할 때 $a_0 = a_1$이 되므로 $a_0 = a_1 = 3$이다. 구하는 함수는

$$H(s) = \frac{3}{s^2 + 3s + 3}$$

이 함수를 2차 벳셀-톰슨 함수라 부른다. 이 함수의 시간지연 $T(\omega)$를 구해보자.

$$T(\omega) = \frac{3\omega^2 + 9}{\omega^4 + 3\omega^2 + 9}$$

3.10 벳셀-톰슨 함수

예제 3.14에서 $T(0) = 1$이고 $T(1) = 12/13$이다. 즉 정규화된 통과역에서는 어느 주파수에서나 지연이 1초에 아주 가까워 위상특성이 우수하고 가장 큰 차이는 $\omega = 1$에서 생기며 $12/13$이다. 그런데 위의 방법으로 벳셀-톰슨 함수를 구하려면 많은 방정식을 풀어야 하기 때문에 불편하다.

스토치(L. Storch)는 이보다 쉬운 방법으로 식(3.78b)에서 $T = 1$초로 정규화하여 $H(s)$를 다음과 같이 다시 표현하였다.

$$H(s) = Ke^{-s} = \frac{K}{e^s} = \frac{K}{\cosh s + \sinh s} \tag{3.83a}$$

여기서
$$\cosh s = 1 + \frac{s^2}{2!} + \frac{s^4}{4!} + \frac{s^6}{6!} + \cdots \tag{3.83b}$$

$$\sinh s = s + \frac{s^3}{3!} + \frac{s^5}{5!} + \frac{s^7}{7!} + \cdots \tag{3.83c}$$

$\cosh s$는 무한 우급수이고 $\sinh s$는 무한 기급수이다. 그러므로 식(3.83)은 유한 함수가 아니다. 이 함수에 근사한 유한 함수를 다음과 같이 표현하면 $M(s)$와 $N(s)$는 각각 분모 다항식의 우수부와 기수부이다.

$$H(s) = \frac{K}{M(s) + N(s)} \tag{3.84}$$

여기서 식(3.83a)와 식(3.84)를 다시 전개해 보자.

$$H(s) = \frac{\frac{K}{\sinh s}}{\frac{\cosh s}{\sinh s} + 1} \tag{3.85a}$$

$$H(s) = \frac{\frac{K}{N(s)}}{\frac{M(s)}{N(s)} + 1} \tag{3.85b}$$

식(3.85a)와 식(3.85b)를 비교하면 아래의 방정식이 성립되어야 한다.

$$\frac{M(s)}{N(s)} = \frac{\cosh s}{\sinh s} \tag{3.86}$$

식(3.86)의 우변을 식(3.83b), (3.83c)를 이용하여 연분수 전개를 진행하면 식(3.87)과 같다. 여기서 n번째 항까지만 선택하고, 나머지는 절단하여 정리하면 식(3.87)의 우변이 유리함수가 된다. 이때 식(3.87)로 부터 분자 $M(s)$와 분모 $N(s)$를 구한 후, 식(3.84)에 대입하면 벳셀-톰슨 함수를 구할 수 있다.

$$\frac{M(s)}{N(s)} = \frac{1}{s} + \cfrac{1}{\cfrac{3}{s} + \cfrac{1}{\cfrac{5}{s} + \cfrac{1}{\cfrac{7}{s} + \cdots}}}$$

(3.87)

<예제 3.15> 3차 벳셀-톰슨 함수를 구하라.

풀이 : 식(3.87)에서 3번째 항까지만 취한다.

$$\frac{M(s)}{N(s)} = \frac{1}{s} + \cfrac{1}{\cfrac{3}{s} + \cfrac{1}{\cfrac{5}{s}}} = \frac{6s^2 + 15}{s^3 + 15s}$$

따라서 $M(s) = 6s^2 + 15$, $N(s) = s^3 + 15s$로 간주하고 식(3.84)에 대입한다.

$$H(s) = \frac{K}{M(s) + N(s)} = \frac{15}{s^3 + 6s^2 + 15s + 15}$$

참고로 위 함수의 위상과 시간 지연을 구해보자.

$$\phi(\omega) = -\tan^{-1}\left(\frac{15\omega - \omega^3}{15 - 6\omega^2}\right)$$

$$T(\omega) = \frac{6\omega^4 + 45\omega^2 + 225}{\omega^6 + 6\omega^4 + 45\omega^2 + 225}$$

예제 3.15에서 $T(0) = 1$초이고, $T(1) = 276/277 \approx 1$초가 된다. 즉 $n = 2$일 때보다도 $T(\omega)$가 통과역($0 \leq \omega \leq 1$)에서 더욱 상수(1초)에 가까워짐을 볼 수 있다.

$n=4$일 때는 $T(1) = 12{,}745/12{,}746$초이다. 일반적으로 $T(1) = \chi/(\chi+1)$인데 차수가 높아짐에 따라 χ의 값이 급격하게 커지므로 통과역내에서의 시간차도 매우 작아진다. 한편 위상 특성을 관찰할 때 **그림 3.21**과 **그림 3.22**에서와 같이 차수가 높아질수록 직선에 가까워지며 같은 차수인 바터워스 특성보다도 선형적인 특성이 우수하다. **그림 3.23**은 3개의 전극점 함수(바터워스, 체비셰프, 벳셀-톰슨)의 극점 위치를 비교한 것이다.

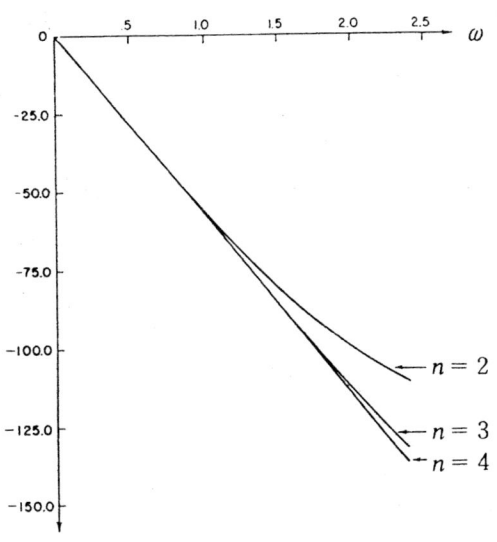

그림 3.21 벳셀-톰슨 함수의 위상

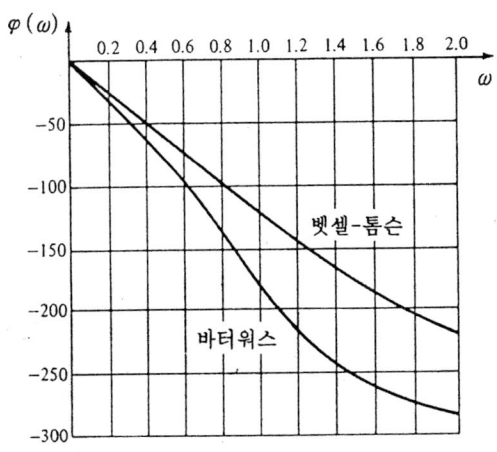

그림 3.22 $n=4$일 때의 위상 비교

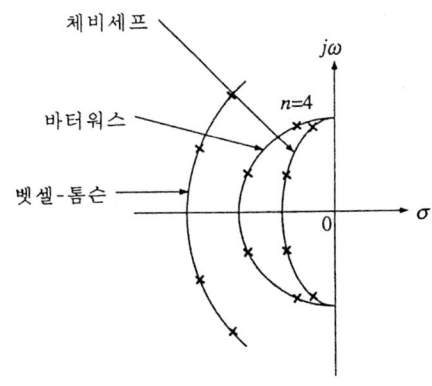

그림 3.23 각 함수의 극점 위치 비교

예제 3.15와 같은 방법으로 $n=10$까지의 벳셀-톰슨 함수를 구하여 극점과 계수, 그리고 인수분해한 함수를 표로 만들어 부록에 수록하였다. 벳셀-톰슨 함수도 바터워스나 체비셰프 함수와 같이 전극점 함수이고, 주파수 특성 중 위상 특성을 최적화(Optimize)한 것이기 때문에 크기 특성은 바터워스나 체비셰프 함수보다 우수하지 않다. 그렇지만 벳셀-톰슨 필터는 위상을 최적화한, 즉 전송 왜곡이 가장 작은 저역통과 필터이다. 차수 n이 높아질수록 시간지연이 상수에 가까워지고 저역통과 필터로서의 크기 특성도 좋아진다.

3.11 전역통과 함수와 위상 등화(Phase Equalization)

위상을 개선하기 위해 사용하는 전역통과 함수는 지금까지 다루어 온 함수와 달리 비최소 위상 함수(Nonminimum phase function)로서 영점은 $j\omega$축의 우측에 극점과 대칭되는 곳에 위치한다.

전역통과 함수는 모든 주파수에서 크기가 일정해야 하므로 일반식을 $H(s)=B(s)/A(s)$로 표시할 때 $B(s)=A(-s)$로 되어야 한다.

$$H(s) = \frac{A(-s)}{A(s)} \tag{3.88}$$

여기서 $|A(j\omega)|=|A(-j\omega)|$이므로 $|H(j\omega)|=1$이 되고 위상만 주파수에 따라 달라진다.

$$H_A(j\omega) = |H_A(j\omega)|e^{j\phi_A(\omega)} \tag{3.89a}$$

$$|H_A(j\omega)| = 1 \tag{3.89b}$$

$$\phi_A(\omega) = -2 \times [\,A(j\omega)\text{의 위상}\,] \tag{3.89c}$$

예를 들어, 2차 전역통과 함수를 $A(s) = s^2 + \left(\dfrac{\omega_0}{Q}\right)s + \omega_0^2$ 으로 놓아 보자.

$$H_A(s) = \frac{s^2 - as + b}{s^2 + as + b} = \frac{s^2 - \left(\dfrac{\omega_0}{Q}\right)s + \omega_0^2}{s^2 + \left(\dfrac{\omega_0}{Q}\right)s + \omega_0^2} \tag{3.90a}$$

여기서 $|H_A(j\omega)| = 1$ \hfill (3.90b)

3.11 전역통과 함수와 위상 등화

$$\phi_A(\omega) = -2\tan^{-1}\left[\frac{\dfrac{\omega}{\omega_0}\dfrac{1}{Q}}{1-\left(\dfrac{\omega}{\omega_0}\right)^2}\right] \tag{3.90c}$$

식(3.90)에서 진폭 크기는 모든 주파수에 대하여 항상 1이므로 전역통과 함수라 한다. 위상은 주파수에 따라서 변화하는데 규준화된 주파수 (ω/ω_0)를 변수로 할 때의 위상을 여러가지 Q값에 관한 위상 곡선은 **그림 3.24**와 같다.

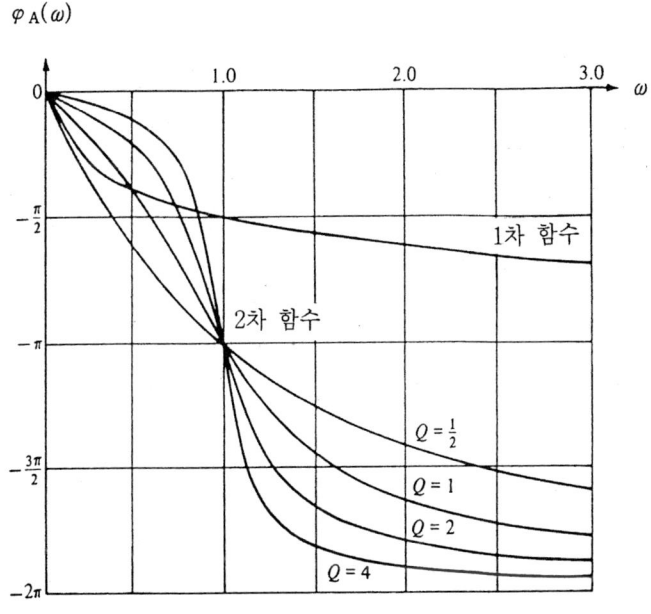

그림 3.24 전역통과 함수의 위상 곡선

그림 3.24에서 Q값이 비교적 작을 때에는 위상 곡선이 한 방향으로만 변화하지만, Q값이 비교적 큰 값일 때에는 곡선이 중간에서 방향을 바꾼다. 이때의 변곡점(Inflection point)을 구하기 위하여 식(3.90c)를 미분해 보자.

$$\frac{d\phi_A(\omega)}{d\left(\dfrac{\omega}{\omega_0}\right)} = -\frac{2}{Q}\frac{\left(\dfrac{\omega}{\omega_0}\right)^2+1}{\left[1-\left(\dfrac{\omega}{\omega_0}\right)^2\right]^2+\dfrac{1}{Q^2}\left(\dfrac{\omega}{\omega_0}\right)^2} \tag{3.91a}$$

$$\frac{d^2\phi_A(\omega)}{d\left(\dfrac{\omega}{\omega_0}\right)^2} = 0 = \left(\dfrac{\omega}{\omega_0}\right)^4+2\left(\dfrac{\omega}{\omega_0}\right)^2+\left(\dfrac{1}{Q^2}-3\right) \tag{3.91b}$$

위 식을 분석할 때 $Q > (1/\sqrt{3}) = 0.578$에서 양수로 되어 변곡점이 존재한다. 그리고 Q값이 클 때에는 변곡점이 $\omega = 1$에서 나타난다. 이 변곡점이 생기는 주파수와 Q를 조정하면 전체 위상(Overall phase)을 선형적으로 개선할 수 있다. 이러한 뜻에서 전역통과회로를 위상 등화기(Phase equalizer)라고도 부른다. 이상과 같은 효과를 분석하기 위해서 필터 함수를 $H(s)$라 하고, 필터에 종속연결하는 전역통과 함수를 $H_A(s)$로 표시하자.

$$H(j\omega) = |H(j\omega)|e^{j\phi(\omega)} \tag{3.92}$$

$$H_A(j\omega) = 1 \cdot e^{j\phi_A(\omega)} \tag{3.93}$$

$$H(j\omega) \cdot H_A(j\omega) = |H(j\omega)|e^{j[\phi(\omega) + \phi_A(\omega)]} \tag{3.94}$$

전체 함수의 크기는 필터 함수의 크기와 같고 전체 함수의 위상 $\phi_0(\omega)$는 필터 함수의 위상 $\phi(\omega)$와 전역통과 함수의 위상 $\phi_A(\omega)$를 합한 것과 같다.

$$\phi_0(\omega) = \phi(\omega) + \phi_A(\omega) \tag{3.95}$$

3.12 시간 영역에서의 고찰

필터 함수의 특성은 주파수 영역과 시간 영역에서 특성을 고찰한다. 일반적으로 주파수 영역에서는 크기 특성 $|H(j\omega)|$, 위상 특성 $\phi(\omega)$, 시간지연 특성 $T(\omega)$을 분석하고, 시간 영역에서는 단위계단함수(Unit step function) 응답 또는 임펄스함수(Impulse function) 응답을 분석한다. 주파수 영역에서는 입력과 응답과의 관계를 유리함수로서 완전하게 표현할 수 있지만 시간영역에서는 특정 입력에 대한 응답을 따로 구한다. 이장에서는 시간영역에서 바터워스, 체비셰프, 타원, 벳셀-톰슨 저역통과 함수에 단위계단함수가 입력될 때 어떻게 응답하는지를 분석해보자. 이 응답은 펄스 또는 디지털 전송을 할 때 성능 평가의 척도가 된다. 먼저 벳셀-톰슨 필터의 응답이 가장 우수하리라는 것을 예측할 수 있다.

단위계단함수 $u(t)$는 다음과 같이 정의된다.

$$u(t) = \begin{cases} 0 & t < 0 \\ 1 & t > 0 \end{cases} \tag{3.96}$$

3.12 시간 영역에서의 고찰

식(3.96)의 $u(t)$를 이상적인 지연 회로망(Ideal delay network)에 입력했을 때 출력단에 나타나는 응답 $r(t)$는 다음과 같다.

$$r(t) = u(t-t_0) = \begin{cases} 0 & t < t_0 \\ 1 & t > t_0 \end{cases} \quad (3.97)$$

이때의 $u(t)$와 $r(t)$는 그림 3.25와 같다.

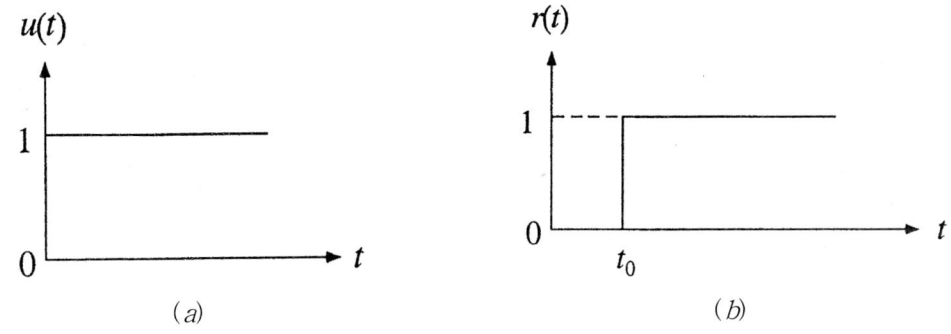

그림 3.25 단위계단함수와 그에 대한 이상 지연 회로망의 응답

우리가 지금까지 구한 함수들은 모두 시간지연 특성면에서 볼 때 결코 이상적인 것이 아니므로 실제의 단위계단응답(Unit step response)은 그림 3.25(b)와 같지 않고 오히려 그림 3.26과 유사하다. 그림 3.26에서 응답은 자연스러운 곡선을 이루면서 단위값을 향해 올라가는데 그 관성 때문에 단위값을 초과하고서 진동(Oscillation)을 하다가 단위값에 수렴한다. 이 진동 현상은 필터안의 인덕터와 커패시터가 전기 에너지를 주고받고 하는 결과로 나타나는데 저항 성분 때문에 점차 감소하게 된다. 이와 같은 현상을 보통 링깅(Ringing)이라 부른다. 단위계단응답 $r(t)$는 식(3.98)과 같이 역 라플라스 변환으로 구하고, 여기서 $H(s)$는 필터 함수이다.

$$r(t) = \mathcal{L}^{-1}[H(s)/s] \quad (3.98)$$

그림 3.26에서와 같은 응답 $r(t)$를 분석하기 위하여 지연 시간(Delay time) t_d는 응답 $r(t)$가 0.5로 될 때까지의 시간이고, t_1은 $r(t)$의 값이 0.1로, 그리고 t_2는 0.9로 될 때까지의 시간이다. 상승 시간(Rise time) t_r은 $t_r = t_2 - t_1$로 정의하고, 정착 시간(Settling time) t_s는 링깅이 점점 감소하여 그 폭이 최종치의 ±2%가 될 때까지 걸리는 시간으로 정하는 것이 일반적이다.

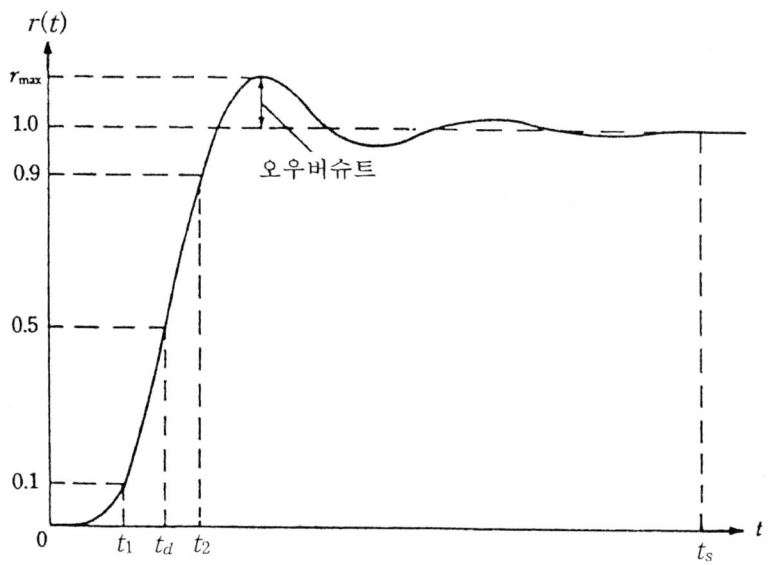

그림 3.26 일반 저역통과 필터의 단위계단함수에 대한 응답

일반적으로 시간 영역에서의 특성이 좋다고 하는 것은 t_r과 t_s가 짧고 오우버슈트(Overshoot)가 작다는 것을 의미한다. 여러가지 필터의 단위계단응답을 그림 3.27에서 그림 3.31까지 나타냈다. 이 그림들을 통하여 주파수 영역과 시간 영역 사이의 상호관계를 관찰할 수 있다. 정착 시간과 오우버슈트는 차단 주파수에서 필터 함수의 크기 특성의 경사가 급해질수록 증대한다.

그래서 동일한 차수에서는 바터워스 필터, 역 체비셰프 필터, 타원 필터의 순서로 시간 영역 특성이 점점 더 나빠진다. 타원 함수의 경우는 차수가 짝수일 때 특히 좋지 않다. 같은 종류의 필터에서는 차수 n이 높아짐에 따라 정착 시간과 지연 시간이 길어지고 오우버슈트도 커진다.

그런데 예견했던 바와 같이 벳셀-톰슨 필터의 응답이 제일 바람직하다. 이러한 특성은 벳셀-톰슨 필터 함수의 근사법이 이상 지연 곡선으로부터 시작하여 만들어졌기 때문이다. 특히 다른 필터에 비하여 t_d, t_r, t_s가 훨씬 짧은데도 그림 3.28과 같이 오우버슈트가 일어나지 않는다.

3.12 시간 영역에서의 고찰

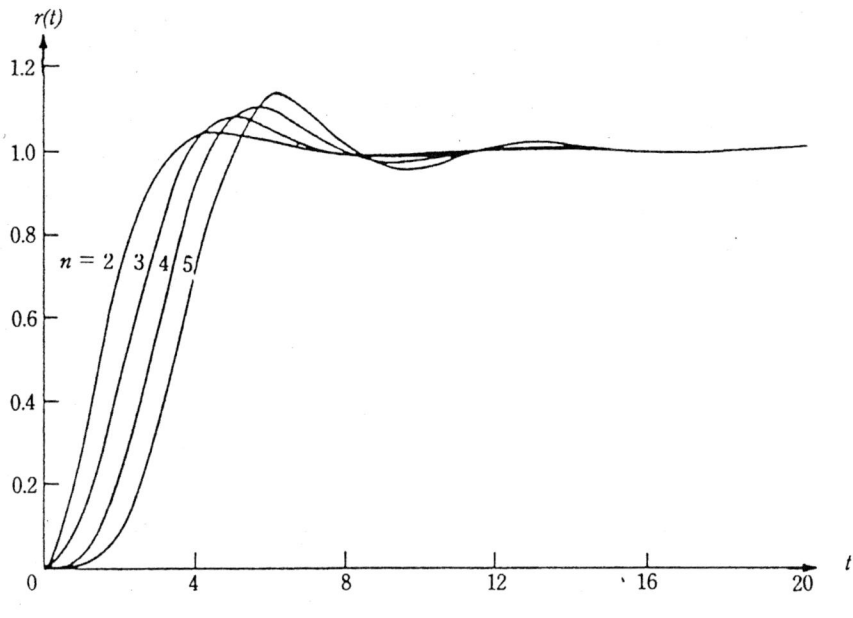

그림 3.27 바터워스 필터의 단위계단응답

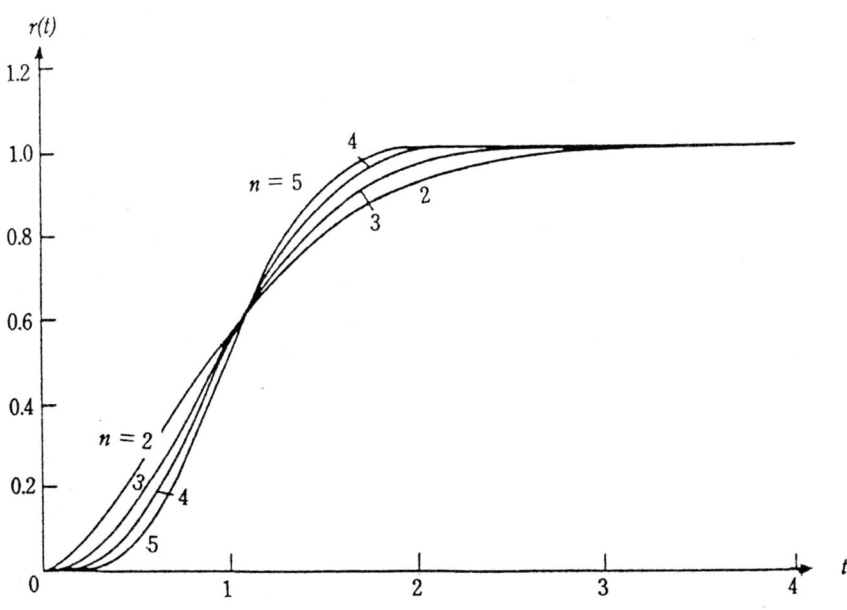

그림 3.28 벳셀-톰슨 필터의 단위계단응답

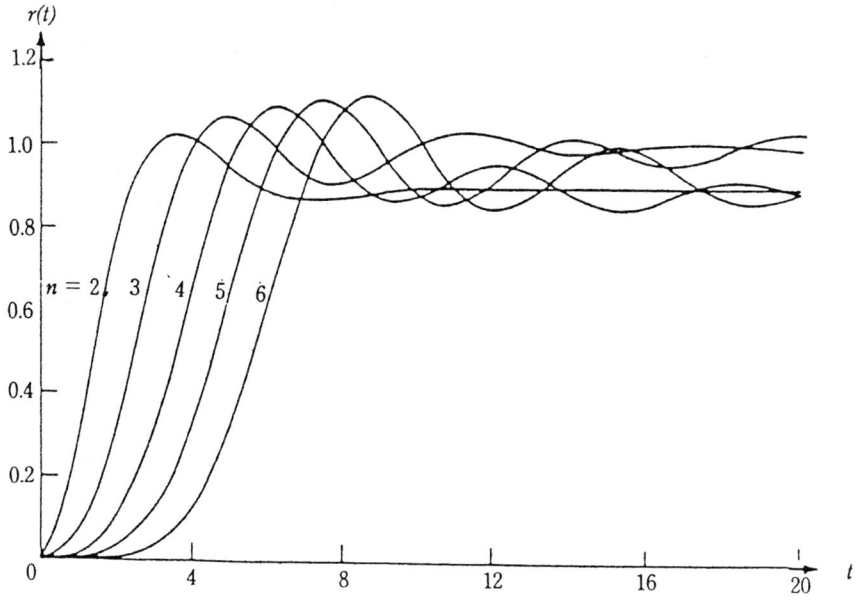

그림 3.29 체비셰프 필터(1 dB 리플)의 단위계단응답

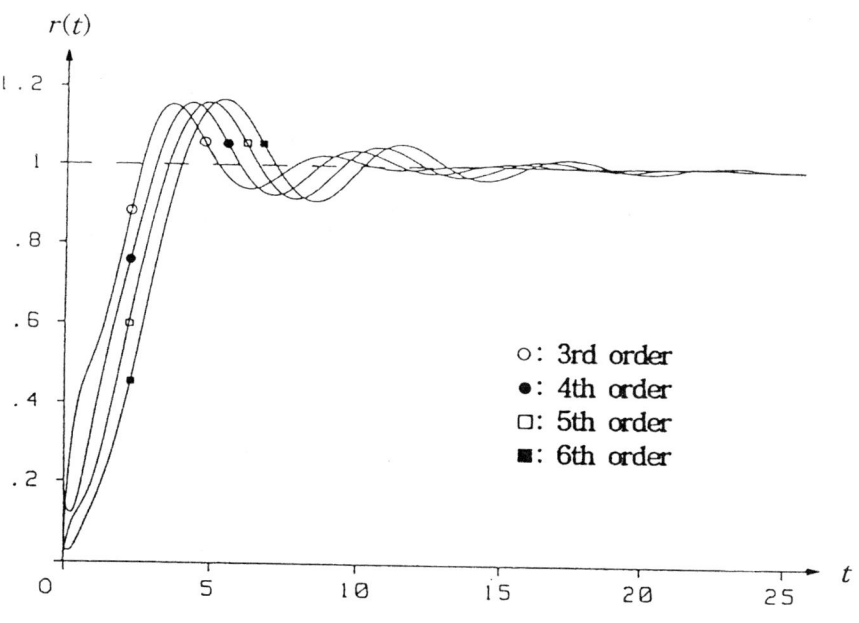

그림 3.30 역 체비셰프 필터(1 dB, $\omega_s = 1.2$)의 단위계단응답

3.12 시간 영역에서의 고찰

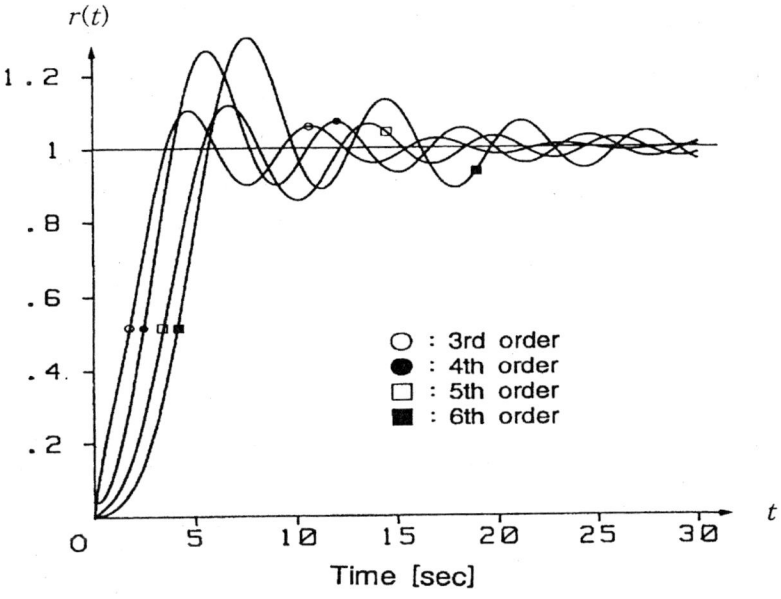

그림 3.31 타원 필터(1 dB, $\omega_s = 1.2$)의 단위계단응답

3.13 MATLAB을 활용한 함수 시뮬레이션

지금까지 설계 명세조건으로부터 필터함수 근사법을 이용하여 필터 함수를 구하였다. 일반적인 필터 설계 과정은 다음과 같은 순서도로 표시할 수 있다.

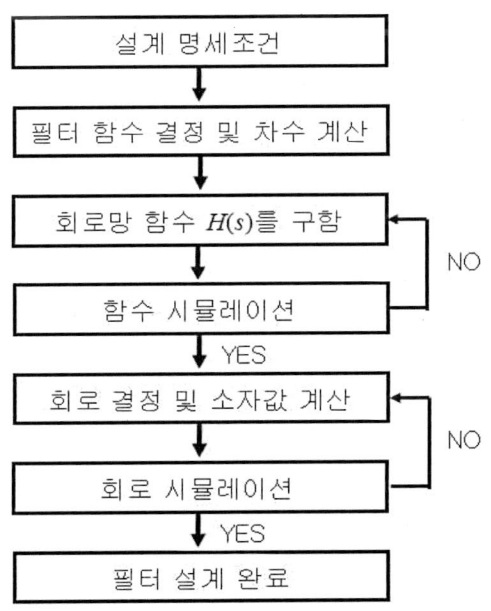

그림 3.32 일반적인 필터 설계과정

그림 3.32에서 필터 사용자가 요구하는 설계 명세조건이 주어질 때 필터의 크기 특성을 강조하기 위해서는 타원 함수가 바람직하고, 위상 및 지연 특성을 강조하기 위해서는 바터워스나 역 체비셰프 함수를 사용한다. 회로망 함수의 종류가 결정되면 설계 명세조건을 만족하는 함수의 차수를 구하는데 정수값이 되도록 한다.

결정된 함수와 차수를 이용하여 부록에 수록된 전달함수 $H(s)$를 구한 후 식(3.99)와 식(3.100)으로 함수 시뮬레이션을 통하여 크기와 위상 특성을 그려볼 수 있다.

$$|H(j\omega)| = \sqrt{\{\mathrm{Re}\,H(j\omega)\}^2 + \{\mathrm{Im}\,H(j\omega)\}^2} \tag{3.99}$$

$$\phi(\omega) = \tan^{-1}\frac{\mathrm{Im}\,H(j\omega)}{\mathrm{Re}\,H(j\omega)} \tag{3.100}$$

함수 시뮬레이션은 컴퓨터 언어를 이용할 수도 있지만 언어에 익숙하지 않은 사람은 많은 시간을 요구한다. 최근에는 MATLAB과 같은 프로그램을 활용하여 필터 함수의 특성을 시뮬레이션 한다. 이와 같은 프로그램의 이용법은 독자에게 맡기고, 예제를 통하여 함수의 크기와 위상 특성 등을 구해보자.

<예제 3.16> 2차~5차 바터워스 필터 함수를 주파수 영역에서 크기, 위상, 시간 지연 특성과 시간영역에서 단위계단응답을 구하라.

풀이 : 우선 부록 A에서 2차~5차 바터워스 필터 함수의 $H(s)$를 구한다. 3차 함수의 경우 $H(s)$는 다음과 같다.

$$H(s) = \frac{K}{s^3 + 2s^2 + 2s + 1}$$

통과역에서의 최대값을 1로 규준화하기 위하여 $K=1$로 하고, $H(s)$에 $s=j\omega$를 대입하여 크기 특성식을 구한다.

$$|H(j\omega)| = \frac{1}{\sqrt{(1-2\omega^2)^2 + (2\omega-\omega^3)^2}}$$

또한 $H(s)$에 $s=j\omega$를 대입하여 위상과 시간지연 특성식을 구하면 다음과 같다.

$$\phi(\omega) = \tan^{-1}\frac{\mathrm{Im}\,H(j\omega)}{\mathrm{Re}\,H(j\omega)} = -\tan^{-1}\frac{(2\omega-\omega^3)}{(1-2\omega^2)}$$

$$T(\omega) = -\frac{d\phi(\omega)}{d\omega} = \frac{2\omega^4 + \omega^2 + 2}{\omega^6 + 1}$$

3.13 MATLAB을 활용한 함수 시뮬레이션

위와 같은 방식으로 2차~5차 특성식을 구한 후 MATLAB을 이용한 시뮬레이션 프로그램과 특성 곡선은 다음과 같다.

```
clear all;
% 주파수 범위 지정
w=[0:0.01:3];

% 각 차수의 계수값 입력
n2=[1 1.41421356 1];
n3=[1 2.00000000 2.00000000 1];
n4=[1 2.61312593 3.41421356 2.61312593 1];
n5=[1 3.23606798 5.23606798 5.23606798 3.23606798 1];

% bode 함수를 이용하여 크기특성과 위상특성을 구함
[magb2,phb2]=bode(1,n2,w);
[magb3,phb3]=bode(1,n3,w);
[magb4,phb4]=bode(1,n4,w);
[magb5,phb5]=bode(1,n5,w);

% time delay 계산
% 위상을 degree에서 radian으로 단위와 행렬의 차원을 바꿈
ph2=phb2' .* pi ./180 ;
ph3=phb3' .* pi ./180 ;
ph4=phb4' .* pi ./180 ;
ph5=phb5' .* pi ./180 ;

% T(w)=-dphi(w)/dw를 이용하여 지연시간을 구함
dyp2= -1 * diff(ph2) ./ diff(w);
dyp3= -1 * diff(ph3) ./ diff(w);
dyp4= -1 * diff(ph4) ./ diff(w);
dyp5= -1 * diff(ph5) ./ diff(w);

% Unit Step Response를 구함
t = (0:0.1:20)';
h2=tf(1,n2);
h3=tf(1,n3);
h4=tf(1,n4);
h5=tf(1,n5);
sr2=step(h2,t);
sr3=step(h3,t);
sr4=step(h4,t);
sr5=step(h5,t);
```

```
% 파형 그리기
% 버터워스 함수의 크기, 위상, 지연 특성 및 단위계단응답 파형
figure(1);
subplot(2,2,1);
plot(w,magb2,w,magb3,w,magb4,w,magb5,'LineWidth', 1.5);
axis ([0 2 0 1.1]);
legend('n=2','n=3','n=4','n=5');
title('Butterworth Magnitude (order=2,3,4,5)','fontsize',15);
ylabel('Magnitude |H(jw)|');
xlabel('Frequency w [rad/sec]');
grid on

subplot(2,2,2);
plot(w,phb2,w,phb3,w,phb4,w,phb5,'LineWidth', 1.5);
axis ([0 2 -400 0]);
legend('n=2','n=3','n=4','n=5');
title('Butterworth Phase (order=2,3,4,5)','fontsize',15);
ylabel('Phase \phi(w)');
xlabel('Frequency w [rad/sec]');
grid on

subplot(2,2,3);
plot(w(2:end),dyp2,w(2:end),dyp3,w(2:end),dyp4,w(2:end),dyp5,'LineWidth', 1.5);
axis ([0 1.5 0 7]);
legend('n=2','n=3','n=4','n=5');
title('Butterworth Time Delay (order=2,3,4,5)','fontsize',15);
ylabel('T(w)');
xlabel('Frequency w [rad/sec]');
grid on

subplot(2,2,4);
plot(t,sr2, t,sr3, t,sr4, t,sr5,'LineWidth', 1.5);
axis ([0 15 0 1.2]);
legend('n=2','n=3','n=4','n=5', 'Location', 'east');
title('Butterworth Unit Step (order=2,3,4,5)','fontsize',15);
ylabel('r(t)');
xlabel('time t [sec]');
grid on;
```

3.13 MATLAB을 활용한 함수 시뮬레이션

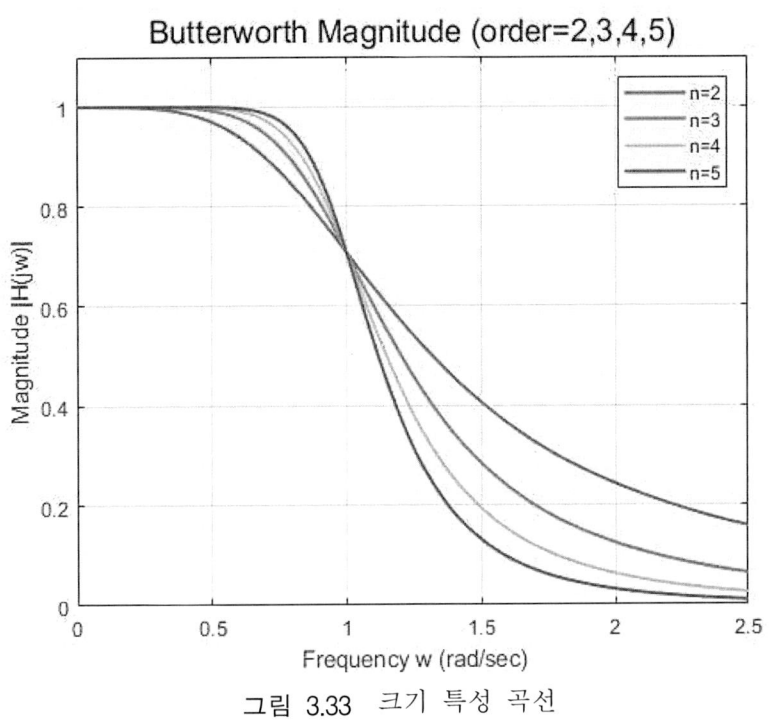

그림 3.33 크기 특성 곡선

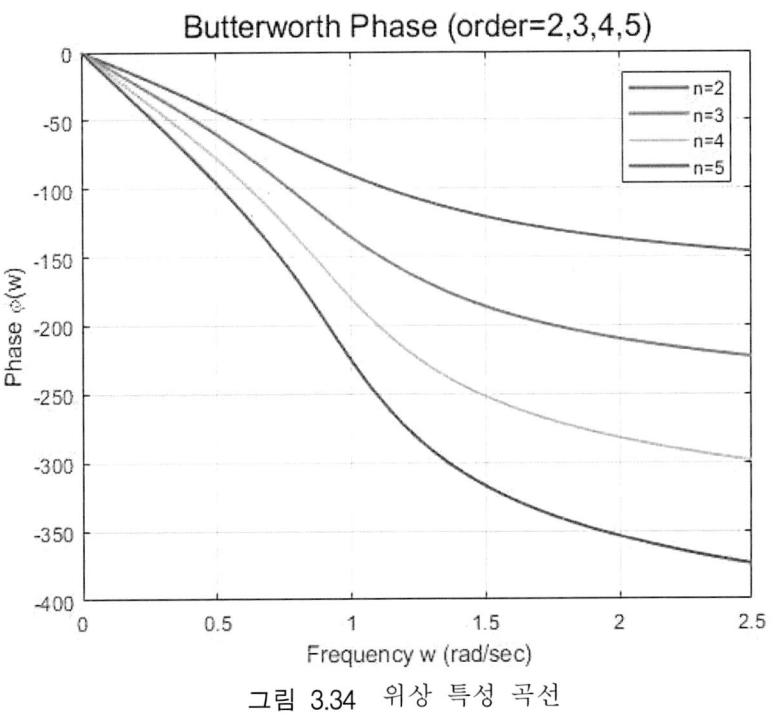

그림 3.34 위상 특성 곡선

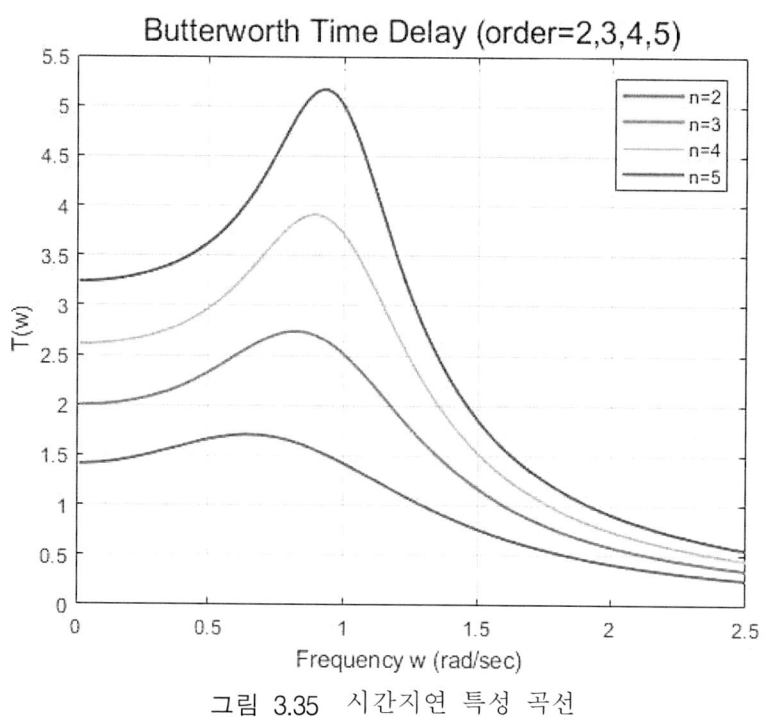

그림 3.35 시간지연 특성 곡선

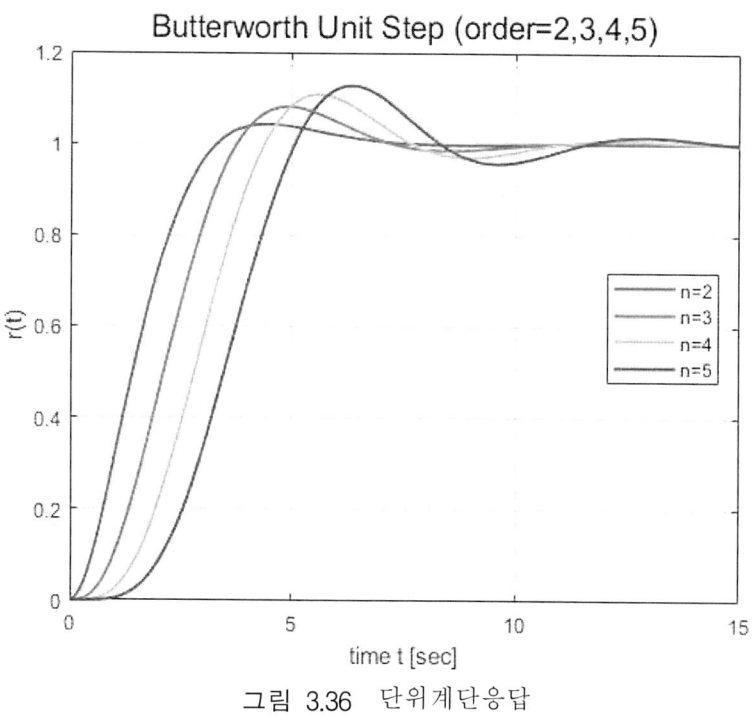

그림 3.36 단위계단응답

3.13 MATLAB을 활용한 함수 시뮬레이션

<예제 3.17> 2차~5차 타원 필터 함수의 크기 특성, 위상 특성, 시간지연 특성을 구하라.

풀이 : 우선 부록 D에서 $H(s)$를 구하여 예 3.16의 과정을 반복한다.
함수 특성식을 구한 후 MATLAB을 이용한 시뮬레이션 프로그램과 특성 곡선은 다음과 같다.

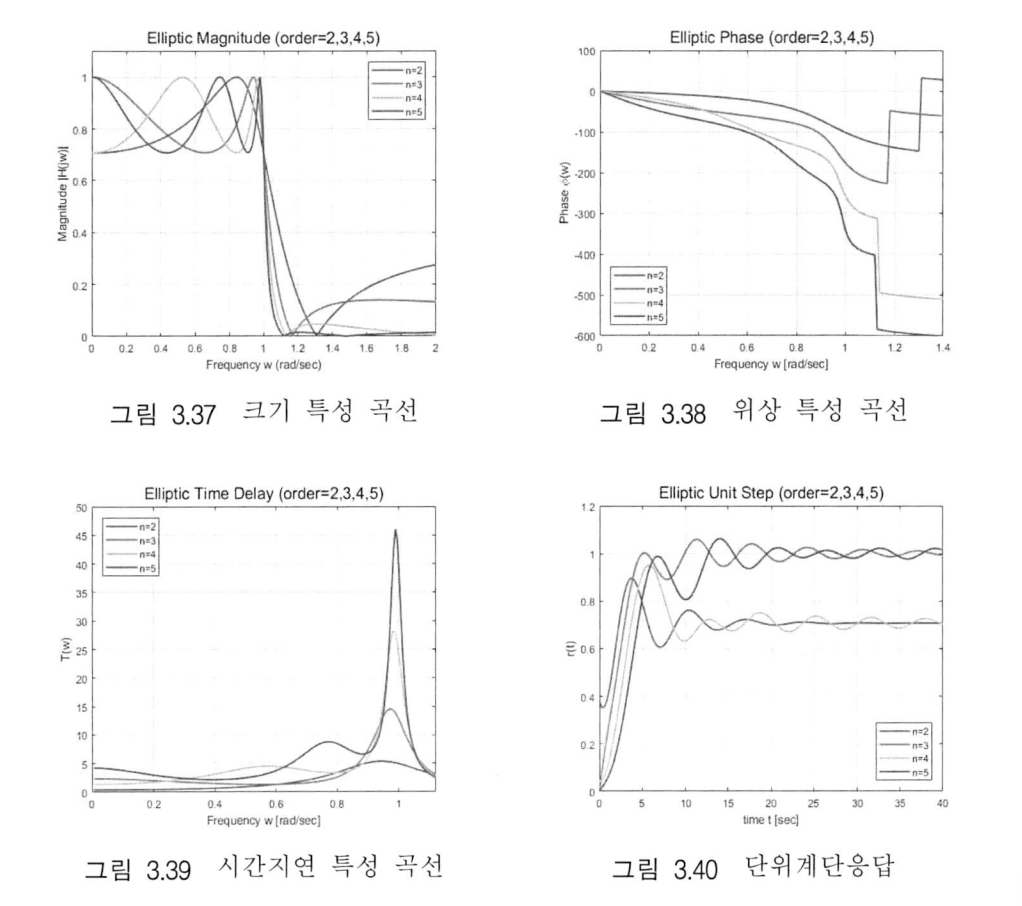

그림 3.37 크기 특성 곡선   그림 3.38 위상 특성 곡선

그림 3.39 시간지연 특성 곡선   그림 3.40 단위계단응답

이 장에서는 필터 설계에 흔히 사용하는 필터 함수들을 모두 다루었다. 크기 특성을 중심으로 하는 근사법을 통해서 4가지의 필터 함수를 각각 유도해냈다. 10차까지의 함수와 그의 극점 그리고 인수항을 모두 표로 만들어 필터 설계시에 편리하게 이용할 수 있도록 부록에 수록하였다.

통과역에서 바터워스 필터 함수는 최대평탄하고, 체비셰프 필터 함수는 리플이 있기 때문에 저지역에서의 감쇠가 바터워스 함수보다 훨씬 크고 차단 주파수 부근에서 크기 곡선의 경사가 급하다는 것을 증명했다. 또한 역 체비셰프 필터 함수를 구한 후 체비셰프 필터 함수와 장단점을 비교하였다. 타원 필터 함수의 크기 특성은 체비셰프 필터 함수와 역 체비셰프 필터 함수의 크기 특성을 겹쳐 놓은 것과 같아서 통과역과 저지역에서 리플이 존재한다. 따라서 동일한 설계 명세조건인 경우에는 타원 필터 함수가 가장 낮은 차수로 실현된다.

위상 특성을 중심으로 한 근사법에서는 벳셀-톰슨 필터 함수의 위상특성이 가장 양호하기 때문에 전송 왜곡이 거의 발생하지 않는다. 또한 전역통과 함수의 위상 등화 기능을 설명하였다.

그리고 시간 영역 특성 중에서 필터 함수의 단위계단응답 특성을 검토하였고, 주파수 영역에서의 특성과 시간 영역에서의 특성의 상호관계를 알아보았다.

또한 설계 명세조건으로부터 구한 각종 필터 함수의 동작 특성을 주파수 영역과 시간 영역에서 고찰하는 방법으로 MATLAB을 활용한 시뮬레이션 방법을 소개하였다.

이 장에서 소개된 근사법은 쌍선형(Bilinear) z-변환을 통하여 무한 임펄스 응답 (Infinite impulse response : IIR) 디지털 필터 설계에도 이용될 수 있다.

이 장에서는 주로 저역통과 필터 함수를 얻는 방법 과정을 자세히 설명했다. 5장에서는 고역통과, 대역통과, 대역저지 필터를 이미 구한 저역통과 필터 함수로부터 주파수 변환이라는 편리한 과정을 통하여 직접 얻는 방법을 알아보기로 하자.

연 습 문 제

3.1 크기 $|H(j\omega)|$로부터 함수 $H(s)$를 구하라.

$$(a)\ |H(j\omega)| = \frac{\omega^2}{\sqrt{\omega^4 - \omega^2 + 1}} \qquad (b)\ |H(j\omega)| = \frac{K\omega}{\sqrt{1 + \omega^6}}$$

$$(c)\ |H(j\omega)| = \frac{1 - \omega^2}{\sqrt{\omega^6 - 5\omega^4 + 5\omega^2 + 4}}$$

풀이 :

$$(a)\ |H(j\omega)| = \frac{\omega^2}{\sqrt{\omega^4 - \omega^2 + 1}} \quad \rightarrow \quad H(s) = \frac{s^2}{s^2 + s + 1}$$

$$(b)\ |H(j\omega)| = \frac{K\omega}{\sqrt{1 + \omega^6}} \quad \rightarrow \quad H(s) = \frac{Ks}{s^3 + 2s^2 + 2s + 1}$$

$$(c)\ |H(j\omega)| = \frac{1 - \omega^2}{\sqrt{\omega^6 - 5\omega^4 + 5\omega^2 + 4}} \quad \rightarrow \quad H(s) = \frac{s^2 + 1}{s^3 + s^2 + 3s + 2}$$

3.2 저역통과 필터의 특성이 다음과 같은 설계 명세조건을 만족시켜야 한다.

$$|H(j\omega)| = \frac{1}{\sqrt{2}} \quad 0 \leq \omega \leq 1 \text{ rad/sec}$$

$$|H(j\omega)| \leq 0.15 \quad \omega \geq 2 \text{ rad/sec}$$

(a) 바터워스 필터의 차수 n을 구하고, 표를 이용하여 함수를 구하라.
(b) 체비셰프 필터의 차수 n을 구하고, 표를 이용하여 함수를 구하라.

풀이 : (a) 주어진 설계 명세조건을 식(3.30)에 대입하면

$$x = \sqrt{(K_p^{-2}-1)^{-1}(K_s^{-2}-1)} = 6.59$$

$$n \geq \frac{\log x}{\log \omega_s} = 2.72$$

$$\therefore 차수 n = 3$$

$$\therefore H(s) = \frac{1}{s^3 + 2s^2 + 2s + 1}$$

(b) 주어진 설계 명세조건을 식(3.62)에 대입하면

$$x = \sqrt{(K_p^{-2}-1)^{-1}(K_s^{-2}-1)} = 6.59$$

$$n \geq \frac{\log(x + \sqrt{x^2-1})}{\log(\omega_s + \sqrt{\omega_s^2-1})} = 1.95$$

$$\therefore 차수 n = 2$$

$$\therefore H(s) = \frac{K}{s^2 + 0.64489s + 0.70795}$$

3.3 아래에 필터의 설계 명세조건이 그림과 같이 주어졌다.

(a) 바터워스 함수를 구하라.
(b) 체비셰프 함수를 구하라.

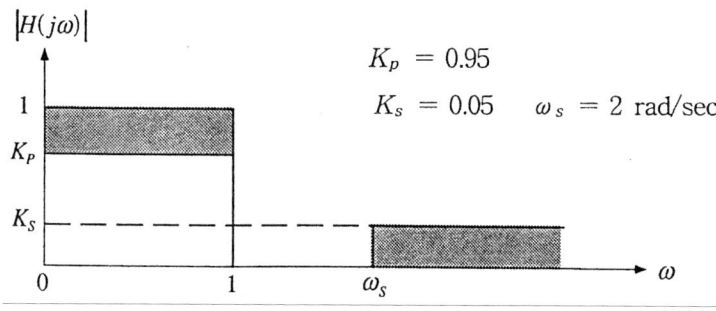

그림 3.52

3.4 필터의 명세조건이 통과역에서의 손실 α_p와 저지역에서의 감쇠 α_s로 주어졌다.

$$\alpha_p = 0.5 \text{ dB}$$
$$\alpha_s = 7.3 \text{ dB}, \qquad \omega_s = 1.2 \text{ rad/sec}$$

(a) 바터워스 함수를 구하라.
(b) 체비셰프 함수를 구하라.

풀이 : (a) 주어진 설계 명세조건으로 먼저 차수를 구하면

$$x = \sqrt{(10^{0.05} - 1)^{-1}(10^{0.73} - 1)} = 5.98$$

$$n \geq \frac{\log 5.98}{\log 1.2} = 9.8$$

∴ 차수 $n = 10$

∴ $H(s) = \dfrac{1}{s^{10} + 6.392s^9 + 20.431s^8 + 42.802s^7 + 64.882s^6 + 74.233s^5 + 64.882s^4 + 42.802s^3 + 20.431s^2 + 6.392s + 1}$

(b) 주어진 설계 명세조건으로 먼저 차수를 구하면

$$x = \sqrt{(10^{0.05} - 1)^{-1}(10^{0.73} - 1)} = 5.98$$

$$n \geq \frac{\log(5.98 + \sqrt{5.98^2 - 1})}{\log(1.2 + \sqrt{1.2^2 - 1})} = 3.977$$

∴ 차수 $n = 4$

∴ $H(s) = \dfrac{K}{s^4 + 0.58157s^3 + 1.16911s^2 + 0.40476s + 0.17698}$

3.5 아래 조건을 만족시키는 함수를 구하라.

$$\alpha_p = 0.5 \text{ dB}$$
$$\alpha_s = 10 \text{ dB}, \qquad \omega_s = 1.5 \text{ rad/sec}$$

(a) 체비셰프 함수　　　　　　　　(b) 역 체비셰프 함수

풀이 : 체비셰프 함수와 역 체비셰프 함수는 차수가 같으므로

$$x = \sqrt{(10^{0.05}-1)^{-1}(10^1-1)} = 8.59$$

$$n \geq \frac{\log(8.59+\sqrt{8.59^2-1})}{\log(1.5+\sqrt{1.5^2-1})} = 2.951$$

∴ 차수 $n = 3$

(a) 체비셰프 함수 : 부록 B의 표4로 부터

$$H(s) = \frac{K}{s^3+1.25291s^2+1.53489s+0.715693}$$

(b) 역 체비셰프 함수 : 부록 C의 표4로 부터

$$H(s) = \frac{K(s^2+3.00000)}{(s+2.26697)(s^2+0.83559+1.89423)}$$

3.6 아래 조건을 만족시키는 타원 필터 함수를 구하라.

$$\alpha_p = 1 \text{ dB}$$
$$\alpha_s = 10 \text{ dB}, \quad\quad\quad \omega_s = 1.1 \text{ rad/sec}$$

풀이 : 부록 D의 표3에서 함수를 얻는다.

$$H(s) = K\frac{s^2+1.370314}{(s+0.816161)(s^2+0.195302s+1.042407)}$$

3.7 필터 명세조건이 다음과 같이 주어졌다.

$$\alpha_p = 1 \text{ dB}$$
$$\alpha_s = 38 \text{ dB}, \quad\quad\quad \omega_s = 1.2 \text{ rad/sec}$$

아래 각 함수의 차수 n을 구하라.

(a) 타원 필터 함수

(b) 역 체비셰프 함수

연 습 문 제

(c) 체비셰프 함수

(d) 바터워스 함수

풀이 : (a) 타원 필터 함수   : 부록 D, 표3에서 $n = 5$
       (b) 역 체비셰프 함수 : 부록 C, 표3에서 $n = 10$
       (c) 체비셰프 함수   : (b)와 같음 $n = 10$
       (d) 바터워스 함수   : 식 (3.30)으로 부터 $n = 28$

3.8 단위계단함수와 단위 임펄스 함수에 대한 2차 바터워스 필터의 응답을 구하라.

풀이 :
$$r(t) = \left[1 - e^{-t/\sqrt{2}}\left(\cos\frac{t}{\sqrt{2}} + \sin\frac{t}{\sqrt{2}}\right)\right]u(t)$$

$$h(t) = \sqrt{2}\,e^{-t/\sqrt{2}}\sin\frac{t}{\sqrt{2}}\,u(t)$$

3.9 단위계단함수에 대한 3차 체비셰프 필터 및 역 체비셰프 필터의 응답을 비교하라. $\alpha_p = 3$ dB 이고 $\omega_s = 1.5$ rad/sec 이다.

3.10 아래 전역통과 함수의 단위계단함수와 단위 임펄스 함수에 대한 응답을 구하라.

$$H(s) = \frac{s^2 - 2s + 2}{s^2 + 2s + 2}$$

풀이 :
$$r(t) = (1 - 4e^{-t}\sin t)u(t)$$
$$h(t) = \sigma(t) - 4e^{t}(\cos t - \sin t)u(t)$$

3.11 4차의 바터워스 함수의 통과역에서의 위상 곡선은 선형이 아니다. 2차의 전역통과 함수를 추가하여 전체 함수의 위상 곡선을 가능한 한 선형화하고 싶다. 이때의 2차 전역통과 함수를 구하라.

3.12 3차의 벳셀-톰슨 함수는 다음과 같다.

$$H(s) = \frac{V_2}{V_1} = \frac{15}{s^3 + 6s^2 + 15s + 15}$$

(a) 시간 지연 $T(\omega)$를 구하라.

(b) $\omega_0 = 1$ rad/sec 및 $\omega_0 = 10,000$ rad/sec 에서의 시간 지연을 각각 초 단위로 구하라.

풀이 : (a)

$$H(j\omega) = \frac{15}{(15 - 6\omega^2) + j\omega(15 - \omega^2)}$$

$$\phi(\omega) = -\tan^{-1}\frac{\omega(15 - \omega^2)}{15 - 6\omega^2}$$

$$T(\omega) = -\frac{d\phi(\omega)}{d\omega} = \frac{d}{d\omega}\tan^{-1}\frac{\omega(15 - \omega^2)}{15 - 6\omega^2}$$

$\frac{d}{dx}\tan^{-1} y = \frac{1}{1 + y^2}\frac{dy}{dx}$ 이므로

$$T(\omega) = \frac{1}{1 + \left[\frac{\omega(15 - \omega^2)}{15 - 6\omega^2}\right]^2} \frac{(15 - 3\omega^2)(15 - 6\omega^2) + 12\omega^2(15 - \omega^2)}{(15 - 6\omega^2)^2}$$

$$= \frac{225 + 45\omega^2 + 6\omega^4}{225 + 45\omega^2 + 6\omega^4 + \omega^6}$$

(b)

$$T(1) = \frac{276}{277} \text{ sec}, \quad T(0) = 1 \text{ sec}$$

$$T(\omega_0) = \frac{1}{\omega_0} T(1) = \frac{1}{10^4}\frac{276}{277} \text{ sec} \fallingdotseq 100 \mu s$$

제 4 장 회로망 합성의 기초

회로망 합성(Network synthesis)이란 설계명세조건이 주어졌을 때 거기에 적합한 회로망 함수를 근사법(Approximation)등을 이용하여 얻은 후 그 함수를 실현하는 과정을 말한다.

2 장에서는 회로망 함수의 성질과 형태를 알아보았고, 이 장에서는 주로 수동 회로망의 실현 방법을 알아보고 근사법과 관련된 수동 회로망 합성은 6 장에서 유도해 본다.

본래 회로망 합성은 광범위한 분야이므로 이 책에서는 가장 실질적이고 이용 가치가 큰 것만을 선택하여 주로 필터에 관련시켰다. 따라서 실용 가치가 많은 제자형 회로망(Ladder network)과 격자형 회로망(Lattice network)등을 주로 다루고, 종단(Termination) 형태에 있어서는 단종단 회로망(Singly-terminated network)과 복종단 회로망(Doubly-terminated network)을 취급하기로 한다. 복종단 제자형 회로망은 감도(Sensitivity)가 낮은 것 외에도 유리한 점이 많아서 8 장에서와 같이 직접 능동 회로로 전환되기도 한다.

4.1 구동점 함수의 합성

종래에는 구동점 함수 합성은 양실 함수의 성질을 완전히 결정한 다음 저항, 인덕터 및 커패시터가 들어있는 RLC 회로망의 합성으로부터 시작하는 순서였다. 그런데 실용적인 것은 RLC 구동점 회로망이 아니고 2가지 종류의 소자로 된 구동점 회로망이다.

RLC 중에서 2가지 소자로 구성되는 회로는 3가지, 즉 LC, RC, RL이 있는데 RL 회로망은 용도가 별로 없고 또한 특성과 합성법이 RC 회로망과 유사하므로 제외한다. 이 장에서는 실용도가 높은 LC 구동점 함수와 RC 구동점 함수의 합성법만을 취급한다.

4.1.1 LC 구동점 함수의 성질

일반 구동점 임피던스는 식(4.1)과 같은 유리함수로 전개된다.

$$Z(s) = \frac{b_m s^m + b_{m-1} s^{m-1} + \cdots + b_1 s + b_0}{a_n s^n + a_{n-1} s^{n-1} + \cdots + a_1 s + a_0} = \frac{B(s)}{A(s)} \quad (4.1)$$

여기서 세 가지 경우인 $m = n \pm 1$과 $m = n$이 가능하다. 그리고 2단자쌍 회로망을 실현할 때 가장 많이 사용하는 LC 회로망을 생각해 보자. LC 구동점 함수의 합성법은 수동 필터를 실현할 때 중요한 요소로 우선 LC 구동점 함수의 성질을 알아보기로 하자.

이상적인 인덕터와 이상적인 커패시터로 만들어진 **그림 4.1**과 같은 LC 회로망의 단자 1-1'에서 측정한 임피던스를 $Z_{LC}(s)$라고 하자. 주파수 변화에 따라 $Z_{LC}(s)$가 어떻게 변하는가를 알아보기 위하여 $s=j\omega$로 변환 해주면 $Z(j\omega)$는 $Z(j\omega)=R(\omega)+jX(\omega)$와 같이 저항 성분과 리액턴스 성분의 합으로 나타낼 수 있다.

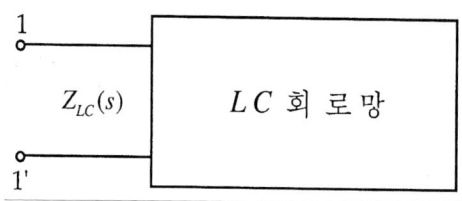

그림 4.1 LC 회로망의 구동점 함수 $Z_{LC}(s)$

그러나 LC 회로망은 저항 성분이 없는 무손실(Lossless)이므로 $Z_{LC}(j\omega)$에는 실수부가 없다.

$$Z_{LC}(j\omega) = jX(\omega) \tag{4.2}$$

위 조건을 만족시키기 위해서는 $Z_{LC}(s)$가 유리 기함수(Rational odd function)이어야 한다. 즉, 분자가 기다항식일 때는 분모는 우다항식이고, 분자가 우다항식일 때는 분모는 기다항식이어야 한다. 그런데 $Z_{LC}(s)$가 양실 함수의 일종이므로 극점과 영점이 우반면에 위치할 수 없어서 결국은 $j\omega$축(허축)상에 단일 극점과 단일 영점을 갖게 된다. 따라서 식(4.1)의 세가지 경우 중 LC 회로망에서는 $m=n$는 불가능하고 $m=n\pm 1$만이 가능하다. 이상의 내용을 종합하여 LC 구동점 임피던스를 표기할 때 다음과 같은 4가지 형태의 함수를 얻을 수 있다.

〈 $Z_{LC}(s)$의 4가지 형태 〉

$(a)\ Z_{LC}(s) = K \dfrac{(s^2+\omega_1^2)(s^2+\omega_3^2)(s^2+\omega_5^2)\cdots}{s\ (s^2+\omega_2^2)(s^2+\omega_4^2)\cdots} \quad Z_{LC}(0)=\infty\ \ Z_{LC}(\infty)=\infty \tag{4.3a}$

$(b)\ Z_{LC}(s) = K \dfrac{s\,(s^2+\omega_2^2)(s^2+\omega_4^2)\cdots}{(s^2+\omega_1^2)(s^2+\omega_3^2)\cdots} \quad Z_{LC}(0)=0\ \ Z_{LC}(\infty)=\infty \tag{4.3b}$

$(c)\ Z_{LC}(s) = K \dfrac{(s^2+\omega_1^2)(s^2+\omega_3^2)\cdots}{s\,(s^2+\omega_2^2)(s^2+\omega_4^2)\cdots} \quad Z_{LC}(0)=\infty\ \ Z_{LC}(\infty)=0 \tag{4.3c}$

$(d)\ Z_{LC}(s) = K \dfrac{s\ (s^2+\omega_2^2)(s^2+\omega_4^2)\cdots}{(s^2+\omega_1^2)(s^2+\omega_3^2)(s^2+\omega_5^2)\cdots} \quad Z_{LC}(0)=0\ \ Z_{LC}(\infty)=0 \tag{4.3d}$

4.1 구동점 함수의 합성

식(4.3)의 4가지 함수는 $s=0$과 $s=\infty$에서 0 또는 무한대가 된다. 이 2가지 값의 조합은 각 $Z_{LC}(s)$ 마다 다르다.

또한 식(4.3)에서 끝에 있는 점들은 분자에 인수 항이 1개 더 추가될 때는 분모에도 대응하는 항이 1개 더 추가되어야 한다는 것을 표시한다. 여기서 $Z_{LC}(s)$를 부분분수 전개 (Partial fraction expansion)하여 또 다른 중요한 성질을 유도해 보자.

여기서 식(4.3a)의 $Z_{LC}(s)$는 $j\omega$축상뿐 만 아니라 $s=0$과 $s=\infty$에서도 극점을 가지고 있어서 가장 일반성을 갖는다. 그러므로 여러가지 설명이나 합성법을 전개할 때 식(4.3a) 함수를 이용하기로 하자. 나머지 3가지의 $Z_{LC}(s)$는 극점의 다양성에 대하여 식(4.3a)의 특별한 경우라고 생각할 수 있다. 식(4.3a)를 부분분수 전개하면 다음과 같다.

$$Z_{LC}(s) = A_\infty s + \frac{A_0}{s} + \sum_{i=1}^{n}\left[\frac{a_i}{s-j\omega_{2i}} + \frac{\overline{a_i}}{s+j\omega_{2i}}\right] \tag{4.4a}$$

$$Z_{LC}(s) = A_\infty s + \frac{A_0}{s} + \sum_{i=1}^{n}\frac{A_i s}{s^2 + \omega_{2i}^2} \tag{4.4b}$$

$Z_{LC}(s)$는 양실 함수이므로 유수(Residue)가 실수이며 양수이다. 따라서 $a_i = \overline{a_i} > 0$ 이고 $A_i = 2a_i$이다. 이때 $i = 1, 2, \cdots, n$이다.

$Z_{LC}(s)$가 $j\omega$축상에서 어떻게 변화하는가를 보기 위하여 식(4.4b)를 다시 써 보자.

$$Z_{LC}(j\omega) = j X(\omega) = j\left[A_\infty \omega - \frac{A_0}{\omega} + \sum_{i=1}^{n}\frac{A_i \omega}{\omega_{2i}^2 - \omega^2}\right] \tag{4.5a}$$

따라서 $$X(\omega) = \left[A_\infty \omega - \frac{A_0}{\omega} + \sum_{i=1}^{n}\frac{A_i \omega}{\omega_{2i}^2 - \omega^2}\right] \tag{4.5b}$$

즉, 리액턴스 $X(\omega)$는 주파수가 증가함에 따라 극점의 좌우에서 부호가 바뀐다. 여기서 $X(\omega)$의 경사를 찾기 위하여 ω에 관한 도함수(Derivative)를 구해보자.

$$\frac{dX(\omega)}{d\omega} = A_\infty + \frac{A_0}{\omega^2} + \sum_{i=1}^{n}\frac{A_i(\omega^2 + \omega_{2i}^2)}{(\omega_{2i}^2 - \omega^2)^2} \tag{4.6}$$

위 식에서 각 계수 A_∞, A_0, A_1, A_2, …는 모두 양수이므로 도함수는 항상 양수이다.

$$\frac{dX(\omega)}{d\omega} > 0 \quad -\infty < \omega < \infty \tag{4.7}$$

이상 2 가지의 성질, 즉 극점 좌우에서 부호가 바뀐다는 것과 도함수가 양수라는 것은 LC 구동점 임피던스가 갖는 중요한 성질로서 이를 동시에 만족하는 $X(\omega)$는 **그림 4.2**와 같이 각 극점에서 불연속이며 다른 모든 주파수에서는 단조로이 증가하는 곡선이다. 그런데 $X(\omega)$가 **그림 4.2**와 같이 되기 위해서는 극점과 영점이 ω축상에서 교호(Alternate)할 수밖에 없다.

$$0 \leq \omega_1 < \omega_2 < \omega_3 < \cdots \tag{4.8}$$

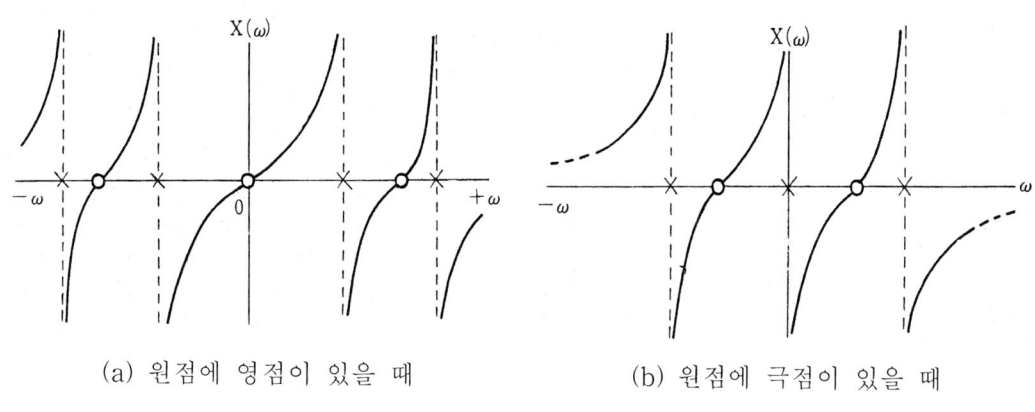

(a) 원점에 영점이 있을 때   (b) 원점에 극점이 있을 때

그림 4.2 $X(\omega)$의 곡선

이상의 결과를 종합하여 $Z_{LC}(s)$의 성질을 요약하면 다음과 같다. LC 구동점 어드미턴스 $Y_{LC}(s)$에 관해서도 $Z_{LC}(s)$의 성질이 그대로 성립된다.

< $Z_{LC}(s)$나 $Y_{LC}(s)$의 성질 >

(1) 유리 기함수이다.

(2) 극점과 영점이 $j\omega$축상에서 교호한다.

(3) 그 형태는 식(4.3)과 같은 4가지가 있다.

<예제 4.1> 다음 함수가 LC 구동점 함수인지를 판명하라.

(a) $Y_{LC}(s) = \dfrac{(s^2+1)(s^2+3)}{s(s^2+2)}$

(b) $Y_{LC}(s) = K\dfrac{s(s^2+2)(s^2+3)}{(s^2+1)(s^2+4)}$

$$(c) \quad Y_{LC}(s) = K\frac{(s^2+4)(s^2+16)}{(s^2+1)(s^2+9)}$$

풀이 : (a) LC 구동점 함수이며 식(4.3a)에 속한다.

(b) 극점과 영점이 $j\omega$ 축상에서 교호하지 않기 때문에 LC 구동점 함수가 될 수 없다.

(c) 기함수가 아니기 때문에 LC 구동점 함수가 아니다.

4.1.2 LC 구동점 함수의 합성

LC 구동점 함수 합성법은 전달함수를 합성할 때 아주 중요한 역할을 한다. 그 이유는 2단자쌍 회로망이 대부분의 경우 LC 소자로 구성되는데 이를 합성할 때 2단자쌍 파라미터중 어느 하나의 구동점 함수를 기초로 하고 있기 때문이다.

LC 구동점 함수 합성에는 4가지의 기준형이 있는데 그중 2가지는 포스터(Foster, R. M.)에 의한 것이고 나머지 2가지는 카우어(Cauer, W. A. E.)가 발표한 것이다.

〈 제 1 포스터형 회로망 〉

여기서도 가장 일반성을 지닌 식(4.3a)를 이용하여 설명하기로 하자. 이 식을 부분분수 전개하면 다음과 같다.

$$Z_{LC}(s) = K\frac{(s^2+\omega_1^2)(s^2+\omega_3^2)(s^2+\omega_5^2)\cdots}{s\,(s^2+\omega_2^2)(s^2+\omega_4^2)\cdots} \qquad (4.9)$$

$$= A_\infty s + \frac{A_0}{s} + \sum_{i=1}^{n}\frac{A_i s}{s^2+\omega_{2i}^2}$$

식(4.9)에서 계수 A_∞, A_0, A_1, A_2, …는 유수정리(Residue theorem)에 의하여 다음과 같이 구한다.

$$A_\infty = \frac{1}{s} \times Z_{LC}(s)\Big|_{s=\infty} \qquad (4.10a)$$

$$A_0 = s \times Z_{LC}(s)\Big|_{s=0} \qquad (4.10b)$$

$$A_i = \frac{s^2+\omega_{2i}^2}{s} \times Z_{LC}(s)\Big|_{s^2=-\omega_{2i}^2} \qquad (4.10c)$$

식(4.9)의 각 항은 모두 차원이 임피던스이므로 첫째항은 A_∞ 헨리(Henry)의 인덕터에, 그리고 둘째항은 $1/A_0$ 패럿(Farad)의 커패시터에 해당한다.

세째항은 식(4.11)과 같이 분해될 수 있으므로 A_i/ω_{2i}^2 헨리의 인덕터와 $1/A_i$ 패럿의 커패시터가 병렬로 연결된 것에 해당한다.

$$\frac{A_i s}{s^2 + \omega_{2i}^2} = \frac{1}{\dfrac{s}{A_i} + \dfrac{\omega_{2i}^2}{A_i s}} \tag{4.11}$$

따라서 식(4.9)의 각 항을 실현하여 모두 직렬연결 시켜주면 **그림 4.3**을 얻게 되는데 이 회로망을 제 1 포스터형 회로망(Foster 1 network)이라고 부른다.

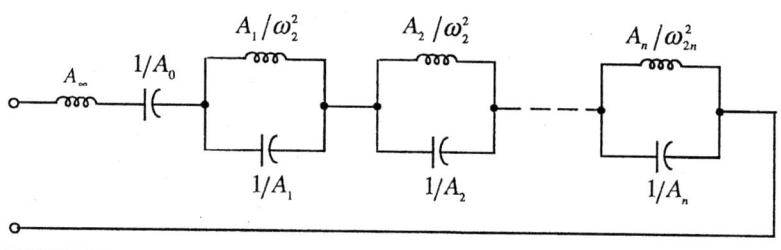

그림 4.3 제 1 포스터형 회로망 [단위 : H, F]

<예제 4.2> 다음 LC 구동점 함수를 제 1 포스터형 회로망으로 실현하라.

$$Z_{LC}(s) = \frac{2(s^2+1)(s^2+3)}{s(s^2+2)}$$

풀이 : $Z_{LC}(s)$는 $s = 0, \pm\sqrt{2}, \infty$에서 극점을 갖는다. 그러므로 식(4.9)와 같이 부분분수 전개를 하면 **그림 4.3**과 같은 형태의 회로망을 얻는다.

$$Z_{LC}(s) = A_\infty s + \frac{A_0}{s} + \frac{A_1 s}{s^2 + 2}$$

여기서 $A_\infty = Z_{LC}(s) \times \dfrac{1}{s}\bigg|_{s=\infty} = 2$, $A_0 = Z_{LC}(s) \times s\big|_{s=0} = \dfrac{6}{2} = 3$

$$A_1 = Z_{LC}(s) \times \frac{s^2+2}{s}\bigg|_{s^2=-2} = \frac{-2}{-2} = 1$$

유수정리로 구한 A_∞, A_0, A_1을 각각 대입하면 다음과 같다.

$$Z_{LC}(s) = 2s + \frac{3}{s} + \frac{s}{s^2+2} = 2s + \frac{1}{\frac{1}{3}s} + \frac{1}{s + \frac{1}{\frac{1}{2}s}}$$

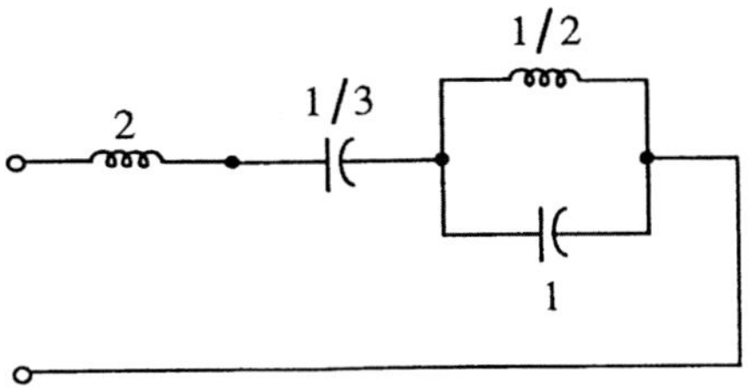

그림 4.4 예제 4.2의 회로망 [단위 : H, F]

〈 제 2 포스터형 회로망 〉

제 2 포스터형 회로망은 주어진 어드미턴스 $Y_{LC}(s)$를 부분분수 전개하고 각 부분 어드미턴스를 실현한 후에 모두 병렬연결 시켜 줌으로서 얻게 된다. 여기서도 가장 일반성을 지닌 $Y_{LC}(s)$로 합성법을 설명하기 위하여 4가지 형태의 함수를 표기해 보자. 그들은 형태상으로는 $Z_{LC}(s)$와 완전히 동일하다. 식(4.12)의 4가지 $Y_{LC}(s)$는 식(4.3)의 $Z_{LC}(s)$의 역함수를 다른 순서로 배열한 것이다.

〈 $Y_{LC}(s)$의 4가지 형태 〉

(a) $Y_{LC}(s) = K \dfrac{(s^2+\omega_1^2)(s^2+\omega_3^2)(s^2+\omega_5^2)\cdots}{s\,(s^2+\omega_2^2)(s^2+\omega_4^2)\cdots}$ $Y_{LC}(0) = \infty$ $Y_{LC}(\infty) = \infty$ (4.12a)

(b) $Y_{LC}(s) = K \dfrac{s\,(s^2+\omega_2^2)(s^2+\omega_4^2)\cdots}{(s^2+\omega_1^2)(s^2+\omega_3^2)\cdots}$ $Y_{LC}(0) = 0$ $Y_{LC}(\infty) = \infty$ (4.12b)

(c) $Y_{LC}(s) = K \dfrac{(s^2+\omega_1^2)(s^2+\omega_3^2)\cdots}{s\,(s^2+\omega_2^2)(s^2+\omega_4^2)\cdots}$ $Y_{LC}(0) = \infty$ $Y_{LC}(\infty) = 0$ (4.12c)

(d) $Y_{LC}(s) = K \dfrac{s\,(s^2+\omega_2^2)(s^2+\omega_4^2)\cdots}{(s^2+\omega_1^2)(s^2+\omega_3^2)(s^2+\omega_5^2)\cdots}$ $Y_{LC}(0) = 0, Y_{LC}(\infty) = 0$ (4.12d)

위 4가지의 형태 중 여러가지 종류의 극점을 갖는 식(4.12a)가 가장 일반성을 지니므로 이를 선택하여 부분분수 전개해 보자.

$$Y_{LC}(s) = B_\infty s + \frac{B_0}{s} + \sum_{i=1}^{n} \frac{B_i s}{s^2 + \omega_{2i}^2} \tag{4.13}$$

여기서 계수는 다음과 같이 구할 수 있다.

$$B_\infty = \frac{1}{s} \times Y_{LC}(s) \Big|_{s=\infty}$$

$$B_0 = s \times Y_{LC}(s) \Big|_{s=0}$$

$$B_i = \frac{s^2 + \omega_{2i}^2}{s} \times Y_{LC}(s) \Big|_{s^2 = -\omega_{2i}^2}$$

식(4.13)의 각항은 차원이 어드미턴스이므로 첫째항은 B_∞ 패럿의 커패시터, 둘째항은 $1/B_0$ 헨리의 인덕터, 그리고 셋째항은 인덕터와 커패시터가 직렬로 된 것에 각각 해당한다.

이들을 실현한 후 모두 병렬연결 해주면 그림 4.5와 같고, 이 회로망을 제 2 포스터형 회로망(Foster 2 network)이라 한다.

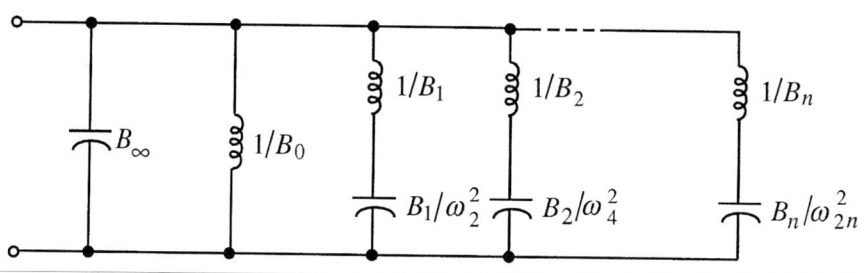

그림 4.5 제 2 포스터형 회로망 [단위 : H, F]

<예제 4.3> 예제 4.2의 LC 구동점 함수를 제 2 포스터형으로 실현하여라.

$$Z_{LC}(s) = \frac{2(s^2+1)(s^2+3)}{s\,(s^2+2)}$$

풀이 : 주어진 $Z_{LC}(s)$의 역인 $Y_{LC}(s)$는 $s = \pm 1, \pm\sqrt{3}$에 극점을 가지므로 $Y_{LC}(s)$를 부분분수 전개하면 다음과 같다.

$$Y_{LC}(s) = \frac{s(s^2+2)}{2(s^2+1)(s^2+3)} = \frac{B_1 s}{s^2+1} + \frac{B_2 s}{s^2+3}$$

$$B_1 = \frac{s^2+1}{s} \times Y_{LC}(s) \bigg|_{s^2=-1} = \frac{s^2+2}{2(s^2+3)} \bigg|_{s^2=-1} = \frac{1}{4}$$

$$B_2 = \frac{s^2+3}{s} \times Y_{LC}(s) \bigg|_{s^2=-3} = \frac{s^2+2}{2(s^2+1)} \bigg|_{s^2=-3} = \frac{1}{4}$$

그러므로

$$Y_{LC}(s) = \frac{s}{4(s^2+1)} + \frac{s}{4(s^2+3)} = \frac{1}{4s+\frac{4}{s}} + \frac{1}{4s+\frac{12}{s}}$$

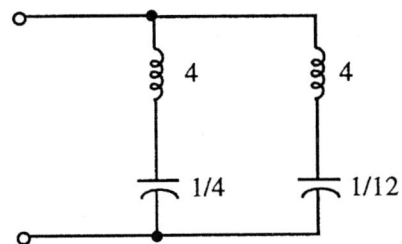

그림 4.6 예제 4.3의 회로망 [단위 : H, F]

〈 제 1 카우어형 회로망 〉

제 1 카우어형 회로망은 주어진 함수에서 $s=\infty$에 존재하는 극점을 하나씩 제거하는 방법으로 얻을 수 있다. 가령 주어진 $Z_{LC}(s)$가 $s=\infty$에 극점을 갖는 경우 그 극점을 제거한 후 나머지 함수를 $Z_1(s)$라 하자. $Z_1(s)$는 $s=\infty$에 극점이 아닌 영점을 갖는다.

$$Z_{LC}(s) = \alpha_1 s + Z_1(s) \tag{4.14}$$

여기서 $Y_1(s) = 1/Z_1(s)$는 ω축상에서 극점과 영점이 교호한다는 LC 회로망 함수의 성질로 보아 $s=\infty$에 반드시 극점을 갖게 되어 이 극점을 제거할 수 있다. 이때에도 $Y_2(s)$는 $s=\infty$에 극점이 아닌 영점을 갖는다.

$$Y_1(s) = \alpha_2 s + Y_2(s) \tag{4.15}$$

그러므로 잔여 함수 $Y_2(s)$의 역인 $Z_2(s) = 1/Y_2(s)$는 $s=\infty$에 극점을 갖게 되어 이를 또 제거할 수 있다. 이와 같은 방법으로 잔여 함수가 없어질 때까지(즉 $s=\infty$에 있는 극점이 전부 제거될 때까지) 계속 진행할 수 있다. 이러한 과정은 먼저 주어진 함수를 내림차순으로 전개한 후 다음과 같은 연분수 전개식으로 표시할 수 있다.

$$Z_{LC}(s) = \alpha_1 s + \cfrac{1}{\alpha_2 s + \cfrac{1}{\alpha_3 s + \cfrac{1}{\ddots \cfrac{1}{\alpha_n s}}}} \tag{4.16}$$

식(4.16)에 의해 합성된 회로망은 **그림 4.7**과 같다. 이와 같은 회로망을 제 1 카우어형 회로망(Cauer 1 network)이라고 부른다.

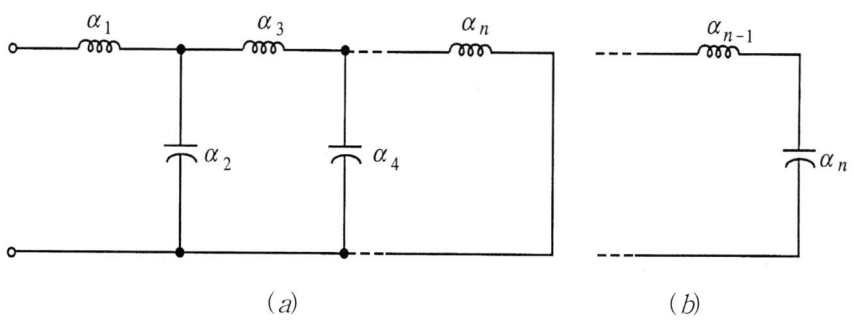

그림 4.7 제 1 카우어형 회로망 [단위 : H, F]

여기서 2가지의 종단(Termination)이 가능한데 $Z_{LC}(0) = 0$ [식(4.3b)와 식(4.3d)의 경우] 일 때는 **그림 4.7**에서 (a)와 같고 $Z_{LC}(0) = \infty$ [식(4.3a)와 식(4.3c)의 경우]일 때는 (b)와 같다. 그리고 $Z_{LC}(\infty) \neq \infty$일 때는 $\alpha_1 = 0$이 되어 첫번째 인덕터가 단락되어 없어진다.

<예제 4.4> 예제 4.2의 LC 구동점 함수를 제 1 카우어형으로 합성하라.

$$Z_{LC}(s) = \frac{2(s^2+1)(s^2+3)}{s\,(s^2+2)}$$

풀이 : $Z_{LC}(s)$를 전개하고, $s = \infty$에 있는 극점을 제거하는 연분수 전개를 할 수 있도록 차수가 가장 높은 항부터 분자와 분모를 각각 내림차순으로 쓴다.

$$Z_{LC}(s) = \frac{2s^4 + 8s^2 + 6}{s^3 + 2s}$$

$$
\begin{array}{r}
2s\phantom{{}^4+8s^2+6}\\
s^3+2s\,\big|\,\overline{2s^4+8s^2+6}\\
\underline{2s^4+4s^2}\quad\tfrac{1}{4}s\\
4s^2+6\,\big|\,\overline{s^3+2s}\\
s^3+\tfrac{3}{2}s\\
\underline{}\quad 8s\\
\tfrac{1}{2}s\,\big|\,\overline{4s^2+6}\\
4s^2\quad\tfrac{1}{12}s\\
\underline{}\;\;6\,\big|\,\overline{\tfrac{1}{2}s}\\
\tfrac{1}{2}s\\
\overline{0}
\end{array}
$$

위의 연분수전개를 통하여 각 소자값을 구한 회로망은 그림 4.8과 같다.

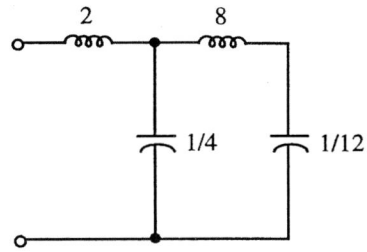

그림 4.8 예제 4.4의 회로망 [단위 : H, F]

〈 제 2 카우어형 회로망 〉

제 2 카우어형 회로망은 $s=0$에 있는 극점을 제거하기 위해 주어진 함수를 연분수 전개하여 구할 수 있다. 주어진 $Z_{LC}(s)$가 $s=0$에 극점을 가질 경우 이를 우선 제거한다.

$$Z_{LC}(s) = \frac{1}{\beta_1 s} + Z_1(s) \tag{4.17}$$

$Z_1(s)$는 $s=0$에 극점을 갖지 않으므로 LC 함수의 성질상 $Y_1(s) = 1/Z_1(s)$는 $s=0$에 반드시 극점을 갖는다. 이때 $Y_2(s)$는 $s=0$에 극점이 아닌 영점을 갖게 된다.

$$Y_1(s) = \frac{1}{\beta_2 s} + Y_2(s) \tag{4.18}$$

잔여 함수 $Z_2(s) = 1/Y_2(s)$는 $s=0$에 극점을 가지므로 이를 또 제거할 수 있다. 이와 같은 절차는 $s=0$에 존재하는 극점을 모두 제거할 때까지 수행할 수 있다. 이러한 과정은 주어진 함수를 오름차순으로 전개한 후 다음과 같은 연분수 전개로 나타낼 수 있다.

$$Z_{LC}(s) = \frac{1}{\beta_1 s} + \cfrac{1}{\cfrac{1}{\beta_2 s} + \cfrac{1}{\cfrac{1}{\beta_3 s} + \cfrac{1}{\ddots \cfrac{}{\cfrac{1}{\beta_n s}}}}} \tag{4.19}$$

식(4.19)에 해당하는 회로망은 **그림 4.9**와 같다. 이와 같은 회로망을 제 2 카우어형 회로망(Cauer 2 network)이라고 부른다.

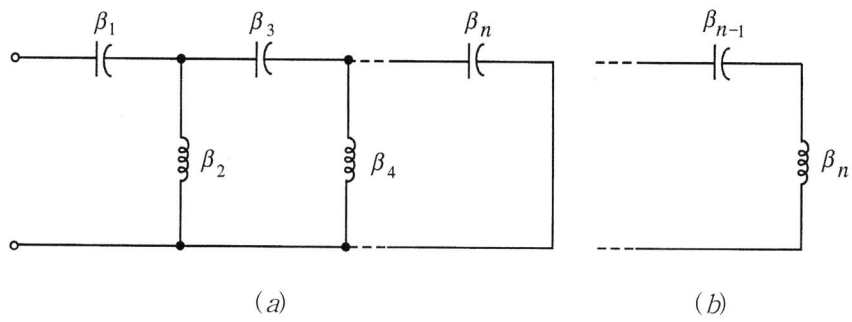

그림 4.9 제 2 카우어형 회로망 [단위 : H, F]

여기서도 역시 2가지의 종단이 가능한데 $Z_{LC}(\infty)=0$ [식(4.3b)와 식(4.3d)의 경우]일 때는 그림 4.9에서 (a)와 같고 $Z_{LC}(\infty)=\infty$ [식(4.3a)와 식(4.3c)]일 때는 (b)와 같다. 그리고 $Z_{LC}(0) \neq \infty$일 때는 β_1이 무한대로 되어 첫번째 커패시터가 단락되어 없어진다.

<예제 4.5> 예제 4.2의 LC 구동점 함수를 제 2 카우어형으로 합성하라.

$$Z_{LC}(s) = \frac{2(s^2+1)(s^2+3)}{s(s^2+2)}$$

4.1 구동점 함수의 합성

풀이 : $Z_{LC}(s)$를 전개하고, $s=0$에 있는 극점을 제거하면서 연분수 전개를 할 수 있도록 차수가 가장 낮은 항을 앞세워 분자와 분모를 각각 오름차순으로 쓴다.

$$Z_{LC}(s) = \frac{6+8s^2+2s^4}{2s+s^3}$$

$$2s+s^3 \overline{\smash{\big)}\, 6+8s^2+2s^4} \quad \frac{3}{s}$$

연분수 전개를 통하여 구한 소자값과 회로망은 그림 4.10과 같다.

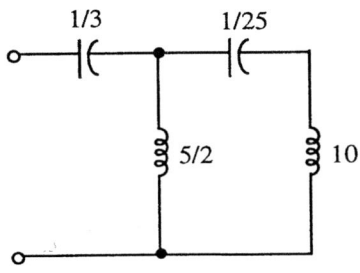

그림 4.10 예제 4.5의 회로망 [단위 : H, F]

이상과 같이 LC 구동점 함수는 4가지 방법으로 실현할 수 있는데 실현된 회로망의 형태는 각각 다르지만 사용된 소자의 수는 모두 동일하며 함수의 차수와 일치한다. 즉, 최소개의 소자를 사용하여 실현하였다. 이렇게 합성된 회로망 형태를 4가지의 기준형 (Four canonic forms)이라고 부른다.

여기서 4가지의 합성법을 정리해 보면 다음과 같다.

(1) 제 1 포스터형 회로망

 (1) $Z_{LC}(s)$를 부분분수 전개한다.

 (2) 각 부분함수의 차원이 임피던스이므로 그들을 각각 실현한 후에 직렬로 연결한다.

(2) 제 2 포스터형 회로망

 (1) $Y_{LC}(s)$를 부분분수 전개한다.

 (2) 각 부분함수의 차원이 어드미턴스이므로 그들을 각각 실현한 후에 병렬로 연결한다.

(3) 제 1 카우어형 회로망

 (1) $Z_{LC}(s)$의 분자와 분모다항식을 내림차순으로 전개한다.

 (2) 무한대에 있는 극점을 제거하는 연분수 전개를 한다.

 (3) 제자형 회로로 실현되며 인덕터가 직렬지로에 커패시터는 병렬지로에 들어간다.

(4) 제 2 카우어형 회로망

 (1) $Z_{LC}(s)$의 분자와 분모다항식을 오름차순으로 전개한다.

 (2) 원점에 있는 극점을 제거하는 연분수 전개를 한다.

 (3) 제자형 회로로 실현되며 커패시터가 직렬지로에 인덕터는 병렬지로에 들어간다.

또한 어떠한 기준형으로 합성하는 도중에 다른 형태로 전환할 수도 있는데 이러한 방법은 필터 설계시에 많이 이용되며 혼성 실현법(Mixed realization)이라고 한다. 다음 예제를 통해 혼성 실현법을 알아보자.

<예제 4.6> 다음 함수를 그림 4.11과 같은 회로망으로 실현하라.

$$Z_{LC}(s) = \frac{(s^2+1)(s^2+3)(s^2+5)}{s(s^2+2)(s^2+4)}$$

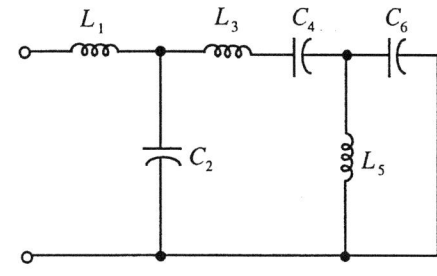

그림 4.11 예제 4.6의 회로망 [단위 : H, F]

풀이 : 처음 3개의 소자 L_1, C_2, L_3는 제 1 카우어형으로, 그리고 나머지 3개의 소자 C_4, L_5, C_6는 제 2 카우어형으로 실현한다. 이 과정을 연분수 전개로 수행하면 다음과 같은 소자값을 얻는다.

$$L_1 = 1, \quad C_2 = \frac{1}{3}, \quad L_3 = 3, \quad C_4 = \frac{1}{5}, \quad L_5 = \frac{1}{3}, \quad C_6 = 1$$

4.1.3 RC 구동점 함수의 성질

RC 회로망은 능동 회로망(능동 필터)을 합성할 때 기본형이 된다. 능동 회로망은 주로 RC 회로망과 능동 소자(Active element)로서 구성되기 때문이다.

먼저 RC 회로망의 구동점 함수의 성질을 알아보자. 여기서 편리한 방법은 간단한 LC 회로와 구조적으로 동등한 RC 회로를 비교하여 그들의 구동점 함수 사이에 어떠한 관계가 성립되는가를 관찰하고 LC 구동점 함수의 성질로부터 RC 구동점 함수의 성질을 유도해 내는 것이다.

그림 4.12의 $Z_{LC}(s)$와 그에 대응하는 $Z_{RC}(s)$를 관찰할 때 그들 사이에 다음과 같은 관계가 성립된다.

$$Z_{RC}(s) = \frac{1}{p} Z_{LC}(p) \Big|_{p^2 = s} \tag{4.20}$$

식(4.20)을 $LC : RC$ 변환식이라 한다. 이 변환식을 식(4.3)의 4가지 $Z_{LC}(s)$에 적용하여 4가지 형태의 $Z_{RC}(s)$를 얻을 수 있다. ω_i^2은 양실수이어서 $Z_{RC}(s)$의 극점과 영점은 복소평면의 실축상에 있게 되므로 $\omega_i^2 = \sigma_i$로 표기하자.

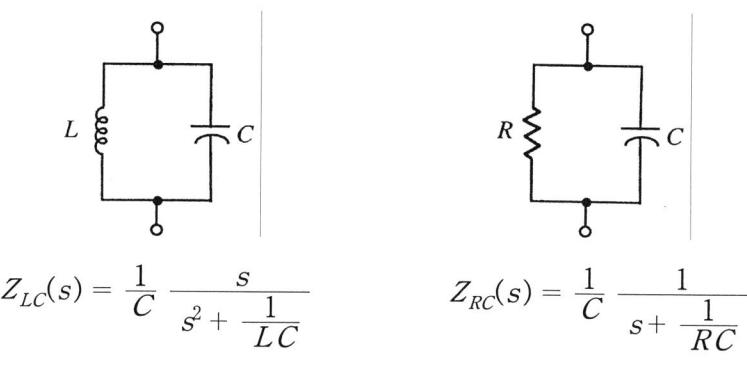

(a) 직렬회로

(b) 병렬회로

그림 4.12 LC 함수와 RC 함수의 비교

〈 $Z_{RC}(s)$의 4가지 형태 〉

(a) $Z_{RC}(s) = K \dfrac{(s+\sigma_1)(s+\sigma_3)(s+\sigma_5)\cdots}{s\,(s+\sigma_2)(s+\sigma_4)\cdots}$ (4.21a)

(b) $Z_{RC}(s) = K \dfrac{(s+\sigma_2)(s+\sigma_4)\cdots}{(s+\sigma_1)(s+\sigma_3)\cdots}$ (4.21b)

(c) $Z_{RC}(s) = K \dfrac{(s+\sigma_1)(s+\sigma_3)\cdots}{s(s+\sigma_2)(s+\sigma_4)\cdots}$ (4.21c)

(d) $Z_{RC}(s) = K \dfrac{(s+\sigma_2)(s+\sigma_4)\cdots}{(s+\sigma_1)(s+\sigma_3)(s+\sigma_5)\cdots}$ (4.21d)

그리고 식(4.8)로 부터 다음과 같은 관계를 얻는다.

$$0 \leq \sigma_1 < \sigma_2 < \sigma_3 < \cdots \tag{4.22}$$

4.1 구동점 함수의 합성

LC 회로망의 경우는 $Z_{LC}(s)$와 $Y_{LC}(s)$가 구조상 형태가 같았으나 RC 회로망의 경우는 $Z_{RC}(s)$와 $Y_{RC}(s)$의 형태가 같지 않다. 식(4.21)에서 4가지의 $Y_{RC}(s)$를 구하여 s로 나누어 주면 형태상 4가지의 $Z_{RC}(s)$를 얻게 된다. 즉, $Y_{RC}(s)/s$와 $Z_{RC}(s)$는 형태상 동일하다.

이상을 종합하여 다음과 같은 표를 얻을 수 있다.

표 4.1 $Z_{RC}(s)$와 $Y_{RC}(s)$의 성질

$Z_{RC}(s)$	$Y_{RC}(s)$
1) 극점과 영점은 모두 음실축상에 있으며 서로 교호한다.	1) 극점과 영점은 모두 음실축상에 있으며 서로 교호한다.
2) $s = 0$(원점)에 가장 가까운 것은 극점이다.	2) $s = 0$(원점)에 가장 가까운 것은 영점이다.
3) $s = 0$에서 가장 먼것은 영점이며 이는 무한대에 있을 수도 있다.	3) 원점에서 가장 먼 것은 극점이며 이는 무한대에 있을 수도 있다.

비슷한 방법을 써서 RL 구동점 함수의 성질도 얻을 수 있다. $Z_{RL}(s)$의 성질은 $Y_{RC}(s)$와 같고, $Y_{RL}(s)$의 성질은 $Z_{RC}(s)$의 성질과 같다.

4.1.4 RC 구동점 함수의 합성

RC 구동점 함수 합성에 있어서도 LC 구동점 함수 합성과 같이 4가지 형태가 있다.

〈 제 1 포스터형 RC 회로망 〉

$Z_{RC}(s)$를 부분분수 전개한 후 각 항에 해당하는 임피던스를 실현한 다음 그들을 모두 직렬로 연결해 준다. 식(4.21a)를 사용하여 설명하기로 하자.

$$Z_{RC}(s) = K \frac{(s+\sigma_1)(s+\sigma_3)(s+\sigma_5)\cdots}{s(s+\sigma_2)(s+\sigma_4)\cdots} \qquad (4.23a)$$

$$Z_{RC}(s) = A_\infty + \frac{A_0}{s} + \frac{A_1}{s+\sigma_2} + \frac{A_2}{s+\sigma_4} + \cdots \qquad (4.23b)$$

식(4.23b)에 해당하는 회로망은 그림 4.13과 같고, 제 1 포스터형 RC 회로망이라 한다.

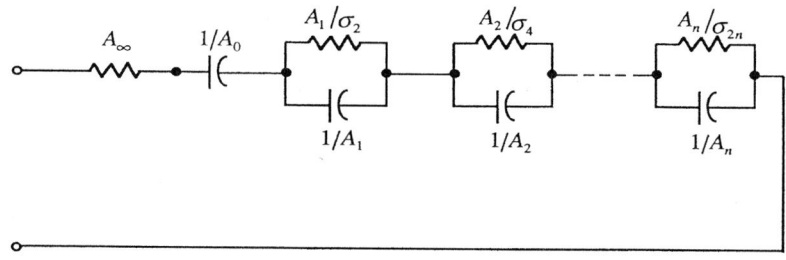

그림 4.13 제 1 포스터형 RC 회로망 [단위 : Ω, F]

식(4.23b)의 A_∞, A_0, A_1, A_2, $\cdots$ 는 다음과 같이 구한다.

$$A_\infty = Z_{RC}(s)\,|_{s=\infty}$$

$$A_0 = s \times Z_{RC}(s)\,|_{s=0}$$

$$A_1 = (s+\sigma_2) \times Z_{RC}(s)\,|_{s=-\sigma_2}$$

$$A_2 = (s+\sigma_4) \times Z_{RC}(s)\,|_{s=-\sigma_4}$$

$Z_{RC}(s)$의 종류에 따라 $A_\infty = 0$ [식(4.21c)와 식(4.21d)의 경우]일 때가 있고 $A_0 = 0$ [식(4.21b)와 식(4.21d)의 경우]일 때도 있다.

<예제 4.7> 다음의 $Z_{RC}(s)$를 제 1 포스터형으로 합성하라.

$$Z_{RC}(s) = \frac{(s+1)(s+3)}{s(s+2)}$$

풀이 : $Z_{RC}(s)$를 부분분수 전개하면

$$Z_{RC}(s) = A_\infty + \frac{A_0}{s} + \frac{A_1}{s+2}$$

여기서 $A_\infty = Z_{RC}(s)\,|_{s=\infty} = 1$

$$A_0 = s \times Z_{RC}(s)\,|_{s=0} = \frac{3}{2}$$

$$A_1 = (s+2) \times Z_{RC}(s)\,|_{s=-2} = \frac{1}{2}$$

$$\therefore\quad Z_{RC}(s) = 1 + \frac{3}{2s} + \frac{\frac{1}{2}}{s+2} = 1 + \frac{1}{\frac{2}{3}s} + \frac{1}{2s+4}$$

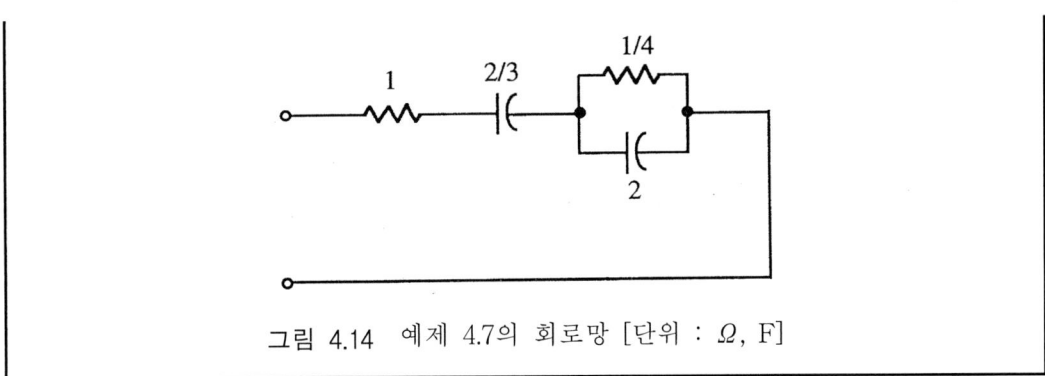

그림 4.14 예제 4.7의 회로망 [단위 : Ω, F]

〈 제 2 포스터형 *RC* 회로망 〉

여기서는 일반성을 위하여 식(4.21*d*)를 이용하자. 우선 $Y_{RC}(s)/s$를 부분분수 전개한 다음 각 항을 s로 곱해주면 식(4.24*b*)와 같고, 이에 해당하는 회로망은 **그림 4.15**로 제 2 포스터형 *RC* 회로망이라 한다.

$$Y_{RC}(s) = K\frac{(s+\sigma_1)(s+\sigma_3)(s+\sigma_5)\cdots}{(s+\sigma_2)(s+\sigma_4)\cdots} \tag{4.24a}$$

$$Y_{RC}(s) = B_0 + B_\infty s + \frac{B_1 s}{s+\sigma_2} + \frac{B_2 s}{s+\sigma_4} + \cdots \tag{4.24b}$$

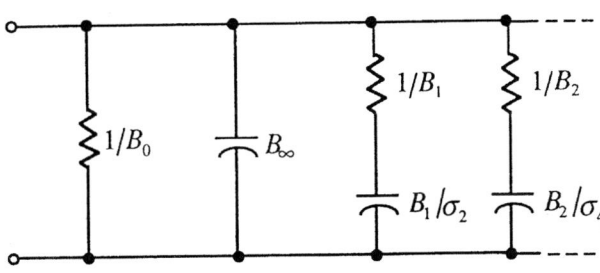

그림 4.15 제 2 포스터형 *RC* 회로망 [단위 : Ω, F]

식(4.24*b*)에서와 같이 계수 B_∞, B_0, B_1, B_2, $\cdots$ 를 다음과 같이 구할 수 있다.

$$B_0 = Y_{RC}(s)\big|_{s=0}$$

$$B_\infty = \frac{1}{s} \times Y_{RC}(s)\bigg|_{s=\infty}$$

$$B_1 = \frac{s+\sigma_2}{s} \times Y_{RC}(s)\Big|_{s=-\sigma_2}$$

$$B_2 = \frac{s+\sigma_4}{s} \times Y_{RC}(s)\Big|_{s=-\sigma_4}$$

<예제 4.8> 예제 4.7의 $Z_{RC}(s)$를 제 2 포스터형으로 실현하라.

풀이 : 우선 $Z_{RC}(s)$에 대한 $Y_{RC}(s)$를 구하여 s로 나누고 부분분수 전개를 한다.

$$Y_{RC}(s) = \frac{s(s+2)}{(s+1)(s+3)}$$

$$\frac{Y_{RC}(s)}{s} = \frac{(s+2)}{(s+1)(s+3)} = \frac{B_1}{s+1} + \frac{B_2}{s+3}$$

양변에 s를 곱하면

$$Y_{RC}(s) = \frac{B_1 s}{s+1} + \frac{B_2 s}{s+3}$$

$$B_1 = \frac{s+1}{s} \times Y_{RC}(s)\Big|_{s=-1} = \frac{1}{2}$$

$$B_2 = \frac{s+3}{s} \times Y_{RC}(s)\Big|_{s=-3} = \frac{1}{2}$$

$$\therefore \quad Y_{RC}(s) = \frac{s/2}{s+1} + \frac{s/2}{s+3} = \frac{1}{2+2/s} + \frac{1}{2+6/s}$$

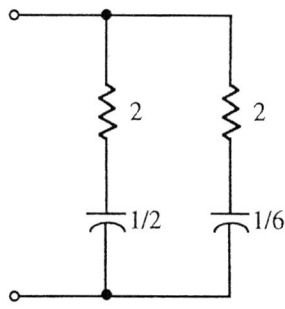

그림 4.16 예제 4.8의 회로망 [단위 : Ω, F]

4.1 구동점 함수의 합성

〈 제 1 카우어형 RC 회로망 〉

이번에는 제 1 카우어형을 구하기 위하여 식(4.23a)를 연분수 전개해 보자. 우선, 분자와 분모 다항식을 내림차순으로 쓴 후에 연분수 전개하면 다음과 같다. 이때의 연분수 전개는 상수와 그리고 $s=\infty$에 있는 극점을 교대로 제거하면서 진행한다.

$$Z_{RC}(s) = \alpha_1 + \cfrac{1}{\alpha_2 s + \cfrac{1}{\alpha_3 + \cfrac{1}{\ddots \alpha_{n-1} + \cfrac{1}{\alpha_n s}}}} \tag{4.25}$$

식(4.25)에 해당되는 회로망은 그림 4.17과 같고 제 1 카우어형 RC 회로망이라 한다.

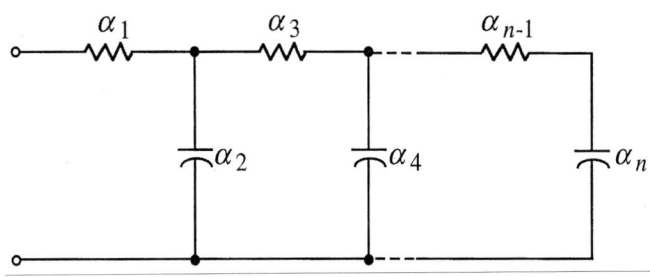

그림 4.17 제 1 카우어형 RC 회로망 [단위 : Ω, F]

$Z_{RC}(s)$의 종류에 따라 $\alpha_1 = 0$이거나 α_n이 단락 되거나 또는 두 경우가 동시에 성립되는 때도 있다.

<예제 4.9> 예제 4.7의 $Z_{RC}(s)$를 제 1 카우어형으로 합성하라.

풀이 : $Z_{RC}(s)$를 내림차순으로 고쳐 쓴 후 식(4.25)에 해당하는 연분수 전개를 하여 회로망을 얻는다.

$$Z_{RC}(s) = \frac{(s+1)(s+3)}{s(s+2)} = \frac{s^2+4s+3}{s^2+2s}$$

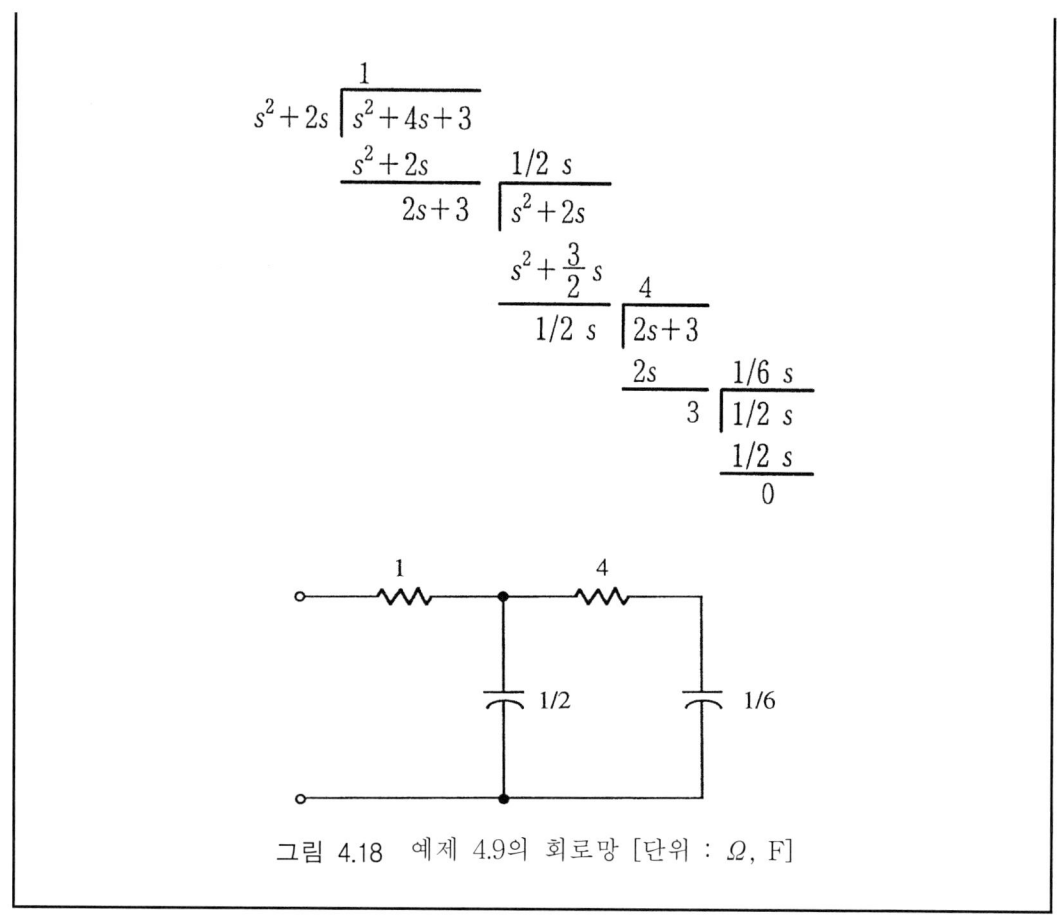

그림 4.18 예제 4.9의 회로망 [단위 : Ω, F]

〈 제 2 카우어형 *RC* 회로망 〉

마지막으로 제 2 카우어형을 실현하기 위하여 $Z_{RC}(s)$의 분자와 분모 다항식을 오름차순으로 쓴 후에 연분수 전개를 한다. 이때의 연분수 전개는 상수와 그리고 $s=0$에 있는 극점을 교대로 제거하는 과정이다.

$$Z_{RC}(s) = \frac{1}{\beta_1 s} + \cfrac{1}{\beta_2 + \cfrac{1}{\beta_3 s} + \cfrac{1}{\ddots \cfrac{1}{\beta_{n-1} s} + \cfrac{1}{\beta_n}}} \tag{4.26}$$

식(4.26)에 해당되는 회로망을 제 2 카우어형이라 부르며 그림 4.19와 같다. $Z_{RC}(s)$의 종류에 따라 $\beta_1 = \infty$이거나 $\beta_n = \infty$일 때가 있으며 두 가지가 동시에 성립하는 경우도 있다.

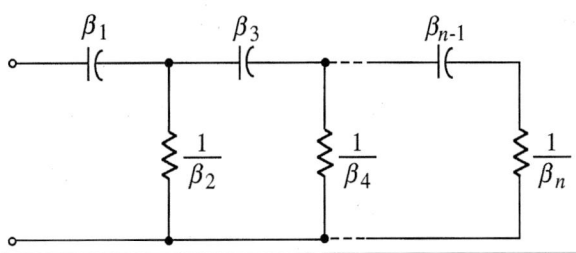

그림 4.19 제 2 카우어형 RC 회로망 [단위 : Ω, F]

<예제 4.10> 예제 4.7의 $Z_{RC}(s)$를 제 2 카우어형으로 실현하라.

풀이 : $Z_{RC}(s)$를 우선 오름차순으로 고쳐 쓴 후에 식(4.26)에 해당하는 연분수 전개를 하여 회로망을 구한다.

$$Z_{RC}(s) = \frac{(s+1)(s+3)}{s(s+2)} = \frac{3+4s+s^2}{2s+s^2}$$

$$\begin{array}{r}
\frac{3}{2s} \\
2s+s^2 \overline{\smash{\big)}\ 3+4s+s^2} \\
\underline{3+\frac{3}{2}s} \qquad \frac{4}{5} \\
\frac{5}{2}s+s^2 \overline{\smash{\big)}\ 2s+s^2} \\
\underline{2s+\frac{4}{5}s^2} \qquad \frac{25}{2s} \\
\frac{1}{5}s^2 \overline{\smash{\big)}\ \frac{5}{2}s+s^2} \\
\underline{\frac{5}{2}s} \qquad \frac{1}{5} \\
s^2 \overline{\smash{\big)}\ \frac{1}{5}s^2} \\
\underline{\frac{1}{5}s^2} \\
0
\end{array}$$

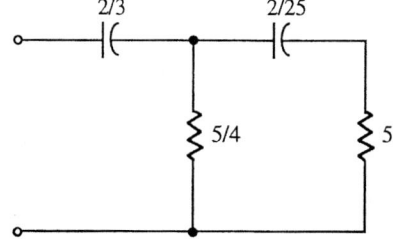

그림 4.20 예제 4.10의 회로망 [단위 : Ω, F]

이상의 4가지 RC 기준형 이외에 응용목적에 따라서는 다음 예제와 같이 혼성 실현이 필요한 경우가 있다.

<예제 4.11> 다음 함수를 그림 4.21과 같은 회로망으로 실현하라.

$$Z_{RC}(s) = \frac{2(s+1)(s+3)}{s(s+2)(s+4)}$$

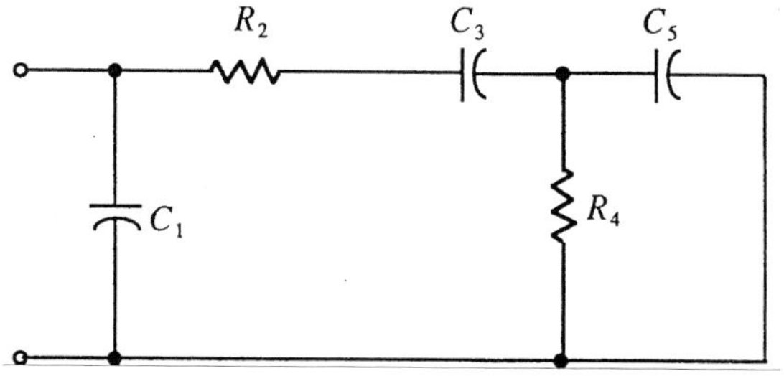

그림 4.21 예제 5.11의 회로망 [단위 : Ω, F]

풀이 : 주어진 회로망은 병렬 지로에 있는 C_1을 먼저 합성하였으므로 무한대에 존재하는 극점을 제거하는 방식인 제 1 카우어형으로 합성해야 한다. 따라서

$$Y_{RC}(s) = \frac{s^3 + 6s^2 + 8s}{2s^2 + 8s + 6}$$

로 시작하여 처음 2개의 소자 C_1, R_2를 제 1 카우어형으로 실현하고 나머지 3개 소자 C_3, R_4, C_5는 제 2 카우어형으로 실현한다. 이 때의 소자값은 다음과 같다.

$$C_1 = \frac{1}{2}, \quad R_2 = 1, \quad C_3 = \frac{5}{6}, \quad R_4 = \frac{3}{25}, \quad C_4 = \frac{10}{3}$$

4.2 제자형 회로망과 전송영점

그림 4.22와 같은 제자형 회로망(Ladder network)은 여러가지 장점을 지니고 있어 수동 필터를 합성할 때 많이 사용된다. 그 장점중의 하나는 이 회로망을 점검(Inspection) 함으로서 그의 중요한 기능을 찾아낼 수 있다는 것이다. 따라서 회로망을 관찰하여 어떠한 주파수의 신호가 저지되고, 반대로 어떠한 주파수의 신호가 통과되어 출력측에 나타나는 가를 알아낼 수 있다.

전달함수가 주어질 때, 어떤 주파수에서는 그 전달함수가 영이 되어버린다. 즉, 그 점에서는 전송이 전혀 안된다는 뜻이므로 그 주파수를 전송영점(Transmission zero)이라 한다.

4.2 제자형 회로망과 전송영점

특히 제자형 회로망의 특징은 회로망을 합성할 때 주어진 전송영점을 실현하기 쉽고, 분석할 때는 전송영점을 직관적으로 쉽게 알아낼 수 있다. 즉, 직렬지로 임피던스가 어떤 주파수에서 무한대가 된다는 것은 그 주파수에서 그 지로가 개방된다는 것을 의미하므로 그 주파수에 해당되는 신호가 출력단까지 갈 수 없다는 것이다. 그 점이 바로 전송영점인 것이다. 또 병렬지로 임피던스가 영이 된다는 것은 그 주파수에서 지로가 단락되는 것이므로 신호가 출력단까지 미치지 못해 그 주파수가 바로 전송영점이 되는 것이다.

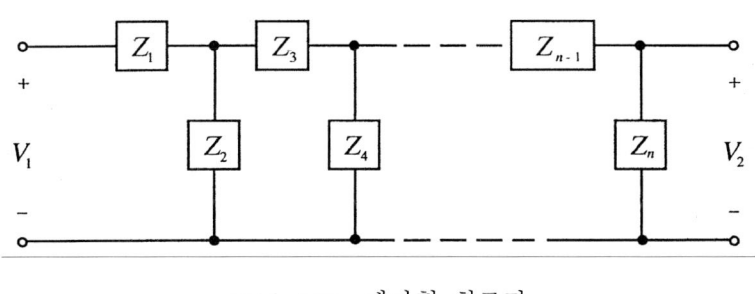

그림 4.22 제자형 회로망

그림 4.22에서 전압 전달함수 V_2/V_1을 생각해보자. 직렬지로에 들어있는 임피던스(Z_1, Z_3, ..., Z_{n-1})중 어느 하나가 $s=s_0$에서 무한대로 커지면 주파수가 s_0인 신호는 차단 되어 전혀 전송이 되지 않으므로 s_0가 전송영점이 된다. 이는 곧 전달함수의 영점이다. 한편 병렬지로에 들어있는 임피던스(Z_2, Z_4, ..., Z_n)중 어느 하나가 $s=s_0$에서 아주 작아져 영으로 되어버리면 그 주파수의 신호는 도중에서 누락되어 전혀 전송이 되지 않는다. 그러나 위의 전송영점에 해당되지 않는 신호가 입력 신호에 포함되어 있다면 그 신호는 전달이 되어 출력측에 나타난다.

그런데 여기서 주의해야 할 점이 한가지 있다. 어떤 직렬지로의 임피던스가 $s=s_0$에서 무한대가 된다 하더라도 그 지로의 우측에 있는 제자형 부분도 역시 임피던스가 무한대가 된다면 그 신호는 전송되는 것이다. 신호 전압이 두 개의 무한 임피던스에 나누어지게 되는 것이다.

또한 어떤 병렬지로의 임피던스가 $s=s_0$에서 영이 된다 하더라도 그 지로의 우측에 있는 회로의 임피던스도 역시 영이면 두 개의 영 임피던스에 신호 전류가 나누어지므로 그 신호는 전송되는 것과 같다. 이러한 관찰을 통하여 제자형 회로망은 그의 전달함수 중 영점, 즉 전송영점을 쉽게 알아낼 수 있다.

<예제 4.12> 그림 4.23의 전송영점을 점검을 통하여 찾아내고 전달함수를 구하라.

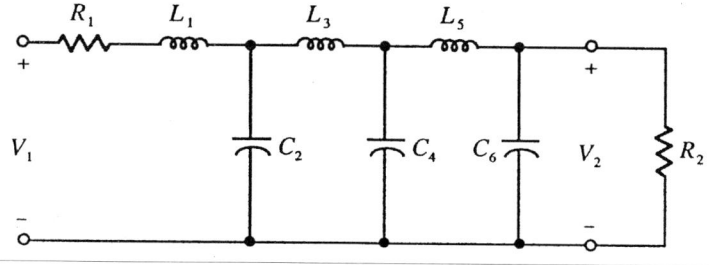

그림 4.23 예제 4.12의 제자형 회로망 [단위 : Ω, H, F]

풀이 : 그림 4.23은 LC 제자형 회로망의 입력단에 $R_1 \Omega$, 그리고 출력단에 $R_2 \Omega$의 저항이 각각 연결된 것이다. 여기서 우선 각 지로의 임피던스를 구해 보자.

직렬지로 : $Z_1 = L_1 s, \quad Z_3 = L_3 s, \quad Z_5 = L_5 s$

병렬지로 : $Z_2 = \dfrac{1}{C_2 s}, \quad Z_4 = \dfrac{1}{C_4 s}, \quad Z_6 = \dfrac{1}{C_6 s}$

직렬지로는 모두 $s = \infty$에서 무한대가 된다. 즉 $s = \infty$에 3개의 전송영점이 있다. 한편 병렬지로는 모두 $s = \infty$에서 영이 되기 때문에 아주 높은 주파수는 출력단에 도달하기 전에 누락되므로 $s = \infty$에 3개의 전송영점이 있는 것과 같다.

다시 말해서 전송영점은 모두 6개 있는데 전부 $s = \infty$에 있다. 그러므로 전달함수는 다음과 같이 저역통과 함수 형태를 갖는다. 여기서 R_1, R_2 때문에 극점은 복소수이며 좌반면에 위치한다.

$$\frac{V_2}{V_1} = K \frac{1}{s^6 + a_5 s^5 + a_4 s^4 + a_3 s^3 + a_2 s^2 + a_1 s + a_0}$$

<예제 4.13> 그림 4.24의 전달함수를 점검을 통하여 구하라.

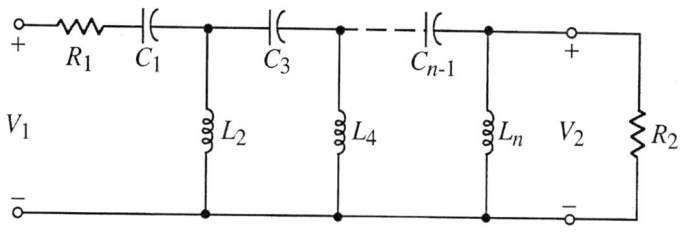

그림 4.24 예제 4.13의 제자형 회로망 [단위 : Ω, H, F]

풀이 : 먼저 각 지로의 임피던스를 구해보자.

직렬지로 : $Z_1 = \dfrac{1}{C_1 s}$, $Z_3 = \dfrac{1}{C_3 s}$, $\cdots$, $Z_{n-1} = \dfrac{1}{C_{n-1} s}$

병렬지로 : $Z_2 = L_2 s$, $Z_4 = L_4 s$, $\cdots$, $Z_n = L_n s$

여기서 직렬지로 $n/2$개는 모두 $s=0$에서 무한대가 된다. 즉 $s=0$에 $n/2$개의 전송영점이 있다. 한편 병렬지로 $n/2$개도 모두 $s=0$에서 영이 되기 때문에 $s=0$에 $n/2$개의 전송영점이 더 있다.

따라서 n개의 전송영점이 전부 $s=0$에 존재하므로 전달함수는 다음과 같다.

$$\frac{V_2}{V_1} = K \frac{s^n}{s^n + a_{n-1} s^{n-1} + \cdots + a_1 s + a_0}$$

그림 4.24의 회로망은 낮은 주파수는 저지시키고, 높은 주파수는 통과시키는 고역통과 필터임을 점검을 통하여 알 수 있다.

위의 예에서와 같이 회로망이 주어졌을 때 그의 전송영점과 전달함수에 관한 많은 정보를 분석, 계산하지 않고 점검만을 통하여 얻을 수 있었다. 이것은 제자형 회로망의 고유한 특징이다. 이상에서 얻은 제자형 회로망의 특성과 전송영점에 관한 개념은 앞으로 전달함수를 합성할 때 많은 도움이 된다.

4.3 전달함수의 합성 : 단종단 회로망

앞에서 여러가지 구동점 함수의 합성법을 알아보았다. 그런데 실제로 유용한 것은 전달함수의 합성이며, 구동점 함수 합성은 전달함수를 합성할 때에 중요한 역할을 한다.

전달함수를 합성할 때는 그림 4.25에서 볼 수 있는 바와 같이 단종단 회로망(Singly-terminated network)과 복종단 회로망(Doubly-terminated network)이 이용된다.

그런데 여기서 2단자쌍 회로망은 주로 LC 소자나 RC 소자로 구성되며 구조상으로는 제자형(Ladder), 병렬 제자형(Parallel ladder), 그리고 격자형(Lattice)등으로 이루어진다. 그들 중 어느 것을 이용할 것인가는 전달함수의 전송 영점이 복소 평면상에서 어떠한 위치에 존재하는가에 따라 결정된다.

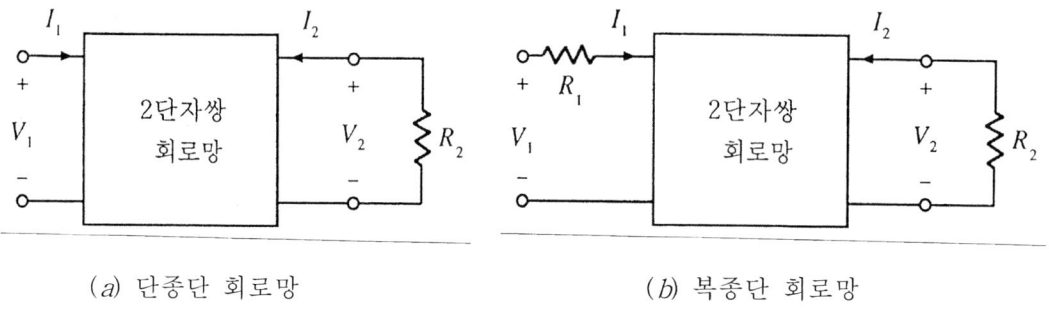

(a) 단종단 회로망 (b) 복종단 회로망

그림 4.25 단종단 회로망과 복종단 회로망

4.3.1 단종단 회로망의 성질과 전달함수

단종단 회로망은 저항 소자가 부하측에 있는가 또는 전원측에 있는가에 따라 2가지로 분류된다. 이 절에서는 비교적 합성이 용이한 단종단 회로망 합성법을 우선 다루어 보자. LC 2단자쌍 회로망을 먼저 제자형 회로로 합성한 다음 부하로서 저항 R을 연결시킨 그림 4.26과 같은 회로망이 부하측 단종단 제자형 회로망이다.

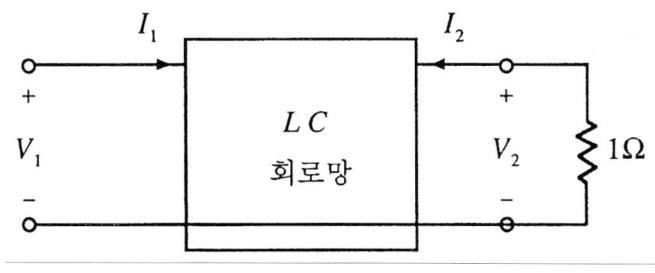

그림 4.26 공통 접지된 부하측 단종단 회로망

저항 R을 편의상 1 Ω으로 정규화하여 분석하는 것이 보통이다. 입력측과 출력측이 같이 접지된 것을 명확히 하기 위해서 그림 4.26과 같이 LC 회로망의 하부 단자를 연결시킨다. 이것은 모든 제자형 회로망에 동일하게 적용된다.

이때 회로망의 전달함수를 구하기 위하여 LC 회로망 부분을 2단자쌍으로 간주하고 단락회로 어드미턴스 파라미터를 사용하여 회로 방정식을 써보자.

$$I_1 = y_{11} V_1 + y_{12} V_2 \qquad (4.27a)$$

$$I_2 = y_{21} V_1 + y_{22} V_2 \qquad (4.27b)$$

그런데 여기서 $I_2 = -V_2$이므로 이 관계식을 식(4.27b)에 대입하여 전압 전달함수 V_2/V_1을 구해보면 다음과 같다.

$$\frac{V_2}{V_1} = \frac{-y_{21}}{1+y_{22}} \tag{4.28}$$

또한 식(4.28)에서 V_2 대신에 $-I_2$를 넣어줌으로써 전달 어드미턴스 함수 I_2/V_1을 얻을 수 있다.

$$\frac{I_2}{V_1} = \frac{y_{21}}{1+y_{22}} \tag{4.29}$$

또 다른 종류의 전달함수를 구하기 위하여 이번에는 개방회로 임피던스 파라미터를 이용하여 회로 방정식을 써보자.

$$V_2 = z_{21}I_1 + z_{22}I_2 \tag{4.30}$$

식(4.30)에서 $V_2 = -I_2$를 이용하여 전류 전달함수를 얻을 수 있다.

$$\frac{I_2}{I_1} = \frac{-z_{21}}{1+z_{22}} \tag{4.31}$$

그리고 I_2 대신에 $-V_2$를 대입하면 전달 임피던스 함수는 다음과 같다.

$$\frac{V_2}{I_1} = \frac{z_{21}}{1+z_{22}} \tag{4.32}$$

그림 4.26과 같은 단종단 회로망이 가질 수 있는 4가지의 전달함수를 구했는데 그들은 모두 2단자쌍 회로망의 파라미터중에서 2가지만을 필요로 하는 간단한 함수로 나타났다. 그 이유는 입력이 전압일 때는 y 파라미터를 이용했고 입력이 전류일 때는 z 파라미터를 사용했기 때문이다. 가령 식(4.28)을 z 파라미터로 표시할 때 아주 복잡해진다.

전달 함수를 합성할 때 2단자쌍 회로망은 파라미터 수가 적을수록 실현이 용이하다. 이제 합성법을 구체적으로 전개해 보자. 전달함수의 가장 일반적인 형태는 다음과 같다.

$$\frac{V_2}{V_1} = H(s) = \frac{b_m s^m + b_{m-1}s^{m-1} + \cdots + b_1 s + b_0}{a_n s^n + a_{n-1}s^{n-1} + \cdots + a_1 s + a_0} = \frac{B(s)}{A(s)} \tag{4.33}$$

전압 전달함수나 전류 전달함수처럼 무차원 함수일 때 분자와 분모의 차수 사이에

$m \leq n$인 관계가 있다는 것은 이미 2 장에서 알아보았다. 분자와 분모 다항식의 우수부와 기수부를 각각 $M(s)$와 $N(s)$로 표시하면 다음 식과 같다.

$$H(s) = \frac{M_1(s) + N_1(s)}{M_2(s) + N_2(s)} \tag{4.34}$$

필터 함수에서는 $M_2(s) + N_2(s)$가 항상 허위쓰 다항식이다. 그리고 식(4.34)에서 분자 다항식은 $M_1(s)$와 $N_1(s)$ 중 한가지만으로 되는 경우가 대부분이다. 이제부터 표기를 간단히 하기 위하여 주파수 변수 s를 생략한다.

(1) $N_1 = 0$ 일 경우

$$H(s) = \frac{M_1}{M_2 + N_2} \tag{4.35}$$

이때 분자와 분모를 모두 N_2로 나누어줌으로써 LC 2단자쌍 회로망의 파라미터 (y_{22}와 y_{21} 또는 z_{22}와 z_{21})가 모두 기함수가 되도록 한다. (연습문제 4.15의 계수조건 참조)

$$H(s) = \frac{M_1/N_2}{1 + M_2/N_2} \tag{4.36}$$

다음에는 LC 2단자쌍 회로망의 파라미터를 다음과 같이 검정한다.

$H(s) = \dfrac{V_2}{V_1}$ 일 때에는

$$y_{22} = M_2/N_2, \qquad -y_{21} = M_1/N_2 \tag{4.37}$$

$H(s) = \dfrac{I_2}{I_1}$ 일 때에는

$$z_{22} = M_2/N_2, \qquad -z_{21} = M_1/N_2 \tag{4.38}$$

위와 같이 회로망 함수가 주어졌을 때 우선 LC 2단자쌍 회로망의 파라미터를 검정한다. 그 다음에는 파라미터중에서 구동점 함수인 y_{22} 또는 z_{22}를 제 1 카우어형이나 제 2 카우어형, 또는 2가지 형을 혼합한 형태를 이용하여 전송영점도 동시에 모두 실현되도록 회로망을 합성해 간다.

여기서 예제를 통하여 구체적으로 합성법을 알아보기로 하자.

4.3 전달함수의 합성 : 단종단 회로망

<예제 4.14> 아래의 함수를 (a) 전압 전달함수, (b) 전류 전달함수로 합성하라.

$$H(s) = \frac{K}{s^3 + 2s^2 + 2s + 1}$$

풀이 :

(a) $\dfrac{V_2}{V_1} = \dfrac{K}{s^3 + 2s^2 + 2s + 1} = \dfrac{K}{(2s^2+1) + (s^3+2s)} = \dfrac{K}{M_2 + N_2}$

식(4.36)에 의하여

$$\frac{V_2}{V_1} = \frac{\dfrac{K}{s^3 + 2s}}{1 + \dfrac{2s^2 + 1}{s^3 + 2s}}$$

여기서 식(4.37)로 y_{22}와 $-y_{21}$을 검정한다.

$$y_{22} = \frac{2s^2 + 1}{s^3 + 2s}, \qquad -y_{21} = \frac{K}{s^3 + 2s}$$

주어진 함수로 부터 전송영점이 3개가 있는데 모두 $s = \infty$에 있다. 그러므로 y_{22}를 합성할 때 인덕터가 직렬지로에 있고 커패시터가 병렬지로에 들어가도록 한다. 즉 제 1 카우어형으로 y_{22}를 합성한다.

$$
\begin{array}{r}
\dfrac{s}{2} \to Z \\
2s^2 + 1 \,\overline{)\, s^3 + 2s} \\
\underline{s^3 + \dfrac{1}{2}s} \qquad \dfrac{4}{3}s \to Y \\
\dfrac{3}{2}s \,\overline{)\, 2s^2 + 1} \\
\underline{2s^2} \qquad 3s/2 \to Z \\
1 \,\overline{)\, 3s/2} \\
\underline{3s/2} \\
0
\end{array}
$$

위의 연분수 전개를 통하여 구한 소자값과 회로망은 **그림 4.27**과 같다.

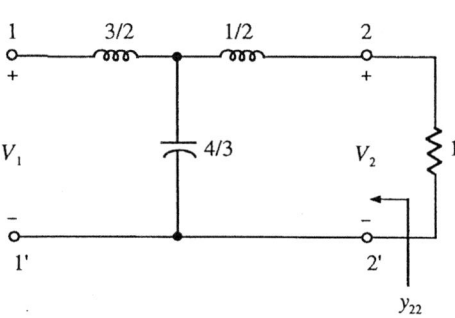

그림 4.27 예제 4.14(a)의 회로망 [단위 : Ω, H, F]

이때 y_{22}는 출력측에서 본 구동점 어드미턴스이므로 최종 소자인 3/2 헨리의 인덕터는 접지되어서는 안되고 입력측은 개방된 상태로 되어야 한다. 이는 y_{22}의 정의식으로 입증할 수 있다. y_{22}로 전압 전달함수를 합성하는데 있어서 $V_1 = 0$이므로 입력측의 첫 소자가 병렬로 접지되어 있을 때 그 소자는 무의미하다.

(b) $\dfrac{I_2}{I_1} = \dfrac{K}{s^3 + 2s^2 + 2s + 1} = \dfrac{K}{(2s^2 + 1) + (s^3 + 2s)} = \dfrac{\dfrac{K}{s^3 + 2s}}{1 + \dfrac{2s^2 + 1}{s^3 + 2s}}$

이번에는 식(4.38)로 z_{22}와 $-z_{21}$을 검정한다.

$$z_{22} = \frac{2s^2 + 1}{s^3 + 2s}, \qquad -z_{21} = \frac{K}{s^3 + 2s}$$

여기서는 z_{22}를 합성하는데 있어서 $s = \infty$에 있는 3개의 전송영점이 실현되도록 해야하므로 연분수 전개의 형태는 y_{22}때와 동일하나 각 항마다 차원이 역으로 된다.

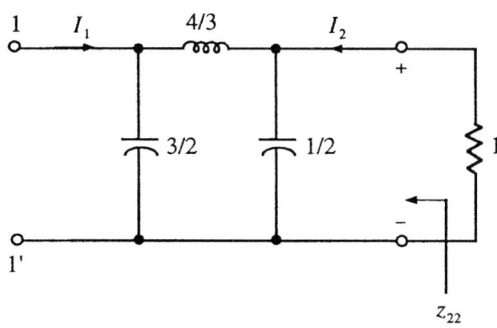

그림 4.28 예제 4.14(b)의 회로망 [단위 : Ω, H, F]

4.3 전달함수의 합성 : 단종단 회로망

이번에는 구동점 임피던스인 z_{22}를 기반으로 합성하는 것이므로 최종 소자 3/2 패럿의 커패시터가 접지되어야 한다. 그 이유는 z_{22}의 정의식으로 입증할 수 있다. z_{22}로 전류 전달함수를 합성하는데 있어서 $I_1 = 0$이므로 입력측의 첫 소자가 직렬로 연결되어 있을 때 그 소자는 무의미하다.

(2) $M_1 = 0$일 경우

$$H(s) = \frac{N_1}{M_2 + N_2} \tag{4.39}$$

이 때에는 2단자쌍 회로망이 LC 소자로 실현되도록 하기 위해서 분자와 분모를 M_2로 나누어준다.

$$H(s) = \frac{N_1/M_2}{1 + N_2/M_2} \tag{4.40}$$

위 식도 앞에서 유도한 4가지의 전달함수와 비슷한 형태이다. 예를 들어 $H(s) = V_2/V_1$일 때는 식(4.28)에 의하여 LC 2단자쌍 회로망의 단락회로 어드미턴스를 다음과 같이 검정한다. 여기서도 역시 2단자쌍 회로망의 모든 파라미터가 기함수로 되어야 한다.

$$y_{22} = \frac{N_2}{M_2} \qquad -y_{21} = \frac{N_1}{M_2} \tag{4.41}$$

한편 $H(s) = I_2/I_1$일 때는 식(4.31)에 의하여 2단자쌍 회로망의 개방회로 임피던스 파라미터를 다음과 같이 검정한다.

$$z_{22} = \frac{N_2}{M_2} \qquad -z_{21} = \frac{N_1}{M_2} \tag{4.42}$$

<예제 4.15> 다음 전달함수를 합성하라

$$\frac{V_2}{V_1} = \frac{Ks^3}{s^3 + 2s^2 + 2s + 1}$$

풀이 : 식(4.40), 식(4.41)에 의하여

$$\frac{V_2}{V_1} = \frac{\dfrac{Ks^3}{2s^2+1}}{1+\dfrac{s^3+2s}{2s^2+1}} = \frac{-y_{21}}{1+y_{22}}$$

전송영점은 3개가 모두 $s=0$에 있으므로 y_{22}를 제 2 카우어형으로 합성해야 한다. 첫번째 소자가 직렬지로의 커패시터라야 하므로 연분수 전개는 임피던스 즉, $1/y_{22}$로 시작한다.

$$\begin{array}{r}
\dfrac{1}{2s} \\
2s+s^3 \overline{\smash{\big)}\,1+2s^2} \\
\underline{1+\dfrac{1}{2}s^2} \qquad \dfrac{4}{3s} \\
\dfrac{3}{2}s^2 \overline{\smash{\big)}\,2s+s^3} \\
\underline{2s} \qquad \dfrac{3}{2s} \\
s^3 \overline{\smash{\big)}\,\dfrac{3}{2}s^2} \\
\underline{\dfrac{3}{2}s^2} \\
0
\end{array}$$

위의 연분수 전개를 통하여 구한 소자값과 회로망은 **그림 4.29**와 같다.

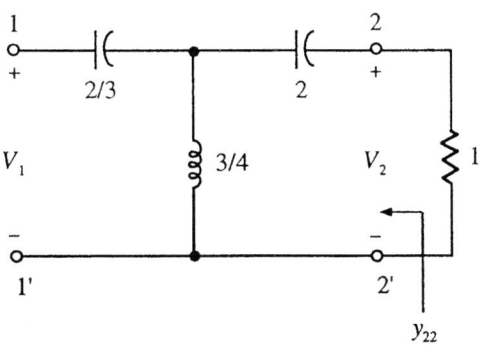

그림 4.29 예제 4.15의 회로망 [단위 : Ω, H, F]

단종단 LC 제자형 회로망은 위 예에서와 같이 전송영점이 무한대($s=\infty$)나 원점($s=0$)에 있을 때 아주 편리하게 쓰이며 유한점($s=j\omega$)에 있는 전송영점도 실현할 수 있다. 그러므로 여러가지 필터를 합성하는 데 있어 아주 적합하다. 또한 RC 제자형 회로망은 전송영점이 음실축에 있을 때 유용하다. 위상 수정(Phase correction)을 위해서는 복소(Complex) 전송영점을 실현해야 할 때도 있는데 그때는 병렬 제자형 회로망을 사용하게 된다.

그리고, 전역통과 함수를 합성할 때는 격자형 회로망을 이용한다. 전달함수를 합성할 때 가장 중요한 것은 전송영점의 위치를 찾아서 실현하는 일이다.

4.3.2 전송영점이 무한대나 원점에 있을 때의 합성

이 경우를 대표하는 함수는 식(4.43)과 같은 형태를 갖는다. 전달함수중에서도 전압 전달함수가 가장 많이 쓰이므로 이제부터는 $H(s)=V_2/V_1$로 간주하자. 이때 $0 \le m \le n$이다.

$$\frac{V_2}{V_1} = \frac{Ks^m}{s^n + a_{n-1}s^{n-1} + \cdots + a_1 s + a_0} \tag{4.43}$$

전송영점이 $s=0$에 m개, 그리고 $s=\infty$에 $(n-m)$개가 있으므로 이에 대응하는 y_{22}를 합성하면 된다. 식(4.43)은 여러가지 필터 함수를 대표할 수 있다.

(1) $m = 0$일 때

이때는 식(4.43)이 다음과 같이 변형된다.

$$\frac{V_2}{V_1} = \frac{K}{s^n + a_{n-1}s^{n-1} + \cdots + a_1 s + a_0} = \frac{K}{M_2 + N_2} \tag{4.44}$$

n개의 전송영점이 모두 $s=\infty$에 있으므로 식(4.44)는 저역통과 필터 함수이다. 그리고 2단자쌍 회로망의 파라미터는 다음과 같이 검정되며 회로망은 y_{22}를 제 1 카우어형으로 합성한 후에 1 Ω의 저항 소자로 종단시킴으로써 그림 4.30과 같이 얻어진다.

$$y_{22} = M_2/N_2, \qquad -y_{21} = K/N_2$$

그림 4.30의 회로망은 n이 홀수일 때이며 n이 짝수일 때는 L_1이 단락된다.

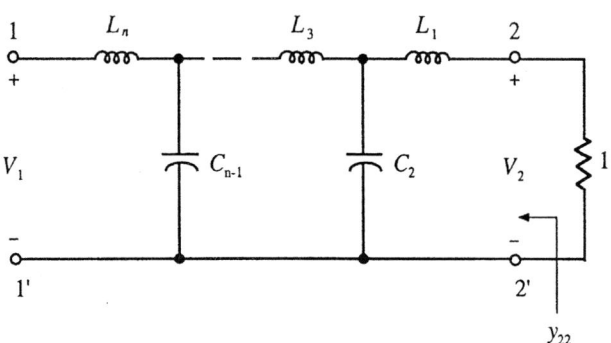

그림 4.30 식(4.44)를 합성할 때의 저역통과 회로망 [단위 : Ω, H, F]

(2) $m = n$일 때

이때는 식(4.43)이 다음과 같다.

$$\frac{V_2}{V_1} = \frac{Ks^n}{s^n + a_{n-1}s^{n-1} + \cdots + a_1s + a_0} = \frac{Ks^n}{M_2 + N_2} \quad (4.45)$$

n개의 전송영점이 모두 원점($s=0$)에 있으므로 식(4.45)는 고역통과 필터 함수이다. 이때의 y_{22}는 다음과 같이 2가지의 형태를 가질 수 있다.

$$y_{22} = \frac{N_2}{M_2} \qquad\qquad n : 홀수 \quad (4.46a)$$

$$y_{22} = \frac{M_2}{N_2} \qquad\qquad n : 짝수 \quad (4.46b)$$

이때의 회로망은 y_{22}를 제 2 카우어형으로 합성한 후에 1 Ω의 저항 소자로 종단시킴으로써 그림 4.31과 같이 얻어진다. n이 짝수일 때는 C_1이 단락된다.

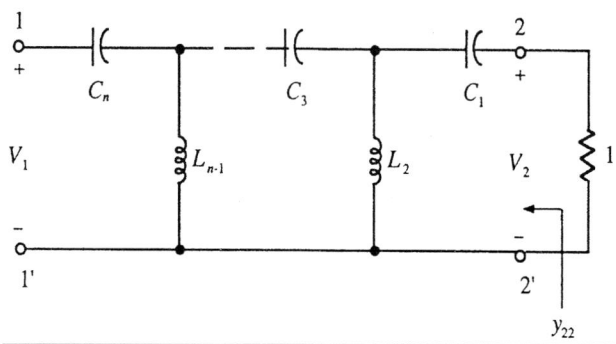

그림 4.31 식(4.45)를 합성할 때의 고역통과 회로망 [단위 : Ω, H, F]

4.3 전달함수의 합성 : 단종단 회로망

y_{22}를 합성할 때 최종 소자 L_n나 C_n이 접지될 수 없으므로 **그림 4.30과 그림 4.31과** 같이 직렬지로에 있어야 한다.

(3) $0 < m < n$일 때

이때는 식(4.43)과 같이 전송영점 중 $(n-m)$개가 $s=\infty$에 있고 m개는 $s=0$에 있으므로 $(n-m)$개의 소자로 된 제 1 카우어형과 m개의 소자로 된 제 2 카우어형이 종속연결된 회로망으로 합성해야 한다. 전송영점을 실현하는 순서(Sequence)에 따라 여러가지 등가회로가 가능한데 회로의 형태, 소자값 등이 각각 다르므로 설계시에는 모든 등가회로 중에서 최적 회로를 선택해야 한다. 이때 만들어지는 모든 회로망은 대역통과 필터의 성질을 지닌다.

<예제 4.16> 다음 전압 전달함수를 합성하라.

$$\frac{V_2}{V_1} = \frac{Ks^m}{s^4 + 2s^3 + 3s^2 + 2s + 1}$$

(a) $m=1$일 때   (b) $m=2$일 때

풀이 : (a) $m=1$일 때는 전송영점이 $s=0$에 1개 있고 $s=\infty$에 3개 있다. V_2/V_1와 y_{22}는 다음과 같다.

$$\frac{V_2}{V_1} = \frac{Ks}{s^4 + 2s^3 + 3s^2 + 2s + 1} \qquad y_{22} = \frac{2s^3 + 2s}{s^4 + 3s^2 + 1}$$

그림 4.32의 2개의 회로는 여러가지가 다른데 소자값을 비교하면 첫 회로는 모든 인덕턴스 값이 작은 대신에 모든 커패시턴스 값은 크다.

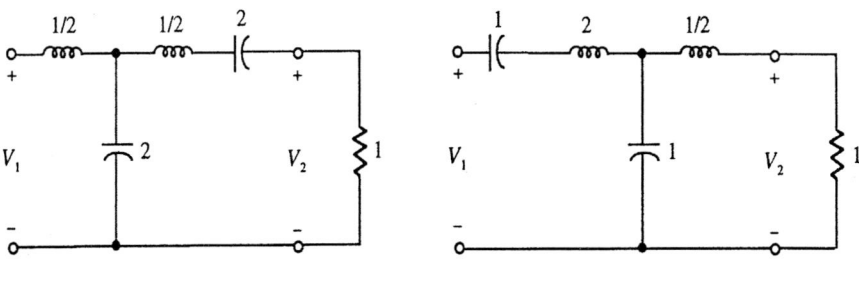

그림 4.32 예제 4.16(a)의 2개의 등가회로 [단위 : Ω, H, F]

(b) $m=2$일 때는 전송영점이 $s=0$에 2개 있고 $s=\infty$에 2개가 있어 양측에 균일하게 배분되어 있다. V_2/V_1와 y_{22}는 다음과 같다.

$$\frac{V_2}{V_1} = \frac{Ks^2}{s^4+2s^3+3s^2+2s+1} \qquad y_{22} = \frac{s^4+3s^2+1}{2s^3+2s}$$

처음 2개 소자는 제 1 카우어형, 나머지 2개 소자는 제 2 카우어형으로 합성하고 또한 카우어형의 순서를 바꾸어도 된다. 그림 4.33의 3번째 회로망은 각 소자마다 제 1 카우어형과 제 2 카우어형을 혼성 실현한 것이다. 3개의 등가회로가 존재한다.

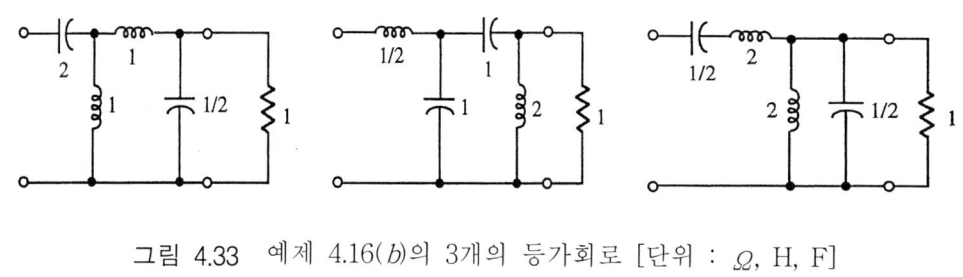

그림 4.33 예제 4.16(b)의 3개의 등가회로 [단위 : Ω, H, F]

이 예제에서 얻은 모든 회로망의 LC 부분은 4개의 소자로 되어 있는데 그것은 y_{22}가 4차 함수이기 때문이다. 최소 소자를 써서 합성할 때 L와 C의 갯수의 차이는 0이거나 1이다.

4.3.3 전송영점이 $j\omega$축상에 있을 때의 합성 : 영점추이

식(4.47)과 같은 유리함수 형태를 갖는 타원 필터 함수와 역 체비셰프 필터 함수는 전송영점이 $s=\pm j\omega_{01}$, $s=\pm j\omega_{02}$, $\cdots$ 등 $j\omega$축상의 유한점에 있다.

$$\frac{V_2}{V_1} = K\frac{(s^2+\omega_{01}^2)(s^2+\omega_{02}^2)\cdots}{s^n+a_{n-1}s^{n-1}+\cdots+a_1s+a_0} \qquad (4.47)$$

이 전송 영점을 주어진대로 정확히 실현하기 위하여는 영점추이(Zero shifting)를 해야 할 필요가 생긴다. 이때는 구동점 함수를 합성하는 과정에서 구동점 함수의 극점을 부분적으로 제거한 다음 나머지 임피던스의 극점이나 어드미턴스의 극점이 주어진 전송영점과 일치하게 조작하여, 제자형 회로망의 직렬지로(Series arm) 임피던스의 극점이나 병렬지로(Shunt arm) 어드미턴스의 극점으로서 전송영점을 실현한다.

4.3 전달함수의 합성 : 단종단 회로망

극점의 부분제거(Partial removal)를 살펴보기 위하여 무한대와 원점에 극점을 가진 구동점 함수 $Z_{LC}(s)$를 취급해 보자.

$$Z_{LC}(s) = A_\infty s + \frac{A_0}{s} + \sum_{k=1}^{n} \frac{A_k s}{s^2 + \omega_{2k}^2} = A_\infty s + Z_1(s) \tag{4.48a}$$

$$Z_1(s) = \frac{A_0}{s} + \sum_{k=1}^{n} \frac{A_k s}{s^2 + \omega_{2k}^2} \tag{4.48b}$$

식(4.48b)에서 $Z_{LC}(s)$의 무한대에 있는 극점은 A_∞ 헨리의 인덕턴스로 제거되었기 때문에 $Z_1(s)$는 무한대에 극점을 갖지 않는다.

그런데 $0 < k_p < 1$을 써서 $Z_{LC}(s) = k_p A_\infty s + Z_1(s)$라고 하면, $Z_1(s)$는 다음식과 같이 아직도 약간의 극점을 무한대에 갖고 있다.

$$\begin{aligned} Z_1(s) &= Z_{LC}(s) - k_p A_\infty s \\ &= A_\infty s + Z_1(s) - k_p A_\infty s \\ &= (1-k_p)A_\infty s + \frac{A_0}{s} + \sum_{k=1}^{n} \frac{A_k s}{s^2 + \omega_{2k}^2} \end{aligned} \tag{4.49}$$

2 장에서 이미 정의한 바와 같이 $Z_{LC}(s)$의 리액턴스 $X(\omega)$는 그림 4.34와 같이 경사의 기울기가 (+)값을 가지며 그의 극점과 영점은 ω축상에서 교호한다.

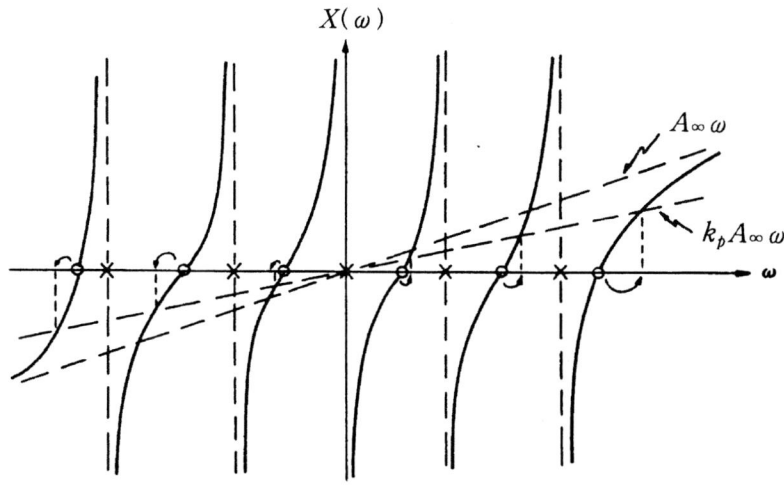

그림 4.34 무한대에 있는 극점을 부분 분리할 때의 영점추이

식(4.48)과 같이 $Z_{LC}(s)$는 무한대에 극점을 하나 갖는데 이 극점을 부분제거함으로써 어떻게 영점이 추이되는가를 살펴보기로 하자.

무한대에 있는 극점을 전량 제거하면, $X(\omega) - A_\infty \omega$가 무한대에서 영이 된다. 이는 곧 원점에서 가장 먼 영점이 원래의 위치로부터 무한대까지 추이한다는 것을 의미한다. 그런데 $k_p A_\infty \omega$는 $A_\infty \omega$보다 작아서 $X(\omega) - k_p A_\infty \omega$가 영이 되는 점은 전보다 적은 추이를 하여 생기게 된다. 그러므로 $0 < k_p < 1$ 사이에서는 k_p의 값에 따라 추이량을 조정할 수 있다.

즉, $Z_{LC}(s)$가 무한대에 가지고 있는 극점을 $Z_{LC}(s)$에서 적당한 양만큼 제거함으로써 $Z_1(s)$가 $Z_{LC}(s)$의 원래의 극점을 다 보존하되 영점만을 모두 (+) ω축상에서 우측으로 이동시켜 새로운 영점을 갖게 할 수 있다.

다음에는 원점에 있는 극점을 부분제거할 때의 추이 상황을 살펴보자.

$$Z_{LC}(s) = \frac{k_p A_0}{s} + Z_1(s) \tag{4.50}$$

$$X(\omega) = -\frac{k_p A_0}{\omega} + X_1(\omega) \tag{4.51}$$

$$X_1(\omega) = X(\omega) + \frac{k_p A_0}{\omega} \tag{4.52}$$

그림 4.35에서와 같이 $0 < k_p < 1$의 크기에 따라 $Z_{LC}(s)$의 원래의 영점이 (+) ω축에서는 좌측으로 이동하는데 k_p가 커질수록 즉, 1에 가까워질수록 추이거리가 커짐을 알 수 있다. 극점을 전량 ($k_p = 1$) 제거하면 양측에 있는 두 개의 영점 중 하나는 극점과 중화되어 없어지고 또 하나의 영점만 원점에 남게 된다.

세 번째의 추이 방법을 생각해 보자. $s = \pm j\omega_1$에 있는 극점을 부분제거하면

$$Z_{LC}(s) = \frac{k_p A_1 s}{s^2 + \omega_1^2} + Z_1(s) \tag{4.53}$$

$$X(\omega) = \frac{k_p A_1 \omega}{\omega_1^2 - \omega^2} + X_1(\omega) \tag{4.54}$$

$$X_1(\omega) = X(\omega) - \frac{k_p A_1 \omega}{\omega_1^2 - \omega^2} \tag{4.55}$$

4.3 전달함수의 합성 : 단종단 회로망

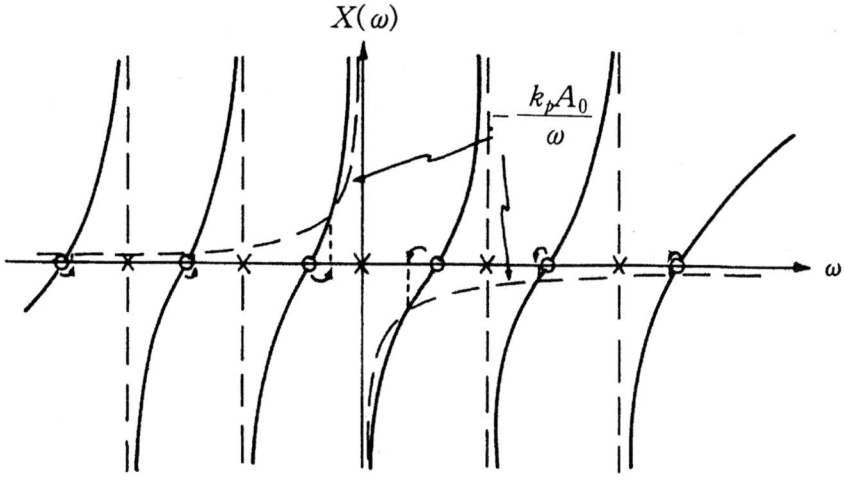

그림 4.35 원점에 있는 극점을 부분 분리할 때의 영점추이

그림 4.36에서와 같이 $s=j\omega_1$에 있는 $Z_{LC}(s)$의 극점을 적당한 양 만큼 부분제거하면, 그 양측에 있는 영점이 ω_1에 향하여 소요되는 만큼의 추이를 한다. 극점을 전량 ($k_p=1$) 제거하면 $s=j\omega_1$에 있는 극점은 먼저 오는 영점과 중화되어 없어져 버리고 가까이 온 영점이 $Z_1(s)$의 새로운 영점이 된다.

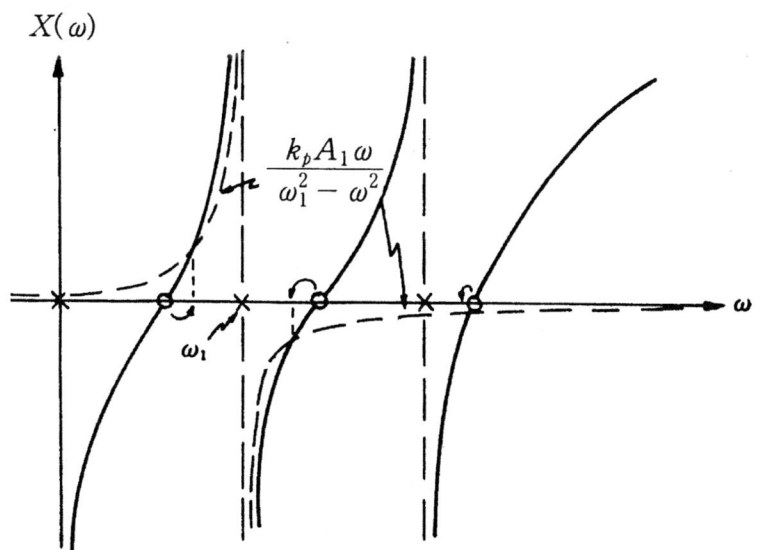

그림 4.36 $s=j\omega_1$에 있는 극점을 부분 분리할 때의 영점추이

이상을 정리하면 다음과 같다.

(1) 영점추이에는 무한대에 있는 극점, 원점에 있는 극점, 유한주파수 ω_1에 있는 극점을 부분제거하는 세가지 방법이 있다.
(2) 추이 거리는 k_p가 클수록 크다.
(3) 추이는 제거되는 극점을 향해 그에 접근하되 극점을 넘어 갈 수는 없다.
(4) 세가지 방법을 적절히 이용하면 ω축상에서 필요로 하는 점에 영점을 추이시킬 수 있다.

4.3.4 전송영점이 허축상의 유한점에 있을 때의 합성

앞 절의 방법이 전송영점을 실현하는데 어떻게 이용될 것인가를 알아보자. 전송영점이 $s = j\omega_0$에 있다고 가정하면, 위 세가지 방법중 하나를 써서 $Z_1(s)$가 $j\omega_0$에 영점을 갖게 해야 한다. 그때 $1/Z_1(s) = Y_1(s)$는 $j\omega_0$에 극점을 가지므로 그 극점을 모두 제거한다는 것은 제자형 회로의 병렬지로로써 실현한다는 의미이다. 이때 어드미턴스가 $j\omega_0$에서 무한대가 된다는 뜻이므로 ω_0인 주파수의 신호는 그 지로를 통해 흘러 버리게 되어 출력단에 나타나지 않는다. 이와 같은 과정을 $Z_{LC}(s)$ 대신 $Y_{LC}(s)$로서 시작했을 경우를 생각해 보자.

$Y_{LC}(s)$의 영점을 전송영점에 옮겨 놓는다. 그러면 $Y_1(s)$가 그 점에서 영점을 가지게 되므로 $Y_1(s)$의 역인 $Z_1(s) = 1/Y_1(s)$는 극점을 갖는다. 이 극점을 전량 제거하면 제자형 회로망의 직렬지로로 실현된다. 그때 직렬지로의 임피던스가 무한대로 된다는 것은 그 주파수에서 직렬지로가 개방된다는 것과 마찬가지여서 출력단에 그 주파수를 가진 신호가 나타나지 못한다는 것이다.

여기서 명확히 이해해야 할 점은 전송영점은 제자형 회로망의 직렬지로 임피던스의 극점이나 병렬지로 어드미턴스의 극점으로 실현된다는 점이다.

<예제 4.17> 다음 전달함수를 합성하라.
$$\frac{V_2}{V_1} = \frac{Ks(s^2 + 1)}{s^3 + 2s^2 + 2s + 1}$$

4.3 전달함수의 합성 : 단종단 회로망

풀이 : 전송영점이 $s=0$, $s=\pm j1$에 존재한다. 다음에 y_{22}와 y_{21}를 구해보자.

$$\frac{V_2}{V_1} = \frac{Ks\dfrac{s^2+1}{2s^2+1}}{1+\dfrac{s^2+2s}{2s^2+1}} = \frac{-y_{21}}{1+y_{22}}$$

$$y_{22} = \frac{s(s^2+2)}{2s^2+1}, \qquad -y_{21} = \frac{Ks(s^2+1)}{2s^2+1}$$

제자형 회로망으로 합성하는데 있어 영점추이, 극점 제거등의 절차를 밟아야 하므로, 그 과정을 그림 4.37과 같이 기록하면서 진행하는 것이 정확한 합성을 수행하는데 도움이 된다.

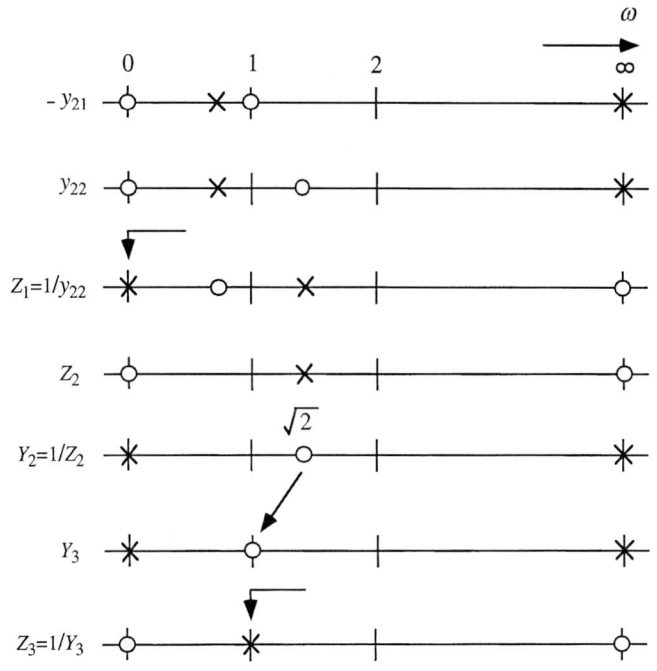

그림 4.37 영점추이와 전송영점의 실현 과정

처음 두 줄에는 $-y_{21}$과 y_{22}의 극점, 영점이 각각 기입되어 있다. y_{22}와 $-y_{21}$은 모두 원점에 영점을 가지고 있다. 그러므로 y_{22}의 역을 Z_1으로 하고, 원점에 있는 Z_1의 극점을 제거함으로써 첫 번째의 전송영점, 즉 $s=0$에 있는 영점을 실현한 것이 된다.

$$\frac{1}{y_{22}} = Z_1(s) = \frac{2s^2+1}{s(s^2+1)} = \frac{1}{2s} + Z_2$$

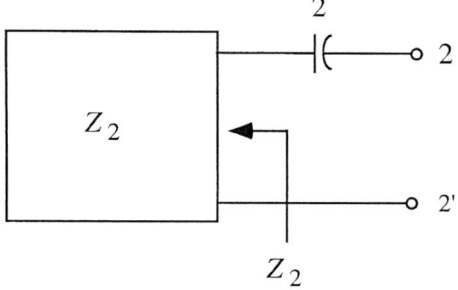

그림 4.38 $s=0$에 있는 첫 번째 영점의 실현 [단위 : F]

$$Z_2 = Z_1 - \frac{1}{2s} = \frac{\frac{3}{2}s}{s^2+2}$$

$Y_2 = 1/Z_2$는 $s=j\sqrt{2}$에 영점이 있고 원점에 극점을 가지고 있다. 이 극점을 적당한 양만큼 제거함으로써 $\omega = \sqrt{2}$에 옮길 수 있다. (화살표로 표시)

$$Y_2 = \frac{k_p A_0}{s} + Y_3$$

Y_3는 $\omega = 1$에 영점을 가져야 하므로

$$Y_3 = \left[Y_2 - \frac{k_p A_0}{s} \right] = 0$$

위 조건에서 $k_p A_0$의 값을 구한다.

$$\frac{2(-1+2)}{j3} - \frac{k_p A_0}{j1} = 0 \text{ 에서 } \quad k_p A_0 = \frac{2}{3} \text{ 이다.}$$

따라서 $Y_3 = \dfrac{2(s^2+2)}{3s} - \dfrac{2}{3s} = \dfrac{2(s^2+1)}{3s}$

최종 회로는 그림 4.39와 같은데, 이는 최종 소자가 접지되지 않고 직렬지로에 있어야 된다는 조건도 만족시켜 준다. 위의 과정은 결국 구동점 어드미턴스를 합성한 것과 동시에 전송영점도 실현되었으므로 예제에서 주어진 전달함수를 합성한 것이 된다.

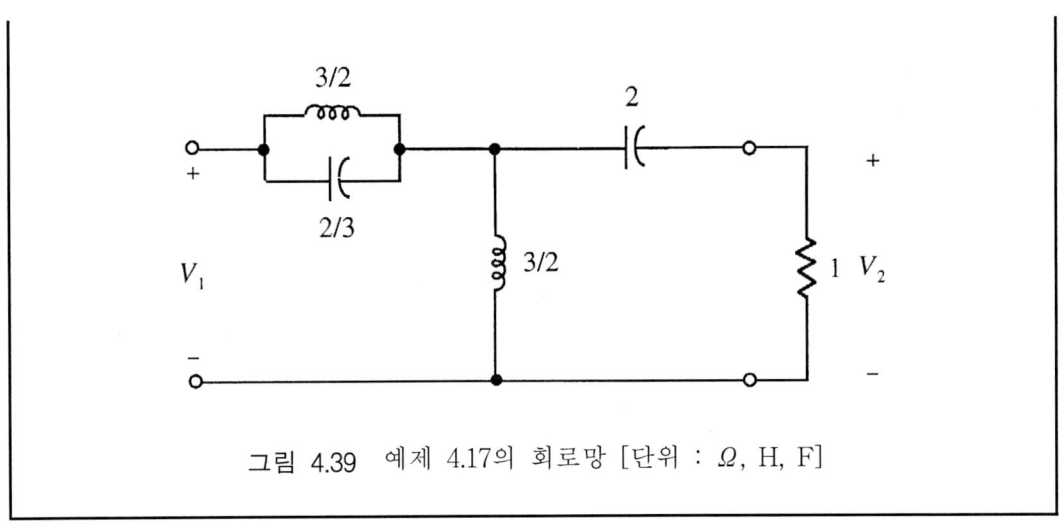

그림 4.39 예제 4.17의 회로망 [단위 : Ω, H, F]

4.4 격자형 회로망

3장에서 살펴보았던 전역통과 함수는 모든 주파수가 감쇠되지 않고 전부 통과하며, 위상만이 주파수의 함수로 나타난다. 전역통과 함수는 식(4.56)과 같고, $M_2(s)$와 $N_2(s)$는 각각 분모 다항식의 우수부와 기수부이다.

$$\frac{V_2}{V_1} = H(s) = \frac{A(-s)}{A(s)} = \frac{M_2(s) - N_2(s)}{M_2(s) + N_2(s)} \tag{4.56}$$

격자형 회로망은 전역통과 함수와 같은 비최소 위상(Nonminimum phase) 함수를 실현할 때 이용된다.

4.4.1 대칭 격자형 회로망

전역통과 함수의 영점은 극점과 대칭되는 우반면에 존재하는 비최소 위상 함수이다. 이러한 함수는 제자형 회로망으로는 실현할 수 없다. 왜냐하면 제자형 회로망의 직렬지로의 임피던스나 병렬지로의 어드미턴스가 우반면에 극점을 가질 수 없어서 우반면에 있는 전송영점을 실현할 수 없기 때문이다.

그런데 격자형 회로망은 그림 4.40과 같이 교차지로(Cross arms)를 갖기 때문에 입력단과 출력단을 이어주는 통로(Path)가 2개 있어서 우반면에 있는 전송영점도 실현할 수 있다. 그림 (b)는 점선을 써서 그림 (a)를 간략하게 표시할 때 사용된다.

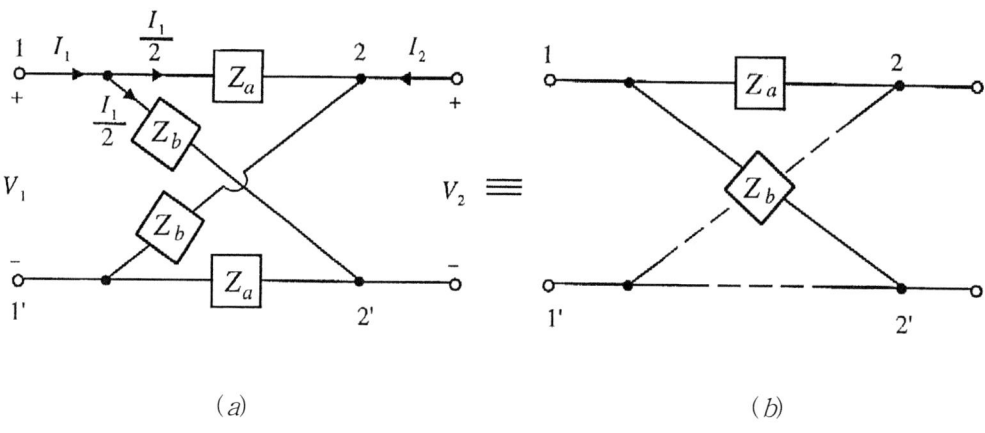

그림 4.40 (a) 대칭 격자형 회로망, (b) 약도

먼저 개방회로 임피던스 파라미터를 구하기 위하여 $I_2 = 0$으로 하고 V_1과 V_2를 구하면

$$V_1 = \frac{1}{2} Z_a I_1 + \frac{1}{2} Z_b I_1 \tag{4.57a}$$

$$V_2 = -\frac{1}{2} Z_a I_1 + \frac{1}{2} Z_b I_1 \tag{4.57b}$$

따라서 개방회로 임피던스 파라미터중에서 z_{11}과 z_{21}을 구하면 다음과 같다.

$$z_{11} = \left.\frac{V_1}{I_1}\right|_{I_2=0} = \frac{1}{2}(Z_a + Z_b) \tag{4.58a}$$

$$z_{21} = \left.\frac{V_2}{I_1}\right|_{I_2=0} = \frac{1}{2}(Z_b - Z_a) \tag{4.58b}$$

이와 같은 방법으로 개방회로 임피던스 파라미터와 단락회로 어드미턴스 파라미터를 구하여 정리하면

$$\begin{aligned} z_{11} &= z_{22} = \frac{1}{2}(Z_b + Z_a) \\ z_{12} &= z_{21} = \frac{1}{2}(Z_b - Z_a) \\ y_{11} &= y_{22} = \frac{1}{2}(Y_b + Y_a) \\ y_{12} &= y_{21} = \frac{1}{2}(Y_b - Y_a) \end{aligned} \tag{4.59}$$

식(4.59)에서 $Y_a = 1/Z_a$, $Y_b = 1/Z_b$ 이므로, 식(4.59)로 부터 Y_a, Z_a, Y_b, Z_b를 구하면

$$\begin{aligned} Z_a &= z_{11} - z_{12} = z_{22} - z_{21} \\ Z_b &= z_{11} + z_{12} = z_{22} + z_{21} \\ Y_a &= y_{11} - y_{12} = y_{22} - y_{21} \\ Y_b &= y_{11} + y_{12} = y_{22} + y_{21} \end{aligned} \tag{4.60}$$

식(4.60)에는 (−)부호도 있는데 이는 곧 우반면에 있는 전송영점을 실현할 수 있다는 가능성을 제시하는 것이다.

우반면에 전송영점을 갖는 비최소 위상 함수인 식(4.61a)를 격자형 회로망으로 실현해 보자.

$$\frac{V_2}{V_1} = \frac{Ks(s^2-4)}{s^3+2s^2+2s+1} \tag{4.61a}$$

또는

$$\frac{V_2}{V_1} = \frac{\dfrac{Ks(s^2-4)}{2s^2+1}}{1+\dfrac{s^3+2s}{2s^2+1}} \tag{4.61b}$$

식(4.61b)로 부터 y_{22}와 y_{21}을 구하면

$$y_{22} = \frac{s(s^2+2)}{2s^2+1}, \quad -y_{21} = \frac{Ks(s^2-4)}{2s^2+1} \tag{4.62}$$

식(4.62)를 부분전개하면

$$y_{22} = \frac{s}{2} + \frac{\frac{3}{2}s}{2s^2+1}, \quad -y_{21} = \frac{Ks}{2} - \frac{\frac{9K}{2}s}{2s^2+1} \tag{4.63}$$

식(4.60)을 이용하여

$$Y_a = y_{22} - y_{21} = \frac{(1+K)s}{2} + \frac{3(1-3K)s}{2(2s^2+1)} \tag{4.64a}$$

$$Y_b = y_{22} + y_{21} = \frac{(1-K)s}{2} + \frac{3(1+3K)s}{2(2s^2+1)} \tag{4.64b}$$

Y_a와 Y_b는 $0 < 3K \leq 1$ 범위내에서 모두 구동점 어드미턴스 함수가 된다. $K = 1/3$을 취하면 Y_a의 실현하는데 있어 두 개의 소자를 절약하게 된다.

$$Y_a = \frac{2}{3}s, \quad Y_b = \frac{s}{3} + \frac{1}{\frac{2}{3}s + \frac{1}{3s}} \tag{4.65}$$

그림 4.41의 격자형 회로망에 구동점 어드미턴스 Y_a와 Y_b를 각각 연결하고, 출력 단자 쌍 2-2'에 1 Ω의 저항을 달아주면 식(4.61a)의 전달함수를 $K = 1/3$로서 합성한 것이 된다.

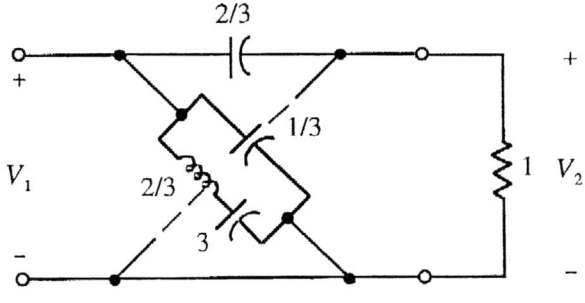

그림 4.41 비최소 위상 함수를 합성한 예

이와 같이 제자형 회로망으로는 실현할 수 없는 비최소 위상 함수를 격자형 회로망으로는 합성이 가능하지만, Z_a와 Z_b가 각각 2개여서 소자수가 많아지고 또한 교차지로가 있어 출력단과 입력단이 공동접지(Common ground)되어 있지 않는다.

4.4.2 정저항 격자형 회로망

2단자쌍 회로망 N의 출력단자 2-2'를 저항 $R\Omega$으로 종단시키고, 입력단 1-1'에서 측정한 임피던스가 또한 $R\Omega$일 때 2단자쌍 회로망을 정저항 회로망이라 한다. 그림 4.42에서 출력단 저항 $R = 1\Omega$으로 규준화하고 개방회로 임피던스 파라미터를 구하면

$$\begin{aligned} z_{11}I_1 + z_{12}I_2 &= V_1 \\ z_{21}I_1 + z_{22}I_2 &= -I_2 \end{aligned} \tag{4.66}$$

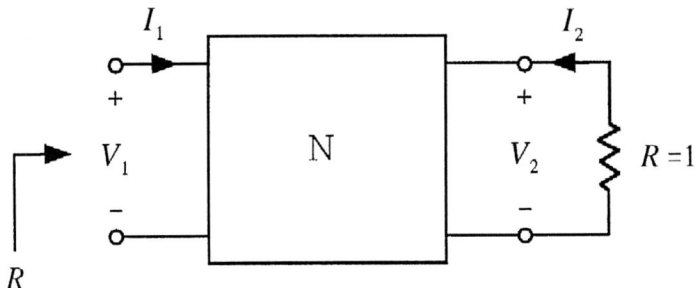

그림 4.42 정저항 회로망

식(4.66)으로 부터 입력 임피던스 Z_1을 구하면 다음과 같다.

$$I_1 = \frac{(1+z_{22})V_1}{z_{11}+z_{11}z_{22}-z_{12}z_{21}} \tag{4.67a}$$

$$\frac{V_1}{I_1} = Z_1 = \frac{z_{11}+z_{11}z_{22}-z_{12}z_{21}}{(1+z_{22})} \tag{4.67b}$$

따라서 그림 4.42와 같이 출력단 저항 R을 1 Ω으로 규준화하고 입력단에서 측정한 임피던스를 개방회로 임피던스 파라미터로 표현하면 다음과 같다.

$$\frac{z_{11}+\Delta_z}{1+z_{22}} = 1 \tag{4.68}$$

여기서 $\Delta_z = z_{11}z_{22} - z_{12}z_{21}$ 이다. 이때 2단자쌍 N이 대칭 격자형 회로망일 때는 다음과 같은 관계가 성립한다.

$$\Delta_z = \left[\frac{1}{2}(Z_b+Z_a)\right]^2 - \left[\frac{1}{2}(Z_b-Z_a)\right]^2 = Z_aZ_b \tag{4.69}$$

그리고 $z_{11} = z_{22}$ 이므로 식(4.68)이 성립되려면 $\Delta_z = 1$, 즉 식(4.70)이 성립되어야 한다.

$$Z_aZ_b = 1 \tag{4.70}$$

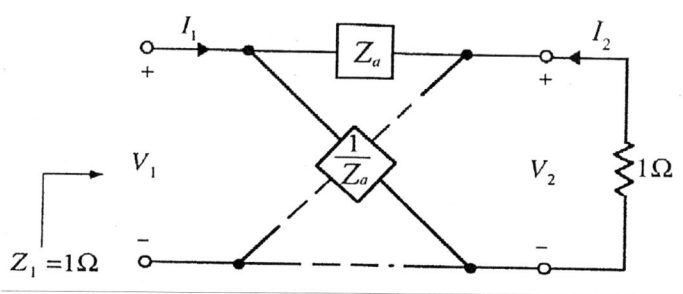

그림 4.43 정저항 격자형 회로망

그림 4.43의 정저항 격자형 회로망의 출력단에 1Ω의 저항을 연결하고 전압 전달함수를 구해보면 다음과 같다.

$$\frac{V_2}{V_1} = \frac{-y_{21}}{1+y_{22}} = \frac{-\frac{1}{2}(Y_b - Y_a)}{1+\frac{1}{2}(Y_b + Y_a)} = \frac{Z_b - Z_a}{2Z_aZ_b + Z_a + Z_b} \tag{4.71}$$

식(4.70)을 이용하여 Z_b를 소거하면

$$\frac{V_2}{V_1} = \frac{1 - Z_a^2}{2Z_a + Z_a^2 + 1} = \frac{1 - Z_a^2}{(1+Z_a)^2} \tag{4.72}$$

전압 전달함수를 $H(s)$로 표시하고 식(4.72)를 간략히 쓰면 다음과 같다.

$$H(s) = \frac{V_2(s)}{V_1(s)} = \frac{1 - Z_a(s)}{1 + Z_a(s)} \tag{4.73}$$

그리고 식(4.70)에서 $Z_b(s) = 1/Z_a(s)$이다.

지금까지의 과정을 종합하면 새로운 합성법을 유도할 수 있다. 즉, 전달함수 $H(s)$가 주어질 때 대칭 격자형 회로망의 구동점 임피던스는 식(4.74)로 구할 수 있다.

$$Z_a = \frac{1 - H(s)}{1 + H(s)} \tag{4.74a}$$

$$Z_b = 1/Z_a \tag{4.74b}$$

4.4 격자형 회로망

따라서 대칭 격자형 회로망의 실현절차는 먼저 식(4.74)로 구한 소자들을 실현한 후 마지막으로 출력단에 $1\,\Omega$의 저항을 연결한다. 이때 정저항 격자형 회로망은 **그림 4.43**과 같이 $R=1$이므로 $I_1 = V_1$, $I_2 = -V_2$이다.

그러므로 식(4.75)가 성립하고, 이로 인하여 정저항 격자형 회로망은 다양한 기능을 갖는다. 즉, 여러 가지 전달함수도 동일한 회로망으로 합성할 수 있다는 의미이다.

$$\frac{V_2}{V_1} = \frac{V_2}{I_1} = \frac{-I_2}{V_1} = \frac{-I_2}{I_1} \tag{4.75}$$

또한 단자 1-1'에서 본 임피던스가 역시 $1\,\Omega$이므로 이를 부하로 간주하고 그 앞에 또 다른 정저항 격자형 회로망을 연결할 수 있다. 이 과정은 몇번이고 필요에 따라서 반복할 수 있다.

정저항 격자형 회로망은 3장에서 취급한 전역통과 함수를 합성하는데 매우 적합하다. 전역통과 함수는 다음과 같이 표현할 수 있다.

$$\frac{V_2(s)}{V_1(s)} = \frac{A(-s)}{A(s)} = \frac{M(s) - N(s)}{M(s) + N(s)} \tag{4.76}$$

분자와 분모를 $M(s)$로 나누어 주면 다음과 같다.

$$\frac{V_2(s)}{V_1(s)} = \frac{1 - \dfrac{N(s)}{M(s)}}{1 + \dfrac{N(s)}{M(s)}} \tag{4.77}$$

식(4.77)은 식(4.73)과 형태가 일치하므로 $N(s)/M(s)$는 Z_a이다.
그리고 $M(s) + N(s)$가 허위쓰 다항식이어서 Z_a와 $Z_b(s) = 1/Z_a(s)$는 각각 실현이 가능한 LC 구동점 임피던스이다.

$$Z_a = \frac{N(s)}{M(s)} \tag{4.78a}$$

$$Z_b = \frac{M(s)}{N(s)} \tag{4.78b}$$

여기서 전역통과 함수를 $K=1$로 정규화하고 정저항 격자형 회로망으로 실현해 보자.

1차 전역통과 함수 : $\dfrac{V_2}{V_1} = \dfrac{a-s}{a+s} = \dfrac{1-s/a}{1+s/a}$ (4.79a)

2차 전역통과 함수 : $\dfrac{V_2}{V_1} = \dfrac{s^2-as+b}{s^2+as+b} = \dfrac{1-\dfrac{as}{s^2+b}}{1+\dfrac{as}{s^2+b}}$ (4.79b)

식(4.78)과 식(4.79)를 대조하여 다음과 같은 결과를 얻는다.

1차 전역통과 함수 : $Z_a = s/a, \qquad Z_b = a/s$ (4.80a)

2차 전역통과 함수 : $Z_a = \dfrac{as}{s^2+b}, \qquad Z_b = \dfrac{s^2+b}{as}$ (4.80b)

식(4.80)을 그림 4.43에 대입하여 그림 4.44와 같은 전역통과 회로망을 얻는다.

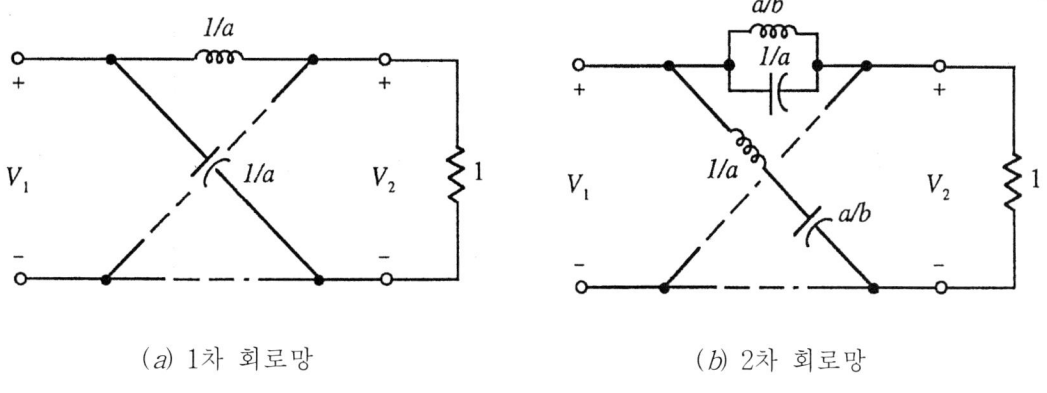

(a) 1차 회로망   (b) 2차 회로망

그림 4.44 전역통과 회로망

이상의 결과에서 정저항 격자형 회로망은 입력 임피던스가 항상 1 Ω이라는 아주 특수한 성질 때문에 종속연결할 때 매우 유용하게 쓰인다.

앞에서 언급한 바와 같이 정저항 격자형 회로망은 어떤 회로망의 1 Ω 부하 대신에 종속연결 시켜 줄 때 앞선 회로망의 작용에 아무런 변화를 일으키지 않는다. 즉 부하 효과(Loading effect)를 초래하지 않는다. 그리고 전체 회로망의 크기 특성은 앞선 회로망의 크기 특성과 같고, 다만 위상만 달라진다.

<예제 4.18> 다음 3차 전역통과 함수를 합성하라.

$$\frac{V_2}{V_1} = \frac{(1-s)(s^2-2s+2)}{(1+s)(s^2+2s+2)}$$

풀이 : 주어진 함수는 다음과 같이 2개의 함수가 곱해진 것이다.

$$\frac{V_2}{V_1} = H_1(s) \cdot H_2(s)$$

$$H_1(s) = \frac{1-s}{1+s} \qquad\qquad Z_a = s, \quad Z_b = 1/s$$

$$H_2(s) = \frac{s^2-2s+2}{s^2+2s+2} = \frac{1 - \dfrac{2s}{s^2+2}}{1 + \dfrac{2s}{s^2+2}} \qquad Z_a = \frac{2s}{s^2+2}, \quad Z_b = \frac{s^2+2}{2s}$$

위 구동점 함수를 합성하면 그림 4.45와 같다.

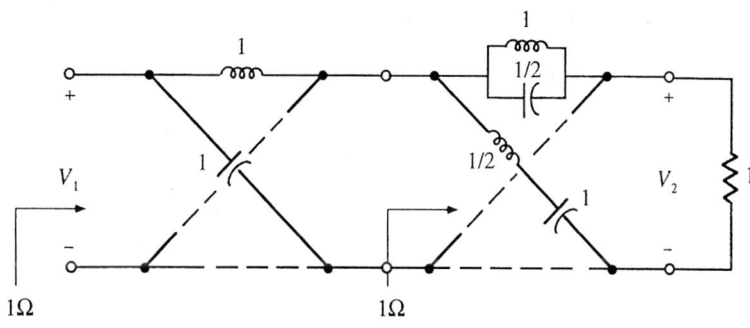

그림 5.45 예제 4.18의 회로망 [단위 : Ω, H, F]

4.5 전달함수의 합성 : 복종단 회로망

지금까지 다루어 온 것은 단종단 회로망, 즉 LC 2단자쌍 회로망이 $1\,\Omega$의 부하로 종단된 회로망의 실현법이었다.

이 절에서는 그림 4.46과 같이 LC 2단자쌍 회로망이 입력측에 $R_1\,\Omega$으로, 그리고 출력단에 $R_2\,\Omega$으로 종단된 복종단 회로망의 실현법을 알아보기로 하자. 특히 활용도가 높은 LC 2단자쌍 제자형 회로망으로 합성한다.

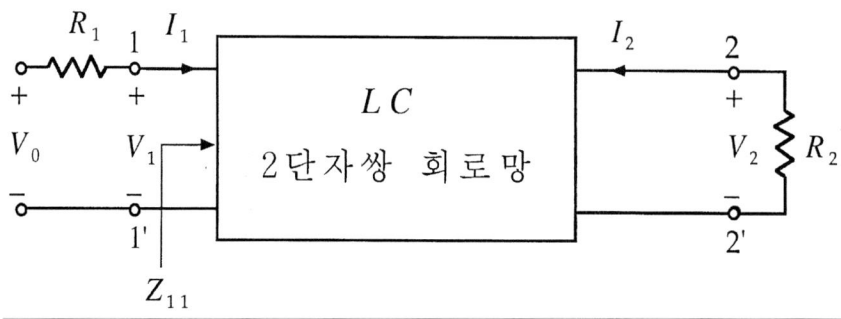

그림 4.46 복종단 회로망

4.5.1 복종단 제자형 회로망의 성질과 전달함수

복종단 제자형 회로망은 그림 4.46과 같이 단자 1'와 단자 2'가 단락되어 있다. 즉 입력측과 출력측이 공통 접지점을 갖는다. 일반적으로 복종단 회로망을 이용하면 어떠한 조건하에서는 통과역 내에서의 전력전송이 잘되고 또한 소자값 변동에 대한 크기 또는 감쇠의 감도가 낮다. 이러한 이점 때문에 수동 필터를 합성할 때 복종단 제자형 회로망을 많이 이용하며 능동 RC 필터, 스윗치드 커패시터 필터, 디지탈 필터, 마이크로파 필터를 설계할 때도 복종단 제자형을 사용하거나 모의(Simulation)하는 경우가 많다.

그림 4.55의 회로망의 전달함수를 LC 2단자쌍 회로망의 개방회로 임피던스 파라미터 또는 단락회로 어드미턴스 파라미터로서 표현하면 각각 다음과 같다.

$$\frac{V_2}{V_0} = \frac{z_{21} R_2}{(R_1 + z_{11})(R_2 + z_{22}) - z_{21} z_{12}} \quad (4.81 a)$$

$$\frac{V_2}{V_0} = \frac{-y_{21} R_2 \Delta_y}{(y_{11} + R_2 \Delta_y)(y_{22} + R_1 \Delta_y) - y_{12} y_{21}} \quad (4.81 b)$$

위 식에서 $\Delta_y = y_{11} y_{22} - y_{12} y_{21}$ 이다. 복종단 제자형 회로망은 입력단에 저항 R_1이 추가되면서 전달함수가 식(4.81)과 같이 복잡해진다. 식(4.81 b)에서 $R_1 = 0$, $R_2 = 1\,\Omega$으로 해주면 전달함수가 y_{22}와 y_{21}만을 포함하여 식(4.28)과 같이 간단해진다.

식(4.81)에서 복종단 회로망의 합성은 단종단 회로망 합성에 사용한 2단자쌍 파라미터를 이용할 수 없기 때문에 새로운 방법으로 합성해야 한다.

4.5.2 복종단 제자형 회로망의 합성 : 전극점 함수

그림 4.46에서 V_2는 출력 전압이고 V_0은 전원 전압이다. 그들 사이의 전달함수를 $H(s)$로 표시하자.

$$H(s) = \frac{V_2(s)}{V_0(s)} \tag{4.82}$$

부하 R_2에 전달되는 전력(Power) P_L은

$$P_L = I_2^2 R_2 = \left| \frac{V_2(j\omega)}{R_2} \right|^2 R_2 = \frac{|V_2(j\omega)|^2}{R_2} \tag{4.83}$$

한편 전압원 V_0이 부하 R_2에 전달할 수 있는 전력 P_A는 LC 2단자쌍 회로망이 포함되어 있지 않다고 가정할 때, 즉 단자 1이 단자 2에 직접연결될 때 R_2에 전달되는 전력과 같다.

$$P_A = \left| \frac{V_0(j\omega)}{R_1 + R_2} \right|^2 R_2 = \frac{|V_0(j\omega)|^2}{(R_1 + R_2)^2} R_2 \tag{4.84}$$

여기서 $R_2 = R_1$일 때 정합(Matching)이 되어 부하 R_2에 전달되는 전력이 최대로 되는데 이때의 전력을 P_A로 표시하자.

$$P_A = \frac{|V_0(j\omega)|^2}{4 R_1} \tag{4.85}$$

다음에는 전송계수(Transmission coefficient) $t(s)$를 다음과 같은 관계식으로 정의하자. P_L는 LC 2단자쌍 회로망이 삽입되어 있는 상태에서 부하에 전송되는 전력이다.

$$|t(j\omega)|^2 = \frac{P_L}{P_A} \tag{4.86}$$

식(4.83)과 식(4.85)를 위 식에 대입하고 식(4.82)를 이용하면 다음과 같은 관계식을 얻는다.

$$|t(j\omega)|^2 = \frac{4 R_1}{R_2} \frac{|V_2(j\omega)|^2}{|V_0(j\omega)|^2} = \frac{4 R_1}{R_2} |H(j\omega)|^2 \tag{4.87}$$

다음에는 반사계수(Reflection coefficient) $\rho(s)$를 다음과 같은 관계식으로 정의하자.

$$|\rho(j\omega)|^2 = 1 - |t(j\omega)|^2 \tag{4.88}$$

식(4.86)과 식(4.88)에서 다음 관계식을 구할 수 있다.

$$|t(j\omega)|^2 \leq 1 \tag{4.89a}$$

$$|\rho(j\omega)|^2 \leq 1 \tag{4.89b}$$

그림 4.46의 회로망에서 Z_{11}은 LC 2단자쌍 회로망이 R_2로 종단되어 있을 때의 입력단자 1-1'사이의 구동점 임피던스이다. 이 구동점 임피던스를 구하고 R_2로 종단되도록 합성한 다음 입력단에 R_1을 연결해 주면 된다. 그런데 이 방법을 사용하기 위해서는 $Z_{11}(s)$가 주어진 전달함수로부터 파생한 $t(s)$나 $\rho(s)$로 부터 유도되어야 한다.

우선 구동점 임피던스 $Z_{11}(s)$를 $j\omega$축상에서 생각해 보자.

$$Z_{11}(j\omega) = R_{11} + jX_{11} \tag{4.90}$$

그림 4.46의 LC 2단자쌍 회로망 내에서는 원칙적으로 전력 손실이 있을 수 없으므로 입력 단자 1-1'에서 측정한 전력은 부하 R_2에서 소모되는 전력과 같다.

$$R_{11}|I_1(j\omega)|^2 = \frac{|V_2(j\omega)|^2}{R_2} \tag{4.91}$$

그런데 입력단에 흘러가는 전류는 식(4.92)로서 표시되므로 이 식을 식(4.91)에 대입하여 식(4.93)과 같은 방정식을 얻게 된다.

$$I_1(s) = \frac{V_0(s)}{R_1 + Z_{11}(s)} \tag{4.92}$$

$$\frac{R_{11}|V_0(j\omega)|^2}{|R_1 + Z_{11}(j\omega)|^2} = \frac{|V_2(j\omega)|^2}{R_2} \tag{4.93}$$

위 식에서 전달함수의 크기 자승 즉 $|H(j\omega)|^2$에 관해 풀어보면 구동점 임피던스의 크기 자승과 R_1 및 R_2의 함수로 나타난다.

$$|H(j\omega)|^2 = \frac{|V_2(j\omega)|^2}{|V_0(j\omega)|^2} = \frac{R_2 R_{11}}{|R_1 + Z_{11}(j\omega)|^2} \tag{4.94}$$

4.5 전달함수의 합성 : 복종단 회로망

여기서 식(4.94)를 식(4.87)에 대입해 보자.

$$|t(j\omega)|^2 = \frac{4R_1 R_{11}}{|R_1 + Z_{11}(j\omega)|^2} \tag{4.95}$$

식(4.95)를 식(4.88)에 대입하면 다음과 같이 전개할 수 있다.

$$|\rho(j\omega)|^2 = 1 - \frac{4R_1 R_{11}}{|R_1 + Z_{11}(j\omega)|^2}$$

$$= \frac{|R_1 + Z_{11}(j\omega)|^2 - 4R_1 R_{11}}{|R_1 + Z_{11}(j\omega)|^2}$$

$$= \frac{(R_1 + R_{11})^2 + X_{11}^2 - 4R_1 R_{11}}{|R_1 + Z_{11}(j\omega)|^2}$$

$$= \frac{R_1^2 - 2R_1 R_{11} + R_{11}^2 + X_{11}^2}{|R_1 + Z_{11}(j\omega)|^2}$$

$$= \frac{(R_1 - R_{11})^2 + X_{11}^2}{|R_1 + Z_{11}(j\omega)|^2} \tag{4.96}$$

그러므로 $|\rho(j\omega)|^2 = \dfrac{|R_1 - Z_{11}(j\omega)|^2}{|R_1 + Z_{11}(j\omega)|^2}$ \hfill (4.97)

그런데 $|\rho(j\omega)|^2 = \rho(s)\rho(-s)|_{s=j\omega}$ 이므로

$$\rho(s) = \pm \frac{R_1 - Z_{11}(s)}{R_1 + Z_{11}(s)} \tag{4.98}$$

식(4.98)로부터 구동점 함수 $Z_{11}(s)$를 전달함수의 정보를 내포한 $\rho(s)$와 입력단의 저항 R_1의 함수로써 구할 수 있다.

$$Z_{11}(s) = R_1 \frac{1 - \rho(s)}{1 + \rho(s)} \tag{4.99a}$$

또는

$$Z_{11}(s) = R_1 \frac{1 + \rho(s)}{1 - \rho(s)} \tag{4.99b}$$

식(4.99)는 전달함수 $H(s)$가 주어질 때 그로부터 $\rho(s)$를 유도해내고 식(4.99)에 의하여 $Z_{11}(s)$를 얻은 후 구동점 함수로서 실현하고 그 입력단에 저항 $R_1\,\Omega$을 직렬로 연결해줌으로서 결과적으로 주어진 전달함수 $H(s)$를 합성할 수 있다.

식(4.99)는 2개의 방정식으로 되어 있는데 그중 합성할 때에 마지막 소자가 $R_2\,\Omega$으로 되는 것을 선택해야 한다.

이상에서 전개한 실현법을 요약하여 정리하면 다음과 같다.

〈 복종단 제자형 회로망 실현 절차 〉

(1) 전달함수 $H(s)$로부터 전송계수 $|t(j\omega)|^2$을 구한다.

$$|t(j\omega)|^2 = \frac{4R_1}{R_2}|H(j\omega)|^2$$

(2) 다음에는 $|\rho(j\omega)|^2$을 구하고 그로부터 반사계수 $\rho(s)$를 찾는다.

$$|\rho(j\omega)|^2 = 1 - |t(j\omega)|^2$$

$$\rho(s)\rho(-s) = |\rho(j\omega)|^2\Big|_{\omega^2=-s^2}$$

(3) 구동점 함수 $Z_{11}(s)$를 $\rho(s)$와 R_1의 함수로 구한다.

$$Z_{11}(s) = R_1\frac{1-\rho(s)}{1+\rho(s)}$$

또는 $\quad Z_{11}(s) = R_1\dfrac{1+\rho(s)}{1-\rho(s)}$

(4) $Z_{11}(s)$를 연분수 전개하여 합성하되 $R_2\,\Omega$으로 종단되는 회로망을 택한다. $R_1 = R_2$일 때는 2개의 회로망이 존재한다.

(5) 마지막으로 합성된 회로망의 입력단에 저항 $R_1\,\Omega$을 직렬로 연결한다.

<예제 4.19> 다음 전달함수를 복종단 제자형 회로망으로 합성하라. 종단 저항은 $R_1 = R_2 = 1\,\Omega$이다.

$$\frac{V_2}{V_0} = H(s) = \frac{K}{s^3 + 2s^2 + 2s + 1}$$

4.5 전달함수의 합성 : 복종단 회로망

풀이 : 실현절차에 의하여

1) $|t(j\omega)|^2 = \dfrac{4R_1}{R_2}|H(j\omega)|^2 = \dfrac{4K^2}{1+\omega^6}$

주어진 $H(s)$는 전송영점을 모두 $s=\infty$에 가지므로 LC 2단자쌍 회로망은 제 1 카우어형이다.

그리고 $H(0) = \dfrac{K}{1} = \dfrac{R_2}{R_1+R_2} = \dfrac{1}{2}$ 이므로 $K = \dfrac{1}{2}$ 이다.

$|t(j\omega)|^2 = \dfrac{1}{1+\omega^6}$

2) $|\rho(j\omega)|^2 = 1 - |t(j\omega)|^2 = 1 - \dfrac{1}{1+\omega^6} = \dfrac{\omega^6}{1+\omega^6}$

$\rho(s)\rho(-s) = |\rho(j\omega)|^2 \big|_{\omega^2=-s^2} = \dfrac{\omega^6}{1+\omega^6}\bigg|_{\omega^2=-s^2} = \dfrac{-s^6}{1-s^6}$

$= \dfrac{s^3}{s^3+2s^2+2s+1} \cdot \dfrac{-s^3}{-s^3+2s^2-2s+1}$

여기서 $\rho(s)$를 판정한다.

$\rho(s) = \dfrac{s^3}{s^3+2s^2+2s+1}$

3) $Z_{11}(s) = R_1 \dfrac{1-\rho(s)}{1+\rho(s)} = \dfrac{1-\dfrac{s^3}{s^3+2s^2+2s+1}}{1+\dfrac{s^3}{s^3+2s^2+2s+1}}$

$= \dfrac{2s^2+2s+1}{2s^3+2s^2+2s+1}$ \hfill (4.100a)

또는 $Z_{11}(s) = R_1 \dfrac{1+\rho(s)}{1-\rho(s)} = \dfrac{2s^3+2s^2+2s+1}{2s^2+2s+1}$ \hfill (4.100b)

4) $Z_{11}(s)$를 제 1 카우어형으로 합성하기 위하여 연분수 전개하여 소자값을 구한다.

5) 식(4.100b)에 따르면 그림 4.47(a)를 얻고 식(4.100a)를 취하면 그림 4.47(b)를 얻게 된다. 이 예제에서는 $R_1 = R_2$이기 때문에 2개의 회로망이 존재한다. $Z_{11}(s)$에 해당하는 회로 부분은 서로 쌍대성(Duality)을 갖는다. 마지막으로 $R_1 = 1\ \Omega$을 입력단에 직렬로 연결한다.

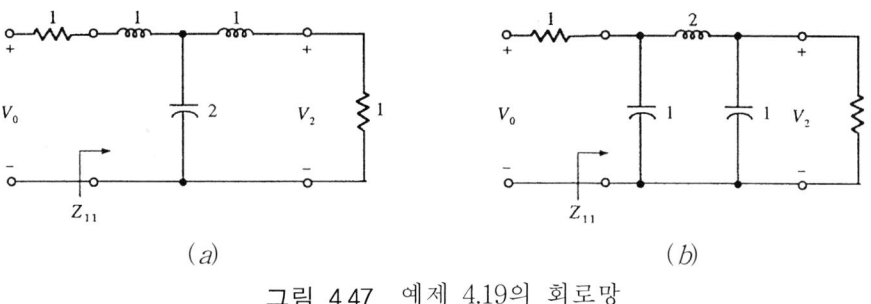

그림 4.47 예제 4.19의 회로망

<예제 4.20> 다음 전달함수를 복종단 제자형 회로망으로 합성하라. 이번에는 R_1과 R_2의 값을 서로 다르게 한다.

$$\frac{V_2}{V_0} = \frac{K}{s^3 + 2s^2 + 2s + 1}$$

(a) $R_1 = 1\ \Omega,\quad R_2 = 2\ \Omega$ \qquad (b) $R_1 = 2\ \Omega,\quad R_2 = 1\ \Omega$

풀이 : (a)

1) 전송영점이 모두 $s = \infty$에 있으므로 LC 2단자쌍 회로망은 제 1 카우어형이어야 한다. 따라서

$$H(0) = \frac{K}{1} = \frac{R_2}{R_1 + R_2} = \frac{2}{3} \quad \therefore K = \frac{2}{3}$$

$$|t(j\omega)|^2 = \frac{4R_1}{R_2}|H(j\omega)|^2 = \frac{8/9}{1 + \omega^6}$$

2) $|\rho(j\omega)|^2 = \dfrac{1/9 + \omega^6}{1 + \omega^6}$

$$\rho(s)\rho(-s) = \frac{1/9 - s^6}{1 - s^6} = \frac{(s^3 + 1/3)(-s^3 + 1/3)}{(s^3 + 2s^2 + 2s + 1)(-s^3 + 2s^2 - 2s + 1)}$$

여기서 $\rho(s) = \dfrac{s^3 + 1/3}{s^3 + 2s^2 + 2s + 1}$

3) $Z_{11}(s) = R_1 \dfrac{1-\rho(s)}{1+\rho(s)} = \dfrac{2s^2 + 2s + 2/3}{2s^3 + 2s^2 + 2s + 4/3}$ (4.101a)

또는 $Z_{11}(s) = \dfrac{2s^3 + 2s^2 + 2s + 4/3}{2s^2 + 2s + 2/3}$ (4.101b)

4) $Z_{11}(s)$를 제 1 카우어형으로 합성하기 위하여 연분수 전개하여 소자값을 구한다. 여기서 $R_2 = 2\,\Omega$이 되기 위해서는 식(4.101b)의 $Z_{11}(s)$를 사용해야 한다.

5) 입력단에 $R_1 = 1\,\Omega$을 연결하면 그림 4.48(a)와 같다.

(b)

1) $H(0) = \dfrac{K}{1} = \dfrac{R_2}{R_1 + R_2} = \dfrac{1}{3} \quad \therefore K = \dfrac{1}{3}$

$|t(j\omega)|^2 = \dfrac{4R_1}{R_2}|H(j\omega)|^2 = \dfrac{8/9}{1+\omega^6}$

2) $|\rho(j\omega)|^2 = \dfrac{1/9 + \omega^6}{1+\omega^6} \qquad \rho(s)\rho(-s) = \dfrac{1/9 - s^6}{1 - s^6}$

여기서 $\rho(s) = \dfrac{s^3 + 1/3}{s^3 + 2s^2 + 2s + 1}$

3) $Z_{11}(s) = R_1 \dfrac{1-\rho(s)}{1+\rho(s)} = \dfrac{4s^2 + 4s + 4/3}{2s^3 + 2s^2 + 2s + 4/3}$ (4.102a)

또는 $Z_{11}(s) = R_1 \dfrac{1+\rho(s)}{1-\rho(s)} = \dfrac{4s^3 + 4s^2 + 4s + 8/3}{2s^2 + 2s + 2/3}$ (4.102b)

4) 출력단이 $1\,\Omega$으로 되기 위해 식(4.102a)의 $Z_{11}(s)$를 사용하여 연분수 전개한다.

5) 입력단에 $R_2 = 2\,\Omega$을 연결하면 그림 4.48(b)와 같다.

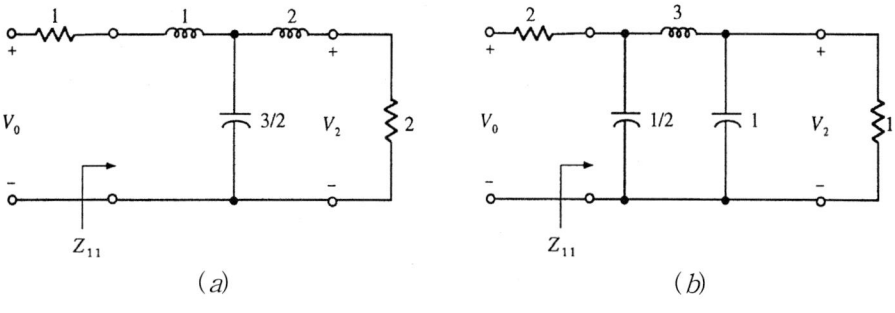

그림 4.48 예제 4.20의 회로망 [단위 : Ω, H, F]

예제 4.19와 4.20을 통하여 합성한 복종단 제자형 회로망을 관찰하면 $R_1 = R_2$일 때는 2개의 회로망이 존재한다. 첫번째 회로망에서는 $Z_{11}(\infty) = \infty$이고, 두번째 회로망에서는 $Z_{11}(\infty) = 0$이다. 그리고, $R_1 < R_2$일 때는 회로망이 한개 있으며 $Z_{11}(\infty) = \infty$ 이다. $R_1 > R_2$일 때도 회로망이 한개 있으며 $Z_{11}(\infty) = 0$이다.

4.5.3 복종단 제자형 회로망의 합성 : 유리함수

그림 4.46의 2단자쌍 회로망에서 유리함수의 전압 전달함수 $H(s)$와 Feldtkeller 방정식에 의한 회로망의 특성방정식 $K(s)$를 각각 식(4.103), (4.104)로 정의한다.

$$H(s) = K \prod_{i=1}^{n/2} \frac{s^2 + c_i}{(s - p_i)(s - \overline{p_i})} = \frac{N(s)}{D(s)} \qquad n : \text{짝수} \qquad (4.103a)$$

$$H(s) = \frac{K}{s - \sigma_0} \prod_{i=1}^{(n-1)/2} \frac{s^2 + c_i}{(s - p_i)(s - \overline{p_i})} = \frac{N(s)}{D(s)} \quad n : \text{홀수} \quad (4.103b)$$

$$|H(j\omega)|^{-2} = 1 + |C(j\omega)|^2 \qquad (4.104)$$

여기서

$$C(s) = \frac{F(s)}{N(s)}$$

식(4.103)을 식(4.104)에 대입하면

$$D(s)D(-s) = N(s)N(-s) + F(s)F(-s) \qquad (4.105)$$

이 되고, 각 함수 $D(s)$, $N(s)$, $F(s)$를 우수 및 기수차수로 분리하면 다음과 같다.

$$D(s) = D_e(s) + D_o(s)$$
$$N(s) = N_e(s) + N_o(s) \qquad (4.106)$$
$$F(s) = F_e(s) + F_o(s)$$

그리고 주어진 유리 함수 형태의 전달함수로 부터 식(4.106)을 얻은 후 그림 4.46과 같은 회로망으로 실현하기 위한 구동점 파라미터는 표 4.2와 같다. 표 4.2의 구동점 함수로서 회로망을 실현하고 그 입력단에 저항 $R_1 \Omega$을 직렬로 연결함으로서 유리 함수 형태의 전달함수를 합성할 수 있다. 표 4.2의 구동점 함수를 이용하여 합성할 경우 유리 함수는 $j\omega$축상에 영점을 갖고 있기 때문에 전달함수의 전송영점과 관계있는 구동점 함수의

4.5 전달함수의 합성 : 복종단 회로망

극점을 이동시키는 영점추이 기법을 사용해야 한다. 또한 유리 함수는 기수차수에서 무한대 주파수에 하나의 전송영점만을 갖는 반면에 우수차수에서는 무한대 주파수에 두개의 전송영점을 갖게 된다.

표 4.2 구동점 파라미터

$$z_{11} = \frac{D_e - F_e}{D_o + F_o}$$

$$z_{22} = \frac{D_e + F_e}{D_o + F_o} \cdot R_2$$

$$y_{11} = \frac{D_e + F_e}{D_o - F_o}$$

$$y_{22} = \frac{D_e - F_e}{D_o - F_o} \cdot \frac{1}{R_2}$$

$$z_1 = \frac{D - F}{D + F}$$

유리함수의 복종단 제자형 회로망 실현 절차를 구체적으로 전개하면 다음과 같다.

< 복종단 제자형 회로망 실현 절차 >

(1) 주어진 유리 함수로부터 회로망을 실현하기 위한 구동점 함수의 파라미터를 구한다.

$$B(s) = \frac{1}{z_{11}} = y_{11} \tag{4.107}$$

(2) $B(s)$로 부터 하나의 전송영점을 실현한다.

$$C_1 = \left. \frac{B(s)}{s} \right|_{s^2 = -Z_i^2} \tag{4.108}$$

여기서 Z_i는 전달함수의 영점값이다.

$$B_1(s) = B(s) - sC_1 \tag{4.109}$$

(3) $B_1(s)$를 부분분수 전개를 한 후 전송영점을 실현한다.

$$C_2 = \left. \frac{sB_1(s)}{s^2 + Z_i^2} \right|_{s^2 = -Z_i^2} \tag{4.110}$$

$$L_2 = \frac{1}{C_2 Z_i^2} \tag{4.111}$$

$$\frac{1}{B_2(s)} = \frac{1}{B_1(s)} - \frac{s/C_2}{s^2 + Z_i^2} \tag{4.112}$$

(4) 함수 $B_2(s)$를 구한 후 (1) ~ (3) 과정을 반복함으로써 전달함수를 합성할 수 있다. 식(4.108), (4.110), (4.111)로 부터 합성된 부분 회로를 그림 4.49에 나타내었다.

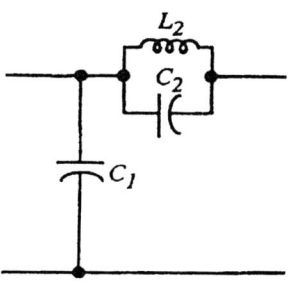

그림 4.49 LC 합성 회로

<예제 4.21> 3차 역 체비셰프 함수를 복종단 제자형 회로망으로 구하라.

$\alpha_p = 1$ dB, $\alpha_s \geq 5$ dB, $\omega_s = 1.2$ rad/sec로 한다.

풀이 : 먼저 부록 C에서 설계명세조건을 만족하는 함수를 구하면 차수는 3차 이다.

$$\frac{V_2}{V_1} = K \frac{s^2 + 1.92}{(s + 2.6991)(s^2 + 0.563s + 1.5195)}$$

$$= K \frac{s^2 + 1.92}{s^3 + 3.2621 s^2 + 3.0391 s + 4.1013}$$

위 함수는 전송영점이 $s = \infty$에 한개, $s = \pm j\sqrt{1.92}$ 에 존재하고 극점이 좌반면에 모두 존재하므로 제자형 회로망으로 실현할 수 있다.

식(4.104)와 식(4.105)로 부터 방정식 $F(s)$를 구하면

$$F(s) = s^3$$

식(4.106)과 표 4.2에 의해 복종단 제자형으로 합성하기 위한 구동점 함수는

$$B(s) = \frac{1}{z_{11}} = \frac{D_o + F_0}{D_e - F_e} = \frac{0.9316\,s + 0.6131\,s^3}{1.2573 + s^2}$$

유리함수의 복종단 제자형 회로망 실현 절차에 의해 먼저 $B(s)$로부터 하나의 전송영점을 구하면

$$C_1 = \left.\frac{B(s)}{s}\right|_{s^2 = -Z_i^2} = \left.\frac{0.9316 + 0.6131\,s^2}{1.2573 + s^2}\right|_{s^2 = -1.92} = 0.3705$$

식(4.109)에 의해

$$B_1(s) = B(s) - sC_1 = \frac{0.4658\,s + 0.2426\,s^3}{1.2573 + s^2}$$

$B_1(s)$를 부분 분수 전개한 다음 나머지 전송영점을 실현한다.

$$C_2 = \left.\frac{sB_1(s)}{s^2 + Z_i^2}\right|_{s^2 = -Z_i^2} = \left.\frac{0.2426\,s^2}{1.2573 + s^2}\right|_{s^2 = -1.92} = 0.7029$$

$$L_2 = \frac{1}{C_2 Z_i^2} = \frac{1}{0.7029 \times 1.92} = 0.741$$

$$\frac{1}{B_2(s)} = \frac{1}{B_1(s)} - \frac{s/C_2}{s^2 + Z_i^2} = \frac{1}{0.3705\,s} = \frac{1}{C_3 s}$$

위 구동점 함수로부터 4.4 절의 유리함수 복종단 제자형 회로망의 실현 절차에 따라 규준화된 소자값과 회로를 구하면 그림 4.50과 같다.

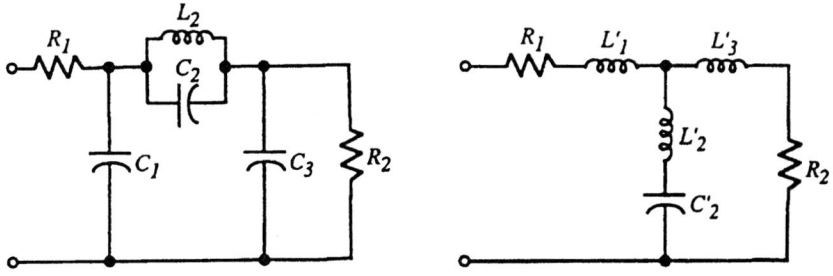

$C_1 = L'_1 = 0.3705$, $C_2 = L'_2 = 0.7029$, $L_2 = C'_2 = 0.7410$, $C_3 = L'_3 = 0.3705$

그림 4.50 예제 4.21의 역 체비셰프 필터 [단위 : Ω, H, F]

이 장에서는 구동점 함수와 4가지 합성법을 다루었다. 특히 6 장의 수동 RLC 필터 설계에 기반이 되는 LC 구동점 함수의 분석과 합성을 자세히 설명하였다.

단종단 회로망 합성법은 복소평면상에서의 전송영점의 위치에 따라서 각각 실현법을 알아보았다. 가능하면 제자형 회로망을 이용하였고, 전역통과 함수의 경우에는 정저항 격자형 회로망으로 실현하였다.

복종단 회로망 합성법의 전개는 전력 전달 개념을 이용하여 설명하였다. 여기서도 주로 제자형 회로망을 다루었고, 사용하기에 편리하도록 실현 절차 과정을 제시하였다.

복종단 제자형 회로망은 항상 존재하지 않는다. 어떠한 종류의 함수(예를 들어 체비셰프 필터 함수)의 경우에는 차수가 짝수일 때 R_1과 R_2의 비에 따라 실현이 불가능한 때가 있다. 이 문제는 6 장의 체비셰프 수동 필터를 실현하는 과정에서 알아보기로 하자.

연 습 문 제

4.1 다음 함수가 LC 구동점 함수로 될 수 있는지의 여부를 판정하라. 될 수 없는 경우에는 그 이유를 밝혀라.

(a) $\dfrac{(s^2+1)(s^2+3)(s^2+5)}{(s^2+2)(s^2+4)}$ (b) $\dfrac{s^4+3s^2+2}{2(s^2+1.01)}$ (c) $\dfrac{s(s^2-1)}{s^2+1}$

(d) $\dfrac{s}{s^2+12s+1}$ (e) $\dfrac{s(s^2+2)(s^2+5)}{(s^2+1)(s^2+3)(s^2+4)}$

풀이 :

(a) 유리기함수가 아님 (b) LC 구동점 함수
(c) 영점의 하나가 우반면에 존재 (d) 극점의 근이 $j\omega$축상에 존재하지 않음
(e) 극점과 영점이 교호하지 않음

4.2 다음 LC 구동점 임피던스를 4가지의 기준형(제 1 포스터형, 제 2 포스터형, 제 1 카우어형, 제 2 카우어형)으로 합성하라.

(a) $Z_{LC}(s) = \dfrac{(s^2+1)(s^2+3)}{s(s^2+2)}$ $Z_{LC}(0)=\infty,\ Z_{LC}(\infty)=\infty$

(b) $Z_{LC}(s) = \dfrac{s(s^2+2)(s^2+4)}{(s^2+1)(s^2+3)}$ $Z_{LC}(0)=0,\ Z_{LC}(\infty)=\infty$

(c) $Z_{LC}(s) = \dfrac{(s^2+1)(s^2+3)}{s(s^2+2)(s^2+4)}$ $Z_{LC}(0)=\infty,\ Z_{LC}(\infty)=0$

(d) $Z_{LC}(s) = \dfrac{s(s^2+2)}{(s^2+1)(s^2+3)}$ $Z_{LC}(0)=0,\ Z_{LC}(\infty)=0$

풀이 :

(a) $Z_{LC}(s) = \dfrac{(s^2+1)(s^2+3)}{s(s^2+2)}$ $Z_{LC}(0) = \infty,\ Z_{LC}(\infty) = \infty$

① 제 1 포스터형

$$Z_{LC}(s) = A_\infty s + \dfrac{A_0}{s} + \dfrac{A_1 s}{s^2+2}$$

$$A_\infty = Z_{LC}(s) \times \dfrac{1}{s}\bigg|_{s=\infty} = 1$$

$$A_0 = Z_{LC}(s) \times s\bigg|_{s=0} = \dfrac{3}{2}$$

$$A_1 = Z_{LC}(s) \times \dfrac{s^2+2}{s}\bigg|_{s^2=-2} = \dfrac{1}{2}$$

$$\therefore Z_{LC}(s) = s + \dfrac{\frac{3}{2}}{s} + \dfrac{\frac{1}{2}s}{s^2+2} = s + \dfrac{3}{2}\dfrac{1}{s} + \dfrac{1}{2s+\dfrac{4}{s}}$$

② 제 2 포스터형

$$Y_{LC}(s) = \dfrac{s(s^2+2)}{(s^2+1)(s^2+3)} = \dfrac{B_1 s}{s^2+1} + \dfrac{B_2 s}{s^2+3}$$

$$B_1 = Y_{LC}(s) \times \dfrac{s^2+1}{s}\bigg|_{s^2=-1} = \dfrac{1}{2}$$

$$B_2 = Y_{LC}(s) \times \dfrac{s^2+3}{s}\bigg|_{s^2=-3} = \dfrac{1}{2}$$

$$\therefore Y_{LC}(s) = \dfrac{\frac{1}{2}s}{s^2+1} + \dfrac{\frac{1}{2}s}{s^2+3} = \dfrac{1}{2s+\dfrac{2}{s}} + \dfrac{1}{2s+\dfrac{6}{s}}$$

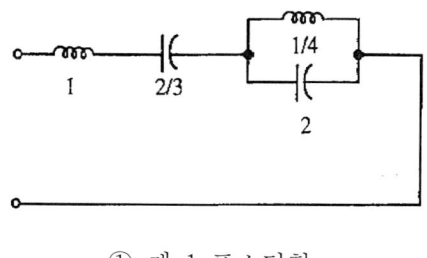

① 제 1 포스터형

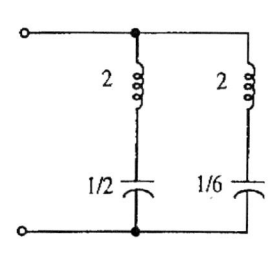

② 제 2 포스터형

③ 제1카우어형 : $Z_{LC}(s) = \dfrac{s^4 + 4s^2 + 3}{s^3 + 2s}$

$$s^3 + 2s \overline{\smash{\big)}\, s^4 + 4s^2 + 3} \quad s \to a_1 s$$

$$\underline{s^4 + 2s^2}$$

$$2s^2 + 3 \overline{\smash{\big)}\, s^3 + 2s} \quad \tfrac{1}{2}s \to a_2 s$$

$$\underline{s^3 + \tfrac{3}{2}s}$$

$$\tfrac{1}{2}s \overline{\smash{\big)}\, 2s^2 + 3} \quad 4s \to a_3 s$$

$$\underline{2s^2}$$

$$3 \overline{\smash{\big)}\, \tfrac{1}{2}s} \quad \tfrac{1}{6}s \to a_4 s$$

$$\underline{\tfrac{1}{2}s}$$

$$0$$

④ 제2카우어형 : $Z_{LC}(s) = \dfrac{3 + 4s^2 + s^4}{2s + s^3}$

$$2s + s^3 \overline{\smash{\big)}\, 3 + 4s^2 + s^4} \quad \tfrac{3}{(2s)} \to \tfrac{1}{(\beta_1 s)}$$

$$\underline{3 + \tfrac{3}{2}s^2}$$

$$\tfrac{5}{2}s^2 + s^4 \overline{\smash{\big)}\, 2s + s^3} \quad \tfrac{4}{(5s)} \to \tfrac{1}{(\beta_2 s)}$$

$$\underline{2s + \tfrac{4}{5}s^3}$$

$$\tfrac{1}{5}s^3 \overline{\smash{\big)}\, \tfrac{5}{2}s^2 + s^4} \quad \tfrac{25}{(2s)} \to \tfrac{1}{(\beta_3 s)}$$

$$\underline{\tfrac{5}{2}s^2}$$

$$s^4 \overline{\smash{\big)}\, \tfrac{1}{5}s^3} \quad \tfrac{1}{(5s)} \to \tfrac{1}{(\beta_4 s)}$$

$$\underline{\tfrac{1}{5}s^3}$$

$$0$$

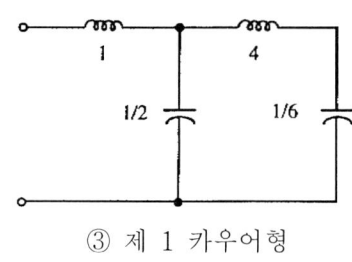
③ 제 1 카우어형

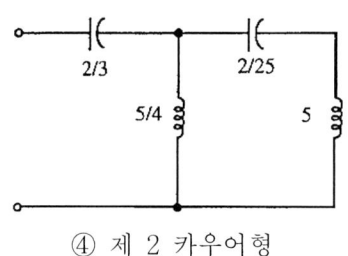
④ 제 2 카우어형

(c) $Z_{LC}(s) = \dfrac{(s^2+1)(s^2+3)}{s(s^2+2)(s^2+4)}$ $Z_{LC}(0) = \infty,\ Z_{LC}(\infty) = 0$

① 제 1 포스터형

$$Z_{LC}(s) = \dfrac{A_0}{s} + \dfrac{A_1 s}{s^2+2} + \dfrac{A_2 s}{s^2+4}$$

$$A_0 = Z_{LC}(s) \times s \Big|_{s=0} = \dfrac{3}{8}$$

$$A_1 = Z_{LC}(s) \times \dfrac{s^2+2}{s} \Big|_{s^2=-2} = \dfrac{1}{4}$$

$$A_2 = Z_{LC}(s) \times \dfrac{s^2+4}{s} \Big|_{s^2=-4} = \dfrac{3}{8}$$

$$\therefore Z_{LC}(s) = \dfrac{3}{8s} + \dfrac{\frac{1}{4}s}{s^2+2} + \dfrac{\frac{3}{8}s}{s^2+4}$$
$$= \dfrac{3}{8}\dfrac{1}{s} + \dfrac{1}{4s+\dfrac{8}{s}} + \dfrac{1}{\dfrac{8}{3}s+\dfrac{32}{3}\dfrac{1}{s}}$$

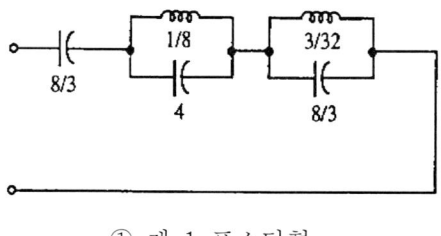
① 제 1 포스터형

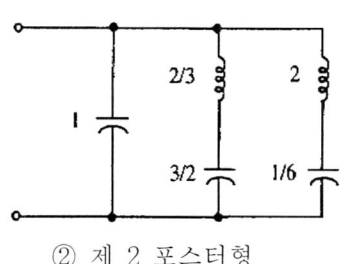
② 제 2 포스터형

② 제 2 포스터형

$$Y_{LC}(s) = \frac{s(s^2+2)(s^2+4)}{(s^2+1)(s^2+3)} = B_\infty s + \frac{B_1 s}{s^2+1} + \frac{B_2 s}{s^2+3}$$

$$B_\infty = Y_{LC}(s) \times \frac{1}{s}\bigg|_{s=\infty} = 1$$

$$B_1 = Y_{LC}(s) \times \frac{s^2+1}{s}\bigg|_{s^2=-1} = \frac{3}{2}$$

$$B_2 = Y_{LC}(s) \times \frac{s^2+3}{s}\bigg|_{s^2=-3} = \frac{1}{2}$$

$$\therefore Y_{LC}(s) = s + \frac{\frac{3}{2}s}{s^2+1} + \frac{\frac{1}{2}s}{s^2+3} = s + \frac{1}{\frac{2}{3}s + \frac{2}{3}\frac{1}{s}} + \frac{1}{2s + \frac{6}{s}}$$

③ 제 1 카우어형

$$Z_{LC}(s) = \frac{s^4+4s^2+3}{s^5+6s^3+8s}$$

분모차수가 분자차수보다 높으므로 임피던스로는 실현이 불가능하다.

$$Y_{LC}(s) = \frac{s^5+6s^3+8s}{s^4+4s^2+3}$$

$$\begin{array}{r}
s \to a_1 s \\
s^4+4s^2+3 \overline{\smash{)}\, s^5+6s^3+8s} \\
\underline{s^5+4s^3+3s} \quad \frac{1}{2}s \to a_2 s \\
2s^3+5s \overline{\smash{)}\, s^4+4s^2+3} \\
\underline{s^4+\frac{5}{2}s^2} \quad \frac{4}{3}s \to a_3 s \\
\frac{3}{2}s^2+3 \overline{\smash{)}\, 2s^3+5s} \\
\underline{2s^3+4s} \quad \frac{3}{2}s \to a_4 s \\
s \overline{\smash{)}\, \frac{3}{2}s^2+3} \\
\underline{\frac{3}{2}s^2} \quad \frac{1}{3}s \to a_5 s \\
3 \overline{\smash{)}\, s} \\
\underline{s} \\
0
\end{array}$$

임피던스값이 ∞에서 극점을 갖는 소자는 L
임피던스값이 0에서 극점을 갖는 소자는 C
어드미턴스값이 ∞에서 극점을 갖는 소자는 C
어드미턴스값이 0에서 극점을 갖는 소자는 L

$\therefore$ 제 1 카우어형 회로에서 병렬연결된 C가 앞선다.

④ 제 2 카우어형

$$Z_{LC}(s) = \frac{3+4s^2+s^4}{8s+6s^3+s^5}$$

$$8s+6s^3+s^5 \,\overline{\big)\, 3+4s^2+s^4} \quad \frac{3}{(8s)} \to \frac{1}{(\beta_1 s)}$$

$$3+\frac{9}{4}s^2+\frac{3}{8}s^4 \qquad \frac{32}{(7s)} \to \frac{1}{(\beta_2 s)}$$

$$\frac{7}{4}s^2+\frac{5}{8}s^4 \,\overline{\big)\, 8s+6s^3+s^5}$$

$$8s+\frac{20}{7}s^3 \qquad \frac{49}{(88s)} \to \frac{1}{(\beta_3 s)}$$

$$\frac{22}{7}s^3+s^5 \,\overline{\big)\, \frac{7}{4}s^2+\frac{5}{8}s^4}$$

$$\frac{7}{4}s^2+\frac{49}{88}s^4$$

$$\frac{3}{44}s^4$$

$$\frac{3}{44}s^4 \,\overline{\big)\, \frac{22}{7}s^3+s^5} \quad \frac{968}{(21s)} \to \frac{1}{(\beta_4 s)}$$

$$\frac{22}{7}s^3 \qquad \frac{3}{44}s^4 \to \frac{1}{(\beta_5 s)}$$

$$s^5 \,\overline{\big)\, \frac{3}{44}s^4}$$

$$\frac{3}{44}s^4$$

$$0$$

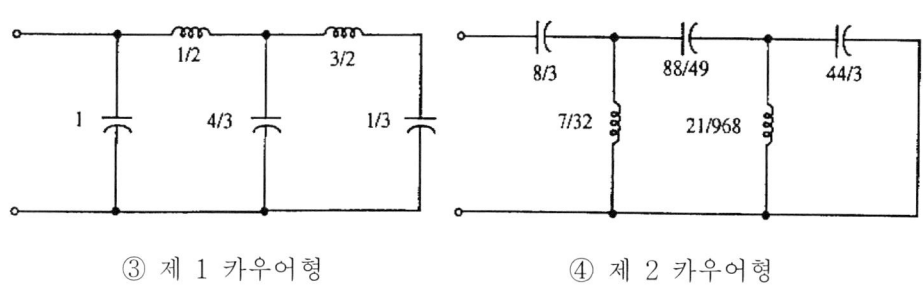

③ 제 1 카우어형　　　　④ 제 2 카우어형

제 4 장 회로망 합성의 기초

4.3 다음 LC 구동점 임피던스를 4가지의 기준형으로 합성하여라.

$$Z_{LC}(s) = \frac{(s^2+1)(s^2+3)(s^2+5)}{s(s^2+2)(s^2+4)}$$

4.4 문제 4.3의 $Z_{LC}(s)$를 그림 4.51과 같은 회로망으로 합성하여라.

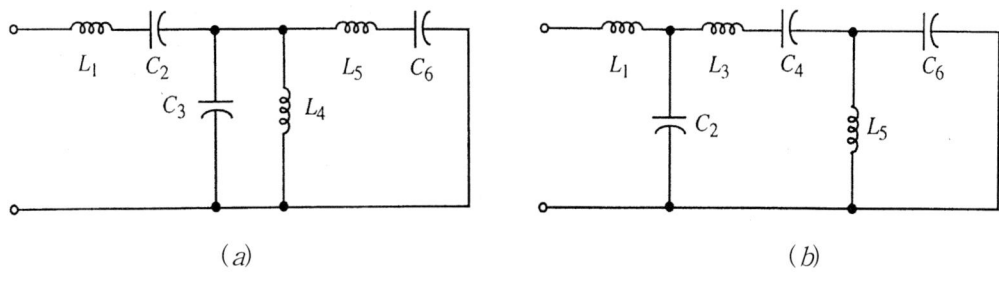

(a)　　　　　　　　　　　　(b)

그림 4.51

풀이 :

(a) 제 1 포스터형 + 제 2 포스터형

L_1, C_2는 제 1 포스터형으로 실현하고, 나머지 소자는 제 2 포스터형으로 실현한다.

$A_\infty s + \dfrac{A_0}{s}$ 에서

$$A_\infty = Z_{LC}(s) \times \frac{1}{s}\bigg|_{s=\infty} = 1$$

$$A_0 = Z_{LC}(s) \times \frac{1}{s}\bigg|_{s=\infty} = \frac{8}{15}$$

실현한 두개의 소자값을 $Z_{LC}(s)$에서 제거하고 정리하면

$$\frac{(s^2+1)(s^2+3)(s^2+5)}{s(s^2+2)(s^2+4)} - s - \frac{15}{8}\frac{1}{s} = \frac{s(s^2+15)}{4(s^2+2)(s^2+4)}$$

제 2 포스터형으로 실현하기 위하여 어드미턴스를 취하면

$$Y_{LC}(s) = \frac{4(s^2+2)(s^2+4)}{s(s^2+15)} = B_\infty s + \frac{B_0}{s} + \frac{B_1 s}{s^2+15}$$

$$B_\infty = Y_{LC}(s) \times \frac{1}{s}\bigg|_{s=\infty} = 4$$

$$B_0 = Y_{LC}(s) \times s\bigg|_{s=\infty} = \frac{32}{15}$$

$$B_1 = Y_{LC}(s) \times \frac{s^2+15}{s}\bigg|_{s^2=-15} = \frac{572}{15}$$

$$\therefore L_1 = 1, \quad C_2 = \frac{8}{15}, \quad C_3 = 4, \quad L_4 = \frac{15}{32}, \quad L_5 = \frac{15}{572}, \quad C_6 = \frac{572}{225}$$

(b) 제 1 카우어형 + 제 2 카우어형

L_1, C_2, L_3는 제 1 카우어형으로 실현하고, 나머지 소자는 제 2 카우어형으로 실현한다.

$$Z_{LC}(s) = \frac{(s^2+1)(s^2+3)(s^2+5)}{s(s^2+2)(s^2+4)} = \frac{s^6+9s^4+23s^2+15}{s^5+6s^3+8s}$$

$$
\begin{array}{r}
s \to L_1 s \\
s^5+6s^3+8s\overline{\smash{\big)}\,s^6+9s^4+23s^2+15} \\
s^6+6s^4+8s^2 \qquad \frac{1}{3}s \to C_2 s\\
\cline{1-1}
3s^4+15s^2+15\,\overline{\smash{\big)}\,s^5+6s^3+8s}\\
s^5+5s^3+5s \quad 3s \to L_3 s\\
\cline{1-1}
s^3+3s\,\overline{\smash{\big)}\,3s^4+15s^2+15}\\
\end{array}
$$

$$\frac{5}{s} \to \frac{1}{C_4 s} \qquad 3s^4+9s^2$$

$$3s+s^3\,\overline{\smash{\big)}\,15+6s^2} \qquad 6s^2+15$$

$$15+5s^2 \qquad \frac{3}{s} \to \frac{1}{L_5 s}$$

$$s^2 \qquad 3s+s^3$$

$$3s \qquad \frac{1}{s} \to \frac{1}{C_6 s}$$

$$s^3 \qquad s^2$$

$$s^2$$

$$0$$

$$\therefore L_1 = 1, \quad C_2 = \frac{1}{3}, \quad L_3 = 3, \quad C_4 = \frac{1}{5}, \quad L_5 = \frac{1}{3}, \quad C_6 = 1$$

제 4 장 회로망 합성의 기초

4.5 (a) 다음 함수 중에서 RC 구동점 함수로써 합성할 수 있는 것을 모두 골라라.
  (b) 위에서 얻은 함수를 각각 4가지의 기준형으로 합성하여라.

(1) $Z(s) = \dfrac{s(s+2)}{(s+1)(s+3)}$ (2) $Y(s) = \dfrac{s(s+2)}{(s+1)(s+3)}$

(3) $Z(s) = \dfrac{(s+2)(s+4)^2(s+6)}{s(s+3)(s+5)}$

(4) $Z(s) = \dfrac{(s+1)(s+3)}{(s+2)(s+4)}$ (5) $Y(s) = \dfrac{(s+1)(s+3)}{(s+2)(s+4)}$

풀이 :

(a) (1) 원점에서 가장 가까운 것은 영점이므로 RC 구동점 함수로 합성 불가

 (2) RC 구동점 함수로 합성 가능

 (3) 극점과 영점이 교호하지 않으므로 RC 구동점 함수로 합성 불가

 (4) 원점에서 가장 가까운 것은 영점이므로 RC 구동점 함수로 합성 불가

 (5) RC 구동점 함수로 합성 가능

(b) 4가지 기준형으로의 합성

 (5) $Y(s) = \dfrac{(s+1)(s+3)}{(s+2)(s+4)}$

① 제 1 포스터형

$$Z_{RC}(s) = \dfrac{(s+2)(s+4)}{(s+1)(s+3)} = A_\infty + \dfrac{A_1}{s+1} + \dfrac{A_2}{s+3}$$

$$A_\infty = Z_{RC}(s)\big|_{s=\infty} = 1$$

$$A_1 = Z_{RC}(s) \times (s+1)\big|_{s=-1} = \dfrac{3}{2}$$

$$A_2 = Z_{RC}(s) \times (s+3)\Big|_{s=-3} = \frac{1}{2}$$

$$\therefore Z_{RC}(s) = 1 + \frac{\frac{3}{2}}{s+1} + \frac{\frac{1}{2}}{s+3}$$

② 제 2 포스터형

$$Y_{RC}(s) = \frac{(s+1)(s+3)}{(s+2)(s+4)} = B_0 + \frac{B_1 s}{s+2} + \frac{B_2 s}{s+4}$$

$$B_0 = Y_{RC}(s)\Big|_{s=0} = \frac{3}{8}$$

$$B_1 = Y_{RC}(s) \times \frac{s+2}{s}\Big|_{s=-2} = \frac{1}{4}$$

$$B_2 = Y_{RC}(s) \times \frac{s+4}{s}\Big|_{s=-4} = \frac{3}{8}$$

$$\therefore Y_{RC}(s) = \frac{3}{8} + \frac{\frac{1}{4}s}{s+2} + \frac{\frac{3}{8}s}{s+4}$$

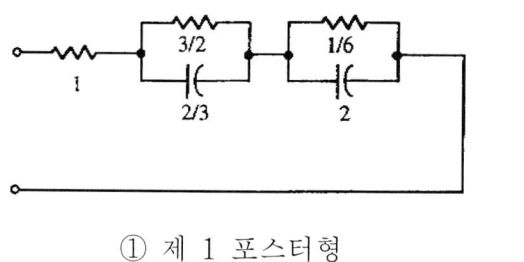

① 제 1 포스터형

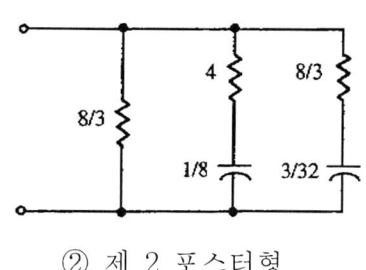

② 제 2 포스터형

③ 제 1 카우어형

$$Z_{RC}(s) = \frac{(s+2)(s+4)}{(s+1)(s+3)} = \frac{s^2+6s+8}{s^2+4s+3}$$

$$
\begin{array}{r}
\underline{1\quad\to a_1}\\
s^2+4s+3\,\bigg|\,s^2+6s+8\\
s^2+4s+3\qquad \underline{\tfrac{1}{2}s\ \to a_2 s}\\
\overline{2s+5\,\bigg|\,s^2+4s+3}\\
s^2+\tfrac{5}{2}s\qquad \underline{\tfrac{4}{3}\ \to a_3}\\
\overline{\tfrac{3}{2}s+3\,\bigg|\,2s+5}\\
2s+4\qquad \underline{\tfrac{3}{2}s\ \to a_4 s}\\
\overline{1\,\bigg|\,\tfrac{3}{2}s+3}\\
\tfrac{3}{2}s\qquad \underline{\tfrac{1}{3}\ \to a_5}\\
\overline{3\,\bigg|\,1}\\
\underline{1}\\
0
\end{array}
$$

④ 제 2 카우어형

$$Y_{RC}(s)=\frac{(s+1)(s+3)}{(s+2)(s+4)}=\frac{3+4s+s^2}{8+6s+s^2}$$

$$
\begin{array}{r}
\underline{\tfrac{3}{8}\ \to\beta_2}\\
8+6s+s^2\,\bigg|\,3+4s+s^2\\
3+\tfrac{9}{4}s+\tfrac{3}{8}s^2\qquad \underline{\tfrac{32}{(7s)}\ \to\tfrac{1}{(\beta_3 s)}}\\
\overline{\tfrac{7}{4}s+\tfrac{5}{8}s^2\,\bigg|\,8+6s+s^2}\\
8+\tfrac{20}{7}s\qquad \underline{\tfrac{49}{88}\ \to\beta_4}\\
\overline{\tfrac{22}{7}s+s^2\,\bigg|\,\tfrac{7}{4}s+\tfrac{5}{8}s^2}\\
\tfrac{7}{4}s+\tfrac{49}{88}s^2\qquad \underline{\tfrac{968}{(21s)}\ \to\tfrac{1}{(\beta_5 s)}}\\
\overline{\tfrac{3}{44}s^2\,\bigg|\,\tfrac{22}{7}s+s^2}\\
\tfrac{22}{7}s\qquad \underline{\tfrac{3}{44}\ \to\beta_6}\\
\overline{s^2\,\bigg|\,\tfrac{3}{44}s^2}\\
\underline{\tfrac{3}{44}s^2}\\
0
\end{array}
$$

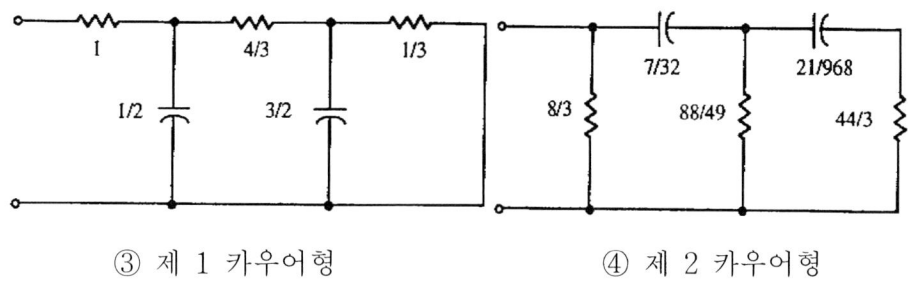

③ 제 1 카우어형   ④ 제 2 카우어형

4.6 다음 함수를 그림 4.52와 같은 회로망으로 실현하여라.

$$Z_{RC}(s) = \frac{2(s+1)(s+3)}{s(s+2)(s+4)}$$

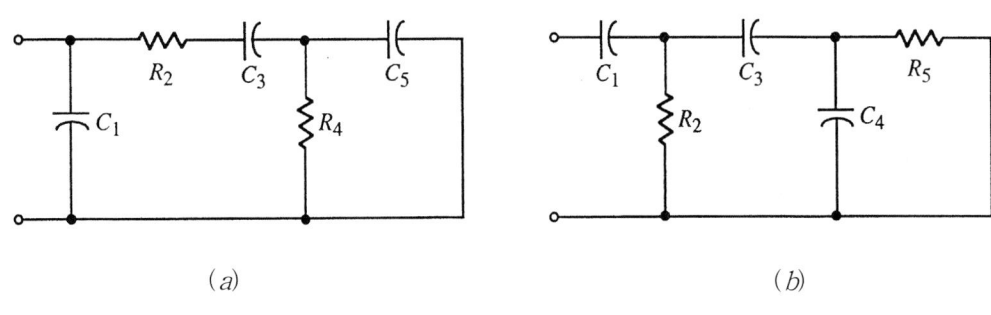

(a)   (b)

그림 4.52

풀이 :

(b) $Z_{RC}(s) = \dfrac{2(s+1)(s+3)}{s(s+2)(s+4)} = \dfrac{6+8s+2s^2}{8s+6s^2+s^3}$

C_1, R_2, C_3 : 제 2 카우어형으로 실현

C_4, R_5 : 제 1 카우어형으로 실현

제 4 장 회로망 합성의 기초

$$
\begin{array}{r}
\dfrac{3}{(4s)} \to \dfrac{1}{(\beta_1 s)} \\
8s+6s^2+s^3 \,\overline{\big)\, 6+8s+2s^2} \\
6+\dfrac{9}{2}s+\dfrac{3}{4}s^2 \quad \dfrac{16}{7} \to \beta_2 \\
\overline{\dfrac{7}{2}s+\dfrac{5}{4}s^2}\,\,\big)\,8s+6s^2+s^3 \\
8s+\dfrac{20}{7}s^2 \quad \dfrac{49}{(44s)} \to \dfrac{1}{(\beta_3 s)} \\
\overline{\dfrac{22}{7}s^2+s^3}\,\,\big)\,\dfrac{7}{2}s+\dfrac{5}{4}s^2
\end{array}
$$

(계산 과정 계속)

$$C_1=\dfrac{4}{3}\,,\ R_2=\dfrac{7}{16}\,,\ C_3=\dfrac{44}{49}\,,\ C_4=\dfrac{44}{6}\,,\ R_5=\dfrac{21}{484}$$

4.7 점검을 통하여 그림 4.53의 제자형 회로망의 전달함수 $\dfrac{V_2}{V_1}$ 를 가능한 한 자세히 찾아내라.

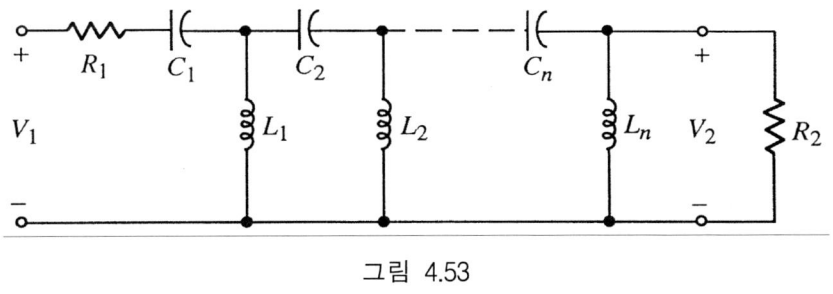

그림 4.53

풀이 : n개의 커패시터가 직렬지로에 존재하고, n개의 인덕터가 병렬지로에 위치한다. 각각의 커패시터와 인덕터가 $s=0$에서 전송영점을 만들기 때문에 분자는 s^{2n}이다. 그리고 $s=\infty$에서 V_2/V_1가 상수가 되어야 하므로 분모는 $2n$차의 다항식이다.

$$\therefore \frac{V_2}{V_1} = \frac{s^{2n}}{s^{2n} + \cdots + a_1 s + a_0}$$

	회로망	함수	
(ⅰ) $s=\infty$에서	$\dfrac{V_2}{V_1} = \dfrac{R_2}{R_1+R_2}$	$\dfrac{V_2}{V_1} = K$	……… ①
(ⅱ) $s=0$에서	$\dfrac{V_2}{V_1} = C_1 L_1 C_2 L_2 \cdots C_n L_n s^{2n}$	$\dfrac{V_2}{V_1} = \dfrac{K}{a_0} s^{2n}$	……… ②

①로부터 $K = \dfrac{R_2}{R_1+R_2}$

②로부터 $a_0 = \dfrac{R_2}{R_1+R_2} \dfrac{1}{C_1 L_1 C_2 L_2 \cdots C_n L_n}$

$$\therefore \frac{V_2}{V_1} = \frac{R_2}{R_1+R_2} \frac{s^{2n}}{s^{2n} + \cdots + \dfrac{R_2}{R_1+R_2} \dfrac{1}{C_1 L_1 C_2 L_2 \cdots C_n L_n}}$$

4.8 다음 함수의 실현성(Realizability)을 논하라.

(a) $\dfrac{V_2}{V_1} = \dfrac{K s^4}{s^4 + 2s^3 + 2s^2 + 11s + 4}$

(b) $\dfrac{I_2}{I_1} = \dfrac{K s^4}{s^3 + 2s^2 + 2s + 1}$

(c) $\dfrac{V_2}{I_1} = \dfrac{K s^4}{s^3 + 2s^2 + 2s + 1}$

4.9 (a) 다음 함수가 실현가능하기 위한 m의 범위를 구하라.

$$\frac{V_2}{V_1} = K \frac{s}{s^3 + 2s^2 + ms + 1}$$

(b) $m=1$일 때의 회로망을 구하라.

풀이 :

(a) 다음 함수가 실현가능하기 위한 m의 범위를 구하라.

$$\frac{V_2}{V_1} = K\frac{s}{s^3 + 2s^2 + ms + 1}$$

분모가 허위쓰 다항식이어야 한다.

$$
\begin{array}{r}
\dfrac{1}{2}s \\
2s^2+1\,\overline{\big)\,s^3+ms} \\
s^3+\dfrac{1}{2}s \dfrac{2}{(m-\tfrac{1}{2})}s\\
\hline
(m-\tfrac{1}{2})s\,\overline{\big)\,2s^2+1}\\
2s^2 (m-\tfrac{1}{2})s\\
\hline
1\,\overline{\big)\,(m-\tfrac{1}{2})s}\\
(m-\tfrac{1}{2})s\\
\hline
0
\end{array}
$$

$$\therefore\ m > \frac{1}{2}$$

(b) $m=1$일 때의 회로망을 구하라.

$$-y_{21} = \frac{s}{2s^2+1} \qquad y_{22} = \frac{s^3+s}{2s^2+1}$$

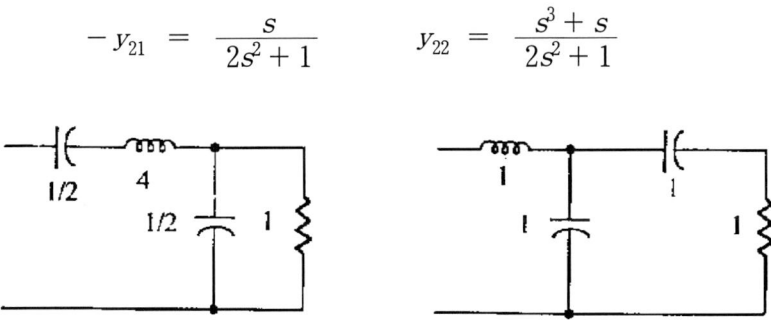

4.10 다음 함수를 실현할 수 있는 등가회로망(단종단)을 가급적 많이 구하라. 분모는 허위쓰 다항식이다.

$$H(s) = K\frac{s^3}{s^6 + a_5 s^5 + a_4 s^4 + a_3 s^3 + a_2 s^2 + a_1 s + a_0}$$

(a) $H(s) = \dfrac{V_2}{V_1}$ 일 때 (b) $H(s) = \dfrac{V_2}{I_1}$ 일 때

4.11 다음 전달함수를 합성하라. (영점추이가 필요함)

$$\frac{V_2}{V_1} = K \frac{s^2 + 1.21}{s^2 + 0.5\,s + 1}$$

4.12 다음 전달함수를 합성하라.

$$\frac{V_2}{V_1} = \frac{Ks}{s^2 + as + b} \cdot \frac{s - c}{s + c}$$

풀이 : 두 번째 함수는 전역통과 함수이므로 정저항 대칭격자형 회로망으로 합성할 수 있고, 첫 번째 함수를 합성한 회로망의 종단으로서 사용할 수 있다.

$$\frac{Ks}{s^2 + as + b} = \frac{\dfrac{Ks}{s^2 + b}}{1 + \dfrac{as}{s^2 + b}}, \qquad \frac{s - c}{s + c} = \frac{1 - \dfrac{c}{s}}{1 + \dfrac{c}{s}}$$

$$-y_{21} = \frac{Ks}{s^2 + b}, \qquad y_{22} = \frac{as}{s^2 + b}, \qquad Z_a = \frac{c}{s}, \qquad Z_b = \frac{s}{c}$$

4.13 다음 전달함수를 합성하라.

$$\frac{V_2}{V_1} = \frac{1}{s^3 + 2s^2 + 2s + 1} \cdot \frac{s - 1}{s + 1} \cdot \frac{s^2 - 6s + 12}{s^2 + 6s + 12}$$

4.14 다음 함수를 복종단 제자형 회로망으로 합성하라

$$\frac{V_2}{V_1} = \frac{K}{s^2 + \sqrt{2}\,s + 1}$$

(a) $R_1 = R_2 = 1\ \Omega$ (b) $R_1 = 1\ \Omega,\ R_2 = 3\ \Omega$ (c) $R_1 = 3\ \Omega,\ R_2 = 1\ \Omega$

제 4 장 회로망 합성의 기초

풀이 : (a) $R_1 = R_2 = 1\ \Omega$

$$H(0) = \frac{1}{2} \quad \therefore K = \frac{1}{2}$$

$(1)\ |t(j\omega)|^2 = \dfrac{4R_1}{R_2}|H(j\omega)|^2 = \dfrac{4K^2}{1+\omega^4} = \dfrac{1}{1+\omega^4}$

$(2)\ |\rho(j\omega)|^2 = 1 - \dfrac{1}{1+\omega^4} = \dfrac{\omega^4}{1+\omega^4}$

$$\rho(s)\rho(-s) = \left.\dfrac{\omega^4}{1+\omega^4}\right|_{\omega^2=-s^2} = \dfrac{s^4}{1+s^4} = \dfrac{s^2}{s^2+\sqrt{2}s+1}\dfrac{s^2}{s^2-\sqrt{2}s+1}$$

$$\rho(s) = \dfrac{s^2}{s^2+\sqrt{2}s+1}$$

$(3)\ Z_{11}(s) = R_1\dfrac{1+\rho(s)}{1-\rho(s)} = \dfrac{2s^2+\sqrt{2}s+1}{\sqrt{2}s+1}$

또는 $Z_{11}(s) = R_1\dfrac{1-\rho(s)}{1+\rho(s)} = \dfrac{\sqrt{2}s+1}{2s^2+\sqrt{2}s+1}$

(4) 연분수 전개한 후 회로망으로 실현하면 다음과 같다.

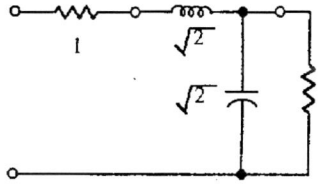 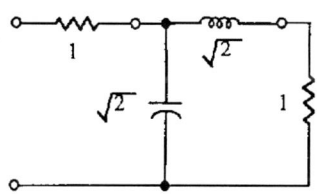

(b) $R_1 = 1\ \Omega,\ R_2 = 3\ \Omega$

$$H(0) = \frac{3}{4} \quad \therefore K = \frac{3}{4}$$

$(1)\ |t(j\omega)|^2 = \dfrac{4R_1}{R_2}|H(j\omega)|^2 = \dfrac{\frac{4}{3}K^2}{1+\omega^4} = \dfrac{\frac{3}{4}}{1+\omega^4}$

$(2)\ |\rho(j\omega)|^2 = 1 - \dfrac{\frac{3}{4}}{1+\omega^4} = \dfrac{\frac{1}{4}+\omega^4}{1+\omega^4}$

$$\rho(s)\rho(-s) = \left.\frac{\frac{1}{4}+\omega^4}{1+\omega^4}\right|_{\omega^2=-s^2} = \frac{s^2+s+\frac{1}{2}}{s^2+\sqrt{2}s+1} \cdot \frac{s^2-s+\frac{1}{2}}{s^2-\sqrt{2}s+1}$$

$$\rho(s) = \frac{s^2+s+\frac{1}{2}}{s^2+\sqrt{2}s+1}$$

$$(3)\ Z_{11}(s) = R_1\frac{1+\rho(s)}{1-\rho(s)} = \frac{2s^2+(\sqrt{2}-1)s+\frac{3}{2}}{(\sqrt{2}-1)s+\frac{1}{2}}$$

(4) 연분수 전개한 후 회로망으로 실현하면 다음과 같다.

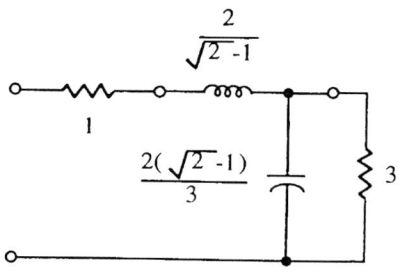

4.15 2 단자쌍 제자형 회로망의 단락어드미턴스 파라미터를 일반형으로 써보자.

$$-y_{21} = -y_{12} = \frac{a_0+a_1s+a_2s^2+\cdots+a_{m-1}s^{m-1}+a_ms^m}{D(s)}$$

$$y_{11} = \frac{b_0+b_1s+b_2s^2+\cdots+b_{n-1}s^{n-1}+b_ns^n}{D(s)}$$

$$y_{22} = \frac{c_0+c_1s+c_2s^2+\cdots+c_{r-1}s^{r-1}+c_rs^r}{D(s)}$$

위 식의 계수 a_i, b_i, c_i 사이에는 다음과 같은 계수조건(Coefficient Conditions)이 성립된다는 것을 증명하라.

$$a_i \geq 0$$
$$b_i \geq a_i \qquad i=0,\ 1,\ 2,\ \cdots$$
$$c_i \geq a_i$$

제 5 장 주파수 변환

3 장에서는 여러가지 근사법을 이용하여 저역통과 필터 함수를 구하였다. 그런데 필터에는 저역통과(Low-pass : LP)뿐만 아니라 주파수 선택 기능에 따라 고역통과(High-pass : HP), 대역통과(Band-pass : BP), 대역저지(Band-stop : BS 또는 Band-elimination) 등 여러가지 종류가 있다. 저역통과 함수는 주파수 변환을 통하여 고역통과 함수, 대역통과 함수 및 대역저지 함수로 변환된다. 변환에 필요한 저역통과 함수는 부록에 표로 작성되었다. 이 표들은 차단주파수가 1 rad/sec로 정규화된 저역통과 함수이므로 이 함수를 이 장에서는 원함수라 부르고 주파수로는 대문자 S를 사용하여 $H(S)$로 표시하자.

그리고 주파수 변환을 통하여 새로 만들어지는 각종 함수는 원함수와 구분하기 위하여 소문자 s를 이용하여 $H(s)$로 표기하자. 주파수선상에서 양변수는 $S = j\Omega$, $s = j\omega$로 각각 표시된다. 원래 Ω는 ω의 대문자로서 주로 저항 소자의 단위로 쓰이나 이 장에서는 저역통과 영역의 주파수 변수로 사용한다.

5.1 주파수 신축(Frequency Scaling)

3 장에서 구한 여러가지 저역통과 원함수에서는 차단주파수를 정규화하여 $\omega_c = 1$ rad/sec로 해주었다. 그런데 실제로는 $\omega_c \neq 1$ rad/sec인 경우가 대부분인데 이때는 **그림 5.1**과 같이 일반적으로 통과역을 더 넓게 사용한다.

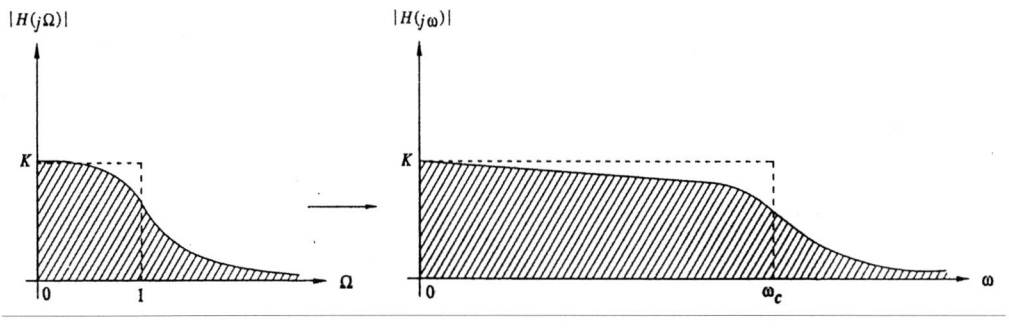

그림 5.1 주파수 신축

이러한 과정을 주파수 신축(Frequency scaling) 또는 주파수 해정규화(Frequency denormalization)라고 부른다. 그림에서 볼 수 있듯이 $\Omega = 0$에 대응하는 점은 $\omega = 0$이고,

$\Omega = \pm 1$에 대응하는 점은 $\omega = \pm \omega_c$이어야 하므로 원함수중의 변수를 다음과 같이 변환시켜 준다.

$$S = \frac{s}{\omega_c} \tag{5.1a}$$

따라서 $\Omega = \frac{\omega}{\omega_c}$ \hfill (5.1b)

위 식은 선형변환이며 저역통과 함수뿐만 아니라 그외의 모든 필터 함수에도 적절하게 이용된다. 변환된 새로운 함수를 다음과 같이 구할 수 있다.

$$H(s) = H(S)\Big|_{S = \frac{s}{\omega_c}} \tag{5.2}$$

<예제 5.1> 차단주파수가 10 kHz인 2차의 바터워스 함수를 구하라.

풀이 : 부록 A의 표에서 원함수 $H(S)$를 얻고 식(5.2)로 변환한다.

$$H(s) = H(S)\Big|_{S = \frac{s}{\omega_c}} = \frac{K}{S^2 + \sqrt{2}\,S + 1}\Big|_{S = \frac{s}{2\pi \times 10^4}}$$

$$= \frac{K(2\pi \times 10^4)^2}{s^2 + \sqrt{2}\,(2\pi \times 10^4)\,s + (2\pi \times 10^4)^2}$$

5.2 저역통과 → 고역통과 변환

저역통과 원함수의 통과역은 0에서 1 rad/sec인데 비하여 고역통과 함수의 통과역은 차단주파수 ω_c로부터 $\omega = \infty$까지로 되어야 한다. 다시 말해서 저역통과 함수의 통과역은 저지역으로, 그리고 저지역은 통과역으로 변화되어야 하므로 주파수 변환은 ω_c를 중심으로 서로 역관계를 이루어야 한다.

$$S = \frac{\omega_c}{s} \tag{5.3a}$$

따라서 $\Omega = -\frac{\omega_c}{\omega}$ \hfill (5.3b)

5.2 저역통과 → 고역통과 변환

위 식에 따라 양자 사이의 크기 특성을 전사(Mapping)해 보면 **그림 5.2**와 같고, 고역통과 함수 $H(s)$는 식(5.3a)를 사용하여 저역통과 함수로부터 다음과 같이 구한다.

$$H(s) = H(S)\Big|_{S = \frac{\omega_c}{s}} \tag{5.4}$$

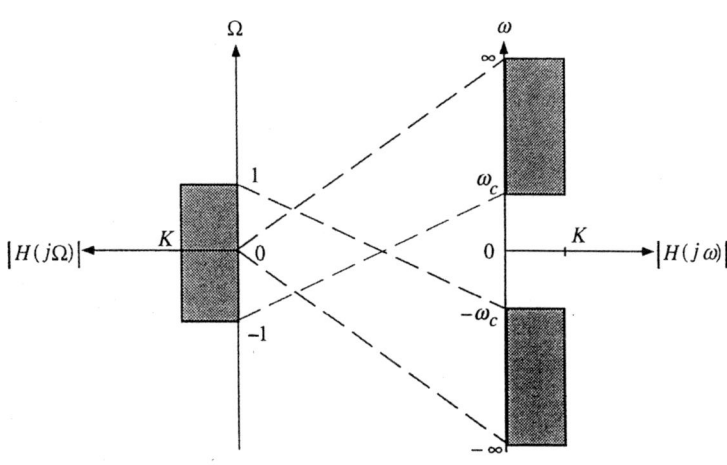

그림 5.2 저역통과 → 고역통과 변환

$\Omega = 0$에서의 크기는 $\omega = \pm\infty$ 에서 얻어지고 $\Omega = \pm 1$ 에서의 크기는 $\omega = \mp \omega_c$에 매핑(Mapping)된다. **그림 5.2**에서 수직선은 주파수축이고, 통과역은 굵은선으로 표시했다.

<예제 5.2> 차단주파수가 10 rad/sec인 3차 버터워스 고역통과 함수를 구하라.

풀이 : 부록 A의 표에서 3차 버터워스 원함수 $H(S)$를 얻고 식(5.4)로 변환한다.

$$H(s) = H(S)\Big|_{S = \frac{\omega_c}{s}} = \frac{K}{S^3 + 2S^2 + 2S + 1}\Big|_{S = \frac{10}{s}}$$

$$= \frac{Ks^3}{s^3 + 20s^2 + 200s + 1000}$$

예제 5.2에서와 같이 고역통과 함수의 분자와 분모는 동일한 차수를 갖는다. 원함수가 전극점 함수일 때 변환된 고역통과 함수는 다음과 같은 형태를 갖는다.

$$H(s) = \frac{Ks^n}{s^n + a_{n-1}s^{n-1} + \cdots + a_1 s + a_0} \tag{5.5}$$

고역통과 함수는 부록에 실린 저역통과 함수로부터 주파수 변환을 통하여 쉽게 구할 수 있다. 그림 5.2에서는 이상적인 크기 특성이 고역통과 특성으로 변환되는 것을 나타내었다. 실제적인 경우의 변환을 바터워스 함수 및 체비셰프 함수($n=5$)로서 예시해보면 그림 5.3 및 그림 5.4와 같다.

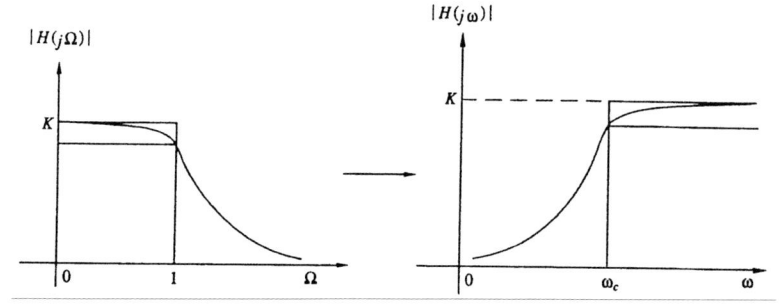

그림 5.3 저역통과 → 고역통과 변환을 통한 바터워스 함수의 크기 특성

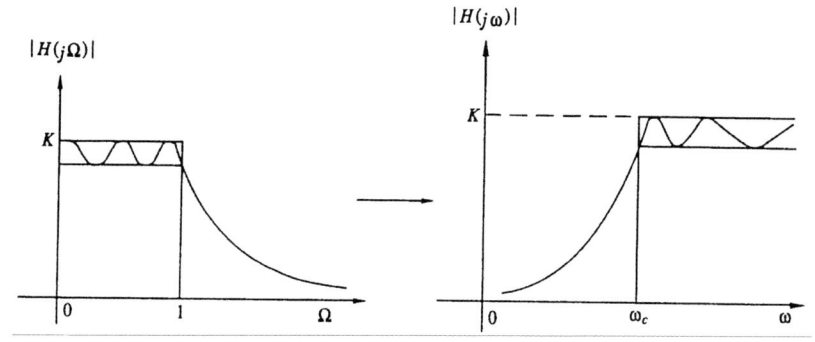

그림 5.4 저역통과 → 고역통과 변환을 통한 체비셰프 함수의 크기 특성

그림 5.3의 바터워스 함수의 경우 최대평탄 특성이 저역통과에서는 $\Omega=0$에서 나타나는데 반해 고역통과에서는 $\omega=\infty$에서 나타난다. 또한 체비셰프 함수의 경우에는 그림 5.4와 같이 등폭 리플 특성이 각각 통과역내에서 나타난다.

5.3 저역통과 → 대역통과 변환

저역통과 원함수 $H(S)$에서의 통과역 $-1 \leq \Omega \leq 1$이 대역통과 함수에서는 $\omega_1 \leq \omega \leq \omega_2$로 매핑되도록 한다. 여기서 ω_1은 하한주파수(Lower edge frequency)이고, ω_2는 상한주파수(Upper edge frequency)이다. 따라서 $B=\omega_2-\omega_1$은 대역폭(Bandwidth)이다. 저역통과 원함수의 $S=j0$이 대역통과 함수의 중심주파수 $s=j\omega_0$에 대응하고, 또 $S=j\infty$가 $s=j\infty$

5.3 저역통과 → 대역통과 변환

및

$s = 0$에 대응하도록 해주기 위해서는 변환식의 분자는 $(s^2 + \omega_0^2)$항을 갖으며 또 분자의 차수가 분모의 차수보다 높아야 한다. 이상의 조건을 만족시키는 가장 간단한 변환식은 다음과 같은 형태를 갖추어야 한다.

$$S = K \frac{s^2 + \omega_0^2}{s} \tag{5.6}$$

위 식의 계수 K와 대역폭 B 사이에 역관계가 성립될 때 다음과 같은 변환식을 얻는다.

$$S = \frac{s^2 + \omega_0^2}{Bs} \tag{5.7}$$

여기서 식(5.7)을 사용하면 대역통과 함수를 정확하게 얻을 수 있다는 것을 알아보자. 주파수상에서

$$j\Omega = \frac{\omega_0^2 - \omega^2}{jB\omega} \tag{5.8a}$$

또는

$$\Omega = \frac{\omega^2 - \omega_0^2}{B\omega} \tag{5.8b}$$

위 식(5.8)에서 $\Omega = 0$는 $\omega = \pm\omega_0$에 대응한다. $\Omega = \pm 1$에 대응하는 ω 축상의 점을 찾기 위하여 $\Omega = \pm 1$을 식(5.8b)에 대입하여 ω에 관하여 풀어 보자.

$$\pm 1 = \frac{\omega^2 - \omega_0^2}{B\omega} \tag{5.9a}$$

$$\omega^2 \pm B\omega - \omega_0^2 = 0 \tag{5.9b}$$

식(5.9)는 4개의 답이 나오는데 그 중에서 주파수의 크기가 0 보다 큰 2개를 선택하여 하한주파수 ω_1 및 상한주파수 ω_2를 정한다.

$$\omega_1 = -\frac{1}{2}B + \sqrt{\frac{1}{4}B^2 + \omega_0^2} \tag{5.10a}$$

$$\omega_2 = +\frac{1}{2}B + \sqrt{\frac{1}{4}B^2 + \omega_0^2} \qquad (5.10b)$$

5.3 저역통과 → 대역통과 변환

중심주파수 ω_0과 대역폭 B가 주어질 때 ω_1과 ω_2는 다음 식을 통해 얻을 수 있다. 주파수 변환에 따르는 크기 특성을 매핑해 보면 **그림 5.5**와 같다.

$$B = \omega_2 - \omega_1 \tag{5.11}$$

$$\omega_0 = \sqrt{\omega_1 \omega_2} \tag{5.12}$$

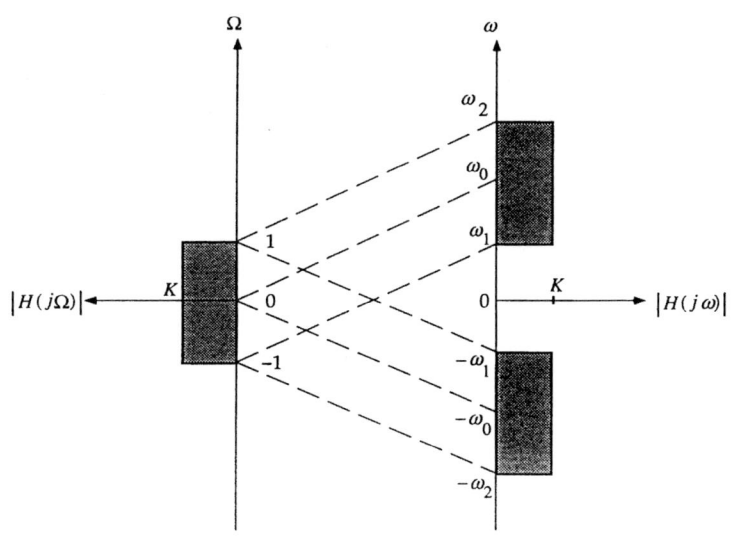

그림 5.5 저역통과 → 대역통과 변환

식(5.12)에서 중심주파수는 상한주파수와 하한주파수의 기하학적 평균치이다. 그러나 아주 협소한 대역폭(Narrow bandwidth)일 경우에는 다음과 같이 대수학적 평균치로 근사(Approximate)된다.

$$\omega_0 \approx \frac{1}{2}(\omega_1 + \omega_2) \quad B \ll \omega_0 \text{ 일 때} \tag{5.13}$$

대역통과 함수는 식(5.7)을 이용하여 다음과 같이 얻는다.

$$H(s) = H(S)\Big|_{S = \frac{s^2 + \omega_0^2}{Bs}} \tag{5.14}$$

식(5.7)의 변환식은 2차 함수이기 때문에 대역통과 함수의 차수는 저역통과 원함수의 차수의 2배로 되며 항상 짝수이다.

<예제 5.3> 6차 버터워스 대역통과 함수를 구하라. 중심주파수는 1 rad/sec이고, 대역폭은 0.5이다.

풀이 : $\omega_0 = 1$, $B = 0.5$이므로 식(5.7)에 의하여 변환 관계식을 구하여 부록에서 얻은 3차 저역통과 원함수 $H(S)$에 대입한다.

$$H(s) = \left. \frac{1}{S^3 + 2S^2 + 2S + 1} \right|_{S = \frac{2(s^2+1)}{s}}$$

$$= \frac{0.125 \, s^3}{s^6 + s^5 + 3.5 s^4 + 2.125 s^3 + 3.5 s^2 + s + 1}$$

<예제 5.4> 아래 명세조건을 만족시키는 4차 체비셰프 대역통과 함수를 구하라. 통과역 파상 $\alpha_p = 2$ dB, 하한주파수 $\omega_1 = 1$ rad/sec, 상한주파수 $\omega_2 = 4$ rad/sec이다.

풀이 : 식(5.11)과 식(5.12)에 의하여

$$B = \omega_2 - \omega_1 = 3 \, \text{rad/sec}$$

$$\omega_0 = \sqrt{\omega_1 \omega_2} = 2 \, \text{rad/sec}$$

부록에서 2차 체비셰프 저역통과 원함수 $H(S)$를 얻고 식(5.7)에 대입한다.

$$H(s) = \left. \frac{0.6538}{S^2 + 0.8038 S + 0.8231} \right|_{S = \frac{s^2+4}{3s}}$$

$$= \frac{5.8842 \, s^2}{s^4 + 2.411 s^3 + 15.41 s^2 + 9.646 s + 16}$$

원함수가 전극점 함수일 때 변환된 대역통과 함수의 일반 형태는 다음과 같다.

$$H(s) = \frac{K s^{n/2}}{s^n + a_{n-1} s^{n-1} + \cdots + a_1 s + a_0} \tag{5.15}$$

주파수 변환을 통하여 대역통과 함수를 구하는 것은 쉬워도 그 함수의 극점을 찾아내는 것은 쉽지 않다. 부록 F에 몇 가지 전형적인 대역통과 함수의 극점과 인수항을 표로 작성하였다. 이 표에서는 중심주파수가 $\omega_0 = 1$ rad/sec로 정규화 되었고, 대역폭도 ω_0로 정규화된 것이다. 버터워스 함수의 경우 $\omega_0 = 1$일 때는 저역통과 함수의 분모 계수가 대칭을 이루었듯이 예제 5.3에서의 대역통과 함수의 분모 계수도 중간 항을 중심으로 대칭을 이룬다.

그림 5.6은 10차 바터워스와 체비셰프 대역통과 필터 특성을 비교한 것으로 진폭 크기 특성이 체비셰프가 한계(Edge) 주파수 근방에서 감쇠율이 우수하다. 또한 저역통과와 같이 중심주파수를 중심으로 통과역내에서 바터워스 필터는 최대평탄하고 체비셰프 필터는 증폭 리플을 이룬다.

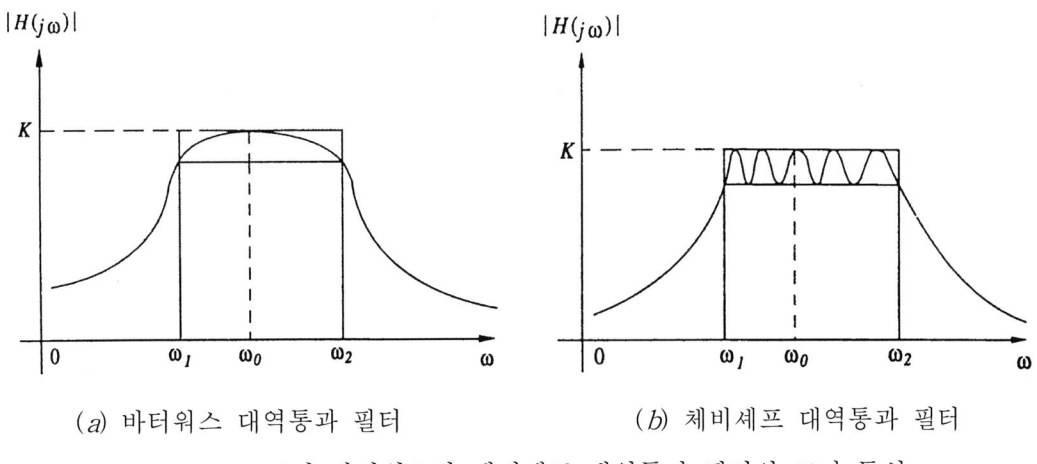

(a) 바터워스 대역통과 필터   (b) 체비셰프 대역통과 필터

그림 5.6 10차 바터워스와 체비셰프 대역통과 필터의 크기 특성

차수가 높아짐에 따라 저역통과 함수의 크기 곡선의 경사가 차단주파수($\Omega = 1$)에서 커진다. 그런데 이 주파수는 ω_1 및 ω_2에 매핑되므로 이 두 주파수에서의 경사도 커져서 결국 이상적인 크기 특성에 가까워진다.

5.4 극점 Q와 극점 주파수

식(5.15)를 분해할 때 대역통과 함수는 $n/2$개의 2차 대역통과 함수의 곱으로 표현된다.

$$H(s) = K\prod_{i=1}^{n/2}\frac{s}{(s-p_i)(s-\overline{p_i})} = \prod_{i=1}^{n/2}\frac{K_i s}{s^2 + a_i s + b_i} \tag{5.16}$$

전체함수 $H(s)$는 각 2차 함수가 갖는 역할을 종합한 것이다. 즉 $H(s)$의 크기는 각 2차 함수의 크기를 곱한 것이고, $H(s)$의 위상은 각 2차 함수의 위상을 합한 것으로 된다.

이 사실은 물론 대역통과 함수뿐만 아니라 모든 고차 함수에 공통으로 적용되는 사항이다. 그러므로 2차 함수를 상세히 이해한다는 것은 아주 중요한 일이다. 여기서는 편의상 대역통과 함수를 사용하여 2차 함수를 설명한다. 우선 2차 대역통과 함수를 식(5.17)과 같이 표기하고 그의 극점을 그림 5.7에 그려보자.

$$H(s) = \frac{K_1 s}{(s-p_1)(s-\overline{p_1})} = \frac{K_1 s}{s^2 + a_1 s + b_1} \tag{5.17}$$

여기서 $p_1 = -\sigma_1 + j\omega_1$ 이고 $\overline{p_1}$는 공액복소수이므로 $a_1 = 2\sigma_1$, $b_1 = \sigma_1^2 + \omega_1^2$ 이다.

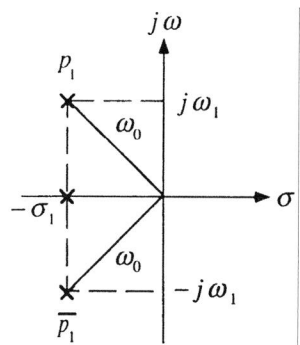

그림 5.7 극점 Q와 극점 주파수 ω_0

그림 5.7에서 극점 주파수 ω_0는 극점의 절대치(크기)이고, 극점 Q(이제부터는 단순히 Q라고 부르기로 함)는 극점이 상대적으로 $j\omega$ 축에 얼마나 가까운 각도를 이루고 있는가를 표시하는 지수이다. 이 두 가지 극점 파라미터는 다음과 같이 정의된다.

$$\omega_0 = \sqrt{\sigma_1^2 + \omega_1^2} \tag{5.18}$$

$$Q = \frac{\omega_0}{2\sigma_1} \tag{5.19}$$

2차 대역통과 함수의 크기는 $s = j\omega_0$에서 최대가 된다.(연습문제 5.2 참조) 이 최대치가 1이 되도록 $K_1 = \omega_0/Q$로 정하고, 식(5.18)과 식(5.19)를 사용하여 2차 대역통과 함수를 다시 써 보면 다음과 같다.

$$H(s) = \frac{\dfrac{\omega_0}{Q} s}{s^2 + \dfrac{\omega_0}{Q} s + \omega_0^2} \tag{5.20}$$

여기서 2차 대역통과 함수의 크기 $|H(j\omega)|$가 $1/\sqrt{2}$로 되는 2개의 주파수의 차이를 대역폭 B라고 할 때 ω_0/Q와 같다.

$$B = \frac{\omega_0}{Q} \tag{5.21}$$

이때 중심 주파수를 정규화하여 $\omega_0 = 1$ rad/sec로 해줄 때 $H(s)$는 Q의 함수로서 간단하게 표시되며 B와 Q는 역관계를 갖는다.

$$H(s) = \frac{\dfrac{1}{Q}s}{s^2 + \dfrac{1}{Q}s + 1} \tag{5.22}$$

$$B = \frac{1}{Q} \tag{5.23}$$

식(5.23)에서와 같이 Q가 커지면 대역폭 B는 역비례로 작아진다. 그림 5.8은 식(5.22)의 크기 $|H(j\omega)|$와 위상 $\phi(\omega)$ 특성으로 Q값이 커질수록, 다시 말해서 B가 작아질수록 크기 특성이 첨예해지고 위상 특성은 비선형적으로 변화한다.

대역통과 함수의 분석과 관찰은 2차 저역통과 함수, 고역통과 함수에도 똑같이 적용된다.

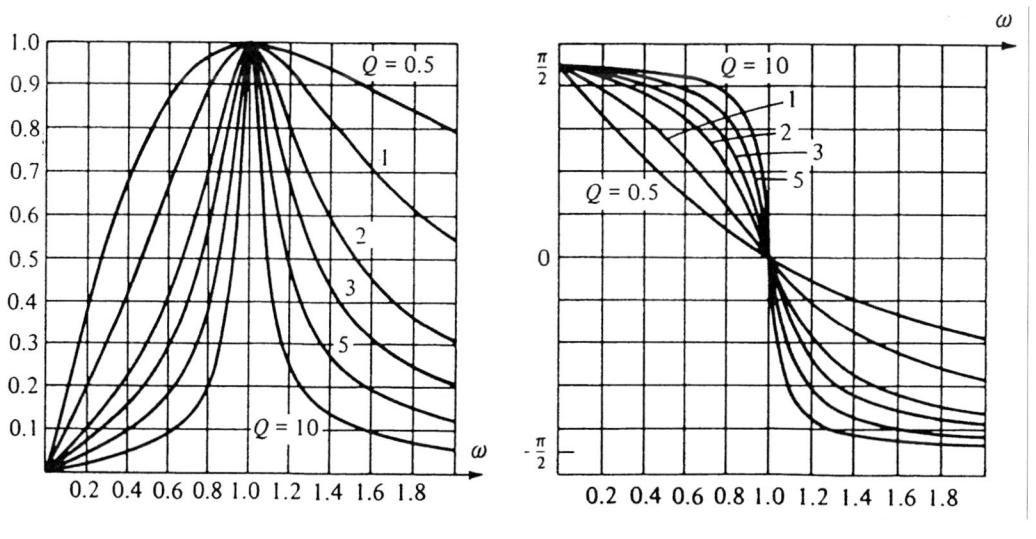

(a) 크기 특성　　　　　　　　(b) 위상 특성

그림 5.8 2차 대역통과 필터 함수의 여러가지 Q값에 관한 특성 변화

5.5 저역통과 → 대역저지 변환

저역통과 함수와 고역통과 함수사이의 주파수 변환식이 서로 역관계를 갖듯이 대역통과 함수와 대역저지 함수 사이에도 변환식에 있어 역관계가 성립된다. 이 사실은 대역통과 함수의 통과역이 대역저지 함수의 저지역으로 변환하고 저지역은 통과역으로 전환된다는 것을 생각하면 명백해진다. 따라서 저역통과 원함수로부터 대역저지 함수를 얻기 위한 주파수 변환은 식(5.7)의 역함수를 취하면 된다.

$$S = \frac{Bs}{s^2 + \omega_0^2} \tag{5.24}$$

여기서도 $S = j\Omega$로, 그리고 $s = j\omega$로 해 주면

$$j\Omega = j\frac{B\omega}{\omega_0^2 - \omega^2} \tag{5.25a}$$

또는

$$\Omega = \frac{B\omega}{\omega_0^2 - \omega^2} \tag{5.25b}$$

식(5.25)에서 $\Omega = 0$은 $\omega = 0$과 $\omega = \pm\infty$에 대응하고, $\Omega = \pm\infty$는 $\omega = \pm\omega_0$에 대응한다. $\Omega = \pm 1$에 대응하는 ω를 찾기 위하여 식(5.25)를 풀어보면 다음과 같다.

$$\omega^2 \pm B\omega - \omega_0^2 = 0 \tag{5.26}$$

위 식은 대역통과 함수의 식(5.9)와 동일하므로 하한주파수와 상한주파수도 역시 대역통과 함수의 경우에서 얻은 식(5.10)과 같아야 한다.

$$\omega_1 = -\frac{1}{2}B + \sqrt{\frac{1}{4}B^2 + \omega_0^2} \tag{5.27a}$$

$$\omega_2 = +\frac{1}{2}B + \sqrt{\frac{1}{4}B^2 + \omega_0^2} \tag{5.27b}$$

그림 5.9는 저역통과 함수를 대역저지 함수로 변환 때의 크기 특성을 매핑한 것이다. 대역폭과 중심주파수의 정의식도 대역통과 함수와 같다.

$$B = \omega_2 - \omega_1 \tag{5.28}$$

$$\omega_0 = \sqrt{\omega_1 \omega_2} \tag{5.29}$$

5.5 저역통과 → 대역저지 변환

단 대역통과의 경우 ω_0는 통과가 가장 잘되는 주파수인데 반하여 대역저지의 경우에서는 ω_0는 저지가 완전하게 이루어지는 주파수이다.

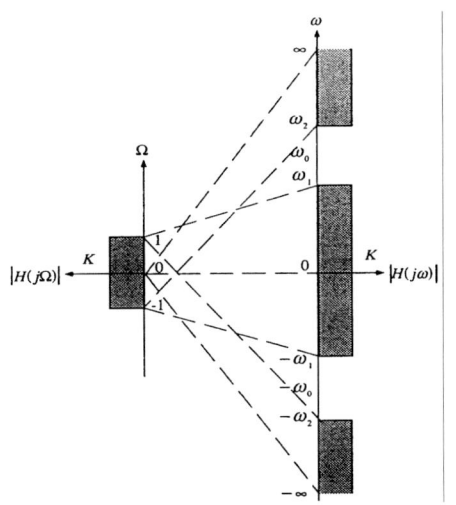

그림 5.9 저역통과 → 대역저지 변환

그림 5.9는 이상적인 저역통과 특성이 이상적인 대역저지 특성으로 변환되는 것이고, 실제적인 경우의 바터워스 함수와 체비셰프 함수는 **그림 5.10** 및 **그림 5.11**과 같다.

저역통과 함수의 차수가 높아지면 크기 곡선의 경사는 차단주파수($\Omega = 1$)에서 커진다. 그런데 이 주파수는 ω_1 및 ω_2에 매핑되므로 이 두 주파수에서 대역저지 함수의 크기 곡선의 경사도 점점 커져서 결국 이상적인 크기 특성에 가까워진다. 저역통과 원함수로부터 대역저지 필터 함수를 얻는 방법은 식(5.25)를 이용하여 다음과 같이 구한다.

$$H(s) = H(S)\big|_{S = \frac{Bs}{s^2 + \omega_0^2}} \tag{5.30}$$

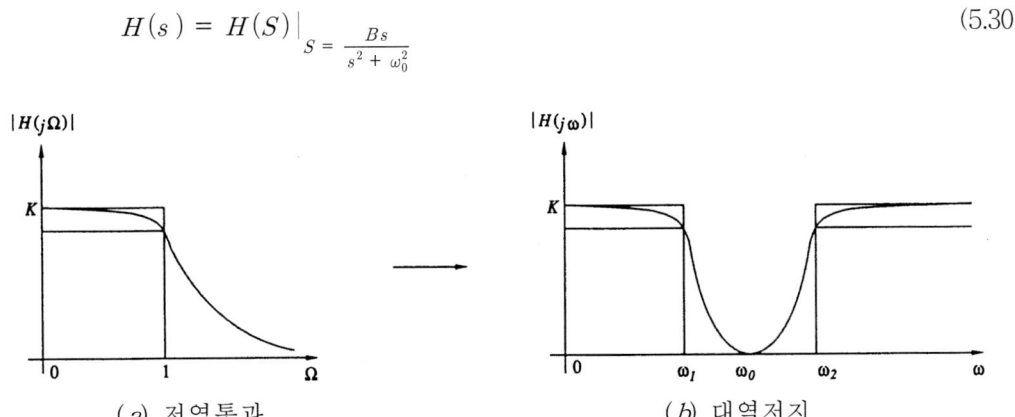

(a) 저역통과   (b) 대역저지

그림 5.10 저역통과 → 대역저지 변환을 통한 바터워스 함수의 크기 특성

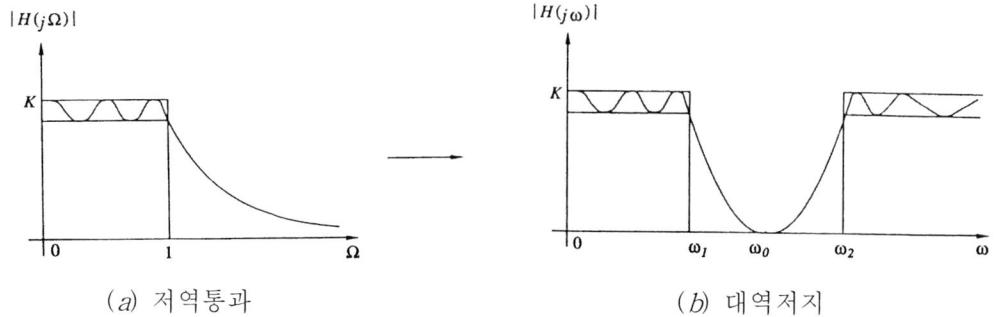

(a) 저역통과 (b) 대역저지

그림 5.11 저역통과 → 대역저지 변환을 통한 체비셰프 함수의 크기 특성
(저역통과 함수의 차수가 5차인 경우)

<예제 5.5> 2차 대역저지 필터 함수를 구하고, 크기 특성 및 위상 특성을 여러 가지 Q값에 관하여 어떻게 변화하는지를 그려라.

풀이 : 우선 1차인 저역통과 원함수 $H(S)$를 얻은 다음 주파수 변환을 한다.

$$H(S) = \frac{K}{(S+1)}, \ H(s) = H(S)\Big|_{S=\frac{Bs}{s^2+\omega_0^2}}$$

2차 대역저지 함수의 크기 최대치가 1이 되도록 $K=1$로 정하고 $B=\omega_0/Q$를 써서 2차 함수를 표시하면

$$H(s) = \frac{s^2 + \omega_0^2}{s^2 + \frac{\omega_0}{Q}s + \omega_0^2} \tag{5.31}$$

위 식에서 중심주파수를 $\omega_0 = 1$ rad/sec로 정규화 해준 후 크기와 위상 특성을 여러가지 Q값에 관하여 그려보면 그림 5.12와 같다.

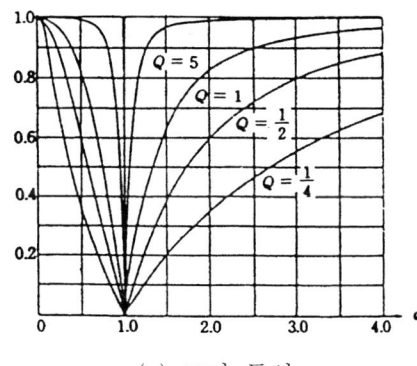
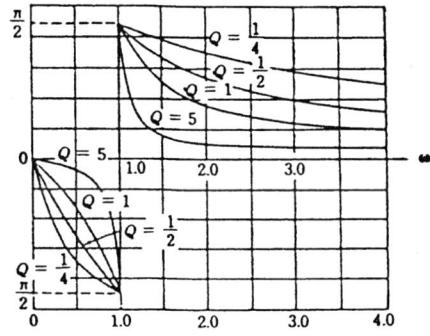

(a) 크기 특성 (b) 위상 특성

그림 5.12 2차 대역저지 필터 함수의 Q값에 따른 특성 변화

5.5 저역통과 → 대역저지 변환

그림 5.12(a)와 같이 크기 특성의 모양이 V자형으로 되어 있어 2차 대역저지 필터를 흔히 놋치 필터(Notch filter)라고 부른다. Q의 값이 커짐에 따라 저역통과와 같이 크기가 첨예해지고 위상 곡선의 곡율이 더 높아지는 것을 볼 수 있다. 다음에는 예제 5.6을 통하여 4차 대역저지 필터 함수의 성질을 알아보고 이어서 고차함수의 형태를 구해보자.

<예제 5.6> 통과역에서의 감쇠가 1 dB인 4차 바터워스 대역저지 필터 함수를 구하라. 중심주파수는 $\omega_0 = 1$ rad/sec이고 $B = 0.1$이다.

풀이 : 2차인 저역통과를 원함수로 한다. 이때 통과역에서의 감쇠가 3 dB가 아닌 1 dB이므로 거기에 해당하는 변환을 먼저 해준다.

$$S \to \epsilon^{\frac{1}{2}} s = \sqrt{0.5089}\, s = 0.7133\, s$$

$$H(S) = \frac{1}{S^2 + \sqrt{2}\, S + 1} \bigg|_{S=0.7133s} = \frac{1}{(0.7133S)^2 + \sqrt{2}\,(0.7133S) + 1}$$

여기서 변환식을 $H(S)$에 대입하여 4차 대역저지 함수를 얻는다.

$$H(s) = \frac{1}{\left(0.7133 \dfrac{0.1s}{s^2+1}\right)^2 + \sqrt{2}\left(0.7133 \dfrac{0.1s}{s^2+1}\right) + 1}$$

$$= \frac{(s^2+1)^2}{s^4 + 0.1009 s^3 + 2.0051 s^2 + 0.1009 s + 1}$$

능동 회로로 합성하기 위해서는 분모다항식을 분해하고 위 함수를 2개의 2차 대역저지 필터 함수의 곱으로 만든다.

$$H(s) = \frac{(s^2+1)}{[(s+0.0246)^2 + 0.9748^2]} \cdot \frac{(s^2+1)}{[(s+0.0259)^2 + 1.0252^2]}$$

능동 회로로 합성하기 위해서는 분모다항식을 분해하고 위 함수를 2개의 2차 대역저지 필터 함수의 곱으로 만들어 준다. 예제 5.5와 5.6에서 확인한 것과 같이 원함수가 전극점 함수일 때 변환된 대역저지 함수의 일반식은 다음과 같다.

$$H(s) = \frac{K(s^2 + \omega_0^2)^{n/2}}{s^n + a_{n-1}s^{n-1} + \cdots + a_1 s + a_0} \tag{5.32}$$

변환식(5.24)의 특성상 대역저지 함수의 차수는 항상 짝수이며 저역통과 함수 차수의 2배이다.

5.6 주파수 변환에 따른 소자 변환

지금까지는 4가지 주파수 변환을 통하여 새로운 필터 함수를 얻는 방법을 설명하였다. 이 절에서는 주파수 변환이 수동 필터 회로망의 LC 소자값에 어떠한 영향을 주는가를 생각해보자. 정규화된 저역통과 필터(소자값이 이미 표로 명시되어 있음)로부터 해정규화(Denormalization)된 저역통과, 고역통과, 대역통과, 대역저지 필터 등을 직접(해당 함수를 각각 구한 다음 회로망 합성법을 사용하지 않고) 얻을 수 있기 때문이다.

정규화된 저역통과 원필터 내의 인덕터 값을 L 헨리라 하고 커패시터 값을 C 패럿이라 하자.

(a) 주파수 신축 : $S = \dfrac{s}{\omega_c}$

L과 C의 임피던스에 다음과 같은 변환이 일어난다.

$$LS \rightarrow L\frac{s}{\omega_c} \qquad L \rightarrow \frac{L}{\omega_c}$$

$$\frac{1}{CS} \rightarrow \frac{1}{C\dfrac{s}{\omega_c}} \qquad C \rightarrow \frac{C}{\omega_c}$$

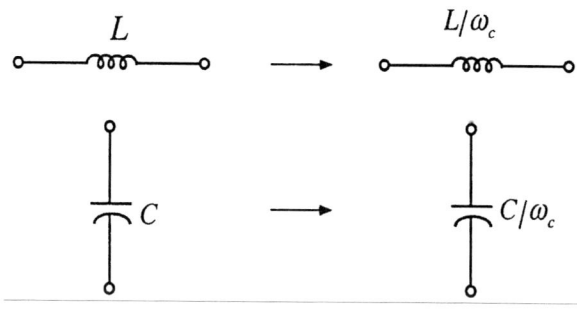

그림 5.13 주파수 신축에 따른 소자 변환

저역통과 원필터 내의 모든 인덕턴스와 모든 커패시턴스를 ω_c로 나누어주면 새로운 필터의 차단주파수가 ω_c rad/sec로 된다.

5.6 주파수 변환에 따른 소자 변환

(b) 저역통과 → 고역통과 변환 : $S = \dfrac{\omega_c}{s}$

L과 C의 임피던스에 다음과 같은 변환이 일어난다.

$$LS \to \dfrac{L\omega_c}{s} \qquad \dfrac{1}{CS} \to \dfrac{1}{C\omega_c/s}$$

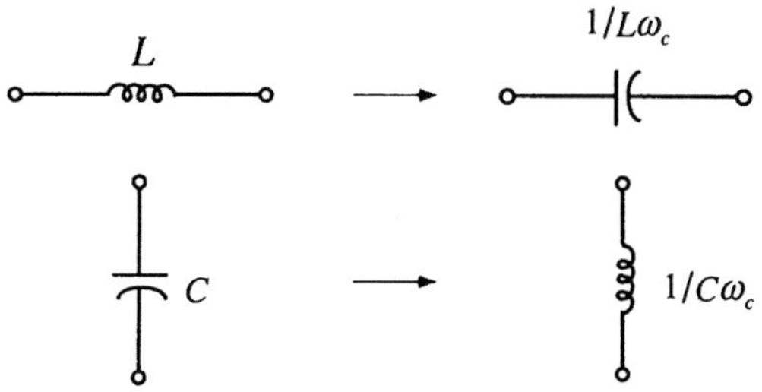

그림 5.14 저역통과 → 고역통과 변환에 따른 소자 변환

저역통과 원필터 내의 L 헨리 인덕터 대신에 $1/L\omega_c$ 패럿의 커패시터로 변환하고, C 패럿 커패시터 대신에 $1/C\omega_c$ 헨리의 인덕터로 변환하면 새로운 회로망은 차단주파수가 ω_c rad/sec인 고역통과 필터로 된다.

(c) 저역통과 → 대역통과 변환 : $S = \dfrac{s^2 + \omega_0^2}{Bs}$

L과 C의 임피던스에 다음과 같은 변환이 일어난다.

$$LS \to L\dfrac{s^2 + \omega_0^2}{Bs} = \dfrac{L}{B}s + \dfrac{\omega_0^2 L}{Bs}$$

$$\dfrac{1}{CS} \to \dfrac{Bs}{C(s^2 + \omega_0^2)} = \dfrac{1}{\dfrac{C}{B}s + \dfrac{\omega_0^2 C}{Bs}}$$

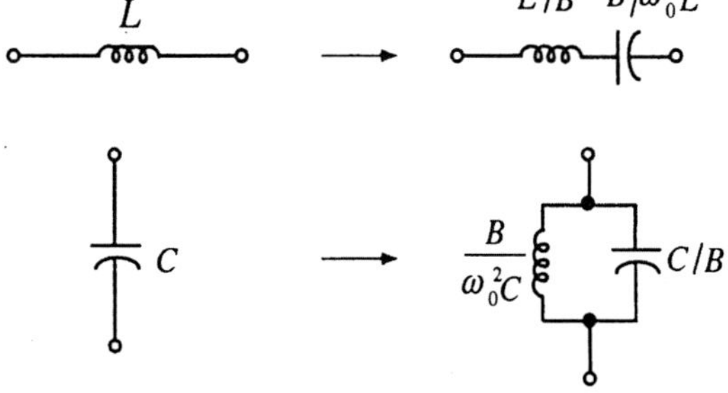

그림 5.15 저역통과 → 대역통과 변환에 따른 소자 변화

저역통과 원필터내의 L 헨리 인덕터 대신에 L/B 헨리의 인덕터와 $B/\omega_0^2 L$ 패럿의 커패시터가 직렬연결된 것으로 변환하고, C 패럿 커패시터 대신에 $B/\omega_0^2 C$ 헨리와 C/B 패럿이 병렬연결된 것으로 변환시켜 주면 새로운 회로망은 중심주파수가 ω_0이고 대역폭이 B인 대역통과 필터로 된다.

(d) 저역통과 → 대역저지 변환 : $S = \dfrac{Bs}{s^2 + \omega_0^2}$

L과 C의 임피던스에 다음과 같은 변환이 일어난다.

$$LS \to L\frac{Bs}{s^2+\omega_0^2} = \frac{1}{\dfrac{1}{BL}s + \dfrac{\omega_0^2}{BLs}}$$

$$\frac{1}{CS} \to \frac{s^2+\omega_0^2}{BCs} = \frac{1}{BC}s + \frac{\omega_0^2}{BCs}$$

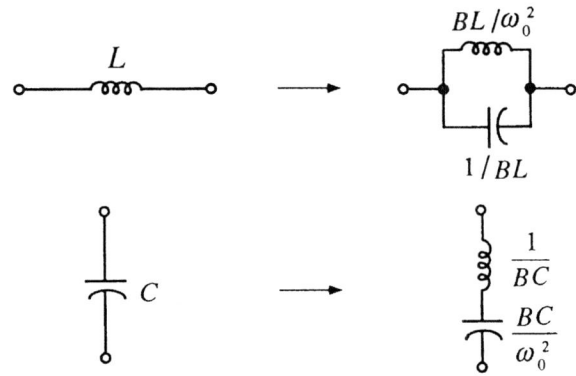

그림 5.16 저역통과 → 대역저지 변환에 따른 소자 변환

저역통과 원필터내의 L 헨리 인덕터 대신에 BL/ω_0^2 헨리의 인덕터와 $1/BL$ 패럿의 커패시터가 병렬연결된 것으로 변환하고, C 패럿 커패시터 대신에 $1/BC$ 헨리와 BC/ω_0^2 패럿이 직렬연결된 것으로 변환시켜 주면 새로운 회로망은 중심주파수가 ω_0이고 대역폭이 B인 대역저지 필터로 된다.

이 장에서는 아주 유용한 4가지의 주파수 변환법을 알아보았다. 이 변환법을 이용하여 이미 3 장에서 얻은 저역통과 원함수로부터 고역통과, 대역통과, 대역저지 등의 함수를 쉽게 구할 수 있음을 알아보았다.

5.6 주파수 변환에 따른 소자 변환

또한 저역통과 함수의 크기 특성과 변환법을 통하여 얻은 새로운 함수의 크기 특성이 서로 어떻게 대응하는가를 매핑을 통하여 분석하였다.

대역통과 함수나 대역저지 함수의 차수는 저역통과 원함수의 차수의 2배로서 항상 짝수이다.

수동 필터를 설계하기 위해서는 저역통과 원함수를 회로망 합성법으로 실현하여 소자값을 표로 만들 수 있다. 고역통과, 대역통과, 대역저지 등과 같은 필터는 그에 해당하는 필터 함수를 구하는 과정 없이 저역통과 필터 회로와 소자값을 변환하여 직접 구할 수 있다. 이는 수동 필터에 관한 특수한 성질로 6장에서 더 상세히 알아보기로 하자.

능동 필터 설계법 중에서 필터 함수를 2차 함수의 곱으로 나타내고, 각각의 2차 함수를 실현하여 종속연결(Cascade connection)해주는 설계법이 있다. 종속연결법을 이용한 고차 능동 필터의 설계를 위해 2차 함수의 Q와 그에 관한 특성 변화도 검토해 보았다.

표 5.1은 저역통과 필터가 이미 합성되어 있을 때 그로부터 다른 필터 회로를 직접 구할 수 있도록 하였다.

표 5.1 주파수 변환에 따른 소자 변환

저역통과 원함수 소자	주파수 신축	고역통과 필터 소자	대역통과 필터 소자	대역저지 필터 소자
S	$S = \dfrac{s}{\omega_c}$	$S = \dfrac{\omega_c}{s}$	$S = \dfrac{s^2 + \omega_0^2}{Bs}$	$S = \dfrac{Bs}{s^2 + \omega_0^2}$
L	L/ω_c	$1/L\omega_c$	$L/B \quad B/\omega_0^2 L$	BL/ω_0^2 , $1/BL$
C	C/ω_c	$1/C\omega_c$	$\dfrac{B}{\omega_0^2 C} \quad C/B$	$\dfrac{1}{BC}$, $\dfrac{BC}{\omega_0^2}$

연 습 문 제

5.1 통과역에서의 리플이 2 dB인 3차 체비셰프 고역통과 함수를 구하라.

풀이 :

부록 B의 표2로 부터 저역통과 원함수를 구한다.

$$H(S) = \frac{0.32689007}{S^3 + 0.73782158 S^2 + 1.02219034 S + 0.32689007}$$

고역통과 함수는

$$H(s) = H(S)|_{S=\frac{1}{s}} = \frac{s^3}{s^3 + 3.1270095 s^2 + 2.2570895 s + 3.0591265}$$

5.2 2차 대역통과 함수가 다음과 같다.

$$H(s) = \frac{KBs}{s^2 + Bs + \omega_0^2}$$

(a) $|H(j\omega)|$가 최대치로 되는 주파수와 $|H(j\omega)|$의 최대치를 구하라.

(b) $|H(j\omega)|$ 곡선을 ω에 관하여 그려라.

풀이 :

(a) $|H(j\omega)|$가 최대치로 되는 주파수와 $|H(j\omega)|$의 최대치를 구하라.

$$H(j\omega) = \frac{jKB\omega}{(\omega_0^2 - \omega^2) + jB\omega} \quad \therefore \ H(j\omega) = \frac{KB\omega}{\sqrt{(\omega_0^2 - \omega^2)^2 + (B\omega)^2}}$$

$\omega = \omega_0$일 때 분모가 제일 작아져 $|H(j\omega)|$가 최대치가 된다.

$|H(j\omega)|_{\max} = K$

(b) $|H(j\omega)|$ 곡선을 ω에 관하여 그려라.

$$\omega_1 = -\frac{B}{2} + \frac{\sqrt{B^2 + 4\omega_0^2}}{2} \quad \omega_2 = \frac{B}{2} + \frac{\sqrt{B^2 + 4\omega_0^2}}{2}$$

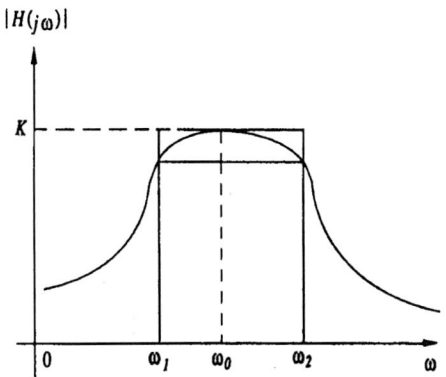

5.3 그림 5.17에서 다음을 구하시오.

(a) 회로의 전달함수 V_2/V_1을 구하고, 이 회로가 3차의 바터워스 저역통과 필터임을 확인하라.

(b) 소자변환법을 이용하여 위 회로로부터 $\omega_c = 1,000$ rad/sec인 고역통과 필터를 구하라.

(c) 소자변환법을 이용하여 위 회로로부터 중심주파수가 $\omega_0 = 100,000$ rad/sec이고, 대역폭이 $B = 10,000$ rad/sec인 대역통과 필터를 구하라. 저항값을 1 kΩ로 하라.

(d) 소자변환법을 이용하여 위 회로로부터 중심주파수가 $\omega_0 = 5,000$ rad/sec이고, 대역폭이 $B = 1,000$ rad/sec인 대역저지 필터를 구하라. 이 필터의 하한주파수 ω_1과 상한주파수 ω_2를 구하라.

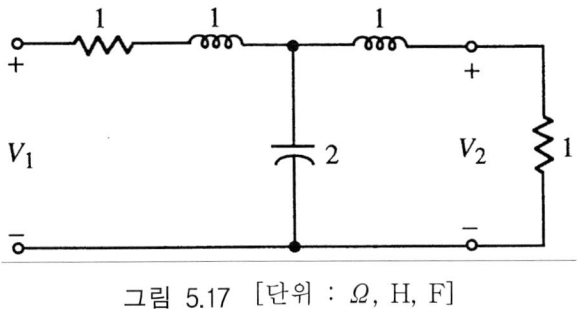

그림 5.17 [단위 : Ω, H, F]

풀이 :

(a) 회로의 전달함수 V_2/V_1을 구하고, 이 회로가 3차의 바터워스 저역통과 필터임을 확인하라.

$$\frac{V_2}{V_1} = \frac{\frac{1}{2}}{s^3 + 2s^2 + 2s + 1} \quad : 3차 \text{ 바터워스 함수}$$

(b) 소자변환법을 이용하여 위 회로로부터 $\omega_c = 1,000$ rad/sec인 고역통과 필터를 구하라.

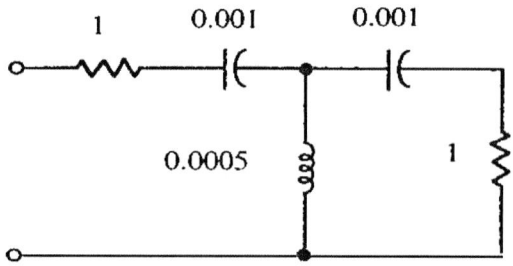

(c) 소자변환법을 이용하여 위 회로로부터 중심주파수가 $\omega_0 = 100,000$ rad/sec이고, 대역폭이 $B = 10,000$ rad/sec인 대역통과 필터를 구하라. 저항값을 1 kΩ로 하라.

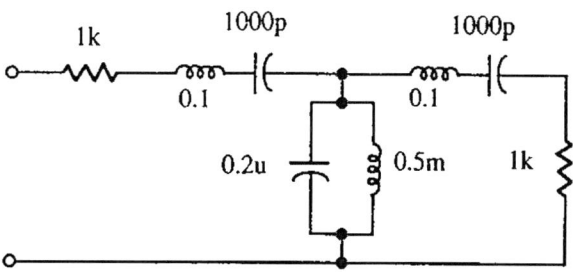

(d) 소자변환법을 이용하여 위 회로로부터 중심주파수가 $\omega_0 = 5,000$ rad/sec이고, 대역폭이 $B = 1,000$ rad/sec인 대역저지 필터를 구하라. 이 필터의 하한주파수 ω_1과 상한주파수 ω_2를 구하라.

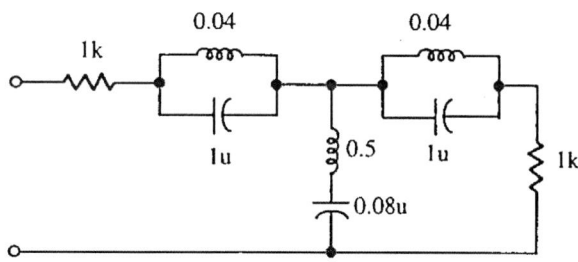

하한주파수 $\omega_1 = 4,525$ rad/sec, 상한주파수 $\omega_2 = 5,525$ rad/sec

5.4 통과역에서 리플이 2 dB인 6차의 대역통과 함수를 구하고 그 크기 곡선을 그려라. 하한주파수는 $\omega_1 = 2,000$ rad/sec 이고 상한주파수는 $\omega_2 = 8,000$ rad/sec 이다.

풀이 : 부록 B의 표 2로 부터 3차의 저역통과 원함수를 얻는다.

$$H(S) = \frac{K}{S^3 + 0.7378216 S^2 + 1.0221903 S + 0.3268901}$$

6차의 대역통과 함수를 얻기 위하여

$$B = \omega_2 - \omega_1 = 8,000 - 2,000 = 6,000$$

$$\omega_0 = \sqrt{\omega_2 \omega_1} = 4,000$$

그러므로 위 식 $H(S)$의 S 대신에

$$S = \frac{s^2 + (4,000)^2}{6,000 s}$$ 를 대입하면 구할 수 있다.

5.5 2차 저역통과 원함수를 다음과 같이 표기하자.

$$H(S) = \frac{K}{S^2 + \frac{\omega_0}{Q} S + \omega_0^2}$$

저역통과 → 대역통과 주파수변환을 시켜 줄 때 4차 대역통과 함수를 얻는다.

(a) 이때 생기는 4개의 극점과 원함수의 2개의 극점사이의 관계를 식으로 구하라.
(b) 위에 얻은 4차 대역통과 함수를 2개의 2차 대역통과 함수의 곱으로 표기할 수 있다. 이때 2개 함수의 Q값이 동일함을 증명하라.

5.6 4차의 대역통과 타원 필터 함수를 구하라. 통과역 및 저지역에서의 감쇠는 각각 $\alpha_p = 1$ dB, $\alpha_s = 17$ dB 이다

제 6 장 수동 필터 회로

5 장에서는 3 장에서 근사법을 통하여 구한 여러가지 저역통과 함수를 주파수 변환을 사용하여 고역통과 함수, 대역통과 함수 및 대역저지 함수를 구하였다. 그런데 실제로 우리가 사용하는 것은 함수가 아니라 이들을 실현하여 얻어지는 필터인 것이다.

이 장에서는 주어진 함수를 수동 소자로 실현하는 방법으로 4장에서 언급한 바와 같이 필터 실현시 여러가지 장점을 갖는 제자형 회로망으로 저역통과 함수를 중심으로 실현해 보기로 하자. 특히 수동 필터 실현에 있어서 고역통과, 대역통과, 대역저지 필터 등은 저역통과 필터 회로로부터 소자 변환을 통하여 바로 얻을 수 있다.

6.1 저역통과 필터

저역통과 함수는 그 형태상으로 볼 때 2가지로 구별할 수 있다. 첫째로 바터워스 함수, 체비셰프 함수 및 벳셀-톰슨 함수등과 같이 전송영점이 모두 $s = \infty$에 존재하는 전극점 함수와 둘째로는 역 체비셰프 함수, 타원 필터 함수등과 같이 전송영점을 주로 $j\omega$축상에 갖는 유리함수가 있다.

실현된 필터의 회로망 형태로 볼 때도 단종단 회로망과 복종단 회로망 2 가지로 구분할 수 있다.

6.1.1 바터워스 필터

바터워스 함수는 부록 A의 표에서 바로 얻을 수 있다. 이 함수로부터 수동 회로로 실현하는 방법을 몇 가지 예제를 통하여 알아보고 회로망과 소자값을 표로 작성하여 필터 설계시에 쉽게 이용할 수 있도록 한다. 우선 수동 단종단 제자형 회로망으로 실현하는 예를 들어보자.

차수가 짝수일 때는 $y_{22}(\infty) = \infty$ 이므로 첫 소자는 커패시터 C_1이며 차수가 홀수일 때는 $y_{22}(\infty) = 0$이기 때문에 첫 소자가 직렬지로에 들어가는 인덕터 L_1'이다. 예제 6.1과 같은 방법으로 10차까지 계산한 단종단 바터워스 필터의 각 소자값은 **표 6.1 A**이다. 홀수 차수인 경우에는 각 소자에 점을 찍어서 짝수와 구별하였다.

<예제 6.1> 2차 및 3차의 바터워스 필터를 단종단 회로망으로 구하라.

풀이 : 부록 A에서 각 함수를 얻는다.

(a) $n=2$: (b) $n=3$:

$$\frac{V_2}{V_1} = \frac{K}{s^2 + \sqrt{2}\,s + 1} \qquad \frac{V_2}{V_1} = \frac{K}{s^3 + 2s^2 + 2s + 1}$$

다음에는 수동 단종단 회로망으로 실현하기 위해 4.3절의 합성 절차에 따라 y_{22}와 $-y_{21}$을 구한다.

$$\frac{V_2}{V_1} = \frac{\frac{K}{\sqrt{2}\,s}}{1 + \frac{s^2+1}{\sqrt{2}\,s}} = \frac{-y_{21}}{1+y_{22}} \qquad \frac{V_2}{V_1} = \frac{\frac{K}{s^3+2s}}{1 + \frac{2s^2+1}{s^3+2s}} = \frac{-y_{21}}{1+y_{22}}$$

$$y_{22} = \frac{s^2+1}{\sqrt{2}\,s} \quad -y_{21} = \frac{K}{\sqrt{2}\,s} \qquad y_{22} = \frac{2s^2+1}{s^3+2s} \quad -y_{21} = \frac{K}{s^3+2s}$$

y_{22}는 LC 구동점 어드미턴스 함수이다. 이때 전송영점이 모두 무한대에 존재하기 때문에 제 1 카우어형으로 연분수 전개하여 소자값을 구한다.

$C_1 = 0.7071$ F $L_1' = 0.5$ H

$L_2 = 1.4142$ H $C_2' = 1.3333$ F $L_3' = 1.5$ H

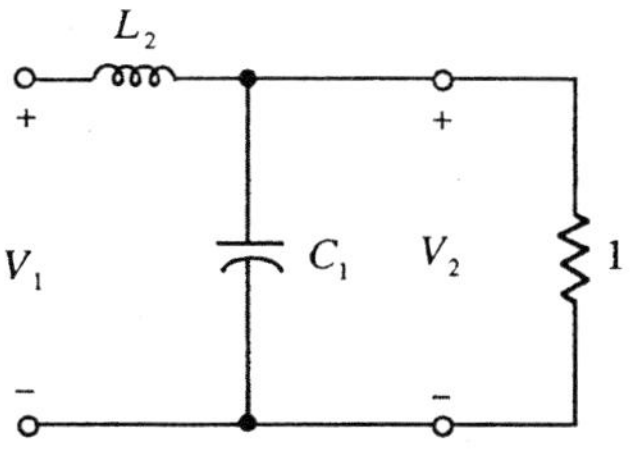

(a) $n=2$ 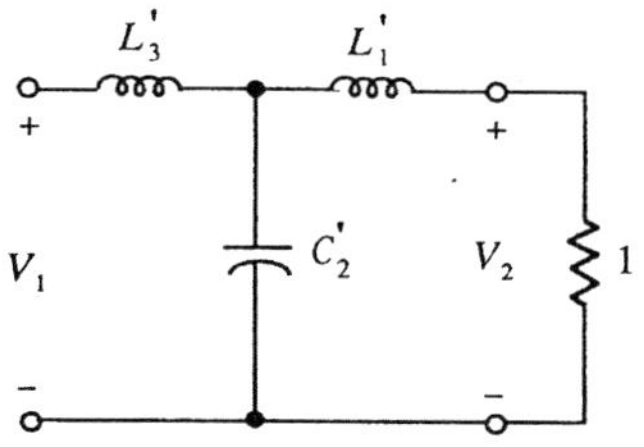   (b) $n=3$

그림 6.1 단종단 바터워스 필터

n차의 전극점 함수를 실현하는 단종단 회로망은 **그림 6.2**와 같다. 인덕터 수와 커패시터 수의 차는 n이 짝수일 때 0이고 홀수일 때는 1이다. 그리고 인덕터와 커패시터 소자를 합한 수는 항상 차수 n과 같다. 그러므로 소자 하나가 무한대에 있는 전송영점 한개를 실현해낸다. 이 사실은 복종단 회로망에서도 성립되므로 **그림 6.2**와 **그림 6.3**은 최소 소자 회로망이다. 다음에는 복종단 바터워스 필터를 구해보자.

6.1 저역통과 필터

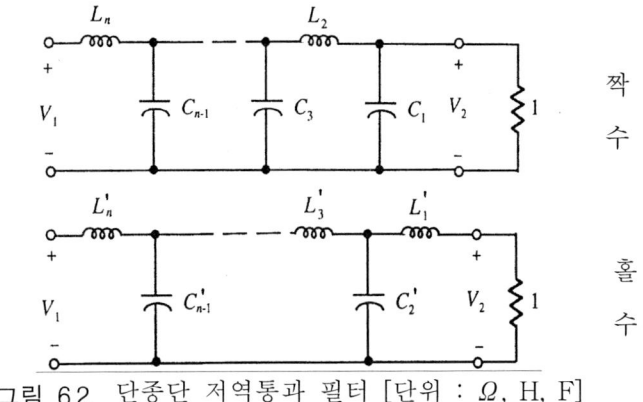

그림 6.2 단종단 저역통과 필터 [단위 : Ω, H, F]

복종단 저역통과 필터의 일반적인 회로망은 그림 6.2 회로망의 입력단에 저항을 추가해 주면 된다. 이 입력저항이 존재하기 때문에 이미 4장에서 전개한 바와 같이 입력저항 바로 다음에 커패시터가 접지되어 들어있는 또 한쌍의 회로망을 그릴 수 있다. 따라서 복종단 저역통과 필터로서는 그림 6.3과 그림 6.4의 두가지 형태의 회로망을 생각할 수 있다. 여기서는 $R_2 = 1\ \Omega$으로 정규화 했으므로 $R = R_1/R_2$이다.

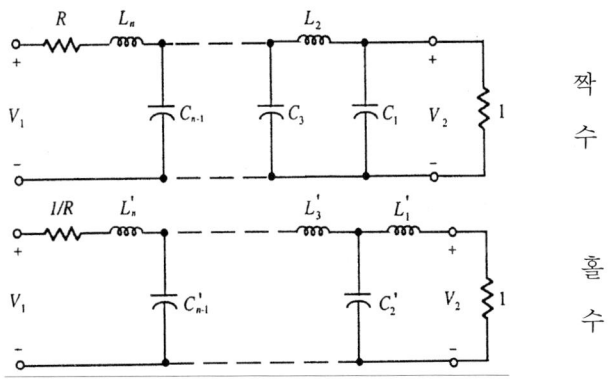

그림 6.3 복종단 저역통과 필터($Z_{11}(\infty) = \infty$) [단위 : Ω, H, F]

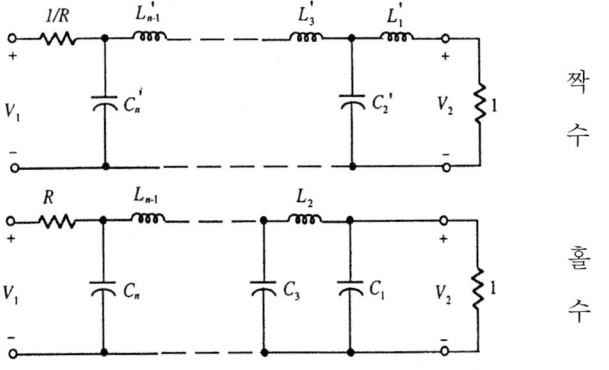

그림 6.4 복종단 저역통과 필터($Z_{11}(\infty) = 0$) [단위 : Ω, H, F]

표 6.1 버터워스 필터의 소자값 [단위 : Ω, H, F]

A : 단종단

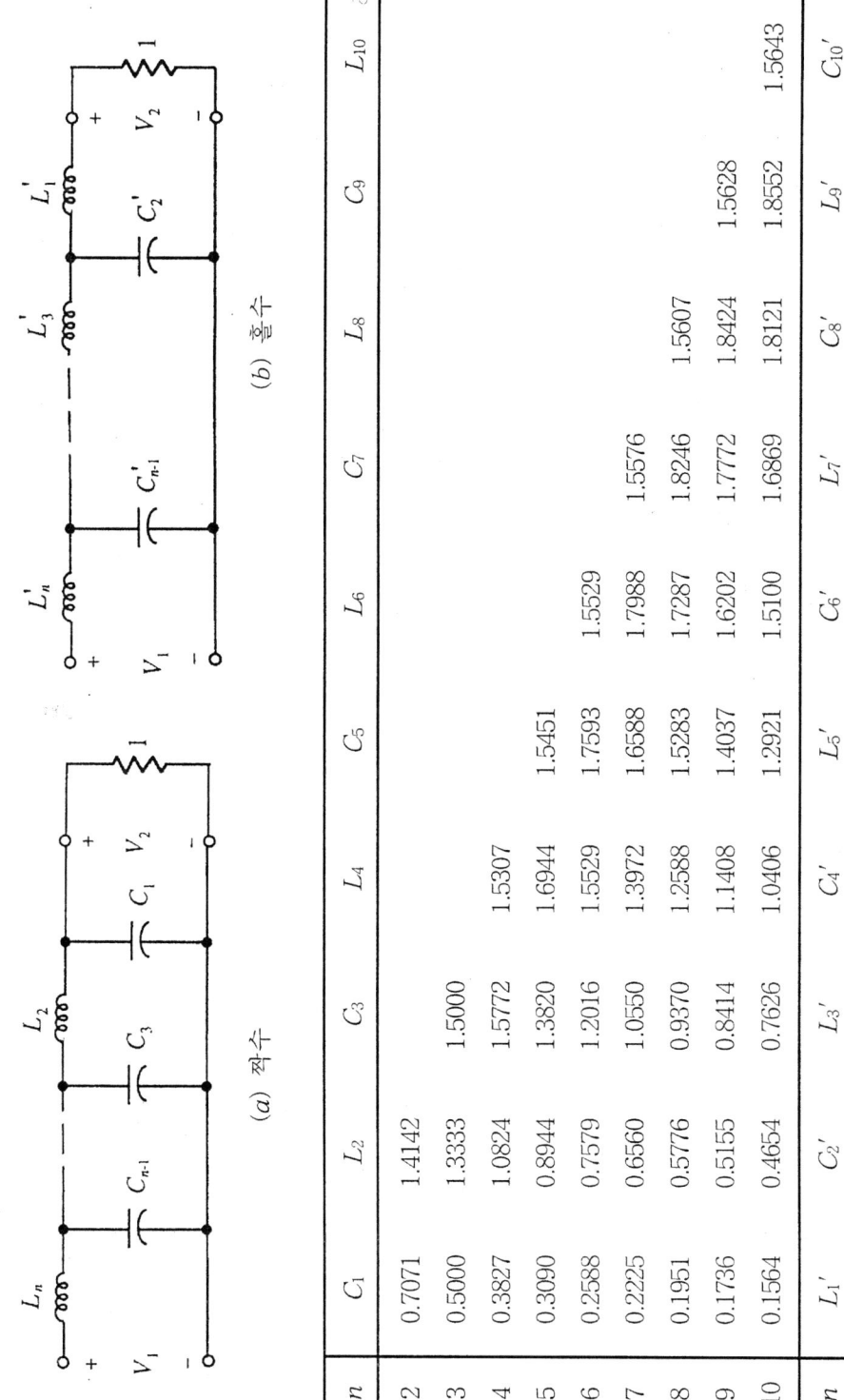

(a) 짝수

(b) 홀수

n	C_1	L_2	C_3	L_4	C_5	L_6	C_7	L_8	C_9	L_{10}
2	0.7071	1.4142								
3	0.5000	1.3333	1.5000							
4	0.3827	1.0824	1.5772	1.5307						
5	0.3090	0.8944	1.3820	1.6944	1.5451					
6	0.2588	0.7579	1.2016	1.5529	1.7593	1.5529				
7	0.2225	0.6560	1.0550	1.3972	1.6588	1.7988	1.5576			
8	0.1951	0.5776	0.9370	1.2588	1.5283	1.7287	1.8246	1.5607		
9	0.1736	0.5155	0.8414	1.1408	1.4037	1.6202	1.7772	1.8424	1.5628	
10	0.1564	0.4654	0.7626	1.0406	1.2921	1.5100	1.6869	1.8121	1.8552	1.5643
n	L_1'	C_2'	L_3'	C_4'	L_5'	C_6'	L_7'	C_8'	L_9'	C_{10}'

6.1 저역통과 필터

B : 복종단

(a) 짝수

(b) 홀수

n	C_1	L_2	C_3	L_4	C_5	L_6	C_7	L_8	C_9	L_{10}
									$R=1$	
2	1.4142	1.4142								
3	1.0000	2.0000	1.0000							
4	0.7654	1.8478	1.8478	0.7654						
5	0.6180	1.6180	2.0000	1.6180	0.6180					
6	0.5176	1.4142	1.9319	1.9319	1.4142	0.5176				
7	0.4450	1.2470	1.8019	2.0000	1.8019	1.2470	0.4450			
8	0.3902	1.1111	1.6629	1.9616	1.9616	1.6629	1.1111	0.3902		
9	0.3473	1.0000	1.5321	1.8794	2.0000	1.8794	1.5321	1.0000	0.3473	
10	0.3129	0.9080	1.4142	1.7820	1.9754	1.9754	1.7820	1.4142	0.9090	0.3129
									$R=0.5$	
2	3.3461	0.4483								
3	3.2612	0.7789	1.1811							
4	3.1868	0.8826	2.4524	0.2175						
5	3.1331	0.9237	3.0510	0.4955	0.6857					
6	3.0938	0.9423	3.3687	0.6542	1.6531	0.1412				
7	3.0640	0.9513	3.5532	0.7512	2.2726	0.3536	0.4799			
8	3.0408	0.9558	3.6678	0.8139	2.6863	0.5003	1.2341	0.1042		
9	3.0223	0.9579	3.7426	0.8565	2.9734	0.6046	1.7846	0.2735	0.3685	
10	3.0072	0.9588	3.7934	0.8864	3.1795	0.6808	2.1943	0.4021	0.9818	0.0825
n	L_1'	C_2'	L_3'	C_4'	L_5'	C_6'	L_7'	C_8'	L_9'	C_{10}'

입력저항 바로 다음에서 측정한 임피던스를 $Z_{11}(s)$라 할 때 **그림** 6.3에서는 $Z_{11}(\infty) = \infty$ 이고, **그림** 6.4에서는 $Z_{11}(\infty) = 0$ 이다.

<예제 6.2> 2차 및 3차의 바터워스 필터를 복종단 회로망으로 구하라. 입력저항과 부하저항을 $R_1 = R_2 = 1\ \Omega$으로 한다.

풀이 : 부록 A에서 각 함수를 얻고, 4장에서 제시한 복종단 제자형 회로망 실현 절차로 실현한다.

(a) $n = 2$일 때 $\dfrac{V_2}{V_1} = \dfrac{K}{s^2 + \sqrt{2}\,s + 1}$ 이므로

1) $|t(j\omega)|^2 = \dfrac{4R_1}{R_2}|H(j\omega)|^2 = \dfrac{1}{1+\omega^4}$

2) $|\rho(j\omega)|^2 = 1 - |t(j\omega)|^2 = \dfrac{\omega^4}{1+\omega^4}$

$\rho(s)\rho(-s) = |\rho(j\omega)|^2\big|_{\omega^2 = -s^2} = \dfrac{s^2}{s^2 + \sqrt{2}\,s + 1} \cdot \dfrac{s^2}{s^2 - \sqrt{2}\,s + 1}$

$\rho(s) = \dfrac{s^2}{s^2 + \sqrt{2}\,s + 1}$

3) $Z_{11}(s) = R_1 \dfrac{1 - \rho(s)}{1 + \rho(s)} = \dfrac{\sqrt{2}\,s + 1}{2s^2 + \sqrt{2}\,s + 1}$

또는 $Z_{11}(s) = R_1 \dfrac{1 + \rho(s)}{1 - \rho(s)} = \dfrac{2s^2 + \sqrt{2}\,s + 1}{\sqrt{2}\,s + 1}$

위 두개의 구동점 함수를 연분수 전개하여 제 1 카우어형 회로망으로 실현하고 입력단에 1 Ω의 저항을 넣어줌으로서 다음과 같은 2개의 필터를 얻는다.

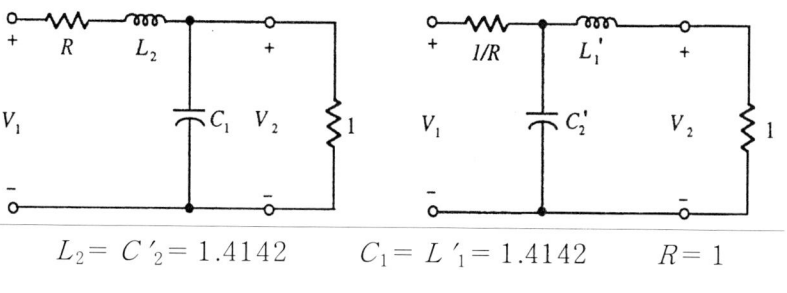

$L_2 = C'_2 = 1.4142$ $C_1 = L'_1 = 1.4142$ $R = 1$

그림 6.5 복종단 바터워스 필터, $n = 2$ [단위 : Ω, H, F]

(b) $n = 3$의 경우도 위의 절차를 반복하면 그림 6.6과 같은 회로를 얻는다.

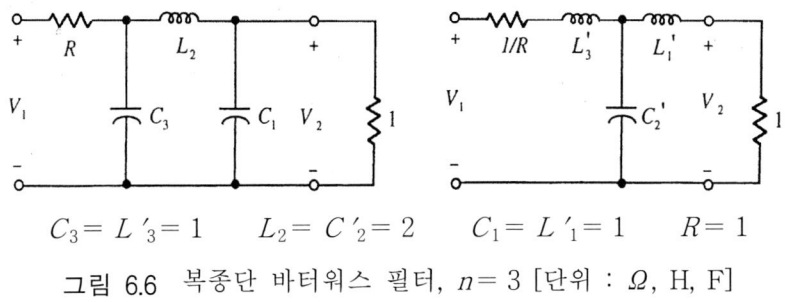

$C_3 = L'_3 = 1 \quad L_2 = C'_2 = 2 \quad C_1 = L'_1 = 1 \quad R = 1$

그림 6.6 복종단 바터워스 필터, $n = 3$ [단위 : Ω, H, F]

위 예제에서 $Z_{11}(s)$를 실현할 때 입력단 측에 제일 먼저 나타나는 소자를 L_n 또는 C_n으로 표시했고, 아래 첨자가 점점 줄어들어 출력단 측의 마지막 소자는 L_1 또는 C_1으로 표기하였다.

예제 6.1과 6.2에서와 같은 방법으로 복종단 바터워스 필터의 $n = 10$까지의 소자값은 표 6.1 B이다. 복종단의 경우에는 $R = 1\ \Omega$과 $R = 1/2\ \Omega$인 두 경우를 표로 작성하였다.

6.1.2 체비셰프 필터

체비셰프 함수도 바터워스 함수와 같이 전극점 함수이다. 그러므로 체비셰프 필터도 바터워스 필터와 같은 방법으로 실현할 수 있고 회로망의 형태도 동일하다. 다만 두 함수의 계수가 다르므로 소자값이 다르다. 통과역에서의 감쇠는 0.5 dB 와 1 dB 두 경우를 취급하여 표를 작성했다. 표 6.2에서와 같이 체비셰프 함수는 통과역 리플 폭 때문에 짝수 차수인 경우 최대전력 전송이 가능한 $R_1 = R_2$일 때는 복종단 회로망으로 실현할 수 없고, R_1/R_2 저항비가 식(6.1)의 범위 내에서만 실현이 가능하다. (연습문제 6.11 참조)

$$\frac{R_1}{R_2} \leq 1 + \epsilon^2 - 2\epsilon\sqrt{1 + \epsilon^2} \tag{6.1}$$

차수가 짝수일 때 복종단 제자형 회로망으로 실현할 수 있는 가능성은 리플의 폭이 커질수록 줄어든다. 그리고 2개의 저항과도 관계가 있는데 입력측의 저항값이 상대적으로 커질수록 실현 가능성이 작아진다.

표 6.2는 $R = 1\ \Omega$ 및 $R = 1/2\ \Omega$인 두 경우의 체비셰프 필터 소자값이다.

표 6.2 체비셰프 필터의 소자값 [단위 : Ω, H, F]

A : 단종단

(a) 짝수

(b) 홀수

n	C_1	L_2	C_3	L_4	C_5	L_6	C_7	L_8	C_9	L_{10}
3	0.7981	1.3001	1.3465							0.5 dB
4	0.8352	1.3916	1.7279	1.3138						
5	0.8529	1.4291	1.8142	1.6426	1.5388					
6	0.8627	1.4483	1.8494	1.7101	1.9018	1.4042				
7	0.8686	1.4596	1.8675	1.7371	1.9712	1.7254	1.5982			
8	0.8725	1.4666	1.8750	1.7508	1.9980	1.7838	1.9571	1.4379		
9	0.8752	1.4714	1.8856	1.7591	2.0116	1.8055	2.0203	1.7571	1.6238	
10	0.8771	1.4748	1.8905	1.7645	2.0197	1.8165	2.0432	1.8119	1.9816	1.4539
2	0.9110	0.9957								1 dB
3	1.0118	1.3332	1.5088							
4	1.0495	1.4126	1.9093	1.2817						
5	1.0674	1.4441	1.9938	1.5908	1.6652					
6	1.0773	1.4601	2.0270	1.6507	2.0491	1.3457				
7	1.0832	1.4694	2.0437	1.6736	2.1192	1.6489	1.7118			
8	1.0872	1.4751	2.0537	1.6850	2.1453	1.7021	2.0922	1.3691		
9	1.0899	1.4790	2.0601	1.6918	2.1583	1.7213	2.1574	1.6707	1.7317	
10	1.0918	1.4817	2.0645	1.6961	2.1658	1.7306	2.1803	1.7215	2.1111	1.3801
n	L_1'	C_2'	L_3'	C_4'	L_5'	C_6'	L_7'	C_8'	L_9'	C_{10}'

6.1 저역통과 필터

B : 복종단

(a) 짝수

(b) 홀수

n	C_1	L_2	C_3	L_4	C_5	L_6	C_7	L_8	C_9	L_{10}
								0.5 dB		R = 1
3	1.5963	1.0967	1.5963							
5	1.7058	1.2296	2.5408	1.2296	1.7058					
7	1.7373	1.2582	2.6383	1.3443	2.6383	1.2582	1.7373			
9	1.7504	1.2690	2.6678	1.3673	2.7239	1.3673	2.6678	1.2690	1.7504	
								1 dB		R = 1
3	2.0236	0.9941	2.0236							
5	2.1349	1.0911	3.0009	1.0911	2.1349					
7	2.1666	1.1115	3.0936	1.1735	3.0936	1.1115	2.1666			
9	2.1797	1.1192	3.1214	1.1897	3.1746	1.1897	3.1214	1.1192	2.1797	
								0.5 dB		R = 0.5
2	1.5132	0.6538								
3	2.9431	0.6503	2.1903							
4	1.8158	1.1328	2.4881	0.7732						
5	3.2228	0.7645	4.1228	0.7116	2.3197					
6	1.8786	1.1884	2.7589	1.2403	2.5976	0.7976				
7	3.3055	0.7899	4.3575	0.8132	4.2419	0.7252	2.3566			
8	1.9012	1.2053	2.8152	1.2864	2.8479	1.2628	2.6310	0.8063		
9	3.3403	0.7995	4.4283	0.8341	4.4546	0.8235	4.2795	0.7304	2.3719	
10	1.9117	1.2127	2.8366	1.2999	2.8964	1.3054	2.8744	1.2714	2.6456	0.8104
								1 dB		R = 0.5
3	3.4774	0.6153	2.8540							
5	3.7211	0.6949	4.7448	0.6650	2.9936					
7	3.7916	0.7118	4.9425	0.7348	4.8636	0.6757	3.0331			
9	3.8210	0.7182	5.0013	0.7485	5.0412	0.7429	4.9004	0.6797	3.0495	
n	L_1'	C_2'	L_3'	C_4'	L_5'	C_6'	L_7'	C_8'	L_9'	C_{10}'

6.1.3 벳셀-톰슨 필터

벳셀-톰슨 필터는 크기보다는 위상 특성에 중점을 두는 근사법으로 그 용도가 바터워스 필터나 체비셰프 필터와 근본적으로 다르나 전극점 함수의 형태를 이루며 크기 특성으로 볼 때에는 저역통과 필터에 속한다.

실현하는 방법은 역시 바터워스 필터나 체비셰프 필터의 경우와 동일하고 따라서 회로망의 형태도 같다. 표 6.3은 벳셀-톰슨 필터의 소자값이다.

다음에는 3가지 필터의 소자값 표를 이용하여 필터 회로망을 구하는 방법을 예시해 보자.

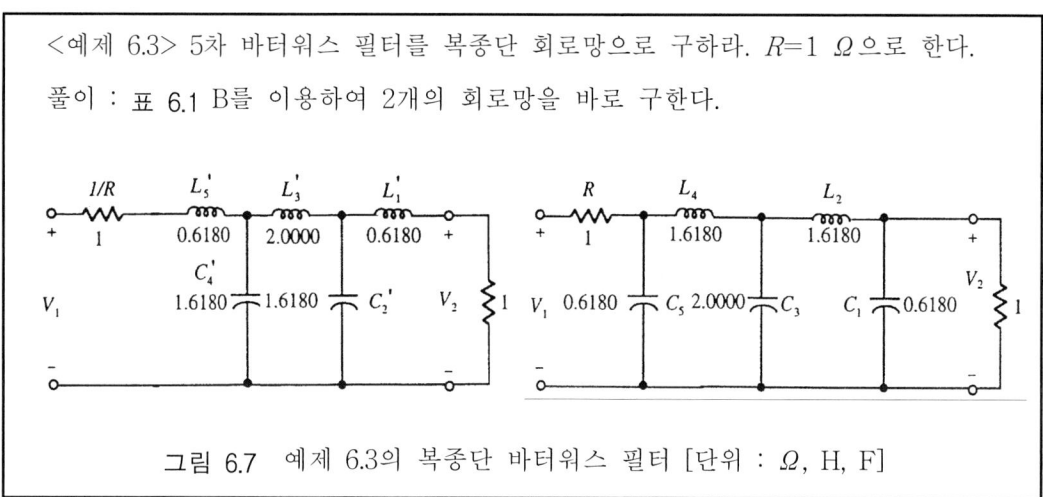

<예제 6.3> 5차 바터워스 필터를 복종단 회로망으로 구하라. $R=1\,\Omega$으로 한다.

풀이 : 표 6.1 B를 이용하여 2개의 회로망을 바로 구한다.

그림 6.7 예제 6.3의 복종단 바터워스 필터 [단위 : Ω, H, F]

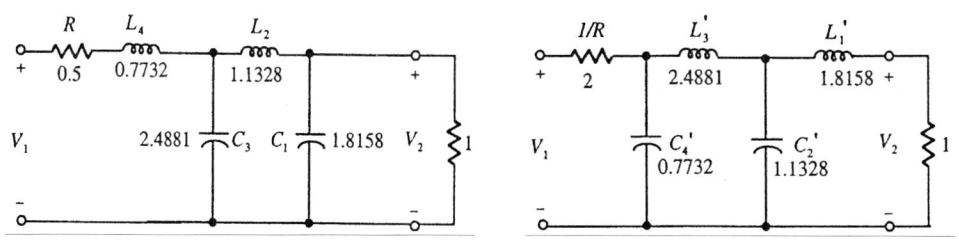

<예제 6.4> 4차 체비셰프 필터를 복종단 회로망으로 구하라. 리플은 0.5 dB이다.

풀이 : 표 6.2 B를 이용한다. 차수가 짝수이므로 $R=1/2\,\Omega$으로 하여 2개의 회로망을 바로 구한다.

그림 6.8 예제 6.2의 복종단 체비셰프 필터 [단위 : Ω, H, F]

6.1 저역통과 필터

표 6.3 벳셀-톰슨 필터 소자값 [단위 : Ω, H, F]

A : 단종단

(a) 짝수

(b) 홀수

n	C_1	L_2	C_3	L_4	C_5	L_6	C_7	L_8	C_9	L_{10}
2	0.7071	1.4142								
3	0.5000	1.3333	1.5000							
4	0.3827	1.0824	1.5772	1.5307						
5	0.3090	0.8944	1.3820	1.6944	1.5451					
6	0.2588	0.7579	1.2016	1.5529	1.7593	1.5529				
7	0.2225	0.6560	1.0550	1.3972	1.6588	1.7988	1.5576			
8	0.1951	0.5776	0.9370	1.2588	1.5283	1.7287	1.8246	1.5607		
9	0.1736	0.5155	0.8414	1.1408	1.4037	1.6202	1.7772	1.8424	1.5628	
10	0.1564	0.4654	0.7626	1.0406	1.2921	1.5100	1.6869	1.8121	1.8552	1.5643
n	L_1'	C_2'	L_3'	C_4'	L_5'	C_6'	L_7'	C_8'	L_9'	C_{10}'

B : 복종단

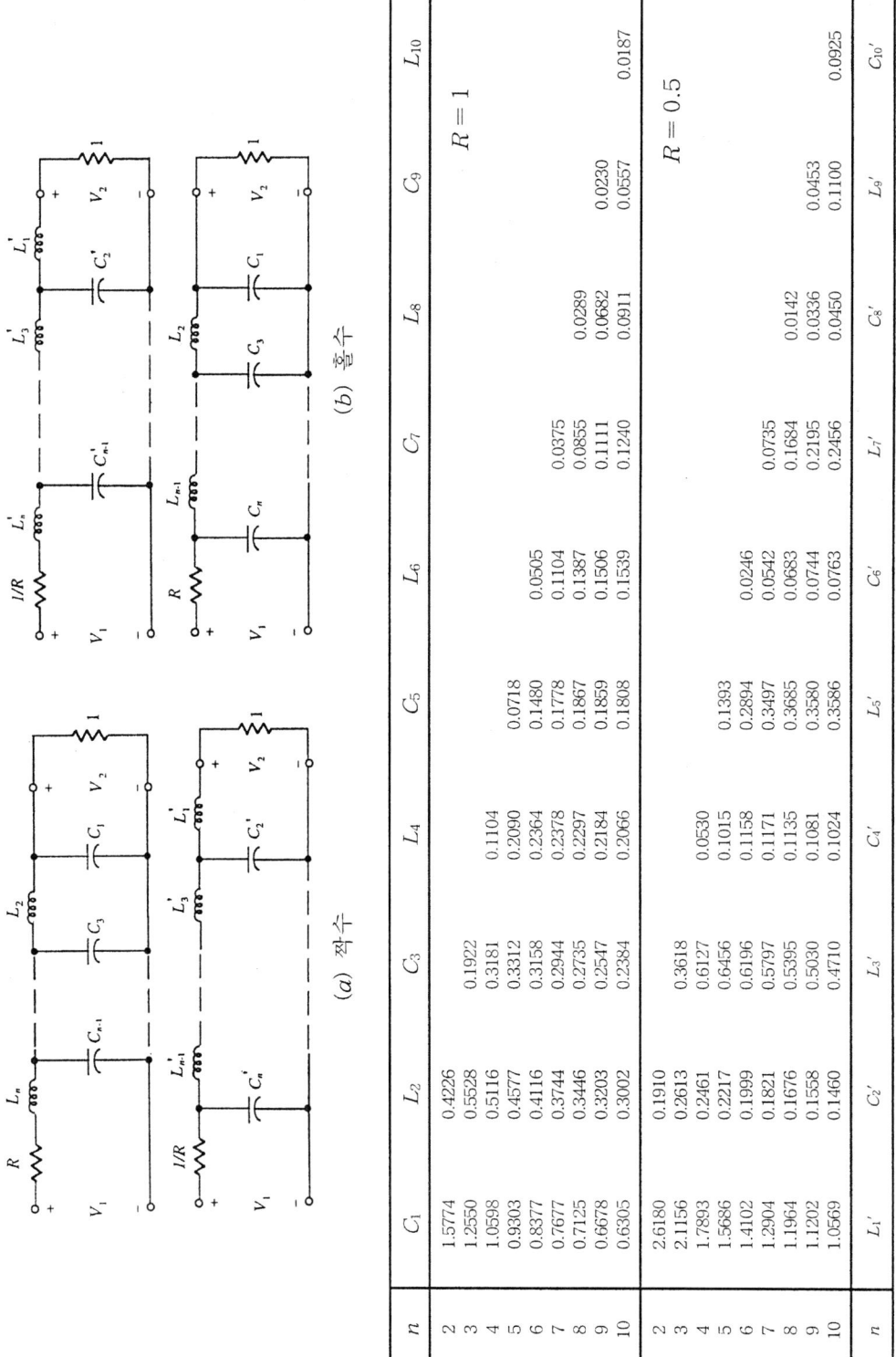

(a) 짝수

(b) 홀수

n	C_1	L_2	C_3	L_4	C_5	L_6	C_7	L_8	C_9	L_{10}
2	1.5774	0.4226								
3	1.2550	0.5528	0.1922							$R=1$
4	1.0598	0.5116	0.3181	0.1104						
5	0.9303	0.4577	0.3312	0.2090	0.0718					
6	0.8377	0.4116	0.3158	0.2364	0.1480	0.0505				
7	0.7677	0.3744	0.2944	0.2378	0.1778	0.1104	0.0375			
8	0.7125	0.3446	0.2735	0.2297	0.1867	0.1387	0.0855	0.0289		
9	0.6678	0.3203	0.2547	0.2184	0.1859	0.1506	0.1111	0.0682	0.0230	
10	0.6305	0.3002	0.2384	0.2066	0.1808	0.1539	0.1240	0.0911	0.0557	0.0187
2	2.6180	0.1910								
3	2.1156	0.2613	0.3618							$R=0.5$
4	1.7893	0.2461	0.6127	0.0530						
5	1.5686	0.2217	0.6456	0.1015	0.1393					
6	1.4102	0.1999	0.6196	0.1158	0.2894	0.0246				
7	1.2904	0.1821	0.5797	0.1171	0.3497	0.0542	0.0735			
8	1.1964	0.1676	0.5395	0.1135	0.3685	0.0683	0.1684	0.0142		
9	1.1202	0.1558	0.5030	0.1081	0.3580	0.0744	0.2195	0.0336	0.0453	
10	1.0569	0.1460	0.4710	0.1024	0.3586	0.0763	0.2456	0.0450	0.1100	0.0925
n	L_1'	C_2'	L_3'	C_4'	L_5'	C_6'	L_7'	C_8'	L_9'	C_{10}'

<예제 6.5> 3차 벳셀-톰슨 필터를 복종단 회로망으로 구하라. $R = 1$ Ω으로 한다.

풀이 : 표 6.3을 이용하여 2개의 회로망을 바로 구한다.

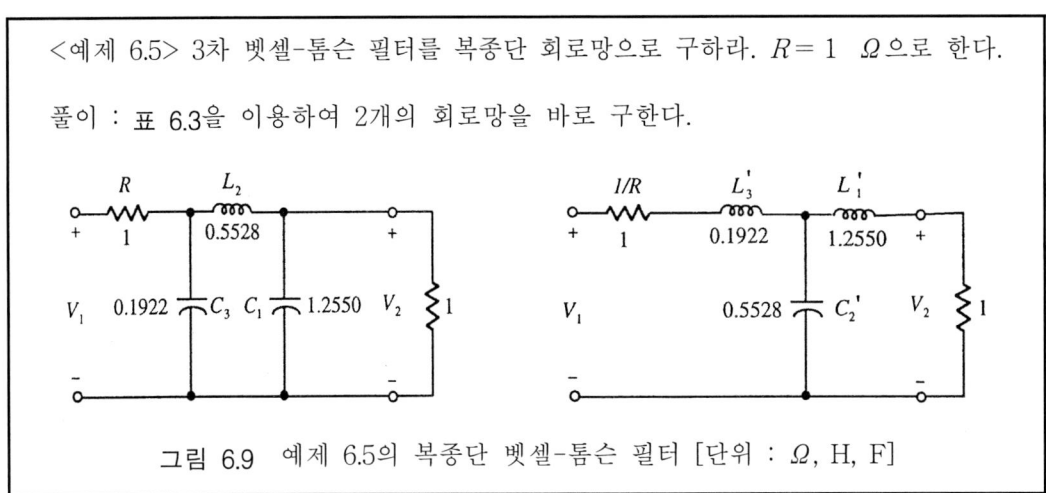

그림 6.9 예제 6.5의 복종단 벳셀-톰슨 필터 [단위 : Ω, H, F]

집적회로 기술의 발달로 능동 RC 필터가 보편화되면서 수동 필터의 사용 분야가 크게 감소되었다. 특히 주파수가 비교적 낮은 분야에서는 거의 능동 필터를 사용하고 있다. 이 문제에 관한 자세한 설명은 7 장에서 다루었다.

그러나 아주 고급의 능동 필터를 만들 때에는 수동 회로망으로부터 모의법(Simulation)을 통하여 능동 필터로 전환한다. 이때 수동 회로망의 장점인 낮은 감도 특성이 그대로 유지된다. 이러한 모의법은 8 장에서 다루는데 그때 필요한 수동 제자형 회로망의 소자값은 앞에서 작성한 표를 다시 이용하게 된다.

6.1.4 역 체비셰프 필터와 타원 필터

위 두가지 함수는 전송영점을 $j\omega$ 축상에 갖게 되어 형태상 유리함수이다. 따라서 필터 함수 형태가 동일하므로 실현된 필터의 구조도 같다. 그리고 회로망을 실현할 때 영점추이를 해야 하므로 필요한 소자의 수가 항상 차수 n보다 크다. 이 점이 전극점 함수 필터 (바터워스, 체비셰프, 그리고 벳셀-톰슨)와 근본적으로 다른 점이다. 3 장에서 구한 두 함수를 다시 표기하면 다음과 같다.

$$H(s) = K \prod_{i=1}^{n/2} \frac{s^2 + c_i}{(s - p_i)(s - \bar{p}_i)} \qquad n : \text{짝수} \qquad (6.2a)$$

$$H(s) = \frac{K}{s - \sigma_o} \prod_{i=1}^{(n-1)/2} \frac{s^2 + c_i}{(s - p_i)(s - \bar{p}_i)} \qquad n : \text{홀수} \qquad (6.2b)$$

식(6.2a)와 같이 차수 n이 짝수일 때는 타원 필터 함수의 크기 특성이 $|H(\infty)| \neq 0$이므로 $H(s)$를 수동 복종단 제자형 회로망으로 실현하는 것은 불가능하다. 이때의 크기 특성이 그림 6.10(a)에 4차의 타원 함수로서 예시되어 있다.

그런데 리플의 크기를 동일하게 유지하면서 함수를 수정하면 분자의 차수를 줄일 수 있고, 수정된 함수의 크기 특성은 그림 6.10(b)와 같이 $|H(\infty)| = 0$이 된다. 따라서 복종단 제자형 회로망으로 실현할 수 있게 된다. 그런데 또 하나의 문제점은 주파수가 0일 때의 크기값이 통과역에서의 최고치가 아니고 $|H(0)| < 1$이라는 사실이다. 이는 복종단 회로망에서 최대전력전송이 가능한 $R_1 = R_2$로 실현이 불가능하다.

이러한 문제점은 차수가 짝수인 체비셰프 함수(표 6.2 참조)도 동일하다. 여기서 수정을 한 단계 더 거쳐 통과역에서 리플의 수를 줄여서 그림 6.10(c)와 같이 $|H(0)| = 1$로 만들어 줌으로써 위 문제점을 해결할 수 있다. 이러한 과정은 α_p를 고정하고 수행할 때 α_s가 작아지는 단점이 있으나 위상 특성은 반대로 개선된다.

위와 같이 짝수 차수에서 타원 필터가 수동 복종단 제자형 회로망으로 실현하는 과정에서 발생하는 문제점은 역 체비셰프 필터에서도 나타난다. 역 체비셰프 함수도 짝수 차수에서 $|H(\infty)| \neq 0$이 되므로 수동 복종단 제자형 회로망은 상호 인덕턴스를 갖는 이상적인 변압기를 사용하지 않고서는 실현이 불가능하다.

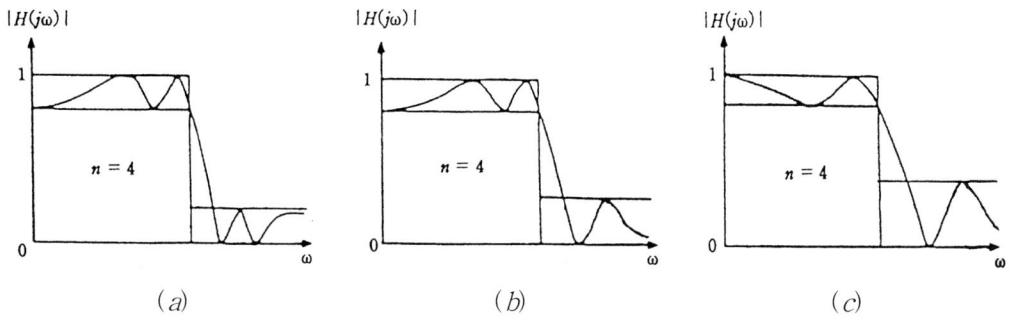

그림 6.10 타원 필터의 크기 특성을 수정하는 과정

이 두 함수는 모두 유리함수이므로 영점추이를 요구하여 소자수가 증가한다. 바터워스 필터, 체비셰프 필터 및 벳셀-톰슨 필터에서는 인덕터와 커패시터를 합한 수가 차수 n과 동일하지만 역 체비셰프 필터 및 타원 필터에서는 차수가 짝수일 때 $(3n-2)/2$이고 홀수일 때 $(3n-1)/2$로서 거의 1.5배나 된다. 그러나 3장에서 살펴본 바와 같이 크기 특성은 동일한 설계 명세조건인 경우 우수하고, 차수가 낮아진다.

역 체비셰프 필터나 타원 필터를 실현할 수 있는 복종단 회로망을 그려보면 그림 6.11과 같다.

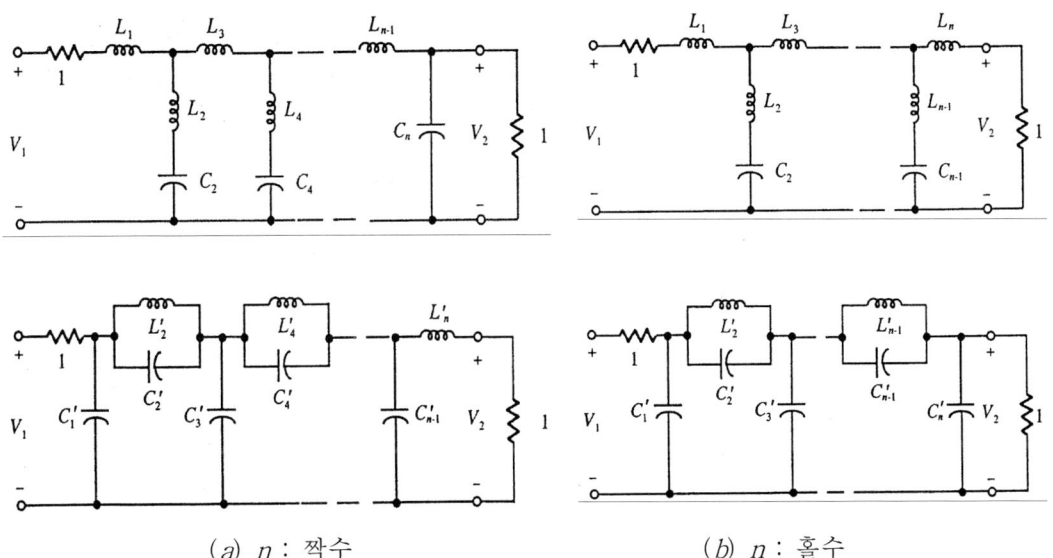

(a) n : 짝수   (b) n : 홀수

그림 6.11 역 체비셰프 필터 및 타원 필터를 위한 회로망 [단위 : Ω, H, F]

인덕터와 커패시터가 합하여 두개 소자로 구성된 지로에서 $j\omega$축상에 있는 전송영점이 실현되고, 그 직전 한개의 소자(인덕터나 커패시터)로 된 지로는 영점추이를 시켜준다.

앞에서도 언급한 바와 같이 최근에는 저역통과 필터(특히 유리함수 필터)를 합성하기 위해서는 거의 모두 능동 회로를 이용하므로 여기서는 소자값 표를 생략하기로 한다.

<예제 6.6> 3차 타원 함수를 복종단 제자형 회로망으로 구하라.

$$\alpha_p = 2 \text{ dB}, \ \alpha_s \geq 15 \text{ dB}, \ \omega_s = 1.2 \text{ rad/sec로 한다.}$$

풀이 : 먼저 부록 D 에서 설계명세조건을 만족하는 함수를 얻는다.

$$\frac{V_2}{V_1} = \frac{K(s^2+c_1)}{(s+\sigma)(s^2+a_1s+b_1)} = \frac{0.2855\,(s^2+1.6996)}{s^3+0.7266\,s^2+1.0705\,s+0.4852}$$

위 함수는 전송영점이 $s = \infty$에 한개, $s = \pm j\sqrt{1.6996}$에 존재하고, 극점이 좌반면에 위치하므로 제자형 회로망으로 실현할 수 있다.

위 함수는 전송영점이 $s = \infty$에 한개, $s = \pm j\sqrt{1.6996}$에 존재하고 극점이 좌반면에 위치하므로 제자형 회로망으로 실현할 수 있다.

식(4.104)와 식(4.105)로 부터 방정식 $F(s)$는

$$F(s) = s\,(s^2 + 0.8473)$$

식(4.106)과 표 4.2에 의해 복종단 제자형으로 합성하기 위한 구동점 함수는

$$\frac{1}{z_{11}} = y_{11} = \frac{D_o + F_o}{D_e - F_e} = \frac{2\,s^3 + 1.9178\,s}{0.7266\,s^2 + 0.4852}$$

위 구동점 함수로부터 4.5절의 유리함수 복종단 제자형 회로망의 실현 절차에 따라 규준화된 소자값과 회로를 구하면 그림 6.12와 같다.

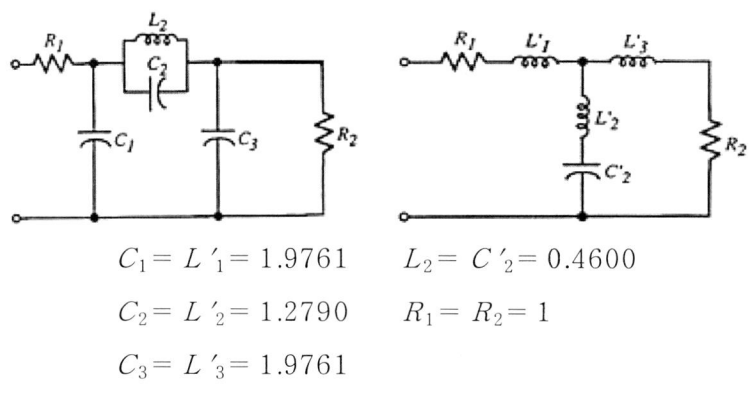

$C_1 = L'_1 = 1.9761$ $L_2 = C'_2 = 0.4600$

$C_2 = L'_2 = 1.2790$ $R_1 = R_2 = 1$

$C_3 = L'_3 = 1.9761$

그림 6.12 예제 6.6의 타원 필터 [단위 : Ω, H, F]

6.2 수동 필터의 해정규화(Denormalization)

표 6.1, 표 6.2, 표 6.3과 같이 커패시터와 인덕터의 소자값들은 모두 엄청나게 커서 현실적으로 실현하기 어렵다. 이는 주파수를 정규화하여 1 rad/sec로 해주었고, 또 저항값도 정규화하여 1 Ω으로 해주었기 때문이다. 그런데 정규화란 원래 수학적 또는 연산적으로 대단히 편리함을 위한 수단이므로 실제로 전기·전자 시스템에 사용하는 필터의 경우 정규화된 것을 풀어주어야 한다. 이 절차를 해정규화라고 부른다.

주파수를 ω_0 rad/sec(저역통과나 고역통과 필터에서는 차단주파수이고 대역통과나 대역저지 필터에서는 중심주파수)로 해정규화 시켜주기 위해서는 인덕턴스 및 커패시턴스 값을 ω_0으로 나누어주면 된다. 그리고 모든 소자의 임피던스를 R 오옴으로 해정규화 해주기 위해서는 회로망내의 모든 저항과 인덕턴스 값을 R배 해주고 커패시턴스 값을 R로 나누어주면 된다.

이상을 종합하여 ω_0 rad/sec로 주파수 해정규화(Frequency denormalization)하고 동시에 R 오옴으로 임피던스 해정규화(Impedance denormalization)할 때 각 소자값의 변화를 표시하면 다음과 같다.

$$1 \text{ (오옴)} \rightarrow R \text{ (오옴)} \tag{6.3a}$$

$$L \text{ (헨리)} \rightarrow \frac{R}{\omega_0} L \text{ (헨리)} \tag{6.3b}$$

$$C \text{ (패럿)} \rightarrow \frac{1}{R\omega_0} C \text{ (패럿)} \tag{6.3c}$$

<예제 6.7> 3차 바터워스 필터를 복종단 회로망으로 구하라. 차단주파수는 100k rad/sec이고 부하 저항은 1 kΩ이다.

풀이 : 먼저 표 6.1 B에서 정규화된 필터 회로망을 구하고, 식(6.3)에 따라 해정규화시켜 준다.

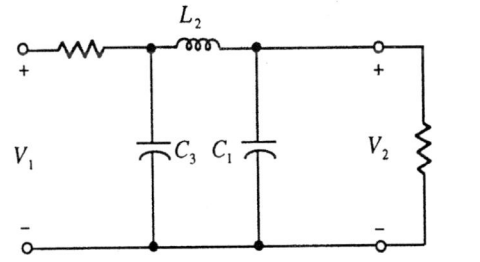 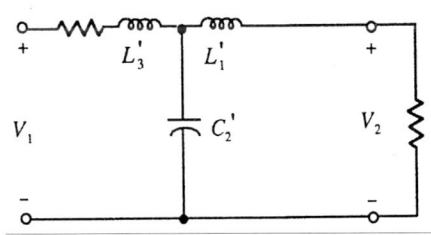

그림 6.13 예제 6.7의 바터워스 필터

이때의 소자값은 다음과 같다. 모든 저항값은 1 kΩ이다.

$$C_1 \rightarrow \frac{1}{10^8} = 0.01 \text{ μF} \qquad L_1' \rightarrow \frac{10^3}{10^5} = 10 \text{ mH}$$

$$L_2 \rightarrow \frac{10^3}{10^5} \times 2 = 20 \text{ mH} \qquad C_2' \rightarrow \frac{1}{10^8} \times 2 = 0.02 \text{ μF}$$

$$C_3 \rightarrow \frac{1}{10^8} = 0.01 \text{ μF} \qquad L_3' \rightarrow \frac{10^3}{10^5} = 10 \text{ mH}$$

6.3 고역통과 필터

고역통과 필터를 구하는데 있어서는 고역통과 함수를 바로 찾아낼 필요가 없다. 이미 소자값이 표로 작성된 저역통과 필터를 구한 다음 5장에서 구한 소자 변환법으로 고역통과 필터를 구할 수 있다. 그림 5.14를 다시 그려보면 그림 6.14와 같다.

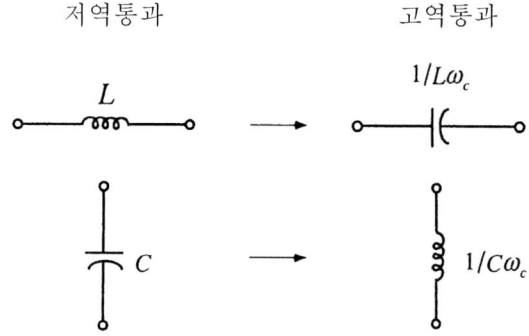

그림 6.14 저역통과 → 고역통과 소자 변환

<예제 6.8> 3차 버터워스 고역통과 필터를 구하라. 차단주파수는 10 kHz이다.

풀이 : 먼저 표 6.1에서 복종단 회로망으로 된 저역통과 원필터를 구한다.

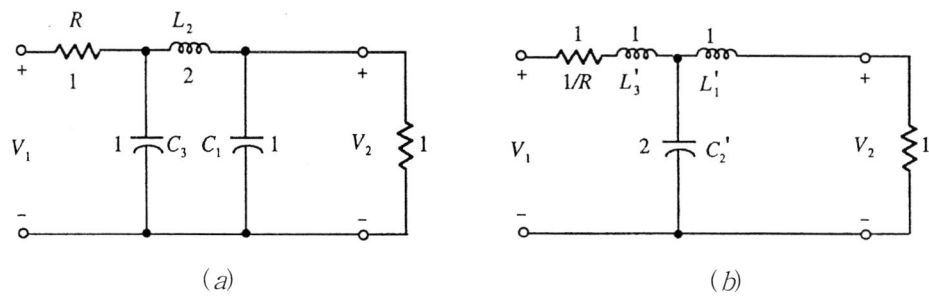

그림 6.15 3차 버터워스 저역통과 필터(원필터) [단위 : Ω, H, F]

그림 6.14에 의하여 그림 6.16의 고역통과 필터를 얻는다. 소자값은 다음과 같다.

$L_1 = \dfrac{1}{C_1 \omega_0} = \dfrac{1}{2\pi \times 10^4} = 15.9 \times 10^{-6}$ $\quad C_1' = \dfrac{1}{L_1' \omega_0} = 15.9 \times 10^{-6}$

$C_2 = \dfrac{1}{L_2 \omega_0} = 7.95 \times 10^{-6}$ $\quad L_2' = \dfrac{1}{C_2' \omega_0} = 7.95 \times 10^{-6}$

$L_3 = \dfrac{1}{C_3 \omega_0} = 15.9 \times 10^{-6}$ $\quad C_3' = \dfrac{1}{L_3' \omega_0} = 15.9 \times 10^{-6}$

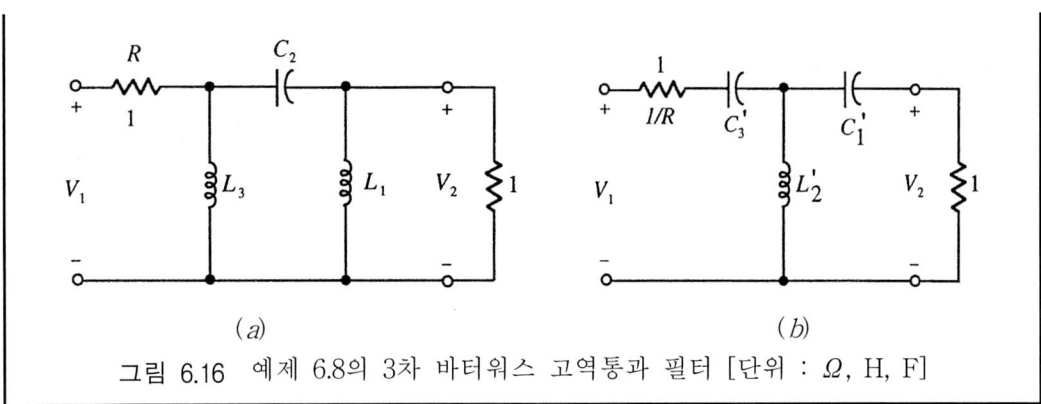

그림 6.16 예제 6.8의 3차 바터워스 고역통과 필터 [단위 : Ω, H, F]

예제 6.8은 차수가 주어졌을 때 고역통과 필터를 구하는 경우이다. 고역통과 필터의 차수가 주어지지 않고 명세조건이 주어졌을 때는 그 명세조건에 대응하는 저역통과 필터의 차수를 우선 계산해야 한다.

<예제 6.9> 다음 명세조건을 만족시키는 바터워스 고역통과 필터를 구하라

통과역에서의 감쇠 : $\alpha_p = 3$ dB

저지역에서의 감쇠 : $\alpha_s = 20$ dB

차단주파수 : $\omega_c = 600$ rad/sec

저지주파수 : $\omega_s = 300$ rad/sec

풀이 : 우선 ω_s를 정규화하면 0.5인데 이에 해당하는 저역통과 필터의 ω_s는 $1/0.5 = 2$이다. 이 값과 α_p, α_s를 식(3.30)에 대입하여 바터워스 함수의 차수를 구하고, 식(3.62)에 대입하여 바터워스 함수의 차수를 얻는다. 식(3.30)으로 계산하면

$$n \geq 3.3$$

따라서 $n = 4$로 하여 바터워스 저역통과 원필터를 표 6.1에서 얻는다.

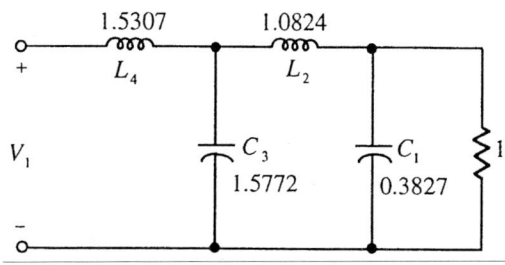

그림 6.17 예제 6.9의 바터워스 원필터 [단위 : Ω, H, F]

그림 6.17에 다음과 같은 소자 변환을 시켜 그림 6.18의 회로망을 얻는다.

$$L_1 = \frac{1}{C_1\omega_c} = 0.00436 \qquad C_2 = \frac{1}{L_2\omega_c} = 0.00154$$

$$L_3 = \frac{1}{C_3\omega_c} = 0.00106 \qquad C_4 = \frac{1}{L_4\omega_c} = 0.00109$$

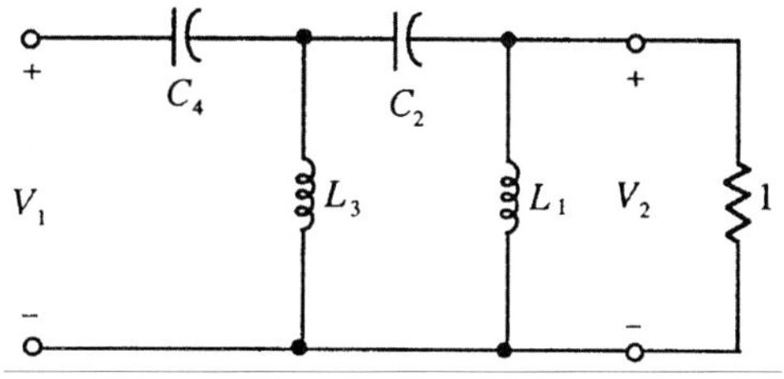

그림 6.18 예제 6.9의 고역통과 필터 [단위 : Ω, H, F]

6.4 대역통과 필터

대역통과 필터를 구할 때에도 5 장에서 구한 소자 변환법을 이용하면 저역통과 원필터로부터 직접 대역통과 필터를 구할 수 있다. 그림 5.15를 다시 그려보면 그림 6.19와 같다.

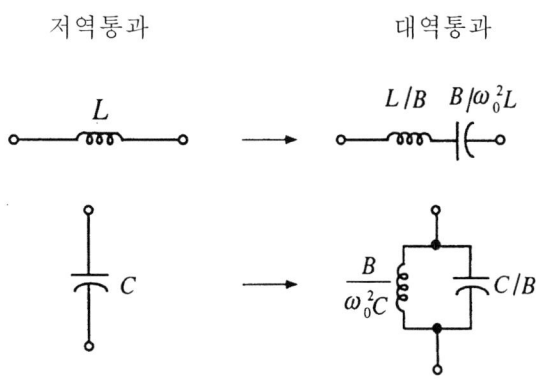

그림 6.19 저역통과 → 대역통과 소자 변환

<예제 6.10> 6차의 바터워스 대역통과 필터를 복종단 회로망으로 구하라.

여기서 $\alpha_p = 3$ dB, $\omega_0 = 100,000$ rad/sec, $B = 20,000$ rad/sec 이다

풀이 : 그림 6.15(b)의 3차 바터워스 저역통과 필터를 사용하여 소자 변환을 한다.

$$L_1 = L_1'/B = \frac{1}{2} \times 10^{-4} \qquad C_1 = B/\omega_0^2 L_1' = 2 \times 10^{-6}$$

$$L_2 = \frac{B}{\omega_0^2 C_2'} = 10^{-6} \qquad C_2 = \frac{C_2'}{B} = 10^{-4}$$

$$L_3 = L_3'/B = \frac{1}{2} \times 10^{-4} \qquad C_3 = B/\omega_0^2 L_3' = 2 \times 10^{-6}$$

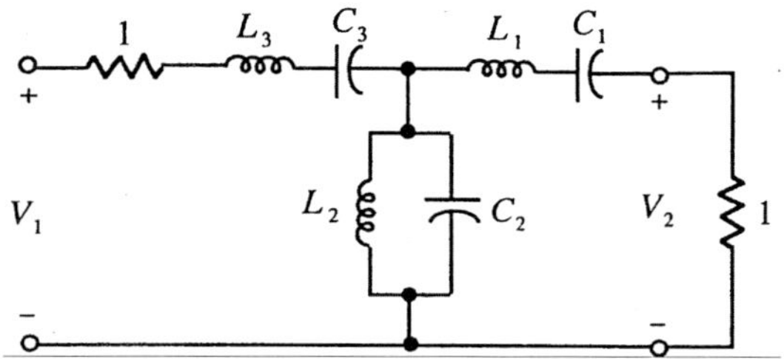

그림 6.20 예제 6.10의 대역통과 필터 [단위 : Ω, H, F]

예제 6.10은 차수가 주어졌을 때 대역통과 필터를 구하는 경우이다. 대역통과 필터의 차수가 주어지지 않을 때는 설계 명세조건으로부터 먼저 차수를 구한다. 즉 대역통과 설계 명세조건에 대응하는 저역통과 함수를 구하기 위해 3장의 공식에 따라 저역통과 필터의 차수를 먼저 얻는다. 이 차수에 맞는 저역통과 회로망과 소자값을 구한 다음 소자 변환법을 이용하여 대역통과 필터를 구하는데 이때 차수는 저역통과 필터의 2배이다.

<예제 6.11> 상한주파수가 ω_2=400 rad/sec이고 하한주파수가 ω_1=100 rad/sec인 체비셰프 대역통과 필터를 구하라. 단 감쇠는 500 rad/sec 보다 큰 주파수와 75 rad/sec 보다 낮은 주파수에서 10 dB 보다 커야 한다. 그리고 통과역에서의 감쇠는 1 dB 이다.

풀이 : 우선 중심주파수와 대역폭을 구한다.

$$\omega_0 = \sqrt{\omega_1 \omega_2} = 200 \text{rad/sec}$$

$$B = \omega_2 - \omega_1 = 300 \text{rad/sec}$$

먼저 저역통과 함수의 차수를 구하고, 표 6.1에 의하여 저역통과 필터 회로를 그린다. 이때 저지역 주파수 500 rad/sec 및 75 rad/sec에 대응하는 저역통과 필터의 저지역 주파수 ω_s를 찾기 위하여 식(5.8b)를 이용한다.

$$\omega_{s1} = \frac{(500)^2 - (200)^2}{500 \times 300} = 1.4$$

$$\omega_{s2} = \frac{(200)^2 - (75)^2}{75 \times 300} = 1.53$$

이때 ω_s에서 감쇠가 10 dB 보다 커야 하므로 ω_s 중에서 차단주파수에 더 가까운 ω_{s1}을 선택한다. 따라서 저역통과 함수의 설계명세조건은 다음과 같다.

$$\alpha_p = 1 \text{ dB}, \qquad \alpha_s = 10 \text{ dB}, \qquad \omega_s = 1.4 \text{ rad/sec}$$

식(3.62)에 의하여 체비셰프 함수의 차수를 구해보자.

$$\chi = \sqrt{(10^{0.1\alpha_p} - 1)^{-1}(10^{0.1\alpha_s} - 1)} = 5.89568$$

$$n \geq \frac{\cosh^{-1} \chi}{\cosh^{-1} \omega_s} = 2.837$$

차수는 정수인 $n = 3$으로 잡고 표 6.2의 복종단을 이용하여 저역통과 필터를 그린다. 이번에는 $R = 1/2\ \Omega$으로 해주자.

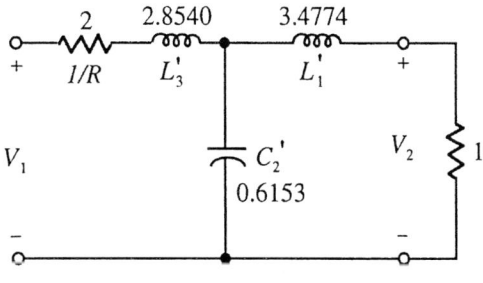

그림 6.21 예제 6.11의 저역통과 필터

그림 6.19에 의한 소자 변환을 해서 그림 6.22의 대역통과 필터를 얻는다.

$$L_1 = L_1'/B = 11.59 \times 10^{-3} \qquad C_1 = B/L_1'\omega_0^2 = 2.157 \times 10^{-3}$$

$$L_2 = \frac{B}{C_2'\omega_0^2} = 12.19 \times 10^{-3} \qquad C_2 = C_2'/B = 2.002 \times 10^{-3}$$

$$\qquad\qquad\qquad\qquad\qquad\qquad C_3 = B/L_3'\omega_0^2 = 2.628 \times 10^{-3}$$

$$L_3 = L_3'/B = 9.51 \times 10^{-3}$$

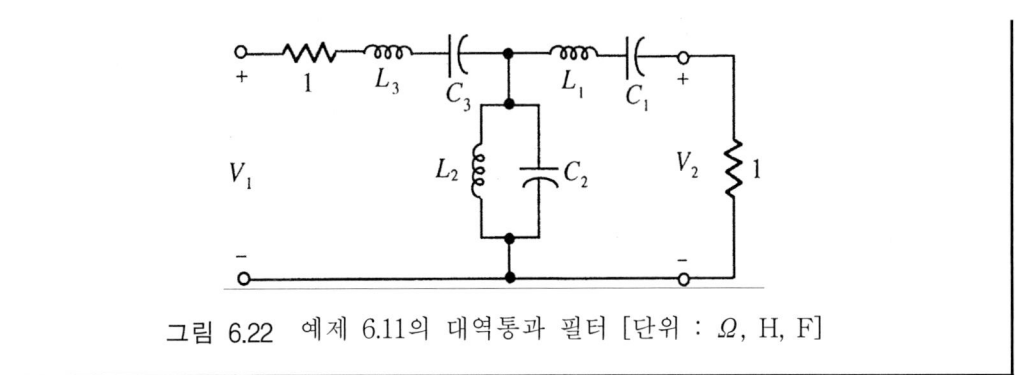

그림 6.22 예제 6.11의 대역통과 필터 [단위 : Ω, H, F]

이상에서 대역통과 필터를 구하는 일반적인 방법을 알아보았다. 아주 특수한 경우에는 주어진 조건을 만족시키기 위하여 근사법을 통해서 대역통과 함수를 구하는 수도 있다. 이때는 소자 변환이 불가능하므로 함수를 구하여 실현함으로서 대역통과 필터를 얻는다.

6.5 대역저지 필터

대역저지 필터도 역시 다른 주파수 변환과 같이 저역통과 원필터에 소자 변환을 시켜 줌으로서 구할 수 있다. 5 장에서 얻은 그림 5.16을 다시 그려보자.

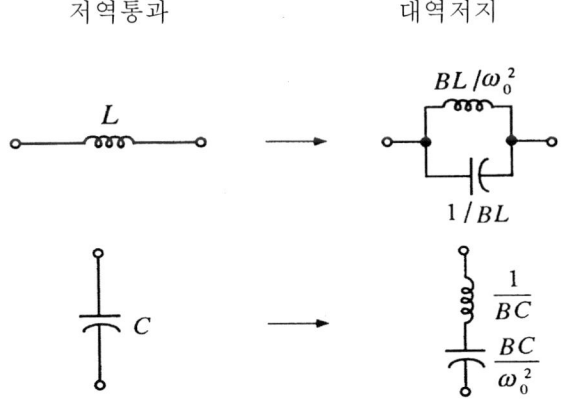

그림 6.23 저역통과 → 대역저지 소자 변환

<예제 6.12> 6차의 바터워스 대역저지 필터를 복종단 회로망으로 구하라
여기서 ω_0=10,000 rad/sec, B=1,000 rad/sec 이다.
풀이 : 그림 6.15(b)의 3차 바터워스 저역통과 필터를 사용하여 소자 변환을 시켜 주자.

$$L_1 = BL_1'/\omega_0^2 = 10^{-5} \qquad C_1 = 1/BL_1' = 10^{-3}$$

$$L_2 = \frac{1}{BC_2'} = \frac{1}{2} \times 10^{-3} \qquad C_2 = BC_2'/\omega_0^2 = 2 \times 10^{-5}$$

$$L_3 = BL_3'/\omega_0^2 = 10^{-5} \qquad C_3 = 1/BL_3' = 10^{-3}$$

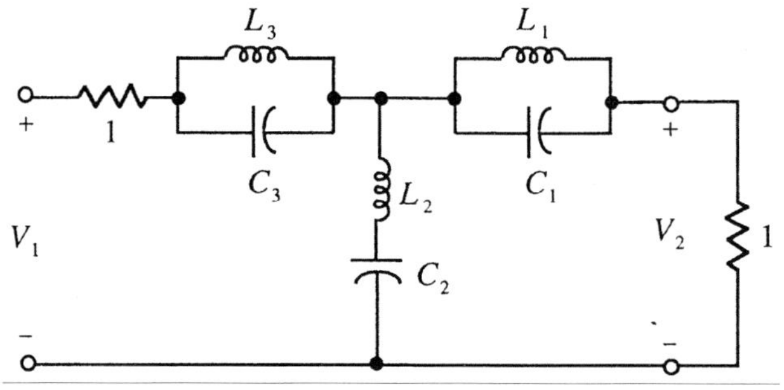

그림 6.24 예제 6.12의 대역저지 필터 [단위 : Ω, H, F]

6.6 전역통과 회로망

전역통과 함수는 4 장에서와 같이 제자형 회로망으로 실현할 수는 없고 교차지로를 갖는 격자형 회로망을 이용해야 실현이 가능하다. 그림 6.25에서 $Z_b = 1/Z_a$로 해주면 전압 전달 함수가 식(6.4)와 같게 된다.

$$\frac{V_2}{V_1} = \frac{1 - Z_a}{1 + Z_a} \tag{6.4}$$

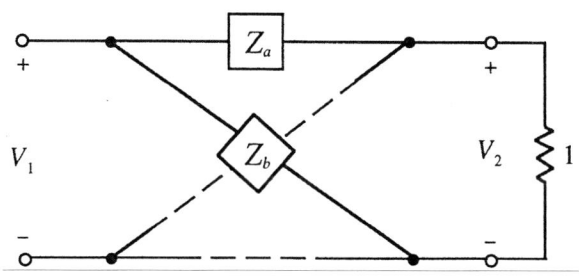

그림 6.25 전역통과 함수를 실현하기 위한 대칭 격자형 회로망

전역통과 회로망을 전역통과 필터라고 부르기도 한다.

6.6.1 1차 전역통과 회로망

1차 전역통과 함수는 다음과 같이 표현된다.

$$\frac{V_2}{V_1} = \frac{a-s}{a+s} = \frac{1-\dfrac{s}{a}}{1+\dfrac{s}{a}} \tag{6.5}$$

식(6.4)와 식(6.5)를 대조하여 Z_a와 Z_b를 정한 후 그림 6.25에 삽입해 줌으로서 1차 전역통과 회로망을 그림 6.26과 같이 얻는다.

$$Z_a = \frac{s}{a} \tag{6.6a}$$

$$Z_b = \frac{1}{Z_a} = \frac{a}{s} \tag{6.6b}$$

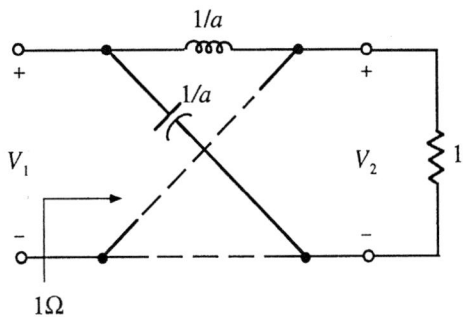

그림 6.26 1차 전역통과 회로망 [단위 : Ω, H, F]

그림 6.26에서 커패시터와 인덕터를 교환해 주면 위상이 180° 달라진다.

6.6.2 2차 전역통과 회로망

2차 전역통과 함수는 다음과 같이 쓸 수 있다.

$$\frac{V_2}{V_1} = \frac{s^2 - as + b}{s^2 + as + b} = \frac{1 - \dfrac{as}{s^2 + b}}{1 + \dfrac{as}{s^2 + b}} \tag{6.7}$$

위 식(6.7)을 식(6.4)와 대조하여 Z_a와 Z_b를 결정하고, 그림 6.25에 적용해 줌으로서 그림 6.27과 같은 2차 전역통과 회로망을 얻는다.

$$Z_a = \frac{as}{s^2+b} \qquad (6.8a)$$

$$Z_b = \frac{s^2+b}{as} \qquad (6.8b)$$

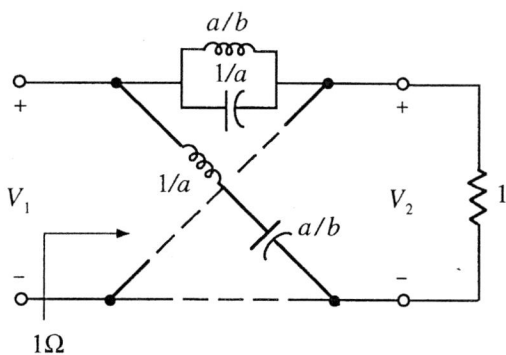

그림 6.27 2차 전역통과 회로망 [단위 : Ω, H, F]

그림 6.26과 그림 6.27은 흔히 사용되는 2가지의 전역통과 회로망이다. a와 b의 값을 변화하면 크기는 고정값인 1을 유지하지만 위상 특성은 변화하게 된다. 그리고 이 2가지의 대칭 격자형 회로망은 입력 저항이 항상 1 Ω이기 때문에 정저항 격자형 회로망이라고 불린다는 것은 이미 4장에서 설명하였다.

6.7 PSpice를 이용한 수동 필터 시뮬레이션

회로의 형태와 소자값이 결정되면 그 회로가 설계 명세조건을 만족하는지 회로를 시뮬레이션해야 한다. 회로 시뮬레이션에는 1972년 미국 U. C. Berkeley에서 개발된 회로 시뮬레이션 프로그램인 SPICE(Simulation Program with Integrated Circuit Emphasis)를 이용한다.

초기 SPICE는 회로를 프로그램 형태로 변환한 후 시뮬레이션 하였으나, 최근에는 PSpice와 같이 회로를 직접 도면(Schematic)으로 그린 후 시뮬레이션 하는 방식이 일반적이다.

PSpice를 이용한 해석은 표 6.4와 같다. 필터는 교류 해석에서 소신호 주파수 영역 응답으로 해석하는데 특히 크기 특성과 위상 특성 등을 손쉽게 구할 수 있다. 설계된 필터 회로와 소자값을 이용하여 PSpice로 시뮬레이션한 결과 특성이 설계 명세조건 및 함수 시뮬레이션과 일치하면 필터 설계가 완료된다.

6.7 PSpice를 이용한 수동 필터 시뮬레이션

표 6.4 PSpice를 이용한 해석

종류	해석 내용
Bias point 해석	• 직류성분의 대한 정상상태 값을 계산 • 모든 analog node의 전압 리스트 • 모든 digital node의 상태 리스트 • 모든 전압원의 전류와 전력 • 모든 소자의 소신호 파라미터 리스트를 파일로 출력
Time domain (Transient) 해석	• 과도(Transient) 해석: 시간영역에서 입력신호에 대한 출력 • 푸리에(Fourier) 해석: 크기, 위상, 직류분 등에 대한 결과 • 소자의 값을 불규칙하게 변화시키면서 변화에 따른 회로의 응답을 분석 • 소자의 값을 정해진 조건에 따라 변화시키면서 회로의 응답을 분석 • 주어진 온도 설정에 따라 회로의 응답을 분석
DC sweep 해석	• Bias point 계산, 소신호 감도 해석, 전달함수 계산 등
AC sweep/Noise 해석	• AC 해석: 입력 주파수 변화에 의한 회로의 주파수 응답 • 잡음(Noise) 해석: 회로의 소자에서 발생하는 잡음 해석

다음은 PSpice를 이용하여 6 장의 예제에서 설계된 필터를 시뮬레이션 하여 보자.

<예제 6.13> 예제 6.2의 3차 바터워스 저역통과 필터의 수동 복종단 회로를 시뮬레이션 하라. 차단 주파수는 1,000 Hz이고 저항값은 1 kΩ이다.

풀이 : 표 6.1에서 회로와 소자값을 구하고, 해 정규화한다. PSpice 회로도와 크기 및 위상 특성은 다음과 같다.

그림 6.28의 크기 특성 곡선에서 바터워스 필터의 최대평탄 특성이 통과역에서 나타남을 알 수 있다. 또한 복종단 회로망의 특성상 입력 전압 1 V에 대한 출력 전압은 0.5 V이고, 전압 이득은 0.5 이다.

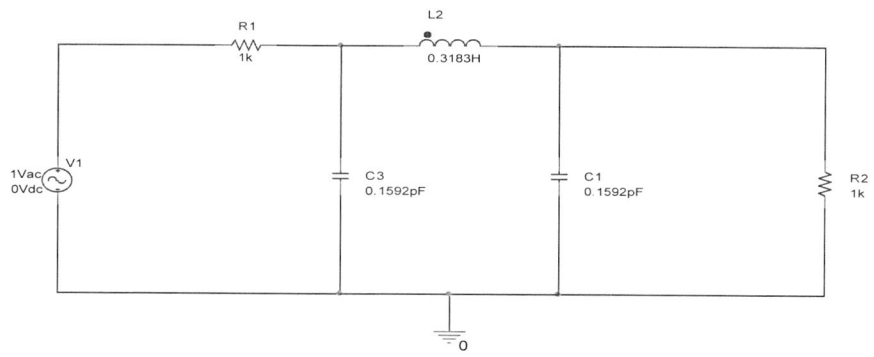

(a) PSpice 회로도

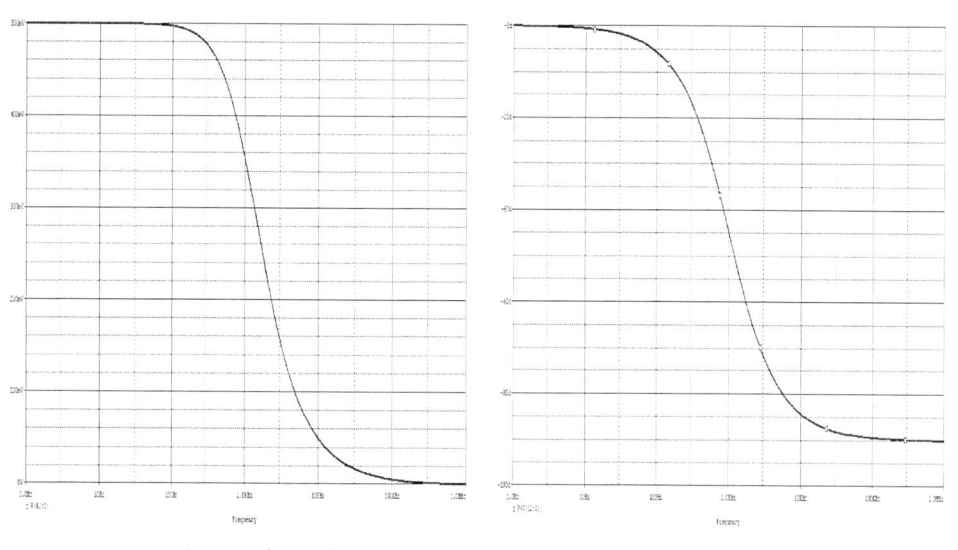

(b) 크기 특성 (c) 위상 특성

그림 6.28 3차 바터워스 저역통과 필터 특성

<예제 6.14> 통과역 리플이 1 dB인 5차 체비셰프 저역통과 필터의 수동 단종단 회로를 시뮬레이션 하라. 차단 주파수는 2,000 Hz이고 저항값은 1 Ω이다.

풀이 : 표 6.2에서 회로와 소자값을 구하고, 해 정규화한다. PSpice 회로도와 크기 및 위상 특성은 다음과 같다.

그림 6.29의 크기 특성 곡선에서 5차 체비셰프 필터의 리플 특성이 통과역에 나타난다. 또한 단종단 회로망은 입력 전압이 1 V인 경우 출력 전압은 1 V이고, 전압 이득은 1 이다.

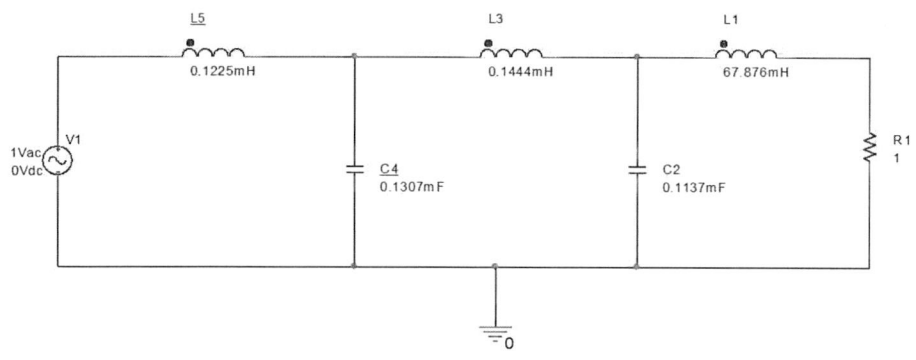

(a) PSpice 회로도

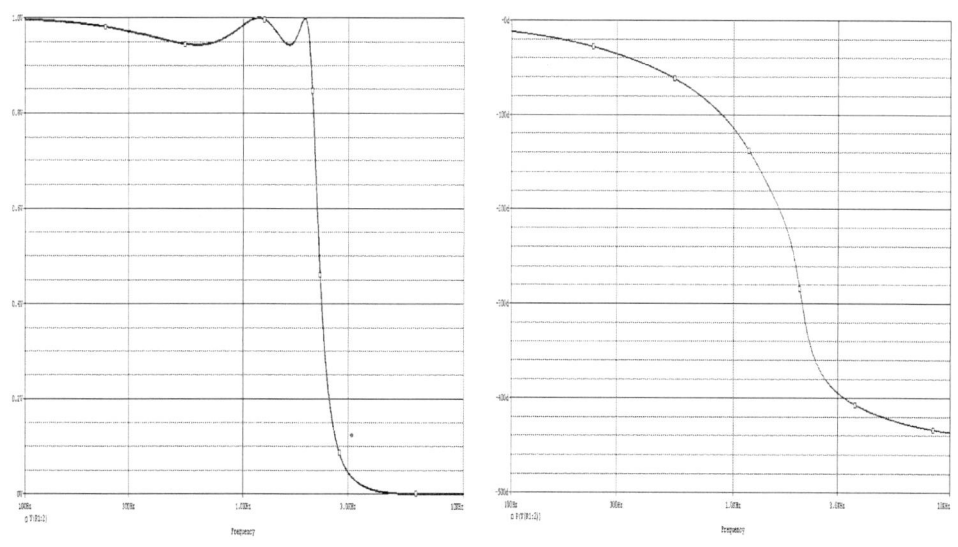

(b) 크기 특성   (c) 위상 특성

그림 6.29 5차 체비셰프 저역통과 필터 특성

<예제 6.15> 예제 6.10의 바터워스 대역통과 필터의 수동 복종단 회로를 시뮬레이션 하라.

풀이 : 그림 6.20의 회로와 소자값을 이용한 PSpice 회로도와 크기 및 위상 특성은 다음과 같다. 바터워스 대역통과 필터도 복종단 회로망이므로 입력 전압 1 V에 대한 출력 전압은 0.5 V이다.

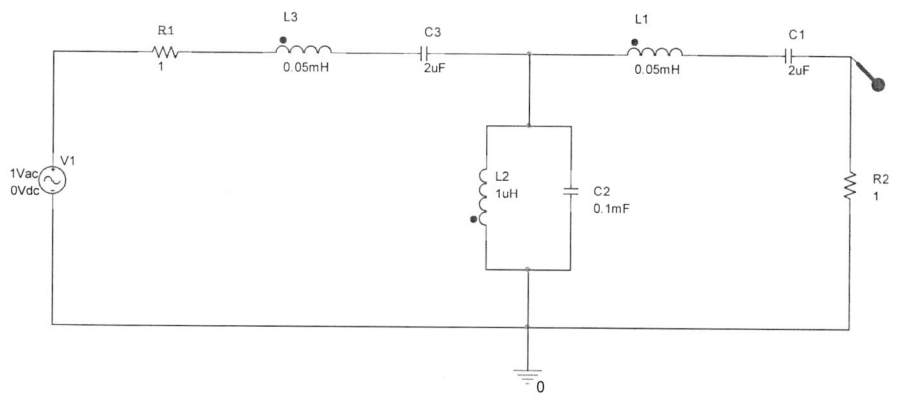

(a) PSpice 회로도

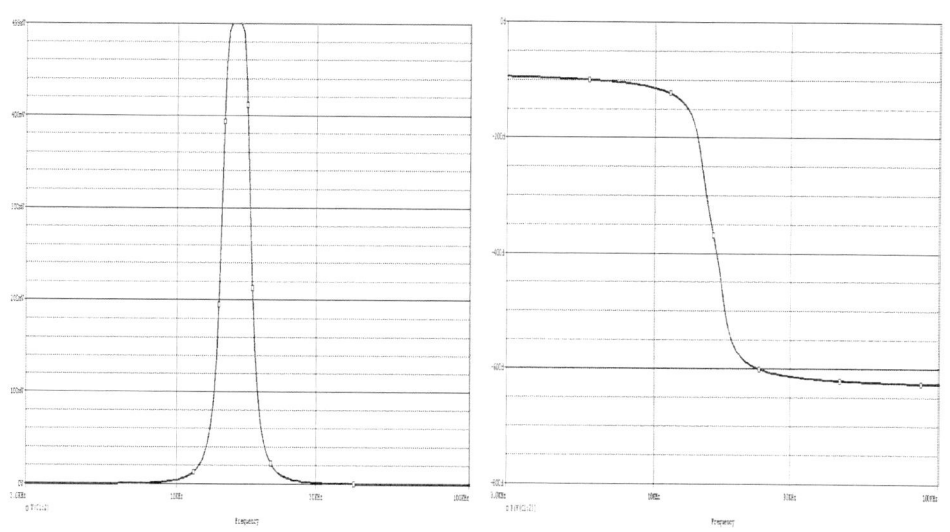

(b) 크기 특성   (c) 위상 특성

그림 6.30 5차 체비셰프 저역통과 필터 특성

6.7 PSpice를 이용한 수동 필터 시뮬레이션

이 장에서는 수동 필터를 다루었다. 우선 여러가지 저역통과 함수를 단종단 또는 복종단 제자형 회로망으로 실현하는 방법을 알아보고 소자값을 표로 작성하여 필터 설계시에 이용할 수 있도록 하였다.

다음에는 이 저역통과 필터를 원필터로 삼고 소자 변환을 시켜줌으로서 쉽게 고역통과, 대역통과, 대역저지 등의 각종 필터를 구하는 방법을 알아보았다.

전역통과 함수를 실현하는데 있어서는 대칭 격자형 회로망을 이용하였다. 이 회로망은 입력 임피던스가 1Ω이기 때문에 다른 필터의 부하 저항의 위치에 종속연결시켜 전체 회로망의 위상 특성을 개선시킬 수 있다.

또한 설계된 각종 수동 필터 회로의 동작 특성을 분석하는 방법으로 PSpice를 활용한 시뮬레이션 방법도 소개하였다.

연 습 문 제

6.1 다음의 각 필터를 단종단 회로망으로 구하라.

    (a) 바터워스, $n = 10$ (b) 체비셰프, 0.5 dB 리플, $n = 8$

    (c) 체비셰프, 1 dB 리플, $n = 7$ (d) 벳셀-톰슨, $n = 7$

풀이 :

(a) 바터워스, $n = 10$: 표 6.1을 이용한다.

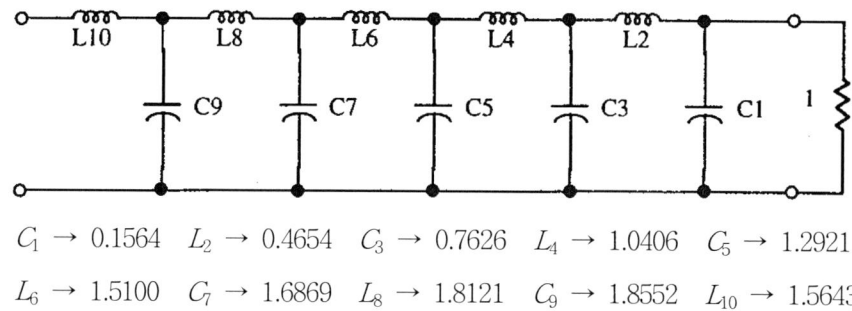

$C_1 \to 0.1564 \quad L_2 \to 0.4654 \quad C_3 \to 0.7626 \quad L_4 \to 1.0406 \quad C_5 \to 1.2921$

$L_6 \to 1.5100 \quad C_7 \to 1.6869 \quad L_8 \to 1.8121 \quad C_9 \to 1.8552 \quad L_{10} \to 1.5643$

(b) 체비셰프, 0.5 dB 소파상, $n = 8$: 표 6.2를 이용한다.

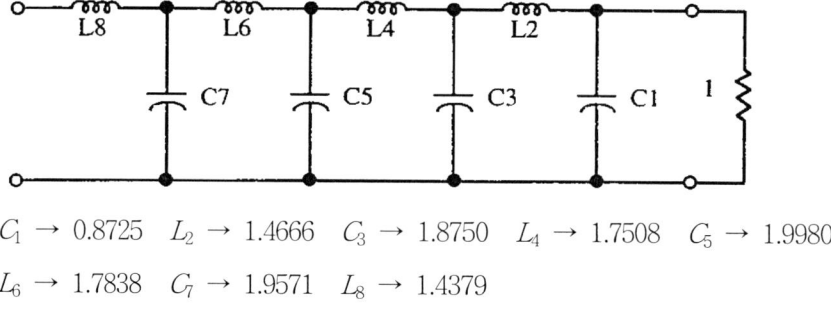

$C_1 \to 0.8725 \quad L_2 \to 1.4666 \quad C_3 \to 1.8750 \quad L_4 \to 1.7508 \quad C_5 \to 1.9980$

$L_6 \to 1.7838 \quad C_7 \to 1.9571 \quad L_8 \to 1.4379$

(c) 체비셰프, 1 dB 소파상, $n = 7$: 표 6.2를 이용한다.

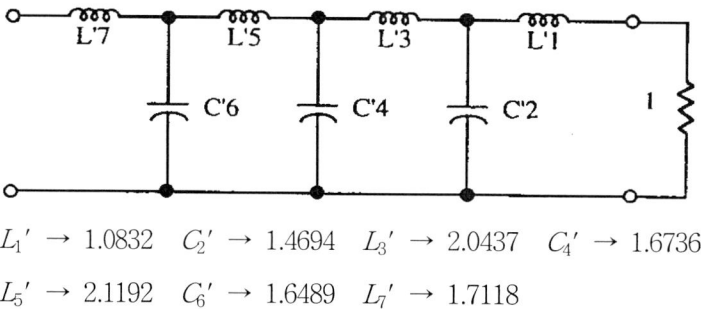

$L_1' \to 1.0832 \quad C_2' \to 1.4694 \quad L_3' \to 2.0437 \quad C_4' \to 1.6736$

$L_5' \to 2.1192 \quad C_6' \to 1.6489 \quad L_7' \to 1.7118$

제 6 장 수동 필터 회로

(d) 벳셀-톰슨, $n = 7$: 표 6.3을 이용한다.

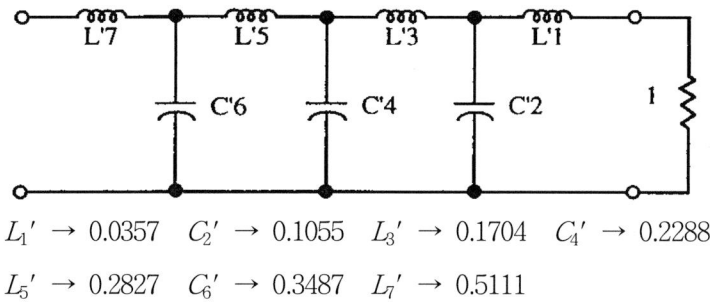

$L_1' \rightarrow 0.0357 \quad C_2' \rightarrow 0.1055 \quad L_3' \rightarrow 0.1704 \quad C_4' \rightarrow 0.2288$

$L_5' \rightarrow 0.2827 \quad C_6' \rightarrow 0.3487 \quad L_7' \rightarrow 0.5111$

6.2 다음 차수에 해당하는 바터워스 복종단 필터를 구하라.

(a) $n = 7$ (b) $n = 8$

풀이 :

(a) $n = 7$: 표 6.1을 이용한다.

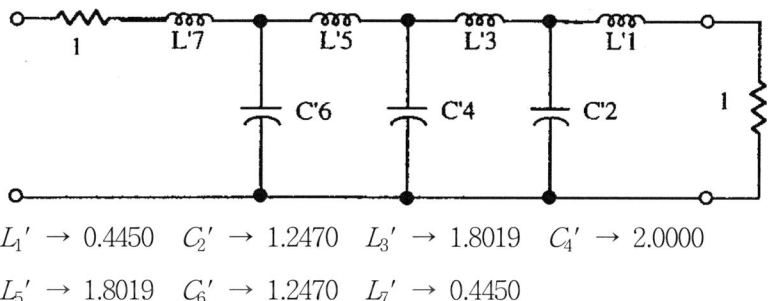

$L_1' \rightarrow 0.4450 \quad C_2' \rightarrow 1.2470 \quad L_3' \rightarrow 1.8019 \quad C_4' \rightarrow 2.0000$

$L_5' \rightarrow 1.8019 \quad C_6' \rightarrow 1.2470 \quad L_7' \rightarrow 0.4450$

6.3 다음의 조건을 만족시키는 체비셰프 복종단 필터를 구하라.

(a) 1 dB 리플, $R = 1$, $n = 5$ (b) 0.5 dB 리플, $R = 1$, $n = 3$

풀이 :

(a) 1 dB 소파상, $R = 1$, $n = 5$: 표 6.2를 이용한다.

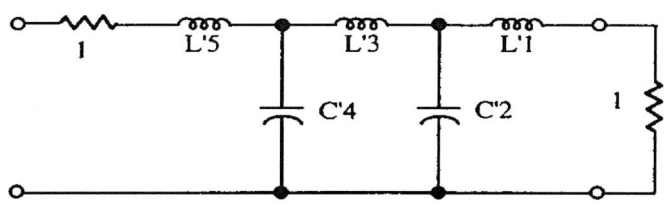

$L_1' \rightarrow 2.1349 \quad C_2' \rightarrow 1.0911 \quad L_3' \rightarrow 3.0009 \quad C_4' \rightarrow 1.0911 \quad L_5' \rightarrow 2.1349$

268   제 6 장 수동 필터 회로

6.4 다음 명세조건을 만족시키는 단종단 버터워스 고역통과 필터를 구하라.

$$\text{차단주파수 : } f_c = 100 \text{ kHz} \qquad n = 5$$

풀이 : 먼저 소자값을 $n = 5$인 버터워스 저역통과 표로부터 구하면

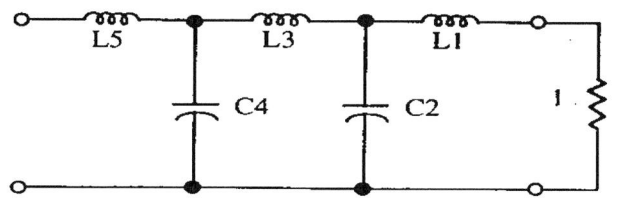

$L_1 \to 0.3090\text{H} \quad C_2 \to 0.8944\text{F} \quad L_3 \to 1.3820\text{H} \quad C_4 \to 1.6944\text{F} \quad L_5 \to 1.5451\text{H}$

다음에 $n = 5$인 버터워스 고역통과로 바꾸면

$$L(\text{헨리}) \to \frac{1}{L\omega_c}(\text{패럿}) \qquad C(\text{패럿}) \to \frac{1}{C\omega_c}(\text{헨리}) \text{이므로}$$

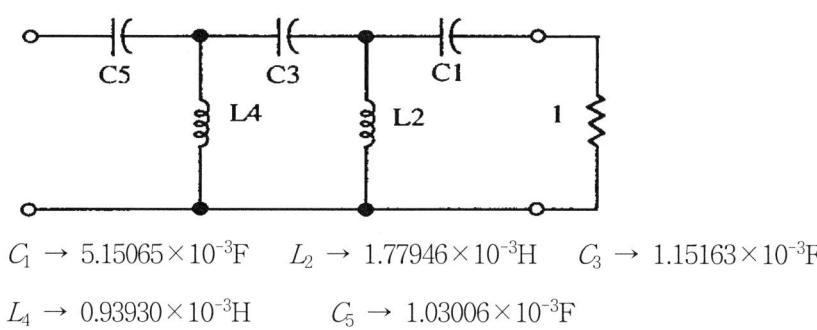

$C_1 \to 5.15065 \times 10^{-3}\text{F} \quad L_2 \to 1.77946 \times 10^{-3}\text{H} \quad C_3 \to 1.15163 \times 10^{-3}\text{F}$

$L_4 \to 0.93930 \times 10^{-3}\text{H} \qquad C_5 \to 1.03006 \times 10^{-3}\text{F}$

6.5 다음 명세조건을 만족시키는 복종단 체비셰프 대역통과 필터를 구하라.

$$\omega_1 = 1,000 \text{ rad/sec} \qquad \omega_2 = 2,000 \text{ rad/sec}$$

리플 : 1 dB $\qquad n = 6 \qquad\qquad R = 1 \text{ } \Omega$

풀이 : 먼저 소자값을 $n = 3$인 체비셰프 저역통과 표로부터 구하면

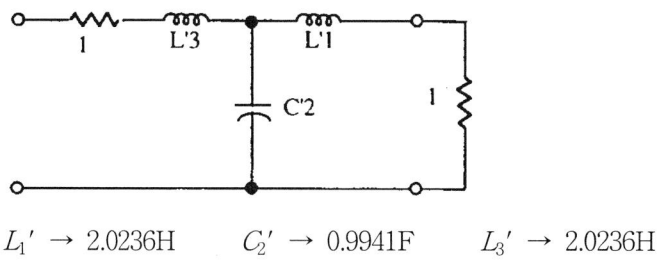

$L_1' \to 2.0236\text{H} \qquad C_2' \to 0.9941\text{F} \qquad L_3' \to 2.0236\text{H}$

제 6 장 수동 필터 회로

다음에 $n=6$인 체비셰프 대역통과로 바꾸면

$B = \omega_2 - \omega_1 = 1{,}000 \text{ rad/sec}, \quad \omega_0^2 = \omega_1\omega_2 = 2\times10^6 \text{ rad/sec}$ 이므로

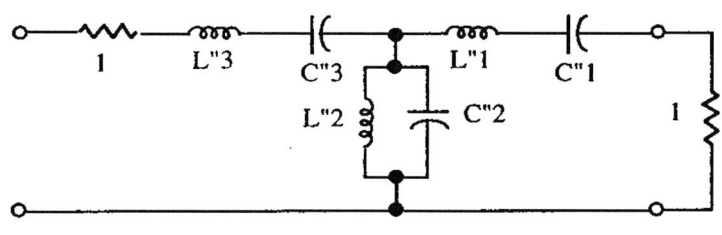

$C_1'' \to 0.2471\times10^{-3}\text{F}$ $L_1'' \to 2.0236\times10^{-3}\text{H}$

$C_2'' \to 0.9941\times10^{-3}\text{F}$ $L_2'' \to 0.5030\times10^{-3}\text{H}$

$C_3'' \to 0.2471\times10^{-3}\text{F}$ $L_3'' \to 2.0236\times10^{-3}\text{H}$

6.6 다음 명세조건을 만족시키는 단종단 바터워스 대역저지 필터를 구하라.

$$B = 0.5 \text{ rad/sec} \quad \omega_0 = 1.0 \text{ rad/sec} \quad n=4$$

풀이 : 먼저 소자값을 $n=2$인 바터워스 저역통과 표로부터 구하면

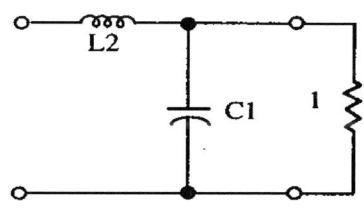

$C_1 \to 0.7071\text{F} \quad L_2 \to 1.4142\text{H}$

다음에 $n=4$인 바터워스 대역통과로 바꾸면

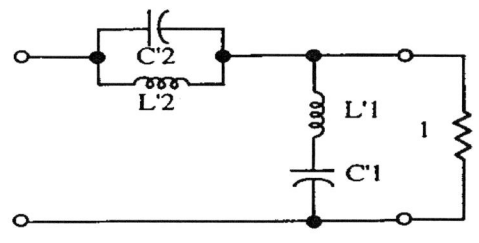

$L_1' \to 2.8285\text{H} \quad C_1' \to 0.3536\text{F} \quad L_2' \to 0.7071\text{H} \quad C_2' \to 1.4142\text{F}$

6.7 다음 함수 $H(s)$는 3차의 바터워스 필터 함수와 그의 위상을 수정하기 위한 전역통과 함수를 곱한 것이다. $H(s)$를 실현하라.

$$H(s) = \frac{K}{s^3 + 2s^2 + 2s + 1} \cdot \frac{s^2 - as + b}{s^2 + as + b}$$

풀이 : $\dfrac{K}{s^3 + 2s^2 + 2s + 1}$: 3차의 바터워스 저역통과 표로부터 소자값을 구하면

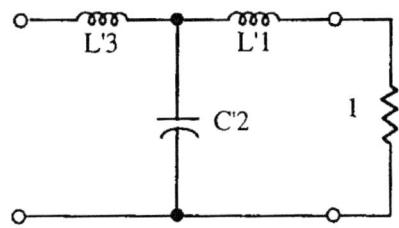

$L_1' \rightarrow 0.5000\text{mH} \quad C_2' \rightarrow 1.3333\text{F} \quad L_3' \rightarrow 1.5000\text{H}$

$\dfrac{s^2 - as + b}{s^2 + as + b}$: 2차 전역통과 함수

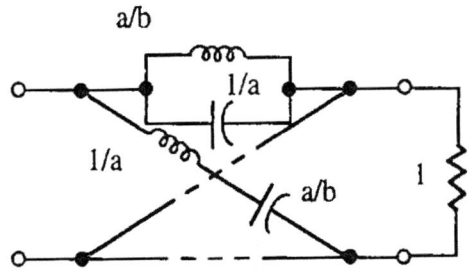

따라서 $H(s)$는 바터워스 필터와 전역통과 필터 회로를 종속연결하여 얻을 수 있다.

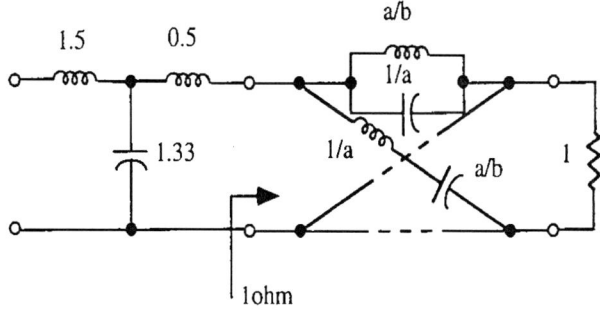

제 6 장 수동 필터 회로

6.8 다음 명세조건과 같은 5차의 바터워스 고역통과 필터를
 (a) 단종단 회로망과 (b) 복종단 회로망으로 구하라.

$$\text{차단주파수} : \omega_c = 100 \text{ rad/sec}$$

6.9 다음 명세조건을 만족시키는 6차의 체비셰프 대역통과 필터를
 (a) 단종단 회로망과 (b) 복종단 회로망으로 구하라.

$$\text{리플} : \alpha_p = 1 \text{ dB}$$

$$\text{중심주파수} : \omega_0 = 1,000 \text{ rad/sec}$$

$$\text{대역폭} : B = 500 \text{ rad/sec}$$

6.10 다음과 같은 4차의 바터워스 대역저지 필터를
 (a) 단종단 회로망과 (b) 복종단 회로망으로 구하라.

$$\text{중심주파수} : f_0 = 180 \text{ Hz}$$

$$\text{정규화된 대역폭} : 0.2$$

6.11 체비셰프 함수의 차수가 짝수일 때 복종단 제자형 회로망으로 합성할 수 없는 경우가 있다. 즉, 짝수 차수인 경우 $R_1 = R_2$일 때는 실현할 수 없으며 다음과 같은 R_1/R_2 비 범위 내에서만 실현이 가능하다는 것을 증명하라.

$$\frac{R_1}{R_2} \leq 1 + \epsilon^2 - 2\epsilon\sqrt{1+\epsilon^2}$$

제 7 장 능동 RC 필터 회로 I

수동 필터는 저항, 커패시터 및 인덕터를 이용하는데 그 중에서 인덕터는 일반적으로 값이 비싸고 부피가 커서 공간을 많이 차지하며 쉽게 포화되어 선형성(Linearity)을 상실하는 경향이 있다. 이러한 이유로 필터 또는 각종 회로망을 설계할 때 인덕터를 사용하는 것은 바람직하지 못하다. 따라서 1950년대에는 인덕터를 사용하지 않고 필터를 만드는 방법을 찾게 되었다. 이때 집적회로(Integrated Circuit) 기술의 발달로 등장한 것이 능동 소자(Active elements)인데 그 중에서도 가격이 싸고 다양한 기능을 갖는 연산 증폭기 (Operational amplifier : op amp)가 많이 사용되고 있다.

이와 같이 수동 회로망에서 인덕터를 사용하지 않고 연산 증폭기와 같은 능동 소자를 사용하여 만들어진 필터를 능동 RC 필터(Active RC filter)라 부른다.

능동 RC 필터는 구조상으로 볼 때 2가지로 나눌 수 있다. 각 부분 회로를 실현하여 그들을 모두 종속 연결(Cascade connection)시켜 만드는 것과 제자형 회로망을 모의 (Simulation)하여 인덕터를 제거한 것으로 분류할 수 있다. 이장에서는 이득(Gain)이 유한값 K인 연산 증폭기를 하나 사용하여 여러가지 2차 필터를 설계하기로 하자.

7.1 능동 소자

능동 RC 필터를 만들 때 사용되는 능동 소자로는 연산 증폭기가 가장 많이 사용되고 있다. 아날로그 회로에서의 연산증폭기는 흔히 디지털 회로에서의 마이크로프로세서 (Microprocessor)에 비유되기도 한다.

연산 증폭기에 2개의 저항을 부가하여 만들어진 유한이득 증폭기(Finite-gain amplifier)는 근본적으로 전압제어 전압원(Voltage-Controlled Voltage Source : VCVS)이다. 이밖에도 이득기(gain devices) 역할을 하는 능동 소자로는 BJT(Bipolar junction transistor)와 같은 전류제어 전류원(Current-Controlled Current Source : CCCS)이 있고 MOS 트랜지스터와 같은 전압제어 전류원(Voltage-Controlled Current Source : VCCS)이 있는데 가장 많이 사용되는 능동 소자는 연산 증폭기이다. 최근에는 완전 집적화에 편리한 OTA(Operational Transconductance Amplifier) 소자, 외부 소자와의 정합(Matching)이 필요 없는 DDA (Differential Difference Amplifier)가 주목을 끌고 있는데 이는 9 장에서 다루기로 한다.

7.1.1 이상적 연산 증폭기

이상적인 연산 증폭기는 그림 7.1과 같다.

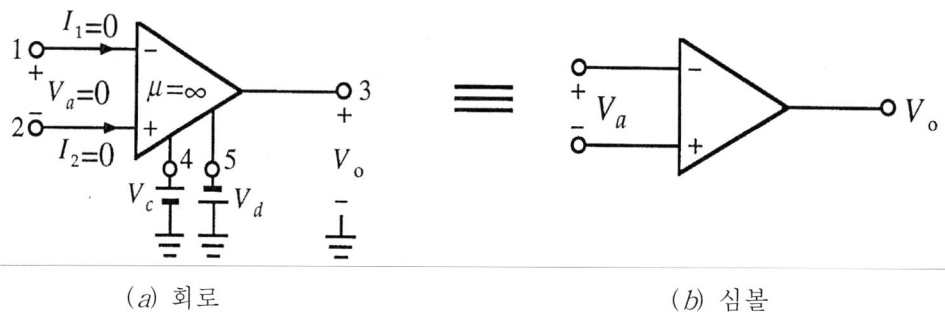

(a) 회로 (b) 심볼

그림 7.1 이상적인 연산 증폭기

다음은 이상적인 연산 증폭기의 성질에 관한 것으로서 능동 회로를 분석 또는 설계할 때 유용하게 쓰인다.

〈 이상적인 연산 증폭기의 성질 〉

(1) 입력 임피던스는 무한대이다. 즉 반전 단자(Inverting terminal) 1이나 비반전 단자 (Noninverting terminal) 2에 흘러 들어가는 전류는 0이다.

$I_1 = I_2 = 0$

(2) 출력 임피던스는 0이다. 그러므로 출력 전압 V_0는 출력 단자 3을 통하여 흘러 나가는 전류와 무관하여 전압 강하 현상이 일어나지 않는다.

(3) 전압 이득이 무한대이다. 즉 $\mu = \infty$ 이다. 이제부터 이득은 전압 이득을 의미한다.

(4) 대역폭(Bandwidth)이 무한대이다.

그러나 실제로 사용하는 연산 증폭기의 입력 임피던스는 1 MΩ보다 크고 출력 임피던스는 100 Ω보다 작다. 이득 대역폭 곱(Gain-bandwidth product : GB)은 10^6 Hz 정도이다. 그러므로 비교적 작은 주파수 대역에서는 이상적 성질에 접근한다.

또한 연산 증폭기는 자신만으로는 불안정하여 단자 1, 2, 3 사이에 여러가지 형태로 *RC* 소자를 연결하여 필요한 특성을 얻을 수 있고, 연산 증폭기를 동작시키기 위해서는 외부에서 전압원 V_c와 V_d를 공급해야 한다.

7.2 유한이득 증폭기(Finite-gain Amplifiers)

그림 7.2(*a*)에서 출력 전압 V_o는 R_b를 통하여 반전 단자에 귀환(Feedback)되어 있으며 다시 R_a를 통하여 접지되어 있다. 그리고 입력 전압 V_i는 비반전 단자에 걸려 있다.

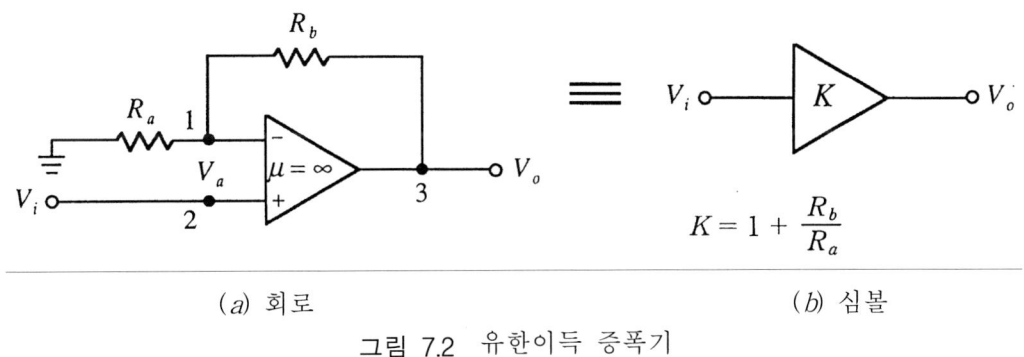

(*a*) 회로   (*b*) 심볼

그림 7.2 유한이득 증폭기

여기서 반전 단자와 비반전 단자사이의 전압 V_a의 크기가 아주 작아 $V_a \approx 0$이라 간주할 때 반전 단자에 걸리는 전압은 입력 전압 V_i와 같다. 그리고 이상적인 연산 증폭기는 $I_a = 0$이므로 단자 1에서 키르히호프의 전류 법칙을 적용하면 다음과 같은 방정식을 얻게 된다.

$$\frac{V_i}{R_a} + \frac{V_i - V_o}{R_b} = 0 \tag{7.1}$$

$$V_i\left(\frac{1}{R_a} + \frac{1}{R_b}\right) = \frac{V_o}{R_b} \tag{7.2}$$

$$\frac{V_o}{V_i} = 1 + \frac{R_b}{R_a} = K \tag{7.3}$$

식(7.3)에서 이득 *K*가 유한이므로 그림 7.2의 회로를 유한이득 증폭기라 부른다. 이는 기능상으로는 전압제어 전압원이다. 그림 7.2(*b*)는 그림 7.2(*a*)의 심볼이며 흔히 실제의 회로를 대신하여 사용한다.

이득 $K = 1 + \dfrac{R_b}{R_a}$는 저항비 $\dfrac{R_b}{R_a}$를 크게 해줌으로서 높일 수 있으나 너무 높으면 거기에 역비례하여 대역폭이 좁아지므로 보통 $K = 1 \sim 5$ 범위의 값을 취하는 것이 통례이다. 또한 최소치를 택하여 $K = 1$ (즉 $R_a = \infty$, $R_b = 0$)로 해줄 수 있는데 그때는 그림 7.3과 같으며 단위이득 증폭기(Unity-gain amplifier)또는 전압 추종기(Voltage follower)라고 한다.

그리고 유한이득 증폭기는 일반적으로 입력 임피던스가 극히 크고 출력 임피던스는 아주 작으므로 종속 연결(Cascade connection)을 할 때 완충기(Buffer)로 사용할 수 있다.

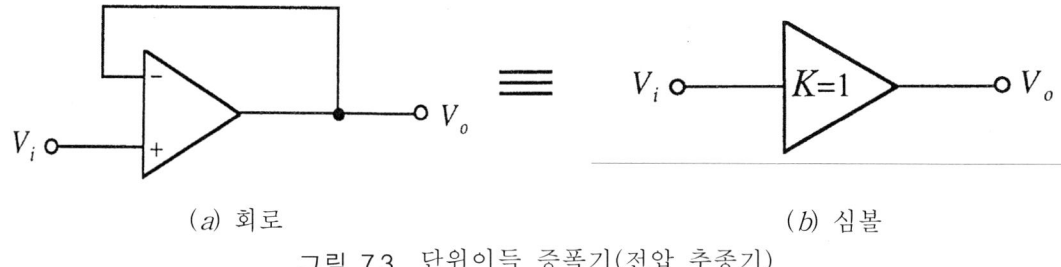

(a) 회로   (b) 심볼

그림 7.3 단위이득 증폭기(전압 추종기)

7.3 유한이득 증폭기의 역할

이 절에서는 능동 소자인 유한이득 증폭기가 RC 만으로 구성된 수동 회로망 내에 사용될 때를 분석해 보자. 인덕터를 사용하지 않고 2차 저역통과 필터를 가장 간단하게 만들기 위해서는 그림 7.4와 같이 2개의 커패시터와 2개의 저항 소자를 필요로 한다.

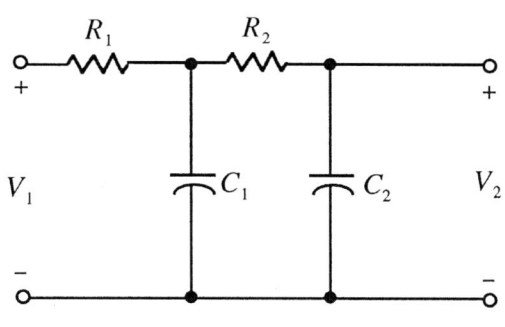

그림 7.4 수동 RC 저역통과($n = 2$) 회로망

그림 7.4의 전달함수를 구하면 식(7.4a)와 같고, 극점이 모두 복소 평면상의 음 실축에 위치하므로 전달함수를 식(7.4b)와 같이 쓸 수 있다.

$$\frac{V_2}{V_1} = \frac{\frac{1}{R_1 R_2 C_1 C_2}}{s^2 + \left(\frac{1}{R_1 C_1} + \frac{1}{R_2 C_1} + \frac{1}{R_2 C_2}\right)s + \frac{1}{R_1 R_2 C_1 C_2}} \tag{7.4a}$$

$$\frac{V_2}{V_1} = \frac{\sigma_1 \sigma_2}{(s+\sigma_1)(s+\sigma_2)} \tag{7.4b}$$

여기서
$$\sigma_1 \sigma_2 = \frac{1}{R_1 R_2 C_1 C_2} \tag{7.4c}$$

$$\sigma_1 + \sigma_2 = \frac{1}{R_1 C_1} + \frac{1}{R_2 C_1} + \frac{1}{R_2 C_2} \tag{7.4d}$$

극점이 음 실축상에 위치한다는 사실은 모든 RC 회로망의 공통된 성질이다. 식(7.4a)의 경우도 R_1, R_2, C_1, C_2가 모두 양수일 때 분모 다항식의 근을 구해보면 음 실수이다. 그런데 필터 함수의 극점은 모두 복소수로서 복소 평면 좌반면에 위치한다. 그러므로 필터를 실현할 때 수동 RC 회로망만으로는 부족하여 능동 소자를 이용하게 된다. 그림 7.5와 같이 RC 회로망 (2차 함수를 실현할 때는 커패시터가 적어도 2개 포함)의 출력 단자 3에 이득이 K인 증폭기를 걸어주고 증폭된 전압을 귀환시켜 RC 회로망의 단자 2에 연결한다.

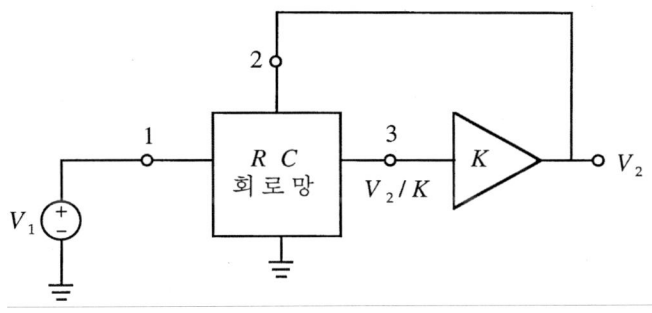

그림 7.5 유한이득 능동 RC 필터 회로

이 회로망에서 단자 3의 전압은 다음과 같다. 여기서 H_{ij}는 회로망의 전압 전달함수이다.

$$\frac{V_2}{K} = H_{13} V_1 + H_{23} V_2 \tag{7.5a}$$

$$H_{23} = \left.\frac{V_3}{V_2}\right|_{V_1=0} = \frac{N_{23}}{D} = \frac{b_2 s^2 + b_1 s + b_0}{(s+\sigma_1)(s+\sigma_2)} \tag{7.5b}$$

$$H_{13} = \left.\frac{V_3}{V_1}\right|_{V_2=0} = \frac{N_{13}}{D} = \frac{a_2 s^2 + a_1 s + a_0}{(s+\sigma_1)(s+\sigma_2)} \tag{7.5c}$$

회로망의 전체 전압 전달함수는 식(7.5b) 및 식(7.5c)를 식(7.5a)에 대입하면 식(7.6)을 얻는다. 그리고 식(7.6)으로부터 다음과 같은 사실을 관찰할 수 있다.

$$\frac{V_2}{V_1} = \frac{KN_{13}}{D - KN_{23}} = \frac{K(a_2 s^2 + a_1 s + a_0)}{(s + \sigma_1)(s + \sigma_2) - K(b_2 s^2 + b_1 s + b_0)} \tag{7.6}$$

1) $b_2 = b_0 = 0$으로 해주면 분모다항식이 $s^2 + (\sigma_1 + \sigma_2 - Kb_1)s + \sigma_1 \sigma_2$로 되어 s항의 계수 $(\sigma_1 + \sigma_2 - Kb_1)$을 K의 값에 따라 임의로 작게도 할 수 있다. 이것은 전달함수 V_2/V_1를 위하여 복소 극점을 만들어 줄 수 있다는 것을 의미한다. 그런데 $b_2 = b_0 = 0$ 일 때 $N_{23} = b_1 s$로 되어 H_{23}은 대역통과 함수로 된다. 이 사실은 단자 3을 이어 주는 경로에 커패시터가 1개 들어있어야 한다는 것을 의미한다. 이 점은 이 장에서 얻게 될 저역통과, 고역통과, 대역통과, 대역저지 등 모든 필터에 필요한 조건이다.

이때 식(7.6)은 다음과 같다.

$$\frac{V_2}{V_1} = \frac{K(a_2 s^2 + a_1 s + a_0)}{s^2 + (\sigma_1 + \sigma_2 - Kb_1)s + \sigma_1 \sigma_2} \tag{7.7}$$

2) **그림 7.5**의 회로가 저역통과 필터로 되기 위해서는 식(7.7)의 분자가 상수이어야 하므로 $a_2 = a_1 = 0$이라는 조건이 요구되며 이때 H_{13}이 저역통과 함수로 된다. 이 사실은 단자 1과 3을 이어주는 경로에는 저항 소자만이 허용된다는 뜻이다.

1)과 2)의 논리에 따라 **그림 7.6**과 같은 능동 RC 저역통과 필터를 만들 수 있다.

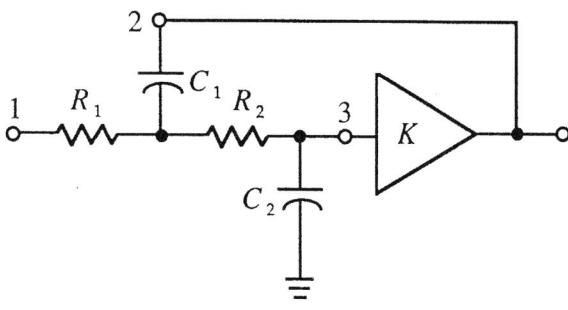

그림 7.6 능동 RC 저역통과 필터

3) **그림 7.5**의 회로가 고역통과 필터로 되기 위해서는 식(7.7)의 분자에 s^2항만 남아야 하므로 $a_1 = a_0 = 0$이라는 조건이 요구되며 이때 H_{13}이 고역통과 함수로 된다. 이 사실은 단자 1과 단자 3을 이어주는 경로에 커패시터가 2개 들어가야 한다는 것을 의미한다.

1)과 3)을 통하여 **그림 7.7**과 같은 고역통과 필터를 얻을 수 있다. **그림 7.6**과 **그림 7.7**을 비교할 때, 고역통과 필터는 저역통과 필터 내의 저항 소자대신 커패시터를, 그리고 커패시터 대신 저항 소자를 넣어줌으로서 얻어진다는 것을 알 수 있다.

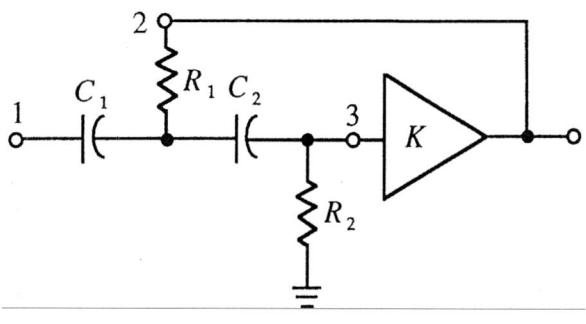

그림 7.7 능동 RC 고역통과 필터

4) **그림 7.5**의 회로가 대역통과 필터로 되기 위해서는 식(7.7)의 분자에 s항만 남아야 하므로 $a_2 = a_0 = 0$ 이라는 조건이 요구되며 따라서 H_3은 대역통과 함수로 된다. 이 사실은 단자 1과 단자 3을 이어주는 경로에 커패시터가 1개 들어가야 한다는 것을 의미한다.

1)과 4)에 의하여 **그림 7.8**과 같은 대역통과 필터를 얻을 수 있다. 커패시터 C_2는 1)과 4)를 동시에 만족시키며 C_1은 2차 함수를 만들기 위해 필요하다. R_3은 분모 다항식에 상수항을 만들어 주기 위한 것이다.

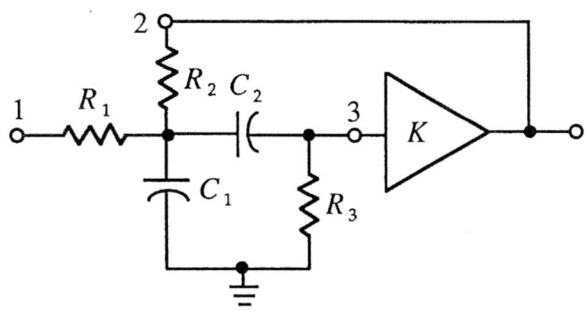

그림 7.8 능동 RC 대역통과 필터

이 절에서는 수동 RC 회로망내에 한개의 능동 소자를 사용함으로써 전체 회로망의 극점을 복소 평면 좌반면에 복소 극점으로 만들어 줄 수 있다는 것을 분석하였다. 여기서 능동 소자는 유한이득 증폭기인데 이득 K의 값을 적당히 크게 함으로서 극점의 Q값을 높혀줄 수 있다. 이상에서 분석한 사실을 이용하여 각종 능동 필터를 설계해 보자.

7.4 저역통과 필터

전절에서 얻은 그림 7.6의 저역통과 필터를 그림 7.9로 다시 표시하고 전달함수를 얻기 위한 방정식을 써보자. V_a단과 절점 b에 키르히호프의 전류법칙을 적용해보자.

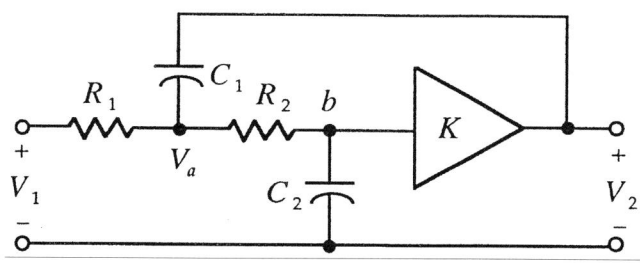

그림 7.9 저역통과 필터 원회로

$$\left(V_a - \frac{V_2}{K}\right)\frac{1}{R_2} + (V_a - V_2)C_1 s + (V_a - V_1)\frac{1}{R_1} = 0 \tag{7.8a}$$

$$\frac{V_2}{K}C_2 s + \left(\frac{V_2}{K} - V_a\right)\frac{1}{R_2} = 0 \tag{7.8b}$$

식(7.8b)에서 V_a를 구하여 식(7.8a)에 대입하면 다음과 같은 식(7.9a)를 얻게 되는데 여기서 분모 다항식이 식(7.7)과 같은 형식을 갖춘다는 것을 알 수 있다. 식(7.9b)는 저역통과 함수의 일반식이다.

$$\frac{V_2}{V_1} = \cfrac{\cfrac{K}{R_1 R_2 C_1 C_2}}{s^2 + \left(\cfrac{1}{R_1 C_1} + \cfrac{1}{R_2 C_1} + \cfrac{1}{R_2 C_2} - K\cfrac{1}{R_2 C_2}\right)s + \cfrac{1}{R_1 R_2 C_1 C_2}} \tag{7.9a}$$

$$\frac{V_2}{V_1} = \frac{G\omega_0^2}{s^2 + \cfrac{\omega_0}{Q}s + \omega_0^2} \tag{7.9b}$$

식(7.9a)와 (7.9b)를 비교하여 ω_0와 Q를 필터내의 소자값과 증폭기 이득 K의 함수로 표시할 수 있다. G는 필터의 이득($s=0$에서)인데 이 회로에서는 증폭기 이득 K와 같다.

$$\omega_0 = \frac{1}{\sqrt{R_1 R_2 C_1 C_2}} \tag{7.10a}$$

7.4 저역통과 필터

$$Q = \frac{1}{\sqrt{\frac{R_2 C_2}{R_1 C_1}} + \sqrt{\frac{R_1 C_2}{R_2 C_1}} + (1-K)\sqrt{\frac{R_1 C_1}{R_2 C_2}}} \tag{7.10b}$$

$$G = K \tag{7.10c}$$

식(7.10b)에서 증폭기의 이득 K를 적당히 결정함으로써 Q값을 조절할 수 있다. 즉 복소 극점을 얻게 된다. 극점의 크기 ω_0는 수동 소자(R_1, R_2, C_1, C_2)로서 결정이 된다. Q값은 K가 커질수록 점점 커지므로 극점은 $j\omega$축에 접근한다. 이 현상을 구체적으로 관찰하기 위하여 수동 소자값을 $R_1 = R_2 = 1$, $C_1 = C_2 = 1$로 정해주면 이때 식(7.9a)는 다음과 같이 표시된다.

$$\frac{V_2}{V_1} = \frac{K}{s^2 + (3-K)s + 1} \tag{7.11}$$

그림 7.10과 같이 증폭기의 이득이 $K=0$인 경우 위 식은 극점이 음 실축상에 분리되어 있다가 $K=1$에서 합해지며, $1 < K \leq 3$에서는 여러가지 Q값에 해당하는 복소 극점을 갖는다. $K > 3$에서는 극점이 복소 평면의 우반면으로 이동하게 되어 회로가 불안정하게 된다.

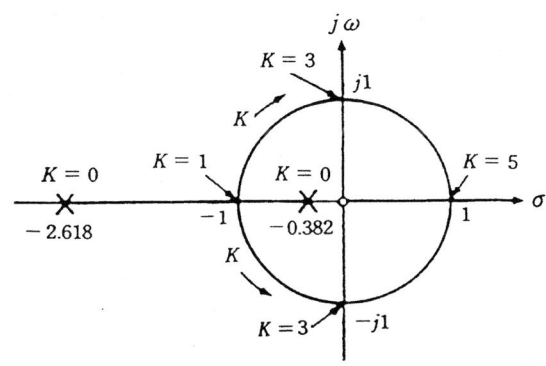

그림 7.10 식(7.11)에서 K의 증가에 따른 극점 이동

이상으로 저역통과 능동 RC 회로를 분석하였고 이어서 이 회로의 실현법을 구현해 보자. 그림 7.9의 회로를 관찰할 때 5개의 소자(R_1, R_2, C_1, C_2, K)가 들어있다. 그런데 필터 함수로서 주어지는 파라미터는 ω_0, Q 및 G의 3가지이므로 실현과정에서 소자값을 정해 주는 경우에 상당한 자유도(Degrees of freedom)가 존재한다. 이 자유도를 이용하여 다음과 같은 2가지의 실현법으로 능동 저역통과 필터를 구현할 수 있다.

[A] 동저항, 동커패시턴스(Equal-R, Equal-C) 실현법

이 실현법에서는 다음과 같이 소자값을 동등하게 해준다. 소자값이 동일한 소자를 대량으로 구입하면 값이 내려가고, 전체 회로의 크기도 축소되어 유리하다.

$$R_1 = R_2 = R \qquad C_1 = C_2 = C \tag{7.12}$$

이때의 회로는 그림 7.11과 같고 전달함수는 식(7.13)과 같이 간단하게 되어 편리하다.

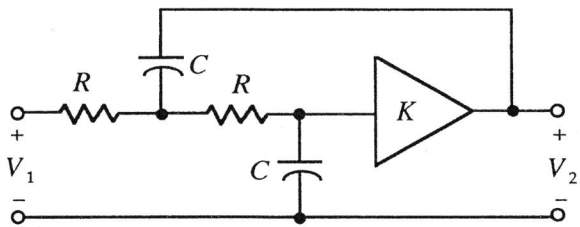

그림 7.11 저역통과 필터(동저항, 동커패시턴스)

$$\frac{V_2}{V_1} = \frac{\dfrac{K}{R^2 C^2}}{s^2 + \dfrac{3-K}{RC}s + \dfrac{1}{R^2 C^2}} \tag{7.13}$$

여기서
$$\omega_0 = \frac{1}{RC} \tag{7.14a}$$

$$Q = \frac{1}{3-K} \tag{7.14b}$$

$$G = K \tag{7.14c}$$

식(7.14)로부터 다음과 같은 설계 과정을 얻을 수 있다.

〈 설계 과정 〉

1) 우선 커패시터 C의 값을 실제적으로 실현할 수 있는 값으로 정해준다. 이때,

$$R = \frac{1}{\omega_0 C} \;,\; K = 3 - \frac{1}{Q}$$

2) 필터의 이득 G는 증폭기의 이득 K와 같다.

$$G = K$$

<예제 7.1> 다음과 같은 2차의 저역통과 필터를 동저항, 동커패시턴스 실현법으로 구하라.

$$\omega_0 = 1{,}000 \text{ rad/sec}, \quad Q = 5$$

풀이 : 설계 과정에 따라서

1) 우선 $C = 0.1 \ \mu\text{F}$로 정해주자. 이때,

$$R = \frac{1}{\omega_0 C} = 10 \text{ k}\Omega$$

$$K = 3 - \frac{1}{Q} = 2.8$$

2) 이득은 $G = K = 2.8$

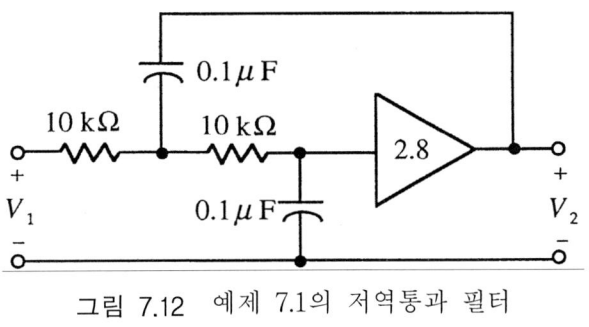

그림 7.12 예제 7.1의 저역통과 필터

[B] 단위이득 동저항(Unity-gain, Equal-R) 실현법

증폭기의 이득을 $K = 1$로 해주면 증폭기의 대역폭이 넓어질 뿐만 아니라 **그림 7.3**과 같이 2개의 저항 소자를 절약하게 되어 유리하다. 또한 자유도를 이용하면 $R_1 = R_2 = R$로 해줄 수 있는데 그때의 회로는 **그림 7.13**과 같으며 전달함수는 식(7.16)과 같이 간단해진다.

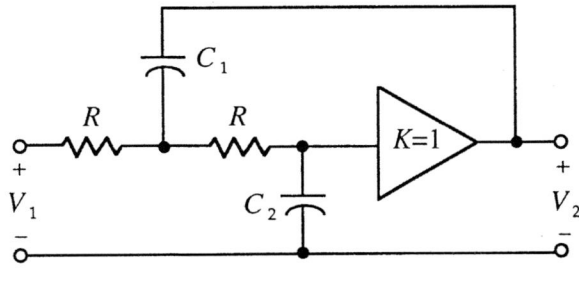

그림 7.13 저역통과 필터(단위이득 동저항)

$$K = 1, \quad R_1 = R_2 = R \tag{7.15}$$

$$\frac{V_2}{V_1} = \frac{\dfrac{K}{R^2 C_1 C_2}}{s^2 + \dfrac{2}{RC_1}s + \dfrac{1}{R^2 C_1 C_2}} \tag{7.16}$$

여기서
$$\omega_0 = \frac{1}{R\sqrt{C_1 C_2}} \tag{7.17a}$$

$$Q = \frac{1}{2}\sqrt{\frac{C_1}{C_2}} \tag{7.17b}$$

$$G = K = 1 \tag{7.17c}$$

식(7.17)로 부터 다음과 같은 설계 과정을 얻는다.

〈 설계 과정 〉

1) 우선 커패시터 C_1의 값을 실제 실현 가능한 값으로 정해준다. 이때,

$$C_2 = \frac{C_1}{4Q^2} \;,\; R = \frac{1}{\omega_0 \sqrt{C_1 C_2}} = \frac{2Q}{C_1 \omega_0}$$

2) 회로의 이득은 $G = K = 1$이다.

<예제 7.2> 다음 저역통과 함수를 단위이득, 동저항 실현법으로 실현하라.

$$\frac{V_2}{V_1} = \frac{G 10^6}{s^2 + 10^3 s + 10^6}$$

풀이 : 여기서 $\omega_0 = 1,000$ rad/sec이고 $Q = 1$이다. 설계 과정에 따라서

1) 우선 $C_1 = 0.1 \; \mu$F로 정해주자. 이때,

$$C_2 = \frac{C_1}{4} = 0.025 \; \mu\text{F}$$

$$R = \frac{2}{10^{-7} \times 10^3} = 20 \; \text{k}\Omega$$

2) 회로의 이득은 $G = K = 1$ 이다.

이때의 회로는 그림 7.14와 같다. 단위이득, 동저항 방법은 $K = 1$ 이라는 유리한 점이 있으나 2개의 커패시턴스의 비가 $4Q^2$으로 커진다는 단점도 갖는다.

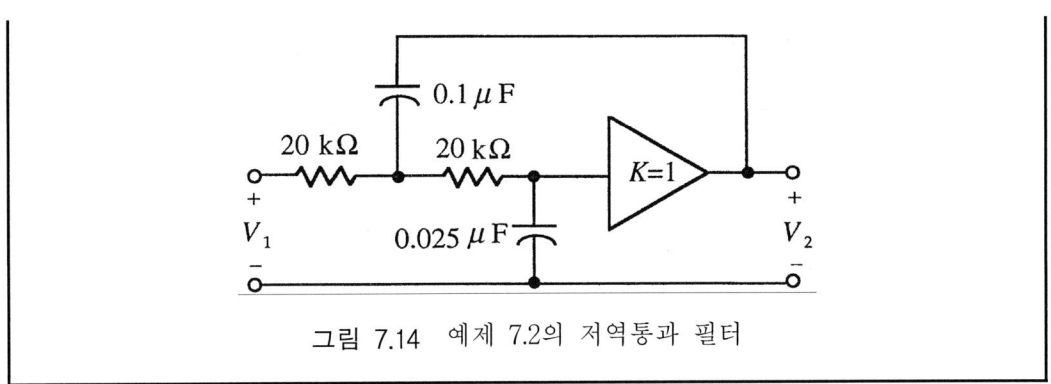

그림 7.14 예제 7.2의 저역통과 필터

벳셀-톰슨 필터의 경우도 설계 과정은 저역통과 필터의 경우와 같다.

7.5 고역통과 필터

7.3 절에서 얻은 그림 7.7의 고역통과 필터를 그림 7.15로 다시 그리고 분석해 볼 때 식(7.18a)를 얻는다. 식(7.18b)는 고역통과 함수의 일반식이다. 그림 7.15의 고역통과 필터는 그림 7.9의 저역통과 필터에서 저항 소자 위치에 커패시터를, 커패시터 위치에 저항 소자를 각각 넣어서 얻을 수도 있다. 이 과정을 $RC:CR$ 변환이라 부른다.

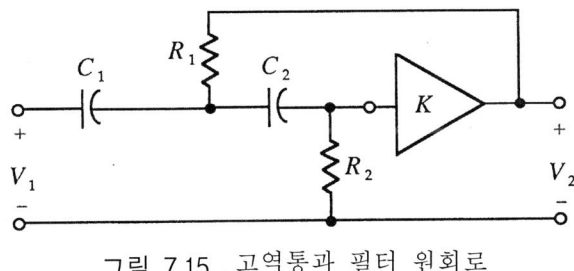

그림 7.15 고역통과 필터 원회로

$$\frac{V_2}{V_1} = \frac{Ks^2}{s^2 + \left(\dfrac{1}{R_1 C_1} + \dfrac{1}{R_2 C_1} + \dfrac{1}{R_2 C_2} - K\dfrac{1}{R_1 C_1}\right)s + \dfrac{1}{R_1 R_2 C_1 C_2}} \tag{7.18a}$$

$$\frac{V_2}{V_1} = \frac{Gs^2}{s^2 + \dfrac{\omega_0}{Q}s + \omega_0^2} \tag{7.18b}$$

위 식의 분모를 볼 때 역시 저역통과 필터의 경우와 같이 s 항의 계수 안에 $-K$가 들어있다. 여기서 ω_0, Q 및 $G(s=\infty$에서의 크기)는 다음과 같이 표시된다.

$$\omega_0 = \frac{1}{\sqrt{R_1 R_2 C_1 C_2}} \tag{7.19a}$$

$$Q = \frac{1}{\sqrt{\dfrac{R_1 C_1}{R_2 C_2}} + \sqrt{\dfrac{R_1 C_2}{R_2 C_1}} + (1-K)\sqrt{\dfrac{R_2 C_2}{R_1 C_1}}} \tag{7.19b}$$

$$G = K \tag{7.19c}$$

이때도 저역통과 필터의 경우와 같이 ω_0와 Q 및 회로의 이득 G를 정해주는데 있어서 5개(R_1, R_2, C_1, C_2, K)의 변수가 있으므로 자유도를 이용하여 2가지의 실현법을 전개해 보자.

[A] 동저항, 동커패시턴스 실현법

$$R_1 = R_2 = R \qquad C_1 = C_2 = C \tag{7.20}$$

이때의 회로는 그림 7.16과 같으며 전달함수는 식(7.21)과 같다.

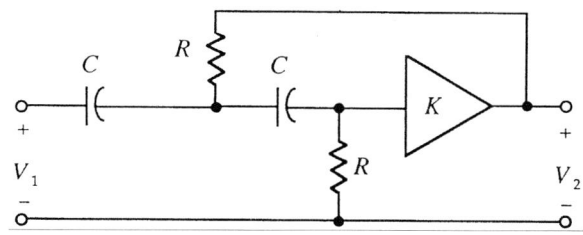

그림 7.16 고역통과 필터(동저항, 동커패시턴스)

$$\frac{V_2}{V_1} = \frac{Ks^2}{s^2 + \dfrac{3-K}{RC}s + \dfrac{1}{R^2 C^2}} \tag{7.21}$$

여기서
$$\omega_0 = \frac{1}{RC} \tag{7.22a}$$

$$Q = \frac{1}{3-K} \tag{7.22b}$$

$$G = K \tag{7.22c}$$

식(7.22)로 부터 다음과 같은 설계 과정을 얻을 수 있다.

〈 설계 과정 〉

1) 우선 커패시터 C의 값을 정한다. 이때,

$$R = \frac{1}{\omega_0 C}, \quad K = 3 - \frac{1}{Q}$$

2) 필터의 이득은 $G = K$이다.

<예제 7.3> 2차의 고역통과 필터를 동저항, 동커패시턴스 실현법으로 구하라.

$$\omega_0 = 1{,}000 \text{ rad/sec}, \quad Q = 2$$

풀이 : 설계 과정에 따라서

1) 우선 $C = 0.01 \ \mu\text{F}$로 정해주자. 이때,

$$R = \frac{1}{\omega_0 C} = 100 \text{ k}\Omega$$

$$K = 3 - \frac{1}{Q} = 2.5$$

2) $G = K = 2.5$

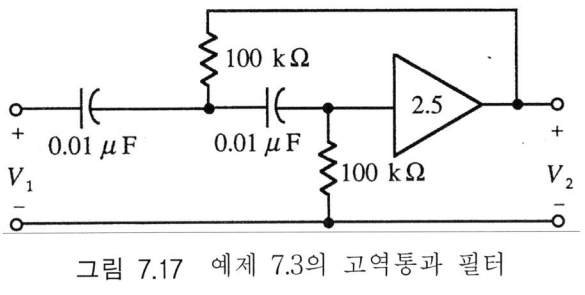

그림 7.17 예제 7.3의 고역통과 필터

[B] 단위이득, 동커패시턴스 실현법

$$K = 1 \qquad C_1 = C_2 = C \tag{7.23}$$

이때의 회로는 그림 7.18과 같고 전달함수는 식(7.24)와 같다.

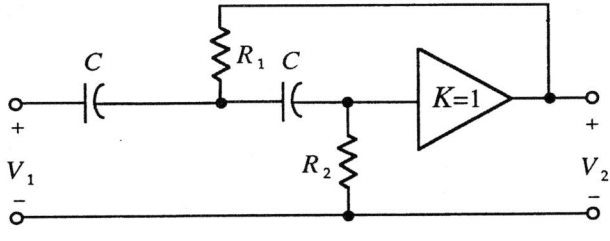

그림 7.18 고역통과 필터(단위이득, 동커패시턴스)

$$\frac{V_2}{V_1} = \frac{s^2}{s^2 + \frac{2}{R_2 C}s + \frac{1}{R_1 R_2 C^2}} \tag{7.24}$$

여기서
$$\omega_0 = \frac{1}{C\sqrt{R_1 R_2}} \tag{7.25a}$$

$$Q = \frac{1}{2}\sqrt{\frac{R_2}{R_1}} \tag{7.25b}$$

$$G = K = 1 \tag{7.25c}$$

식(7.25)로부터 설계 과정을 얻는다.

⟨ 설계 과정 ⟩

1) 우선 커패시터 C의 값을 정해준다. 이때,

$$R_1 = \frac{1}{2C\omega_0 Q}, \; R_2 = 4Q^2 R_1$$

2) 회로의 이득은 $G = K = 1$이다.

⟨예제 7.4⟩ 2차의 바터워스 고역통과 필터를 단위이득, 동커패시턴스 실현법을 이용하여 실현하라. 차단 주파수는 500 Hz이다.

$$\frac{V_2}{V_1} = \frac{Gs^2}{s^2 + \sqrt{2}\,s + 1}$$

풀이 : 위 식은 2차의 바터워스 저역통과 함수를 주파수 변환을 시켜서 얻은 2차의 고역통과 함수이다. 이 함수의 Q는 $1/\sqrt{2}$이다. 차단 주파수는 해 정규화해야 한다.

$$\omega_0 = 1 \times 2\pi \times 500 = 1{,}000\pi$$

$$Q = 1/\sqrt{2}$$

1) $C = 0.01\ \mu$F로 정하자. 이때,

$$R_1 = \frac{1}{2C\omega_0 Q} = \frac{1}{2\times 10^{-8} \times \omega_0 Q} = \frac{\sqrt{2}\,10^5}{2\pi} = 22.508\ \text{k}\Omega$$

$$R_2 = 4Q^2 R_1 = 45.016\ \text{k}\Omega$$

2) 실현된 회로의 이득은 $G = K = 1$이다.

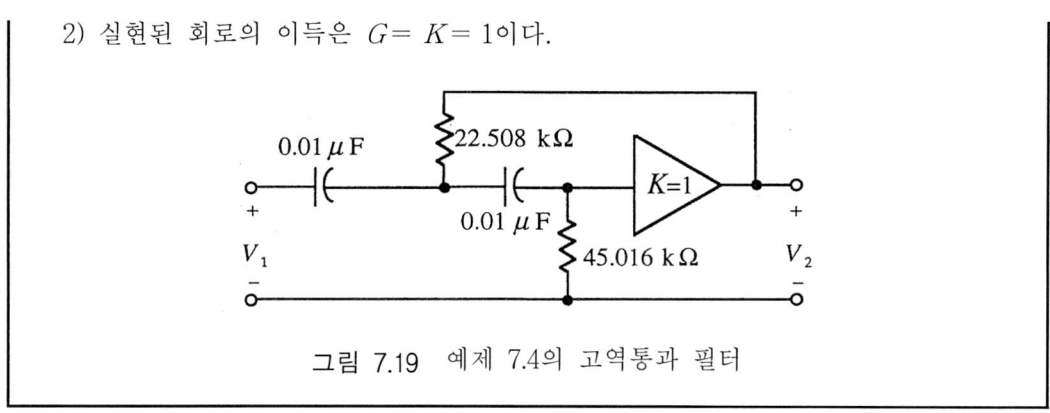

그림 7.19 예제 7.4의 고역통과 필터

단위이득, 동커패시턴스 방법은 $K = 1$이라는 좋은 점이 있는데 2개의 저항의 비가 $4Q^2$이라는 단점을 갖는다.

7.6 대역통과 필터

7.3 절에서 얻은 그림 7.8의 대역통과 필터를 그림 7.20으로 다시 그리고 전압 전달함수를 구하면 식(7.26)과 같다. 이 식에서 분모의 s항에도 $-K$가 들어있는 것을 재확인하게 된다.

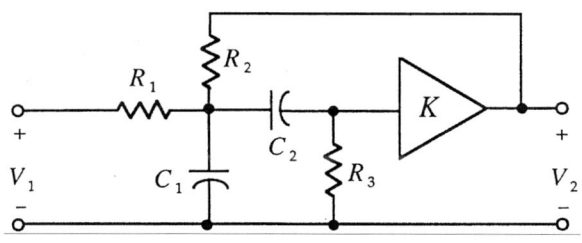

그림 7.20 대역통과 필터 원회로

$$\frac{V_2}{V_1} = \frac{\dfrac{K}{R_1 C_1} s}{s^2 + \left(\dfrac{1}{R_1 C_1} + \dfrac{1}{R_3 C_2} + \dfrac{1}{R_3 C_1} + \dfrac{1}{R_2 C_1} - K \dfrac{1}{R_2 C_1} \right) s + \dfrac{R_1 + R_2}{R_1 R_2 R_3 C_1 C_2}} \tag{7.26}$$

한편 대역통과 함수의 일반식은 다음과 같다.

$$\frac{V_2}{V_1} = \frac{G \dfrac{\omega_0}{Q} s}{s^2 + \dfrac{\omega_0}{Q} s + \omega_0^2} \tag{7.27}$$

위 식에서 G는 $s=j\omega_0$에서의 크기인데 항상 통과역에서의 최대치이다. 식(7.26)과 식(7.27)을 비교하여 다음과 같이 ω_0, Q 및 G를 표시할 수 있다.

$$\omega_0 = \sqrt{\frac{R_1 + R_2}{R_1 R_2 R_3 C_1 C_2}} \tag{7.28a}$$

$$Q = \frac{\sqrt{\dfrac{R_2 C_1 (R_1 + R_2)}{R_1 R_3 C_2}}}{1 + \dfrac{R_2}{R_1} + \dfrac{R_2}{R_3}\left(1 + \dfrac{C_1}{C_2}\right) - K} \tag{7.28b}$$

$$G = \frac{K\dfrac{R_2}{R_1}}{1 + \dfrac{R_2}{R_1} + \dfrac{R_2}{R_3}\left(1 + \dfrac{C_1}{C_2}\right) - K} \tag{7.28c}$$

이때도 K의 값을 적당히 크게 해줌으로써 Q를 크게 즉 대역폭을 작게 할 수 있다. 즉 ω_0, Q 및 G에는 6개의 소자 변수가 있으므로 자유도를 이용하여 실현법을 전개한다.

[A] 동저항, 동커패시턴스 실현법

$R_1 = R_2 = R_3 = R$, $C_1 = C_2 = C$로 잡아 줄 때 **그림 7.21**의 회로를 얻는다. 이때의 전달함수는 식(7.29)와 같다.

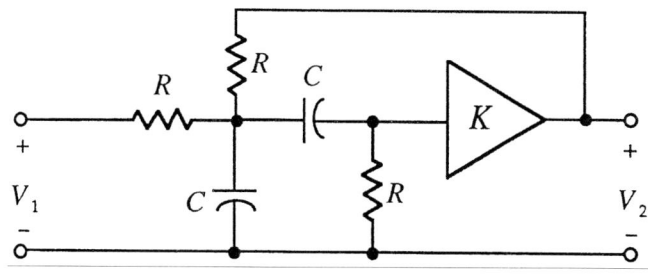

그림 7.21 대역통과 필터(동저항, 동커패시턴스)

$$\frac{V_2}{V_1} = \frac{\dfrac{K}{RC}s}{s^2 + \dfrac{4-K}{RC}s + \dfrac{1}{R^2 C^2}} \tag{7.29}$$

7.6 대역통과 필터

여기서
$$\omega_0 = \frac{\sqrt{2}}{RC} \tag{7.30a}$$

$$Q = \frac{\sqrt{2}}{4 - K} \tag{7.30b}$$

$$G = \frac{K}{4 - K} = 2\sqrt{2}\,Q - 1 \tag{7.30c}$$

필터의 이득 G는 Q에 비례하여 커진다. 식(7.30)을 이용한 설계 과정은 다음과 같다.

⟨ 설계 과정 ⟩

1) 우선 커패시터 C의 값을 정해준다. 이때,

$$R = \frac{\sqrt{2}}{\omega_0 C}\ ,\ K = 4 - \frac{\sqrt{2}}{Q}$$

2) 필터의 이득은 $G = 2\sqrt{2}\,Q - 1$이다.

⟨예제 7.5⟩ 중심 주파수가 $\omega_0 = 10^4$ rad/sec이고, $Q = 10$인 2차 대역통과 필터를 동저항, 동커패시턴스 실현법으로 구하라.

풀이 : 설계 과정에 따라

1) $C = 0.1\ \mu\mathrm{F}$로 정할 때,

$$R = \frac{\sqrt{2}}{\omega_0 C} = \frac{\sqrt{2}}{10^4 \times 10^{-7}} = 1.414\ \mathrm{k}\Omega$$

$$K = 4 - \frac{\sqrt{2}}{Q} = 4 - \frac{\sqrt{2}}{10} = 3.8586$$

2) 이득 $G = 27.28$이다.

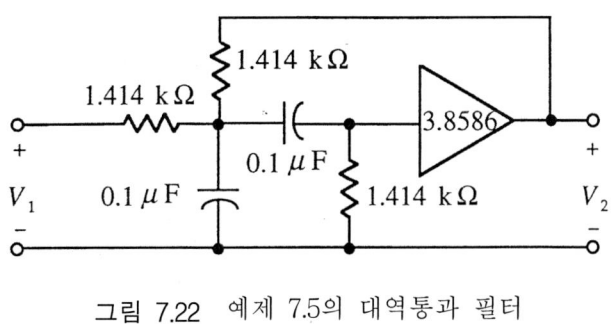

그림 7.22 예제 7.5의 대역통과 필터

7.7 대역저지 필터

2차 대역저지 필터 함수는 식(7.31)과 같이 전송영점이 $j\omega$ 축상에 있다.

$$\frac{V_2}{V_1} = \frac{G(s^2 + \omega_0^2)}{s^2 + \dfrac{\omega_0}{Q}s + \omega_0^2} \tag{7.31}$$

위 식에서와 같이 전송영점이 $s = j\omega_0$ 에 있으므로 RC 제자형 회로망으로서는 그 영점을 실현할 수 없다. 그런데 병렬 RC 제자형 회로망을 이용하게 되면 병렬 회로의 특징을 고려할 때 $j\omega$ 축상의 전송영점을 실현할 수도 있다. 여기서 간단한 병렬 제자형 회로망의 하나인 쌍-T형 RC 회로망(Twin-T RC network)을 생각해보자. 그림 7.23에서 입력단과 출력단 사이에 경로가 2개 존재한다. 첫째 경로는 2개의 커패시터를 통하여 이루어지고 둘째 경로는 2개의 저항으로 만들어진다.

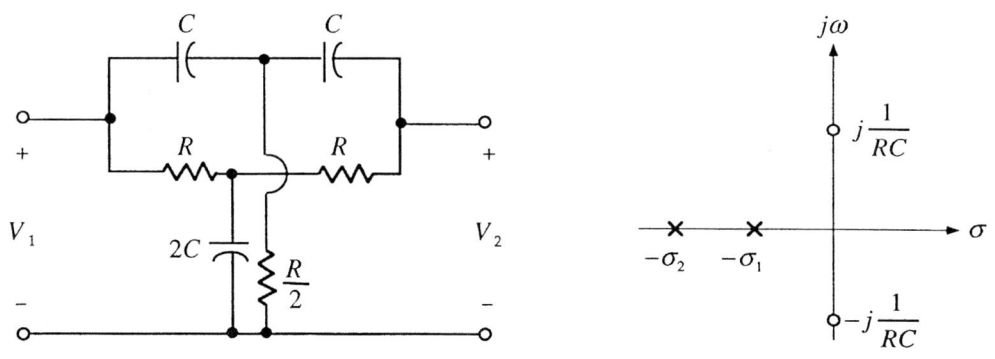

(a) 전송영점이 허축상에 있는 쌍-T형 RC 회로망　　　(b) 극점과 영점의 위치

그림 7.23 쌍-T형 RC 회로망과 그의 전송영점

전체 회로망은 3개의 커패시터와 3개의 저항으로 구성되어 있어 전압 전달함수는 일반적으로 분모와 분자가 각각 3차 다항식이 된다. 그런데 그림 7.23(a)와 같이 특정한 소자값을 갖게 되면 분모와 분자다항식의 1차 항이 서로 소거되어 식(7.32)와 같은 2차 함수로 된다.

$$\frac{V_2}{V_1} = \frac{s^2 + \dfrac{1}{R^2 C^2}}{s^2 + \dfrac{4}{RC}s + \dfrac{1}{R^2 C^2}} \tag{7.32}$$

7.7 대역저지 필터

이때 전송영점이 $j\omega$축상 즉 $\pm j1/RC$에 존재한다. 그러나 쌍-T형 RC 회로망의 결점은 그림 7.23(b)에서 볼 수 있듯이 역시 극점이 복소수가 아니라는 점이다. 이 문제를 해결하기 위하여 쌍-T형 RC 회로망의 출력단에 유한이득 증폭기를 연결하고 K배로 증폭된 전압을 $R/2$ 오옴의 저항 소자를 통하여 귀환시켜 주자. 이때의 회로는 그림 7.24와 같고, 전압 전달함수를 구하면 식(7.33a)와 같다. 이러한 형식을 갖는 함수를 놋치(Notch) 함수라고도 부른다. 식(7.33b)는 대역저지 필터 함수의 일반식이다.

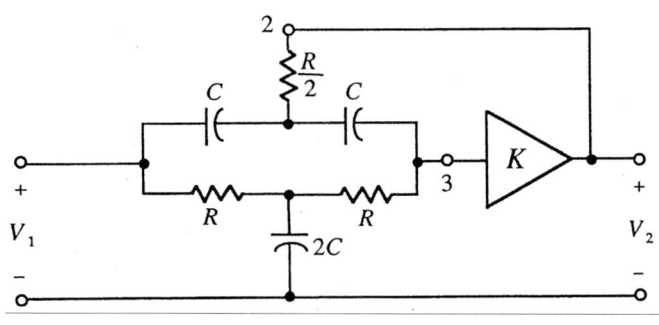

그림 7.24 대역저지 필터(놋치필터)

$$\frac{V_2}{V_1} = \frac{K\left(s^2 + \dfrac{1}{R^2 C^2}\right)}{s^2 + \dfrac{4}{RC}\left(1 - \dfrac{K}{2}\right)s + \dfrac{1}{R^2 C^2}} \tag{7.33a}$$

$$\frac{V_2}{V_1} = \frac{G(s^2 + \omega_0^2)}{s^2 + \dfrac{\omega_0}{Q}s + \omega_0^2} \tag{7.33b}$$

여기서
$$\omega_0 = \frac{1}{RC} \tag{7.34a}$$

$$Q = \frac{1}{2(2-K)} \tag{7.34b}$$

$$G = K \tag{7.34c}$$

위 식(7.34)를 이용하여 다음과 같은 설계 과정을 얻을 수 있다.

⟨ 설계 과정 ⟩

1) 우선 커패시터 C의 값을 정해준다. 이때,

$$R = \frac{1}{\omega_0 C}, \quad K = 2 - \frac{1}{2Q}$$

2) 필터의 이득은 $G = K$이다.

<예제 7.6> 다음 대역저지 함수를 합성하라. 중심 주파수는 $\omega_0 = 10^4$ rad/sec 이고, $Q = 2$이다.

$$\frac{V_2}{V_1} = G \frac{s^2 + \omega_0^2}{s^2 + \frac{\omega_0}{Q}s + \omega_0^2}$$

풀이 : 설계 과정을 이용하여

1) 우선 $C = 0.01\ \mu\text{F}$로 정해주자. 이때,

$$R = \frac{1}{\omega_0 C} = 10\ \text{k}\Omega$$

$$K = 2 - \frac{1}{4} = 1.75$$

2) 이득은 $G = K = 1.75$ 이다.

이때의 회로는 **그림 7.25**와 같다.

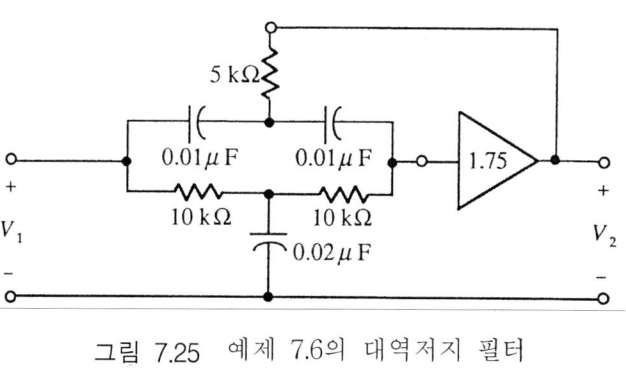

그림 7.25 예제 7.6의 대역저지 필터

식(7.33b)와 같은 2차 함수의 크기 곡선을 그려보면 $s = j\omega_z$에서 0이 되어 놋치 형태를 이룬다.

그런데 전송영점이 되는 주파수 ω_z가 극점 주파수 ω_0보다 (a) 큰 경우, (b) 같은 경우, (c) 작은 경우에 따라 **그림 7.26**과 같이 놋치의 모양이 각각 다르다.

(a) $\omega_z > \omega_0$ 일 때는 저역통과 현상이 강조되며

(b) $\omega_z = \omega_0$ 일 때는 전절에서 다룬 2차 대역저지와 동일하고

(c) $\omega_z < \omega_0$ 일 때는 고역통과 효과가 나타난다.

이런 점을 고려하여 식(7.33)을 (a)의 경우는 저역통과 놋치 함수, (b)의 경우는 놋치 함수, (c)의 경우는 고역통과 놋치 함수라고 각각 구별하여 부른다.

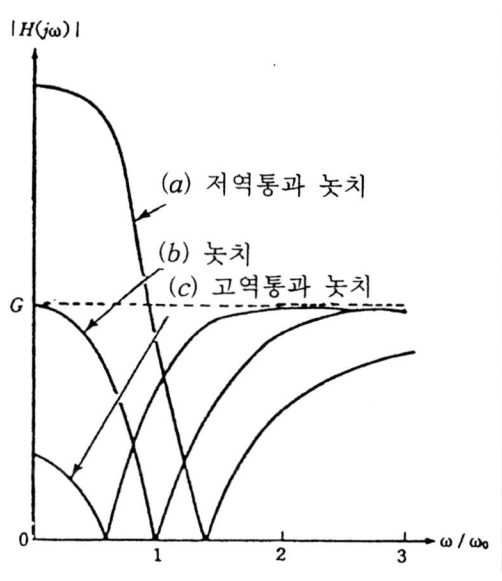

그림 7.26 3가지 놋치 함수의 크기 곡선

마지막으로 2차 전역통과 함수는 다음과 같다.

$$\frac{V_2}{V_1} = \frac{s^2 - as + b}{s^2 + as + b} = \frac{s^2 - \dfrac{\omega_0}{Q}s + \omega_0^2}{s^2 + \dfrac{\omega_0}{Q}s + \omega_0^2} \tag{7.35}$$

위 함수는 전송영점을 우반면에 갖고 있다. 그리고 이 전송영점은 좌반면에 위치한 극점과 대칭을 이룬다. 이러한 함수는 유한이득 증폭기를 한개만 사용해서는 실현할 수 없다. 무한이득 증폭기 한개와 다귀환(Multiple-feedback)을 이용하면 전역통과 함수를 실현할 수 있는데 이러한 회로는 8 장에서 다루기로 한다.

7.8 고차 필터(Higher-order Filters)

보통의 경우 주어진 설계 명세조건을 만족시키는 필터 함수의 차수 n은 2차 이상이고, $n > 2$일 때의 필터를 고차 필터라 한다. 고차 함수는 2차 함수의 곱으로 분해하여 표기할 수 있다. 이때 각 2차 함수를 실현한 회로의 출력 단자가 그 회로안에 포함된 연산 증폭기의 출력 단자와 일치할 때는 모든 2차 회로를 종속 연결시켜 전체 필터를 만들어

낼 수 있다. 분해된 필터 함수는 식(7.36)과 같고 차수가 홀수일 때는 하나의 1차 함수 $H_0(s)$가 추가된다.

$$H(s) = \prod_{i=1}^{n/2} H_i(s) \qquad n\text{이 짝수일 때} \qquad (7.36a)$$

$$H(s) = H_0(s) \prod_{i=1}^{(n-1)/2} H_i(s) \qquad n\text{이 홀수일 때} \qquad (7.36b)$$

고차 함수에는 여러개의 극점 Q가 있다. 예를 들어 $n = 10$일 때는 5개의 Q값이 있는데 그중에서 가장 큰 값은 상당히 높다. 그러므로 고차 필터를 실현할 때는 높은 Q에 적당한 회로를 선택해야 한다. 고차 필터의 종속 연결 형태는 **그림 7.27**과 같다.

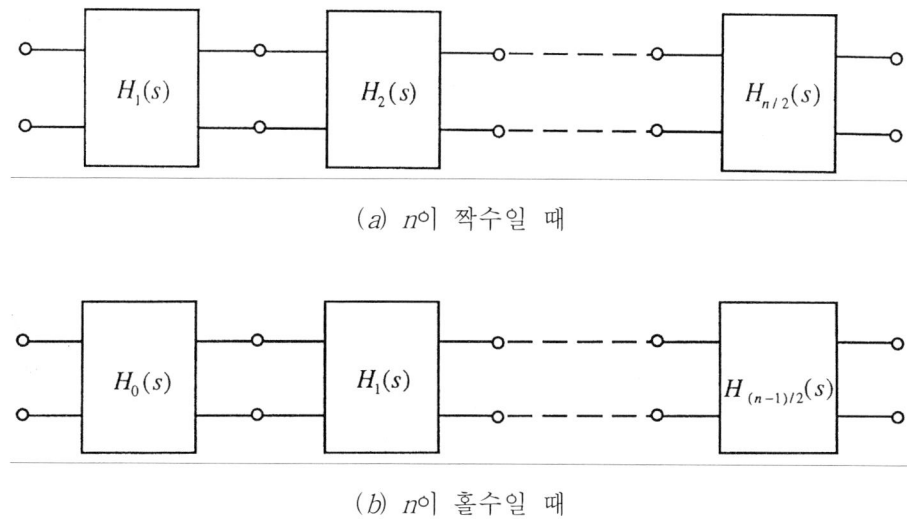

(a) n이 짝수일 때

(b) n이 홀수일 때

그림 7.27 고차 필터의 종속 연결 형태

여러가지 2차 필터를 실현하는 방법은 이미 전절에서 다룬 바 있다. 그러므로 여기서는 차수가 홀수일 때 추가되는 1차 함수 $H_0(s)$의 실현법만 알아보기로 하자. 1차 함수는 식(7.37)과 같이 저역통과와 고역통과 2가지의 일반식이 있다.

$$H_0(s) = G_0 \frac{a}{s+a} \qquad \text{저역통과} \qquad (7.37a)$$

$$H_0(s) = G_0 \frac{s}{s+a} \qquad \text{고역통과} \qquad (7.37b)$$

7.8 고차 필터

1차 함수를 실현하는 회로는 커패시터 한개가 필요하다. 이 커패시터는 저역통과인 경우 접지되고 고역통과에서는 직렬 지로에 들어가야 한다. 그러므로 유한이득 증폭기를 이용한 가장 간단한 1차 회로는 **그림 7.28**과 같다.

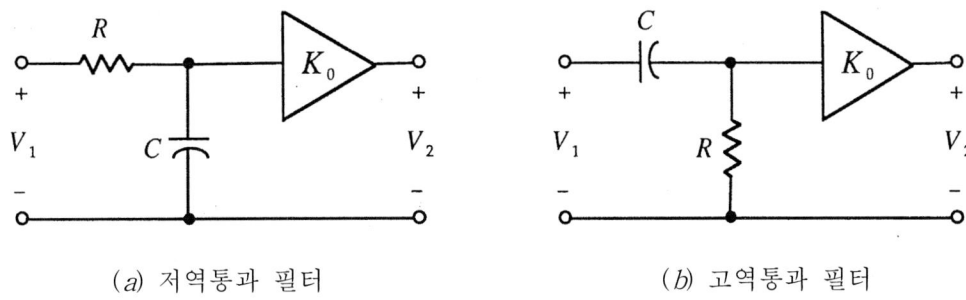

(a) 저역통과 필터 (b) 고역통과 필터

그림 7.28 1차 함수를 실현한 필터

이 회로를 각각 분석하면 다음과 같은 전압 전달함수를 얻는다.

$$\frac{V_2}{V_1} = K_0 \frac{1/RC}{s + 1/RC} \qquad 저역통과 \tag{7.38a}$$

$$\frac{V_2}{V_1} = K_0 \frac{s}{s + 1/RC} \qquad 고역통과 \tag{7.38b}$$

식(7.37)과 식(7.38)을 대조하여 다음과 같은 방정식을 얻는다.

$$a = \frac{1}{RC} , \quad G_0 = K_0 \tag{7.39}$$

식(7.39)에서 1차 필터의 설계 과정을 다음과 같이 구할 수 있다.

〈 설계 과정 〉

1) 커패시터 C의 값을 우선 정해준다. 이때,

$$R = \frac{1}{aC}$$

2) 필터의 이득 G_0 증폭기의 이득 K_0와 같다.

$$G_0 = K_0$$

<예제 7.7> 3차 바터워스 필터를 구하라. 차단 주파수는 10,000 rad/sec이고, 이득은 5로 한다.

풀이 : 부록에서 우선 함수를 얻는다. 주파수 해 정규화하면 $a = 10^4$이다.

$$H(s) = \frac{5}{s^3 + 2s^2 + 2s + 1} = \frac{G_0}{s+1} \cdot \frac{G_1}{s^2 + s + 1} = H_0(s) \cdot H_1(s)$$

(a) $H_0(s)$의 실현

1) $C = 0.01 \ \mu F$로 하면 $R = \dfrac{1}{aC} = 10 \ k\Omega$

2) $G_0 = K_0$

(b) $H_1(s)$의 실현

1) 여기서도 $C = 0.01 \ \mu F$로 한다. 이때,

$$R = \frac{1}{\omega_0 C} = 10 \ k\Omega$$

$$K_1 = 3 - 1/Q = 2$$

2) $G_1 = K_1 = 2$

전체 이득은 $G = G_0 \cdot G_1 = 5$이어야 하는데 $G_1 = 2$이므로 $G_0 = 2.5$가 된다.
전체 필터는 **그림 7.29**와 같다.

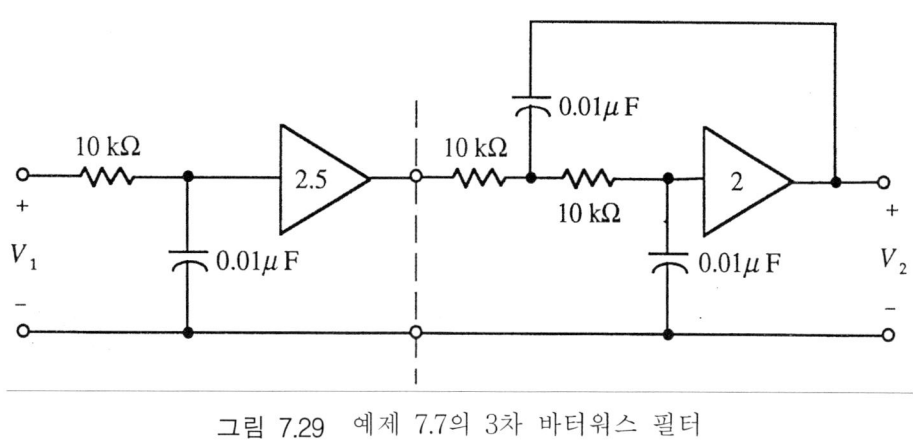

그림 7.29 예제 7.7의 3차 바터워스 필터

차수 n이 짝수일 때는 $n/2$개의 2차 필터가 종속 연결된다. 예로서 $n = 4$일 때는 **그림 7.30**과 같다.

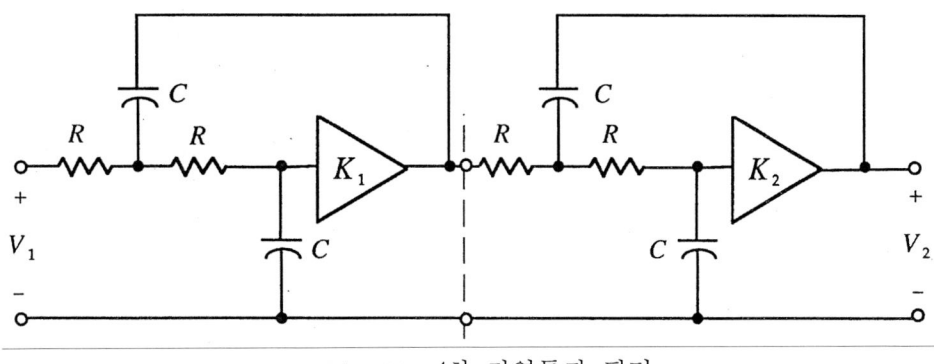

그림 7.30 4차 저역통과 필터

고역통과 필터의 경우도 그 실현 방법은 위에서 알아본 저역통과 필터의 경우와 비슷하다. 대역통과 필터 및 대역저지 필터는 차수가 항상 짝수이므로 $n/2$ 개의 2차 회로를 종속 연결하여 얻게 된다.

<예제 7.8> 4차의 바터워스 대역통과 필터를 구하라. 중심 주파수는 $\omega_0 = 1{,}000$ rad/sec이고, 대역폭은 $B = 500$ rad/sec이다.

풀이 : $B/\omega_0 = 0.5$이다. 부록 F에서 함수를 얻는다.

$$H(s) = \frac{G_1(0.41602s)}{s^2 + 0.41602s + 1.42922} \cdot \frac{G_2(0.29108s)}{s^2 + 0.29108s + 0.69968} = H_1(s) \cdot H_2(s)$$

$H_1(s)$와 $H_2(s)$의 극점 Q는 $Q_1 = 2.87$, $Q_2 = 2.87$이다.

주파수 해 정규화하여

$$\omega_{01} = \sqrt{1.42922} \times 1{,}000 = 1{,}195 \text{ rad/sec}$$

$$\omega_{02} = \sqrt{0.69968} \times 1{,}000 = 836 \text{ rad/sec}$$

그림 7.21의 회로를 2개 종속 연결한다.

$H_1(s)$에서 $C = 0.01$ μF로 하면, $H_2(s)$에서 $C = 0.01$ μF로 하면

$$R = \frac{\sqrt{2}}{C\omega_{01}} = 118.3 \text{ k}\Omega \qquad R = \frac{\sqrt{2}}{C\omega_{02}} = 169.16 \text{ k}\Omega$$

$$K = 4 - \frac{\sqrt{2}}{Q_1} = 3.51 \qquad K = 3.51$$

$$G = 2\sqrt{2}\, Q_1 - 1 = 7.12 \qquad G = 7.12$$

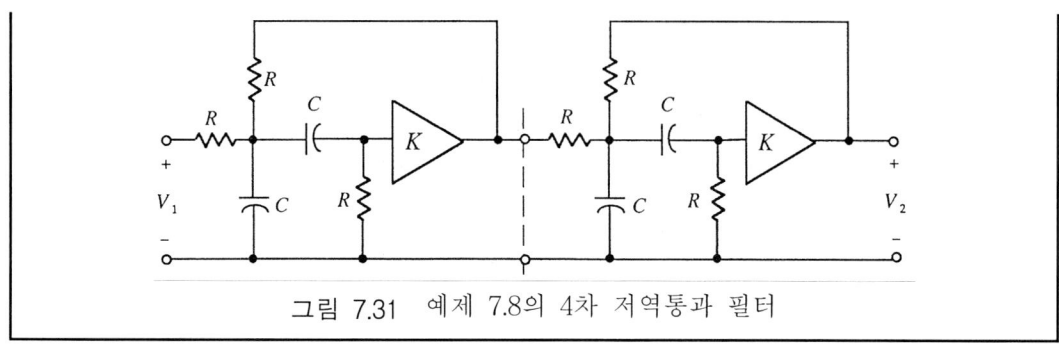

그림 7.31 예제 7.8의 4차 저역통과 필터

예제 7.8에서와 같이 4차의 대역통과 함수를 분석하여 2개의 2차 함수의 곱으로 만들어줄 때 다음과 같은 3가지의 형태가 가능하다. 예제 7.8에서는 식(7.40a)와 같이 분해된 함수를 적용하여 2개의 대역통과 필터를 종속 연결하여 4차 대역통과 함수를 구현했다.

$$H(s) = \frac{s}{(s-p_1)(s-\bar{p}_1)} \cdot \frac{s}{(s-p_2)(s-\bar{p}_2)} \tag{7.40a}$$

$$H(s) = \frac{1}{(s-p_1)(s-\bar{p}_1)} \cdot \frac{s^2}{(s-p_2)(s-\bar{p}_2)} \tag{7.40b}$$

$$H(s) = \frac{s^2}{(s-p_1)(s-\bar{p}_1)} \cdot \frac{1}{(s-p_2)(s-\bar{p}_2)} \tag{7.40c}$$

식(7.40b)와 같이 분해하면 저역통과 필터와 고역통과 필터 순서로 종속 연결되고, 식(7.40c)와 같이 분해하면 고역통과 필터와 저역통과 필터 순서로 종속 연결된다. 이러한 극점-영점 결합(Pole-zero pairing)의 다양성은 감도, 동세 구역(Dynamic range), 또는 이득 등을 최적화(Optimization)할 때 이용될 수 있다.

7.9 PSpice를 이용한 능동 RC 필터 시뮬레이션

수동 필터 회로의 시뮬레이션은 수동 소자만을 사용하므로 능동 소자를 사용하는 능동 RC 필터 회로보다 간단하다. 여기서 다룰 능동 RC 회로에서는 연산 증폭기를 이용하므로 시뮬레이션 과정이 복잡해진다.

특히 차수가 낮은 능동 필터보다는 고차 능동 필터 회로를 시뮬레이션할 때 주의를 요하게 된다. 컴퓨터와 소프트웨어의 성능이 발전하기 이전에는 실제적인 연산 증폭기를 사용하지 않고 연산 증폭기를 그림 7.32와 같은 소신호 등가 모델을 이용하여 시뮬레이션

하였다. μA741A 연산 증폭기는 약 50여개의 소자로 구성되어 있어 연산 증폭기의 수가 너무 많은 경우, 소신호 등가 모델을 이용할 수 있다.

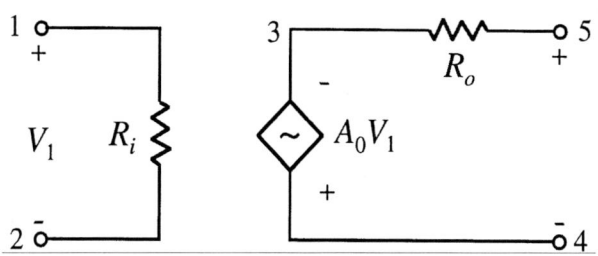

그림 7.32 연산 증폭기의 소신호 등가 모델

7장의 예제에서 설계한 능동 RC 필터 회로는 다음 예제를 통해 PSpice로 동작 특성을 시뮬레이션한다.

<예제 7.9> 예제 7.4의 2차 바터워스 고역통과 필터의 능동 RC 회로를 시뮬레이션하라.

풀이 : 그림 7.19의 회로와 소자값을 이용한 PSpice 회로도, 크기 및 위상 특성은 다음과 같다. $K=1$을 유한이득 증폭기로 구성하였다.

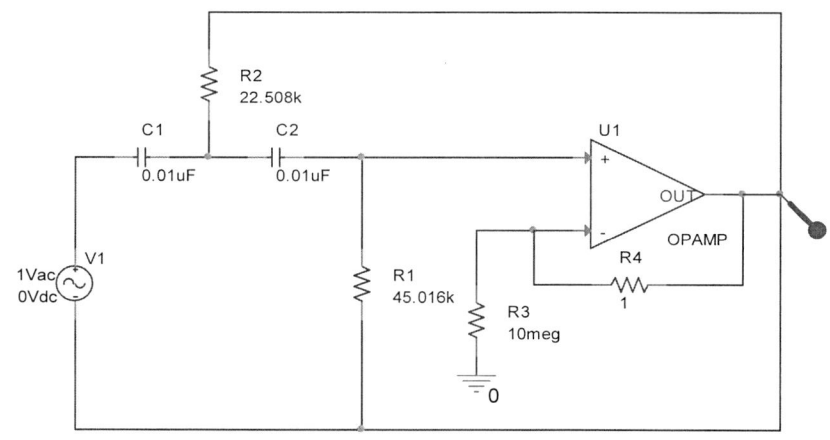

(a) PSpice 회로도

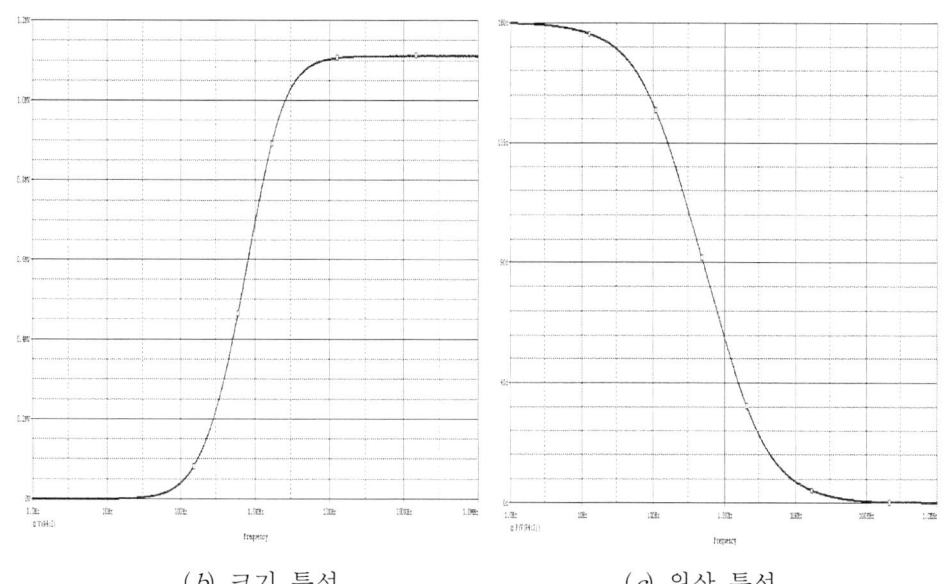

(b) 크기 특성   (c) 위상 특성

그림 7.33 2차 바터워스 능동 RC 고역통과 필터 특성

7.9 PSpice를 이용한 능동 RC 필터 시뮬레이션

<예제 7.10> 예제 7.7의 3차 바터워스 저역통과 필터의 능동 RC 회로를 시뮬레이션하라.

풀이 : 그림 7.29의 회로와 소자값을 이용한 PSpice 회로도, 크기 및 위상 특성은 다음과 같다. $K=2$와 $K=2.5$를 유한이득 증폭기로 구성하였다.

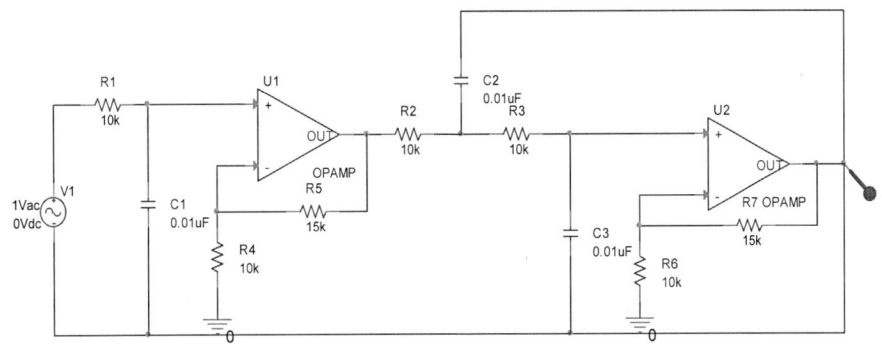

(a) PSpice 회로도

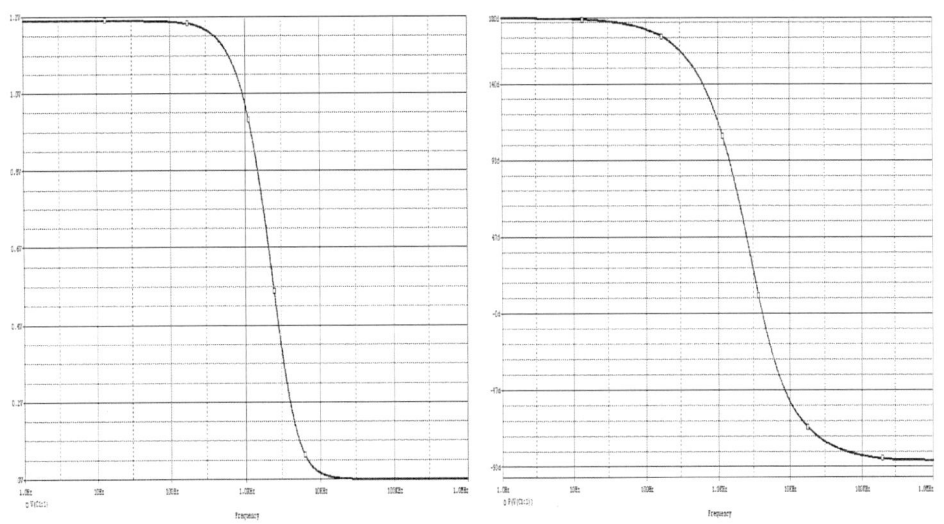

(b) 크기 특성   (c) 위상 특성

그림 7.34 3차 바터워스 능동 RC 고역통과 필터 특성

이 장에서는 능동 필터를 소개하였다. 능동 소자로서는 유한이득 증폭기를 사용하여 수동 RC 회로망에 삽입하고 귀환로를 한개 형성해 주었다. 이렇게 삽입된 능동 소자가 전달함수의 극점에 어떠한 영향을 주는가를 조사하였고 또 각 지로에 들어갈 수동 소자의 성격을 규명함으로서 여러가지 필터를 만들어 냈다. 이어 각 필터 회로의 설계 과정을 편리하게 이용할 수 있도록 명기하였다.

고역통과 필터를 얻는 과정에서는 $RC : CR$ 변환을 언급하였다. 이 변환법은 모든 RC 능동 회로에 적용되므로 저역통과 필터가 설계되면 곧바로 고역통과 필터를 얻을 수 있다.

또한 설계된 능동 RC 필터 회로의 동작 특성을 고찰하는 방법으로 PSpice를 활용한 시뮬레이션 방법도 소개하였다.

이 장에서 다룬 회로는 살런-키(Sallen and Key) 회로라고도 부르는데 소자가 적게 들고 실현이 간편하다는 장점을 갖는다.

연 습 문 제

7.1 유한이득 증폭기를 이용한 회로를 써서 2차 체비셰프 저역통과 필터를 구하라.

통과역 감쇠 : 2 dB 리플   차단 주파수 : $f_0 = 1$ kHz

(a) 동저항, 동커패시턴스 실현법을 사용하라.

(b) 단위이득, 동저항 실현법을 사용하라.

(c) 위 두 필터의 장단점을 비교하라.

풀이 :

$$H(s) = \frac{G(1.10251)}{s^2 + 1.097734s + 1.10251}$$

$$\omega_0 = \sqrt{1.10251} \times 2\pi \times 1000 = 6,597 \text{ rad/sec}$$

$$Q = 0.956519$$

(a) 동저항, 동커패시턴스 실현법을 사용하라.

① $C = 0.1\mu\text{F}, R = \dfrac{1}{\omega_0 C} = 1.516\text{k}\Omega, K = 3 - \dfrac{1}{Q} = 1.9545$

② $G = K = 1.9545$

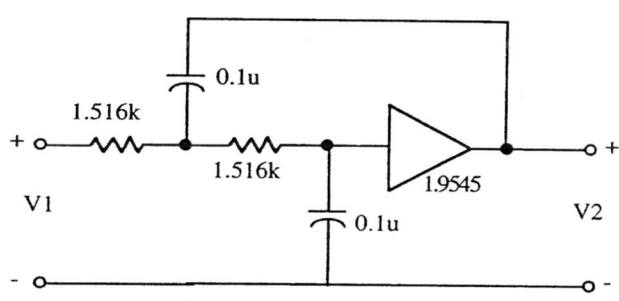

(b) 단위이득, 동저항 실현법을 사용하라.

① $C_1 = 0.01\mu\text{F}, C_2 = \dfrac{C_1}{4Q^2} = 0.0273\mu\text{F}$

$R = \dfrac{1}{\omega_0 \sqrt{C_1 C_2}} = 29.011 \text{ k}\Omega, K = 1$

② $G = K = 1$

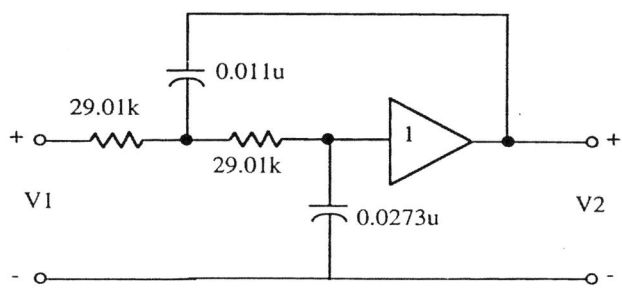

(c) 위 두 필터의 장단점을 비교하라.

(a)는 모든 저항값과 커패시터의 값이 동일하여 대량 생산에 유리하다.

(b)는 단위이득 증폭기를 사용함에 따라 소자수가 적어지고 대역폭이 넓어진다.

7.2 유한이득 증폭기를 이용하여 4차 바터워스 저역통과 필터를 구하라.

차단 주파수 : $f_0 = 10$ kHz

(a) 동저항, 동커패시턴스 실현법을 사용하라.

(b) 단위이득, 동저항 실현법을 사용하라.

7.3 5차 바터워스 저역통과 필터를 단위이득, 동저항 실현법으로 구하라.

차단 주파수 : $\omega_0 = 1$ rad/sec 필터 이득: $G = 2$

저항 소자는 100 kΩ을 사용하라.

풀이 :

$$\frac{V_2}{V_1} = H_0(s)\,H_1(s)\,H_2(s)$$

$$= \frac{G_0}{s+1}\,\frac{G_1}{s^2 + 0.61803399s + 1}\,\frac{G_2}{s^2 + 1.61803399s + 1}$$

$H_0(s)$로부터 $\sigma_0 = 1$

$H_1(s)$로부터 $\omega_0 = 1$ $Q = 1.61803399$

$H_2(s)$로부터 $\omega_0 = 1$ $Q = 0.61803399$

식(7.17)에서 $\sqrt{C_1 C_2} = \frac{1}{R}\omega_0$, $\sqrt{\frac{C_1}{C_2}} = 2Q$ 이므로

$\therefore\ C_1 = 2\frac{Q}{R}\omega_0,\ C_2 = \frac{1}{2QR\omega_0}$

제 7 장 능동 RC 필터 회로 I

위의 결과로 부터 각각의 함수를 실현하면

$H_0(s)$ 로부터 $C = 10\,\mu F$, $G_0 = K_0 = 2$

$H_1(s)$ 로부터 $C_1 = 32.4\,\mu F$, $C_2 = 3.09\,\mu F$, $G_1 = K_1 = 1$

$H_2(s)$ 로부터 $C_1 = 12.4\,\mu F$, $C_2 = 8.09\,\mu F$, $G_2 = K_2 = 1$

7.4 3차 체비셰프 고역통과 필터를 구하라. 모든 커패시터는 0.01 μF로 정한다.

통과역 감쇠 : 0.5 dB 리플   차단 주파수 : $\omega_0 = 20,000$ rad/sec

필터 이득 : $G = 5$

7.5 4차 체비셰프 고역통과 필터를 동저항, 동커패시턴스 실현법으로 구하라. 모든 커패시터 값은 $1\,\mu F$로 정하라.

통과역 감쇠 : 1 dB 리플   차단 주파수 : $f_0 = 1,000$ kHz

풀이 : 먼저 저역통과 함수로부터 고역통과 전달함수를 구하면

$$H(s) = \left.\frac{K}{(S^2 + 0.27907199S + 0.98650488)(S^2 + 0.67373939S + 0.27939809)}\right|_{S \to \frac{1}{s}}$$

$$= \frac{K_1 s^2}{s^2 + 0.28288962s + 1.101367973} \cdot \frac{K_2 s^2}{s^2 + 2.41139583s + 3.57912253}$$

$$= H_1(s)\, H_2(s)$$

$H_1(s)$로부터 $\omega_0 = 1.0068$, $Q = 3.5590$

$H_2(s)$로부터 $\omega_0 = 1.8919$, $Q = 0.7845$

$H_1(s)$에서

$$C = 2\pi \times 1000 \times 1 \ \mu F, \quad R = \frac{1}{C\omega_0} = 158.08 \Omega, \quad K = 3 - \frac{1}{Q} = 2.719$$

$H_2(s)$에서

$$C = 2\pi \times 1000 \times 1 \ \mu F, \quad R = \frac{1}{C\omega_0} = 84.12 \Omega, \quad K = 3 - \frac{1}{Q} = 1.725$$

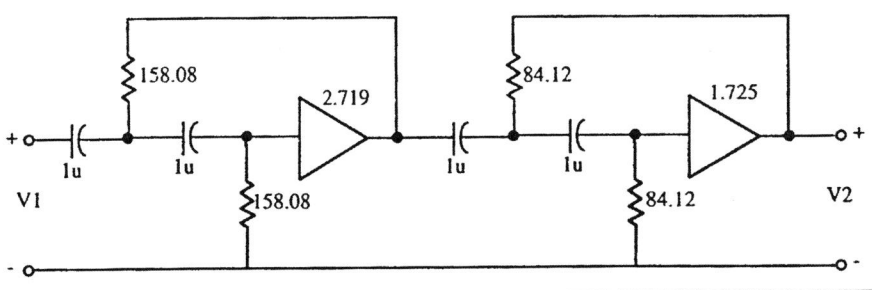

7.6 다음과 같은 4차 바터워스 대역통과 필터를 구하라.

중심 주파수 : $\omega_0 = 1$ rad/sec   대역폭 : $B = 0.5$

풀이 : 표를 이용하여 전달함수를 얻는다. $\omega_d = 1$ rad/sec 로 한다.

$$H(s) = H_1(s)H_2(s)$$

$$H_1(s) = \frac{G_1(0.41602s)}{s^2 + 0.41602s + 1.42922}$$

$$\omega_{01} = \omega_{n1} \times \omega_d \rightarrow \omega_{01} = 1.1955, \quad Q_1 = 2.8737$$

$$H_2(s) = \frac{G_2(0.29108s)}{s^2 + 0.29108s + 0.69968}$$

$$\omega_{02} = \omega_{n2} \times \omega_d \rightarrow \omega_{02} = 0.8365, \quad Q_2 = 2.8737$$

$H_1(s)$에서 : $H_2(s)$에서 :

① $C = 1 \ \mu F$ ① $C = 1 \ \mu F$
   $R = \frac{\sqrt{2}}{\omega_0 C} = 1.183 \ M\Omega$ $R = \frac{\sqrt{2}}{\omega_0 C} = 1.691 \ M\Omega$
   $K = 4 - \frac{\sqrt{2}}{Q} = 3.508$ $K = 4 - \frac{\sqrt{2}}{Q} = 3.508$

② $G = \frac{K}{4-K} = 7.13$ ② $G = \frac{K}{4-K} = 7.13$

제 7 장 능동 RC 필터 회로 I

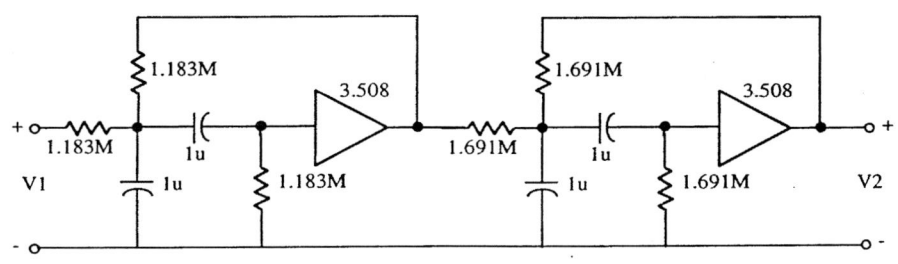

7.7 다음 대역통과 함수를 실현하라.

$$\frac{V_2}{V_1} = \frac{Ks^2}{(s^2+s+2)(s^2+0.2s+1)}$$

7.8 다음의 4차 바터워스 대역저지 필터를 구하라.

　　　하한 주파수 : $\omega_1 = 1$ rad/sec　　　상한 주파수 : $\omega_2 = 1.21$ rad/sec

풀이 : $\omega_d = \sqrt{\omega_1\omega_2} = 1.1 \text{rad/sec}, B = \omega_2 - \omega_1 = 0.21 \text{rad/sec}$

표를 이용하기 위하여 정규화하면 $B_n = B/\omega_d = 0.191$

이 값에 대한 표가 없으나 유사한 경우인 $B = 0.2$인 경우를 이용한다.

대역통과와 대역저지 모두 동일한 분모다항식을 갖기 때문에 대역통과 필터에 대한 표를 이용한다.

$H(s) = H_1(s)H_2(s)$

$$H_1(s) = \frac{G_1(s^2+1.15218)}{s^2+0.15142s+1.15218}$$

$\omega_{n1} = \sqrt{1.15218} = 1.0734, Q_1 = 7.0889 \rightarrow \omega_{01} = \omega_{n1} \times \omega_d = 1.18074$

$$H_2(s) = \frac{G_2(s^2+0.86792)}{s^2+0.13142s+0.86792}$$

$\omega_{n2} = \sqrt{0.86792} = 0.93162, Q_2 = 7.0889 \rightarrow \omega_{02} = \omega_{n2} \times \omega_d = 1.02478$

$H_1(s)$에서 :

① $C = 1\,\mu\text{F}$

$R = \dfrac{1}{\omega_{01}C} = 847\,\text{k}\Omega$

$K = 2 - \dfrac{1}{2Q_1} = 1.93$

② $G = K = 1.93$

$H_2(s)$에서 :

① $C = 1\,\mu\text{F}$

$R = \dfrac{1}{\omega_{02}C} = 976\,\text{k}\Omega$

$K = 2 - \dfrac{1}{2Q_2} = 1.93$

② $G = K = 1.93$

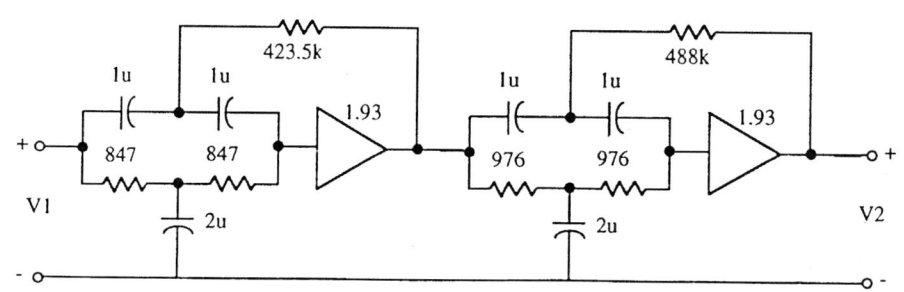

7.9 유한이득 증폭기를 이용하여 아래의 설계 명세조건을 만족시키는 6차 체비셰프 대역통과 필터를 설계하고, 크기 특성을 그려라.

통과역 감쇠 : 1 dB 리플

하한 주파수 : $\omega_1 = 100\,\text{rad/sec}$ 상한 주파수 : $\omega_2 = 400\,\text{rad/sec}$

7.10 (a) 놋치 회로를 이용하여 다음 전달함수를 합성하라.

$$H(s) = \dfrac{V_2}{V_1} = \dfrac{G(s^2 + 0.9)}{s^2 + 0.1s + 1}$$

(b) 합성된 회로의 G값을 구하라.

(c) $|H(j\omega)|$를 그리고 합성된 회로가 어떠한 종류의 놋치인가를 판정하라.

7.11 4차의 대역통과 타원 필터를 합성하라. 저지역 주파수는 1.1 rad/sec이다.

통과역 감쇠 : $\alpha_p = 2\,\text{dB}$ 대역폭 : $B = 0.1$

중심 주파수 : $\omega_0 = 1\,\text{rad/sec}$

제 8 장 능동 RC 필터 회로 II

7장 능동 RC 필터 I에서는 수동 RC 회로망에 능동 소자인 유한이득 증폭기를 이용하여 여러 종류의 필터를 실현해 보았다. 회로가 간단하고 실현법이 용이하다는 특징이 있었다. 그런데 한가지 단점은 Q 감도가 Q값에 비례하기 때문에 고차의 필터 실현이 어렵다는 것이다. 이 장에서는 무한이득 증폭기라고 볼 수 있는 연산 증폭기를 능동 소자로서 수동 RC 회로망의 출력단에 접속하고 연산 증폭기의 출력 단자로부터 RC 회로망에 다귀환(Multiple feedback)시켜주는 형식의 회로를 생각해보자. 연산 증폭기의 비반전 단자는 접지시켜준다.

8.1 무한이득 증폭기를 이용한 필터 회로의 분석

그림 8.1에서 연산 증폭기의 이득은 $\mu = \infty$로 간주하자.

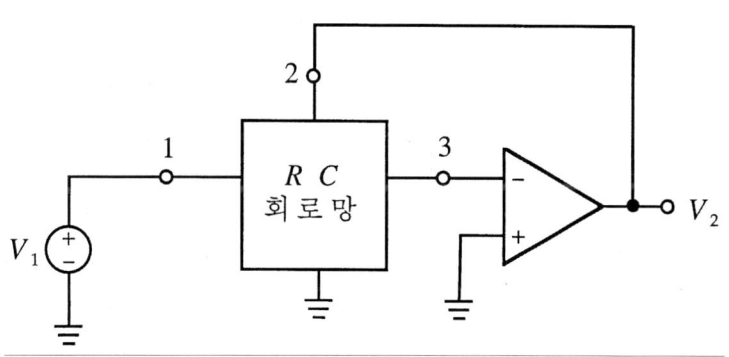

그림 8.1 능동 RC 필터 구조

이 회로를 2차 필터 함수로 만들기 위해서는 RC 회로망이 적어도 2개의 절점을 갖고 있어야 하는데 가장 일반적인 회로망은 그림 8.2와 같다.

여기서 RC 회로망의 단자 1과 단자 3을 이어주는 경로에 소자가 2개 있으면 되므로 Y_6은 제거가 가능하다. 그리고 단자 3을 연산 증폭기의 반전 단자에 연결해주자. 이때 연산 증폭기의 두 입력 단자 사이의 전압은 거의 0이므로 Y_7 소자의 양단에 걸려 있는 전압도 0으로 해석할 수 있다.

제 8 장 능동 RC 필터 회로II

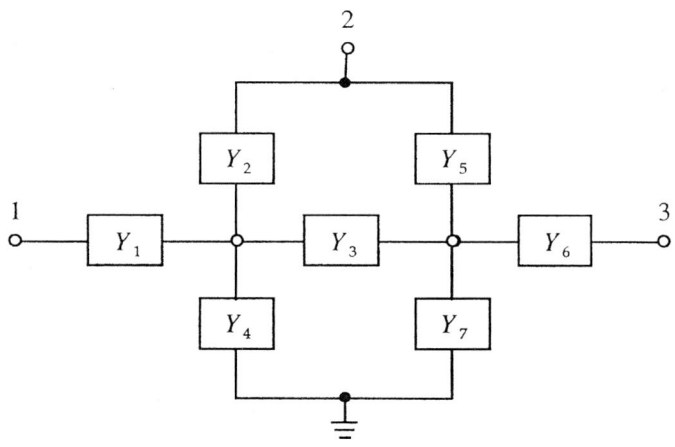

그림 8.2 2개의 절점을 가진 가장 일반적인 RC 회로망

그러므로 소자 Y_7을 제거해도 전압 전달함수 V_2/V_1에는 아무런 영향이 없다. 그림 8.2의 Y_6과 Y_7을 제거한 후 이를 그림 8.1의 RC 회로망 대신 넣어주면 그림 8.3을 얻게 된다. 이 회로는 무한이득 증폭기를 사용한다는 것과 또 증폭기 출력단으로 부터 RC 회로망의 귀환로가 한개 이상 있는 것이 특징이므로 무한이득 다귀환 회로라고 한다.

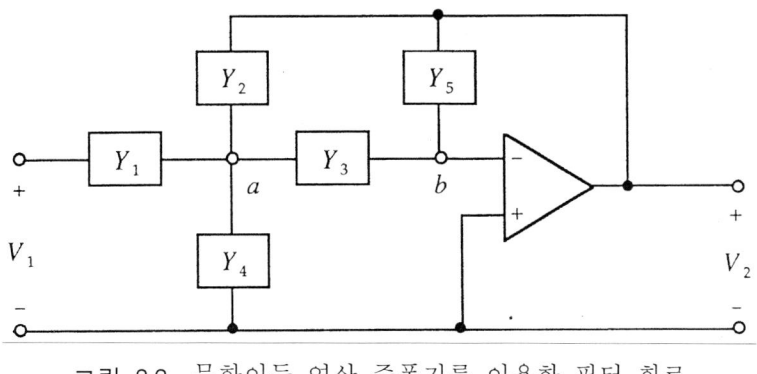

그림 8.3 무한이득 연산 증폭기를 이용한 필터 회로

다음에는 이 회로의 절점 a와 절점 b에 각각 키르히호프 전류 법칙을 적용하자.

$$(Y_1 + Y_2 + Y_3 + Y_4)V_a - Y_1V_1 - Y_2V_2 = 0 \tag{8.1}$$

$$Y_3V_a + Y_5V_2 = 0 \tag{8.2}$$

식(8.2)에서 V_a를 구하여 식(8.1)에 대입하고 전달함수 V_2/V_1을 구해보면 다음과 같다.

$$\frac{V_2}{V_1} = \frac{-Y_1Y_3}{(Y_1 + Y_2 + Y_3 + Y_4)Y_5 + Y_2Y_3} = \frac{B(s)}{A(s)} \tag{8.3}$$

8.2 저역통과 필터

일반적인 2차 저역통과 함수는 다음과 같이 표현된다. G는 $s=0$(DC 전압)에서의 필터의 이득이다.

$$\frac{V_2}{V_1} = \frac{-G\omega_0^2}{s^2 + \frac{\omega_0}{Q}s + \omega_0^2} \tag{8.4}$$

식(8.3)이 식(8.4)와 같은 저역통과 함수가 되기 위해서는 분자에 s 항이 전혀 없고 상수이어야 되므로 $Y_1 = 1/R_1 = G_1$, $Y_3 = 1/R_3 = G_3$로 선택하자. 이때 분모는 다음과 같다.

$$A(s) = (G_1 + Y_2 + G_3 + Y_4)Y_5 + Y_2 G_3 \tag{8.5}$$

위 식(8.5)가 2차 다항식이 되기 위해서는 $Y_5 = C_5 s$로 되어야 한다. 이때 상수항 ω_0^2을 위하여 $Y_2 = G_2$로 해주고 s^2을 만들어 주기 위해서는 $Y_4 = C_4 s$로 정한다. 이상 살펴 본 바와 같이 선정된 소자를 **그림 8.3**의 일반 회로에 대입하면 **그림 8.4**와 같은 저역통과 필터 회로를 얻을 수 있으며, 이 회로의 전달함수는 식(8.6)과 같이 저역통과 함수 형태가 된다.

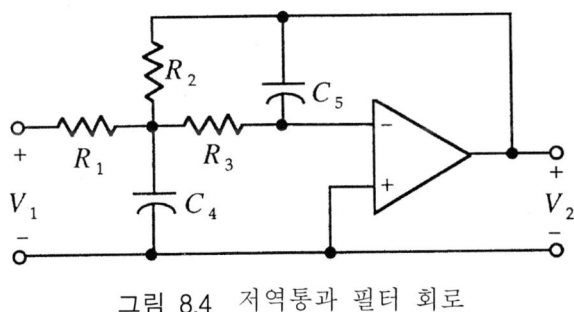

그림 8.4 저역통과 필터 회로

$$\frac{V_2}{V_1} = \frac{-G_1 G_3}{C_4 C_5 s^2 + (G_1 + G_2 + G_3)C_5 s + G_2 G_3} \tag{8.6}$$

식(8.6)을 정리하여 다시 써 보면 다음과 같다.

$$\frac{V_2}{V_1} = \frac{-\frac{R_2}{R_1}\frac{1}{R_2 R_3 C_4 C_5}}{s^2 + \frac{1}{C_4}\left(\frac{1}{R_1} + \frac{1}{R_2} + \frac{1}{R_3}\right)s + \frac{1}{R_2 R_3 C_4 C_5}} \tag{8.7}$$

식(8.4)와 식(8.7)을 대조하여 ω_0, Q 및 필터의 이득 G에 관한 식을 얻는다.

$$\omega_0 = \frac{1}{\sqrt{R_2 R_3 C_4 C_5}} \tag{8.8a}$$

$$Q = \frac{1}{\sqrt{\dfrac{C_5}{C_4}}} \tag{8.8b}$$

$$G = \frac{R_2}{R_1} \tag{8.8c}$$

한편 식(8.8)을 살펴 볼 때 ω_0, Q 그리고 이득 G를 만족시켜 주는데 있어 변수(R_1, R_2, R_3, C_4, C_5)가 5개나 있으므로 자유도를 이용할 수 있다. 그런데 회로를 설계하는데 있어서 가급적 많은 소자를 동일한 값으로 해주는 것이 유리하므로 여기서도 $R_1 = R_2 = R_3 = R$ 즉 동저항으로 하고, 편의상 2개의 커패시터의 첨자를 바꾸어 $C_4 = C_1$, $C_5 = C_2$로 해주자.

이때 전달함수와 ω_0, Q 및 G의 표시는 다음과 같이 간단해진다.

$$\frac{V_2}{V_1} = \frac{-\dfrac{1}{R^2 C_1 C_2}}{s^2 + \dfrac{3}{R C_1} s + \dfrac{1}{R^2 C_1 C_2}} \tag{8.9}$$

$$\omega_0 = \frac{1}{R \sqrt{C_1 C_2}} \tag{8.10a}$$

$$Q = \frac{1}{3} \sqrt{\frac{C_1}{C_2}} \tag{8.10b}$$

$$G = 1 \tag{8.10c}$$

여기서 무한이득 연산 증폭기를 이용한 능동 RC 저역통과 필터는 10장의 예를 통하여 살펴보겠지만 모든 감도가 아주 낮고, Q 감도가 Q에 비례하지 않아 고차 필터 실현이 용이하다. 이점이 전장에서 취급한 유한이득 증폭기를 사용한 능동 RC 필터와 다른점이다. 다음에는 식(8.10)으로 부터 설계 과정을 구할 수 있다.

〈 설계 과정 〉

1) 우선 커패시터 C_2의 값을 적절하게 정해준다. 이때,

$$C_1 = 9Q^2 C_2, \quad R = \frac{1}{\omega_0 \sqrt{C_1 C_2}}$$

2) 회로의 이득은 $G=1$로 고정된다.

<예제 8.1> 다음 저역통과 함수를 실현하라.

$$\frac{V_2}{V_1} = \frac{-G(1,000,000)}{s^2 + 200s + 1,000,000}$$

풀이 : 여기서 $\omega_0 = 1,000$ rad/sec이고, $Q=5$이다. 설계 과정에 따라

1) $C_2 = 0.01\,\mu\text{F}$로 정해준다. 이때,

$$C_1 = 9 \times 25 \times 10^{-8} = 2.25\,\mu\text{F} \qquad R = \frac{1}{1,000\sqrt{C_1 C_2}} = 6.67\,\text{k}\Omega$$

2) 이득은 $G=1$이다.

위의 소자값을 **그림 8.4**의 회로에 넣어준다.

이 예제는 전장의 예제 7.1과 동일하다. 두 예를 비교해 볼 때 이 회로는 수동 소자인 저항이 한개 줄어들지만 커패시턴스의 값 차가 크다는 단점을 갖는다.

8.3 고역통과 필터

일반적인 2차 고역통과 함수는 다음과 같은 형태로 표현된다. 이 식에서 G는 $s=\infty$에서의 이득이다.

$$\frac{V_2}{V_1} = \frac{-Gs^2}{s^2 + \frac{\omega_0}{Q}s + \omega_0^2} \tag{8.11}$$

여기서 식(8.3)을 식(8.11)과 같은 고역통과 함수 형태로 하기 위해서는 분자에 s^2항이 생기도록 $Y_1 = C_1 s$, $Y_3 = C_3 s$로 정해주자. 이때 분모는 $(C_1 s + Y_2 + C_3 s + Y_4)Y_5 + Y_2 C_3 s$인데 이것이 2차 다항식이 되어야 하므로 $Y_2 = C_2 s$, $Y_4 = G_4 = 1/R_4$, $Y_5 = G_5 = 1/R_5$로 해준다. 이때의 회로는 고역통과 필터로서 **그림 8.5**와 같고 따라서 전달함수는 식(8.12)와 같다.

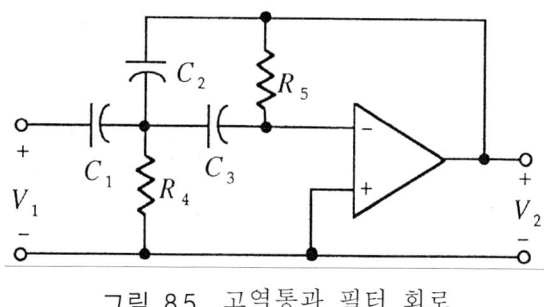

그림 8.5 고역통과 필터 회로

$$\frac{V_2}{V_1} = \frac{-\frac{C_1}{C_2}s^2}{s^2 + \frac{1}{R_5}\left(\frac{C_1}{C_2 C_3} + \frac{1}{C_2} + \frac{1}{C_3}\right)s + \frac{1}{R_4 R_5 C_2 C_3}} \tag{8.12}$$

여기서 그림 8.5의 고역통과 필터는 그림 8.4의 저역통과 필터내의 모든 저항 소자를 커패시터로 그리고 모든 커패시터를 저항 소자로 바꾸어 줌으로서 구할 수 있다. 이는 전장에서 이미 알아본 바와 같이 능동 RC 필터에서 성립되는 변환으로서 $RC : CR$ 변환이다.

식(8.11)과 식(8.12)를 대조하여 다음과 같은 방정식을 얻을 수 있다.

$$\omega_0 = \frac{1}{\sqrt{R_4 R_5 C_2 C_3}} \tag{8.13a}$$

$$Q = \frac{1}{\sqrt{\frac{R_4}{R_5}}\left(\frac{C_1}{\sqrt{C_2 C_3}} + \sqrt{\frac{C_3}{C_2}} + \sqrt{\frac{C_2}{C_3}}\right)} \tag{8.13b}$$

$$G = \frac{C_1}{C_2} \tag{8.13c}$$

자유도를 이용하여 $C_1 = C_2 = C_3 = C$ 즉 동커패시턴스로 하고, 저항의 첨자도 $R_4 = R_1$, $R_5 = R_2$로 바꾸어 준다.

이때 전달함수 및 ω_0, Q, G는 각각 다음과 같다.

$$\frac{V_2}{V_1} = \frac{-s^2}{s^2 + \frac{3}{R_2 C}s + \frac{1}{R_1 R_2 C^2}} \tag{8.14}$$

$$\omega_0 = \frac{1}{C\sqrt{R_1 R_2}} \tag{8.15a}$$

$$Q = \frac{1}{3}\sqrt{\frac{R_2}{R_1}} \tag{8.15b}$$

$$G = 1 \tag{8.15c}$$

식(8.15)를 이용하여 설계 과정을 다음과 같이 구할 수 있다.

⟨ 설계 과정 ⟩

1) 우선 커패시터 C의 값을 적절하게 정해준다. 이때,

$$R_1 = \frac{1}{3\,C\omega_0\,Q} \;,\; R_2 = 9\,Q^2\,R_1$$

2) 이득은 $G = 1$로 고정된다.

⟨예제 8.2⟩ 버터워스 2차 고역통과 필터를 구하라. 차단 주파수는 $f_0 = 100\text{Hz}$이다.

풀이 : 여기서 $\omega_0 = 2\pi f_0 = 2\pi \times 100$이고, $Q = \dfrac{1}{\sqrt{2}}$이다.

1) 커패시터의 값을 $C = 0.1\,\mu\text{F}$로 정해 주면

$$R_1 = \frac{1}{3\,C\omega_0\,Q} = 7.503\;\text{k}\Omega \qquad R_2 = 9\,Q^2\,R_1 = 33.762\;\text{k}\Omega$$

2) 이때 이득은 $G = 1$이다.

위의 소자를 그림 8.5의 회로에 넣어줌으로서 2차 고역통과 필터가 실현된다.

8.4 대역통과 필터

2차 대역통과 필터 함수의 일반식은 다음과 같다.

$$\frac{V_2}{V_1} = \frac{-G\dfrac{\omega_0}{Q}s}{s^2 + \dfrac{\omega_0}{Q}s + \omega_0^2} \tag{8.16}$$

식(8.3)을 위와 같은 대역통과 필터 함수로 만들기 위해 분자항을 $Y_1 = G_1 = 1/R_1$, $Y_3 = C_3 s$로 해주자. 이때 분모 다항식은 다음과 같다.

$$A(s) = (G_1 + Y_2 + C_3 s + Y_4)\,Y_5 + Y_2 C_3 s \tag{8.17}$$

식(8.17)에 상수항을 만들어 주기 위해서 $Y_5 = G_5 = 1/R_5$로 해주고 또 s^2 항을 위하여 $Y_2 = C_2 s$로 정해준다. Y_4는 특별한 역할이 없으므로 제거한다. [연습문제 8.1 참조]

이때 Y_5가 4번째 소자이므로 $Y_5 = G_4 = 1/R_4$로 고쳐쓰자. 이렇게 하여 얻게 되는 회로가 그림 8.6이며, 이 회로를 분석하여 전달함수를 구하면 식(8.18)과 같다.

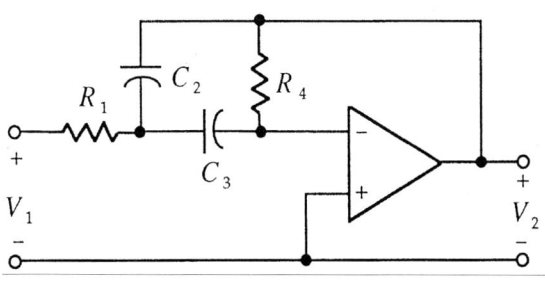

그림 8.6 대역통과 필터 회로

$$\frac{V_2}{V_1} = \frac{-\frac{1}{R_1 C_2} s}{s^2 + \left(\frac{1}{R_4 C_3} + \frac{1}{R_4 C_2}\right)s + \frac{1}{R_1 R_4 C_2 C_3}} \tag{8.18}$$

식(8.16)과 식(8.18)을 대조하여 다음과 같은 방정식을 얻는다.

$$\omega_0 = \frac{1}{\sqrt{R_1 R_4 C_2 C_3}} \tag{8.19a}$$

$$Q = \frac{\sqrt{R_4/R_1}}{\sqrt{C_2/C_3} + \sqrt{C_3/C_2}} \tag{8.19b}$$

$$G = \frac{R_4/R_1}{1 + C_2/C_3} \tag{8.19c}$$

여기서도 자유도를 이용하여 $C_2 = C_3 = C$로 한 동커패시턴스 대역통과 필터를 얻으며 전달함수는 식(8.20)과 같다. 저항의 첨자도 $R_4 = R_2$로 바꾸어 준다.

$$\frac{V_2}{V_1} = \frac{-\frac{1}{R_1 C} s}{s^2 + \frac{2}{R_2 C} s + \frac{1}{C^2 R_1 R_2}} \tag{8.20}$$

여기서 ω_0, Q 및 이득 G에 관한 식을 얻는다.

$$\omega_0 = \frac{1}{C\sqrt{R_1 R_2}} \qquad (8.21a)$$

$$Q = \frac{1}{2}\sqrt{\frac{R_2}{R_1}} \qquad (8.21b)$$

$$G = \frac{1}{2}\frac{R_2}{R_1} = 2Q^2 \qquad (8.21c)$$

식(8.21)에서 설계 과정을 구할 수 있다.

⟨ 설계 과정 ⟩

1) 우선 C를 적절한 값으로 정해준다. 이때,

$$R_1 = \frac{1}{2C\omega_0 Q}, \quad R_2 = 4Q^2 R_1$$

2) 실현된 회로의 이득은 $G = 2Q^2$이다.

이득 G는 $2Q^2$으로 고정되는데 Q가 클 경우에는 이득이 너무 커질 수 있다. 이런 문제점을 완화하기 위하여 식(8.17)의 유도과정에서 소거된 어드미턴스 Y_4를 이용하는 방법이 있다. [연습문제 8.1 참조]

⟨예제 8.3⟩ $Q = 2$이고, $\omega_0 = 1{,}000$ rad/sec인 2차 대역통과 필터를 동커패시턴스로 구하라.

풀이 : 1) 우선 $C = 0.01\ \mu$F로 정해주자. 이때,

$$R_1 = \frac{1}{2C\omega_0 Q} = 25\ \text{k}\Omega \qquad R_2 = 4Q^2 R_1 = 400\ \text{k}\Omega$$

2) $G = 2Q^2 = 8$ 이다.

위 소자들을 그림 8.6의 회로에 적용한다. 이 필터에서는 R_2의 값이 R_1 값의 $4Q^2$ 배나 된다. 그리고 여기서 구한 대역통과 필터는 이득이 Q^2에 비례하므로 너무 커질 수 있다.

8.5 대역저지 필터

대역저지 필터의 크기 특성은 어떤 상수에서 대역통과 필터의 크기 특성을 빼준 것으로 해석할 수 있다. 즉 두 필터의 크기 특성 간에는 상보관계(Complementary relation)가 있다. 이러한 점을 고려하면서 이미 앞 절에서 얻은 바 있는 대역통과 필터의 비반전 단자에도 입력 전압 V_1의 일부를 공급한다. 이와 같이 연산 증폭기를 차동 입력(Differential input)형으로 동작 시켜주면 대역저지 필터를 얻을 수 있다. 이러한 회로가 **그림 8.7** 이다. 여기서 $R_a = \infty$, $R_b = 0$으로 해주면 대역통과 필터가 된다.

여기서 **그림 8.7**의 회로에 중첩의 원리를 적용하여 출력 전압 V_2를 구해보자.

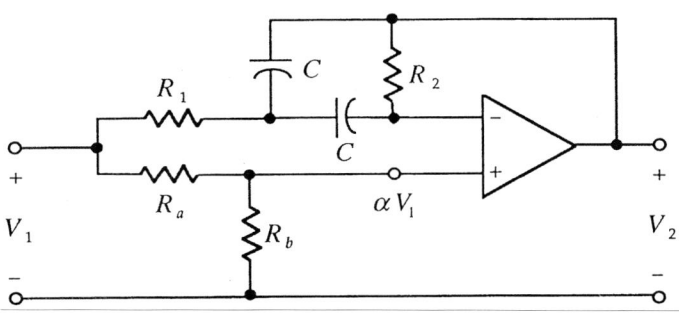

그림 8.7 대역저지 필터(또는 놋치 필터)

$$V_2 = H_{BP}(s) V_1 + [1 - H_{BP}(s)] \alpha V_1 \tag{8.22}$$

위 식에서 $H_{BP}(s)$는 대역통과 함수로서 이미 얻은 식(8.20)과 같다. 그리고 α는 1보다 작은 값이다.

$$\alpha = \frac{R_b}{R_a + R_b} < 1 \tag{8.23}$$

식(8.22)를 풀어서 전달함수를 구해보면 다음과 같다.

$$\frac{V_2}{V_1} = \alpha \frac{s^2 + \left(1 - \frac{1-\alpha}{\alpha} \frac{R_2}{2R_1}\right) \frac{2}{R_2 C} s + \frac{1}{C^2 R_1 R_2}}{s^2 + \frac{2}{R_2 C} s + \frac{1}{C^2 R_1 R_2}} \tag{8.24}$$

8.5 대역저지 필터

식(8.24)를 대역저지 함수로 만들기 위해서는 분자에 들어있는 α가 어떠한 특정한 값이 되어서 s 항이 소거되어야 한다.

$$1 - \frac{1-\alpha}{\alpha}\frac{R_2}{2R_1} = 0 \tag{8.25a}$$

$$\alpha = \frac{R_2}{2R_1 + R_2} \tag{8.25b}$$

이때 식(8.24)는 대역저지 필터 함수로 된다. 그리고 대역저지 함수의 일반식은 다음과 같다.

$$\frac{V_2}{V_1} = G\frac{s^2 + \omega_0^2}{s^2 + \frac{\omega_0}{Q}s + \omega_0^2} \tag{8.26}$$

식(8.24)와 식(8.26)을 대조하여 다음과 같은 방정식을 얻는다.

$$\omega_0 = \frac{1}{C\sqrt{R_1R_2}} \tag{8.27a}$$

$$Q = \frac{1}{2}\sqrt{\frac{R_2}{R_1}} \tag{8.27b}$$

$$G = \alpha = \frac{R_2}{2R_1 + R_2} = \frac{2Q^2}{2Q^2 + 1} \tag{8.27c}$$

여기서 식(8.27)을 이용하여 대역저지 필터의 설계 과정을 얻을 수 있다.

〈 설계 과정 〉

1) 우선 커패시터 C의 값을 적절하게 정해준다. 이때,

$$R_1 = \frac{1}{2C\omega_0 Q} \ , \ R_2 = 4Q^2 R_1$$

2) 이득은 $G = \alpha = \dfrac{2Q^2}{2Q^2+1}$ 이다.

3) R_a를 적절한 값으로 잡아 줄 때 $R_b = \dfrac{\alpha}{1-\alpha}R_a$ 이다.

<예제 8.4> 다음 대역저지 함수를 실현하라.

$$\frac{V_2}{V_1} = G \frac{s^2 + 10^8}{s^2 + 10^4 s + 10^8}$$

풀이 : 여기서 $\omega_0 = 10^4$ rad/sec이고, $Q = 1$이다. 설계 과정에 따라서

1) $C = 0.01$ μF로 해줄 때,

$$R_1 = \frac{1}{2C\omega_0 Q} = 5 \text{ k}\Omega, \qquad R_2 = 4Q^2 R_1 = 20 \text{ k}\Omega$$

2) $G = \alpha = \dfrac{2Q^2}{2Q^2 + 1} = \dfrac{2}{3}$

3) $R_a = 5$ kΩ로 할 때 $R_b = \dfrac{\alpha}{1-\alpha} R_a = 10$ kΩ이다.

이상에서 얻은 소자값을 그림 8.7에 대입하면 대역저지 필터가 얻어진다.

8.6 전역통과 필터

전절의 식(8.24)를 자세히 관찰하면 α의 값에 따라서는 이 식이 다음과 같은 전역통과 함수로 될 수 있다는 것을 알 수 있다.

$$\frac{V_2}{V_1} = G \frac{s^2 - \dfrac{\omega_0}{Q} s + \omega_0^2}{s^2 + \dfrac{\omega_0}{Q} s + \omega_0^2} \tag{8.28}$$

이때 식(8.24)에 필요한 조건은 다음과 같다.

$$1 - \frac{1-\alpha}{\alpha} \frac{R_2}{2R_1} = -1 \tag{8.29a}$$

$$\alpha = \frac{R_2}{4R_1 + R_2} \tag{8.29b}$$

다음에는 식(8.29)에서의 α 값을 식(8.24)에 대입하고 식(8.28)과 비교하면 다음과 같은 방정식을 얻는다.

$$\omega_0 = \frac{1}{C\sqrt{R_1 R_2}} \tag{8.30a}$$

$$Q = \frac{1}{2}\sqrt{\frac{R_2}{R_1}} \tag{8.30b}$$

$$G = \alpha = \frac{R_2}{4R_1 + R_2} \tag{8.30c}$$

이렇게 하여 그림 8.8과 같은 전역통과 필터를 얻는다.

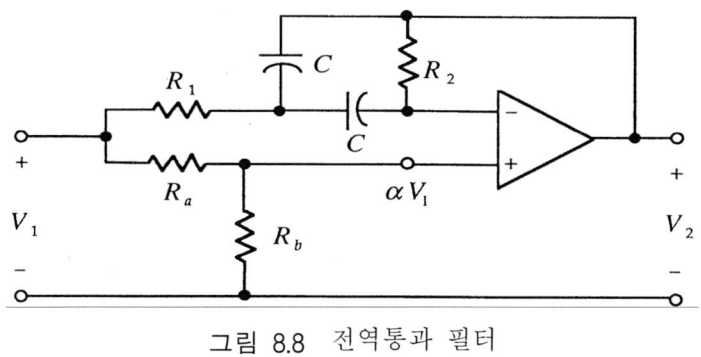

그림 8.8 전역통과 필터

다음에는 식(8.30)으로부터 설계 과정을 구해보자.

〈 설계 과정 〉

1) 우선 커패시터 C의 값을 적절하게 정해준다. 이때,

$$R_1 = \frac{1}{2C\omega_0 Q} \; , \; R_2 = 4Q^2 R_1$$

2) 이득은 $G = \alpha = \dfrac{R_2}{4R_1 + R_2}$

3) 저항 R_a를 적절한 값으로 잡아 줄 때

$$R_b = \frac{\alpha}{1-\alpha} R_a$$

<예제 8.5> 다음 전역통과 필터를 실현하라.

$$\frac{V_2}{V_1} = G\, \frac{s^2 - 1,000\,s + 4,000,000}{s^2 + 1,000\,s + 4,000,000}$$

풀이 : 여기서 $\omega_0 = 2,000$ rad/sec이고, $Q = 2$이다. 설계 과정에 따라

1) $C = 0.01 \; \mu$F로 해줄 때,

$$R_1 = \frac{1}{2C\omega_0 Q} = 12.5 \; k\Omega$$

$$R_2 = 4Q^2 R_1 = 200 \text{ k}\Omega$$

2) $G = \alpha = 0.8$

3) $R_a = 10 \text{ k}\Omega$로 할 때 $R_b = 40 \text{ k}\Omega$이다.

이상에서 얻은 소자값을 각각 **그림 8.8**에 넣어준다.

8.7 고차 필터

고차 함수를 실현하기 위해서는 7장에서와 같이 우선 고차 함수를 분해하여 여러개의 2차 함수의 곱으로 표기한 다음 각 2차 함수를 실현하고, 그들을 모두 종속연결 시켜준다. 이는 지금까지 설계한 각종 2차 필터의 출력단이 연산 증폭기의 출력단과 일치하기 때문이다. 함수의 차수가 홀수일 때는 1차 함수에 해당하는 회로가 한개 더 추가되는데 1차 함수로서는 다음과 같은 2가지의 일반식이 있다.

$$H_0(s) = -G_0 \frac{a}{s+a} \qquad \text{저역통과} \tag{8.31a}$$

$$H_0(s) = -G_0 \frac{s}{s+a} \qquad \text{고역통과} \tag{8.31b}$$

위 함수의 분모를 만들어 주기 위해서는 **그림 8.9**의 R_2와 C_2가 필요하다. 그리고 저역통과 필터에는 직렬 지로에 저항 R_1이, 그리고 고역통과 필터에는 직렬 지로에 커패시터 C_1이 각각 들어가야 한다.

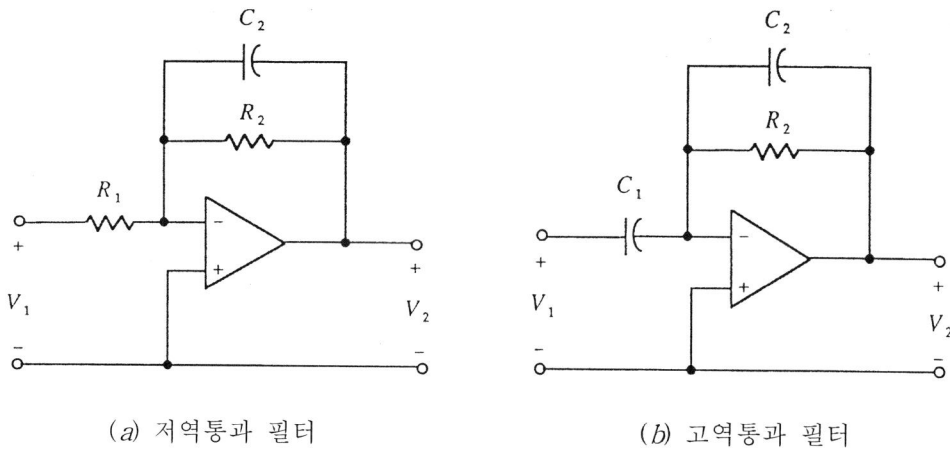

(a) 저역통과 필터   (b) 고역통과 필터

그림 8.9 1차 저역통과, 고역통과 필터

8.7 고차 필터

그림 8.9의 회로를 분석하여 다음과 같은 전달함수를 얻을 수 있다.

$$\frac{V_2}{V_1} = -\frac{R_2}{R_1} \frac{1/R_2 C_2}{s + 1/R_2 C_2} \qquad \text{저역통과} \qquad (8.32a)$$

$$\frac{V_2}{V_1} = -\frac{C_1}{C_2} \frac{s}{s + 1/R_2 C_2} \qquad \text{고역통과} \qquad (8.32b)$$

식(8.31)과 식(8.32)를 대조하여 다음과 같은 방정식을 얻는다.

(a) 저역통과

$$a = 1/R_2 C_2 \qquad (8.33a)$$

$$G_0 = R_2/R_1 \qquad (8.33b)$$

(b) 고역통과

$$a = 1/R_2 C_2 \qquad (8.34a)$$

$$G_0 = C_1/C_2 \qquad (8.34b)$$

식(8.33)과 식(8.34)로부터 저역통과 1차 필터와 고역통과 1차 필터의 설계 과정을 구할 수 있다.

〈 설계 과정 〉

(a) 저역통과 필터

1) 우선 커패시터 C_2의 값을 정해준다. 이때,

$$R_2 = \frac{1}{a\,C_2} \qquad R_1 = \frac{R_2}{G_0}$$

2) 이득 G_0은 임의로 정할 수 있다.

(b) 고역통과 필터

1) 우선 커패시터 C_2의 값을 정해준다. 이때,

$$R_2 = \frac{1}{a\,C_2} \qquad C_1 = C_2 G_0$$

2) 이득 G_0은 임의로 정할 수 있다.

이상에서 1차의 저역통과 함수와 1차의 고역통과 함수를 실현하는 방법을 설명하였다. 또 하나의 중요한 1차 함수로는 다음과 같은 전역통과 필터가 있다.

$$\frac{V_2}{V_1} = -G_0 \frac{a-s}{a+s} \tag{8.35}$$

위 식에서는 분자에 (−)가 들어 있으므로 1차의 전역통과 함수를 실현하기 위해서는 연산 증폭기를 차동 입력 방식으로 이용하면 **그림 8.10**과 같다.

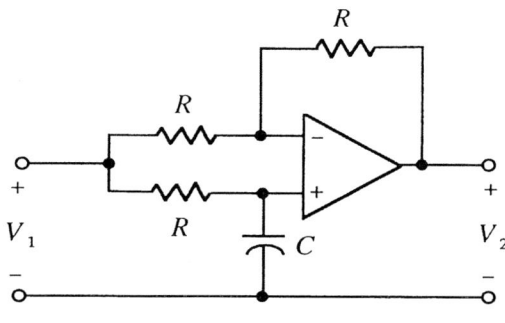

그림 8.10 1차 전역통과 필터

그림 8.10을 분석하여 다음과 같은 전달함수를 얻을 수 있다.

$$\frac{V_2}{V_1} = -\frac{\frac{1}{RC}-s}{\frac{1}{RC}+s} \tag{8.36}$$

식(8.35)와 식(8.36)을 대조하여 다음과 같은 설계 과정을 얻는다.

〈 설계 과정 〉

1) 우선 커패시터 C의 값을 정해준다. 이때,

$$R = \frac{1}{aC}$$

2) 이득은 $G_0 = 1$이다.

예를 들어 **그림 8.10**과 **그림 8.8**을 종속 연결하면 3차의 전역통과 회로망을 얻게 된다.

<예제 8.6> 3차 바터워스 저역통과 필터를 실현하라. 이득은 2이고 차단 주파수는 10,000 rad/sec이다.

풀이 : 우선 부록 A에서 3차 바터워스 함수를 얻는다.

$$H(s) = \frac{2}{s^3 + 2s^2 + 2s + 1} = \left(-2\,\frac{1}{s+1}\right) \cdot \left(\frac{-1}{s^2 + s + 1}\right) = H_0(s) \cdot H_1(s)$$

(a) $H_0(s)$의 실현 :

1) $C_2 = 0.01\ \mu\text{F}$로 정할 때

$$R_2 = 10\ \text{k}\Omega, \qquad R_1 = 5\ \text{k}\Omega$$

2) $G_0 = 2$

(b) $H_1(s)$의 실현 :

여기서 $\omega_0 = 1 \times 10^4$ rad/sec이고, $Q = 1$이다.

2차 저역통과 필터의 설계 과정을 밟는다. (그림 8.4 이용)

1) $C_2 = 0.01\ \mu\text{F}$로 정해 줄 때,

$$C_1 = 9\,Q^2 C_2 = 0.09\ \mu\text{F}$$

$$R = \frac{1}{\omega_0 \sqrt{C_1 C_2}} = \frac{10}{3}\ \text{k}\Omega$$

2) $G_1 = 1$

전체 회로는 $H_0(s)$와 $H_1(s)$에 해당되는 필터를 종속 연결하면 **그림 8.11**과 같이 실현된다.

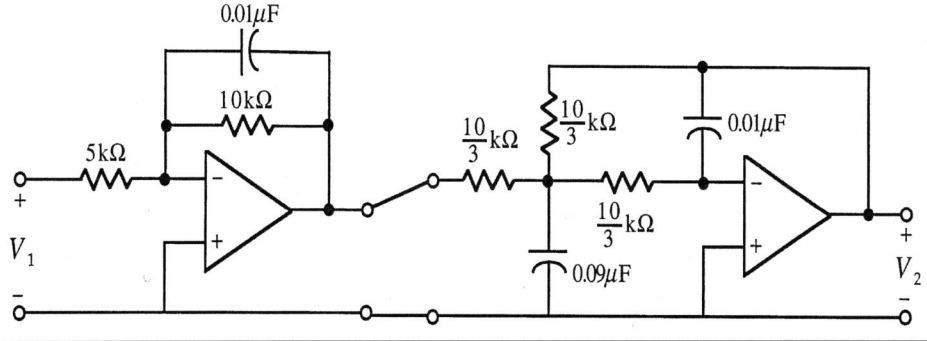

그림 8.11 예제 8.6의 3차 저역통과 필터

지금까지는 고차 필터를 실현하기 위해서 주어진 함수를 2차 함수의 곱으로 분해하고 각 2차 함수를 실현한 다음 모두 종속연결시켜 줌으로서 전체 필터를 얻었다.

이제부터는 전혀 다른 필터 설계법을 알아보기로 하자. 즉 수동 제자형 필터를 모의(Simulation)하여 능동 RC 필터를 설계한다. 수동 제자형 필터는 회로 구조와 소자값이 6장에서 제공하고 있기 때문에 편리하게 사용할 수 있고, 또한 수동 제자형 필터의 낮은 감도 특성이 능동 필터에서도 그대로 유지된다는 장점을 지니고 있다.

여기서 다루는 설계법은 직접모의법과 간접모의법으로 구분할 수 있는데 직접모의법은 다시 합성 인덕터(Synthetic inductor)를 이용하는 설계법과 새로운 형태의 소자 FDNR(Frequency dependent negative resistor)을 사용하는 설계법으로 구분된다. 간접모의법에서는 수동 제자형 필터의 동작을 수식으로 표기하고, 그 수식을 기반으로 하여 능동 RC 필터를 설계하는데 그때 이용하는 선도(Diagram)의 모양을 따라 이 방법을 개구리 도약형 실현법(Leapfrog realization)이라 한다.

8.8 직접모의법(Direct Simulation)

이 방법은 수동 제자형 필터의 외형적 형태는 그대로 유지하고, 수동 소자 중에서 집적회로 구현과정 등에서 문제가 되는 인덕터 소자를 모의법을 통하여 직접 변환해준다. 즉, 수동 제자형 필터의 인덕터를 그와 아주 비슷한 역할을 할 수 있는 능동 소자로 대치해주면 전체 필터는 인덕터가 없는 능동 RC 제자형 회로망으로 변환될 것이다.

이 직접모의법에 쓰이는 능동 소자로는 합성 인덕터와 FNDR의 2가지가 있는데 그들은 일반 임피던스 변환기(Generalized Impedance Converter : GIC)로 부터 만들어진다.

8.8.1 일반 임피던스 변환기

일반 임피던스 변환기(GIC)는 그림 8.12에서와 같이 2개의 연산 증폭기와 5개의 임피던스로서 구성된다.

그림 8.12의 GIC 회로를 1개의 능동 소자로 이용할 수 있는지 먼저 구동점 임피던스를 구해보자. 2개의 연산 증폭기가 이상적인 연산 증폭기로 동작한다면 두 입력 단자 사이의 전압차는 0이므로 4개의 연산 증폭기 입력 단자는 전압 V가 된다, 또한 연산 증폭기의 두 입력 단자에는 전류가 유입하지 않는다고 해석할 수 있다.

8.8 직접모의법

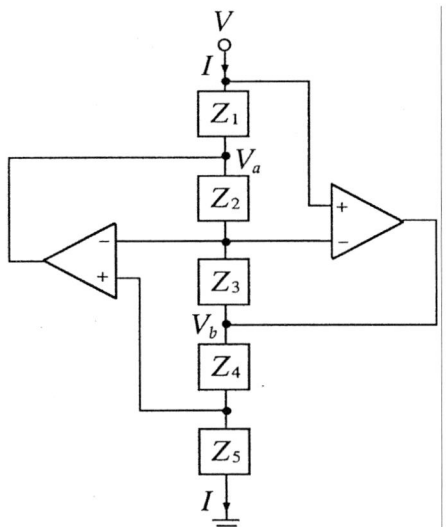

그림 8.12 GIC 회로

$$\frac{V_b - V}{Z_4} = \frac{V}{Z_5} \tag{8.37}$$

따라서
$$V_b = \left(1 + \frac{Z_4}{Z_5}\right) V \tag{8.38}$$

또한
$$\frac{V - V_b}{Z_3} = \frac{V_a - V}{Z_2} \tag{8.39}$$

식(8.38)을 식(8.39)에 대입하여 V_a를 구하면

$$V_a = \left(1 - \frac{Z_2 Z_4}{Z_3 Z_5}\right) V \tag{8.40}$$

그런데
$$I = \frac{V - V_a}{Z_1} \tag{8.41}$$

식(8.40)을 식(8.41)에 대입하여 구동점 임피던스 Z를 얻는다.

$$Z = \frac{V}{I} = \frac{Z_1 Z_3 Z_5}{Z_2 Z_4} \tag{8.42}$$

위 식(8.42)에서 Z_1, Z_2, Z_3, Z_4, Z_5에 각각 어떤 소자를 선택하는가에 따라 그림 8.12의 GIC가 다양한 임피던스로 될 수 있다.

8.8.2 저역통과 필터 : FDNR 이용

주어진 전압 전달함수를 합성한 원회로가 있다고 하자. 그 회로를 구성하고 있는 각 소자의 임피던스에 임의의 함수 $f(s)$를 곱해서 변환시켜 주어도 새로 생긴 회로의 전압 전달함수는 원회로의 그것과 동일하다.

여기서 $f(s)$가 식(8.43)과 같이 아주 간단한 변환 함수라 하면 인덕터가 저항 소자로 변환될 것이다.

$$f(s) = \frac{1}{s} \tag{8.43}$$

식(8.43)의 $f(s)$를 각 소자의 임피던스에 곱해주면 다음과 같은 변환을 일으킨다.

$$R \to \frac{R}{s}, \quad Ls \to L, \quad \frac{1}{Cs} \to \frac{1}{Cs^2} \tag{8.44}$$

이때 임피던스가 $1/Cs^2$인 새로운 소자를 FDNR(Frequency dependent negative resistor)이라고 한다. 또는 초 커패시터(Super capacitor)라고도 하고,. FDNR의 단위는 패럿-초(Farad-seconds)이다. 먼저 그 특성을 알아보기로 하자.

$$Z(s) = \frac{1}{Cs^2} \tag{8.45}$$

$$Z(j\omega) = -\frac{1}{C\omega^2} \tag{8.46}$$

식(8.46)과 같이 이 소자는 주파수 자승에 역비례하는 음저항과 같다. 이러한 이유로 FDNR이라 부르게 된다.

표 8.1 소자 변환표

원소자	변환된 소자
R 오옴	$1/R$ 패럿
L 핸리	L 오옴
C 패럿	C 패럿-초

표 8.1에서와 같이 원회로의 R 오옴 저항은 새로운 회로에서 $1/R$ 패럿의 커패시터로, L 헨리의 인덕터는 L 오옴의 저항으로, C 패럿의 커패시터는 소자값이 C인 FDNR로 각각 변환된다. 여기서 GIC를 이용하여 FDNR을 실현해 보자.

식(8.42)에서 $Z_1 = Z_2 = 1\,\Omega$, $Z_3 = 1/s$, $Z_4 = C\,\Omega$, $Z_5 = 1/s$ 으로 설정해주면 식(8.42)는 식(8.47)이 된다. 따라서 식(8.47)은 식(8.45)와 같은 FDNR의 임피던스와 일치한다. 이때의 회로는 그림 8.13과 같다.

$$Z = \frac{Z_1 Z_3 Z_5}{Z_2 Z_4} = \frac{1}{Cs^2} \tag{8.47}$$

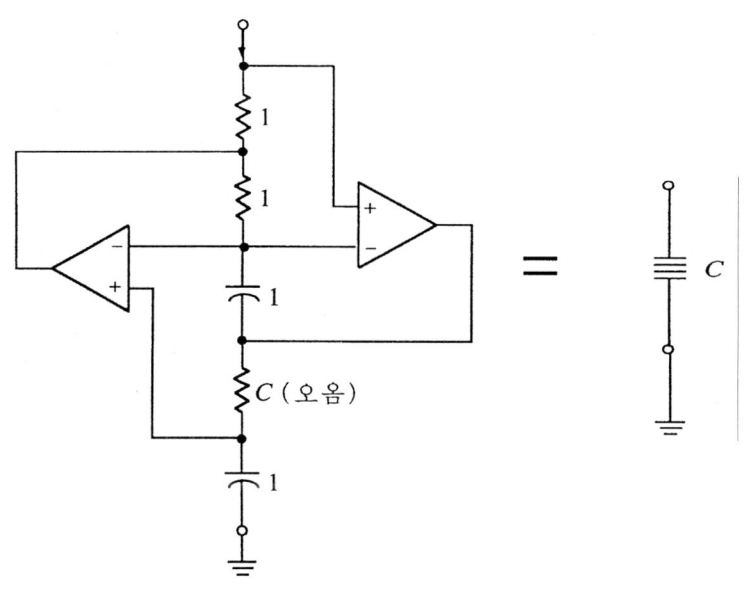

그림 8.13 (a) FDNR   (b) 심볼

이 회로에서 4번째 소자를 C 오옴의 저항으로 해줌으로서 값을 조절하기에도 편리하다. FDNR은 능동 소자이므로 전력 공급을 필요로 한다. 이러한 점에서 이 소자의 단자 하나는 접지되어야 한다. 그런데 이 소자가 대치하는 것은 원제자형 회로망에 있는 커패시터이므로 그 커패시터는 접지되어 있어야 한다. 그래서 FDNR 방법은 저역통과 필터를 실현하는데 매우 편리하다.

지금까지 설명한 것을 종합하여 FDNR을 이용한 저역통과 필터의 설계 과정은 다음과 같다.

〈 설계 과정 : 저역통과 필터 〉

1) RLC 저역통과 필터와 소자값을 먼저 얻는다.

2) 표 8.1에 의하여

   R 오옴의 저항 대신 $1/R$ 패럿의 커패시터로 변환한다.

   L 헨리의 인덕터 대신 L 오옴의 저항으로 변환한다.

   C 패럿의 커패시터 대신에는 값이 C인 그림 8.13(a)의 FDNR로 변환한다.

3) 해 정규화를 시켜준다.

<예제 8.7> FDNR 소자를 이용하여 5차 바터워스 저역통과 필터를 구하라. 차단 주파수는 10^4 rad/sec이고, 부하 저항은 100 kΩ이다.

풀이 : 표 6.1을 이용하여 $n=5$일 때의 수동 바터워스 필터를 먼저 구한다. 이때 FDNR은 수동 제자형 회로만의 커패시터가 모의된 것이므로 수동 제자형 회로망 중에서 커패시터의 수가 적은 것을 선택하면 소자수를 줄일 수 있다.

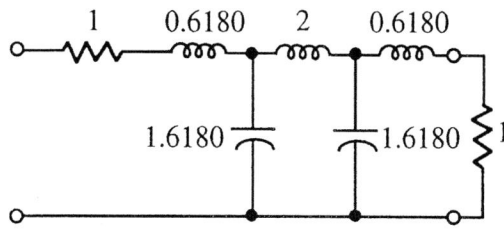

다음에는 표 8.1에 의하여 소자 변환을 한다.

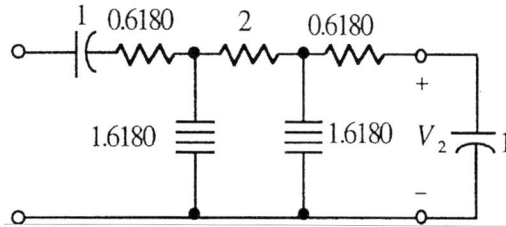

위 회로에 그림 8.13을 이용하여 $C=1.618$인 FDNR을 합성하여 넣어주면 그림 8.14와 같다.

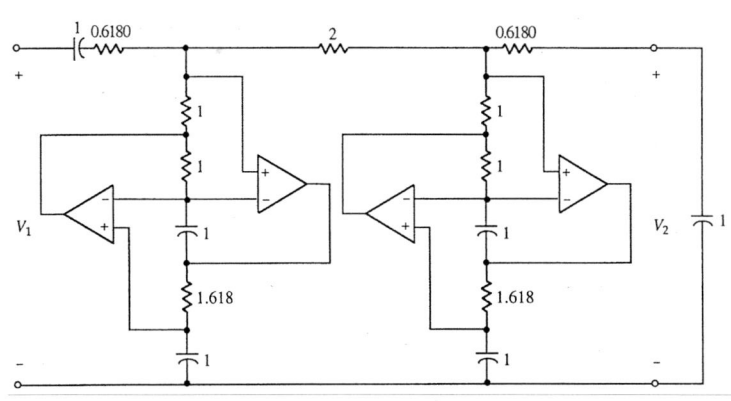

그림 8.14 예제 8.7의 저역통과 필터 [단위 : Ω, F]

그림 8.14의 회로에서 부하측에 커패시터 소자가 위치하므로 이 문제를 해결하기 위하여 전원측과 부하측의 커패시터에 저항 R_A, R_B를 각각 병렬로 연결해 주면 된다. 예를 들어 부하측 저항 R_B=100 Ω으로 하면 R_A=96.76 Ω이다. 그리고 임피던스 및 주파수 해 정규화를 위해 모든 저항값을 1,000배 해주고 모든 커패시터의 값은 10^7으로 나누어주면 된다.

8.9 간접모의법(Indirect Simulation)

여기서는 수동 제자형 필터를 간접모의법으로 모의하는 방법을 알아보자. 이들 필터는 이른바 개구리 도약형 선도를 우선 구한 다음 이를 기반으로 하여 실현한다.

8.9.1 개구리 도약형 선도(Leapfrog Diagram)

그림 8.15의 제자형 회로망에 관하여 다음과 같은 방정식을 쓸 수 있다. 직렬 지로는 전류와 병렬 지로는 전압을 변수로 지정하였다.

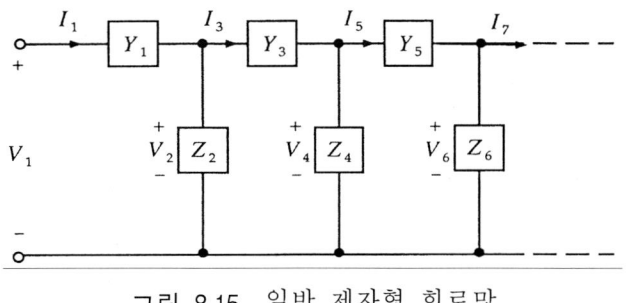

그림 8.15 일반 제자형 회로망

$$I_1 = (V_1 - V_2) Y_1$$

$$V_2 = (I_1 - I_3) Z_2$$

$$I_3 = (V_2 - V_4) Y_3$$

$$V_4 = (I_3 - I_5) Z_4 \qquad (8.48)$$

$$I_5 = (V_4 - V_6) Y_5$$

$$V_6 = (I_5 - I_7) Z_6$$

· · · · · · · ·

식(8.48)에 해당하는 블록 선도(Block diagram)를 그려보면 그림 8.16(a)와 같다.

이 선도에 나타난 음 귀환(Negative feedback)을 화살표를 써서 간략하게 그리면 그림 8.16(b)와 같이 되는데, 이는 마치 개구리 도약형(Leapfrog pattern)과 같다. 이러한 이유로 이 선도를 기반으로 실현되는 필터를 개구리 도약형 필터라고 부르게 된 것이다.

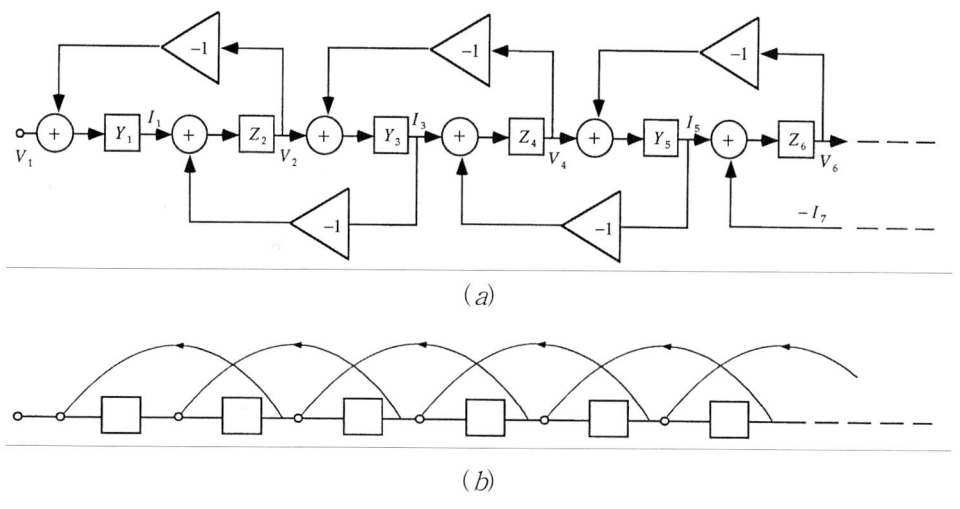

그림 8.16 식(8.48)의 블록 선도

그런데 그림 8.16과 같은 선도를 능동 회로로 실현하는데 있어서 선도안에 전류 변수가 들어있으면 전압제어 전압원인 연산 증폭기를 이용하기에는 불편하다. 그러므로 그림 8.16(a) 내의 전류 변수를 전압 변수로 전환하기 위하여 식(8.48)안의 모든 전류 변수에 임의의 저항값을 곱해주어 전압 변수로 바꾸어 주자. 예를 들어 식(8.48)의 첫번째 방정식의 양측에 R을 곱해주면 $RI_1 = (V_1 - V_2) Y_1 R$인데 RI_1은 차원이 전압량이므로 V_{i1}로 표시하자.

그리고 Y_1R은 어드미턴스와 임피던스의 곱이어서 무차원이므로 V_{i1}과 $(V_1 - V_2)$의 관계를 연결하는 전압 전달함수 H_1으로 간주할 수 있다. 또 식(8.48)의 두번째 방정식은 $V_2 = R(I_1 - I_3)Z_2/R$로 변환되는데 여기서도 $RI_1 = V_{i1}$, $RI_3 = V_{i3}$으로 표시하자. 한편 Z_2/R도 무차원이므로 전압 V_2와 $(V_{i1} - V_{i3})$ 사이의 관계를 맺어주는 또 하나의 전압 전달함수 H_2로 간주할 수 있다. 따라서 식(8.48)안의 모든 방정식을 고쳐 써보면 식(8.49)와 같이 되고 이 식에 해당하는 블록 선도는 **그림 8.17**과 같다.

$$V_{i1} = (V_1 - V_2)H_1$$
$$V_2 = (V_{i1} - V_{i3})H_2$$
$$V_{i3} = (V_2 - V_4)H_3$$
$$V_4 = (V_{i3} - V_{i5})H_4 \tag{8.49}$$
$$V_{i5} = (V_4 - V_6)H_5$$
$$V_6 = (V_{i5} - V_{i7})H_6$$
$$\cdots\cdots\cdots\cdots$$

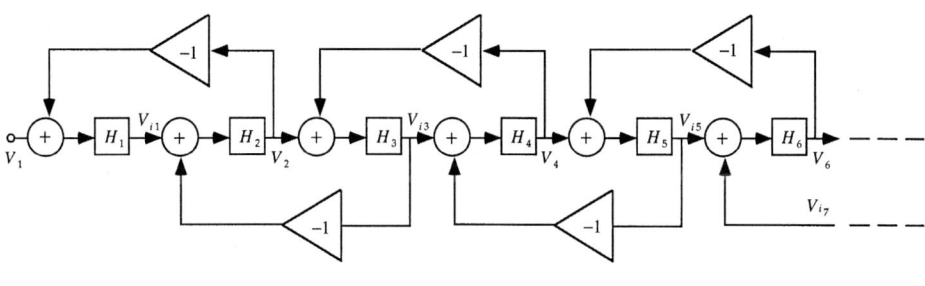

그림 8.17 식(8.49)의 블록 선도

여기에서 임의의 저항을 $R = 1\,\Omega$으로 해줄 때 블록 선도내의 전압 전달함수 H_1은 수동 제자형 회로망내의 구동점 함수 Y_1과 같고 전압 전달함수 H_2는 구동점 함수 Z_2와 동일하다. 이렇게 하여 식(8.50)이 성립된다.

$$H_1 = Y_1, \quad H_2 = Z_2$$
$$H_3 = Y_3, \quad H_4 = Z_4 \tag{8.50}$$
$$H_5 = Y_5, \quad H_6 = Z_6$$
$$\cdots\cdots$$

한편 **그림 8.17**에는 삼각형 안에 −1로 표시된 반전기(Inverter)가 들어있는데 (−) 부호를 없애면 반전기가 불필요하게 되어 경제적이다. 이를 위하여 식(8.49)를 다르게 표기해 보자. 즉 몇 개의 전압 변수 앞에 (−) 부호를 붙여주어 식(8.51)과 같이 나타낼 수 있다.

이 식(8.51)에 따라 블록 선도를 그려보면 **그림 8.18**과 같다. 이 선도에서는 반전기가 필요하지 않는 대신에 몇개의 전달함수 앞에 (−) 부호가 곱해지는데 전달함수를 실현할 때 (−) 부호가 있는 것이 오히려 회로망으로 구현하는데 유리하다.

$$
\begin{aligned}
-V_{i1} &= (V_1 - V_2)(-H_1) \\
-V_2 &= (-V_{i1} + V_{i3})H_2 \\
V_{i3} &= (-V_2 + V_4)(-H_3) \\
V_4 &= (V_{i3} - V_{i5})H_4 \\
-V_{i5} &= (V_4 - V_6)(-H_5) \\
-V_6 &= (-V_{i5} + V_{i7})H_6 \\
&\cdots\cdots\cdots\cdots
\end{aligned}
\tag{8.51}
$$

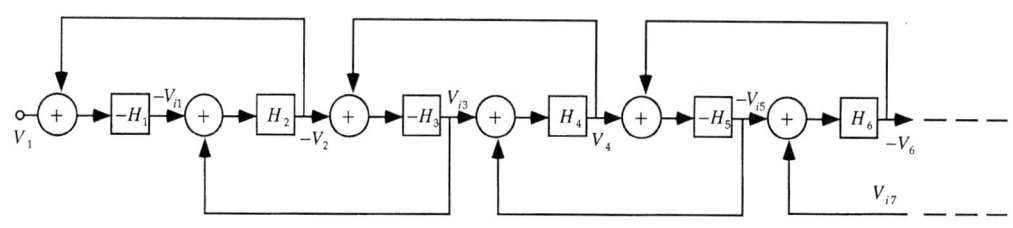

그림 8.18 식(8.51)의 블록 선도

8.9.2 저역통과 필터 : 개구리 도약형 이용

이제 그림 8.18의 블록 선도를 회로망으로 실현해야 되겠는데 그림 8.19와 같은 저역통과 제자형 필터의 경우에는 블록안의 전달함수가 $-H_1 = -Y_1 = (-1/L_1)/(s + R_1/L_1)$, $H_2 = Z_2 = 1/C_2 s$, $-H_3 = -Y_3 = -1/L_3 s$로 되어 적분기나 유손실 적분기로 실현할 수 있다. (−) 부호가 붙은 H의 실현은 간편하지만 (−) 부호가 붙지 않은 함수를 실현할 때는 반전기를 1개 추가하여야 한다. 이러한 점들을 고려하여 개구리 도약형 실현법을 $n = 4$(짝수)와 $n = 5$(홀수)일 때의 예를 들어 설계해 보자.

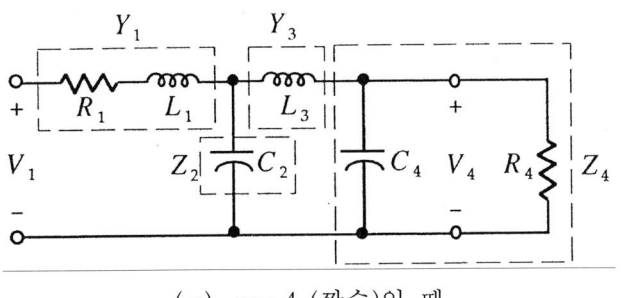

(a) $n=4$ (짝수)일 때

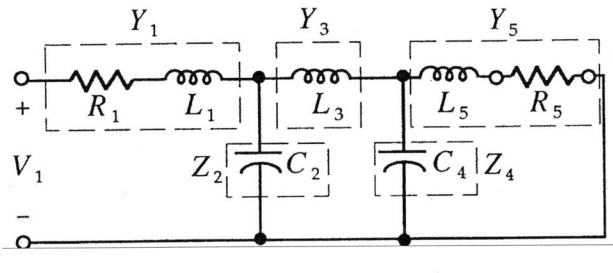

(b) $n=5$ (홀수)일 때

그림 8.19 저역통과 제자형 필터 [단위 : Ω, H, F]

그림 8.19의 제자형 회로망에 해당하는 블록 선도를 그림 8.18과 같은 형태로 그려보면 그림 8.20과 같다.

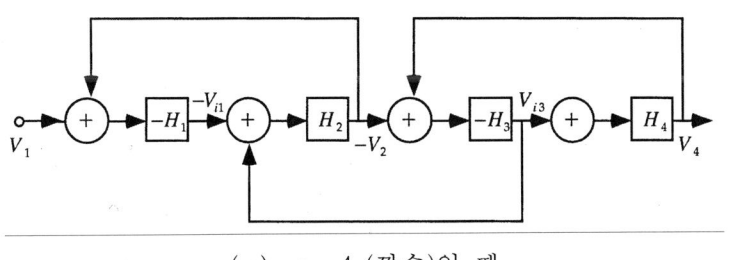

(a) $n=4$ (짝수)일 때

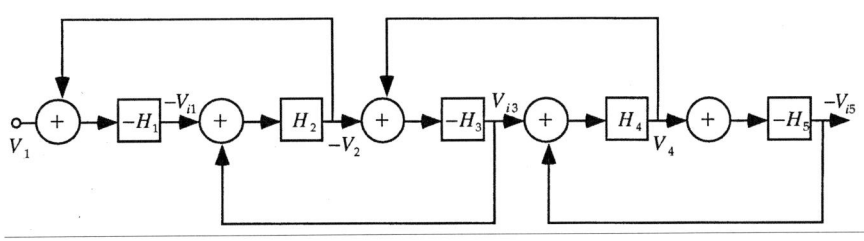

(b) $n=5$ (홀수)일 때

그림 8.20 그림 8.19의 저역통과 필터 블록 선도

그림 8.20의 블록 선도내의 전압 전달함수는 다음과 같이 무손실 적분기 또는 유손실 적분기의 전달함수와 같은 형태를 갖는다.

A. $n=4$ (짝수)일 때   B. $n=5$ (홀수)일 때

$$-H_1 = -Y_1 = \frac{-1/L_1}{s + R_1/L_1} \qquad -H_1 = -Y_1 = \frac{-1/L_1}{s + R_1/L_1}$$

$$H_2 = Z_2 = \frac{1}{C_2 s} \qquad H_2 = Z_2 = \frac{1}{C_2 s}$$

$$-H_3 = -Y_3 = \frac{-1}{L_3 s} \qquad -H_3 = -Y_3 = \frac{-1}{L_3 s} \qquad (8.52)$$

$$H_4 = Z_4 = \frac{1/C_4}{s + 1/R_4 C_4} \qquad H_4 = Z_4 = \frac{1}{C_4 s}$$

$$-H_5 = -Y_5 = \frac{-1/L_5}{s + R_5/L_5}$$

위 함수 중에는 형태상으로 보아서 4가지 종류가 있는데 그들에 해당하는 회로가 그림 8.21에 각각 그려져 있다. 이 4가지의 회로는 저역통과 개구리 도약형 필터의 구성 요소가 된다. 필터의 차수가 높아지면 (b)와 (c)에 해당하는 적분기가 더 들어가게 된다.

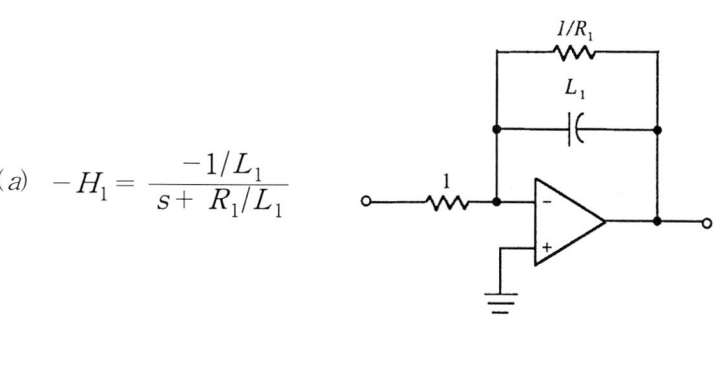

(a) $-H_1 = \dfrac{-1/L_1}{s + R_1/L_1}$

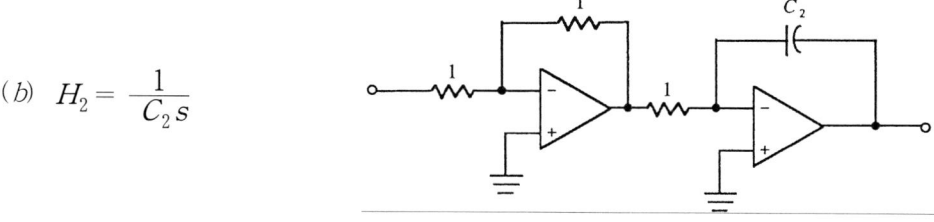

(b) $H_2 = \dfrac{1}{C_2 s}$

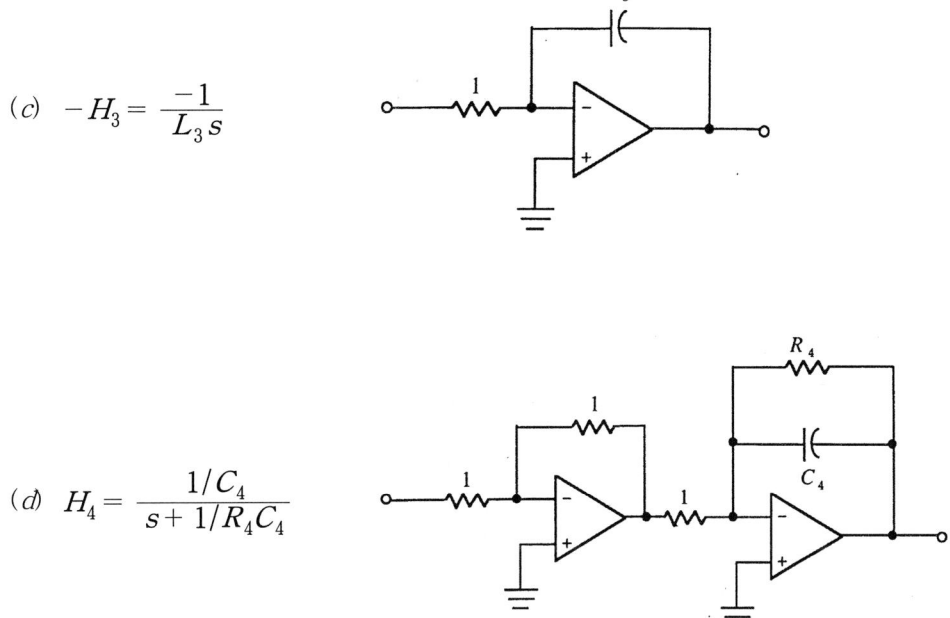

그림 8.21 개구리 도약형 저역통과 필터의 4가지 구성 요소 [단위 : Ω, F]

그림 8.21의 구성 요소를 그림 8.20의 선도에 맞추어 넣으면 그림 8.22를 얻는다. 여기서 $n=4$와 $n=5$를 다루었는데 전자는 차수가 짝수일 때, 그리고 후자는 차수가 홀수일 때를 각각 대표할 수 있다. 차수가 높아지면 중간에 있는 적분기, 즉 그림 8.21의 (b)나 (c)의 수가 늘어난다.

그림 8.22와 같이 차수가 짝수일 때는 $(3n)/2$ 개의 연산 증폭기를, 그리고 홀수일 때는 $(3n-1)/2$ 개의 연산 증폭기를 필요로 한다. 특이한 점은 다른 능동필터에 비하여 더 많은 귀환로(Feedback path)가 구성되어 있다는 것이다.

개구리 도약형 실현법에서 편리한 것은 수동 제자형 회로망의 소자값을 그대로 사용할 수 있다는 점이다. 차수가 홀수일 때는 출력단에 나타나는 것이 전류인데 저항 소자를 통하는 것이므로 그의 파형이 전압 파형과 동일하다.

개구리 도약형 필터는 그림 8.22에서와 같이 다수의 귀환로를 갖는 구조이기 때문에 수동 제자형 회로망의 특징인 낮은 감도 특성을 유지한다. 개구리 도약형 필터의 설계 과정을 기술해 보면 다음과 같다.

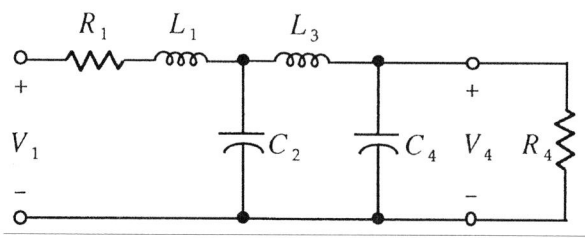

(a) $n=4$ (짝수)일 때의 제자형 필터

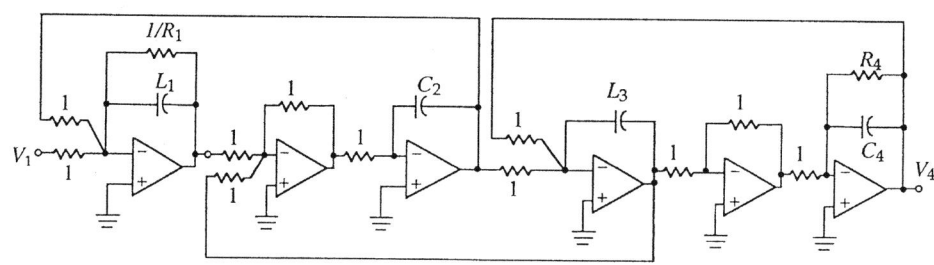

(b) $n=4$ (짝수)일 때의 개구리 도약형 필터

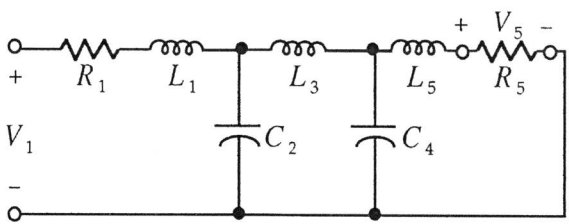

(c) $n=5$ (홀수)일 때의 제자형 필터

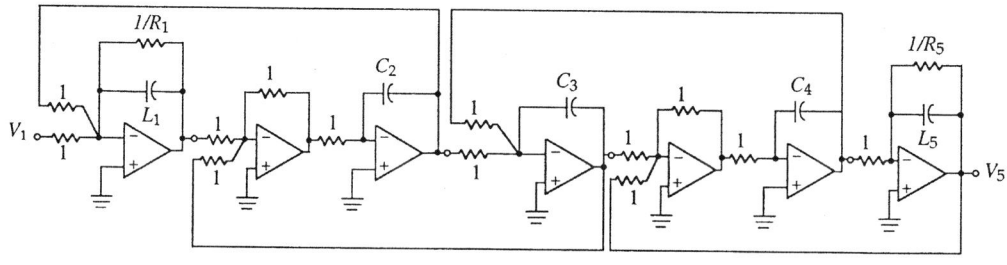

(d) $n=5$ (홀수)일 때의 개구리 도약형 필터

그림 8.22 수동 저역통과 필터와 개구리 도약형 필터 [단위 : Ω, H, F]

⟨ 설계 과정 : 저역통과 필터 ⟩

1) 우선 수동 저역통과 제자형 필터와 소자값을 구한다.
2) 수동 제자형 필터에 대응하는 개구리 도약형 저역통과 필터를 그림 8.22에 의하여 그린다. n이 짝수일 때는 $(3n)/2$개, 그리고 n이 홀수일 때는 $(3n-1)/2$개의 연산 증폭기가 필요하다. 수동 제자형 필터로 부터 소자값을 구한다.
3) 해 정규화하여 실제적인 소자값을 계산한다.

<예제 8.8> 리플이 0.5 dB인 3차의 체비셰프 저역통과 필터를 개구리 도약형 회로망으로 실현하라. 차단 주파수는 8 kHz이다.

풀이 : 설계 과정에 의하여

1) 우선 표 6.2에서 수동 제자형 필터를 얻고
2) 거기에 대응하는 개구리 도약형 필터를 그림 8.22(d)에서 구한다.
3) 주파수 해정규화하여 모든 커패시터의 값을 $2\pi \times 8{,}000$으로 나누어 준다.
4) 필요시 임피던스 스케일링을 실시한다. 만일 모든 저항값을 1,000 Ω으로 변환하고 싶을 때는 모든 커패시터의 값은 1,000으로 나누어 준다.

8.10 PSpice를 이용한 능동 *RC* 필터 시뮬레이션

7 장에서는 유한 이득 증폭기를 이용한 능동 *RC* 필터 회로의 PSpice 시뮬레이션 방법을 설명하였다. 이절에서는 8 장에서 설계한 무한이득 증폭기를 이용한 능동 *RC* 필터, 직접 모의법과 간접모의법으로 구현한 능동 *RC* 필터 회로의 PSpice 시뮬레이션 방법을 예제로 설명한다.

<예제 8.9> 예제 8.6의 3차 바터워스 저역통과 필터의 능동 RC 회로를 시뮬레이션하라.

풀이 : 그림 8.11의 회로와 소자값을 이용한 PSpice 회로도, 크기 및 위상 특성은 다음과 같다.

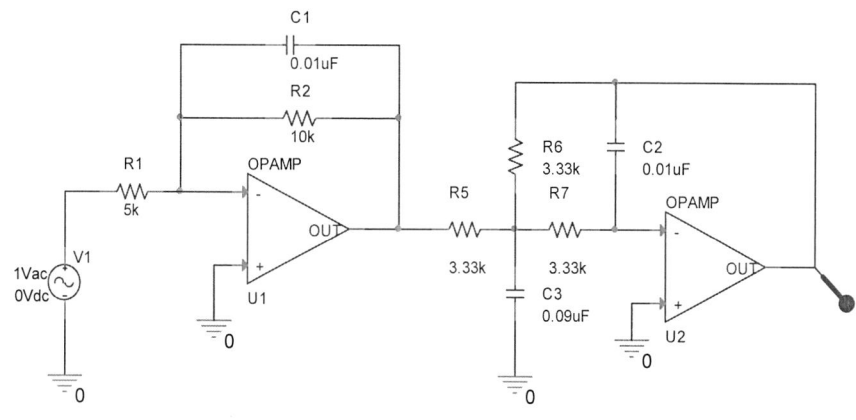

(a) PSpice 회로도

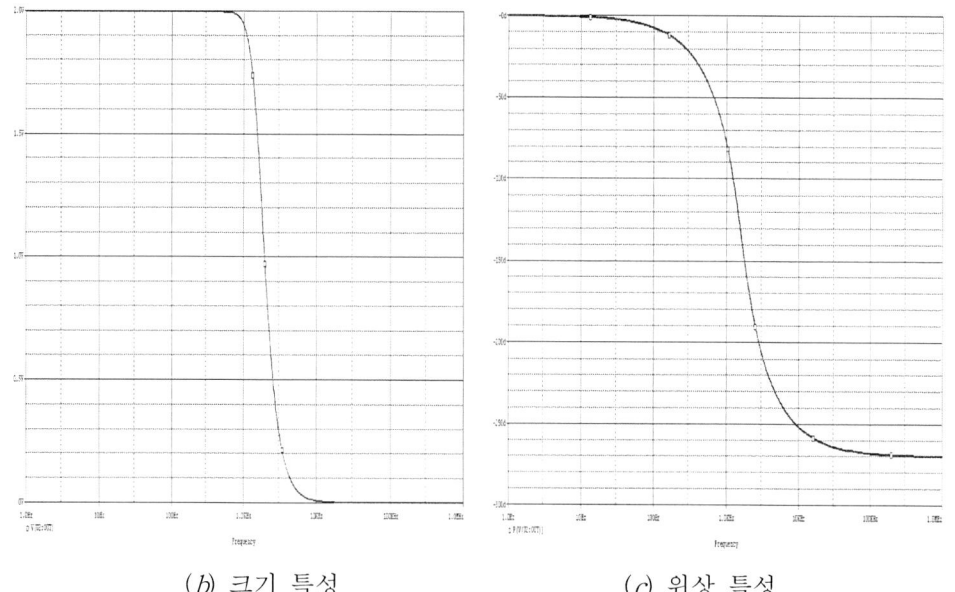

(b) 크기 특성 (c) 위상 특성

그림 8.23 3차 바터워스 능동 RC 저역통과 필터 특성

8.10 PSpice를 이용한 능동 RC 필터 시뮬레이션

<예제 8.10> 예제 8.7의 5차 바터워스 저역통과 필터의 능동 RC 회로를 시뮬레이션하라.

풀이 : 그림 8.14의 회로와 소자값을 이용한 PSpice 회로도, 크기 및 위상 특성은 다음과 같다.

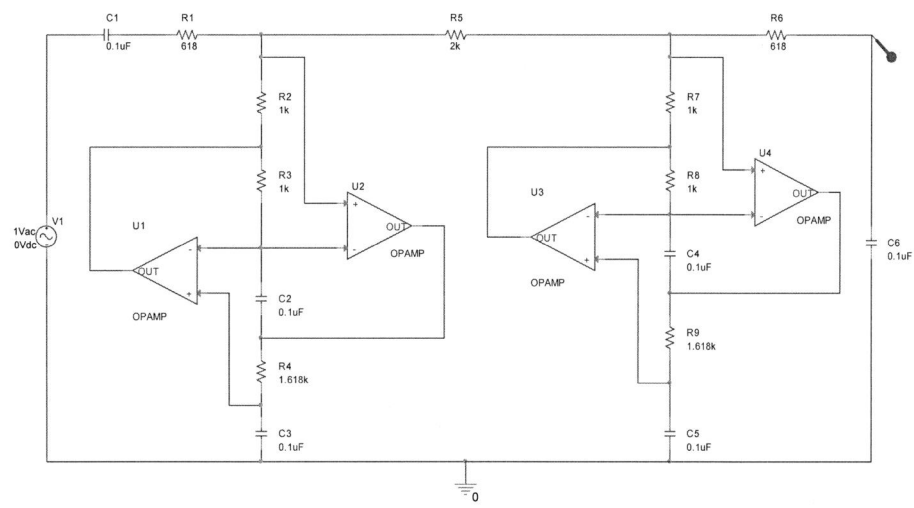

(a) PSpice 회로도

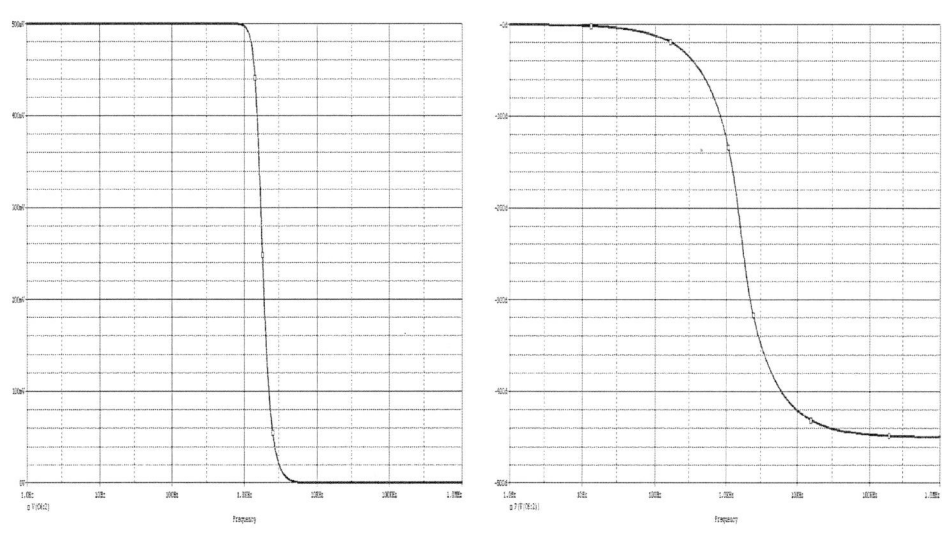

(b) 크기 특성   (c) 위상 특성

그림 8.24   5차 바터워스 능동 RC 저역통과 필터 특성

<예제 8.11> 그림 8.22(d)의 개구리 도약형 능동 RC 저역통과 필터 회로를 아래 설계 명세조건에 따라 체비셰프 함수로 설계하고, 시뮬레이션하라.

수동 필터 : 복종단(R_1, $R_L = 1\ \Omega$)

통과역 감쇠 : $\alpha_p = 0.5$ dB,   저지역 감쇠 : $\alpha_s = 26$ dB

차단 주파수 : $f_c = 2$ kHz,   저지 주파수 : $\omega_s = 1.5$ rad/sec

풀이 :

(1) 설계 명세조건 ω_s와 α_p, α_s로 체비셰프 함수의 차수 $n = 5$를 구하고, 체비셰프 저역통과 원필터를 구한다. 수동 복종단 5차 저역통과 필터로부터 정규화된 소자값을 얻고 주어진 설계 명세조건에 따라 주파수, 임피던스 스케일(R_1, $R_L =$ 1 MΩ)된 소자값은 아래표와 같다.

소자	정규화된 소자값	스케일된 소자값
R_1, R_L	1 Ω	1 MΩ
L_1	1.7058 H	135.7 H
C_2	1.2296 F	97.9 pF
L_3	2.5408 H	202.2 H
C_4	1.2296 F	97.9 pF
L_5	1.7058 H	135.7 H

(2) 수동 복종단 회로로부터 그림 8.22(d)와 같은 개구리 도약형 5차 능동 RC 저역통과 회로로 변환하고, 소자값을 대입하여 아래의 PSpice 회로도를 구한다.

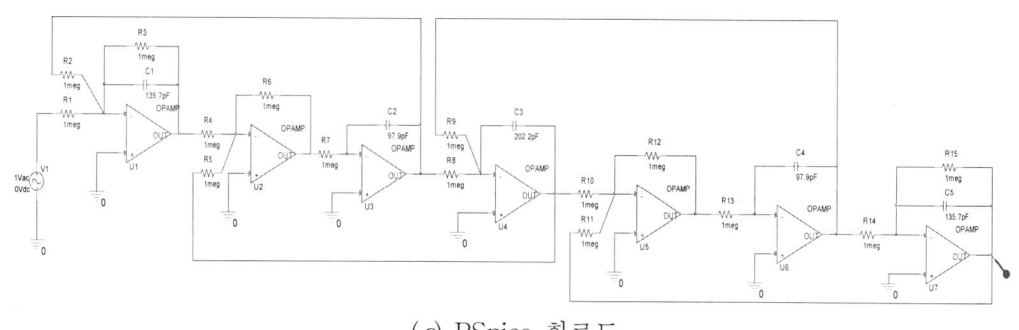

(a) PSpice 회로도

(3) 회로와 소자값을 이용하여 PSpice 시뮬레이션한 크기 및 위상 특성은 다음과 같다.

5차 체비셰프 필터의 리플 특성이 통과역에 나타남을 확인할 수 있다. 또한 복종단 회로의 특성상 전압 이득은 0.5이다.

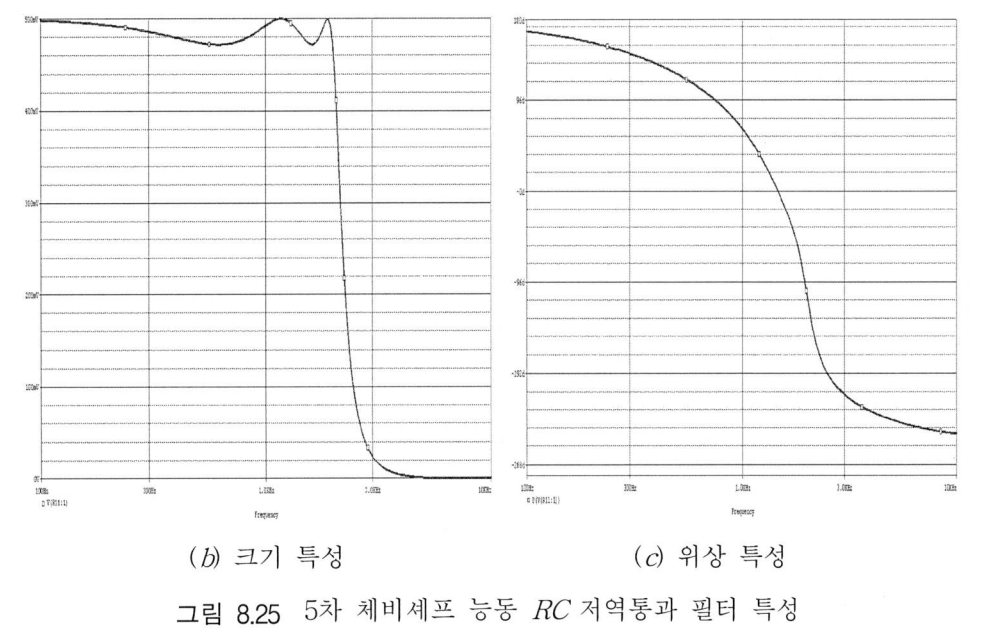

(b) 크기 특성   (c) 위상 특성

그림 8.25   5차 체비셰프 능동 RC 저역통과 필터 특성

이 장에서는 무한이득 증폭기를 이용한 능동 RC 필터 설계법을 소개하였다. 귀환로가 2개 있고, 능동 소자의 이득이 무한이라는 점이 7 장에서 다룬 필터와 다르다. 감도 특성이 우수하다는 장점이 있으나 Q값이 높아짐에 따라 회로의 이득이 너무 커지고, 소자값의 차이도 커진다.

또한 지금까지 설계했던 능동 RC 필터와는 전혀 다른 방법으로 수동 제자형 필터의 장점을 그대로 유지하면서 능동 필터로 변환시키는 방법을 알아보았다. 여기에는 FDNR과 합성 인덕터를 사용하는 직접모의법, 개구리 도약형의 블록 선도로 부터 모의하는 간접모의법이 있다. 이들 모의법은 9 장에서 소개될 스위치드 커패시터 필터 등을 설계할 때에도 유용하게 활용된다.

연 습 문 제

8.1 그림 8.23에서 전달함수 V_2/V_1를 구하고 이 회로의 설계 과정을 구하라. 이 회로는 그림 8.6의 대역통과 회로에 저항 R_5를 추가한 것이다. 이 추가 소자가 어떠한 역할을 할 수 있는가를 알아보아라.

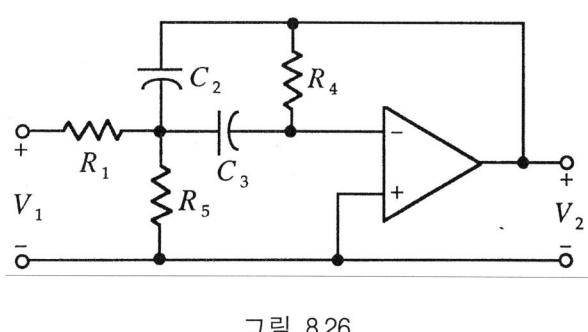

그림 8.26

풀이 :

$$\frac{V_2}{V_1} = \frac{-\dfrac{s}{R_1 C_2}}{s^2 + \left(\dfrac{1}{R_4 C_3} + \dfrac{1}{R_4 C_2}\right)s + \dfrac{1}{R_4 C_2 C_3}\left(\dfrac{1}{R_1} + \dfrac{1}{R_3}\right)}$$

$$= \frac{-G\dfrac{\omega_0}{Q}s}{s^2 + \dfrac{\omega_0}{Q}s + \omega_0^2}$$

$C_2 = C_3 = C$ 로 할 때

$$\omega_0 = \frac{\sqrt{1+\dfrac{R_5}{R_1}}}{C\sqrt{R_4 R_5}},\ Q = \frac{\sqrt{1+\dfrac{R_5}{R_1}}}{2\sqrt{\dfrac{R_5}{R_4}}},\ G = \frac{R_4}{2R_1}$$

실현절차 : 우선 C의 값을 적절히 정해 준다. 그때의 각각의 소자는

$$R_1 = \frac{Q}{C\omega_0 G},\ R_5 = \frac{Q}{(2Q^2 - G)\omega_0 C},\ R_4 = \frac{2Q}{\omega_0 C}$$

$G < 2Q^2$ 범위 내에서 너무 높지 않은 G를 임의로 얻을 수 있다.

제 8 장 능동 RC 필터 회로 II

8.2 2차 전달함수를 실현한 수동 RC 회로가 있다 하자. 이 회로의 극점 Q값이 0.5보다 클 수 없다는 것을 증명하라.

풀이 : RC 회로망 함수의 극점은 항상 부 실축상에 위치한다. 그들을 $-\sigma_1$과 $-\sigma_2$로 표시하고 분모다항식 $D(s)$를 써보면

$$D(s) = (s+\sigma_1)(s+\sigma_2) = s^2 + (\sigma_1+\sigma_2)s + \sigma_1\sigma_2$$

$$D(s) = s^2 + \frac{\omega_0}{Q}s + \omega_0^2$$

위의 두 식을 비교하면

$$\omega_0 = \sqrt{\sigma_1\sigma_2} \ , \ \frac{\omega_0}{Q} = \sigma_1+\sigma_2$$

따라서 $Q = \dfrac{\omega_0}{\sigma_1+\sigma_2} = \dfrac{\sqrt{\sigma_1\sigma_2}}{\sigma_1+\sigma_2} = \dfrac{1}{\sqrt{\dfrac{\sigma_1}{\sigma_2}}+\sqrt{\dfrac{\sigma_2}{\sigma_1}}}$

그런데 어떤 x에서나 $x + \dfrac{1}{x} \geq 2$

$\therefore \ Q \leq \dfrac{1}{2}$

8.3 다음 설계 명세조건을 만족시키는 2차의 체비셰프 필터를 구하라. 모든 저항 소자를 10 kΩ으로 하라.

  통과역 리플 : 1 dB   차단주파수 : 1 kHz

풀이 :

$$\frac{V_2}{V_1} = \frac{1}{s^2 + 1.09773433s + 1.10251033}$$

$\omega_0 = \sqrt{1.10251033} \times 2\pi \times 1{,}000$

$Q = \dfrac{\sqrt{1.10251033}}{1.09773433} = 0.9565$

$R = \dfrac{1}{\omega_0\sqrt{C_1 C_2}} \ \rightarrow \ C_1 C_2 = \dfrac{1}{(\omega_0 R)^2} = 2.3 \times 10^{-16}$

C_1을 10^{-8} F으로 하면 $C_2 = 2.3 \times 10^{-8}$ F이다.

8.4 그림 8.24는 그림 8.6의 대역통과 필터에서 저항을 커패시터로, 그리고 커패시터를 저항으로 각각 $RC:CR$ 변환시킨 것이다. 이 회로도 역시 대역통과 필터임을 증명하라.

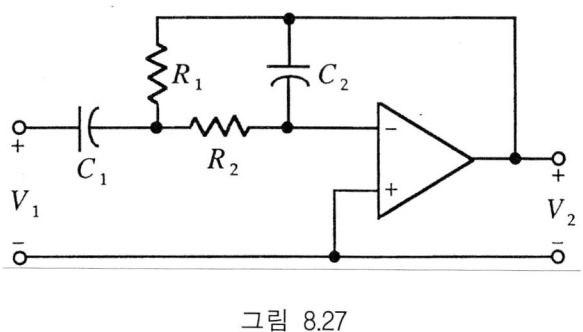

그림 8.27

8.5 그림 8.7의 대역저지 필터를 이용하여 다음 조건을 만족시키는 필터를 구하라. 필터의 이득은 10이다.

$$f_0 = 60 \text{ Hz} \qquad Q = 10$$

풀이 :

$\omega_0 = 2\pi \times 60, \ Q = 10$

① $C = 0.1 \mu\text{F}$ 로 할때

$$R_1 = \frac{1}{2C\omega_0 Q} = 1.326 \text{ k}\Omega \ , \ R_4 = 4Q^2 R_1 = 530.5 \text{ k}\Omega$$

② 회로의 이득은 $G = \alpha = \dfrac{2Q^2}{2Q^2+1} = \dfrac{200}{201} \fallingdotseq 1$

③ R_a를 $1\text{k}\Omega$ 으로 택하면, $R_b = \dfrac{\alpha}{1-\alpha} R_a = 2Q^2 R_a = 200 \text{ k}\Omega$

전체적으로 저항값들의 차이가 크다.

8.6 (a) 그림 8.25의 회로는 1개의 연산 증폭기와 6개의 구동점 어드미턴스로 만들어졌다. 이 회로를 분석하여 전달함수가 다음과 같다는 것을 확인하라.

$$\frac{V_2}{V_1} = \frac{Y_1(Y_4 + Y_5 + Y_6) - Y_4(Y_1 + Y_2 + Y_3)}{Y_6(Y_1 + Y_2 + Y_3) - Y_3(Y_4 + Y_5 + Y_6)}$$

(b) 위 식에서 $Y_1 + Y_2 + Y_3 = Y_4 + Y_5 + Y_6$ 로 정하면 $\dfrac{V_2}{V_1} = \dfrac{Y_1 - Y_4}{Y_6 - Y_3}$ 로 간단하게 된다. 이 회로를 이용하여 $\omega_0 = 10^4$ rad/sec인 3차의 바터워스 필터를 구하라. 모든 어드미턴스는 각각 RC 회로를 대표한다.

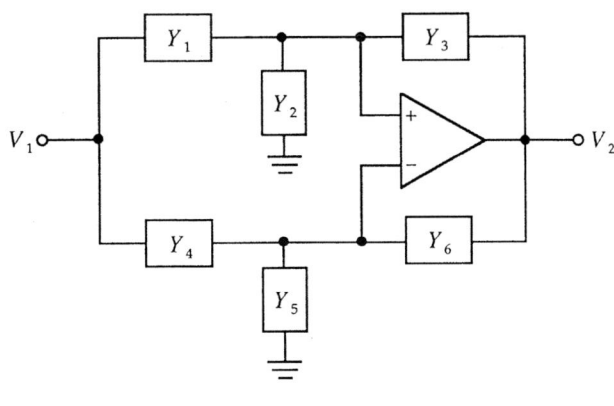

그림 8.28

8.7 다음 조건을 만족시키는 5차의 체비셰프 필터를 구하라.

통과역 리플 : 1 dB $\omega_0 = 10{,}000$ rad/sec $G = 2$

풀이 : 표로부터 함수를 구하면

$$H(s) = H_1(s)H_2(s)H_3(s)$$

$$= \frac{-G_0(0.28949)}{s + 0.28949} \frac{-G_1(0.98831)}{s^2 + 0.17892s + 0.98831} \frac{-G_2(0.42930)}{s^2 + 0.46841s + 0.42930}$$

$H_1(s)$에서 $a = 0.28949 \times 10000$ 이고, $C_2 = 10^{-8}$ F 라 하면

$$R_2 = \frac{1}{aC_2} = 34.54 \,\text{k}\Omega, \quad R_1 = \frac{R_2}{G_0} = 17.27 \,\text{k}\Omega, \quad G_0 = 2$$

$H_2(s)$에서 $\omega_0 = 0.99414 \times 10000$, $Q = 5.55633$ 이고, $C_5 = 10^{-8}$ F 라 하면

$$C_4 = 9Q^2 C_5 = 277.9 \times 10^{-8} \,\text{F}, \quad R = \frac{1}{\omega_0 \sqrt{C_4 C_5}} = 0.603 \,\text{k}\Omega, \quad G_1 = 1$$

$H_3(s)$에서 $\omega_0 = 0.65521 \times 10000$, $Q = 1.39880$ 이고, $C_5 = 10^{-8}$ F 라 하면

$$C_4 = 9Q^2 C_5 = 17.61 \times 10^{-8} \,\text{F}, \quad R = \frac{1}{\omega_0 \sqrt{C_4 C_5}} = 3.637 \,\text{k}\Omega, \quad G_2 = 1$$

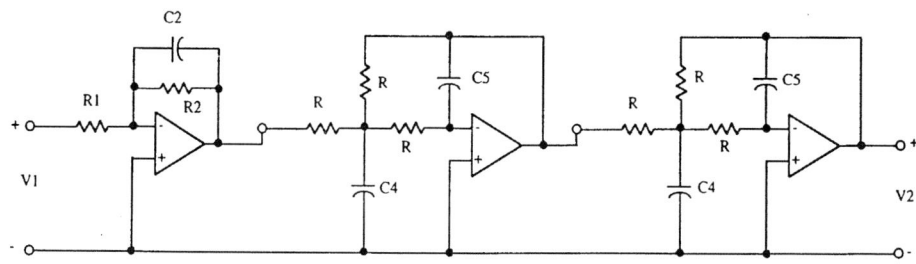

8.8 그림 8.26은 R_1과 R_2로 복종단된 2단자쌍 회로망이다. 이 회로망의 각 소자의 임피던스를 $f(s)$배 해주어 새로운 회로망을 만들었다. 이 때 원 회로망과 새 회로망을 비교해 볼 때 :

(a) 전압 전달함수 V_2/V_1이 동일하다는 것을 증명하라.

(b) 전류 전달함수 I_2/I_1도 동일하다는 것을 증명하라.

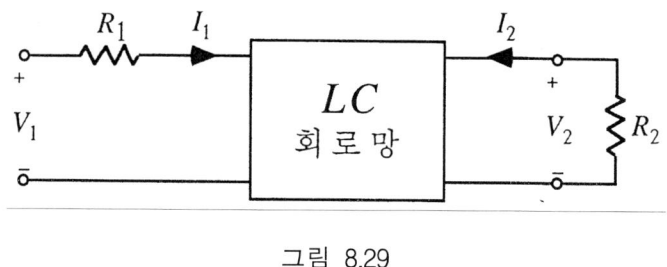

그림 8.29

8.9 4차의 바터워스 고역통과 필터를 합성 인덕터를 이용하여 실현하라.

부하 저항 : 1 kΩ   차단주파수 : 500 Hz

풀이 : 먼저 규준화된 수동 복종단 저역통과 필터를 구한 후

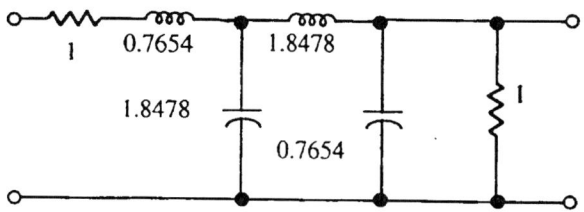

제 8 장 능동 RC 필터 회로 II

주파수 변환으로 규준화된 고역통과 필터로 변환한다.

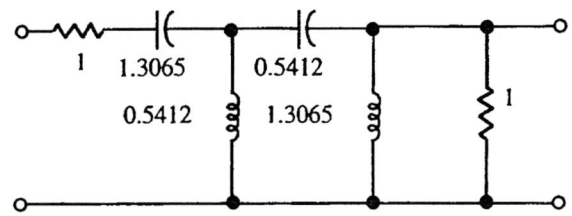

수동 복종단 회로의 인덕터를 합성 인덕터로 모의하면

$$L_{eq} = \frac{R_1 C_2 R_3 R_5}{R_4} \text{ 이고,}$$

여기에서 $R_1 = R_3 = R_4 = R = 1$, $C_2 = 1$, $R_5 = L$ 이다.

마지막 단계로 임피던스 및 주파수 해정규화를 위해 부하 저항은 1 kΩ, 차단주파수는 500 Hz로 해정규화 한다.

$$R' = R \times 10^3$$

$$C' = \frac{C}{2\pi \times 500 \times 10^3}$$

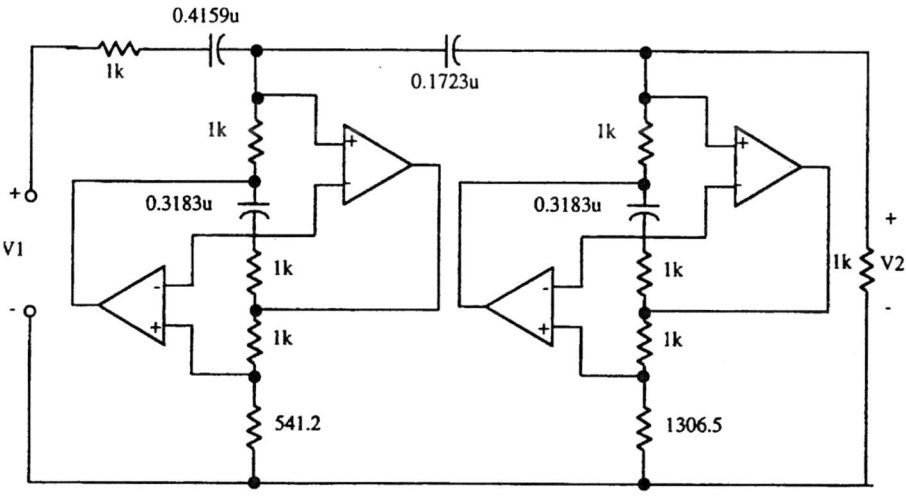

8.10 GIC를 이용하여 다음과 같은 임피던스를 합성하라.

(a) $Z(s) = Ks^2$ (b) $Z(s) = \dfrac{K}{s^3}$

8.11 6차의 체비셰프 저역통과 필터를 FDNR을 이용하여 실현하라.

   통과역 리플 : 0.5 dB   차단주파수 : 10 kHz

8.12 개구리 도약형 회로망을 이용하여 4차의 바터워스 필터를 실현하라.

8.13 6차의 체비셰프(1 dB) 대역통과 필터를 개구리 도약형으로 실현하라.

   $B = 500$ rad/sec $\omega_0 = 1,000$ rad/sec

풀이 : 먼저 규준화된 3차 저역통과 회로망을 구한 후 주파수 변환으로 대역통과 필터로 변환한다.

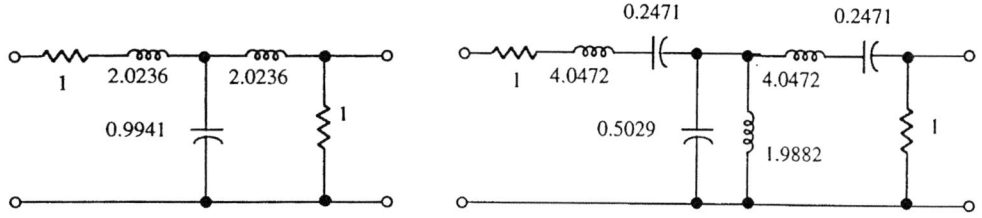

마지막으로 개구리 도약형 능동 회로망으로 변환한다.

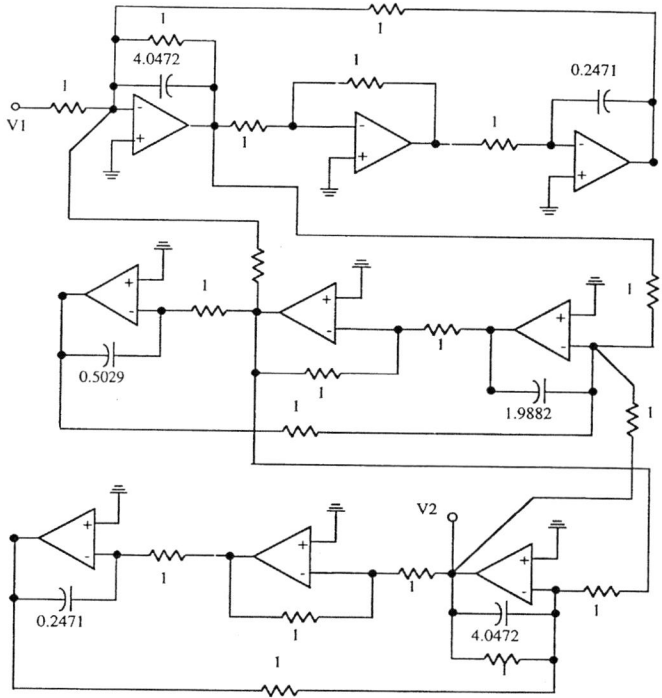

제 9 장 기타 능동 필터와 스위치드 커패시터 필터

9.1 OTA(Operational Transconductance Amplifier) 필터

대부분의 능동 필터는 연산 증폭기를 이용하여 만들어지고 있으나 연산 증폭기는 여러 가지 비이상성을 지니고 있다. 7 장에서 이미 분석한바와 같이 연산 증폭기는 이득이 유한이고, 주파수 함수이기 때문에 가청 주파수보다 훨씬 높은 주파수 대역에서는 연산 증폭기를 사용하는 필터는 그 기능이 저하된다. 한편 집적화에 있어서도 설계조건이 엄격하지 않은 몇몇 경우를 제외하고서는 다른 회로와 함께 한개의 실리콘 칩(Si chip)으로 집적화 하기 위해서는 설계에 어려움이 있다. 이와 같은 연산 증폭기의 문제점들을 해결하기 위하여 전압제어 전압원(Voltage-controlled voltage source) 방식의 증폭기가 아닌 전압제어 전류원(Voltage-controlled current source)의 연산 트랜스콘덕턴스 증폭기(Operational transconductance amplifier : OTA)가 개발되었다. 연산 트랜스콘덕턴스 증폭기의 출력 전류는 입력 전압에 의해 결정된다.

9.1.1 OTA의 성질

연산 증폭기와 비교할 때 연산 트랜스콘덕턴스 증폭기는 다음과 같은 특징을 갖는다.

1. 넓은 주파수 대역폭

    상용 OTA의 대역폭은 수 MHz이다. 능동 필터 집적화에 사용되는 단석(Monolithic) 트랜스콘덕턴스는 수 10 MHz로부터 100 MHz 이상의 대역폭을 갖는다.

2. 용이한 집적화

    바이어스 전류(Bias current)로 트랜스콘덕턴스를 조절할 수 있으며 일반적으로 회로가 간략하여 집적화가 용이하다.

3. OTA를 이용한 응용 회로는 연산 증폭기 응용 회로보다 수동 소자의 수가 적다.

그림 9.1은 이상적인 OTA를 나타낸 것으로서 일종의 전압제어 전류원이다. 출력 전류 I_2는 식(9.1)과 같다.

$$I_2 = g_m (V^+ - V^-) \tag{9.1}$$

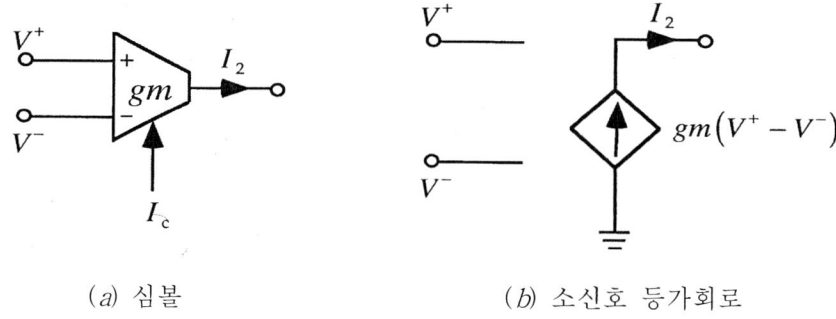

(a) 심볼　　　　　　　　　(b) 소신호 등가회로

그림 9.1　OTA

트랜스콘덕턴스 g_m은 직류 바이어스 전류 I_c로 광범위하게 변화시킬 수 있다.

$$g_m = kI_c \tag{9.2}$$

그러나 실제적인 OTA는 그림 9.2와 같이 입력 임피던스나 출력 임피던스가 무한대가 아니다. 그외에도 여러가지 제한 조건이 있는데 그 중에서도 가장 중요한 것은 선형 동작을 위하여 입력 신호(≤ 20 mV)의 크기가 아주 낮아야 한다는 것이다.

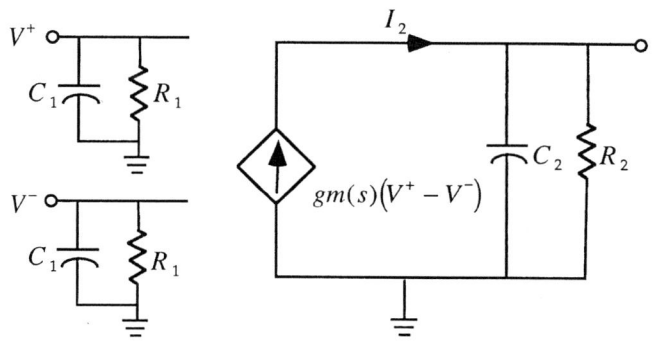

그림 9.2　실제적 OTA의 모델

9.1.2　필터 구성 요소

능동 RC 필터의 경우와 같이 여기서도 몇가지의 회로 구성 요소를 분석한 후 필터 회로를 설계해 보기로 하자.

[A] 접지된 저항 소자(Grounded resistors)

그림 9.3(a)의 회로를 분석해 보자. 그림 9.2에서 $V^+ = 0$인 경우이므로

9.1 OTA 필터

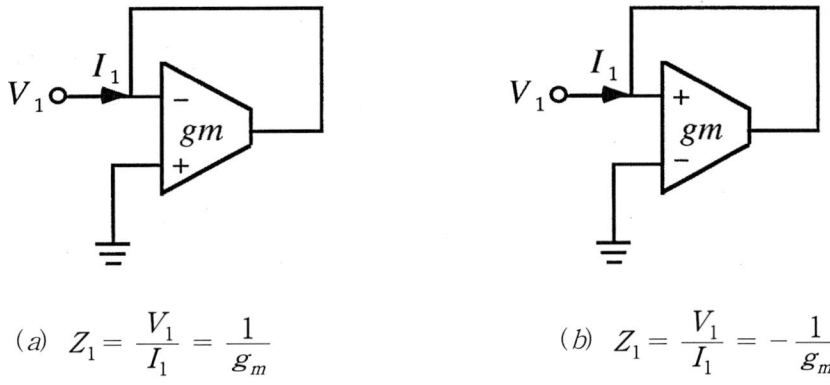

(a) $Z_1 = \dfrac{V_1}{I_1} = \dfrac{1}{g_m}$ \qquad (b) $Z_1 = \dfrac{V_1}{I_1} = -\dfrac{1}{g_m}$

그림 9.3 접지된 저항 소자의 모의

$$I_1 = [\,g_m + Y_1 + Y_2\,](V_1 - 0) \tag{9.3a}$$

$$Z_1 = \frac{V_1}{I_1} = \frac{1}{g_m + Y_1 + Y_2} \tag{9.3b}$$

여기서 그림 9.2와 비교하여 Y_1과 Y_2를 구한다.

$$Y_1 = C_1 s + G_1 \tag{9.4a}$$

$$Y_2 = C_2 s + G_2 \tag{9.4b}$$

식(9.4)를 식(9.3b)에 대입하면 다음과 같다.

$$Z_1 = \frac{1}{g_m + G_1 + G_2 + (C_1 + C_2)s} \tag{9.5}$$

위 식의 3 dB 주파수는 식(9.6)과 같다. 실제적으로는 $(G_1 + G_2) \ll g_m$이 성립된다.

$$\omega_a = \frac{g_m + G_1 + G_2}{C_1 + C_2} = \frac{g_m}{C_1 + C_2} \tag{9.6}$$

OTA가 이상적일 때는 $Y_1 = Y_2 = 0$이므로 그림 9.3(a)는 접지된 저항 소자처럼 동작한다.

$$Z_1 = R = \frac{1}{g_m} \tag{9.7}$$

그림 9.3(b)와 같이 OTA의 입력 단자를 바꾸어주면 $R = -1/g_m$인 음저항을 얻을 수 있다. 그림 9.3의 회로는 외부 소자의 도움없이 접지된 저항 소자 역할을 하기 때문에 편리하다. g_m은 직류바이어스 전류로 조절할 수 있다. 따라서 어떠한 저항값도 쉽게 모의할 수 있다는 장점을 갖는다.

[B] 적분기(Integrators)

그림 9.4(a)를 분석해 보자.

$$V_2 = -g_m V_1 \frac{1}{Cs} \tag{9.8a}$$

$$\frac{V_2}{V_1} = -\frac{g_m}{Cs} \tag{9.8b}$$

식(9.8b)는 반전 적분기의 전달함수이다. OTA의 입력 단자를 교환해 주면 그림 9.4(b)와 같은 비반전 적분기가 만들어진다.

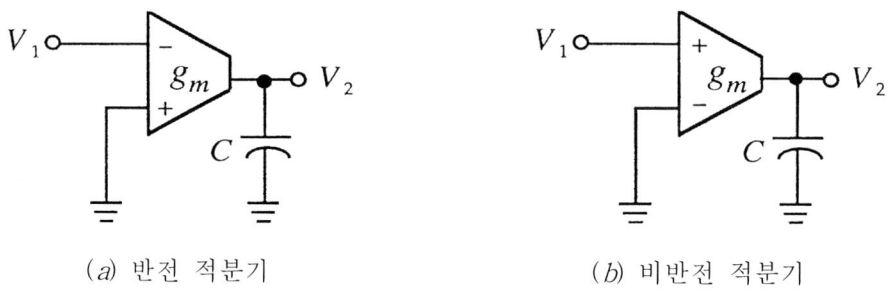

(a) 반전 적분기   (b) 비반전 적분기

그림 9.4 적분기

[C] 유손실 적분기(또는 1차 저역통과 필터)

그림 9.5(a)의 회로를 분석해 보면 다음과 같다.

$$-g_{m1} V_1 = Cs V_2 + g_{m2} V_2 \tag{9.9a}$$

$$\frac{V_2}{V_1} = -\frac{g_{m1}}{Cs + g_{m2}} \tag{9.9b}$$

식(9.9b)는 유손실 적분기(또는 1차 저역통과 필터)의 전달함수이다. OTA의 입력 단자를 서로 바꾸어주면 그림 9.5(b)가 되는데 이 회로의 전달함수는 식(9.9b)의 (−) 부호가 제거된 것이므로 그림 9.5(b)는 비반전 유손실 적분기이다.

9.1 OTA 필터

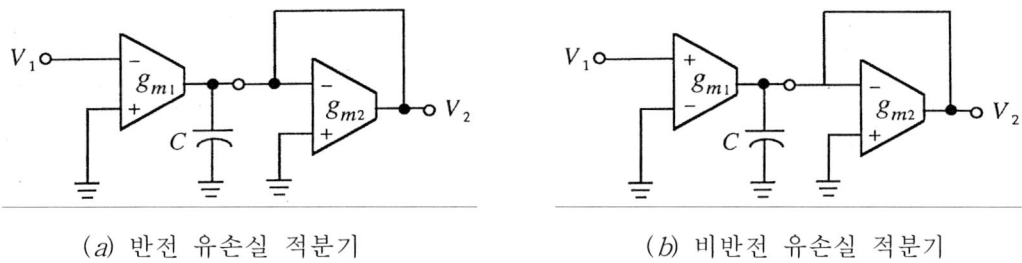

(a) 반전 유손실 적분기   (b) 비반전 유손실 적분기

그림 9.5 유손실 적분기(또는 1차 저역통과 필터)

[D] 1차 고역통과 필터

그림 9.6의 회로를 분석하면 다음과 같은 식을 얻는다.

$$V_1 = V_2 + g_m V_2 \frac{1}{Cs} \tag{9.10a}$$

$$\frac{V_2}{V_1} = \frac{Cs}{Cs + g_m} \tag{9.10b}$$

식(9.10b)는 1차 고역통과 필터 함수이다.

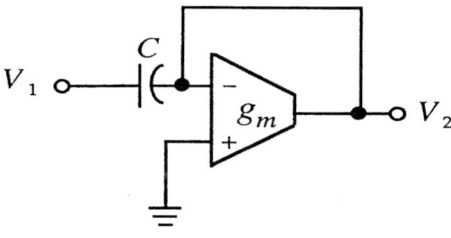

그림 9.6 1차 고역통과 필터

이상으로 4가지의 응용 회로는 모두 트랜스콘덕턴스 소자와 커패시터로 만들어졌다. 즉, 응용 회로에 저항 소자를 사용하지 않기 때문에 OTA를 이용한 필터는 연산 증폭기를 이용한 필터보다 집적화가 비교적 용이하다. 다음에는 2차 필터의 회로를 생각해 보자.

9.1.3 OTA 2차 필터

앞서 설면한 4가지의 응용 회로를 이용하여 2차 필터를 설계하는 방법은 여러가지가 있다. 예를 들어 반전 적분기와 비반전 적분기를 종속연결시켜 그림 9.7과 같이 연결하고, 첫번째 OTA의 비반전 입력 단자의 접지대신 입력 전압 V_1을 걸어주자. 이 회로를 분석하면 다음과 같다.

$$V_x = (V_1 - V_2) g_{m1} \frac{1}{C_1 s} \qquad (9.11a)$$

$$\frac{V_2}{V_x} = \frac{g_{m2}}{C_2 s + g_{m3}} \qquad (9.11b)$$

식(9.11b)에서 V_x를 구하여 식(9.11a)에 대입하여 전달함수를 얻는다.

$$\frac{V_2}{V_1} = \frac{\dfrac{g_{m1} g_{m2}}{C_1 C_2}}{s^2 + \dfrac{g_{m3}}{C_2} s + \dfrac{g_{m1} g_{m2}}{C_1 C_2}} \qquad (9.12)$$

식(9.12)는 2차 저역통과 함수이다.

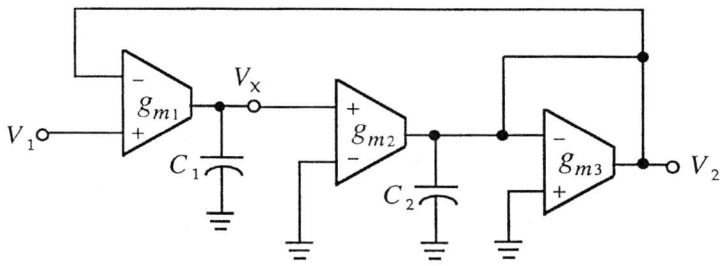

그림 9.7 OTA 저역통과 필터

다음에는 그림 9.7의 V_1 단자를 접지시키고 커패시터 C_1의 접지 대신에 입력 전압 V_1을 걸어주면 그림 9.8을 얻게 된다. 이 회로를 분석하면 다음과 같은 대역통과 함수를 얻을 수 있다.

$$\frac{V_2}{V_1} = \frac{\dfrac{g_{m2}}{C_2} s}{s^2 + \dfrac{g_{m3}}{C_2} s + \dfrac{g_{m1} g_{m2}}{C_1 C_2}} \qquad (9.13)$$

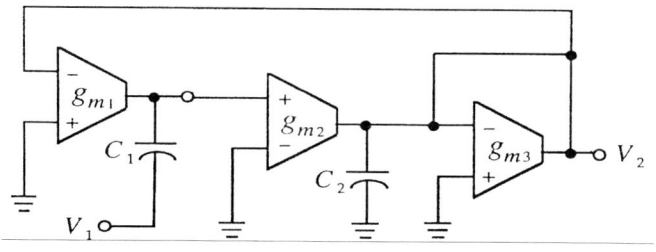

그림 9.8 OTA 대역통과 필터

이번에는 그림 9.8의 V_1 단자를 접지시키고, 커패시터 C_2의 접지 대신에 입력 전압 V_1을 걸어주자. 이때 그림 9.9를 얻게 되는데 이 회로를 분석하면 다음과 같은 고역통과 함수를 얻는다.

$$\frac{V_2}{V_1} = \frac{s^2}{s^2 + \dfrac{g_{m3}}{C_2}s + \dfrac{g_{m1}g_{m2}}{C_1C_2}} \quad (9.14)$$

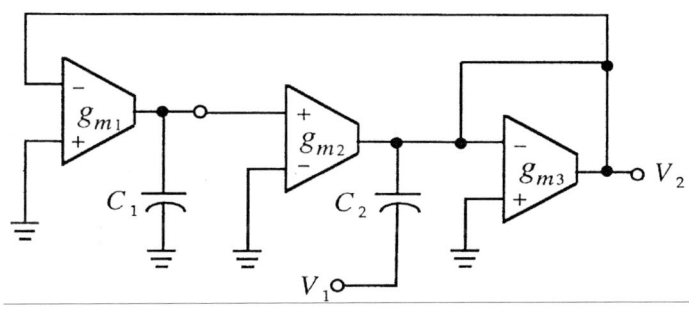

그림 9.9 OTA 고역통과 필터

이상 3개의 2차 필터의 ω_0, Q 및 G는 각각 다음과 같다.

$$\omega_0 = \sqrt{\frac{g_{m1}g_{m2}}{C_1C_2}} \quad (9.15a)$$

$$Q = \frac{\sqrt{g_{m1}g_{m2}}}{g_{m3}}\sqrt{\frac{C_2}{C_1}} \quad (9.15b)$$

$$G = 1 \qquad \text{저역통과} \quad (9.15c)$$

$$G = \frac{g_{m2}}{g_{m3}} \qquad \text{대역통과} \quad (9.15d)$$

$$G = 1 \qquad \text{고역통과} \quad (9.15e)$$

식의 간략화를 위하여 $g_{m1} = g_{m2} = g_{m3} = g_m$으로 하면 식(9.15)는 다음과 같다.

$$\omega_0 = \frac{g_m}{\sqrt{C_1C_2}} \quad (9.16a)$$

$$Q = \sqrt{\frac{C_2}{C_1}} \quad (9.16b)$$

$$G = 1 \qquad \text{저역통과, 대역통과, 고역통과 모두 공통} \quad (9.16c)$$

식(9.16)을 이용하여 다음과 같은 설계 과정을 얻을 수 있다.

⟨ 설계 과정 ⟩

1) 우선 C_1의 값을 낮은 값(pF 범위)으로 정해준다. 이때,

$$C_2 = C_1 Q^2$$

$$g_m = \omega_0 \sqrt{C_1 C_2} = \omega_0 C_1 Q$$

2) 이득은 $G = 1$이다.

이 절에서는 OTA를 이용한 1차 필터와 2차 필터를 구했다. 이 외에도 구성 요소를 다르게 결합하여 여러가지 필터 회로를 설계할 수 있다. 설계에 사용된 OTA는 이상적인 성질을 보유한다는 가정하에 분석했으나 실제로는 트랜스콘덕턴스 소자의 출력 어드미턴스가 0이 아니며 또한 OTA를 사용하여 만들어진 필터의 출력 임피던스도 0은 아니다.

따라서 OTA 회로의 출력 단자에는 임피던스가 높은 회로(예를 들어 다음 단의 OTA 회로) 또는 임피던스 값이 큰 부하를 걸어주어야 한다. 부하의 임피던스가 크지 않을 때는 연산 증폭기로 만들어진 단위이득 완충기(Unity gain buffer)를 이용하거나 연산 증폭기를 사용하지 않고 트랜스콘덕턴스 소자를 이용한 완충기를 이용하여 부하 효과(Loading effects)를 방지할 수도 있다. (그림 9.10)

집적화된 OTA 필터도 개선이 필요한 부분이 있다. 예를 들면 차동 입력 전압 스윙에 제한이 있어서 OTA의 입력 특성을 개선하기 위한 연구가 활발하게 진행되고 있다.

9.1.4 OTA 고차 필터

OTA를 이용한 고차 필터를 합성할 때 이론적으로는 필요한 갯수의 2차 필터를 종속연결하면 된다. 차수가 홀수일 때는 경우에 따라 **그림 9.5**나 **그림 9.6**의 1차 필터를 연결하면 된다. 그런데 실제로는 트랜스콘덕턴스는 소자들이 이상적인 전류원이 아니어서 출력 어드미턴스가 0이 아니다. 또한 OTA 구성 요소의 출력 임피던스도 0이 아니므로 일반적으로 부하의 영향을 받게 되어 필터 성능이 저하될 수 있다. 따라서 새로운 종류의 완충기가 필요하게 되는데 여기서는 연산 증폭기를 사용하지 않고, **그림 9.10**과 같이 OTA를 활용한 완충기를 생각해 보자.

9.1 OTA 필터

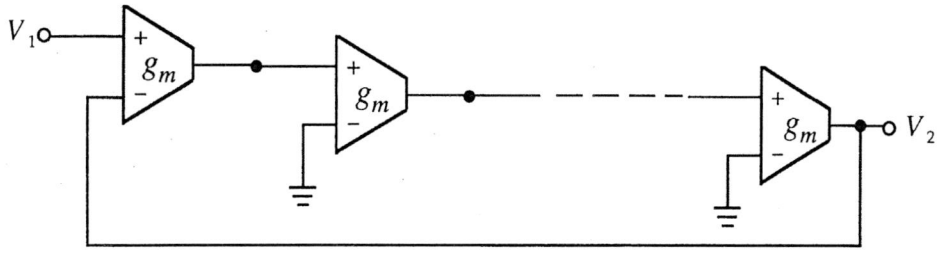

그림 9.10 OTA 완충기

그림과 같이 동일한 트랜스콘덕턴스 소자가 n개 연결되어 있고, 그 연결 절점에서의 미소한 기생 어드미턴스를 y로 표기하자. 이때 출력 단자에 어드미턴스가 Y_L인 부하를 걸어주면 출력 전압은

$$V_2 = \frac{g_m}{y} \frac{g_m}{y} \cdots \frac{g_m}{y+Y_L}(V_1 - V_2) \tag{9.17}$$

따라서

$$\frac{V_2}{V_1} = \frac{1}{1 + \left(\dfrac{y}{g_m}\right)^n \left(1 + \dfrac{Y_L}{y}\right)} \tag{9.18}$$

이때 출력 단자에서 좌측으로 볼 때의 임피던스, 즉 완충기의 출력 임피던스 Z_0를 측정하기 위하여 테브난 등가 회로를 그려보면 개방회로 전압 V_{oc}에 Z_0와 Z_L이 직렬로 들어가므로 $V_{oc} - Z_0 I = V_2$와 $I = Y_L V_2$가 성립된다. 그런데 V_{oc}는 $Y_L = 1/Z_L = 0$일 때의 V_2이므로 식(9.18)에서 V_1의 함수로 나타난다. 여기서 완충기의 출력 임피던스 Z_0를 구하면 식(9.19)와 같다.

$$Z_0 = \frac{\dfrac{1}{y}\left(\dfrac{y}{g_m}\right)^n}{1 + \left(\dfrac{y}{g_m}\right)^n} \tag{9.19}$$

실제로는 $y \ll g_m$이므로 식(9.18)과 식(9.19)는 각각 다음과 같다.

$$\frac{V_2}{V_1} \approx 1 \tag{9.20a}$$

$$Z_0 = \frac{1}{g_m}\left(\frac{y}{g_m}\right)^{n-1} \approx 0 \tag{9.20b}$$

식(9.20)은 그림 9.10이 단위이득 완충기에 적합하다는 것을 보여준다. Z_0는 트랜스콘덕턴스의 갯수 n이 증가함에 따라 급격히 0에 수렴한다는 것을 볼 수 있다.

9.2 DDA(Differential Difference Amplifier) 필터

본 절에서는 전압 제어 전압원 방식인 기존의 연산 증폭기 대신에 새로운 능동 소자인 DDA에 관해 설명한다. 기존의 연산 증폭기를 사용하는 능동 RC 필터를 집적화할 경우 저항이 차지하는 면적은 다른 소자가 차지하는 면적보다 현저히 크며, 응용회로의 구조를 볼 때 소자간에 정합(Matching)을 해야 한다. 다시 말해 연산 증폭기를 이용하여 필터 회로의 구성 요소인 전압 반전기, 차동 증폭기와 적분기 등을 설계하면 연산 증폭기의 외부에 저항과 커패시터가 필요하게 된다.

이때 각 응용 회로의 정확한 특성을 얻기 위해서는 외부 소자간에 정합의 필요성이 있으나 DDA를 이용한 응용 회로들은 외부 소자가 필요 없거나 또는 저항과 커패시터가 필요하다고 할지라도 소자간에 정합을 할 필요가 없다는 것이 큰 장점이다. 1980년대 후반에 등장한 새로운 증폭기인 DDA는 동작 특성 면에서 기존의 연산 증폭기에 미치지 못하지만 특성 향상을 위한 계속적인 연구가 진행되고 있다.

9.2.1 DDA

무한 이득을 갖는 이상적인 연산 증폭기는 차동 입력전압이 0이다. 만약 비반전 입력단의 전압을 V_P라 하고, 반전 입력단의 전압을 V_N이라 하면 이상적인 연산 증폭기의 입력 특성은 다음과 같다.

$$V_P = V_N \tag{9.21}$$

식(9.21)과 같이 2개 입력 전압만을 비교하는 연산 증폭기의 이론을 확장시킨 DDA는 4개의 입력 단자로 구성되어 두개의 차동 입력 전압을 비교한다는 것 외에는 연산 증폭기와 같은 전압 제어 전압원 방식의 능동 소자이다.

그림 9.11은 DDA의 심볼로서 비반전 단자에 V_{PP}, V_{PN}으로 표시된 입력단과 반전 단자에 V_{NP}, V_{NN}으로 표시된 입력단을 갖는다.

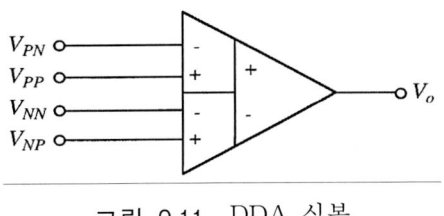

그림 9.11 DDA 심볼

그림 9.11에서 2개의 사다리꼴은 트랜스콘덕턴스 소자를 나타내고, 삼각형은 고 이득 출력단을 의미한다. 그래서 DDA는 3개의 연산 증폭기를 조합하여 실현할 수 있다고 생각할 수 있으나 다음과 같은 이유로 불가능하다.

① 연산 증폭기는 입력단에 큰 차동 전압을 갖도록 설계할 수 없다.
② 첫단에 있는 두개의 연산 증폭기의 개방 루프 이득(Open loop gain)을 정확하게 맞추는 것이 불가능하다.

또한 부귀환(Negative feedback)을 갖는 이상적인 연산 증폭기와 마찬가지로 이상적인 DDA도 부귀환을 갖는 다면 입력단의 특성은 식(9.22)와 같으며, 그의 출력 전압 V_0는 식(9.23)으로 나타낼 수 있다.

$$V_{PP} - V_{PN} = V_{NP} - V_{NN} \tag{9.22}$$

$$V_0 = A\,[\,f_P(\Delta V_P) - f_N(\Delta V_N)\,] \qquad A \to \infty \tag{9.23a}$$

$$\Delta V_P = V_{PP} - V_{PN} \qquad \Delta V_N = V_{NP} - V_{NN} \tag{9.23b}$$

식(9.23)의 함수 f_P와 f_N은 트랜스콘덕턴스 소자를 이용하여 그림 9.12의 블록 선도와 같이 실현할 수 있다. 이때 $I \to V$ 변환기는 전류차 Δi_D를 출력 전압으로 전환하며 A 부분은 고 이득단이다.

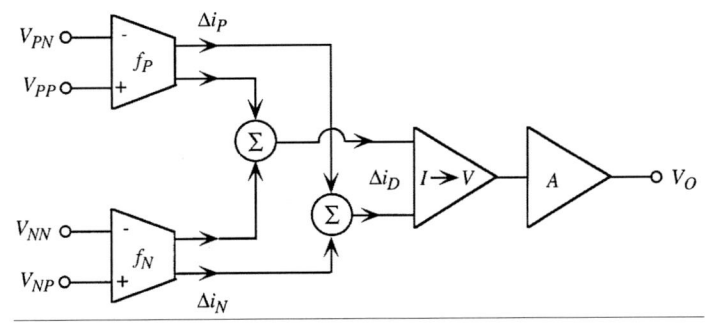

그림 9.12 DDA의 블록 선도

9.2.2 DDA를 이용한 응용 회로

DDA는 입력 조건에 따라 전압 반전기, 전압 가산기, 차동 증폭기(Difference amplifier) 등을 외부 소자없이 실현할 수 있다. 이때 다른 능동 소자로 실현하는것 보다 적은 수의 소자를 필요로 하여 경제적이고, 외부 소자의 정합이 필요 없다는 장점을 갖는다.

[A] DDA 전압 반전기

그림 9.13과 같이 DDA의 입력 V_{in}을 V_{PN}에 걸어주고, V_{NP}를 출력단에 연결한다. 그리고 나머지 2개의 단자 V_{PP}, V_{NN}을 접지시켜 주고 식(9.22)에 적용하면 식(9.24)와 같은 반전기로 작동한다. 연산 증폭기를 사용한 반전기는 2개의 외부 저항이 필요하며 높은 입력 임피던스를 얻기 위해서는 더 많은 수의 연산 증폭기가 필요하지만 DDA를 사용한 반전기는 외부 소자가 필요치 않다.

$$V_0 = A\,[\,f_P(V_{PP} - V_{NP})\,] \tag{9.24a}$$

$$V_0 = -A\,[\,f_P(V_{in})\,] \tag{9.24b}$$

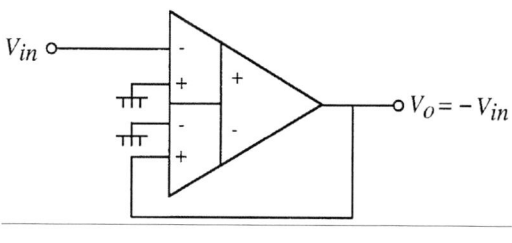

그림 9.13 DDA 전압 반전기

[B] DDA 전압 가산기

그림 9.14에서 입력은 $V_{PP}(V_{in})$, $V_{NN}(V_r)$이며, V_{NP}를 출력단에 연결하고, V_{PN}을 접지시키면 2개의 입력이 더해지는 DDA 전압 가산기로 작동한다. 여기서 출력 전압 V_0는 식(9.25)와 같다.

$$V_0 = A\,[\,f_P(V_{PP} - V_{PN}) - f_N(V_{NP} - V_{NN})\,] \tag{9.25a}$$

$$V_0 = A\,[\,f_P(V_{in}) + f_P(V_r)\,] \tag{9.25b}$$

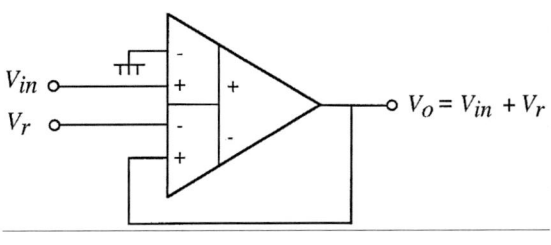

그림 9.14 DDA 전압 가산기

[C] DDA 차동 증폭기

그림 9.15에서 입력은 $V_{PP}(V_1)$, $V_{PN}(V_2)$이며, V_{NP}를 출력단에 연결하고, V_{NN}을 접지시키면 DDA 차동 증폭기로 작동한다. 여기서 출력 전압 V_0는 식(9.26)과 같다.

$$V_0 = A \, [\, f_P(V_{PP} - V_{PN}) \,] \qquad (9.26a)$$

$$V_0 = A \, [\, f_P(V_1 - V_2) \,] \qquad (9.26b)$$

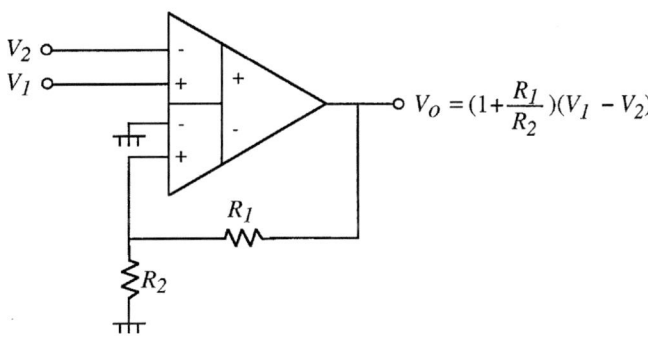

그림 9.15 DDA 차동 증폭기

이상 3개의 응용 회로에서도 알 수 있듯이 DDA를 이용한 응용 회로는 외부 소자가 없이 DDA 소자만으로 입력 조건에 따라서 동작하거나 외부 소자의 정합이 필요 없는 구조로 되어 있다.

9.2.3 DDA 차동 적분기

적분기는 필터 및 발진기 회로에 있어서 중요한 역할을 하는 소자이다. 또한 적분기를 감산 증폭기로써 사용할 경우에는 단입력 적분기보다 차동 적분기가 더 유용하다.

그림 9.16에 나타낸 연산 증폭기로 구성된 차동 적분기에 있어서 외부 소자간의 정합 필요성이 주된 문제점이며, 입력 임피던스는 적분기의 입력에 연결된 저항에 의존하므로 일반적으로 작다.

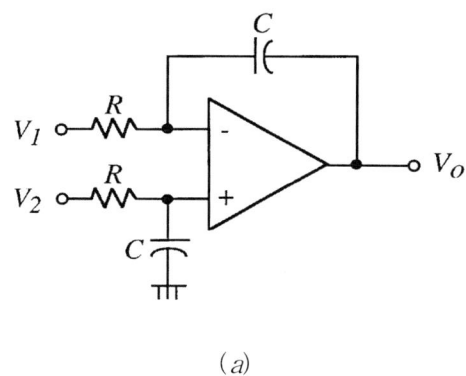

(a)

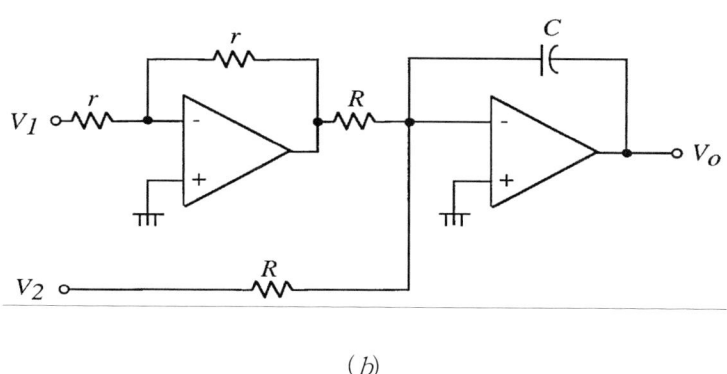

(b)

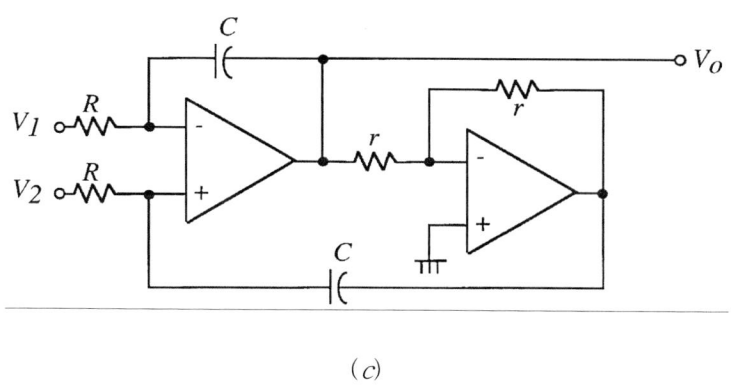

(c)

그림 9.16 연산 증폭기를 사용한 차동 적분기

그러나 DDA는 연산 증폭기와는 달리 2개의 차동 입력전압을 비교하기 때문에 차동 적분기에 적용할 수 있다. 그림 9.17은 DDA를 이용하여 설계한 2가지 형태의 차동 적분기이다.

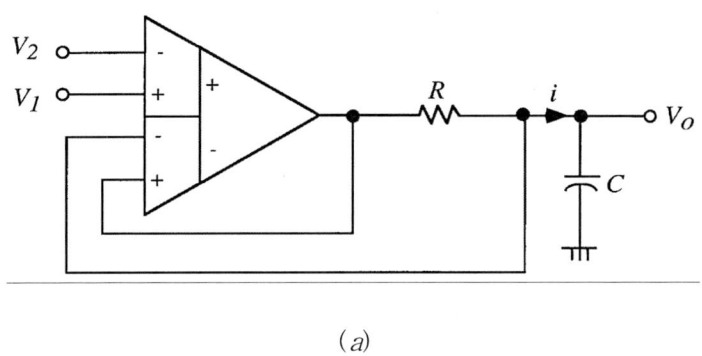

(a)

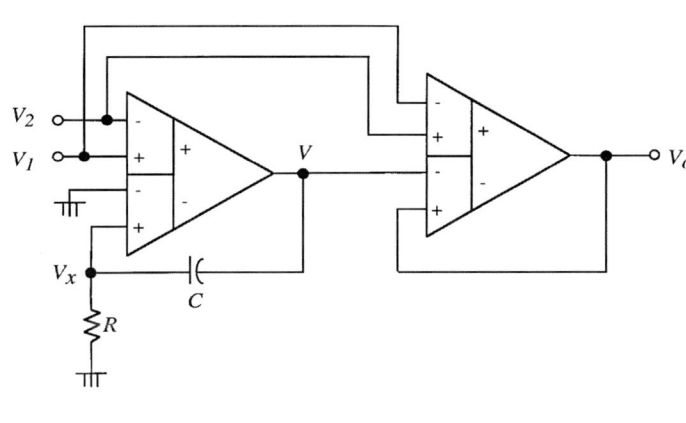

(b)

그림 9.17 DDA 차동 적분기

이들 두 회로의 입력은 DDA의 입력 즉, MOS 트랜지스터의 게이트에 직접 연결되어 있으므로, 입력 임피던스는 매우 크다. 또한 DDA 차동 적분기는 그림 9.17과 달리 하나의 저항과 커패시터만이 두 회로에 사용되었으므로 정합이 필요 없는 구조로 되어 있다. 그러나 그림 9.17(a) 회로는 회로 내에 부유 저항이 존재하므로 선형화된 MOS 기술을 이용하여 실현하기가 쉽지 않다는 단점을 갖고 있다.

이상적인 DDA에 대한 그림 9.17(b) 회로에 식(9.22)를 적용하면 첫째단의 DDA는 식(9.27)이 되고 둘째단의 DDA에서는 식(9.28)을 얻는다.

$$V_1 - V_2 = V_x = \frac{sRC}{sRC+1} V \tag{9.27}$$

$$V_2 - V_1 = V_o - V \tag{9.28}$$

식(9.27)에서 V를 구한 후 식(9.28)에 대입하면 출력 전압은 다음 식으로 표현된다.

$$V_o = \frac{1}{sRC}(V_1 - V_2) \tag{9.29}$$

그림 9.17(b) 회로의 출력 임피던스는 DDA의 출력 임피던스가 낮다는 가정 하에서 이용하며, 저항이 접지되어 있으므로 MOS 회로를 이용하여 실현하기가 쉬운 반면에 2개의 DDA 소자가 필요하다는 단점을 갖는다.

그림 9.17(b) 회로에 대한 비이상성의 영향을 고찰해 보면 두개의 DDA에 대한 DDA 개방 루프 이득이 유한이고, 주파수에 의존하므로 다음 식과 같다.

$$A_1 = \frac{GB_1}{s}, \quad A_2 = \frac{GB_2}{s} \tag{9.30}$$

이때 회로의 전달함수는 식(9.31)으로 나타낼 수 있다.

$$\frac{V_o}{V_1 - V_2} = \frac{\omega_0}{s} E(s) \tag{9.31}$$

$$\omega_0 = \frac{1}{RC} \tag{9.32}$$

$$E(s) = \frac{1 - \dfrac{s}{GB_1} - \dfrac{s^2}{GB_1 \omega_0}}{1 + \dfrac{\omega_0 + s}{GB_1} + \dfrac{s}{GB_2}\left(1 + \dfrac{\omega_0}{GB_1}\right) + \dfrac{s^2}{GB_1 GB_2}} \tag{9.33}$$

여기에서 $E(s)$는 유한 이득 대역폭 곱에 기인하는 에러 함수(error function)이고, 이의 크기 특성은 R과 C값을 변화시킴으로써 교정할 수 있다.

지금까지는 새로운 증폭기인 DDA와 그 응용 회로를 살펴보았다. DDA 필터는 DDA 차동 적분기 등으로 8장에서 설명한 간접모의법인 개구리 도약법으로 실현할 수 있다.

9.3 스위치드 커패시터 필터

우리는 여러가지 능동 RC 회로 합성법에 관하여 분석해 보았고, 각 능동 RC 필터 회로의 역할과 특징을 고찰하였다. 이 모든 능동 회로가 갖는 공통점의 하나는 인덕터를 사용하지 않기 때문에 집적 회로(Integrated circuit : IC)화가 가능하며 크기와 무게가 감소하여 가격도 싸게 할 수 있다. 그러나 실제로 집적화하면 저항 R과 커패시터 C의 곱(RC product)을 정확하게 유지하기가 어렵다는 문제점이 있다. 저항 소자를 집적화하면 일반적으로 커패시터에 비하여 온도 변화에 민감할 뿐더러 칩 면적을 많이 차지한다.

따라서 저항을 MOS(Metal oxide semiconductor) 기술로 모의하는 설계법 중 스위치와 커패시터를 이용한 스위치드 커패시터(Switched capacitor : SC) 회로가 개발되었다. 이 기법은 저항값이 커패시턴스의 비로 조절되어 정확한 RC 곱을 유지할 수 있다.

이것은 필터 설계에 크나 큰 영향을 끼치게 되었다. 즉 능동 RC 회로가 수행할 수 있는 기능을 한개의 칩 속에 들어있는 커패시터와 스위치 및 연산 증폭기를 이용하여 구현할 수 있게 되었다. 더욱이 디지털 회로와 아날로그 회로가 한 칩안에 집적될 수 있는 집적회로 기술로 발전하게 되었다.

1970년대 후반에 실험실(버어클리 대학과 밸 전화회사)에서 개발된 스위치드 커패시터 필터는 수년 내에 바로 상품화되었다. 처음에는 NMOS 기술을 이용했으나 CMOS 기술로 전환하면서 부터 전력 소모가 크게 감소되었다. 스위치드 커패시터 필터의 수요는 매년 급속도로 증가되어 가고 있다.

9.3.1 저항 모의

우선 스위치와 커패시터가 결합하여 저항 소자 R의 역할을 대행할 수 있다는 것을 알아보자. 그림 9.18(a)에서 스위치가 위치 1에 있을 때는 커패시터 C가 충전되기 시작하여 커패시터의 전압이 V_1이 될 때까지 계속된다. 다음에 스위치가 위치 2에 옮겨질 때는 커패시터 C는 방전($V_1 > V_2$일 때)하거나 더 충전($V_1 < V_2$일 때)된다.

이때 $V_1 > V_2$라고 가정한다면 C가 방전하는 전하양은 $C(V_1 - V_2) = C\Delta V$이다. 스위치의 주기가 아주 짧은 T_c 초라 할 때 전압원 V_2에 흘러 들어가는 전류는 식(9.34)이다.

$$i = \frac{C\Delta V}{\Delta T} = \frac{C(V_1 - V_2)}{T_c} = \frac{(V_1 - V_2)}{T_c/C} \tag{9.34}$$

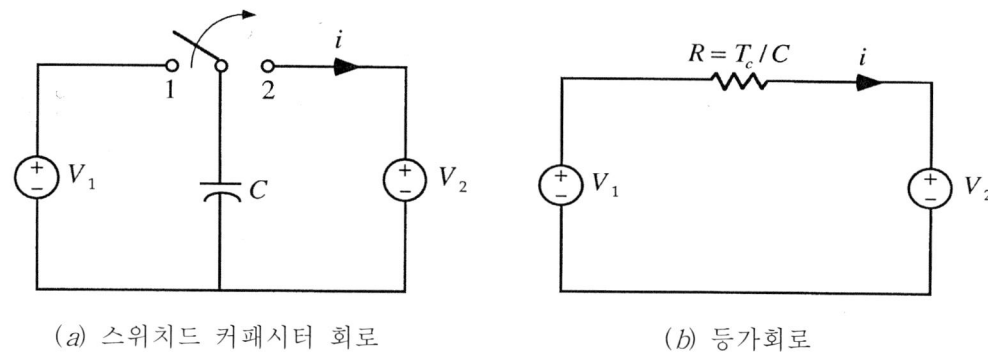

(a) 스위치드 커패시터 회로   (b) 등가회로

그림 9.18 스위치드 커패시터 회로와 등가회로

식(9.34)는 V_1과 V_2 사이에 T_c/C 오옴의 저항이 연결되어 있을 때와 기능적으로 동일하므로 그림 9.18(b)와 같은 등가회로를 얻을 수 있다. 이러한 상태하의 커패시터를 스위치드 커패시터라 부른다. 여기서 스위치의 개폐가 아주 빨라져서 주파수 $f_c = 1/T_c$가 신호 주파수보다 훨씬 높아지면 T_c가 무시해도 좋을 만큼 짧은 시간이 되어서 극한에 이르면 스위치드 커패시터는 저항과 아주 비슷하게 동작한다고 간주할 수 있다. 그때의 저항값은 다음과 같다.

$$R = T_c/C \quad \text{오옴} \tag{9.35a}$$

또는
$$R = \frac{1}{f_c C} \quad \text{오옴} \tag{9.35b}$$

한편, 스위칭 율(Switching rate) f_c가 신호 주파수보다 크게 높지 않고 같을 때에는 위와 같은 분석이 성립되지 않기 때문에 샘플드 데이터(Sampled-data) 분석방법을 이용해야 한다. 이때는 신호의 대역이 제한되어야 하며 신호 주파수가 나이퀴스트 율(Nyquist rate) $f_c/2$ 보다 작아야 한다는 조건이 필요하다.

스위치드 커패시터의 유리한 점은 능동 RC 곱(RC Product) 즉 시정수가 커패시턴스의 비로 되기 때문에 온도가 변화하는 환경에서도 그 값을 정확하게 유지한다는 것이다. 식(9.35)를 이용하여 RC 곱을 표기해 보면 위의 사실이 명백해진다.

$$R_1 C_2 = T_c \frac{C_2}{C_1} = \frac{1}{f_c} \frac{C_2}{C_1} \tag{9.36}$$

여기서 $f_c = 1/T_c$는 스위칭 율 또는 클럭 주파수(Clock frequency)라고 한다.

식(9.36)에서 또 하나의 편리한 점은 C_2/C_1는 비이므로 2개의 커패시터 값은 각각 아주 작아도 된다는 사실이다.

스위치드 커패시터를 실현하기 위해서는 그림 9.19(a)에서와 같이 2개의 MOSFET (Metal oxide semiconductor field effect transistor)를 스위치로서 이용한다. 이때 2위상 비중복 클럭(Two-phase nonoverlapping clock) ϕ_1과 ϕ_2는 클럭 주파수 f_c를 만들어 낸다.

그림 9.19(a)에서 클럭 ϕ_1과 ϕ_2는 주기가 T_c인 일종의 전압 펄스열(Pulse train)로 MOS 스위치를 개폐하는 역할을 한다. ϕ_1의 전압이 높을 때는 C가 V_1에 연결되고, ϕ_2가 높을 때는 C가 V_2에 연결된다. ϕ_1과 ϕ_2의 전압이 모두 낮은 순간에는 C가 어느 편에도 연결되지 않은 상태에 있게 된다.

그런데 ϕ_1과 ϕ_2는 그림 9.19(c)에서 보는바와 같이 2위상 비중복 클럭 전압이므로 그림 9.19(a)의 2개의 MOSFET는 그림 9.19(b)의 SPDT(Single-pole double-throw) 스위치 역할을 한다. 이 2위상 클럭 신호는 보통 수정 발진기(Crystal oscillator : MHz 단위)를 이용하여 만들어지는데 발진 주파수를 감소 조절하여 ϕ_1을 생성하고 ϕ_2는 ϕ_1을 따라서 논리 회로(Logic circuit)로 위상만 바꾸어 줌으로서 얻어진다. 클럭 주파수 f_c는 보통 3MHz까지도 조절(Tuning)할 수 있다.

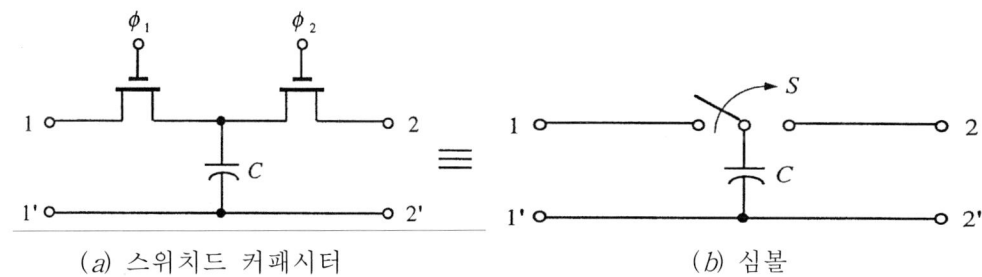

(a) 스위치드 커패시터　　　　　　　　(b) 심볼

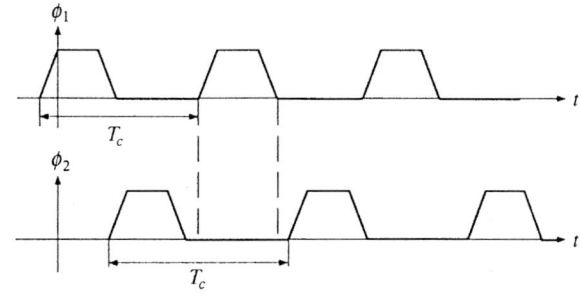

(c) 2위상 비중복 클럭

그림 9.19 MOSFET를 이용한 스위치드 커패시터와 2위상 비중복 클럭 신호

그림 9.19(b)는 스위치를 회로로 표시할 때 편의상 사용되는 심벌이다. 또한 MOS 커패시터는 저항에 비해 그 특성이 거의 이상적이고 안정하다. 그리고 MOS 커패시터 비는 온도와 습기 등에 변화에 거의 변화하지 않도록 만들 수 있다. 그래서 MOS 기술을 이용하여 스위치드 커패시터 필터를 만들게 된 것이다. MOS 스위치 4개를 써서 **그림 9.20**과 같은 회로를 구성할 수도 있는데 이 때 2위상 비중복 클럭 전압 ϕ_1과 ϕ_2가 그림과 같이 연결되어 DPDT(Double-pole double-throw)스위치 역할을 한다.

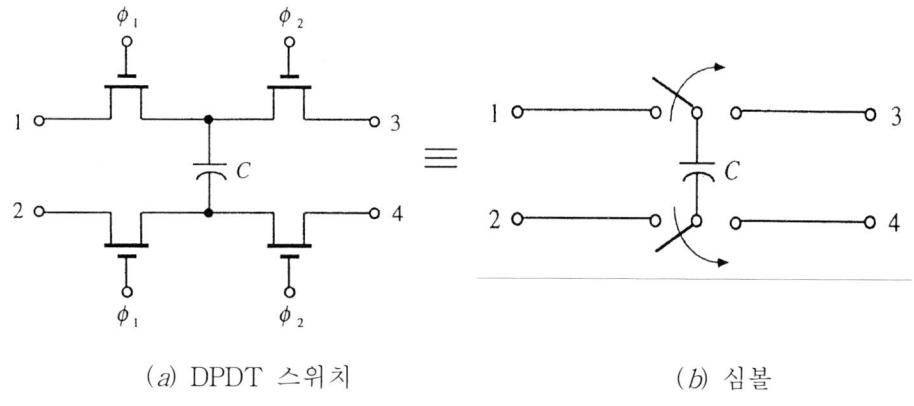

(a) DPDT 스위치　　　　　　　　(b) 심볼

그림 9.20　MOSFET 4개를 사용한 DPDT 스위치

9.3.2 스위치드 커패시터(SC) 필터의 주요 구성 요소

스위치드 커패시터 필터를 얻는 가장 직접적인 방법은 우리가 이미 합성한 능동 RC 필터 내의 모든 저항 소자를 하나하나 스위치드 커패시터로 대치해주는 것이다. 그런데 이 방법은 너무나 많은 스위치드 커패시터를 요구하며 기능적으로도 문제를 초래한다. 한편 능동 RC 필터는 전체적으로 몇가지의 주요 구성요소 즉, 적분기, 유손실 적분기, 차동입력 적분기 등으로 구성되어 있다. 여기서 우리는 이들의 기능을 수행할 수 있는 스위치드 커패시터 회로를 구해 보기로 하자. 전체적으로 스위치드 커패시터 필터는 이들 구성 요소들을 적절히 서로 결합하여 얻을 수 있다.

우선 스위치드 커패시터 회로내의 소자값의 범위를 대략 살펴보기로 하자.

능동 RC 회로의 시정수는 RC 곱인데 이에 대응하는 스위치드 커패시터 회로의 시정수는 $\dfrac{1}{f_c}\dfrac{C}{C'}$이다. 그런데 스위치드 커패시터 회로내의 커패시턴스는 모두 C/C' 비로 표시되므로 커패시턴스 C는 능동 RC 회로내의 원래의 C값과 같아야 할 필요가 없고 다만 주어진 비를 유지해주면 된다. 실제로 스위치드 커패시터 회로내의 커패시턴스는 모두 같은 실리콘 칩에 생성되며 그 면적으로 결정되므로 커패시턴스의 값은 그 범위가 보통 pF 단위이다.

$$0.01 \text{ pF} \leq C' \leq 500 \text{ pF} \tag{9.37}$$

예를 들어 음성 주파수나 가청 주파수에서의 시정수를 10^{-4}초라 하고 클럭 주파수를 f_c=100 kHz로 잡아 줄 때 $C/C' = 10$이다. 이 비는 대략 10~100이 보통이다. 스위치드 커패시터 C의 값이 아주 작은 pF 단위이기 때문에 대문자 C의 값도(능동 RC 필터내에 있을 때의 값과는 크게 다른) pF범위에 들어간다. 그러므로 이제부터는 소문자 c로 표기하기로 하자.

$$C \rightarrow c \tag{9.38}$$

한편 클럭 주파수와 신호 주파수의 비 $\dfrac{f_c}{f_o}$가 크다는 것은 애일리어싱(Aliasing)을 제거한다는 점은 바람직하나 C/C'의 비도 따라서 커지므로 소자치 확산(Element spread)이 커질 우려가 있다. 그래서 대개 다음과 같은 범위내의 값을 갖도록 하는 것이 보통이다.

$$5 \leq \dfrac{f_c}{f_o} \leq 500 \tag{9.39}$$

[A] SC 적분기

그림 9.21(a)의 RC 적분기의 전달함수는 다음과 같다.

$$\dfrac{V_2}{V_1} = \dfrac{-1}{RCs} \tag{9.40}$$

이때 저항 R을 스위치드 커패시터로 대치하면 그림 9.21(b)의 회로를 얻게 된다. 이제부터 스위치드 커패시터에서는 소문자 c 대신 c'로 표기해서 보통 커패시터와 구별한다. 이렇게 하여 식(9.35)를 다시 써보자.

$$R = \dfrac{1}{f_c c'} \tag{9.41}$$

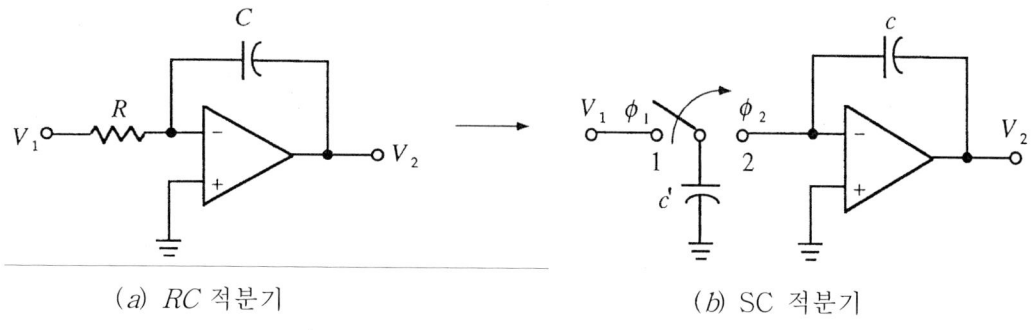

(a) RC 적분기　　　　　(b) SC 적분기

그림 9.21 적분기

식(9.41)을 식(9.40)에 대입하면 그림 9.21(b) 회로의 전달함수를 얻는다. 여기서 식 (9.38)에 의하여 대문자 C를 소문자 c로 바꾸어 준다.

$$\frac{V_2}{V_1} = \frac{-1}{\frac{1}{f_c}(\frac{c}{c'})s} \tag{9.42}$$

식(9.42)에서 중요한 사실은 적분기의 시정수가 $\frac{1}{f_c}\frac{c}{c'}$로 표현되어 클럭 주파수나 2개의 커패시턴스의 비로서 조정될 수 있다는 것이다. 집적 회로내의 각 커패시턴스 값을 정확하게 유지하기는 어려워도 커패시턴스의 비는 아주 정확하게 유지할 수 있기 때문에 온도 변화 등에 의한 영향도 작게 할 수 있다. 그리고 커패시턴스의 비만 유지하면 되므로 각 커패시턴스의 값은 아주 작아(pF 단위)도 무방하다. 그리고 커패시턴스는 면적에 비례하므로 여러개 배열된 커패시터 셀(Cells)들을 연결하여 그 값을 조정할 수도 있다.

[B] SC 유손실 적분기

능동 RC 유손실 적분기는 그림 9.22(a)와 같으며 전달함수는 다음과 같다.

$$\frac{V_2}{V_1} = \frac{-1/RC}{s + 1/R_1 C} \tag{9.43}$$

저항 소자 R과 R_1을 스위치드 커패시터로 대치하면 그림 9.22(b)를 얻을 수 있으며 이 때의 전달함수는 식(9.43)에다 $R = 1/f_c c'$, $R_1 = 1/f_c c_1'$을 대입하여 얻는다.

$$\frac{V_2}{V_1} = \frac{-f_c c'/c}{s + f_c c_1'/c} \tag{9.44}$$

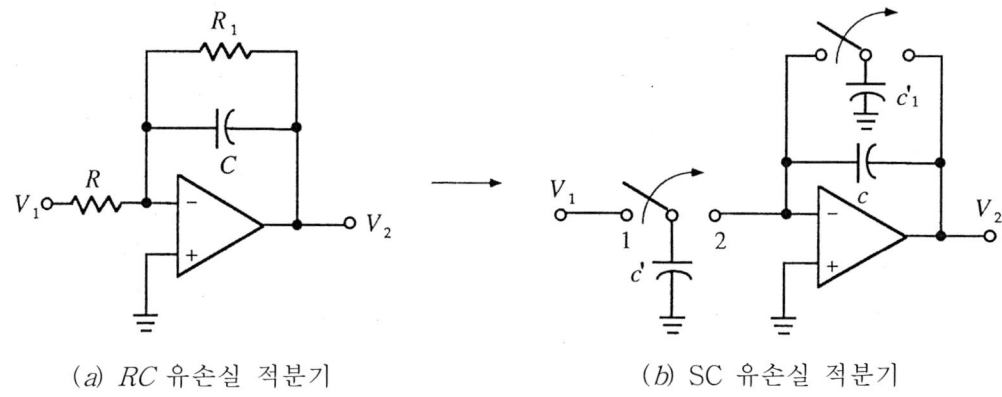

(a) RC 유손실 적분기   (b) SC 유손실 적분기

그림 9.22 유손실 적분기

유손실 적분기는 식(9.43)과 같이 1차 저역통과 필터 역할도 수행한다.

[C] SC 차동입력 적분기

여기서 우선 **그림 9.23**의 DPDT 스위치의 작용을 생각해 보자.

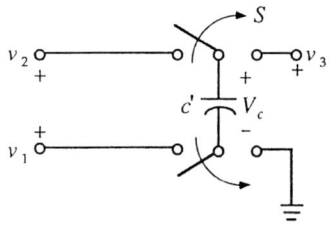

그림 9.23 한 단자가 접지된 DPDT 스위치

스위치가 전압원 v_1과 v_2측에 연결되어 있을 때는 커패시터 c'에 전압 $v_c = v_2 - v_1$이 걸린다. 다음에 스위치를 반대측으로 옮기면 출력 단자에 나타나는 전압은 다음과 같다.

$$v_3 = v_2 - v_1 \tag{9.45}$$

그러므로 이 단자에 연산 증폭기와 커패시터 한개를 적당히 연결하여 **그림 9.24**(b)와 같은 스위치드 커패시터 차동입력 적분기를 만들 수 있다.

우선 **그림 9.24**(a)의 능동 RC 차동입력 적분기를 생각해 보자.

$$V_3 = \frac{1}{RCs}(V_1 - V_2) \tag{9.46}$$

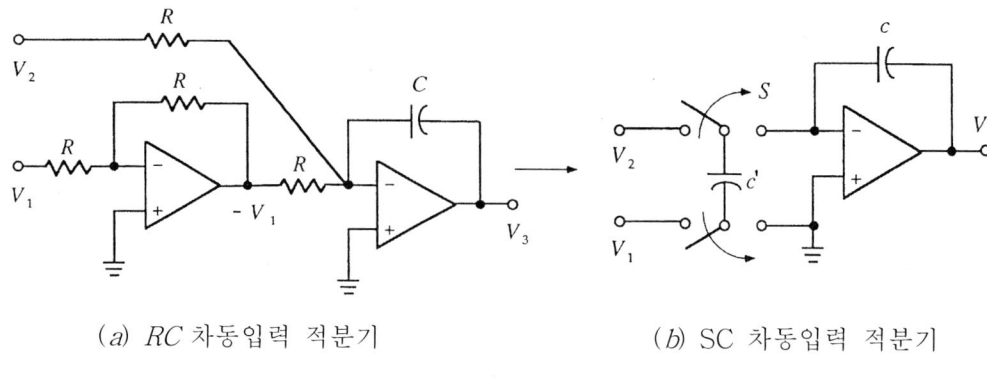

(a) RC 차동입력 적분기   (b) SC 차동입력 적분기

그림 9.24 차동입력 적분기

한편 **그림 9.24**(b)는 **그림 9.23**의 DPDT 스위치를 이용하여 만든 SC 차동입력 적분기인데 출력 단자에 나타나는 전압 V_3은 식(9.46)에다 $R = 1/f_c c'$를 대입하고 대문자 C를 소문자 c로 바꾸어줌으로서 얻을 수 있다. 이 SC 회로의 출력 전압은 다음과 같다.

$$V_3 = f_c \frac{c'}{c} \frac{1}{s} (V_1 - V_2) \tag{9.47}$$

[D] SC 차동입력 유손실 적분기

그림 9.24의 커패시터 C와 병렬로 저항 R_1을 연결해 줄 때 **그림 9.25**와 같은 차동 입력 유손실 적분기(Differential lossy integrator)를 얻는다.

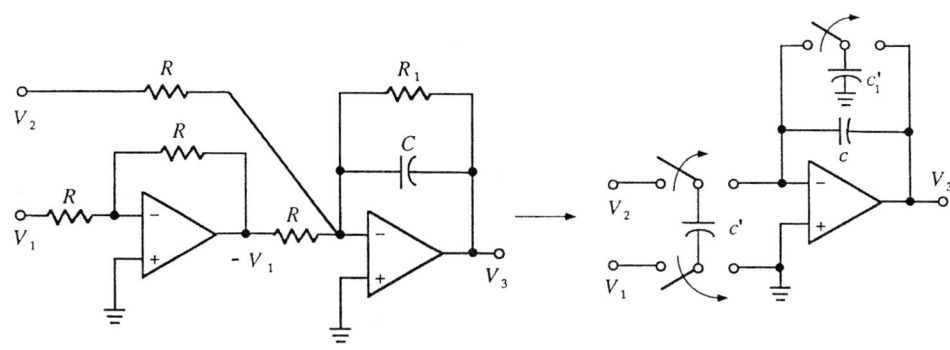

(a) RC 차동입력 유손실 적분기   (b) SC 차동입력 유손실 적분기

그림 9.25 차동입력 유손실 적분기

이때 RC 차동입력 유손실 적분기와 SC 차동입력 유손실 적분기에 관한 방정식은 각각 다음과 같다.

$$V_3 = \frac{1/RC}{s+1/R_1C}(V_1 - V_2) \tag{9.48}$$

$$V_3 = \frac{f_c \dfrac{c'}{c}}{s+ f_c \dfrac{c_1'}{c}}(V_1 - V_2) \tag{9.49}$$

[E] SC 비반전 적분기

그림 9.26에서 DPDT 스위치의 다른 기능을 먼저 알아보기로 하자. 여기서 2개의 단자는 접지되어 있다.

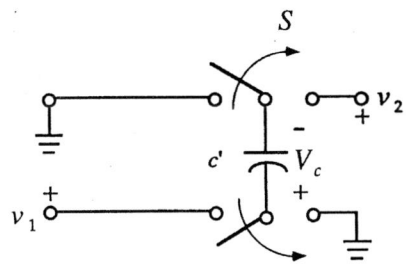

그림 9.26 두 단자가 접지된 DPDT 스위치

그림 9.26에서 스위치가 좌측으로 닫혀있을 때에는 커패시터 c'이 충전되어 $v_c = v_1$이 된다. 스위치가 우측으로 닫혀있을 때에는 $v_2 = -v_c = -v_1$로 된다. 그러므로 v_2 단자에 연산 증폭기와 커패시터를 그림 9.27(b)와 같이 연결하여 SC 비반전 적분기를 얻는다.

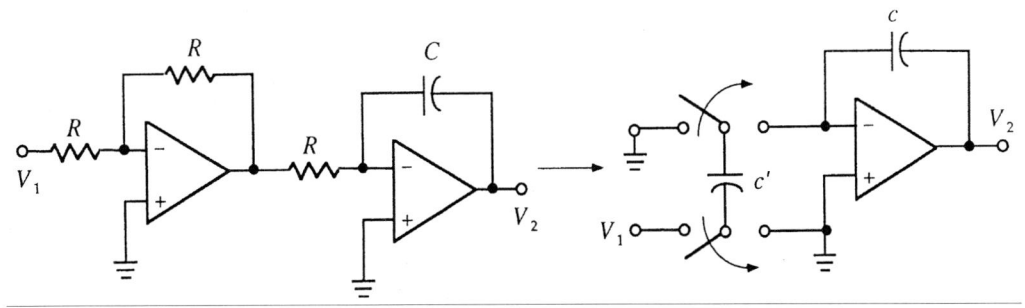

(a) RC 비반전 적분기   (b) SC 비반전 적분기

그림 9.27 비반전 적분기

그림 9.27(a)는 능동 RC 비반전 적분기이고 전달함수는 다음과 같다.

$$\frac{V_2}{V_1} = \frac{1}{RCs} \tag{9.50}$$

그림 9.27(b)는 그림 9.26의 DPDT 스위치를 이용하여 만든 스위치드 커패시터 비반전 적분기이다. 여기서는 3개의 저항 소자를 1개의 DPDT가 대신한다.

$$\frac{V_2}{V_1} = f_c \frac{c'}{c} \frac{1}{s} \tag{9.51}$$

[F] SC 비반전 유손실 적분기

비반전 유손실 적분기는 그림 9.27(a)에다 커패시터와 병렬로 저항 R_1을 연결한다. 이때의 전달함수는 식(9.52)이고, 이때의 회로는 그림 9.28과 같다.

$$\frac{V_2}{V_1} = \frac{1/RC}{s + 1/R_1 C} \tag{9.52}$$

그림 9.28(b)의 전달함수는 다음과 같다.

$$\frac{V_2}{V_1} = \frac{f_c c'/c}{s + f_c c_1'/c} \tag{9.53}$$

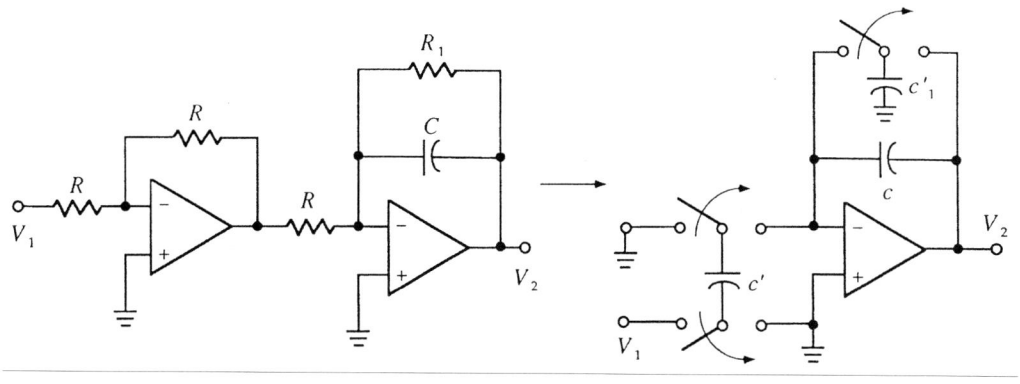

(a) RC 비반전 유손실 적분기   (b) SC 비반전 유손실 적분기

그림 9.28 비반전 유손실 적분기

이상에서 분석한 5개의 스위치드 커패시터 구성요소를 적절하게 연결하면 우리가 이미 얻은 바 있는 능동 RC 필터를 스위치드 커패시터 필터를 만들어 낼 수 있다.

이 장에서는 최근에 많은 관심을 끌고 있는 OTA를 이용한 필터 회로와 DDA 필터 회로를 분석하였다.

OTA 필터는 연산 증폭기보다 주파수 대역폭이 훨씬 넓기 때문에 고주파 신호 처리에 유용하다. DDA 필터는 반전기, 차동 증폭기와 같은 회로들이 외부 소자가 없이 DDA 만으로 실현되므로 외부 소자와의 정합을 고려하지 않아도 된다는 장점을 갖는다.

또한 스위치드 커패시터 필터는 능동 RC 회로를 집적화할 때 저항을 스위치와 커패시터로 모의하는 기법을 사용한 것이다. 이때 저항값은 커패시턴스의 비로 조절할 수 있어 필터 성능을 좌우하는 RC 곱을 정확하게 유지할 수 있다.

연 습 문 제

9.1 그림 9.29를 분석하여 이 OTA 회로가 대역저지 필터임을 알아내라.

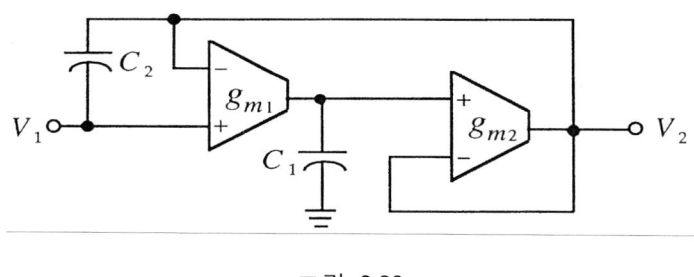

그림 9.29

풀이 : C_1의 전압을 V_x라 하면 $V_x = (V_2 - V_1)g_{m1}/C_1 s$

그리고 C_2에 흐르는 전류를 I_1이라 하면

$$I_1 = -(V_x - V_2)g_{m2}$$

$$V_1 = V_2 + I_1 \frac{1}{C_2 s} = V_2 + (V_2 - V_x)g_{m2}\frac{1}{C_2 s}$$

$$= V_2\left(1 + \frac{g_{m2}}{C_2 s}\right) - (V_1 - V_2)\frac{g_{m1}}{C_1 s}\frac{g_{m2}}{C_2 s}$$

$$\therefore \frac{V_1}{V_2} = \frac{s^2 + \dfrac{g_{m1}g_{m2}}{C_1 C_2}}{s^2 + \dfrac{g_{m2}}{C_2}s + \dfrac{g_{m1}g_{m2}}{C_1 C_2}} \quad : \text{대역저지 함수}$$

9.2 그림 9.30에서 $g_{m1} = g_{m2} = g_m$일 때 이 회로가 $\dfrac{1}{g_m}$ 오옴의 부유저항(Floating resistor)이 된다는 것을 증명하라.

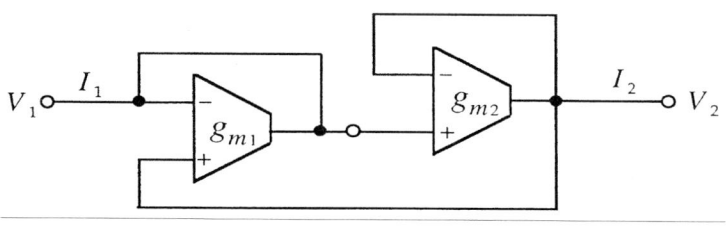

그림 9.30

풀이 :

$$V_2 = g_m(V_1 - V_2)\frac{1}{Cs}$$

$$V_2(1+\frac{g_m}{Cs}) = V_1\frac{g_m}{Cs}$$

$$\therefore \frac{V_2}{V_1} = \frac{g_m}{C_s+g_m} = \frac{g_m/C}{s+g_m/C}$$

9.3 다음 OTA 회로가 인덕터 역할을 할 수 있다는 것을 증명하고, 그 인덕턴스 값을 구하라.

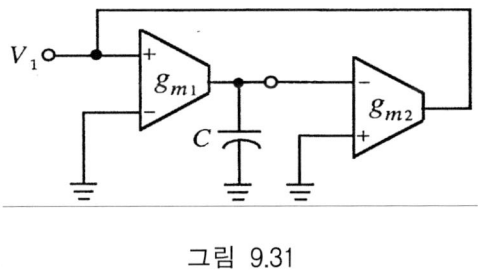

그림 9.31

9.4 다음 OTA 회로가 1차 저역통과 필터(또는 유손실 적분기)임을 분석하라.

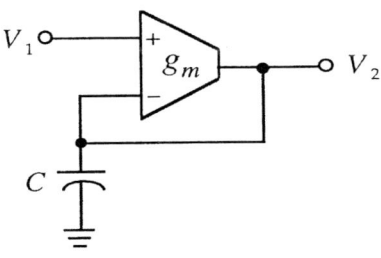

그림 9.32

풀이 :

$$V_2 = g_m(V_1 - V_2)\frac{1}{Cs}$$

$$V_2(1+\frac{g_m}{Cs}) = V_1\frac{g_m}{Cs}$$

$$\therefore \frac{V_2}{V_1} = \frac{g_m}{C_s+g_m} = \frac{g_m/C}{s+g_m/C}$$

9.5 다음 OTA 회로가 1차 전역통과 필터임을 증명하라.

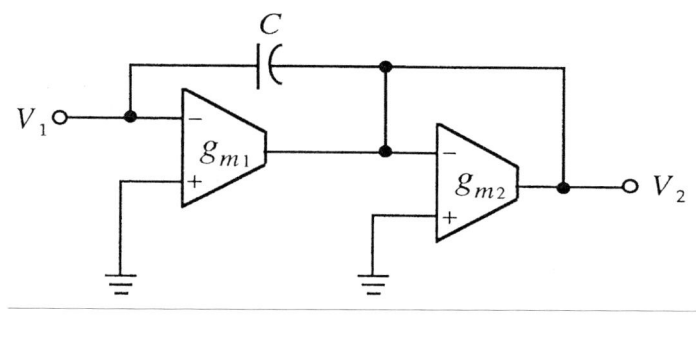

그림 9.33

9.6 그림 9.34의 능동 RC 회로를 스위치드 커패시터 회로로 전환하라.

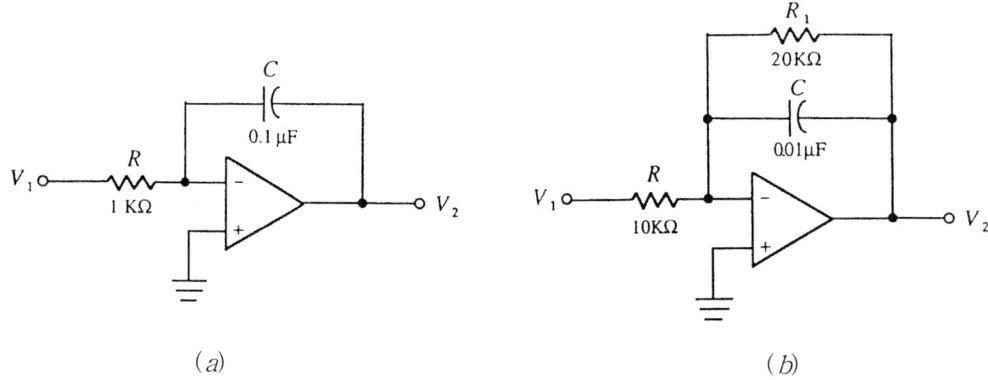

그림 9.34

풀이 :

(a) 식 (9.42)를 이용한다.

$$\frac{1}{f_c}\left(\frac{c}{c'}\right) = 10^{-4}$$

$f_c = 100$ kHz 이면, $C = 10$ pF, $C' = 1$ pF

(b) 식 (9.44)를 이용한다.

$$\frac{1}{f_c}\left(\frac{c}{c'}\right) = 10^{-4}$$

$f_c = 100$ kHz 이면, $C = 10$ pF, $C' = 1$ pF

연 습 문 제   383

$$\frac{1}{f_c}\left(\frac{c}{c_1'}\right) = 2\times 10^{-4}$$

$$C_1' = 0.5 \text{ pF}$$

9.7 다음 조건을 만족시키는 스위치드 커패시터 저역통과 필터를 개구리 도약형으로 구하라. $\frac{f_c}{f_0} = 50$으로 정하라.

　　　　체비셰프 함수　　　　차단주파수 $f_0 = 10$ kHz

　　　　1 dB 소파상　　　　　$n = 5$

9.8 그림 9.35의 능동 RC 회로를 스위치드 커패시터 회로로 전환하라. 스위치드 커패시터의 수를 최소로 하라.

　　　　$R_1 = 100 \text{ k}\Omega$　　　　$C_2 = 0.1 \ \mu\text{F}$

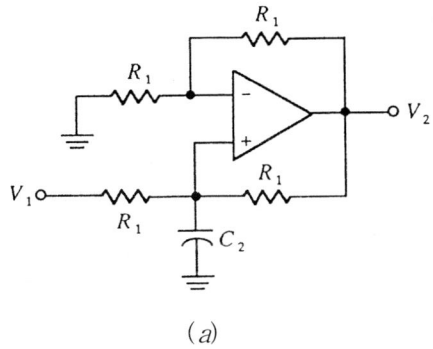　　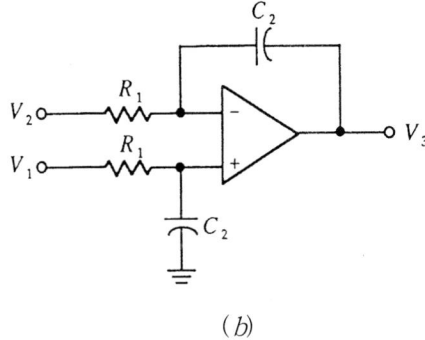

　　　　　　(a)　　　　　　　　　　　　(b)

그림 9.35

풀이 : 스위치드 커패시터의 수를 최소화하기 위하여 우선 전달함수를 구하면,

(a) $\dfrac{V_2}{V_1} = \dfrac{1}{R_1 C_2} \dfrac{1}{s}$: 이것은 비반전 적분기의 함수이다. 그러므로

$$\frac{V_2}{V_1} = f_c \frac{C_1}{C_2} \frac{1}{s}$$

$$R_1 C_2 = \frac{1}{f_c} \frac{C_2}{C_1}$$

$C_1 = 1$ pF이면 $C_2 = R_1 C_2 f_c$ pF이다.

(b) $V_3 = \dfrac{1}{R_1 C_2} \dfrac{1}{s}(V_1 - V_2)$: 이것은 차동입력 적분기 함수이다. 그러므로

$$V_3 = f_c \dfrac{C_1}{C_2} \dfrac{1}{s}(V_1 - V_2)$$

$C_1 = 1$ pF이면, $C_2 = R_1 C_2$ pF이다.

9.9 다음 조건을 만족시키는 2차의 SC 대역통과 필터를 구하라. $\dfrac{f_c}{f_0} = 100$으로 정하라.

$$\text{이득} = 2 \qquad f_0 = 1 \text{ kHz} \qquad Q = 1$$

가장 낮은 커패시턴스가 0.01 pF가 되도록 하라.

9.10 다음 명세조건을 만족시키는 스위치드 커패시터 저역통과 개구리 도약형 필터를 구하라.

체비셰프 함수   1 dB 소파상

$f_0 = 20$ kHz $f_c = 100$ kHz

복종단 $n = 5$

제 10 장 회로망의 감도

회로망을 구성하는 소자는 정해진 값을 항상 유지할 수는 없고 온도, 습도 등의 영향을 받는다. 그런데 소자의 값이 설계시에 정해진 값에서 변동하게 되면 회로망 함수도 변화하게 된다. 이러한 현상은 회로망 함수의 분자 및 분모 다항식의 계수가 회로망을 구성하고 있는 소자값으로 정해진다는 사실을 기억할 때 쉽게 이해할 수 있다. 계수가 변화하면 회로망 함수의 영점과 극점이 이동한다. 그러므로 소자가 환경의 변화에 따라 소자값이 다소 달라진다 해도 회로망의 전체적인 동작이나 성능이 크게 변화하지 않도록 설계해야 회로망의 신뢰도가 높아진다.

회로망의 신뢰성을 가늠하는 척도로 감도(Sensitivity)를 들 수 있는데 감도가 낮다는 것은 소자값이 약간 변하더라도 회로망의 성능에는 큰 지장이 없다는 것을 뜻한다.

앞서 다룬바 있는 수동 회로망은 감도가 비교적 낮고 능동 회로망은 일반적으로 감도가 높다. 일반적으로 새로운 회로를 설계할 때에는 감도를 검사하는데 이론적으로 아무리 정밀하다 할지라도 감도가 높으면 그 회로망은 실용성을 잃는다.

이 장에서는 여러가지 감도를 정의하고 그들을 이용하여 회로망의 신뢰도와 유용성을 어떻게 평가할 수 있는지를 알아보자.

10.1 감도의 정의와 관계식

회로망의 어떠한 성능 파라미터(Performance parameters : 예를 들어 함수, 크기, 위상, 극점 등)를 y로 표시하고, 주위 환경 또는 노화(Aging) 등에 의하여 변화할 가능성이 있는 소자의 값을 x로서 표기하자. x의 미소한 변화량을 Δx로, 또한 그로 인한 y의 변동량을 Δy로 표시할 때 y의 x에 관한 감도는 다음과 같이 정의된다.

$$S_x^y = \lim_{\Delta x \to 0} \frac{\Delta y / y}{\Delta x / x} = \frac{\partial y / y}{\partial x / x} \tag{10.1a}$$

또는

$$S_x^y = \frac{x}{y} \frac{\partial y}{\partial x} \tag{10.1b}$$

즉, 감도는 x의 변화율에 따른 y의 변화율의 비로서 정의되며, x의 변화율이 충분히 작을 경우(실용상 5% 이내)에 이에 따른 y의 변화율은 감도 S_x^y를 이용하여 다음과 같이 근사적으로 표현될 수 있다.

$$\frac{\Delta y}{y} \approx S_x^y \left(\frac{\Delta x}{x}\right) \tag{10.2}$$

여기서 Δx, Δy는 각각 x, y의 미소 변화량이다. 예를 들어 감도가 0.5라면 x가 2% 변화할 때 y는 대략 1% 변화한다는 것을 의미한다.

식(10.1)의 정의를 바탕으로 하여 감도의 중요한 성질 몇 가지를 전개해 보자.

1. $S_x^{ky} = S_{kx}^y = S_x^y$ (10.3)

    증명 : k가 x와는 함수 관계가 없는 임의의 상수이므로 다음 식이 성립된다.

    $$S_x^{ky} = \frac{x}{ky}\frac{\partial(ky)}{\partial x} = \frac{x}{ky}\frac{\partial(ky)}{\partial y}\frac{\partial y}{\partial x} = \frac{x}{y}\frac{\partial y}{\partial x} = S_x^y$$

    $S_{kx}^y = S_x^y$도 비슷한 방법으로 증명할 수 있다.

2. $S_x^{y_1 y_2} = S_x^{y_1} + S_x^{y_2}$ (10.4)

    증명 : $y = y_1 y_2$일 때다. 식(10.1)을 이용한다.

    $$S_x^{y_1 y_2} = \frac{x}{y_1 y_2}\frac{\partial(y_1 y_2)}{\partial x} = \frac{x}{y_1 y_2}\left(\frac{y_2 \partial y_1}{\partial x} + \frac{y_1 \partial y_2}{\partial x}\right)$$

    $$= \frac{x}{y_1}\frac{\partial y_1}{\partial x} + \frac{x}{y_2}\frac{\partial y_2}{\partial x} = S_x^{y_1} + S_x^{y_2}$$

3. $S_x^{\prod_{i=1}^{n} y_i} = \sum_{i=1}^{n} S_x^{y_i}$ (10.5)

    증명 : 식(10.4)를 일반화하여 $y = y_1 y_2 \cdots y_n$으로 한 경우이다.

4. $S_x^{y^n} = n S_x^y$ (10.6)

    증명 : 이는 식(10.5)가 $y_1 = y_2 = \cdots = y_n = y$인 특수한 경우이다.

5. $S_x^{y_1/y_2} = S_x^{y_1} - S_x^{y_2}$ (10.7)

증명 : 식(10.4)와 식(10.6)을 이용한다.

$$S_x^{y_1/y_2} = S_x^{y_1} + S_x^{1/y_2} = S_x^{y_1} - S_x^{y_2}$$

6. $S_x^{x^n} = n$ (10.8)

증명 : 식(10.6)에서 $y = x$로 한 경우이다.

7. $S_x^{kx^n} = n$ (10.9)

증명 : 식(10.3)과 식(10.8)을 이용한다.

8. $S_x^{y_1+y_2} = \dfrac{1}{y_1+y_2}\left(y_1 S_x^{y_1} + y_2 S_x^{y_2}\right)$ (10.10)

증명 :
$$S_x^{y_1+y_2} = \frac{x}{y_1+y_2}\frac{\partial}{\partial x}(y_1+y_2)$$
$$= \frac{1}{y_1+y_2}\left(y_1\frac{x}{y_1}\frac{\partial y_1}{\partial x} + y_2\frac{x}{y_2}\frac{\partial y_2}{\partial x}\right)$$
$$= \frac{1}{y_1+y_2}\left(y_1 S_x^{y_1} + y_2 S_x^{y_2}\right)$$

10.2 함수 감도와 크기 감도

회로망 함수에 $s = j\omega$를 대입하면 일반적으로 복소량이 된다.

$$H(j\omega) = |H(j\omega)| e^{j\phi(\omega)} \tag{10.11}$$

식(10.4)의 성질을 이용해서 x에 관한 $H(j\omega)$의 감도를 계산하면 다음과 같다.

$$S_x^{H(j\omega)} = S_x^{|H(j\omega)|} + S_x^{e^{j\phi(\omega)}} \tag{10.12}$$

그런데

$$S_x^{e^{j\phi(\omega)}} = \frac{x}{e^{j\phi(\omega)}}\frac{\partial e^{j\phi(\omega)}}{\partial x} = \frac{x}{e^{j\phi(\omega)}}e^{j\phi(\omega)}\frac{\partial j\phi(\omega)}{\partial x} = j\phi(\omega)\frac{x}{\phi(\omega)}\frac{\partial \phi(\omega)}{\partial x} \tag{10.13}$$

그러므로 $S_x^{H(j\omega)} = S_x^{|H(j\omega)|} + j\phi(\omega) S_x^{\phi(\omega)}$ (10.14)

따라서 $S_x^{|H(j\omega)|} = \text{Re } S_x^{H(j\omega)}$ (10.15)

$$S_x^{\phi(\omega)} = \frac{1}{\phi(\omega)} \text{Im } S_x^{H(j\omega)}$$ (10.16)

여기서 Re는 실수부, 그리고 Im은 허수부를 의미한다. 따라서 함수의 크기 $|H(j\omega)|$에 대한 감도를 얻기 위해서는 함수 $H(s)$의 감도를 우선 구한 후에 $s=j\omega$로 대치하여 실수부만 택하면 되는 것이다. 이 방법은 $|H(j\omega)|$를 먼저 구하고 감도를 직접 계산하는 것보다 일반적으로 더 편리하다. 함수 $H(s)$의 감도는 식(10.1)에 따라 다음과 같다.

$$S_x^{H(s)} = \frac{x}{H(s)} \frac{\partial H(s)}{\partial x}$$ (10.17)

<예제 10.1> 그림 10.1의 수동 회로에서 구동점 어드미턴스 $Y(s)$의 함수 감도를 구하고, R의 변동에 대한 크기 감도를 주파수의 함수로서 나타내라.

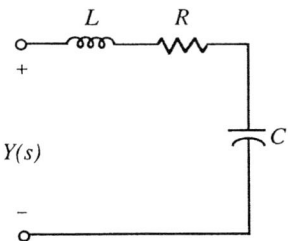

그림 10.1 예제 10.1의 RLC 회로

풀이 : 우선 어드미턴스를 구한다.

$$Y(s) = \frac{(1/L)s}{s^2 + (R/L)s + 1/LC}$$

식(10.17)에서 $H(s) = Y(s)$로 하고 소자 RLC에 관한 함수 감도를 얻는다.

$$S_R^{Y(s)} = \frac{-(R/L)s}{s^2 + (R/L)s + 1/LC}$$

$$S_L^{Y(s)} = \frac{-s^2}{s^2 + (R/L)s + 1/LC}$$

$$S_C^{Y(s)} = \frac{1/LC}{s^2 + (R/L)s + 1/LC}$$

여기서 한가지 주목할 점은 함수 감도 사이에 다음과 같은 관계가 성립된다는 것이다.

$$S_R^{Y(s)} + S_L^{Y(s)} - S_C^{Y(s)} = -1 \tag{10.18}$$

따라서 2개의 함수 감도를 알면 3번째는 식(10.18)에 의하여 얻을 수 있다.

다음에 R의 변동에 의한 $|Y(j\omega)|$의 변동을 보기 위하여 $S_R^{Y(s)}$에 $s=j\omega$를 대입하고 각 소자값을 $L=1$, $R=1$, $C=1/3$로 가정하자. 이때 다음과 같은 식을 얻는다.

$$Y(j\omega) = \frac{\omega^2}{(3-\omega^2)^2 + \omega^2} + j\frac{\omega(3-\omega^2)}{(3-\omega^2)^2 + \omega^2}$$

$$S_R^{Y(j\omega)} = \frac{-\omega^2}{(3-\omega^2)^2 + \omega^2} + j\frac{-\omega(3-\omega^2)}{(3-\omega^2)^2 + \omega^2}$$

식(10.15)와 식(10.16)에 의하여 소자 R에 관한 크기 감도와 위상 감도를 구해 보면 다음과 같이 양자가 모두 주파수 ω의 함수로서 구해진다.

$$S_R^{|H(j\omega)|} = \frac{-\omega^2}{(3-\omega^2)^2 + \omega^2}$$

$$S_R^{\phi(\omega)} = \frac{1}{\phi(\omega)} \frac{-\omega(3-\omega^2)}{(3-\omega^2)^2 + \omega^2} \quad \text{여기서} \quad \phi(\omega) = \tan^{-1}\frac{3-\omega^2}{\omega}$$

10.3 근의 감도

회로망 함수 $H(s)$는 보통 분모 $A(s)$와 분자 $B(s)$인 유리함수로 나타난다.

$$H(s) = \frac{B(s)}{A(s)} = K\frac{(s-z_1)(s-z_2)\cdots(s-z_m)}{(s-p_1)(s-p_2)\cdots(s-p_n)} = K\frac{\prod_{i=1}^{m}(s-z_i)}{\prod_{i=1}^{n}(s-p_i)} \tag{10.19}$$

여기서 영점 z_i와 극점 p_i는 회로망을 구성하고 있는 소자의 값에 의하여 결정되는 양이므로 소자의 값이 변하면 영점과 극점이 복소평면 상에서 변위하여 회로망 성능에 영향을 미친다. 그 영향을 알아보기 위하여 식(10.1)에 의하여 i번째 영점과 극점의 감도를 표기해 보자.

$$S_x^{z_i} = \frac{x}{z_i} \frac{\partial z_i}{\partial x} \tag{10.20}$$

$$S_x^{p_i} = \frac{x}{p_i} \frac{\partial p_i}{\partial x} \tag{10.21}$$

그런데 위 식중에서 $\partial p_i/\partial x$는 x에 관한 p_i의 변동율인데 이것을 복소량인 p_i로 나누어 주면 전혀 무의미한 양이 되어 버린다. 이 사실은 p_i가 스칼라(Scalar)가 아니기 때문이다. 따라서 위 2개 식을 의미있는 척도로 만들어 주기 위해 z_i와 p_i를 그들의 절대치로 치환하여 근의 감도로 정의하기로 하자.

$$S_x^{z_i} = \frac{x}{|z_i|} \frac{\partial z_i}{\partial x} \tag{10.22}$$

$$S_x^{p_i} = \frac{x}{|p_i|} \frac{\partial p_i}{\partial x} \tag{10.23}$$

식(10.22)를 영점 감도(Zero sensitivity), 식(10.23)을 극점 감도(Pole sensitivity)라고 각각 정의한다. 이 2가지 감도가 수식상 동일한 형태이므로 여기서는 극점 감도만을 다룬다. 극점을 $p_i = \sigma_i + j\omega_i$ 라 할 때 식(10.23)을 다음과 같이 쓸 수 있다.

$$S_x^{p_i} = \frac{x}{|p_i|} \frac{\partial p_i}{\partial x} = \frac{x}{|p_i|} \frac{\partial (\sigma_i + j\omega_i)}{\partial x} \tag{10.24}$$

<예제 10.2> 다음 함수의 x에 관한 극점 감도를 구하라.

$$H(s) = \frac{K}{s^2 + \sqrt{2}\,(2 - x/2)s + 1}$$

풀이 : $p_{1,2} = -\left(\sqrt{2} - \frac{x}{2\sqrt{2}}\right) \pm j\sqrt{1 - \left(\sqrt{2} - \frac{x}{2\sqrt{2}}\right)^2}$

식(10.24)에 의하여 극점 감도를 얻는다. x의 값이 2로 하면

$$S_x^{p_i} = 1/\sqrt{2} + j1/\sqrt{2} = 1\underline{/45°}$$

위 결과는 x가 $x=2$를 중심으로 1% 증가하면 극점 p_i도 45° 방향으로 1% 변한다는 것을 의미한다. p_i의 원래의 위치가 $j\omega$축에 가까이 있는 경우에는 x값의 증가가 극점을 우반면에 추이시킬 위험이 있으므로 안정성 문제를 유발시킨다.

<예제 10.3> 다음 능동 회로의 증폭기 이득(Amplifier gain) K에 대한 극점 감도를 구하라. 소자값은 $R_1 = R_2 = 1\ \Omega$이고 $C_1 = C_2 = 1$ F이며 이득은 $K = 2$이다.

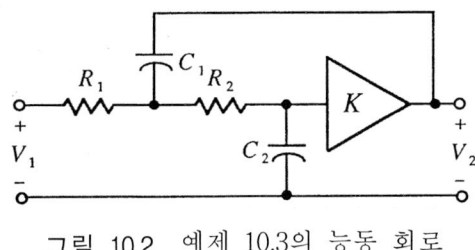

그림 10.2 예제 10.3의 능동 회로

풀이 : 증폭기의 입력 임피던스가 아주 크고 출력 임피던스는 아주 작다고 하고 전달함수 V_2/V_1을 우선 구한다.

$$\frac{V_2}{V_1} = \frac{\dfrac{K}{R_1 R_2 C_1 C_2}}{s^2 + \left[\dfrac{1}{R_1 C_1} + \dfrac{1}{R_2 C_1} + \dfrac{1}{R_2 C_2} - K\dfrac{1}{R_2 C_2}\right]s + \dfrac{1}{R_1 R_2 C_1 C_2}}$$

K에 대한 극점 감도를 구하기 위하여 우선 K를 제외한 모든 소자에 주어진 값을 대입한다.

$$\frac{V_2}{V_1} = \frac{K}{s^2 + (3-K)s + 1}$$

여기서 $p_{1,2} = -\dfrac{3-K}{2} \pm j\sqrt{1 - \dfrac{(3-K)^2}{4}}$

$$S_K^{p_1} = \frac{K}{2} + j\frac{K(3-K)/4}{\sqrt{1 - (3-K)^2/4}}$$

이득 $K = 2$를 대입하면

$$p_1 = -0.5 + j0.866$$

$$S_K^{p_1} = 1 + j0.577$$

<예제 10.4> 다음과 같은 RLC 수동 회로가 주어졌다.
(a) 각 소자에 관한 극점 감도를 구하라. $R = 1,\ L = 1,\ C = 1$이다.
(b) 각 소자에 관한 함수 감도를 구하라. $R = 1,\ L = 1,\ C = 1$이다.

(c) 크기 $|H(j\omega)|$와 L에 관한 $|H(j\omega)|$의 감도를 각각 ω의 함수로 그려라. $R=0.1$, $L=1$, $C=1$이다.

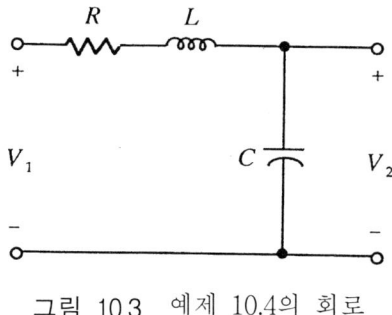

그림 10.3 예제 10.4의 회로

풀이 : 우선 전달함수를 구해보면

$$H(s) = \frac{V_2}{V_1} = \frac{\frac{1}{LC}}{s^2 + \frac{R}{L}s + \frac{1}{LC}}$$

(a) $\quad p_{1,2} = -\frac{R}{2L} \pm j\sqrt{\frac{1}{LC} - \left(\frac{R}{2L}\right)^2}$

$$S_R^{p_1} = \frac{R}{|p_1|}\frac{\partial p_1}{\partial R} = \frac{1}{|p_1|}\left[-\frac{R}{2L} - j\frac{\left(\frac{R}{2L}\right)^2}{\sqrt{\frac{1}{LC} - \left(\frac{R}{2L}\right)^2}}\right]$$

$$S_L^{p_1} = \frac{L}{|p_1|}\frac{\partial p_1}{\partial L} = \frac{1}{|p_1|}\left[\frac{R}{2L} - j\frac{\left(\frac{R}{2L}\right)^2\left(\frac{2L}{R^2C} - 1\right)}{\sqrt{\frac{1}{LC} - \left(\frac{R}{2L}\right)^2}}\right]$$

$$S_C^{p_1} = \frac{C}{|p_1|}\frac{\partial p_1}{\partial C} = \frac{1}{|p_1|}\left[-j\frac{\frac{1}{2LC}}{\sqrt{\frac{1}{LC} - \left(\frac{R}{2L}\right)^2}}\right]$$

RLC의 값이 정해지면 극점 감도가 모두 특정치를 갖게 된다. 여기서는 $R=1$, $L=1$, $C=1$이므로 극점은 $p_1 = -0.5 + j\sqrt{\frac{3}{2}}$ 이며 그의 크기는 $|p_1|=1$ 이다.

그리고 각 소자에 관한 극점 감도는 복소수로서 다음과 같다.

$$S_R^{p_1} = -\frac{1}{2} - j\frac{1}{2\sqrt{3}} = -0.5 - j0.289 = 0.577 \underline{/-150°}$$

$$S_L^{p_1} = \frac{1}{2} - j\frac{1}{2\sqrt{3}} = 0.5 - j0.289 = 0.577 \underline{/-30°}$$

$$S_C^{p_1} = -j\frac{1}{\sqrt{3}} = -j0.577 = 0.577 \underline{/-90°}$$

R, L 또는 C가 1% 변할 때 극점은 0.577% 변한다. 극점 p_1이 변위하는 방향을 벡터로 표시하면 그림 10.4와 같다.

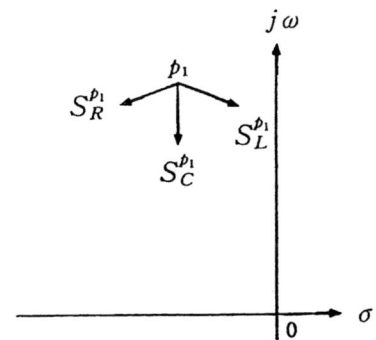

그림 10.4 예제 10.4의 극점이 변위하는 방향

(b) $\quad S_R^{H(s)} = \dfrac{R}{H(s)}\dfrac{\partial H(s)}{\partial R} = \dfrac{R}{H(s)}\left[\dfrac{-\dfrac{s}{L^2C}}{\left(s^2 + \dfrac{R}{L}s + \dfrac{1}{LC}\right)^2}\right] = -RCsH(s)$

$\quad S_L^{H(s)} = \dfrac{L}{H(s)}\dfrac{\partial H(s)}{\partial L} = \dfrac{L}{H(s)}\left[\dfrac{-\dfrac{s^2}{L^2C}}{\left(s^2 + \dfrac{R}{L}s + \dfrac{1}{LC}\right)^2}\right] = -LCs^2H(s)$

$\quad S_C^{H(s)} = \dfrac{C}{H(s)}\dfrac{\partial H(s)}{\partial C} = \dfrac{C}{H(s)}\left[\dfrac{-\dfrac{1}{LC^2}\left(s^2 + s\dfrac{R}{L}\right)}{\left(s^2 + \dfrac{R}{L}s + \dfrac{1}{LC}\right)^2}\right]$

$$= -(LCs^2 + RCs)H(s)$$

위 식에 $s = j\omega$를 대입하여 실수부를 취할 때 크기 감도를 얻게 된다. 또한 전압 전달함수의 감도사이에 다음과 같은 관계가 성립된다.

$$S_R^{H(s)} + S_L^{H(s)} - S_C^{H(s)} = 0 \tag{10.25}$$

위 식은 2개의 감도를 계산하면 3번째 감도는 바로 얻을 수 있다는 것을 의미한다. 식(10.18)은 어드미턴스 $Y(s)$의 감도사이의 관계식이고 식(10.25)는 전압 전달함수 V_2/V_1의 감도 사이의 관계식임을 유의해야 한다. (연습문제 10.9 참조)

(c)
$$S_L^{|H(j\omega)|} = \text{Re}\left\{S_L^{H(j\omega)}\right\}$$
$$= \text{Re}\left\{-LCs^2 H(s)\,\Big|_{s=j\omega}\right\}$$
$$= \text{Re}\left[\frac{\omega^2}{\left(\frac{1}{LC} - \omega^2\right) + j\frac{\omega R}{L}}\right]$$
$$= \frac{LC\omega^2(1 - LC\omega^2)}{(1 - LC\omega^2)^2 + (RC\omega)^2}$$

여기서 $|H(j\omega)| = \dfrac{\dfrac{1}{LC}}{\sqrt{\left(\dfrac{1}{LC} - \omega^2\right)^2 + \left(\dfrac{R}{L}\omega\right)^2}}$

$R = 0.1$, $L = 1$, $C = 1$인 경우 $|H(j\omega)|$와 L에 관한 $|H(j\omega)|$의 감도는 다음과 같다.

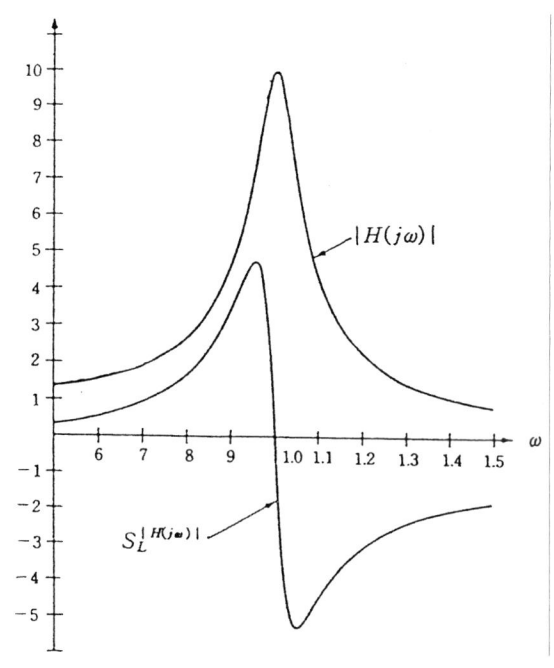

그림 10.5 예제 10.4의 크기 $|H(j\omega)|$와 그의 L에 관한 감도

$$|H(j\omega)| = \frac{1}{\sqrt{(1-\omega^2)^2 + (0.1\omega)^2}} \qquad S_L^{|H(j\omega)|} = \frac{\omega^2(1-\omega^2)}{(1-\omega^2)^2 + (0.1\omega)^2}$$

그림 10.5는 크기 $|H(j\omega)|$ 및 L에 관한 $|H(j\omega)|$의 감도를 ω의 함수로 그린 것이다. 감도 곡선이 가장 높(낮)은 점(즉 $\omega=1$의 양변)에서 $|H(j\omega)|$의 변화율이 가장 크다는 것을 볼 수 있다.

$\omega=1$인 지점에서는 감도가 순간 0이 되는데 거기서 $|H(j\omega)|$는 정점(Peak)을 이루며 $|H(j\omega)|$의 변화율은 엄밀하게 볼 때 0이다.

10.4 ω_0의 감도와 Q의 감도

7, 8 장에서 다루었던 고차 능동 필터 실현에서는 주어진 함수를 우선 2차 필터 함수의 곱으로 표기하고, 각 2차 필터 함수를 합성한 후 모두 종속 연결하였다. 그러므로 전체 회로망의 성질과 동작은 각 2차 필터 회로의 감도를 종합 분석하여 판단하게 된다. 2차 함수는 다음과 같이 표기할 수 있는데 극점을 $p_1 = -\sigma_1 + j\omega_1$이라 하자.

$$H(s) = \frac{B(s)}{(s-p_1)(s-\overline{p_1})} = \frac{B(s)}{s^2 + 2\sigma_1 s + \sigma_1^2 + \omega_1^2} \tag{10.26a}$$

또는

$$H(s) = \frac{B(s)}{s^2 + \frac{\omega_0}{Q}s + \omega_0^2} \tag{10.26b}$$

여기서 ω_0와 Q는 극점 p_1과 달리 스칼라(Scalar)이므로 취급하기에 편리하다. 그런데 ω_0의 감도 및 Q의 감도는 p_1의 감도와 밀접한 관계를 갖는다. (연습문제 10.6 참조)

$$\omega_0 = \sqrt{\sigma_1^2 + \omega_1^2} \tag{10.27}$$

$$Q = \frac{\omega_0}{2\sigma_1} \tag{10.28}$$

여기서도 역시 식(10.1)에 따라 ω_0 감도와 Q 감도를 다음과 같이 정의하자.

$$S_x^{\omega_0} = \frac{x}{\omega_0}\frac{\partial \omega_0}{\partial x} \tag{10.29}$$

$$S_x^Q = \frac{x}{Q}\frac{\partial Q}{\partial x} \tag{10.30}$$

극점의 크기인 ω_0의 감도 및 Q의 감도는 종속연결 방식을 이용한 능동 회로의 성능을 평가하는데 있어 유용한 척도가 되는 때가 많다.

<예제 10.5> 그림 10.6의 대역통과 회로의 ω_0 감도와 Q 감도를 구하라.

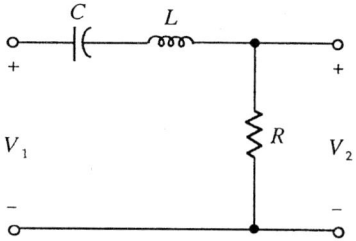

그림 10.6 예제 10.5의 대역통과 회로

풀이 : 우선 전달함수를 구하고 ω_0와 Q를 검정한다.

$$\frac{V_2}{V_1} = \frac{\dfrac{R}{L}s}{s^2 + \dfrac{R}{L}s + \dfrac{1}{LC}} = \frac{\dfrac{\omega_0}{Q}s}{s^2 + \dfrac{\omega_0}{Q}s + \omega_0^2}$$

$$\omega_0 = \frac{1}{\sqrt{LC}}, \qquad Q = \frac{1}{R}\sqrt{\frac{L}{C}}$$

식(10.29) 및 식(10.30)을 이용하여 각 소자에 관한 감도를 구한다.

$$S_L^{\omega_0} = S_C^{\omega_0} = -\frac{1}{2}, \qquad S_R^{\omega_0} = 0 \tag{10.31}$$

$$S_L^Q = -S_C^Q = -\frac{1}{2}, \qquad S_R^Q = \frac{1}{2} \tag{10.32}$$

이때 저항 R의 값이 변하면 극점의 위치는 달라지지만 극점의 크기 ω_0는 변하지 않는다. 즉 극점은 원점을 중심으로 잡고 ω_0를 반경삼아 원상에서 이동한다. 커패시터 C의 변동은 극점을 상하로 이동시키는데 대역폭 B에는 영향을 미치지 않는다. 인덕터 L의 변동은 허수축이 접선이 되는 원주상에서 극점을 이동시킨다. 이러한 현상은 위의 감도식으로도 알 수 있다.

10.4 ω_0의 감도와 Q의 감도

각 소자값이 미소량 증가할 때 극점의 이동하는 양상을 식(10.31)과 식(10.32)를 통하여 그려보면 **그림 10.7**과 같다.

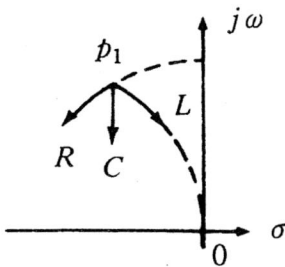

그림 10.7 그림 10.6의 회로안에서 각 소자값이 미소량 증가할 때 극점이 변위하는 양상

<예제 10.6> 다음 회로는 유한이득 증폭기를 이용한 능동 대역통과 필터이다. 각 소자에 대한 ω_0 감도와 Q 감도를 구하라.

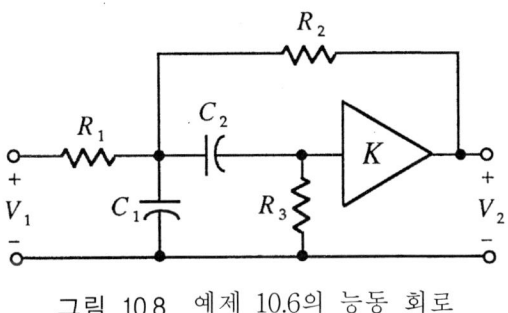

그림 10.8 예제 10.6의 능동 회로

풀이 : 증폭기의 입력 임피던스는 아주 크고, 출력 임피던스는 아주 작다면 전달함수 V_2/V_1를 구한다.

$$\frac{V_2}{V_1} = \frac{\dfrac{K}{R_1 C_1} s}{s^2 + \left(\dfrac{1}{R_1 C_1} + \dfrac{1}{R_3 C_2} + \dfrac{1}{R_3 C_1} + \dfrac{1-K}{R_2 C_1}\right) s + \dfrac{R_1 + R_2}{R_1 R_2 R_3 C_1 C_2}}$$

위 식 분모 다항식에서 ω_0와 Q를 검정한다.

$$\omega_0 = \sqrt{\frac{R_1 + R_2}{R_1 R_2 R_3 C_1 C_2}}, \qquad Q = \frac{\sqrt{\dfrac{R_2 C_1 (R_1 + R_2)}{R_1 R_3 C_2}}}{1 + \dfrac{R_2}{R_1} + \dfrac{R_2}{R_3}\left(1 + \dfrac{C_1}{C_2}\right) - K}$$

식(10.29)와 식(10.30)을 이용하여 각 소자에 관한 ω_0 감도 및 Q 감도를 얻을 수 있다. $R_1 = R_2 = R_3 = R$ 그리고 $C_1 = C_2 = C$라 할 때 감도는 다음과 같다.

$$S_{R_1}^{\omega_0} = S_{R_2}^{\omega_0} = S_{R_3}^{\omega_0} = S_{C_1}^{\omega_0} = S_{C_2}^{\omega_0} = -\frac{1}{2}, \qquad S_K^{\omega_0} = 0$$

$$S_{R_1}^Q = -\frac{1}{4} + \frac{Q}{\sqrt{2}}, \; S_{R_2}^Q = \frac{3}{4} - \frac{3Q}{\sqrt{2}}, \quad S_{R_3}^Q = -\frac{1}{2} + \sqrt{2}\,Q$$

$$S_{C_1}^Q = \frac{1}{2} - \frac{Q}{\sqrt{2}}, \quad S_{C_2}^Q = -\frac{1}{2} + \frac{Q}{\sqrt{2}}, \; S_K^Q = \frac{4Q}{\sqrt{2}} - 1$$

위에서 Q 감도는 대개 Q에 비례하는 것을 볼 수 있다. 그러므로 Q가 클 때는 Q 감도도 커진다. 이 사실은 높은 Q 값을 요하는 대역통과 필터를 합성할 때는 **그림 10.8**의 능동 회로가 적합하지 않다는 것을 의미한다. 한편 **그림 10.6**의 수동 회로에서는 감도가 모두 낮았음을 상기할 때 수동 회로가 감도면에서 능동 회로보다 우수함을 알 수 있다.

<예제 10.7> 다음 회로는 무한이득 증폭기를 이용한 능동 저역통과 필터이다. 각 소자에 대한 ω_0 감도와 Q 감도를 구하라. [8.2절 참조]

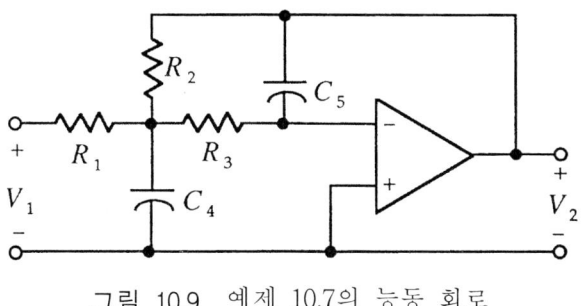

그림 10.9 예제 10.7의 능동 회로

풀이 : 먼저 전달함수 V_2/V_1를 구한다.

$$\frac{V_2}{V_1} = \frac{-\dfrac{R_2}{R_1}\dfrac{1}{R_2 R_3 C_4 C_5}}{s^2 + \dfrac{1}{C_4}\left(\dfrac{1}{R_1} + \dfrac{1}{R_2} + \dfrac{1}{R_3}\right)s + \dfrac{1}{R_2 R_3 C_4 C_5}}$$

위 식의 분모 다항식에서 ω_0와 Q를 구한다.

10.4 ω_0의 감도와 Q의 감도

$$\omega_0 = \frac{1}{\sqrt{R_2 R_3 C_4 C_5}}$$

$$Q = \frac{1}{\sqrt{\dfrac{C_5}{C_4}} \left(\dfrac{\sqrt{R_2 R_3}}{R_1} + \sqrt{\dfrac{R_3}{R_2}} + \sqrt{\dfrac{R_2}{R_3}} \right)}$$

식(10.29)와 식(10.30)을 이용하여 각 소자에 관한 ω_0 감도 및 Q 감도를 얻을 수 있다. $R_1 = R_2 = R_3 = R$ 그리고 $C_4 = C_5 = C$ 이라면 감도는 다음과 같다.

$$S_{R_1}^{\omega_0} = 0, \quad S_{R_2}^{\omega_0} = S_{R_3}^{\omega_0} = S_{C_4}^{\omega_0} = S_{C_5}^{\omega_0} = -\frac{1}{2}$$

$$S_{R_1}^{Q} = \frac{1}{3}, \quad S_{R_2}^{Q} = S_{R_3}^{Q} = -\frac{1}{6}, \quad S_{C_4}^{Q} = -S_{C_5}^{Q} = \frac{1}{2}$$

여기서 무한이득 증폭기를 이용한 능동 RC 필터는 모든 감도가 아주 낮고, Q 감도가 Q에 비례하지 않는다. 이점이 예제 10.6에서 취급한 유한이득 증폭기를 사용한 능동 RC 필터와 다른 점이다.

이 장에서는 회로망의 성능 평가에 중요한 척도가 되는 감도를 정의하였고, 여러가지 관계식을 증명하였다. 이어 크기 감도와 위상 감도를 설명하였으며, 그들을 함수 감도로부터 어떻게 얻을 수 있는가를 알아보았다. 또한 근의 감도를 정의했고, 영점 감도와 극점 감도를 상세하게 설명하였다. 극점 감도에 이어 ω_0 감도와 Q 감도의 유용성을 분석하였다. 일반적으로 필터의 성능을 파악하기 위해서는 많은 변수에 관한 감도를 동시에 측정하고 분석해야 한다.

10.1 그림 10.10에 저역통과 필터 회로망이 주어졌다. $V_2/V_1 = H(s)$를 구하고 각 소자의 변화에 따르는 ω_0 감도와 Q 감도를 구하라. $R_1 = R_2 = 1$, $L = \sqrt{2}$, $C = 1/\sqrt{2}$ 일 때의 각 감도의 값을 계산하라.

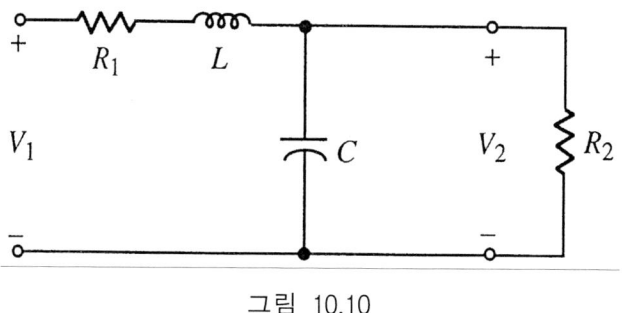

그림 10.10

풀이 :

$$H(s) = \frac{V_2}{V_1} = \frac{\dfrac{1}{LC}}{s^2 + \left(\dfrac{R_1}{L} + \dfrac{1}{R_2 C}\right)s + \dfrac{R_1 + R_2}{R_2 LC}}$$

$$S_L^{\omega_0} = S_C^{\omega_0} = -\frac{1}{2}, \quad S_{R_1}^{\omega_0} = S_{R_2}^{\omega_0} = \frac{1}{4}$$

$$S_{R_1}^Q = -\frac{1}{12}, \quad S_{R_2}^Q = \frac{5}{12}, \quad S_L^Q = -S_C^Q = -\frac{1}{6}$$

10.2 문제 10.1의 회로망에서 전달함수 $H(s)$의 각 소자에 관한 감도를 구하라.

풀이 :

$$S_L^H = \frac{-s^2 - s\sqrt{2}}{D(s)}, \quad S_C^H = \frac{-s^2 - \dfrac{s}{\sqrt{2}}}{D(s)}$$

$$S_{R_1}^H = \frac{-\dfrac{s}{\sqrt{2}} - 1}{D(s)}, \quad S_{R_2}^H = \frac{s\sqrt{2} + 1}{D(s)}$$

이때 $D(s) = s^2 + \dfrac{3}{\sqrt{2}} s + 2$ 이다.

10.3 함수 y가 다음과 같이 주어졌다.

$$y = \frac{3x_1 \cdot x_2^{1/3}}{2\sqrt{x_1 x_2}}$$

(a) x_1에 관한 y의 감도를 구하라.
(b) x_2에 관한 y의 감도를 구하라.

풀이 : (a) x_1에 관한 y의 감도를 구하라.

$$y = K_1 x_1^{\frac{1}{2}} \qquad \therefore \ S_{x_1}^{y} = \frac{1}{2}$$

(b) x_2에 관한 y의 감도를 구하라.

$$y = K_2 x_2^{-\frac{1}{6}} \qquad \therefore \ S_{x_2}^{y} = -\frac{1}{6}$$

10.4 다음을 증명하라.

$$S_x^{f_1+f_2+\cdots} = \frac{f_1 S_x^{f_1} + f_2 S_x^{f_2} + \cdots}{f_1 + f_2 + \cdots}$$

10.5 (a) 그림 10.11 회로망의 전달함수를 구하라.
(b) 각 소자에 관한 ω_0 감도와 Q 감도를 구하라.

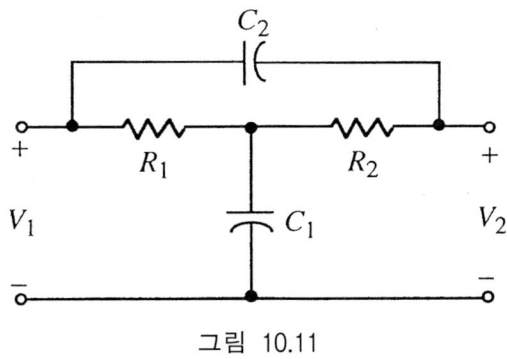

그림 10.11

풀이 : (a) 그림 10.11 회로망의 전달함수를 구하라.

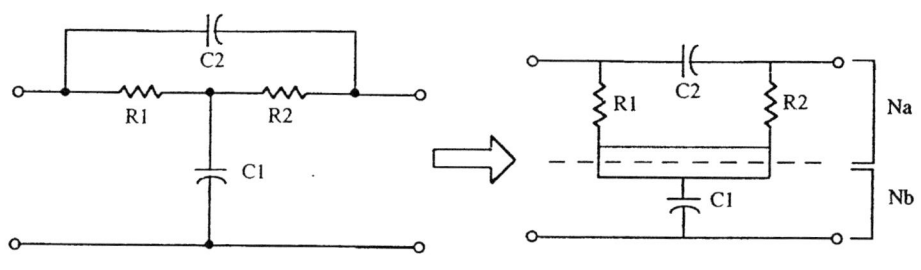

$$Y_a = \begin{bmatrix} \dfrac{1}{R_1} + C_2 s & -C_2 s \\ -C_2 s & \dfrac{1}{R_2} + C_2 s \end{bmatrix}$$

$$Z_a = \dfrac{1}{\left(\dfrac{1}{R_1}+C_2 s\right)\left(\dfrac{1}{R_2}+C_2 s\right)-(C_2 s)^2} \begin{bmatrix} \dfrac{1}{R_2}+C_2 s & C_2 s \\ C_2 s & \dfrac{1}{R_1}+C_2 s \end{bmatrix}$$

$$= \begin{bmatrix} z_{11a} & z_{12a} \\ z_{21a} & z_{22a} \end{bmatrix}$$

$$Z_b = \begin{bmatrix} \dfrac{1}{C_1 s} & \dfrac{1}{C_1 s} \\ \dfrac{1}{C_1 s} & \dfrac{1}{C_1 s} \end{bmatrix} = \begin{bmatrix} z_{11b} & z_{12b} \\ z_{21b} & z_{22b} \end{bmatrix}$$

$$Z = Z_a + Z_b$$

$$\begin{bmatrix} z_{11} & z_{12} \\ z_{21} & z_{22} \end{bmatrix} = \begin{bmatrix} z_{11a}+z_{11b} & z_{12a}+z_{12b} \\ z_{21a}+z_{21b} & z_{22a}+z_{22b} \end{bmatrix}$$

$$\therefore \dfrac{V_2}{V_1} = \dfrac{z_{12}}{z_{11}} = \dfrac{s^2 + \left(\dfrac{1}{R_1 C_1}+\dfrac{1}{R_2 C_1}\right)s + \dfrac{1}{C_1 C_2 R_1 R_2}}{s^2 + \left(\dfrac{1}{R_1 C_1}+\dfrac{1}{R_2 C_1}+\dfrac{1}{R_2 C_2}\right)s + \dfrac{1}{C_1 C_2 R_1 R_2}}$$

(b) 각 소자에 관한 ω_0 감도와 Q 감도를 구하라.

$$\omega_0 = \frac{1}{\sqrt{R_1 R_2 C_1 C_2}}, \quad Q = \frac{1}{\sqrt{\frac{R_2 C_2}{R_1 C_1}} + \sqrt{\frac{R_1 C_1}{R_2 C_2}} + \sqrt{\frac{R_1 C_2}{R_2 C_1}}}$$

$$S_{R_1}^{\omega_0} = S_{R_2}^{\omega_0} = S_{C_1}^{\omega_0} = S_{C_2}^{\omega_0} = -\frac{1}{2}$$

$$S_{R_1}^Q = -\frac{1}{2} + \frac{R_2}{R_1 + R_2} = -S_{R_2}^Q$$

$$S_{C_1}^Q = -\frac{1}{2} + \frac{R_1}{R_1 + R_2} + \frac{R_2}{R_1 + R_2} = \frac{1}{2} = -S_{C_2}^Q$$

10.6 주어진 2차 전달함수의 공액 복소 극점(Complex conjugate pole)을 $p_{1,2}$라 할 때 극점 감도를 ω_0 감도와 Q 감도를 써서 다음과 같이 표현할 수 있음을 증명하라.

$$S_x^{p_{1,2}} = \frac{p_{1,2}}{|p_{1,2}|}\left(S_x^{\omega_0} \mp j\frac{S_x^Q}{\sqrt{4Q^2 - 1}}\right)$$

10.7 어떤 능동 회로의 전달함수가 다음과 같다고 가정하자.

$$H(s) = \frac{K}{[(s+2)^2 + 1] + K[(s+1)^2 + 1]}$$

여기서 K는 능동 소자의 이득(Gain)이라고 하자.

K가 0에서 ∞까지 변할 때 극점의 궤적(Locus)을 그려라.

10.8 회로망 함수 $H(s, x)$를 다음과 같이 표시하자.

$$H(s, x) = K\frac{(s-z_1)(s-z_2)\cdots(s-z_m)}{(s-p_1)(s-p_2)\cdots(s-p_n)}$$

여기서 x는 회로의 어떤 파래미터이며 K, z_i 및 p_i가 모두 x의 함수라 하자.

회로망 함수 감도와 이득 감도, 영점 감도, 극점 감도사이에 다음과 같은 관계가 있다는 것을 증명하여라.

$$S_x^{H(s)} = S_x^K - \sum_{i=1}^{m} \frac{|z_i|}{s-z_i} S_x^{z_i} + \sum_{i=1}^{n} \frac{|p_i|}{s-p_i} S_x^{p_i}$$

풀이 : 식 (10.5)와 식 (10.7)을 이용한다.

$$S_x^{H(s,x)} = S_x^K + S_x^{(s-z_1)} + S_x^{(s-z_2)} + \cdots + S_x^{(s-z_m)}$$

$$- S_x^{(s-p_1)} - S_x^{(s-p_2)} - \cdots - S_x^{(s-p_n)}$$

$$= S_x^K + \frac{x}{s-z_1}\frac{\partial(-z_1)}{\partial x} + \frac{x}{s-z_2}\frac{\partial(-z_2)}{\partial x} + \cdots + \frac{x}{s-z_m}\frac{\partial(-z_m)}{\partial x}$$

$$- \frac{x}{s-p_1}\frac{\partial(-p_1)}{\partial x} - \frac{x}{s-p_2}\frac{\partial(-p_2)}{\partial x} - \cdots - \frac{x}{s-p_n}\frac{\partial(-p_n)}{\partial x}$$

$$= S_x^K - \frac{|z_1|}{s-z_1}\frac{x}{|z_1|}\frac{\partial z_1}{\partial x} - \frac{|z_2|}{s-z_2}\frac{x}{|z_2|}\frac{\partial z_2}{\partial x} - \cdots - \frac{|z_m|}{s-z_m}\frac{x}{|z_m|}\frac{\partial z_m}{\partial x}$$

$$+ \frac{|p_1|}{s-p_1}\frac{x}{|p_1|}\frac{\partial p_1}{\partial x} + \frac{|p_2|}{s-p_2}\frac{x}{|p_2|}\frac{\partial p_2}{\partial x} + \cdots + \frac{|p_n|}{s-p_n}\frac{x}{|p_n|}\frac{\partial p_n}{\partial x}$$

$$= S_x^K - \sum_{i=1}^{m}\frac{|z_i|}{s-z_i} S_x^{z_i} + \sum_{i=1}^{n}\frac{|p_i|}{s-p_i} S_x^{p_i}$$

10.9 어떤 회로망 함수를 각 소자 R_i, L_i, C_i 및 s의 함수로서 다음과 같이 표기할 수 있다고 하자.

$$H(R_i,\ L_i,\ C_i,\ s)$$

이때 다음과 같은 관계식이 성립된다는 것을 증명하라. 여기서 n_R, n_L 및 n_C는 각각 저항, 인덕터, 및 커패시터의 소자수이다.

$$\sum_{i=1}^{n_R} S_{R_i}^H + \sum_{i=1}^{n_L} S_{L_i}^H - \sum_{i=1}^{n_C} S_{C_i}^H = \begin{cases} 1, & H(s)\text{가 임피던스일 때} \\ 0, & H(s)\text{가 } V_2/V_1 \text{나 } I_2/I_1 \text{일 때} \\ -1, & H(s)\text{가 어드미턴스일 때} \end{cases}$$

부 록

부록 A 바터워스 함수표 ($\alpha_p = 3$ dB)

표 1(a) $H(s) = \dfrac{1}{A(s)} = \dfrac{1}{s^n + a_{n-1}s^{n-1} + \cdots + a_1 s + 1}$ 의 극점

n					
1	-1.00000000				
2	-0.70710678±j0.70710678				
3	-0.50000000±j0.86602540	-1.00000000			
4	-0.38268343±j0.92387953	-0.92387953±j0.38268343			
5	-0.30901699±j0.95105652	-0.80901699±j0.58778525	-1.00000000		
6	-0.25881905±j0.96592588	-0.70710678±j0.70710678	-0.96592538±j0.25881905		
7	-0.22252093±j0.97492791	-0.62348980±j0.78183148	-0.90096887±j0.43388374	-1.00000000	
8	-0.19509032±j0.98078528	-0.55557023±j0.83146961	-0.83146961±j0.55557023	-0.98078528±j0.19509032	
9	-0.17364818±j0.98480775	-0.50000000±j0.86602540	-0.76604444±j0.64278761	-0.93969262±j0.34202014	-1.00000000
10	-0.15643447±j0.98768834	-0.45399050±j0.89100652	-0.70710678±j0.70710678	-0.89100652±j0.45399050	-0.98768834±j0.15643447

표 1(b) 분모 $A(s) = s^n + a_{n-1}s^{n-1} + \cdots + a_1 s + 1$ 의 계수

n	a_1	a_2	a_3	a_4	a_5	a_6	a_7	a_8	a_9
1	1.00000000								
2	1.41421356								
3	2.00000000	2.00000000							
4	2.61312593	3.41421356	2.61312593						
5	3.23606798	5.23606798	5.23606798	3.23606798					
6	3.86370331	7.46410162	9.14162017	7.46410162	3.86370331				
7	4.49395921	10.09783468	14.59179389	14.59179389	10.09783468	4.49395921			
8	5.12583090	13.13707118	21.84615097	25.68835593	21.84615097	13.13707118	5.12583090		
9	5.75877048	16.58171874	31.16343748	41.98638573	41.98638573	31.16343748	16.58171874	5.75877048	
10	6.39245322	20.43172909	42.80206107	64.88239627	74.23342926	64.88239627	42.80206107	20.43172909	6.39245322

표 1(c) 분해된 $A(s)$

n	
1	$s+1$
2	$s^2+1.41421356s+1$
3	$(s+1)(s^2+s+1)$
4	$(s^2+0.76536686s+1)(s^2+1.84775907s+1)$
5	$(s+1)(s^2+0.61803399s+1)(s^2+1.61803399s+1)$
6	$(s^2+0.51763809s+1)(s^2+1.41421356s+1)(s^2+1.93185165s+1)$
7	$(s+1)(s^2+0.44504187s+1)(s^2+1.24697960s+1)(s^2+1.80193774s+1)$
8	$(s^2+0.39018064s+1)(s^2+1.11114047s+1)(s^2+1.66293922s+1)(s^2+1.96157056s+1)$
9	$(s+1)(s^2+0.34729636s+1)(s^2+s+1)(s^2+1.53208889s+1)(s^2+1.87938524s+1)$
10	$(s^2+0.31286893s+1)(s^2+0.90798100s+1)(s^2+1.41421356s+1)(s^2+1.78201305s+1)(s^2+1.97537668s+1)$

부록 B 체비셰프 함수표   표 1 ($\alpha_p = 3$ dB)

표 1(a) $H(s) = \dfrac{K}{A(s)} = \dfrac{K}{s^n + a_{n-1} s^{n-1} + \cdots + a_1 s + a_0}$ 의 극점

n					
1	−1.00237729				
2	−0.32244983 ± j0.77715757				
3	−0.14931010 ± j0.90381443	−0.29862021			
4	−0.08517040 ± j0.94648443	−0.20561953 ± j0.39204669			
5	−0.05485987 ± j0.96592748	−0.14362501 ± j0.59697601	−0.17753027		
6	−0.03822951 ± j0.97640602	−0.10444497 ± j0.71477881	−0.14267448 ± j0.26162720		
7	−0.02814564 ± j0.98269568	−0.07886234 ± j0.78806075	−0.11395938 ± j0.43734072	−0.12648537	
8	−0.02157816 ± j0.98676635	−0.06144939 ± j0.83654012	−0.09196552 ± j0.55895824	−0.10848072 ± j0.19628003	
9	−0.01706520 ± j0.98955191	−0.04913728 ± j0.87019734	−0.07528269 ± j0.64588414	−0.09234789 ± j0.34366777	−0.09827457
10	−0.01383196 ± j0.99154216	−0.04014192 ± j0.89448274	−0.06252250 ± j0.70986552	−0.07878295 ± j0.45576172	−0.08733157 ± j0.15704479

표 1(b) 분모 $A(s) = s^n + a_{n-1} s^{n-1} + \cdots + a_1 s + a_0$ 의 계수

n	a_0	a_1	a_2	a_3	a_4	a_5	a_6	a_7	a_8	a_9
1	1.00237729									
2	0.70794778	0.64489965								
3	0.25059432	0.92834806	0.59724042							
4	0.17698695	0.40476795	1.16911757	0.58157986						
5	0.06264858	0.40796631	0.54893711	1.41502514	0.57450003					
6	0.04424674	0.16342991	0.69909774	0.69060980	1.66284806	0.57069793				
7	0.01566215	0.14615300	0.30001666	1.05184481	0.83144115	1.91155070	0.56842010			
8	0.01106168	0.05648135	0.32076457	0.47189898	1.46669900	0.97194732	2.16071478	0.56694758		
9	0.00391554	0.04759081	0.13138977	0.58350569	0.67893051	1.94386024	1.11232209	2.41014443	0.56594069	
10	0.00276542	0.01803133	0.12775604	0.24920426	0.94992084	0.92106589	2.48342053	1.25264670	2.65973784	0.56522179

표 1(c) 분해된 $A(s)$

n	
1	$s + 1.00237729$
2	$s^2 + 0.64489965s + 0.70794778$
3	$(s + 0.29862021)(s^2 + 0.29862021s + 0.83917403)$
4	$(s^2 + 0.17034080s + 0.90308678)(s^2 + 0.41123906s + 0.19598000)$
5	$(s + 0.17753027)(s^2 + 0.10971974s + 0.93602549)(s^2 + 0.28725001s + 0.37700850)$
6	$(s^2 + 0.07645903s + 0.95483021)(s^2 + 0.20888994s + 0.52181750)(s^2 + 0.28534897s + 0.08880480)$
7	$(s + 0.12648537)(s^2 + 0.05629129s + 0.96648298)(s^2 + 0.15772468s + 0.62725902)(s^2 + 0.22791876s + 0.20425365)$
8	$(s^2 + 0.04315631s + 0.97417345)(s^2 + 0.12289879s + 0.70357540)(s^2 + 0.18393103s + 0.32089197)(s^2 + 0.21696145s + 0.05029392)$
9	$(s + 0.09827457)(s^2 + 0.03413040s + 0.97950420)(s^2 + 0.09827457s + 0.75965789)(s^2 + 0.15056538s + 0.42283380)(s^2 + 0.18469578s + 0.12663567)$
10	$(s^2 + 0.02766392s + 0.98334638)(s^2 + 0.08028383s + 0.80171075)(s^2 + 0.12504500s + 0.50781813)(s^2 + 0.15756589s + 0.21392550)(s^2 + 0.17466314s + 0.03228987)$

부록 B 체비셰프 함수표   표 2 ($\alpha_p = 2$ dB)

표 2(a) $H(s) = \dfrac{K}{A(s)} = \dfrac{K}{s^n + a_{n-1}s^{n-1} + \cdots + a_1 s + a_0}$ 의 극점

n					
1	-1.30756027				
2	-0.40190822±j0.81334508				
3	-0.18445539±j0.92307712	-0.36891079			
4	-0.10488725±j0.95795296	-0.25322023±j0.39679711			
5	-0.06746098±j0.97345572	-0.17661514±j0.60162872	-0.21830832		
6	-0.04697322±j0.98170517	-0.12833321±j0.71865806	-0.17530643±j0.26304711		
7	-0.03456636±j0.98662052	-0.09685278±j0.79120823	-0.13995632±j0.43908744	-0.15533980	
8	-0.02649238±j0.98978701	-0.07544391±j0.83910091	-0.11290980±j0.56066930	-0.13318619±j0.19688088	
9	-0.02094714±j0.99194711	-0.06031490±j0.87230365	-0.09240778±j0.64744750	-0.11335493±j0.34449962	-0.12062980
10	-0.01697581±j0.99348681	-0.04926573±j0.89623740	-0.07673317±j0.71125803	-0.09668943±j0.45665576	-0.10718106±j0.15735285

표 2(b) 분모 $A(s) = s^n + a_{n-1}s^{n-1} + \cdots + a_1 s + a_0$ 의 계수

n	a_0	a_1	a_2	a_3	a_4	a_5	a_6	a_7	a_8	a_9
1	1.30756027									
2	0.82306043	0.80381643								
3	0.32689007	1.02219034	0.73782158							
4	0.20576511	0.51679810	1.25648193	0.71621496						
5	0.08172252	0.45934912	0.69347696	1.49954327	0.70646057					
6	0.05144128	0.21027056	0.77146177	0.86701492	1.74585875	0.70122571				
7	0.02043063	0.16612635	0.38263808	1.14459657	1.03954580	1.99366532	0.69809071			
8	0.01286032	0.07293732	0.35870428	0.59822139	1.57958072	1.21171208	2.24225293	0.69606455		
9	0.00510766	0.05437558	0.16844729	0.64446774	0.85686481	2.07674793	1.38374646	2.49128967	0.69467931	
10	0.00321508	0.02333474	0.14400571	0.31775596	1.03891044	1.15852866	2.63625070	1.55574245	2.74060318	0.69369039

표 2(c) 분해된 $A(s)$

n	
1	s+1.30756027
2	s^2+0.80381643s+0.882306043
3	(s+0.36891079s)(s^2+0.36891079s+0.88609517)
4	(s^2+0.20977450s+0.92867521)(s^2+0.50644045s+0.22156843)
5	(s+0.21830832)(s2+0.13492196s+0.95216702)(s^2+0.35323028s+0.39315003)
6	(s^2+0.09394643s+0.96595153)(s^2+0.25666642s+0.53293883)(s^2+0.35061285s+0.09992612)
7	(s+0.15533980)(s^2+0.06913271s+0.97461489)(s^2+0.19370556s+0.63539092)(s^2+0.27991264s+0.21238555)
8	(s^2+0.05298476s+0.98038017)(s^2+0.15088783s+0.70978212)(s^2+0.22581959s+0.32709869)(s^2+0.26637237s+0.05650064)
9	(s+0.12062980)(s^2+0.04189429s+0.98439786)(s^2+0.12062980s+0.76455155)(s^2+0.18481557s+0.42772746)(s^2+0.22670986s+0.13152933)
10	(s^2+0.03395162s+0.98730422)(s^2+0.09853145s+0.80566858)(s^2+0.15346633s+0.51177596)(s^2+0.19337896s+0.21788333)(s^2+0.21436212s+0.03624770)

부록 B 체비셰프 함수표   표 3 ($\alpha_p = 1$ dB)

표 3(a) $H(s) = \dfrac{K}{A(s)} = \dfrac{K}{s^n + a_{n-1}s^{n-1} + \cdots + a_1 s + a_0}$ 의 극점

n					
1	−1.96522673				
2	−0.54886716 ± j0.89512857				
3	−0.24708530 ± j0.96599867	−0.49417060			
4	−0.13953600 ± j0.98337916	−0.33686969 ± j0.40732899			
5	−0.08945836 ± j0.99010711	−0.23420503 ± j0.61191985	−0.28949334		
6	−0.06218102 ± j0.99341120	−0.16988172 ± j0.72722747	−0.23206274 ± j0.26618373		
7	−0.04570898 ± j0.99528396	−0.12807372 ± j0.79815576	−0.18507189 ± j0.44294303	−0.20541430	
8	−0.03500823 ± j0.99645128	−0.09969501 ± j0.84475061	−0.14920413 ± j0.56444431	−0.17599827 ± j0.19820648	
9	−0.02766745 ± j0.99722967	−0.07966524 ± j0.87694906	−0.12205422 ± j0.65089544	−0.14972167 ± j0.34633423	−0.15933047
10	−0.02241445 ± j0.99777551	−0.06504927 ± j0.90010629	−0.10131662 ± j0.71432840	−0.12766638 ± j0.45862706	−0.14151928 ± j0.15803212

표 3(b) 분모 $A(s) = s^n + a_{n-1}s^{n-1} + \cdots + a_1 s + a_0$ 의 계수

n	a_0	a_1	a_2	a_3	a_4	a_5	a_6	a_7	a_8	a_9
1	1.96522673									
2	1.10251033	1.09773433								
3	0.49130668	1.23840917	0.98834121							
4	0.27562758	0.74261937	1.45392476	0.95281138						
5	0.12282667	0.58053415	0.97439607	1.68881598	0.93682013					
6	0.06890690	0.30708064	0.93934553	1.20214039	1.93082492	0.92825096				
7	0.03070667	0.21367139	0.54861981	1.35754480	1.42879431	2.17607847	0.92312347			
8	0.01722672	0.10734473	0.44782572	0.84682432	1.83690238	1.65515567	2.42302642	0.91981131		
9	0.00767667	0.07060479	0.24418637	0.78631094	1.20160717	2.37811881	1.88147976	2.67094683	0.91754763	
10	0.00430668	0.03449708	0.18245121	0.45538923	1.24449142	1.61298557	2.98150939	2.10785235	2.91946571	0.91593199

표 3(c) 분해된 $A(s)$

n	
1	$s + 1.96522673$
2	$s^2 + 1.09773433s + 1.10251033$
3	$(s^2 + 0.49417060)(s^2 + 0.49417060s + 0.99420459)$
4	$(s^2 + 0.27907199s + 0.98650488)(s^2 + 0.67373939s + 0.27939809)$
5	$(s + 0.28949334)(s^2 + 0.17891672s + 0.98831489)(s^2 + 0.46841007s + 0.42929790)$
6	$(s^2 + 0.12436205s + 0.99073230)(s^2 + 0.33976343s + 0.55771960)(s^2 + 0.46412548s + 0.12470689)$
7	$(s + 0.20541430)(s^2 + 0.09141796s + 0.99267947)(s^2 + 0.25614744s + 0.65345550)(s^2 + 0.37014377s + 0.23045013)$
8	$(s^2 + 0.07001647s + 0.99414074)(s^2 + 0.19939003s + 0.72354268)(s^2 + 0.29840826s + 0.34085925)(s^2 + 0.35199655s + 0.07026120)$
9	$(s + 0.15933047)(s^2 + 0.05533489s + 0.99523251)(s^2 + 0.15933047s + 0.77538620)(s^2 + 0.24410845s + 0.43856211)(s^2 + 0.29944334s + 0.14236398)$
10	$(s^2 + 0.04482890s + 0.99605837)(s^2 + 0.13009854s + 0.81142274)(s^2 + 0.20265323s + 0.52053011)(s^2 + 0.25533277s + 0.22663749)(s^2 + 0.28303855s + 0.04500185)$

부록 B 체비셰프 함수표   표 4 ($\alpha_p = 0.5$ dB)

표 4(a) $H(s) = \dfrac{K}{A(s)} = \dfrac{K}{s^n + a_{n-1} s^{n-1} + \cdots + a_1 s + a_0}$ 의 극점

n					
1	-2.86277516				
2	-0.71281226±j1.00404249				
3	-0.31322824±j1.02192749	-0.62645649			
4	-0.17535307±j1.01625289	-0.42333976±j0.42094573			
5	-0.11196292±j1.01155737	-0.29312273±j0.62517684	-0.36231962		
6	-0.07765008±j1.00846085	-0.21214395±j0.73824458	-0.28979403±j0.27021627		
7	-0.05700319±j1.00640854	-0.15971939±j0.80707698	-0.23080120±j0.44789394	-0.25617001	
8	-0.04362008±j1.00500207	-0.12421947±j0.85199961	-0.18590757±j0.56928794	-0.21929293±j0.19990734	
9	-0.03445272±j0.00400397	-0.09920264±j0.88290628	-0.15198727±j0.65531705	-0.18643998±j0.34868692	-0.19840529
10	-0.02789941±j1.00327317	-0.08096724±j0.90506581	-0.12610944±j0.71826429	-0.15890716±j0.46115406	-0.17614995±j0.15890286

표 4(b) 분모 $A(s) = s^n + a_{n-1} s^{n-1} + \cdots + a_1 s + a_0$ 의 계수

n	a_0	a_1	a_2	a_3	a_4	a_5	a_6	a_7	a_8	a_9
1	2.86277516									
2	1.51620263	1.42562451								
3	0.71569379	1.53489546	1.25291297							
4	0.37905066	1.02545528	1.71686621	1.19738566						
5	0.17892345	0.75251811	1.30957474	1.93736749	1.17249093					
6	0.09476266	0.43236692	1.17186133	1.58976350	2.17184462	1.15917611				
7	0.04473086	0.28207223	0.75565110	1.64790293	1.86940791	2.41265096	1.15121758			
8	0.02369067	0.15254444	0.57356040	1.14858937	2.18401538	2.14921726	2.65674981	1.14608011		
9	0.01118272	0.09411978	0.34081930	0.98361988	1.61138805	2.78149904	2.42932969	2.90273369	1.14257051	
10	0.00592267	0.04928548	0.23726885	0.62696891	1.52743068	2.14423722	3.44092676	2.70974148	3.14987570	1.14006640

표 4(c) 분해된 $A(s)$

n	
1	s+2.86277516
2	s^2+1.42562451s+1.51620263
3	(s+0.62645649)(s^2+0.62645649s+1.14244773)
4	(s^2+0.35070614s+1.06351864)(s^2+0.84667952s+0.35641186)
5	(s+0.36231962)(s^2+0.22392584s+1.03578401)(s^2+0.58624547s+0.47676701)
6	(s^2+0.15530015s+1.02302281)(s^2+0.42428790s+0.59001011)(s^2+0.57958805s+0.15699741)
7	(s+0.25617001)(s^2+0.11400638s+1.01610751)(s^2+0.31943878s+0.67688354)(s^2+0.46160241s+0.25387817)
8	(s^2+0.08724015s+1.01193187)(s^2+0.24843894s+0.74133382)(s^2+0.37181515s+0.35865039)(s^2+0.438587s+0.08805234)
9	(s+0.19840529)(s^2+0.06890543s+1.00921097)(s^2+0.19840529s+0.78936466)(s^2+0.30397454s+0.45254057)(s^2+0.37287997s+0.15634244)
10	(s^2+0.05579882s+1.00733544)(s^2+0.16193449s+0.82569981)(s^2+0.25221888s+0.53180718)(s^2+0.31781432s+0.23791455)(s^2+0.35229989s+0.05627892)

부록 B 체비세프 함수표   표5 ($\alpha_p = 0.1$ dB)

표 5(a) $H(s) = \dfrac{K}{A(s)} = \dfrac{K}{s^n + a_{n-1}s^{n-1} + \cdots + a_1 s + a_0}$ 의 극점

n					
1	-6.55220322				
2	-1.18617812±j1.38094842				
3	-0.48470285±j1.20615528	-0.96940571			
4	-0.26415637±j1.12260981	-0.63772988±j0.46500021			
5	-0.16653368±j1.08037201	-0.43599085±j0.66770662	-0.53891432		
6	-0.11469337±j1.05651891	-0.31334811±j0.77342552	-0.42804148±j0.28309339		
7	-0.08384097±j1.04183333	-0.23491716±j0.83548546	-0.33946514±j0.46365945	-0.37677788	
8	-0.06398012±j1.03218136	-0.18219998±j0.87504111	-0.27268154±j0.58468377	-0.32164981±j0.20531364	
9	-0.05043805±j1.02550963	-0.14523059±j0.90181804	-0.22250617±j0.66935388	-0.27294423±j0.35615576	-0.29046118
10	-0.04078867±j1.02071040	-0.11837334±j0.92079615	-0.18437079±j0.73074797	-0.23232075±j0.46916907	-0.25752954±j0.16166465

표 5(b) 분모 $A(s) = s^n + a_{n-1}s^{n-1} + \cdots + a_1 s + a_0$ 의 계수

n	a_0	a_1	a_2	a_3	a_4	a_5	a_6	a_7	a_8	a_9
1	6.55220322									
2	3.31403708	2.37235625								
3	1.63805080	2.62949486	1.93881142							
4	0.82850927	2.02550052	2.62679762	1.80377250						
5	0.40951270	1.43555791	2.39695895	2.77070415	1.74396339					
6	0.20712732	0.90176006	2.04784060	2.77905025	2.96575608	1.71216592				
7	0.10237818	0.56178554	1.48293374	2.70514436	3.16924598	3.18350446	1.69322441			
8	0.05178183	0.32643144	1.06662645	2.15924064	3.41845152	3.56476973	3.41291899	1.68102289		
9	0.02559454	0.19176027	0.69421123	1.73411961	2.93387298	4.19161066	3.96384487	3.64896144	1.67269928	
10	0.01294546	0.10703398	0.45721609	1.22966377	2.57903464	3.80850443	5.02617707	4.36536964	3.88905473	1.66676617

표 5(c) 분해된 $A(s)$

n	
1	s+6.55220322
2	s^2+2.37235625s+3.31403708
3	(s+0.96940571)(s^2+0.96940571s+1.68974743)
4	(s^2+0.52831273s+1.33003138)(s^2+1.27545977s+0.62292460)
5	(s+0.53891432)(s^2+0.33306737s+1.19493715)(s^2+0.87198169s+0.63592015)
6	(s^2+0.22938674s+1.12938678)(s^2+0.62669622s+0.69637408)(s^2+0.85608296s+0.26336138)
7	(s+0.37677788)(s^2+0.16768193s+1.09244600)(s^2+0.46983433s+0.75322204)(s^2+0.67893028s+0.33021667)
8	(s^2+0.12796025s+1.06949182)(s^2+0.36439996s+0.79889377)(s^2+0.54536308s+0.41621034)(s^2+0.64329961s+0.14561229)
9	(s+0.29046118)(s^2+0.10087611s+1.05421401)(s^2+0.29046118s+0.83436770)(s^2+0.44501235s+0.49754361)(s^2+0.54588846s+0.20134548)
10	(s^2+0.08157734s+1.04351344)(s^2+0.23674667s+0.86187780)(s^2+0.36874158s+0.56798518)(s^2+0.46464150s+0.27409255)(s^2+0.51505907s+0.09245692)

부록 C 역 체비셰프 함수표   표1 ($\alpha_p = 3$ dB)

n	ω_s	α_s	p_i	a_i	b_i	c_i
2	1.05	3.883	$-0.504150 \pm j1.075153$	1.008299	1.410120	2.205000
	1.10	4.781	$-0.434492 \pm j1.048910$	1.086983	1.395596	2.420000
	1.20	6.549	$-0.598954 \pm j0.998120$	1.197907	1.354989	2.880000
	1.50	11.203	$-0.670017 \pm j0.888841$	1.340033	1.238961	4.500000
	2.00	16.969	$-0.697589 \pm j0.804597$	1.395177	1.134006	8.000000
3	1.05	5.026	$-0.232348 \pm j1.073788$	0.464696	1.207006	1.470000
			(-2.597413)			
	1.10	7.056	$-0.275872 \pm j1.063031$	0.551743	1.206140	1.613333
			(-2.186053)			
	1.20	10.762	$-0.336610 \pm j1.036060$	0.673221	1.186727	1.920000
			(-1.762761)			
	1.50	19.118	$-0.419084 \pm j0.973125$	0.838167	1.122603	3.000000
			(-1.339355)			
	2.00	28.285	$-0.462054 \pm j0.924254$	0.924109	1.067739	5.333333
			(-1.155426)			
4	1.05	6.635	$-0.146106 \pm j1.050157$	0.292212	1.124177	1.291659
			$-1.264311 \pm j1.559155$	2.528621	4.029446	7.528341
	1.10	10.067	$-0.184749 \pm j1.043742$	0.369499	1.123529	1.417603
			$-1.298751 \pm j1.258880$	2.597502	3.271533	8.262397
	1.20	15.758	$-0.235864 \pm j1.026515$	0.471729	1.109365	1.687065
			$-1.250799 \pm j0.933984$	2.501598	2.436824	9.832935
	1.50	27.409	$-0.305121 \pm j0.988506$	0.610243	1.070244	2.636039
			$-1.109957 \pm j0.616966$	2.219913	1.612651	15.363961
	2.00	39.715	$-0.344137 \pm j0.959508$	0.688273	1.039086	4.686292
			$-1.017769 \pm j0.486873$	2.035539	1.272900	27.313708
5	1.05	8.639	$-0.107250 \pm j1.035310$	0.214500	1.083368	1.218894
			$-0.623020 \pm j1.419747$	1.246039	2.403834	3.191106
			(-3.121478)			
	1.10	13.522	$-0.140632 \pm j1.030438$	0.281264	1.081580	1.337743
			$-0.735897 \pm j1.272896$	1.471795	2.161808	3.502257
			(-2.376608)			
	1.20	21.039	$-0.182984 \pm j1.018400$	0.365967	1.070622	1.592025
			$-0.819773 \pm j1.077053$	1.639546	1.832070	4.167975
			(-1.808032)			
	1.50	35.758	$-0.240559 \pm j0.993570$	0.481119	1.045050	2.487539
			$-0.850663 \pm j0.829413$	1.701326	1.411553	6.512461
			(-1.342448)			
	2.00	51.154	$-0.274242 \pm j0.974736$	0.548484	1.025318	4.422291
			$-0.838063 \pm j0.703180$	1.676127	1.196813	11.577709
			(-1.155333)			
6	1.05	10.933	$-0.085540 \pm j1.025943$	0.171079	1.059876	1.181656
			$-0.400355 \pm j1.286630$	0.800709	1.815700	2.205000
			$-1.906392 \pm j1.641624$	3.812784	6.329259	16.458344
	1.10	17.201	$-0.114353 \pm j1.021954$	0.228707	1.057467	1.296874
			$-0.502627 \pm j1.203595$	1.005254	1.701276	2.420000
			$-1.755212 \pm j1.126203$	3.510425	4.349104	18.063126

n	ω_s	α_s	p_i	a_i	b_i	c_i
6	1.20	26.408	$-0.150028 \pm j1.013178$	0.300055	1.049038	1.543387
			$-0.598762 \pm j1.083481$	1.197525	1.532447	2.880000
			$-1.516955 \pm j0.735516$	3.033911	2.842138	21.496613
	1.50	44.116	$-0.198847 \pm j0.995875$	0.397694	1.031317	2.411543
			$-0.677784 \pm j0.909555$	1.355567	1.286681	4.500000
			$-1.230591 \pm j0.442491$	2.461182	1.710153	33.588457
	2.00	62.592	$-0.228016 \pm j0.982725$	0.456032	1.017741	4.287187
			$-0.700082 \pm j0.808478$	1.400165	1.143752	8.000000
			$-1.091471 \pm j0.337741$	2.182941	1.305377	59.712813
7	1.05	13.414	$-0.071613 \pm j1.019726$	0.143226	1.044969	1.159935
			$-0.295743 \pm j1.205281$	0.591485	1.540167	1.803650
			$-1.044708 \pm j1.635119$	2.089417	3.765031	5.856415
			(-3.247008)			
	1.10	20.980	$-0.096692 \pm j1.016419$	0.193384	1.042456	1.273035
			$-0.382798 \pm j1.151689$	0.765596	1.472922	1.979516
			$-1.140348 \pm j1.317597$	2.280696	3.036454	6.427449
			(-2.399049)			
	1.20	31.803	$-0.127359 \pm j1.009820$	0.254717	1.035956	1.515017
			$-0.472051 \pm j1.071241$	0.944103	1.370390	2.355788
			$-1.141756 \pm j0.995064$	2.283512	2.293759	7.649195
			(-1.810024)			
	1.50	52.475	$-0.169600 \pm j0.997129$	0.339200	1.023030	2.367214
			$-0.561870 \pm j0.945462$	1.123741	1.209596	3.680919
			$-1.050911 \pm j0.679131$	2.101821	1.565631	11.951867
			(-1.342250)			
	2.00	74.031	$-0.195164 \pm j0.987445$	0.390328	1.013136	4.208380
			$-0.598237 \pm j0.866302$	1.196475	1.108367	6.543855
			$-0.979258 \pm j0.544594$	1.958516	1.255529	21.247764
			(-1.155153)			
8	1.05	16.008	$-0.061825 \pm j1.015420$	0.123650	1.034900	1.146122
			$-0.236011 \pm j1.153939$	0.472022	1.387277	1.594725
			$-0.681267 \pm j1.487143$	1.362533	2.675718	3.571911
			$-2.341035 \pm j1.521292$	4.682070	7.794775	28.967242
	1.10	24.803	$-0.083902 \pm j1.012678$	0.167804	1.032556	1.257875
			$-0.310672 \pm j1.116271$	0.621344	1.342578	1.750220
			$-0.808071 \pm j1.296291$	1.616142	2.333349	3.920193
			$-1.993352 \pm j0.951932$	3.986703	4.879626	31.791712
	1.20	37.206	$-0.110747 \pm j1.007579$	0.221493	1.027480	1.496975
			$-0.390844 \pm j1.058573$	0.781687	1.273335	2.082906
			$-0.884117 \pm j1.069086$	1.768233	1.924606	4.665353
			$-1.633755 \pm j0.588111$	3.267511	3.015031	37.834765
	1.50	60.835	$-0.147921 \pm j0.997889$	0.295843	1.017664	2.339024
			$-0.479991 \pm j0.963948$	0.959982	1.159586	3.254541
			$-0.894841 \pm j0.802328$	1.789683	1.444471	7.289615
			$-1.277458 \pm j0.340974$	2.554916	1.748162	59.116820
	2.00	85.470	$-0.170606 \pm j0.990466$	0.341213	1.010130	4.158265
			$-0.521481 \pm j0.901265$	1.042962	1.084220	5.785851
			$-0.870775 \pm j0.671901$	1.741550	1.209700	12.959315
			$-1.118699 \pm j0.256969$	2.237397	1.317520	105.096569

n	ω_s	a_s	p_i	a_i	b_i	c_i
9	1.05	18.667	$-0.054508 \pm j1.012337$	0.109016	1.027797	1.136778
			$-0.197409 \pm j1.119721$	0.394818	1.292745	1.470000
			$-0.499870 \pm j1.373575$	0.999739	2.136577	2.668355
			$-1.439438 \pm j1.715697$	2.878875	5.015598	9.424867
			(-3.274279)			
	1.10	28.643	$-0.074169 \pm j1.010060$	0.148337	1.025722	1.247620
			$-0.262477 \pm j1.091683$	0.524954	1.260665	1.613333
			$-0.619558 \pm j1.248361$	1.239115	1.942257	2.928535
			$-1.448857 \pm j1.266299$	2.897714	3.702701	10.343845
			(-2.401480)			
	1.20	42.611	$-0.098023 \pm j1.006022$	0.196046	1.021689	1.484771
			$-0.334408 \pm j1.048178$	0.668817	1.210506	1.920000
			$-0.714709 \pm j1.085276$	1.429418	1.688632	3.485198
			$-1.343304 \pm j0.884784$	2.686608	2.587308	12.310030
			(-1.809921)			
	1.50	69.194	$-0.131194 \pm j0.998387$	0.262387	1.013987	2.319955
			$-0.419300 \pm j0.974518$	0.838600	1.125497	3.000000
			$-0.772573 \pm j0.869876$	1.545145	1.353553	5.445622
			$-1.153182 \pm j0.563207$	2.306364	1.647032	19.234422
			(-1.342115)			
	2.00	96.909	$-0.151550 \pm j0.992518$	0.303099	1.008059	4.124365
			$-0.461965 \pm j0.923999$	0.923929	1.067186	5.333333
			$-0.777653 \pm j0.753533$	1.555307	1.172556	9.681107
			$-1.044636 \pm j0.439069$	2.089272	1.284046	34.194529
			(-1.155052)			
10	1.05	21.361	$-0.048798 \pm j1.010067$	0.097596	1.022618	1.130157
			$-0.170311 \pm j1.095812$	0.340622	1.229810	1.388727
			$-0.394640 \pm j1.293781$	0.789280	1.829610	2.205000
			$-0.970706 \pm j1.621486$	1.941413	3.571489	5.349154
			$-2.614269 \pm j1.357445$	5.228539	8.677062	45.051963
	1.10	32.490	$-0.066494 \pm j1.008168$	0.132988	1.020824	1.240354
			$-0.227895 \pm j1.074069$	0.455790	1.205561	1.524136
			$-0.501926 \pm j1.205322$	1.003852	1.704732	2.420000
			$-1.079393 \pm j1.320715$	2.158787	2.909378	5.870726
			$-2.124244 \pm j0.807942$	4.248487	5.165182	49.444784
	1.20	48.017	$-0.087953 \pm j1.004899$	0.175906	1.017559	1.476123
			$-0.292835 \pm j1.040020$	0.585671	1.167394	1.813847
			$-0.598760 \pm j1.083520$	1.197520	1.532529	2.880000
			$-1.097870 \pm j1.012281$	2.195740	2.230031	6.986650
			$-1.693302 \pm j0.485323$	3.386604	3.102811	58.843380
	1.50	77.554	$-0.117886 \pm j0.998729$	0.235772	1.011357	2.306443
			$-0.372534 \pm j0.981065$	0.745068	1.101269	2.834136
			$-0.677723 \pm j0.909390$	1.355447	1.286299	4.500000
			$-1.026438 \pm j0.701773$	2.052877	1.546060	10.916640
			$-1.300076 \pm j0.276299$	2.600153	1.766540	91.942781
	2.00	108.348	$-0.136329 \pm j0.993975$	0.272658	1.006571	4.100343
			$-0.414593 \pm j0.939625$	0.829185	1.054783	5.038465
			$-0.699991 \pm j0.808335$	1.399982	1.143394	8.000000
			$-0.962935 \pm j0.566581$	1.925870	1.248258	19.407360
			$-1.131561 \pm j0.206962$	2.263122	1.323264	163.453833

부록 C 역 체비셰프 함수표   표2 ($\alpha_p = 2$ dB)

n	ω_s	a_s	p_i	a_i	b_i	c_i
2	1.05	2.670	$-0.463200 \pm j1.186132$	0.926399	1.621464	2.205000
	1.10	3.383	$-0.514226 \pm j1.172534$	1.028452	1.639264	2.420000
	1.20	4.867	$-0.593922 \pm j1.136528$	1.187845	1.644440	2.880000
	1.50	9.120	$-0.715437 \pm j1.031013$	1.430875	1.574838	4.500000
	2.00	14.722	$-0.774345 \pm j0.932382$	1.548690	1.468946	8.000000
3	1.05	3.583	$-0.201554 \pm j1.115049$ (-3.185150)	0.403108	1.283959	1.470000
	1.10	5.310	$-0.248744 \pm j1.116338$ (-2.629379)	0.497488	1.308085	1.613333
	1.20	8.702	$-0.320696 \pm j1.104591$ (-2.062652)	0.641391	1.322967	1.920000
	1.50	16.846	$-0.429041 \pm j1.055095$ (-1.511862)	0.858082	1.297301	3.000000
	2.00	25.981	$-0.489915 \pm j1.007823$ (-1.281574)	0.979830	1.255724	5.333333
4	1.05	4.942	$-0.126631 \pm j1.074631$	0.253262	1.170867	1.291659
			$-1.227544 \pm j1.787333$	2.455088	4.701422	7.528341
	1.10	8.048	$-0.167488 \pm j1.077600$	0.334976	1.189275	1.417603
			$-1.325722 \pm j1.463442$	2.651444	3.899201	8.262397
	1.20	13.530	$-0.225409 \pm j1.071451$	0.450817	1.198817	1.687065
			$-1.323003 \pm j1.078975$	2.646005	2.914523	9.832935
	1.50	25.106	$-0.309134 \pm j1.044979$	0.618268	1.187545	2.636039
			$-1.190694 \pm j0.690572$	2.381388	1.894643	15.363961
	2.00	37.407	$-0.358541 \pm j1.020429$	0.717082	1.169828	4.686292
			$-1.091267 \pm j0.532873$	2.182534	1.474817	27.313708
5	1.05	6.729	$-0.094014 \pm j1.053158$	0.188028	1.117980	1.218894
			$-0.568257 \pm j1.502740$ (-3.674727)	1.136514	2.581143	3.191106
	1.10	11.347	$-0.129184 \pm j1.055627$	0.258369	1.131038	1.337743
			$-0.708346 \pm j1.366417$ (-2.705512)	1.416692	2.368848	3.502257
	1.20	18.754	$-0.176095 \pm j1.051925$	0.352189	1.137556	1.592025
			$-0.825621 \pm j1.164278$ (-1.996225)	1.651242	2.037194	4.167975
	1.50	33.450	$-0.242736 \pm j1.036769$	0.485471	1.133810	2.487539
			$-0.884711 \pm j0.892045$ (-1.443408)	1.769421	1.578457	6.512461
	2.00	48.845	$-0.283101 \pm j1.022673$	0.566202	1.126005	4.422291
			$-0.879583 \pm j0.750082$ (-1.229084)	1.759165	1.336289	11.577709
6	1.05	8.863	$-0.076041 \pm j1.040248$	0.152082	1.087899	1.181656
			$-0.362737 \pm j1.329641$	0.725474	1.899524	2.205000
			$-1.951187 \pm j1.916436$	3.902374	7.479859	16.458344
	1.10	14.950	$-0.106346 \pm j1.042131$	0.212692	1.097346	1.296874
			$-0.478416 \pm j1.256200$	0.956831	1.806920	2.420000
			$-1.849403 \pm j1.301180$	3.698805	5.113361	18.063126

n	ω_s	α_s	p_i	a_i	b_i	c_i
6	1.20	24.107	$-0.145229 \pm j1.040001$	1.290459	1.102694	1.543387
			$-0.593603 \pm j1.139011$	1.187206	1.649712	2.880000
			$-1.609118 \pm j0.827318$	3.218237	3.273716	21.496613
	1.50	41.808	$-0.200230 \pm j1.030968$	0.400461	1.102987	2.411543
			$-0.694451 \pm j0.958096$	1.388901	1.400209	4.500000
			$-1.298561 \pm j0.480045$	2.597122	1.916704	33.588457
	2.00	60.284	$-0.234039 \pm j1.022277$	0.468077	1.099824	4.287187
			$-0.725821 \pm j0.849499$	1.451642	1.248465	8.000000
			$-1.146430 \pm j0.359529$	2.292860	1.443563	59.712813
7	1.05	11.242	$-0.064520 \pm j1.031757$	0.129039	1.068686	1.159935
			$-0.269347 \pm j1.232762$	0.538693	1.592250	1.803650
			$-1.000332 \pm j1.758293$	2.000663	4.092259	5.856415
			(-3.685776)			
	1.10	18.696	$-0.090822 \pm j1.033287$	0.181644	1.075930	1.273035
			$-0.364392 \pm j1.186535$	0.728784	1.540647	1.979516
			$-1.141218 \pm j1.427119$	2.282436	3.339047	6.427449
			(-2.636111)			
	1.20	29.497	$-0.123844 \pm j1.032234$	0.247688	1.080845	1.515017
			$-0.465536 \pm j1.110554$	0.931073	1.450054	2.355788
			$-1.171901 \pm j1.073635$	2.343802	2.526044	7.649195
			(-1.942047)			
	1.50	50.167	$-0.170567 \pm j1.026741$	0.341133	1.083289	2.367214
			$-0.571209 \pm j0.984110$	1.142418	1.294753	3.680919
			$-1.090984 \pm j0.721850$	2.181969	1.711315	1.951867
			(-1.413257)			
	2.00	71.723	$-0.199533 \pm j1.021128$	0.399067	1.082517	4.208380
			$-0.615594 \pm j0.901657$	1.231189	1.191942	6.543855
			$-1.017860 \pm j0.572552$	2.035721	1.363855	21.247764
			(-1.207230)			
8	1.05	13.775	$-0.056358 \pm j1.025831$	0.112715	1.055506	1.146122
			$-0.216608 \pm j1.173728$	0.433217	1.424557	1.594725
			$-0.641263 \pm j1.551365$	1.282527	2.817953	3.571911
			$-2.453045 \pm j1.766657$	4.906090	9.138508	28.967242
	1.10	22.504	$-0.079430 \pm j1.027190$	0.158860	1.061429	1.257875
			$-0.296602 \pm j1.141855$	0.593205	1.391805	1.750220
			$-0.792931 \pm j1.362878$	1.585863	2.486117	3.920193
			$-2.106570 \pm j1.077870$	4.213140	5.599442	31.791712
	1.20	34.898	$-0.108067 \pm j1.026867$	0.216134	1.066135	1.496975
			$-0.384851 \pm j1.088637$	0.769701	1.333241	2.082906
			$-0.892025 \pm j1.126557$	1.784049	2.064837	4.665353
			$-1.719356 \pm j0.646411$	3.438692	3.373997	37.834765
	1.50	58.526	$-0.148640 \pm j1.023535$	0.297280	1.069717	2.339024
			$-0.485788 \pm j0.995824$	0.971576	1.227655	3.254541
			$-0.918901 \pm j0.840988$	1.837803	1.551640	7.289615
			$-1.332592 \pm j0.363067$	2.665184	1.907620	59.116820
	2.00	83.162	$-0.173926 \pm j1.019810$	0.347851	1.070263	4.158265
			$-0.533958 \pm j0.932035$	1.067917	1.153801	5.785851
			$-0.898282 \pm j0.700040$	1.796565	1.296967	12.959315
			$-1.161506 \pm j0.269464$	2.323011	1.421706	105.096569

n	ω_s	α_s	p_i	a_i	b_i	c_i
9	1.05	16.399	$-0.050181 \pm j1.021521$	0.100362	1.046023	1.136778
			$-0.182572 \pm j1.135068$	0.365144	1.321711	1.470000
			$-0.469161 \pm j1.413068$	0.938422	2.216875	2.668355
			$-1.423077 \pm j1.859181$	2.846154	5.481703	9.424867
			(-3.619703)			
	1.10	26.338	$-0.070653 \pm j1.022808$	0.141306	1.051127	1.247620
			$-0.251461 \pm j1.111768$	0.502923	1.299261	1.613333
			$-0.603547 \pm j1.292726$	1.207093	2.035410	2.928535
			$-1.475560 \pm j1.370897$	2.951119	4.056635	10.343845
			(-2.583420)			
	1.20	40.303	$-0.095914 \pm j1.022973$	0.191829	1.055672	1.484771
			$-0.329238 \pm j1.072431$	0.658476	1.258507	1.920000
			$-0.714855 \pm j1.128055$	1.429710	1.783526	3.485198
			$-1.384999 \pm j0.948013$	2.769998	2.816951	12.310030
			(-1.911242)			
	1.50	66.886	$-0.131752 \pm j1.021021$	0.263503	1.059842	2.319955
			$-0.423187 \pm j1.001592$	0.846375	1.182275	3.000000
			$-0.787788 \pm j0.903276$	1.575576	1.436518	5.445622
			$-1.191732 \pm j0.592710$	2.383463	1.771529	19.234422
			(-1.396869)			
	2.00	94.601	$-0.154159 \pm j1.018519$	0.308318	1.061146	4.124365
			$-0.471374 \pm j0.951143$	0.942748	1.126867	5.333333
			$-0.797899 \pm j0.779976$	1.595798	1.245004	9.681107
			$-1.078166 \pm j0.457163$	2.156332	1.371440	34.194529
			(-1.195300)			
10	1.05	19.074	$-0.045296 \pm j1.018286$	0.090591	1.038958	1.130157
			$-0.158600 \pm j1.108317$	0.317200	1.253520	1.388727
			$-0.370993 \pm j1.320966$	0.741985	1.882586	2.205000
			$-0.938408 \pm j1.702488$	1.876816	3.779075	5.349154
			$-2.756304 \pm j1.554411$	5.512607	10.013403	5.051963
	1.10	30.183	$-0.063659 \pm j1.019543$	0.127318	1.043520	1.240354
			$-0.219060 \pm j1.090576$	0.438121	1.237344	1.524136
			$-0.487793 \pm j1.237353$	0.975585	1.768983	2.420000
			$-1.077703 \pm j1.392910$	2.155405	3.101641	5.870726
			$-2.235458 \pm j0.898126$	4.470916	5.803902	49.444784
	1.20	45.708	$-0.086251 \pm j1.020032$	0.172502	1.047905	1.476123
			$-0.288435 \pm j1.060338$	0.576871	1.207512	1.813847
			$-0.596171 \pm j1.116690$	1.192343	1.602417	2.880000
			$-1.116293 \pm j1.065382$	2.232586	2.381149	6.986650
			$-1.768623 \pm j0.524698$	3.537246	3.403336	58.843380
	1.50	75.245	$-0.118333 \pm j1.018996$	0.236666	1.052356	2.306443
			$-0.375299 \pm j1.004594$	0.750598	1.150058	2.834136
			$-0.687874 \pm j0.938183$	1.375748	1.353359	4.500000
			$-1.052897 \pm j0.731696$	2.105793	1.643970	10.916640
			$-1.345742 \pm j0.290706$	2.691484	1.895531	91.942781
	2.00	106.040	$-0.138435 \pm j1.017320$	0.276870	1.054105	4.100343
			$-0.421951 \pm j0.963875$	0.843903	1.107097	5.038465
			$-0.715396 \pm j0.832666$	1.430793	1.205124	8.000000
			$-0.989024 \pm j0.586539$	1.978049	1.322198	19.407360
			$-1.166370 \pm j0.215017$	2.332741	1.406652	163.453833

부록 C 역 체비셰프 함수표   표 3 ($\alpha_p = 1$ dB)

n	ω_s	α_s	p_i	a_i	b_i	c_i
2	1.05	1.386	$-0.372330 \pm j1.319523$	0.744661	1.879770	2.205000
	1.10	1.824	$-0.431054 \pm j1.332561$	0.862108	1.961526	2.420000
	1.20	2.822	$-0.537258 \pm j1.338823$	1.074515	2.081093	2.880000
	1.50	6.203	$-0.749838 \pm j1.280983$	1.499675	2.203174	4.500000
	2.00	11.363	$-0.888226 \pm j1.171933$	1.776451	2.162371	8.000000
3	1.05	1.952	$-0.152670 \pm j1.160453$	0.305340	1.369959	1.470000
			(-4.486672)			
	1.10	3.140	$-0.199161 \pm j1.181222$	0.398321	1.434950	1.613333
			(-3.602494)			
	1.20	5.844	$-0.281488 \pm j1.200121$	0.562977	1.519526	1.920000
			(-2.699092)			
	1.50	3.419	$-0.432122 \pm j1.187185$	0.864245	1.596137	3.000000
			(-1.846858)			
	2.00	22.456	$-0.529142 \pm j1.148877$	1.058283	1.599910	5.333333
			(-1.511797)			
4	1.05	2.875	$-0.096595 \pm j1.102324$	0.193190	1.224449	1.291659
			$-1.086275 \pm j2.126881$	2.172550	5.703614	7.528341
	1.10	5.291	$-0.137187 \pm j1.120652$	0.274374	1.274681	1.417603
			$-1.298337 \pm j1.819675$	2.596674	4.996896	8.262397
	1.20	10.227	$-0.202875 \pm j1.135613$	0.405750	1.330774	1.687065
			$-1.413401 \pm j1.357426$	2.826802	3.840308	9.832935
	1.50	21.583	$-0.310296 \pm j1.133813$	0.620592	1.381817	2.636039
			$-1.324151 \pm j0.830140$	2.648301	2.442507	15.363961
	2.00	33.869	$-0.378964 \pm j1.119664$	0.757927	1.397260	4.686292
			$-1.215011 \pm j0.615912$	2.430021	1.855599	27.313708
5	1.05	4.219	$-0.073382 \pm j1.074353$	0.146764	1.159620	1.218894
			$-0.466278 \pm j1.611539$	0.932556	2.814472	3.191106
			(-4.883257)			
	1.10	8.192	$-0.109270 \pm j1.089127$	0.218540	1.198137	1.337743
			$-0.640753 \pm j1.507665$	0.281505	2.683617	3.502257
			(-3.388346)			
	1.20	15.288	$-0.162191 \pm j1.100622$	0.324382	1.237674	1.592025
			$-0.817324 \pm j1.309309$	1.634648	2.382309	4.167975
			(-2.358095)			
	1.50	29.914	$-0.243596 \pm j1.104044$	0.487192	1.278253	2.487539
			$-0.934537 \pm j0.999885$	1.869075	1.873130	6.512461
			(-1.621544)			
	2.00	45.306	$-0.295810 \pm j1.099488$	0.591620	1.296379	4.422291
			$-0.945795 \pm j0.829873$	1.891590	1.583217	11.577709
			(-1.354257)			
6	1.05	5.982	$-0.061015 \pm j1.058047$	0.122031	1.123187	1.181656
			$-0.298280 \pm j1.385930$	0.596559	2.009773	2.205000
			$-1.934280 \pm j2.408183$	3.868559	9.540781	16.458344
	1.10	11.583	$-0.092542 \pm j1.069823$	0.185085	1.153086	1.296874
			$-0.430456 \pm j1.333376$	0.860911	1.963184	2.420000
			$-1.976838 \pm j1.640770$	3.953675	6.600012	18.063126

n	ω_s	α_s	p_i	a_i	b_i	c_i
6	1.20	20.589	$-0.135964 \pm j1.079359$	0.271929	1.183502	1.543387
			$-0.576699 \pm j1.226711$	1.153398	1.837401	2.880000
			$-1.760464 \pm j1.003396$	3.520929	4.106039	21.496613
	1.50	38.269	$-0.200951 \pm j1.085354$	0.401902	1.218375	2.411543
			$-0.717167 \pm j1.037897$	1.434334	1.591558	4.500000
			$-1.412227 \pm j0.547635$	2.824454	2.294228	33.588457
	2.00	56.745	$-0.242766 \pm j1.085074$	0.485531	1.236320	4.287187
			$-0.765730 \pm j0.917065$	1.531459	1.427350	8.000000
			$-1.237167 \pm j0.397014$	2.474335	1.688203	59.712813
7	1.05	8.096	$-0.053186 \pm j1.047305$	0.106371	1.099677	1.159935
			$-0.225231 \pm j1.269373$	0.450461	1.662036	1.803650
			$-0.898305 \pm j1.944310$	1.796610	4.587293	5.856415
			(-4.900896)			
	1.10	15.230	$-0.080810 \pm j1.056922$	0.161620	1.123614	1.273035
			$-0.330549 \pm j1.237362$	0.661099	1.640326	1.979516
			$-1.119800 \pm j1.609832$	2.239600	3.845510	6.427449
			(-3.094021)			
	1.20	25.964	$-0.117272 \pm j1.065340$	0.234543	1.148702	1.515017
			$-0.450492 \pm j1.171290$	0.900984	1.574864	2.355788
			$-1.211401 \pm j1.209609$	2.422802	2.930646	7.649195
			(-2.179643)			
	1.50	46.628	$-0.171182 \pm j1.072510$	0.342363	1.179582	2.367214
			$-0.583391 \pm j1.046132$	1.166782	1.434737	3.680919
			$-1.154408 \pm j0.794997$	2.308815	1.964677	1.951867
			(-1.533352)			
	2.00	68.184	$-0.205916 \pm j1.074294$	0.411832	1.196510	4.208380
			$-0.642120 \pm j0.958809$	1.284240	1.331632	6.543855
			$-1.079974 \pm j0.619311$	2.159948	1.549890	21.247764
			(-1.292997)			
8	1.05	10.460	$-0.047579 \pm j1.039675$	0.095158	1.083187	1.146122
			$-0.184561 \pm j1.200576$	0.369122	1.475446	1.594725
			$-0.566170 \pm j1.644306$	1.132341	3.024292	3.571911
			$-2.591389 \pm j2.240460$	5.182777	11.734959	28.967242
	1.10	18.996	$-0.071880 \pm j1.047810$	0.143760	1.103072	1.257875
			$-0.271729 \pm j1.179175$	0.543457	1.464291	1.750220
			$-0.757453 \pm j1.467518$	1.514905	2.727343	3.920193
			$-2.290546 \pm j1.321102$	4.581092	6.991910	31.791712
	1.20	31.361	$-0.103175 \pm j1.055492$	0.206351	1.124708	1.496975
			$-0.372559 \pm j1.134600$	0.745117	1.426117	2.082906
			$-0.897855 \pm j1.220786$	1.795710	2.296463	4.665353
			$-1.863092 \pm j0.754114$	3.726184	4.039800	37.834765
	1.50	54.987	$-0.149168 \pm j1.063110$	0.298337	1.152454	2.339024
			$-0.493146 \pm j1.046276$	0.986292	1.337886	3.254541
			$-0.955460 \pm j0.905041$	1.910920	1.732002	7.289615
			$-1.423573 \pm j0.401425$	2.847146	2.187702	59.116820
	2.00	79.623	$-0.178804 \pm j1.065935$	0.357608	1.168189	4.158265
			$-0.552884 \pm j0.981198$	1.105767	1.268429	5.785851
			$-0.941729 \pm j0.746164$	1.883459	1.443614	12.959315
			$-1.231072 \pm j0.290376$	2.462144	1.599856	105.096569

421

n	ω_s	α_s	p_i	a_i	b_i	c_i
9	1.05	12.984	$-0.043226 \pm j1.033992$	0.086451	1.071009	1.136778
			$-0.158263 \pm j1.156205$	0.316525	1.361856	1.470000
			$-0.415235 \pm j1.469614$	0.830470	2.332184	2.668355
			$-1.363990 \pm j2.093982$	2.727980	6.245230	9.424867
			(-4.302521)			
	1.10	22.812	$-0.064772 \pm j1.041100$	0.129545	1.088084	1.247620
			$-0.232461 \pm j1.141122$	0.464922	1.356198	1.613333
			$-0.572149 \pm j1.360643$	1.144298	2.178705	2.928535
			$-1.503940 \pm j1.551379$	3.007880	4.668613	10.343845
			(-2.917045)			
	1.20	36.764	$-0.092137 \pm j1.048220$	0.184273	1.107254	1.484771
			$-0.319268 \pm j1.109314$	0.638536	1.332509	1.920000
			$-0.710640 \pm j1.196194$	1.421280	1.935889	3.485198
			$-1.448533 \pm j1.057628$	2.897067	3.216826	12.310030
			(-2.086819)			
	1.50	63.347	$-0.132208 \pm j1.055913$	0.264416	1.132431	2.319955
			$-0.428040 \pm j1.044081$	0.856080	1.273323	3.000000
			$-0.810240 \pm j0.957451$	1.620480	1.573200	5.445622
			$-1.253511 \pm j0.642515$	2.507021	1.984114	19.234422
			(-1.487389)			
	2.00	91.062	$-0.158012 \pm j1.059265$	0.316024	1.147010	4.124365
			$-0.485590 \pm j0.994176$	0.971180	1.224184	5.333333
			$-0.829472 \pm j0.822713$	1.658945	1.364881	9.681107
			$-1.131898 \pm j0.486974$	2.263796	1.518337	34.194529
			(-1.260511)			
10	1.05	15.602	$-0.039672 \pm j1.029623$	0.079343	1.061697	1.130157
			$-0.139539 \pm j1.125744$	0.279078	1.286771	1.388727
			$-0.330809 \pm j1.359838$	0.661619	1.958595	2.205000
			$-0.872244 \pm j1.826893$	1.744487	7.098347	5.349154
			$-2.976859 \pm j1.938118$	5.953717	12.617989	5.051963
	1.10	26.650	$-0.058955 \pm j1.035988$	0.117909	1.076746	1.240354
			$-0.204079 \pm j1.114760$	0.408158	1.284337	1.524136
			$-0.461971 \pm j1.285772$	0.923942	1.866628	2.420000
			$-1.064938 \pm j1.510217$	2.129875	3.414846	5.870762
			$-2.422068 \pm j1.067697$	4.844136	7.006390	49.444784
	1.20	42.169	$-0.083248 \pm j1.042638$	0.166496	1.094023	1.476123
			$-0.280271 \pm j1.091151$	0.560541	1.269162	1.813847
			$-0.589132 \pm j1.168654$	1.178265	1.712830	2.880000
			$-1.141331 \pm j1.153588$	2.282662	2.633401	6.986650
			$-1.894446 \pm j0.595207$	3.788893	3.943198	58.843380
	1.50	71.706	$-0.118730 \pm j1.050216$	0.237460	1.117051	2.306443
			$-0.378719 \pm j1.041315$	0.757438	1.227766	2.834136
			$-0.702533 \pm j0.984234$	1.405067	1.462269	4.500000
			$-1.094245 \pm j0.781109$	2.188489	1.807502	10.916640
			$-1.420208 \pm j0.315134$	2.840416	2.116300	91.942781
	2.00	102.501	$-0.141558 \pm j1.053819$	0.283115	1.130573	4.100343
			$-0.433048 \pm j1.002110$	0.866096	1.191755	5.038465
			$-0.739215 \pm j0.871598$	1.478430	1.306122	8.000000
			$-1.030342 \pm j0.619003$	2.060684	1.444769	19.407360
			$-1.222334 \pm j0.228270$	2.444669	1.546209	163.453833

부록 C 역 체비셰프 함수표   표 4 ($\alpha_p = 0.5$ dB)

n	ω_s	α_s	p_i	a_i	b_i	c_i
2	1.05	0.708	$-0.282110 \pm j1.397396$	0.564220	2.032302	2.205000
	1.10	0.955	$-0.336003 \pm j1.433546$	0.672007	2.167952	2.420000
	1.20	1.557	$-0.444469 \pm j1.486527$	0.888937	2.407315	2.880000
	1.50	3.970	$-0.722929 \pm j1.525264$	1.455857	2.849056	4.500000
	2.00	8.438	$-0.970044 \pm j1.444748$	1.940088	3.028281	8.000000
3	1.05	1.029	$-0.112244 \pm j1.185390$	0.224487	1.417748	1.470000
			(-6.315497)			
	1.10	1.761	$-0.152298 \pm j1.221190$	0.304596	1.514500	1.613333
			(-4.972163)			
	1.20	3.689	$-0.233300 \pm j1.270909$	0.466600	1.669638	1.920000
			(-3.578311)			
	1.50	10.368	$-0.417790 \pm j1.311367$	0.835580	1.894232	3.000000
			(-2.266967)			
	2.00	19.216	$-0.558057 \pm j1.292917$	1.116114	1.983061	5.333333
			(-1.776754)			
4	1.05	1.591	$-0.071660 \pm j1.118236$	0.143319	1.255587	1.291659
			$-0.888517 \pm j2.378885$	1.777033	6.448556	7.528341
	1.10	3.268	$-0.107932 \pm j1.149504$	0.215864	1.333008	1.417603
			$-1.179007 \pm j2.154394$	2.358014	6.031472	8.262397
	1.20	7.399	$-0.175768 \pm j1.187012$	0.351536	1.439892	1.687065
			$-1.4448528 \ j1.678383$	2.897056	4.915204	9.832935
	1.50	18.350	$-0.304770 \pm j1.216785$	0.609541	1.573451	2.636039
			$-1.455516 \pm j0.997027$	2.911033	3.112590	15.363961
	2.00	30.603	$-0.395006 \pm j1.217320$	0.790013	1.637899	4.686292
			$-1.342275 \pm j0.709727$	2.684550	2.305414	27.313708
5	1.05	2.489	$-0.055614 \pm j1.087429$	0.111228	1.185595	1.218894
			$-0.365048 \pm j1.685014$	0.730096	2.972532	3.191106
			(-6.587706)			
	1.10	5.607	$-0.089396 \pm j1.113574$	0.178791	1.248039	1.337743
			$-0.552754 \pm j1.625441$	1.105508	2.947595	3.502257
			(-4.314134)			
	1.20	12.162	$-0.145831 \pm j1.141503$	0.291661	1.324295	1.592025
			$-0.785735 \pm j1.451917$	1.571471	2.725444	4.167975
			(-2.806199)			
	1.50	26.651	$-0.241253 \pm j1.166625$	0.482506	1.419217	2.487539
			$-0.975619 \pm j1.113720$	1.951238	2.192204	6.512461
			(-1.817851)			
	2.00	42.039	$-0.306208 \pm j1.173821$	0.612416	1.471619	4.422291
			$-1.009226 \pm j0.913294$	2.018452	1.852643	11.577709
			(-1.485118)			
6	1.05	3.797	$-0.047545 \pm j1.069872$	0.095090	1.146887	1.181656
			$-0.236365 \pm j1.425157$	0.472730	2.086942	2.205000
			$-1.790376 \pm j2.892517$	3.580752	11.572103	16.458344
	1.10	8.641	$-0.078534 \pm j1.091313$	0.157067	1.197133	1.296874
			$-0.375369 \pm j1.397670$	0.750739	2.094383	2.420000
			$-2.046959 \pm j2.042242$	4.093918	8.360795	18.063126

n	ω_s	α_s	p_i	a_i	b_i	c_i
6	1.20	17.364	$-0.125339\pm j1.113220$	0.250679	1.254968	1.543387
			$-0.549982\pm j1.308863$	1.099963	2.015601	2.880000
			$-1.907298\pm j1.216233$	3.814596	5.117009	21.496613
	1.50	35.002	$-0.199891\pm j1.135839$	0.399782	1.330087	2.411543
			$-0.733998\pm j1.117560$	1.467995	1.787693	4.500000
			$-1.528541\pm j0.623600$	3.057082	2.725315	33.588457
	2.00	53.477	$-0.250094\pm j1.145272$	0.500189	1.374194	4.287187
			$-0.802677\pm j0.984914$	1.605355	1.614346	8.000000
			$-1.328674\pm j0.436846$	2.657348	1.956209	59.712813
7	1.05	5.525	$-0.042694\pm j1.058324$	0.085389	1.121873	1.159935
			$-0.182688\pm j1.296106$	0.365376	1.713267	1.803650
			$-0.770426\pm j2.099141$	1.540853	4.999952	5.856415
			(-5.847153)			
	1.10	12.107	$-0.070618\pm j1.076003$	0.141236	1.162770	1.273035
			$-0.293565\pm j1.280217$	0.587129	1.725135	1.979516
			$-1.068795\pm j1.790004$	2.137590	4.346437	6.427449
			(-3.663944)			
	1.20	22.709	$-0.109908\pm j1.094226$	0.219817	1.209410	1.515017
			$-0.430650\pm j1.227108$	0.861300	1.691253	2.355788
			$-1.236729\pm j1.353358$	2.473458	3.361076	7.649195
			(-2.448576)			
	1.50	43.360	$-0.170702\pm j1.114952$	0.341404	1.272256	2.367214
			$-0.591813\pm j1.106331$	1.183627	1.574211	3.680919
			$-1.214689\pm j0.872057$	2.429378	2.235954	1.951867
			(-1.658469)			
	2.00	64.916	$-0.211371\pm j1.124954$	0.422741	1.310198	4.208380
			$-0.666279\pm j1.014912$	1.332559	1.473975	6.543855
			$-1.140591\pm j0.667240$	2.281183	1.746157	21.247764
			(-1.379314)			
8	1.05	7.610	$-0.039283\pm j1.049994$	0.078565	1.104032	1.146122
			$-0.153448\pm j1.221002$	0.306896	1.514392	1.594725
			$-0.484142\pm j1.719940$	0.968285	3.192586	3.571911
			$-2.638898\pm j2.790821$	5.277797	14.752467	28.967242
	1.10	15.789	$-0.064223\pm j1.064884$	0.128445	1.138102	1.257875
			$-0.245332\pm j1.210983$	0.490664	1.526668	1.750220
			$-0.709958\pm j1.564594$	1.419916	2.951994	3.920193
			$-2.464317\pm j1.616719$	4.928633	8.686636	31.791712
	1.20	28.097	$-0.097801\pm j1.080696$	0.195602	1.177469	1.496975
			$-0.357648\pm j1.176484$	0.715297	1.512026	2.082906
			$-0.894819\pm j1.314165$	1.789637	2.527731	4.665353
			$-2.010494\pm j0.878996$	4.020988	4.814719	37.834765
	1.50	51.720	$-0.148973\pm j1.099785$	0.297946	1.231721	2.339024
			$-0.498012\pm j1.094483$	0.996024	1.445909	3.254541
			$-0.988396\pm j0.969807$	1.976792	1.917453	7.289615
			$-1.515335\pm j0.442621$	3.030670	2.492154	59.116820
	2.00	76.355	$-0.183026\pm j1.109700$	0.366052	1.264931	4.158265
			$-0.569989\pm j1.028794$	1.139977	1.383303	5.785851
			$-0.983161\pm j0.792268$	1.966323	1.594295	12.959315
			$-1.299919\pm j0.311841$	2.599837	1.787033	105.096569

n	ω_s	α_s	p_i	a_i	b_i	c_i
9	1.05	9.955	$-0.036576 \pm j1.043644$	0.073152	1.090530	1.136778
			$-0.134583 \pm j1.172802$	0.269167	1.393576	1.470000
			$-0.359066 \pm j1.515866$	0.718132	2.426778	2.668355
			$-1.265614 \pm j2.317608$	2.531229	6.973088	9.424867
			(-5.177374)			
	1.10	19.570	$-0.058843 \pm j1.056507$	0.117686	1.119670	1.247620
			$-0.212703 \pm j1.166353$	0.425406	1.405621	1.613333
			$-0.535351 \pm j1.422159$	1.070702	2.609136	2.928535
			$-1.510562 \pm j1.740605$	3.021124	5.311504	10.343845
			(-3.304188)			
	1.20	33.498	$-0.088052 \pm j1.070596$	0.176104	1.153929	1.484771
			$-0.307754 \pm j1.142794$	0.615508	1.400691	1.920000
			$-0.701259 \pm j1.261527$	1.402519	2.083214	3.485198
			$-1.505208 \pm j1.174537$	3.010416	3.645187	12.310030
			(-2.275669)			
	1.50	60.079	$-0.132160 \pm j1.088237$	0.264319	1.201725	2.319955
			$-0.431166 \pm j1.084297$	0.862331	1.361605	3.000000
			$-0.829704 \pm j1.010835$	1.659409	1.710197	5.445622
			$-1.313500 \pm j0.694128$	2.626999	2.207095	19.234422
			(-1.578981)			
	2.00	87.794	$-0.161378 \pm j1.097803$	0.322756	1.231214	4.124365
			$-0.498395 \pm j1.035461$	0.996791	1.320577	5.333333
			$-0.859120 \pm j0.864703$	1.718241	1.485799	9.681107
			$-1.184151 \pm j0.516978$	2.368301	1.669479	34.194529
			(-1.324829)			
10	1.05	12.467	$-0.034267 \pm j1.038638$	0.068534	1.049943	1.130157
			$-0.120969 \pm j1.139753$	0.241939	1.313670	1.388727
			$-0.289950 \pm j1.391953$	0.579900	2.021604	2.205000
			$-0.792359 \pm j1.938157$	1.584717	4.384285	5.349154
			$-3.162965 \pm j2.404962$	6.325930	15.788188	5.051963
	1.10	23.392	$-0.054241 \pm j1.050008$	0.108482	1.105460	1.240354
			$-0.188732 \pm j1.135685$	0.377464	1.325400	1.524136
			$-0.433515 \pm j1.329175$	0.867031	1.954642	2.420000
			$-1.040014 \pm j1.624737$	2.080029	3.721399	5.870726
			$-2.611997 \pm j1.268419$	5.223993	8.431415	9.444784
	1.20	38.902	$-0.080044 \pm j1.062772$	0.160087	1.135892	1.476123
			$-0.271144 \pm j1.119078$	0.542289	1.325856	1.813847
			$-0.578990 \pm j1.217578$	1.157980	1.817726	2.880000
			$-1.159859 \pm j1.242787$	2.319718	2.889792	6.986650
			$-2.023173 \pm j0.673862$	4.046345	4.547318	58.843380
	1.50	68.439	$-0.118760 \pm j1.079130$	0.237519	1.178626	2.306443
			$-0.380894 \pm j1.075863$	0.761789	1.302561	2.834136
			$-0.714887 \pm j1.028859$	1.429775	1.569614	4.500000
			$-1.133125 \pm j0.830925$	2.266251	1.974410	10.916640
			$-1.494244 \pm j0.340606$	2.988488	2.348777	91.942781
	2.00	99.233	$-0.144304 \pm j1.088255$	0.288608	1.205122	4.100343
			$-0.443031 \pm j1.038562$	0.886062	1.274888	5.038465
			$-0.761353 \pm j0.909390$	1.522706	1.406649	8.000000
			$-1.069940 \pm j0.651163$	2.139880	1.568784	19.407360
			$-1.277007 \pm j0.241585$	2.554015	1.689111	163.453833

부록 C 역 체비셰프 함수표   표5 ($\alpha_p = 0.1$ dB)

n	ω_s	α_s	p_i	a_i	b_i	c_i
2	1.05	0.144	−0.133733±j1.466542	0.267466	2.168631	2.205000
	1.10	0.199	−0.163797±j1.529139	0.327594	2.365095	2.420000
	1.20	0.344	−0.231697±j1.647610	0.463394	2.768301	2.880000
	1.50	1.090	−0.483831±j1.932644	0.967662	3.969206	4.500000
	2.00	3.307	−0.930324±j2.145099	1.860648	5.466954	8.000000
3	1.05	0.216	−0.051946±j1.206826	0.103891	1.459126	1.470000
			(−14.044746)			
	1.10	0.396	−0.073475±j1.259382	0.146949	1.591442	1.613333
			(−10.829887)			
	1.20	0.988	−0.125755±j1.355984	0.251511	1.854508	1.920000
			(−7.373469)			
	1.50	4.604	−0.320328±j1.551350	0.640656	2.509296	3.000000
			(−3.916757)			
	2.00	12.239	−0.571764±j1.646150	1.143528	3.036724	5.333333
			(−2.655574)			
4	1.05	0.352	−0.033563±j1.132605	0.067126	1.283921	1.291659
			−0.458989±j2.657477	0.917978	7.272854	7.528341
	1.10	0.843	−0.054517±j1.180693	0.109034	1.397009	1.417603
			−0.716833±j2.663608	1.433666	7.608659	8.262397
	1.20	2.690	−0.106758±j1.262489	0.213515	1.605275	1.687065
			−1.217252±j2.469779	2.434504	7.581509	9.832935
	1.50	11.419	−0.265059±j1.391112	0.530119	2.005449	2.636039
			−1.730664±j1.558406	3.461328	5.423827	15.363961
	2.00	23.427	−0.414022±j1.449330	0.828045	2.271971	4.686292
			−1.670440±j1.003281	3.340879	3.796942	27.313708
5	1.05	0.598	−0.026792±j1.100278	0.053584	1.211330	1.218894
			−0.181811±j1.762589	0.363622	3.139776	3.191106
			(−13.971273)			
	1.10	1.770	−0.048830±j1.144511	0.097660	1.312289	1.337743
			−0.324690±j1.796547	0.649381	3.333004	3.502257
			(−8.304704)			
	1.20	5.966	−0.100793±j1.211289	0.201585	1.477381	1.592025
			−0.618749±j1.755376	1.237498	3.464196	4.167975
			(−4.529451)			
	1.50	19.499	−0.223163±j1.301385	0.446326	1.743404	2.487539
			−1.030697±j1.418900	2.061394	3.075614	6.512461
			(−2.414117)			
	2.00	34.848	−0.322074±j1.347366	0.644147	1.919125	4.422291
			−1.152236±j1.137913	2.304473	2.622494	11.577709
			(−1.841325)			
6	1.05	1.027	−0.023924±j1.082810	0.047847	1.173049	1.181656
			−0.121199±j1.469874	0.242399	2.175219	2.205000
			−1.136543±j3.693327	2.273085	14.932393	16.458344
	1.10	3.435	−0.047183±j1.122727	0.094366	1.262742	1.296874
			−0.235183±j1.499496	0.470366	2.303798	2.420000
			−1.829963±j3.126323	3.659926	13.122658	18.063126

n	ω_s	α_s	p_i	a_i	b_i	c_i
6	1.20	10.497	$-0.095562 \pm j1.176066$	0.191124	1.392264	1.543387
			$-0.449100 \pm j1.480954$	0.898200	2.394915	2.880000
			$-2.192248 \pm j1.937050$	4.384497	8.558114	21.496613
	1.50	27.816	$-0.190612 \pm j1.245558$	0.381223	1.587747	2.411543
			$-0.749902 \pm j1.313021$	1.499804	2.286377	4.500000
			$-1.829303 \pm j0.858233$	3.658606	4.082914	33.588457
	2.00	46.285	$-0.262631 \pm j1.284390$	0.525262	1.718633	4.287187
			$-0.881527 \pm j1.155152$	1.763054	2.111466	8.000000
			$-1.560988 \pm j0.548094$	3.121975	2.737090	59.712813
7	1.05	1.733	$-0.022750 \pm j1.071853$	0.045500	1.149386	1.159935
			$-0.198622 \pm j1.329867$	0.197244	1.778273	1.803650
			$-0.448555 \pm j2.322900$	0.897111	5.597066	5.856415
			(-11.242275)			
	1.10	5.922	$-0.046524 \pm j1.107042$	0.093049	1.227707	1.273035
			$-0.198774 \pm j1.353710$	0.397548	1.872042	1.979516
			$-0.831244 \pm j2.174074$	1.662488	5.417563	6.427449
			(-5.871988)			
	1.20	15.614	$-0.089439 \pm j1.150283$	0.178878	1.331151	1.515017
			$-0.365087 \pm j1.343869$	0.730174	1.939273	2.355788
			$-1.225952 \pm j1.733062$	2.451904	4.506463	7.649195
			(-3.311861)			
	1.50	36.169	$-0.165511 \pm j1.207628$	0.331022	1.485759	2.367214
			$-0.597619 \pm j1.247996$	1.195238	1.914643	3.680919
			$-1.349261 \pm j1.082093$	2.698522	2.991431	1.951867
			(-1.997528)			
	2.00	57.724	$-0.221314 \pm j1.241237$	0.442629	1.589650	4.208380
			$-0.716733 \pm j1.150495$	1.433466	1.837346	6.543855
			$-1.285480 \pm j0.792451$	2.570961	2.280439	21.247764
			(-1.598317)			
8	1.05	2.811	$-0.022365 \pm j1.064108$	0.044730	1.132825	1.146122
			$-0.088219 \pm j1.249527$	0.176438	1.569099	1.594725
			$-0.289945 \pm j1.833519$	0.579890	3.445862	3.571911
			$-2.217321 \pm j4.174144$	4.434642	22.339989	28.967242
	1.10	9.057	$-0.045673 \pm j1.094696$	0.091346	1.200444	1.257875
			$-0.177797 \pm j1.268611$	0.355595	1.640985	1.750220
			$-0.553196 \pm j1.762247$	1.106391	3.411540	3.920193
			$-2.752618 \pm j2.610377$	5.505235	14.390972	31.791712
	1.20	20.933	$-0.083081 \pm j1.130902$	0.166162	1.285842	1.496975
			$-0.311977 \pm j1.264200$	0.623954	1.695532	2.082906
			$-0.849835 \pm j1.537493$	1.699670	3.086104	4.665353
			$-2.386364 \pm j1.285240$	4.772729	7.346577	37.834765
	1.50	44.528	$-0.145890 \pm j1.180104$	0.291780	1.413930	2.339024
			$-0.500582 \pm j1.205423$	1.001164	1.703628	3.254541
			$-1.054811 \pm j1.134030$	2.109623	2.398650	7.289615
			$-1.748689 \pm j0.559669$	3.497378	3.371143	59.116820
	2.00	69.163	$-0.191034 \pm j1.209664$	0.382068	1.499781	4.158265
			$-0.605447 \pm j1.141299$	1.210894	1.669130	5.785851
			$-1.078307 \pm j0.907509$	2.156615	1.986320	12.959315
			$-1.469399 \pm j0.368144$	2.938797	2.294662	105.096569

n	ω_s	α_s	p_i	a_i	b_i	c_i
9	1.05	4.311	$-0.022290 \pm j1.058092$	0.044579	1.120055	1.136778
			$-0.082638 \pm j1.198052$	0.165275	1.442157	1.470000
			$-0.226325 \pm j1.589586$	0.452651	2.578007	2.668355
			$-0.903178 \pm j2.751544$	1.806355	8.386723	9.424867
			(-8.725793)			
	1.10	12.577	$-0.044376 \pm j1.084671$	0.088753	1.178481	1.247620
			$-0.162591 \pm j1.213727$	0.325182	1.499568	1.613333
			$-0.427595 \pm j1.546357$	0.855189	2.574057	2.928535
			$-1.418043 \pm j2.224432$	2.836086	6.958945	10.343845
			(-4.611474)			
	1.20	26.314	$-0.077034 \pm j1.115934$	0.154068	1.251243	1.484771
			$-0.274188 \pm j1.213066$	0.548375	1.546708	1.920000
			$-0.658209 \pm j1.410761$	1.316419	2.423485	3.485198
			$-1.609978 \pm j1.496793$	3.219956	4.832417	12.310030
			(-2.820527)			
	1.50	52.887	$-0.130252 \pm j1.159162$	0.260504	1.360622	2.319955
			$-0.432551 \pm j1.175647$	0.865102	1.569247	3.000000
			$-0.866188 \pm j1.140524$	1.732375	2.051077	5.445622
			$-1.455552 \pm j0.831328$	2.911103	2.809737	19.234422
			(-1.813944)			
	2.00	80.602	$-0.167936 \pm j1.185498$	0.335872	1.433607	4.124365
			$-0.524912 \pm j1.131678$	1.049825	1.556227	5.333333
			$-0.925492 \pm j0.966633$	1.850984	1.790915	9.681107
			$-1.308861 \pm j0.592973$	2.617721	2.064733	34.194529
			(-1.482369)			
10	1.05	6.210	$-0.022251 \pm j1.053116$	0.044502	1.109549	1.130157
			$-0.079019 \pm j1.162539$	0.158039	1.357740	1.388727
			$-0.192888 \pm j1.445921$	0.385776	2.127892	2.205000
			$-0.561623 \pm j2.145110$	1.123246	4.916919	5.349154
			$-3.277631 \pm j3.891451$	6.555263	25.886261	5.051963
	1.10	16.284	$-0.042748 \pm j1.076437$	0.085497	1.160543	1.240354
			$-0.150233 \pm j1.175928$	0.300466	1.405376	1.524136
			$-0.355260 \pm j1.416864$	0.710521	2.133712	2.420000
			$-0.929224 \pm j1.888287$	1.858449	4.429084	5.870726
			$-3.073494 \pm j1.941450$	6.146987	13.215591	49.444784
	1.20	31.712	$-0.071519 \pm j1.104063$	0.143038	1.224070	1.476123
			$-0.245454 \pm j1.177848$	0.490907	1.447574	1.813847
			$-0.542611 \pm j1.326705$	1.085223	2.054573	2.880000
			$-1.177469 \pm j1.466901$	2.354938	3.538233	6.986650
			$-2.357287 \pm j0.912873$	4.714574	6.390140	58.843380
	1.50	61.247	$-0.117547 \pm j1.142659$	0.235094	1.319488	2.306443
			$-0.381805 \pm j1.153698$	0.763609	1.476793	2.834136
			$-0.736801 \pm j1.134403$	1.473603	1.829746	4.500000
			$-1.220004 \pm j0.957071$	2.440009	2.404395	10.916640
			$-1.678104 \pm j0.409212$	3.356209	2.983489	91.942781
	2.00	92.041	$-0.149760 \pm j1.166377$	0.299519	1.382863	4.100343
			$-0.463740 \pm j1.122703$	0.927480	1.475517	5.038465
			$-0.810117 \pm j0.999319$	1.620235	1.654929	8.000000
			$-1.162112 \pm j0.730416$	2.324224	1.884012	19.407360
			$-1.408729 \pm j0.275230$	2.817459	2.060270	163.453833

부록 D 타원 필터 함수표 표1 ($\alpha_p = 3$ dB)

n	ω_s	α_s	p_i	a_i	b_i	c_i
2	1.05	6.540	$-0.1443430 \pm j0.9676379$	0.2886861	0.9571580	1.4386640
	1.10	8.368	$-0.1886416 \pm j0.9424929$	0.3772832	0.9238786	1.7140833
	1.20	11.139	$-0.2340704 \pm j0.9062462$	0.4681407	0.8760711	2.2359899
	1.50	16.790	$-0.2824133 \pm j0.8502589$	0.5648266	0.8026975	3.9270510
	2.00	22.880	$-0.3043205 \pm j0.8149894$	0.6086410	0.7568188	7.4641016
3	1.05	13.458	$-0.0511622 \pm j0.9823995$	0.1023245	0.9677264	1.2054102
			(-0.5189374)			
	1.10	17.093	$-0.0706135 \pm j0.9709229$	0.1412271	0.9476775	1.3703136
			(-0.4579008)			
	1.20	21.979	$-0.0923401 \pm j0.9556399$	0.1846802	0.9217743	1.6996171
			(-0.4035334)			
	1.50	31.014	$-0.1193466 \pm j0.9331832$	0.2386931	0.8850745	2.8060141
			(-0.3486712)			
	2.00	40.301	$-0.1342795 \pm j0.9191372$	0.2685589	0.8628442	5.1532091
			(-0.3225693)			
4	1.05	21.603	$-0.2500479 \pm j0.6295967$	0.5000958	0.4589160	1.1536336
			$-0.0260839 \pm j0.9885763$	0.0521678	0.9779638	3.3125181
	1.10	26.653	$-0.2448823 \pm j0.5672848$	0.4897647	0.3817794	1.2909254
			$-0.0368184 \pm j0.9821167$	0.0736368	0.9659069	4.3499304
	1.20	33.274	$-0.2356871 \pm j0.5097827$	0.4713742	0.3154268	1.5724303
			$-0.0493314 \pm j0.9738378$	0.0986628	0.9507739	6.2244021
	1.50	45.366	$-0.2220370 \pm j0.4494750$	0.4440740	0.2513241	2.5355530
			$-0.0657419 \pm j0.9619430$	0.1314838	0.9296564	12.0993095
	2.00	57.754	$-0.2139615 \pm j0.4198362$	0.4279229	0.2220419	4.5932603
			$-0.0752571 \pm j0.9545534$	0.1505143	0.9168357	24.2272012
5	1.05	29.970	$-0.1166759 \pm j0.8150308$	0.2333518	0.6778885	1.1334220
			$-0.0158366 \pm j0.9921846$	0.0316731	0.9846810	1.7737385
			(-0.3019261)			
	1.10	36.315	$-0.1275179 \pm j0.7661544$	0.2550358	0.6032535	1.2593204
			$-0.0226619 \pm j0.9880624$	0.0453239	0.9767810	2.1930925
			(-0.2665905)			
	1.20	44.604	$-0.1353796 \pm j0.7159169$	0.2707592	0.5308647	1.5211268
			$-0.0307784 \pm j0.9828613$	0.0615567	0.9669636	2.9683674
			(-0.2360367)			
	1.50	59.722	$-0.1410551 \pm j0.6577295$	0.2821102	0.4525047	2.4255147
			$-0.0416572 \pm j0.9754692$	0.0833144	0.9532755	5.4376446
			(-0.2055175)			
	2.00	75.208	$-0.1427527 \pm j0.6270345$	0.2855054	0.4135506	4.3649509
			$-0.0480799 \pm j0.9709023$	0.0961599	0.9449629	10.5677323
			(-0.1909633)			
6	1.05	38.369	$-0.2073620 \pm j0.4312184$	0.4147239	0.2289483	1.1233258
			$-0.0638410 \pm j0.8889043$	0.1276820	0.7942265	1.4386640
			$-0.0106662 \pm j0.9943828$	0.0213325	0.9889110	6.5287683
	1.10	45.989	$-0.1920266 \pm j0.3846028$	0.3840532	0.1847936	1.2433620
			$-0.0751277 \pm j0.8533108$	0.1502553	0.7337834	1.7140833
			$-0.0153936 \pm j0.9915242$	0.0307872	0.9833572	8.8264550
n	ω_s	α_s	p_i	a_i	b_i	c_i

n	ω_s	α_s	p_i	a_i	b_i	c_i
6	1.20	55.937	$-0.1767754 \pm j0.3432330$	0.3535508	0.1490584	1.4950350
			$-0.0853797 \pm j0.8145843$	0.1707593	0.6708372	2.2359899
			$-0.0210735 \pm j0.9879460$	0.0421470	0.9764814	12.9526713
	1.50	74.079	$-0.1597626 \pm j0.3010214$	0.3195253	0.1161308	2.3692888
			$-0.0956185 \pm j0.7671514$	0.1912371	0.5976641	3.9270510
			$-0.0287707 \pm j0.9828933$	0.0575414	0.9669070	25.8272420
	2.00	92.662	$-0.1510485 \pm j0.2806108$	0.3020970	0.1015581	4.2481552
			$-0.1003179 \pm j0.7410494$	0.2006358	0.5592179	7.4641016
			$-0.0333565 \pm j0.9797845$	0.0667131	0.9610903	52.3568408
7	1.05	46.773	$-0.1281774 \pm j0.6539217$	0.2563547	0.4440430	1.1175213
			$-0.0396034 \pm j0.9255694$	0.0792068	0.8582471	1.3083409
			$-0.0076887 \pm j0.9957906$	0.0153774	0.9916580	2.7143721
			(-0.2127883)			
	1.10	55.664	$-0.1278046 \pm j0.5997079$	0.2556092	0.3759835	1.2341277
			$-0.0490162 \pm j0.8990089$	0.0980325	0.8106197	1.5239435
			$-0.0111570 \pm j0.9936913$	0.0223141	0.9875469	3.5147693
			(-0.1884723)			
	1.20	67.270	$-0.1253000 \pm j0.5481301$	0.2506000	0.3161467	1.4798722
			$-0.0583688 \pm j0.8691391$	0.1167377	0.7588097	1.9413408
			$-0.0153495 \pm j0.9910761$	0.0306991	0.9824674	4.9666973
			(-0.1673252)			
	1.50	88.436	$-0.1205201 \pm j0.4922733$	0.2410402	0.2568581	2.3365223
			$-0.0687217 \pm j0.8313095$	0.1374433	0.6957982	3.3139902
			$-0.0210677 \pm j0.9873988$	0.0421353	0.9754002	9.5300781
			(-0.1460773)			
	2.00	110.116	$-0.1173775 \pm j0.4641408$	0.2347551	0.2292041	4.1800429
			$-0.0739398 \pm j0.8099436$	0.1478795	0.6614757	6.2017764
			$-0.0244924 \pm j0.9851429$	0.0489849	0.9711064	18.9610948
			(-0.1359011)			
8	1.05	55.178	$-0.1673870 \pm j0.3252774$	0.3347741	0.1338238	1.1138641
			$-0.0816032 \pm j0.7715547$	0.1632065	0.6019557	1.2431181
			$-0.0268573 \pm j0.9464479$	0.0537145	0.8964850	1.9061395
			$-0.0058133 \pm j0.9967369$	0.0116266	0.9935183	11.0466061
	1.10	65.339	$-0.1521897 \pm j0.2894930$	0.3043794	0.1069679	1.2282855
			$-0.0868514 \pm j0.7223675$	0.1737029	0.5293580	1.4271032
			$-0.0344470 \pm j0.9259933$	0.0688939	0.8586502	2.3804113
			$-0.0084663 \pm j0.9951297$	0.0169326	0.9903548	15.1062239
	1.20	78.603	$-0.1380358 \pm j0.2579810$	0.2760717	0.0856081	1.4702527
			$-0.0902006 \pm j0.6729674$	0.1804011	0.4610213	1.7895085
			$-0.0423927 \pm j0.9025009$	0.0847854	0.8163050	3.2528314
			$-0.0116859 \pm j0.9931338$	0.0233718	0.9864512	22.3835994
	1.50	102.793	$-0.1230034 \pm j0.2260042$	0.2460068	0.0662078	2.3156973
			$-0.0920185 \pm j0.6167814$	0.1840370	0.3888866	2.9956604
			$-0.0517053 \pm j0.8721002$	0.1034107	0.7632323	6.0218242
			$-0.0160951 \pm j0.9903354$	0.0321903	0.9810232	45.0599777
	2.00	127.570	$-0.1155359 \pm j0.2105918$	0.2310719	0.0576974	4.1367342
			$-0.0922201 \pm j0.5874772$	0.1844401	0.3536340	5.5450630
			$-0.0566336 \pm j0.8546360$	0.1132671	0.7336101	11.7666735
			$-0.0187448 \pm j0.9886222$	0.0374897	0.9777253	91.7615329

9	1.05	63.583	−0.1204203 ± j0.5353540	0.2408405	0.3011050	1.1114059
			−0.0548736 ± j0.8388136	0.1097472	0.7066193	1.2054102
			−0.0194144 ± j0.9594998	0.0388287	0.9210167	1.5942707
			−0.0045534 ± j0.9974002	0.0091067	0.9948278	3.9936736
			(−0.1645767)			
	1.10	75.014	−0.1150342 ± j0.4851898	0.2300684	0.2486420	1.2243475
			−0.0615522 ± j0.7968318	0.1231045	0.6387295	1.3703136
			−0.0255573 ± j0.9433014	0.0511146	0.8904708	1.9377187
			−0.0066484 ± j0.9961302	0.0132968	0.9923195	5.2992478
			(−0.1459708)			
	1.20	89.9361	−0.1087520 ± j0.4390122	0.2175039	0.2045587	1.4637563
			−0.0670291 ± j0.7529563	0.1340582	0.5714361	1.6996171
			−0.0322134 ± j0.9244299	0.0644267	0.8556083	2.5791043
			−0.0091975 ± j0.9945564	0.0183950	0.9892271	7.6523927
			(−0.1297389)			
	1.50	117.149	−0.1009181 ± j0.3903711	0.2018363	0.1625740	2.3016164
			−0.0718426 ± j0.7011523	0.1436852	0.4967760	2.8060141
			−0.0403079 ± j0.8996472	0.0806158	0.8109899	4.6363361
			−0.0126983 ± j0.9923545	0.0253966	0.9849287	15.0143415
			(−0.1133866)			
	2.00	145.024	−0.0966270 ± j0.3663262	0.1932540	0.1435317	4.1074418
			−0.0737752 ± j0.6733822	0.1475504	0.4588864	5.1532091
			−0.0447252 ± j0.8852433	0.0894504	0.7856561	8.9221914
			−0.0148068 ± j0.9910085	0.0296137	0.9823172	30.2010593
			(−0.1055412)			
10	1.05	71.988	−0.1384774 ± j0.2607144	0.2769549	0.0871480	1.1096718
			−0.0857297 ± j0.6676459	0.1714595	0.4531006	1.1814619
			−0.0388808 ± j0.8802788	0.0777617	0.7764025	1.4386640
			−0.0147108 ± j0.9682260	0.0294215	0.9376779	2.5336482
			−0.0036653 ± j0.9978819	0.0073307	0.9957818	16.8596102
	1.10	84.689	−0.1248646 ± j0.2318743	0.2497292	0.0693569	1.2215638
			−0.0862058 ± j0.6153795	0.1724117	0.3861234	1.3338339
			−0.0454704 ± j0.8449111	0.0909409	0.7159423	1.7140833
			−0.0197468 ± j0.9550950	0.0394936	0.9125965	3.2619424
			−0.0053615 ± j0.9968531	0.0107231	0.9937448	23.1838025
	1.20	101.269	−0.1124893 ± j0.2065387	0.2249785	0.0553121	1.4591581
			−0.0851859 ± j0.5651701	0.1703718	0.3266739	1.6414311
			−0.0514373 ± j0.8068428	0.1028746	0.6536412	2.2359899
			−0.0253368 ± j0.9396409	0.0506736	0.8835669	4.5854918
			−0.0074292 ± j0.9955800	0.0148585	0.9912348	34.5122486
	1.50	131.506	−0.0995944 ± j0.1808730	0.1991889	0.0426341	2.2916411
			−0.0826308 ± j0.5102710	0.1652617	0.2672044	2.6826414
			−0.0573882 ± j0.7606025	0.1147764	0.5818096	3.9270510
			−0.0323122 ± j0.9191319	0.0646244	0.8458475	8.7507642
			−0.0102747 ± j0.9938017	0.0205494	0.9877474	69.7914985
	2.00	162.478	−0.0932675 ± j0.1685147	0.1865351	0.0370960	4.0866858
			−0.0808182 ± j0.4824186	0.1616363	0.2392593	4.8979715
			−0.0601203 ± j0.7352831	0.1202406	0.5442557	7.4641016
			−0.0362001 ± j0.9071119	0.0724002	0.8241624	17.3634536
			−0.0119913 ± j0.9927159	0.0239826	0.9856287	142.4309671

부록 D 타원 필터 함수표   표 2 ($\alpha_p = 2$ dB)

n	ω_s	α_s	p_i	a_i	b_i	c_i
2	1.05	4.859	$-0.1568320 \pm j1.0052605$	0.3136639	1.0351449	1.4386640
	1.10	6.482	$-0.2127998 \pm j0.9888528$	0.4255997	1.0231136	1.7140833
	1.20	9.058	$-0.2741723 \pm j0.9575622$	0.5483446	0.9920957	2.2359899
	1.50	14.545	$-0.3432974 \pm j0.8992123$	0.6865949	0.9264359	3.9270510
	2.00	20.587	$-0.3754112 \pm j0.8586956$	0.7508225	0.8782917	7.4641016
3	1.05	11.284	$-0.0584937 \pm j0.9942174$	0.1169874	0.9918898	1.2054102
			(-0.6604420)			
	1.10	14.843	$-0.0826641 \pm j0.9858015$	0.1653282	0.9786380	1.3703136
			(-0.5784161)			
	1.20	19.690	$-0.1102753 \pm j0.9729828$	0.2205506	0.9588561	1.6996171
			(-0.5060357)			
	1.50	28.708	$-0.1452002 \pm j0.9522394$	0.2904004	0.9278429	2.8060141
			(-0.4338623)			
	2.00	37.992	$-0.1647115 \pm j0.9385171$	0.3294230	0.9079441	5.1532091
			(-0.3998774)			
4	1.05	19.316	$-0.3062156 \pm j0.6578325$	0.6124313	0.5265116	1.1536336
			$-0.0307340 \pm j0.9938168$	0.0614681	0.9886165	3.3125181
	1.10	24.351	$-0.3012459 \pm j0.5885887$	0.6024918	0.4371857	1.2909254
			$-0.0439560 \pm j0.9889253$	0.0879121	0.9799054	4.3499304
	1.20	30.967	$-0.2904836 \pm j0.5250325$	0.5809676	0.3600399	1.5724303
			$-0.0595418 \pm j0.9822002$	0.1190836	0.9682625	6.2244021
	1.50	43.057	$-0.2737263 \pm j0.4589782$	0.5474526	0.2855870	2.5355530
			$-0.0801941 \pm j0.9719611$	0.1603881	0.9511395	12.0993095
	2.00	55.445	$-0.2636643 \pm j0.4267971$	0.5273285	0.2516746	4.5932605
			$-0.0922584 \pm j0.9653491$	0.1845168	0.9404104	24.2272012
5	1.05	27.664	$-0.1413886 \pm j0.8285521$	0.2827771	0.7064894	1.1334220
			$-0.0189325 \pm j0.9950652$	0.0378649	0.9905133	1.7737385
			(-0.3756808)			
	1.10	34.007	$-0.1554794 \pm j0.7781021$	0.3109588	0.6296168	1.2593204
			$-0.0273132 \pm j0.9919258$	0.0546265	0.9846628	2.1930925
			(-0.3305280)			
	1.20	42.295	$-0.1657438 \pm j0.7258682$	0.3314875	0.5543557	1.5211268
			$-0.0373513 \pm j0.9877860$	0.0747025	0.9771162	2.9683674
			(-0.2917893)			
	1.50	57.414	$-0.1731925 \pm j0.6651298$	0.3463850	0.4723933	2.4255147
			$-0.0509003 \pm j0.9816641$	0.1018006	0.9662552	5.4376446
			(-0.2533525)			
	2.00	72.899	$-0.1754397 \pm j0.6330475$	0.3508793	0.4315283	4.3649509
			$-0.0589420 \pm j0.9777732$	0.1178841	0.9595146	10.5677323
			(-0.2351056)			
6	1.05	36.061	$-0.2555708 \pm j0.4419001$	0.5111416	0.2605921	1.1233258
			$-0.0773653 \pm j0.8956660$	0.1547305	0.8082030	1.4386640
			$-0.0128517 \pm j0.9962004$	0.0257033	0.9925803	6.5287683
	1.10	43.680	$-0.2365942 \pm j0.3920970$	0.4731884	0.2097168	1.2433620
			$-0.0914994 \pm j0.8599314$	0.1829988	0.7478541	1.7140833
			$-0.0186506 \pm j0.9940193$	0.0373012	0.9884223	8.8264550

431

n	ω_s	a_s	p_i	a_i	b_i	c_i
6	1.20	53.628	$-0.2176606 \pm j0.3483118$	0.4353211	0.1686972	1.4950350
			$-0.1043722 \pm j0.8207059$	0.2087443	0.6844517	2.2359899
			$-0.0256534 \pm j0.9912041$	0.0513069	0.9831437	12.9526713
	1.50	71.770	$-0.1965243 \pm j0.3040290$	0.3930486	0.1310555	2.3692888
			$-0.1172440 \pm j0.7723357$	0.2344880	0.6102486	3.9270510
			$-0.0351912 \pm j0.9871123$	0.0703824	0.9756291	25.8272420
	2.00	90.353	$-0.1857106 \pm j0.2827552$	0.3714031	0.1144356	4.2481552
			$-0.1231506 \pm j0.7456110$	0.2463012	0.5711018	7.4641016
			$-0.0408956 \pm j0.9845404$	0.0817913	0.9709923	52.3568408
7	1.05	44.465	$-0.1569929 \pm j0.6624414$	0.3139858	0.4634754	1.1175213
			$-0.0480792 \pm j0.9293656$	0.0961583	0.8660320	1.3083409
			$-0.0093078 \pm j0.9970449$	0.0186156	0.9941851	2.7143721
			(-0.2628752)			
	1.10	53.355	$-0.1567882 \pm j0.6063572$	0.3135763	0.3922515	1.2341277
			$-0.0597369 \pm j0.9030020$	0.1194738	0.8189812	1.5239435
			$-0.0135610 \pm j0.9954414$	0.0271219	0.9910876	3.5147693
			(-0.2324188)			
	1.20	64.961	$-0.1538458 \pm j0.5530805$	0.3076916	0.3295665	1.4798722
			$-0.0713501 \pm j0.8731181$	0.1427002	0.7674261	1.9413408
			$-0.0187215 \pm j0.9933981$	0.0374431	0.9871903	4.9666973
			(-0.2060398)			
	1.50	86.127	$-0.1480290 \pm j0.4955216$	0.2960581	0.2674542	2.3365223
			$-0.0842281 \pm j0.8350168$	0.1684563	0.7043474	3.3139902
			$-0.0257865 \pm j0.9904514$	0.0515730	0.9816787	9.5300781
			(-0.1796250)			
	2.00	107.807	$-0.1441687 \pm j0.4665972$	0.2883375	0.2384975	4.1800429
			$-0.0907240 \pm j0.8134023$	0.1814481	0.6698541	6.2017764
			$-0.0300303 \pm j0.9886298$	0.0600607	0.9782907	18.9610948
			(-0.1670032)			
8	1.05	52.870	$-0.2060972 \pm j0.3301293$	0.4121944	0.1514614	1.1138641
			$-0.0997158 \pm j0.7771473$	0.1994316	0.6139011	1.2431181
			$-0.0326631 \pm j0.9487982$	0.0563261	0.9012849	1.9061395
			$-0.0070589 \pm j0.9976570$	0.0141178	0.9953693	11.0466061
	1.10	63.030	$-0.1872606 \pm j0.2928294$	0.3745212	0.1208156	1.2282855
			$-0.1063467 \pm j0.7271441$	0.2126934	0.5400481	1.4271032
			$-0.0420201 \pm j0.9286006$	0.0840401	0.8640648	2.3804113
			$-0.0103121 \pm j0.9964285$	0.0206241	0.9929761	15.1062239
	1.20	76.294	$-0.1697305 \pm j0.2602061$	0.3394611	0.0965157	1.4702527
			$-0.1105956 \pm j0.6768371$	0.2211912	0.4703399	1.7895085
			$-0.0518382 \pm j0.9052487$	0.1036764	0.8221625	3.2528314
			$-0.0142712 \pm j0.9948759$	0.0285425	0.9899818	22.3835994
	1.50	100.484	$-0.1511321 \pm j0.2273010$	0.3022642	0.0745066	2.3156973
			$-0.1129268 \pm j0.6195814$	0.2258536	0.3966336	2.9956604
			$-0.0633662 \pm j0.8748505$	0.1267324	0.7693787	6.0218242
			$-0.0197092 \pm j0.9926617$	0.0394183	0.9857656	45.0599777
	2.00	125.261	$-0.1419016 \pm j0.2115084$	0.2838033	0.0648719	4.1367342
			$-0.1132049 \pm j0.5897210$	0.2264098	0.3605862	5.5450630
			$-0.0694733 \pm j0.8573158$	0.1389465	0.7398168	11.7666735
			$-0.0229845 \pm j0.9912882$	0.0459691	0.9831807	91.7615329

n	ω_s	a_s	p_i	a_i	b_i	c_i
9	1.05	61.275	$-0.1478197 \pm j0.5404430$	0.2956393	0.3139293	1.1114059
			$-0.0670146 \pm j0.8424573$	0.1340293	0.7142252	1.2054102
			$-0.0236460 \pm j0.9610695$	0.0472919	0.9242138	1.5942707
			$-0.0055407 \pm j0.9981055$	0.0110814	0.9962453	3.9936736
			(-0.2027271)			
	1.10	72.706	$-0.1412583 \pm j0.4889433$	0.2825167	0.2590195	1.2243475
			$-0.0753186 \pm j0.8001750$	0.1506373	0.6459529	1.3703136
			$-0.0312025 \pm j0.9451164$	0.0624051	0.8942185	1.9377187
			$-0.0081095 \pm j0.9971341$	0.0162190	0.9943423	5.2992478
			(-0.1796165)			
	1.20	87.628	$-0.1335524 \pm j0.4416717$	0.2671048	0.2129102	1.4637563
			$-0.0821348 \pm j0.7558614$	0.1642696	0.5780725	1.6996171
			$-0.0394062 \pm j0.9264274$	0.0788125	0.8598206	2.5791043
			$-0.0112423 \pm j0.9959137$	0.0224845	0.9919704	7.6523927
			(-0.1595042)			
	1.50	114.841	$-0.1239137 \pm j0.3920251$	0.2478273	0.1690383	2.3016164
			$-0.0881272 \pm j0.7034398$	0.1762545	0.5025940	2.8060141
			$-0.0493994 \pm j0.9017594$	0.0987989	0.8156102	4.6363361
			$-0.0155546 \pm j0.9941825$	0.0311091	0.9886407	15.0143415
			(-0.1392838)			
	2.00	142.715	$-0.1186278 \pm j0.3675395$	0.2372556	0.1491578	4.1074418
			$-0.0905326 \pm j0.6753113$	0.1810652	0.4642416	5.1532091
			$-0.0548588 \pm j0.8873696$	0.1097176	0.7904343	8.9221914
			$-0.0181567 \pm j0.9931130$	0.0363133	0.9866031	30.2010593
			(-0.1295959)			
10	1.05	69.680	$-0.1703222 \pm j0.2632802$	0.3406445	0.0983261	1.1096718
			$-0.1050520 \pm j0.6717070$	0.2101040	0.4622262	1.1814619
			$-0.0474878 \pm j0.8827306$	0.0949757	0.7814684	1.4386640
			$-0.0179375 \pm j0.9693379$	0.0358749	0.9399378	2.5336482
			$-0.0044666 \pm j0.9984406$	0.0089333	0.9969035	16.8596102
	1.10	82.381	$-0.1534910 \pm j0.2336237$	0.3069819	0.0781395	1.2215638
			$-0.1057253 \pm j0.6185944$	0.2114505	0.3938368	1.3338339
			$-0.0556328 \pm j0.8472932$	0.1112656	0.7210009	1.7140833
			$-0.0241253 \pm j0.9564237$	0.0482506	0.9153284	3.2619424
			$-0.0065465 \pm j0.9976533$	0.0130930	0.9953550	23.1838025
	1.20	98.961	$-0.1382060 \pm j0.2076973$	0.2764119	0.0622391	1.4591581
			$-0.1045239 \pm j0.5675981$	0.2090478	0.3330928	1.6414311
			$-0.0630148 \pm j0.8090355$	0.1260297	0.6585093	2.2359899
			$-0.0310054 \pm j0.9411542$	0.0620107	0.8867325	4.5854918
			$-0.0090867 \pm j0.9966682$	0.0181734	0.9934301	34.5122486
	1.50	129.197	$-0.1222960 \pm j0.1815435$	0.2445919	0.0479144	2.2916411
			$-0.1014122 \pm j0.5118926$	0.2028244	0.2723185	2.6826414
			$-0.0703801 \pm j0.7624566$	0.1407602	0.5862934	3.9270510
			$-0.0396027 \pm j0.9208021$	0.0792054	0.8494449	8.7507642
			$-0.0125887 \pm j0.9952765$	0.0251775	0.9907338	69.7914985
	2.00	160.169	$-0.1144958 \pm j0.1689869$	0.2289915	0.0416658	4.0866858
			$-0.0991899 \pm j0.4836585$	0.1983798	0.2437642	4.8979715
			$-0.0737613 \pm j0.7369161$	0.1475226	0.5484861	7.4641016
			$-0.0443995 \pm j0.9088359$	0.0887989	0.8279541	17.3634536
			$-0.0147046 \pm j0.9944194$	0.0294093	0.9890861	142.4309671

434

부록 D 타원 필터 함수표   표 3 ($\alpha_p = 1$ dB)

n	ω_s	α_s	p_i	a_i	b_i	c_i
2	1.05	2.816	$-0.1570832 \pm j1.0688997$	0.3141664	1.1672218	1.4386640
	1.10	4.025	$-0.2291288 \pm j1.0758412$	0.4282576	1.2099342	1.7140833
	1.20	6.150	$-0.3205655 \pm j1.0644518$	0.6411310	1.2358199	2.2359899
	1.50	11.194	$-0.4397091 \pm j1.0104885$	0.8794183	1.2144311	3.9270510
	2.00	17.095	$-0.4994708 \pm j0.9594882$	0.9989416	1.1700773	7.4641016
3	1.05	8.134	$-0.0655037 \pm j1.0171063$	0.1310075	1.0387959	1.2054102
			(-0.9478046)			
	1.10	11.480	$-0.0976508 \pm j1.0163029$	0.1953017	1.0424072	1.3703136
			(-0.8161613)			
	1.20	16.209	$-0.1364613 \pm j1.0100591$	0.2729227	1.0388411	1.6996171
			(-0.7019989)			
	1.50	25.176	$-0.1876980 \pm j0.9942250$	0.3753961	1.0237139	2.8060141
			(-0.5910153)			
	2.00	34.454	$-0.2170337 \pm j0.9815753$	0.4340674	1.0105937	5.1532091
			(-0.5399584)			
4	1.05	15.840	$-0.4009259 \pm j0.7239584$	0.8018519	0.6848574	1.1536336
			$-0.0369626 \pm j1.0046416$	0.0739253	1.0106709	3.3125181
	1.10	20.832	$-0.3992289 \pm j0.6384812$	0.7984578	0.5670420	1.2909254
			$-0.0544844 \pm j1.0033507$	0.1089689	1.0096813	4.3499304
	1.20	27.432	$-0.3869712 \pm j0.5604469$	0.7739424	0.4638475	1.5724303
			$-0.0756731 \pm j1.0002559$	0.1513461	1.0062382	6.2244021
	1.50	39.518	$-0.3649684 \pm j0.4806912$	0.7299768	0.3642812	2.5355530
			$-0.1044094 \pm j0.9939365$	0.2088189	0.9988112	12.0993095
	2.00	51.906	$-0.3512729 \pm j0.4424977$	0.7025459	0.3191969	4.5932605
			$-0.1214784 \pm j0.9891761$	0.2429568	0.9932263	24.2272012
5	1.05	24.135	$-0.1811854 \pm j0.8584824$	0.3623708	0.7698202	1.1334220
			$-0.0235591 \pm j0.0011643$	0.0471182	0.0028850	1.7737385
			(-0.5117943)			
	1.10	30.470	$-0.2021446 \pm j0.8047847$	0.4042892	0.6885409	1.2593204
			$-0.0346207 \pm j0.0002208$	0.0692414	0.0016402	2.1930925
			(-0.4465618)			
	1.20	38.757	$-0.2175678 \pm j0.7481668$	0.4351357	0.6070893	1.5211268
			$-0.0480837 \pm j0.9984784$	0.0961674	0.9992712	2.9683674
			(-0.3915787)			
	1.50	53.857	$-0.2288747 \pm j0.6816780$	0.4577493	0.5170686	2.4255147
			$-0.0665406 \pm j0.9952536$	0.1330813	0.9949575	5.4376446
			(-0.3378463)			
	2.00	69.360	$-0.2323380 \pm j0.6464400$	0.4644760	0.4718660	4.3649510
			$-0.0776250 \pm j0.9929140$	0.1552490	0.9919030	10.5677320
			(-0.3125990)			
6	1.05	32.523	$-0.3405543 \pm j0.4665606$	0.6811085	0.3336560	1.1233258
			$-0.0992527 \pm j0.9104401$	0.1985054	0.8387522	1.4386640
			$-0.0162834 \pm j1.0000954$	0.0324668	0.0004560	6.5287683
	1.10	40.142	$-0.3150895 \pm j0.4092443$	0.6301790	0.2667623	1.2433620
			$-0.1187304 \pm j0.8745145$	0.2374609	0.7788725	1.7140833
			$-0.0239268 \pm j0.9994156$	0.0478536	0.9994041	8.8264550

n	ω_s	α_s	p_i	a_i	b_i	c_i
6	1.20	50.089	$-0.2894667 \pm j0.3598283$	0.5789335	0.2132674	1.4950350
			$-0.1365803 \pm j0.8342556$	0.2731605	0.7146367	2.2359899
			$-0.0332611 \pm j0.9983042$	0.0665223	0.9977176	12.9526713
	1.50	68.231	$-0.2608038 \pm j0.3107753$	0.5216076	0.1645999	2.3692888
			$-0.1544802 \pm j0.7838307$	0.3089605	0.6382548	3.9270510
			$-0.0461165 \pm j0.0063737$	0.0922330	0.9948873	25.8272420
	2.00	86.814	$-0.2461358 \pm j0.2875331$	0.4922716	0.1432581	4.2481552
			$-0.1626913 \pm j0.7557151$	0.3253826	0.5975737	7.4641016
			$-0.0538710 \pm j0.9950153$	0.1077420	0.9929575	52.3568408
7	1.05	40.926	$-0.2062934 \pm j0.6815527$	0.4125868	0.5070710	1.1175213
			$-0.0619527 \pm j0.9376404$	0.1239053	0.8830076	1.3083409
			$-0.0119201 \pm j0.9997520$	0.0238401	0.9996461	2.7143721
			(-0.3522483)			
	1.10	49.816	$-0.2067972 \pm j0.6212643$	0.4135944	0.4287344	1.2341277
			$-0.0776460 \pm j0.9117620$	0.1552919	0.8373389	1.5239435
			$-0.0175239 \pm j0.9992438$	0.0350477	0.9987953	3.5147693
			(-0.3101749)			
	1.20	61.422	$-0.2033161 \pm j0.5641533$	0.4066321	0.3596063	1.4798722
			$-0.0933708 \pm j0.8818857$	0.1867416	0.7864404	1.9413408
			$-0.0243799 \pm j0.9984710$	0.0487597	0.9975387	4.9666973
			(-0.2740688)			
	1.50	82.588	$-0.1957901 \pm j0.5027540$	0.3915802	0.2910953	2.3365223
			$-0.1108784 \pm j0.8432065$	0.2217567	0.7232912	3.3139902
			$-0.0338441 \pm j0.9971886$	0.0676883	0.9955306	9.5300781
			(-0.2381883)			
	2.00	104.268	$-0.1906844 \pm j0.4720467$	0.3813687	0.2591886	4.1800429
			$-0.1197249 \pm j0.8210439$	0.2394498	0.6884471	6.2017764
			$-0.0395660 \pm j0.9963087$	0.0791319	0.9941965	18.9610948
			(-0.2211307)			
8	1.05	49.331	$-0.2740785 \pm j0.3411421$	0.5481570	0.1914969	1.1138641
			$-0.1303713 \pm j0.7895319$	0.2607426	0.6403573	1.2431181
			$-0.0422618 \pm j0.9539231$	0.0845236	0.9117553	1.9061395
			$-0.0091024 \pm j0.9996522$	0.0182048	0.9993874	11.0466061
	1.10	59.491	$-0.2486642 \pm j0.3003523$	0.4973283	0.1520454	1.2282855
			$-0.1396883 \pm j0.7377446$	0.2793766	0.5637799	1.4271032
			$-0.0547358 \pm j0.9343148$	0.1094716	0.8759402	2.3804113
			$-0.0133884 \pm j0.9992589$	0.0267768	0.9986977	15.1062239
	1.20	72.755	$-0.2250491 \pm j0.2651931$	0.4500983	0.1209745	1.4702527
			$-0.1457097 \pm j0.6854286$	0.2914195	0.4910437	1.7895085
			$-0.0678911 \pm j0.9112932$	0.1357821	0.8350645	3.2528314
			$-0.0186378 \pm j0.9986887$	0.0372757	0.9977265	22.3835994
	1.50	96.945	$-0.2000528 \pm j0.2301878$	0.4001055	0.0930075	2.3156973
			$-0.1490848 \pm j0.6257887$	0.2981696	0.4138378	2.9956604
			$-0.0833998 \pm j0.8809158$	0.1667996	0.7829682	6.0218242
			$-0.0258944 \pm j0.9977741$	0.0517888	0.9962238	45.0599777
	2.00	121.722	$-0.1876722 \pm j0.2135409$	0.3753443	0.0808206	4.1367342
			$-0.1495427 \pm j0.5946861$	0.2990855	0.3760145	5.5450630
			$-0.0916351 \pm j0.8632287$	0.1832702	0.7535607	11.7666735
			$-0.0302872 \pm j0.9971582$	0.0605744	0.9952437	91.7615329

n	ω_s	α_s	p_i	a_i	b_i	c_i
9	1.05	57.736	$-0.1952473 \pm j0.5518380$	0.3904946	0.3426467	1.1114059
			$-0.0875141 \pm j0.8504819$	0.1750282	0.7309782	1.2054102
			$-0.0306968 \pm j0.9644962$	0.0613937	0.9311952	1.5942707
			$-0.0071783 \pm j0.9996399$	0.0143566	0.9993314	3.9936736
			(-0.2698779)			
	1.10	69.167	$-0.1867364 \pm j0.4873284$	0.3734728	0.2822060	1.2243475
			$-0.0987919 \pm j0.8075584$	0.1975839	0.6619103	1.3703163
			$-0.0407234 \pm j0.9490941$	0.0814468	0.9024380	1.9377187
			$-0.0105628 \pm j0.9993267$	0.0211288	0.9987655	5.2992478
			(-0.2385414)			
	1.20	84.089	$-0.1765779 \pm j0.4475963$	0.3531559	0.2315222	1.4637563
			$-0.1080689 \pm j0.7622858$	0.2161378	0.5927585	1.6996171
			$-0.0516555 \pm j0.9308186$	0.1033110	0.8690916	2.5791043
			$-0.0147112 \pm j0.9988877$	0.0294223	0.9979931	7.6523927
			(-0.2114193)			
	1.50	111.302	$-0.1637814 \pm j0.3956954$	0.3275629	0.1833992	2.3016164
			$-0.1162305 \pm j0.7084979$	0.2324611	0.5154788	2.8060141
			$-0.0650214 \pm j0.9064133$	0.1300427	0.8258128	4.6363361
			$-0.0204507 \pm j0.9982014$	0.0409014	0.9968243	15.0143415
			(-1.487389)			
	2.00	139.176	$-0.1567457 \pm j0.3701246$	0.3134914	0.1616355	4.1074418
			$-0.1195047 \pm j0.6795733$	0.2390095	0.4761012	5.1532091
			$-0.0723407 \pm j0.8920580$	0.1446814	0.8010006	8.9221914
			$-0.0239280 \pm j0.9977473$	0.0478559	0.9960723	30.2010593
			(-0.1713093)			
10	1.05	66.141	$-0.2259771 \pm j0.2690474$	0.4519541	0.1234522	1.1096718
			$-0.1382225 \pm j0.6807256$	0.2764450	0.4824927	1.1814619
			$-0.0620308 \pm j0.8881178$	0.1240616	0.7926010	1.4386640
			$-0.0233469 \pm j0.9717678$	0.0466938	0.9448778	2.5336482
			$-0.0058062 \pm j0.9996589$	0.0116123	0.9993517	16.8596102
	1.10	78.842	$-0.2033874 \pm j0.2375375$	0.4067748	0.0977905	1.2215638
			$-0.1393759 \pm j0.6257330$	0.2787519	0.4109674	1.3338339
			$-0.0729523 \pm j0.8525416$	0.1459045	0.7321492	1.7140833
			$-0.0315369 \pm j0.9593367$	0.0630738	0.9213215	3.2619424
			$-0.0085466 \pm j0.9994039$	0.0170933	0.9988812	23.1838025
	1.20	95.422	$-0.1829207 \pm j0.2102787$	0.3658414	0.0776771	1.4591581
			$-0.1379396 \pm j0.5729843$	0.2758792	0.3473384	1.6414311
			$-0.0828713 \pm j0.8138740$	0.1657426	0.6692586	2.2359899
			$-0.0406762 \pm j0.9444805$	0.0813524	0.8936980	4.5854918
			$-0.0119074 \pm j0.9990549$	0.0238147	0.9982525	34.5122486
	1.50	125.658	$-0.1616663 \pm j0.1830307$	0.3233325	0.0596362	2.2916411
			$-0.1339028 \pm j0.5154827$	0.2678055	0.2836523	2.6826414
			$-0.0927768 \pm j0.7665502$	0.1855537	0.5962067	3.9270510
			$-0.0521339 \pm j0.9244807$	0.1042678	0.8573926	8.7507642
			$-0.0165600 \pm j0.9985200$	0.0331199	0.9973165	69.7914985
	2.00	156.630	$-0.1512638 \pm j0.1700313$	0.3025276	0.0517914	4.0866858
			$-0.1309757 \pm j0.4863989$	0.2619515	0.2527386	4.8979715
			$-0.0973233 \pm j0.7405203$	0.1946467	0.5578421	7.4641016
			$-0.0585409 \pm j0.9126359$	0.1170818	0.8363313	17.3634536
			$-0.0193802 \pm j0.9981706$	0.0387604	0.9967202	142.4309671

부록 D 타원 필터 함수표   표 4 ($\alpha_p = 0.5$ dB)

n	ω_s	α_s	p_i	a_i	b_i	c_i
2	1.05	1.553	$-0.1375827 \pm j1.1240518$	0.2751653	1.2743412	1.4386640
	1.10	2.354	$-0.2149362 \pm j1.1569163$	0.4298725	1.3846530	1.7140833
	1.20	3.929	$-0.3304940 \pm j1.1821720$	0.6609881	1.5067570	2.2359899
	1.50	8.282	$-0.5157670 \pm j1.1563638$	1.0315340	1.6031929	3.9270510
	2.00	13.922	$-0.6225203 \pm j1.0973852$	1.2450405	1.5917857	7.4641016
3	1.05	5.558	$-0.0651046 \pm j1.0403223$	0.1302092	1.0865090	1.2054102
			(-1.3200497)			
	1.10	8.546	$-0.1039353 \pm j1.0504374$	0.2078707	1.1142212	1.3703136
			(-1.1122862)			
	1.20	13.057	$-0.1548009 \pm j1.0548240$	0.3096018	1.1366169	1.6996171
			(-0.9346435)			
	1.50	21.923	$-0.2264282 \pm j1.0478066$	0.4528564	1.1491683	2.8060141
			(-0.7669521)			
	2.00	31.188	$-0.2689359 \pm j1.0373829$	0.5378717	1.1484897	5.1532091
			(-0.6921248)			
4	1.05	12.698	$-0.4894640 \pm j0.8161228$	0.9789281	0.9056314	1.1536336
			$-0.0405237 \pm j1.0170515$	0.0810475	1.0360359	3.3125181
	1.10	17.604	$-0.4975415 \pm j0.7085449$	0.9950829	0.7495833	1.2909254
			$-0.0622411 \pm j1.0206333$	0.1244823	1.0455664	4.3499304
	1.20	24.173	$-0.4866635 \pm j0.6096770$	0.9733269	0.6085473	1.5724303
			$-0.0894373 \pm j1.0225947$	0.1788745	1.0536989	6.2244021
	1.50	36.251	$-0.4600028 \pm j0.5101215$	0.9200056	0.4718265	2.5355530
			$-0.1274808 \pm j1.0218544$	0.2549615	1.0604377	12.0993095
	2.00	48.639	$-0.4422788 \pm j0.4633648$	0.8845576	0.4103174	4.5932605
			$-0.1505779 \pm j1.0197560$	0.3011558	1.0625759	24.2272012
5	1.05	20.886	$-0.2161557 \pm j0.8969141$	0.4323114	0.8511782	1.1334220
			$-0.0270984 \pm j1.0084794$	0.0541969	1.0177650	1.7737385
			(-0.6644197)			
	1.10	27.207	$-0.2461521 \pm j0.8396083$	0.4923042	0.7655330	1.2593204
			$-0.0408206 \pm j1.0104033$	0.0816412	1.0225812	2.1930925
			(-0.5731073)			
	1.20	35.390	$-0.2685280 \pm j0.7774602$	0.5370560	0.6765517	1.5211268
			$-0.0578747 \pm j1.0118459$	0.1157494	1.0271815	2.9683674
			(-0.4979450)			
	1.50	50.607	$-0.2851179 \pm j0.7033632$	0.5702259	0.5760120	2.4255147
			$-0.0817310 \pm j1.0125285$	0.1634621	1.0318940	5.4376446
			(-0.4259707)			
	2.00	66.093	$-0.2902720 \pm j0.6638821$	0.5805440	0.5249972	4.3649509
			$-0.0962762 \pm j1.0122995$	0.1925524	1.0340194	10.5677323
			(-0.3926121)			
6	1.05	29.295	$-0.4287309 \pm j0.5005423$	0.8574618	0.4343528	1.1233258
			$-0.1188524 \pm j0.9290764$	0.2377049	0.8773089	1.4386640
			$-0.0191989 \pm j1.0048648$	0.0383979	1.0101218	6.5287683
	1.10	36.875	$-0.3965183 \pm j0.4325478$	0.7930367	0.3443244	1.2433620
			$-0.1443784 \pm j0.8931601$	0.2887569	0.8185801	1.7140833
			$-0.0286792 \pm j1.0061220$	0.0573585	1.0131039	8.8264550

n	ω_s	α_s	p_i	a_i	b_i	c_i
6	1.20	46.822	$-0.3636516 \pm j0.3752593$	0.7273031	0.2730620	1.4950350
			$-0.1679721 \pm j0.8517218$	0.3359443	0.7536447	2.2359899
			$-0.0404256 \pm j1.0072364$	0.0808512	1.0161593	12.9526713
	1.50	64.964	$-0.3267507 \pm j0.3196609$	0.6535014	0.2089491	2.3692888
			$-0.1917303 \pm j0.7986942$	0.3834606	0.6746729	3.9270510
			$-0.0568360 \pm j1.0081614$	0.1136720	1.0196198	25.8272420
	2.00	83.547	$-0.3078771 \pm j0.2937598$	0.6157543	0.1810832	4.2481552
			$-0.2026262 \pm j0.7687609$	0.4052524	0.6320508	7.4641016
			$-0.0668443 \pm j1.0084187$	0.1336886	1.0213764	52.3568408
7	1.05	37.659	$-0.2549997 \pm j0.7067044$	0.5099994	0.5644559	1.1175213
			$-0.0746742 \pm j0.9480495$	0.1493484	0.9043740	1.3083409
			$-0.0142577 \pm j1.0031062$	0.0285154	1.0064253	2.7143721
			(-0.4470368)			
	1.10	46.549	$-0.2569614 \pm j0.6408741$	0.5139227	0.4767487	1.2341277
			$-0.0946711 \pm j0.9228970$	0.1893422	0.8607015	1.5239435
			$-0.0212090 \pm j1.0040048$	0.0424181	1.0084755	3.5147693
			(-0.3915074)			
	1.20	58.155	$-0.2533279 \pm j0.5786694$	0.5066558	0.3990333	1.4798722
			$-0.1148634 \pm j0.8931101$	0.2297269	0.8208393	1.9413408
			$-0.0298049 \pm j1.0048791$	0.0596098	1.0206704	4.9666973
			(-0.3444321)			
	1.50	79.321	$-0.2442328 \pm j0.5121683$	0.4884655	0.3219660	2.3365223
			$-0.1374650 \pm j0.8537352$	0.2749300	0.7477605	3.3139902
			$-0.0147981 \pm j1.0057603$	0.0835962	1.0133008	9.5300781
			(-0.2981173)			
	2.00	101.001	$-0.2378677 \pm j0.4791005$	0.4757354	0.2861183	4.1800429
			$-0.1489122 \pm j0.8308705$	0.2978244	0.7125206	6.2017764
			$-0.0491091 \pm j1.0061327$	0.0982182	1.0147148	18.9610948
			(-0.2762455)			
8	1.05	46.063	$-0.3443044 \pm j0.3559198$	0.6886088	0.2452244	1.1138641
			$-0.1601521 \pm j0.8055071$	0.3203041	0.6744903	1.2431181
			$-0.0512303 \pm j0.9603764$	0.1024606	0.9249474	1.9061395
			$-0.0109872 \pm j1.0021431$	0.0219745	1.0044115	11.0466061
	1.10	56.224	$-0.3117949 \pm j0.3103424$	0.6235898	0.1935285	1.2282855
			$-0.1726674 \pm j0.7514688$	0.3453350	0.5945194	1.4271032
			$-0.0669385 \pm j0.9415687$	0.1338770	0.8910324	2.3804113
			$-0.0163049 \pm j1.0028205$	0.0326098	1.0059148	15.1062239
	1.20	69.488	$-0.2816400 \pm j0.2717529$	0.5632799	0.1531707	1.4702527
			$-0.1808382 \pm j0.6965609$	0.3616765	0.5178995	1.7895085
			$-0.0836143 \pm j0.9190116$	0.1672285	0.8515736	3.2528314
			$-0.0228716 \pm j1.0035187$	0.0457431	1.0075729	22.3835994
	1.50	93.677	$-0.2498140 \pm j0.2339448$	0.4996280	0.1171372	2.3156973
			$-0.1855274 \pm j0.6338134$	0.3710548	0.4361398	2.9956604
			$-0.1033769 \pm j0.8886926$	0.2067537	0.8004613	6.0218242
			$-0.0320240 \pm j1.0042938$	0.0640480	1.0096317	45.0599777
	2.00	118.455	$-0.2340917 \pm j0.2161695$	0.4681833	0.1015281	4.1367342
			$-0.1862461 \pm j0.6010862$	0.3724921	0.3959923	5.5450630
			$-0.1139031 \pm j0.8708168$	0.2278062	0.7712958	11.7666735
			$-0.0376003 \pm j1.0046699$	0.0752005	1.0107754	91.7615329

n	ω_s	α_s	p_i	a_i	b_i	c_i
9	1.05	54.468	$-0.2430969 \pm j0.5668010$	0.4861938	0.3803594	1.1114059
			$-0.1073651 \pm j0.8607461$	0.2147303	0.7524110	1.2054102
			$-0.0373776 \pm j0.9688191$	0.0747552	0.9400076	1.5942707
			$-0.0087183 \pm j0.0015653$	0.0174366	1.0032091	3.9936736
			(-0.3395244)			
	1.10	65.899	$-0.2327731 \pm j0.5082998$	0.4655463	0.3125520	1.2243475
			$-0.1219048 \pm j0.8170450$	0.2438096	0.6824232	1.3703163
			$-0.0499317 \pm j0.9541443$	0.0098634	0.9128846	1.9377187
			$-0.0129184 \pm j1.0020953$	0.0258367	1.0043618	5.2992478
			(-0.2991593)			
	1.20	80.821	$-0.2201656 \pm j0.4553143$	0.4403313	0.2557840	1.4637563
			$-0.1338989 \pm j0.7705588$	0.2677978	0.6116898	1.6996171
			$-0.0636958 \pm j0.9364209$	0.1273916	0.8809412	2.5791043
			$-0.0180998 \pm j1.0026629$	0.0361996	1.0056604	7.6523927
			(-0.2644721)			
	1.50	108.034	$-0.2041297 \pm j0.4004475$	0.4082594	0.2020271	2.3016164
			$-0.1444612 \pm j0.7150110$	0.2889224	0.5321097	2.8060141
			$-0.0806044 \pm j0.9123726$	0.1612089	0.8389209	4.6363361
			$-0.0253157 \pm j1.0033299$	0.0506315	1.0037118	15.0143415
			(-0.2299608)			
	2.00	135.909	$-0.1952821 \pm j0.3736869$	0.3905643	0.1777770	4.1074418
			$-0.1486954 \pm j0.6850535$	0.2973909	0.4914086	5.1532091
			$-0.0898925 \pm j0.8980680$	0.1797849	0.8146068	8.9221914
			$-0.0297100 \pm j0.0036762$	0.0594201	1.0082486	30.2010593
			(-0.21355410)			
10	1.05	62.873	$-0.2830341 \pm j0.2766677$	0.5660682	0.1566533	1.1096718
			$-0.1712449 \pm j0.6924143$	0.3424897	0.5087624	1.1814619
			$-0.0761372 \pm j0.8949844$	0.1522744	0.8067940	1.4386640
			$-0.0285263 \pm j0.9748390$	0.0570525	0.9511247	2.5336482
			$-0.0070828 \pm j1.0011936$	0.0141655	1.0024388	16.8596102
	1.10	75.574	$-0.2543226 \pm j0.2426708$	0.5086451	0.1235691	1.2215638
			$-0.1731162 \pm j0.6349850$	0.3462323	0.4331751	1.3338339
			$-0.0899960 \pm j0.8592603$	0.1799921	0.7464275	1.7140833
			$-0.0387495 \pm j0.9630373$	0.0774991	0.9289424	3.2619424
			$-0.0104842 \pm j1.0016199$	0.0209683	1.0033524	23.1838025
	1.20	92.154	$-0.2283865 \pm j0.2136425$	0.4567729	0.0978035	1.4591581
			$-0.1715757 \pm j0.5799552$	0.3431514	0.3657863	1.6414311
			$-0.1026173 \pm j0.8200842$	0.2052345	0.6830684	2.2359899
			$-0.0502114 \pm j0.9487233$	0.1004228	0.9025971	4.5854918
			$-0.0146773 \pm j1.0020890$	0.0293547	1.0043977	34.5122486
	1.50	122.391	$-0.2015318 \pm j0.1849548$	0.4030636	0.0748234	2.2916411
			$-0.1666696 \pm j0.5201141$	0.3333393	0.2982974	2.6826414
			$-0.1152368 \pm j0.7718089$	0.2304736	0.6089685	3.9270510
			$-0.0646411 \pm j0.9487233$	0.1292822	0.8675691	8.7507642
			$-0.0205135 \pm j1.0026610$	0.0410269	1.0057499	69.7914985
	2.00	153.362	$-0.1884177 \pm j0.1713771$	0.3768354	0.0648713	4.0866858
			$-0.1630386 \pm j0.4899250$	0.3260773	0.2666081	4.8979715
			$-0.1210278 \pm j0.7451476$	0.2420556	0.5698927	7.4641016
			$-0.0727332 \pm j0.9175040$	0.1454664	0.8471036	17.3634536
			$-0.0240660 \pm j1.0029699$	0.0481321	1.0065279	142.4309671

부록 D 타원 필터 함수표   표5 ($\alpha_p = 0.1$ dB)

n	ω_s	α_s	p_i	a_i	b_i	c_i
2	1.05	0.343	$-0.0754068 \pm j1.1804000$	0.1508135	1.3990303	1.4386640
	1.10	0.559	$-0.1294828 \pm j1.2685074$	0.2589655	1.6258769	1.7140833
	1.20	1.075	$-0.2362685 \pm j1.3938440$	0.4725369	1.9986240	2.2359899
	1.50	3.210	$-0.5341066 \pm j1.5683675$	1.0682132	2.7450465	3.9270510
	2.00	7.418	$-0.8434434 \pm j1.5819910$	1.6868869	3.2140923	7.4641016
3	1.05	1.748	$-0.0448535 \pm j1.0793318$	0.0897070	1.1669690	1.2054102
			(-2.8129655)			
	1.10	3.374	$-0.0854214 \pm j1.1218480$	0.1708429	1.2658398	1.3703136
			(-2.2408323)			
	1.20	6.691	$-0.1567661 \pm j1.1702591$	0.3135322	1.3940819	1.6996171
			(-1.7441023)			
	1.50	14.848	$-0.2896462 \pm j1.2124279$	0.5792925	1.5538762	2.8060141
			(-1.2981820)			
	2.00	24.010	$-0.3818585 \pm j1.2179047$	0.7637170	1.6291078	5.1532091
			(-1.1167651)			
4	1.05	6.397	$-0.6185761 \pm j1.1432442$	1.2371522	1.6896437	1.1536336
			$-0.0375981 \pm j1.0459484$	0.0751961	1.0954217	3.3125181
	1.10	10.721	$-0.7038163 \pm j0.9764945$	1.4076325	1.4488989	1.2909254
			$-0.0667335 \pm j1.0661264$	0.1334670	1.1410789	4.3499304
	1.20	17.051	$-0.1064483 \pm j1.0468686$	0.2168967	1.1930444	1.5724303
			$-0.7268528 \pm j0.7981539$	1.4537055	1.1653646	6.2244021
	1.50	29.064	$-0.6987343 \pm j0.6169485$	1.3974686	0.8688551	2.5355530
			$-0.1736266 \pm j1.1081138$	0.3472533	1.2580625	12.0993095
	2.00	41.447	$-0.6704431 \pm j0.5356388$	1.3408862	0.7364029	4.5932605
			$-0.2162544 \pm j1.1168200$	0.4325087	1.2940528	24.2272012
5	1.05	13.841	$-0.2669018 \pm j1.0158871$	0.5338036	1.1032632	1.1334220
			$-0.0301146 \pm j1.0280395$	0.0602292	1.0577721	1.7737385
			(-1.1288581)			
	1.10	20.050	$-0.3296916 \pm j0.9532986$	0.6593832	1.0174748	1.2593204
			$-0.0495333 \pm j1.0393462$	0.0990666	1.0826942	2.1930925
			(-0.9321125)			
	1.20	28.303	$-0.3791553 \pm j0.8753982$	0.7583106	0.9100808	1.5211268
			$-0.0754299 \pm j1.0516451$	0.1508598	1.1116471	2.9683674
			(-0.7828577)			
	1.50	43.415	$-0.4170375 \pm j0.7757661$	0.8340749	0.7757333	2.4255147
			$-0.1141294 \pm j1.0661507$	0.2282589	1.1497029	5.4376446
			(-0.6497532)			
	2.00	58.901	$-0.4290917 \pm j0.7213292$	0.8581834	0.7044355	4.3649509
			$-0.1389126 \pm j1.0735674$	0.2778251	1.1718438	10.5677323
			(-0.5909334)			
6	1.05	22.088	$-0.6470259 \pm j0.6285061$	1.2940518	0.8136624	1.1233258
			$-0.1515113 \pm j0.9854170$	0.3030225	0.9940022	1.4386640
			$-0.0233855 \pm j1.0183798$	0.0467711	1.0376442	6.5287683
	1.10	29.686	$-0.5997708 \pm j0.5175808$	1.1995415	0.6276147	1.2433620
			$-0.1944498 \pm j0.9516043$	0.3888995	0.9433614	1.7140833
			$-0.0369636 \pm j1.0258402$	0.0739273	1.0537144	8.8264550

n	ω_s	α_s	p_i	a_i	b_i	c_i
6	1.20	39.630	$-0.5476284 \pm j0.4296861$	1.0952568	0.4845270	1.4950350
			$-0.2354293 \pm j0.9076960$	0.4708586	0.8793391	2.2359899
			$-0.0545946 \pm j1.0342939$	0.1091892	1.0727444	12.9526713
	1.50	57.772	$-0.4878315 \pm j0.3497321$	0.9756631	0.3602921	2.3692888
			$-0.2773876 \pm j0.8467777$	0.5547753	0.7939763	3.9270510
			$-0.0803849 \pm j1.0448970$	0.1607698	1.0982714	25.8272420
	2.00	76.355	$-0.4572349 \pm j0.3143051$	0.9144698	0.3078514	4.2481552
			$-0.2966497 \pm j0.8108429$	0.5932993	0.7454672	7.4641016
			$-0.0966761 \pm j1.0507335$	0.1933521	1.1138872	52.3568408
7	1.05	30.470	$-0.3623864 \pm j0.7912186$	0.7247727	0.7573507	1.1175213
			$-0.0979300 \pm j0.9794960$	0.1958600	0.9690027	1.3083409
			$-0.0182745 \pm j1.0129060$	0.0356489	1.0263126	2.7143721
			(-0.6979132)			
	1.10	39.351	$-0.3726060 \pm j0.7068695$	0.7452119	0.6384996	1.2341277
			$-0.1291176 \pm j0.9574274$	0.2582353	0.9333386	1.5239435
			$-0.0282791 \pm j1.0182745$	0.0565582	1.0376826	3.5147693
			(-0.5996296)			
	1.20	50.963	$-0.3711947 \pm j0.6271909$	0.7423895	0.5311540	1.4798722
			$-0.1614480 \pm j0.9285520$	0.3228959	0.8882742	1.9413408
			$-0.0410804 \pm j1.0244980$	0.0821607	1.0512838	4.9666973
			(-0.5197204)			
	1.50	72.129	$-0.3594763 \pm j0.5431285$	0.7189472	0.4242098	2.3365223
			$-0.1983053 \pm j0.8873446$	0.3966107	0.8267054	3.3139902
			$-0.0595590 \pm j1.0325529$	0.1191180	1.0697129	9.5300781
			(-0.4437103)			
	2.00	93.809	$-0.3501695 \pm j0.5019930$	0.7003389	0.3746156	4.1800429
			$-0.2171253 \pm j0.8622669$	0.4342505	0.7906476	6.2017764
			$-0.0711239 \pm j1.0371403$	0.1422479	1.0807187	18.9610948
			(-0.4086024)			
8	1.05	38.872	$-0.5184271 \pm j0.4082198$	1.0368542	0.4354101	1.1138641
			$-0.2236295 \pm j0.8567672$	0.4472591	0.7840603	1.2431181
			$-0.0686275 \pm j0.9799629$	0.1372550	0.9650371	1.9061395
			$-0.0145309 \pm j1.0095591$	0.0290618	1.0194208	11.0466061
	1.10	49.032	$-0.4667629 \pm j0.3448174$	0.9335258	0.3367666	1.2282855
			$-0.2464158 \pm j0.7959574$	0.4928316	0.6942689	1.4271032
			$-0.0923402 \pm j0.9640233$	0.1846803	0.9378677	2.3804113
			$-0.0222051 \pm j1.0136275$	0.0444102	1.0279383	15.1062239
	1.20	62.296	$-0.4190069 \pm j0.2938772$	0.8380138	0.2619306	1.4702527
			$-0.2617114 \pm j0.7327507$	0.5234228	0.6054164	1.7895085
			$-0.1180653 \pm j0.9432519$	0.2361306	0.9036635	3.2528314
			$-0.0319322 \pm j1.0184109$	0.0638644	1.0381803	22.3835994
	1.50	86.485	$-0.3690417 \pm j0.2462966$	0.7380833	0.1968538	2.3156973
			$-0.2709917 \pm j0.6597748$	0.5419834	0.5087392	2.9956604
			$-0.1490836 \pm j0.9133655$	0.2981673	0.8564625	6.0218242
			$-0.0458493 \pm j1.0247173$	0.0916986	1.0521477	45.0599777
	2.00	111.263	$-0.3445613 \pm j0.2246831$	0.6891227	0.1692050	4.1367342
			$-0.2727745 \pm j0.6216543$	0.5455491	0.4608600	5.5450630
			$-0.1657715 \pm j0.8949454$	0.3315429	0.8284074	11.7666735
			$-0.0545035 \pm j1.0283767$	0.1090070	1.0605292	91.7615329

n	ω_s	α_s	p_i	a_i	b_i	c_i
9	1.05	47.276	$-0.3552567 \pm j0.6169914$	0.7105134	0.5068857	1.1114059
			$-0.1495512 \pm j0.8930735$	0.2991024	0.8199459	1.2054102
			$-0.0508626 \pm j0.9820104$	0.1017253	0.9669314	1.5942707
			$-0.0117722 \pm j1.0037311$	0.0235444	1.0149351	3.9936736
			(-0.5141787)			
	1.10	58.707	$-0.3417307 \pm j0.5448126$	0.6834164	0.4136007	1.2243475
			$-0.1731486 \pm j0.8472668$	0.3462971	0.7478414	1.3703136
			$-0.0695129 \pm j0.9697934$	0.1390258	0.9453313	1.9377187
			$-0.0178438 \pm j1.0105670$	0.0356876	1.0215641	5.2992478
			(-0.4482749)			
	1.20	73.629	$-0.3235983 \pm j0.4807398$	0.6471966	0.3358266	1.4637563
			$-0.1928080 \pm j0.7970692$	0.3856160	0.6724942	1.6996171
			$-0.0903314 \pm j0.9539839$	0.1806628	0.9182451	2.5791043
			$-0.0254899 \pm j1.0143603$	0.0509798	1.0295766	7.6523927
			(-0.3929724)			
	1.50	100.842	$-0.2996915 \pm j0.4158787$	0.5993831	0.2627701	2.3016164
			$-0.2101821 \pm j0.7358851$	0.4203642	0.5857034	2.8060141
			$-0.1163022 \pm j0.9312234$	0.2326043	0.8807033	4.6363361
			$-0.0363620 \pm j1.0194213$	0.0727240	1.0405421	15.0143415
			(-0.3390055)			
	2.00	128.717	$-0.2863380 \pm j0.3848213$	0.5726761	0.2300769	4.1074418
			$-0.2171315 \pm j0.7025614$	0.4342629	0.5407386	5.1532091
			$-0.1307104 \pm j0.9171295$	0.2614208	0.8582118	8.9221914
			$-0.0430916 \pm j1.0223918$	0.0861831	1.0471419	30.2010593
			(-0.31365700)			
10	1.05	55.681	$-0.4222086 \pm j0.3026461$	0.8444173	0.2698548	1.1096718
			$-0.2463411 \pm j0.7304217$	0.4926823	0.5941999	1.1814619
			$-0.1063170 \pm j0.9164512$	0.2126339	0.8511860	1.4386640
			$-0.0392764 \pm j0.9842563$	0.0785527	0.9703031	2.5336482
			$-0.0097036 \pm j1.0058626$	0.0194072	1.0118536	16.8596102
	1.10	68.382	$-0.3773693 \pm j0.2598625$	0.7547385	0.2099361	1.2215638
			$-0.2512502 \pm j0.6650841$	0.5025003	0.5054635	1.3338339
			$-0.1277844 \pm j0.8804882$	0.2555688	0.7915883	1.7140833
			$-0.0543340 \pm j0.9745252$	0.1086680	0.9526515	3.2619424
			$-0.0146264 \pm j1.0084419$	0.0292527	1.0171690	23.1838025
	1.20	84.962	$-0.3372374 \pm j0.2274338$	0.6744748	0.1642343	1.4591581
			$-0.2502359 \pm j0.6025644$	0.5004717	0.4257019	1.6414311
			$-0.1475160 \pm j0.8398320$	0.2950320	0.7270787	2.2359899
			$-0.0714713 \pm j0.9620203$	0.1429426	0.9305912	4.5854918
			$-0.0207971 \pm j1.0115240$	0.0415942	1.0236134	34.5122486
	1.50	115.199	$-0.2960750 \pm j0.1911927$	0.5921500	0.1242151	2.2916411
			$-0.2436599 \pm j0.5350245$	0.4873198	0.3456214	2.6826414
			$-0.1673301 \pm j0.7885700$	0.3346603	0.6498420	3.9270510
			$-0.0933374 \pm j0.9440568$	0.1866747	0.8999552	8.7507642
			$-0.0295318 \pm j1.0156698$	0.0590636	1.0324572	69.7914985
	2.00	146.170	$-0.2761169 \pm j0.1756977$	0.5522338	0.1071102	4.0866858
			$-0.2384167 \pm j0.5012078$	0.4768334	0.3080517	4.8979715
			$-0.1764185 \pm j0.7598770$	0.3528370	0.6085366	7.4641016
			$-0.1057128 \pm j0.9329211$	0.2114256	0.8815170	17.3634536
			$-0.0349200 \pm j1.0181215$	0.0698400	1.0377907	142.4309671

부록 E 벳셀-톰슨 함수표

표 1(a) $H(s) = \dfrac{a_0}{A(s)} = \dfrac{a_0}{s^n + a_{n-1}s^{n-1} + \cdots + a_1 s + a_0}$ 의 극점

n					
1	−1.00000				
2	−1.50000±j0.86603				
3	−2.32219	−1.83891±j1.75438			
4	−2.89621±j0.86723	−2.10379±j2.65742			
5	−3.64674	−3.35196±j1.74266	−2.32467±j3.51023		
6	−4.24836±j0.86751	−3.75371±j2.62627	−2.51593±j4.49267		
7	−4.91787	−4.75829±j1.73929	−4.07013±j3.51717	−2.68568±j5.42069	
8	−5.58789±j0.86761	−2.83898±j6.35391	−4.36829±j4.41444	−5.20484±j2.61618	
9	−6.29702	−6.12937±j1.73785	−5.60442±j3.49816	−4.63844±j5.31727	−2.97926±j7.29146
10	−6.61529±j2.61157	−6.92204±j0.86767	−5.96753±j4.38495	−4.88622±j6.22499	−3.10892±j8.23270

표 1(b) 분모 $A(s) = s^n + a_{n-1}s^{n-1} + \cdots + a_1 s + a_0$ 의 계수

n	a_0	a_1	a_2	a_3	a_4	a_5	a_6	a_7	a_8	a_9
2	3	3								
3	15	15	6							
4	105	105	45	10						
5	945	945	420	105	15					
6	10395	10395	4725	1260	210	21				
7	135135	135135	62370	17325	3150	378	28			
8	2027025	2027025	945945	270270	51975	6930	630	36		
9	34459425	34459425	16216200	4729725	945945	135135	13860	990	45	
10	654729075	654729075	31034825	91891800	18918900	2837835	315315	25740	1485	55

표 1(c) 분해된 $A(s)$

n	
2	$s^2+3.00000s+3.00000$
3	$(s+2.32219)(s^2+3.67781s+6.45943)$
4	$(s^2+4.20758s+11.48780)(s^2+5.79242s+9.14013)$
5	$(s+3.64674)(s^2+4.64935s+18.15632)(s^2+6.70391s+14.27248)$
6	$(s^2+5.03186s+26.51403)(s^2+7.47142s+20.85282)(s^2+8.49672s+18.80113)$
7	$(s+3.64674)(s^2+5.37135s+36.59679)(s^2+8.14028s+28.93655)(s^2+9.51658s+25.66644)$
8	$(s^2+5.67797s+48.43202)(s^2+8.73658s+38.56925)(s^2+10.40968s+33.93474)(s^2+11.17577s+31.97723)$
9	$(s+6.29702)(s^2+5.95852s+62.04144)(s^2+9.27688s+49.78850)(s^2+11.20884s+43.64665)(s^2+12.25874s+40.58927)$
10	$(s^2+6.21783s+77.44270)(s^2+9.77244s+62.62559)(s^2+11.93506s+54.83916)(s^2+13.84409s+48.66755)(s^2+13.23058s+50.58236)$

참 고 문 헌

A. 회로망 이론과 필터 설계 이론

[1] Philip R. Geffe, *Simplified Modern Filter Design*, John F. Rider Publisher, Inc., New York, 1963.

[2] Sanjit K. Mitra, *Analysis and Synthesis of Linear Active Networks*, John Wiley & Sons, Inc., New York, 1969.

[3] DeVerl S. Humphreys, *The Analysis, Design and Synthesis of Electrical Filters*, Prentice-Hall, Inc., Englewood Cliffs, N.J., 1970.

[4] Sanjit K. Mitra (Ed.), *Active Inductorless Filters*, IEEE Press, New York, 1971.

[5] Kendall L. Su, *Time Domain Synthesis of Linear Networks*, Prentice-Hall, Inc., Englewood Cliffs, N.J., 1971.

[6] George Szentirmai, (Ed.), *Computer-Aided Filter Design*, IEEE Press, New York, 1973.

[7] Gabor C. Temes and Sanjit K. Mitra (Eds.), *Modern Filter Theory and Design*, John Wiley & Sons, Inc., New York, 1973.

[8] W.E. Heinlein and W.H. Holmes, *Active Filters for Integrated Circuits*, R. Oldenbourg, Munich, West Germany, 1974.

[9] Aram Budak, *Passive and Active Network Analysis and Synthesis*, Houghton Mifflin Co., Boston, 1974.

[10] Richard W. Daniels, *Approximation Methods for Electronic Filter Design*, McGraw-Hill Book Co., New York, 1974.

[11] Lawrence P. Huelsman (Ed.), *Active Filters: Lumped, Distributed, Integrated, Digital and Parametric*, McGraw-Hill Book Co., New York, 1974.

[12] George S. Moschytz, *Linear Integrated Networks: Design*, Van Nostrand Reinhold Co., New York, 1975.

[13] Gobind Daryanani, *Active and Passive Network Synthesis*, John Wiley & Sons, Inc., New York, 1976.

[14] Herman J. Blinchikoff and Anatol I. Zverev, *Filtering in the Time and Frequency Domains*, John Wiley & Sons, Inc., New York, 1976.

[15] David E. Johnson, *Introduction to filter Theory*, Prentice-Hall, Inc., Englewood Cliffs, N.J., 1976.

[16] Gabor C. Temes and Jack W. LaPatra, *Introduction to Circuit Synthesis and Design*, McGraw-Hill Book Co., New York, 1977.

[17] Adel S. Sedra and Peter O. Brackett, *Filter Theory and Design: Active and Passive*, Matrix Publishers, Inc., Forest Grove, Ore., 1978.

[18] Harry Y-F. Lam, *Analog and Digital Filters: Design and Realization*, Prentice-Hall, Inc., Englewood Cliffs, N.J., 1979.

[19] Andreas Antoniou, *Digital Filters: Analysis and Design*, McGraw-hill Book Co., New York, 1979.

[20] L.P. Huelsman and P.E. Allen, *Introduction to the Theory and Design of Active Filters*, McGraw-Hill Book Co., New York, 1980.

[21] M.S. Ghausi and Kenneth R. Laker, *Modern Filter Design: Active RC and Switched Capacitor*, Prentice-Hall, Inc., 1981.

[22] Rolf Schaumann, M.A. Soderstrand, and Kenneth R. Laker (Ed.), *Modern Active Filter Design*, IEEE Press, New York, 1981.

[23] M.E. Van Valkenburg, *Analog Filter Design*, Holt, Rinehart, and Winston, 1982.

[24] Wai-Kai Chen, *Passive and Active Filters*, John Wiley & Sons, Inc., New York, 1986.

[25] R. Schaumann, M.S. Ghausi and K.R. Laker, *Design of Analog Filters*, Prentice-Hall, Englewood Cliffs, N.J., 1990.

[26] Anatol I. Zverev, *Handbook of Filter Synthesis*, John Wiley & Sons, Inc., New York, 1967.

[27] David E. Johnson, J.R, Johnson and H.P. Moore, *A Handbook of Active Filters*, Prentice-Hall, Inc., Englewood Cliffs, N.J., 1980.

[28] Arthur B. Williams, *Electronic Filter Design Handbook*, McGraw-Hill Book Co., New York, 1981.

[29] George S. Moschytz and Petr Horn, *Active Filter Design Handbook*, John Wiley & Sons, Inc., New York, 1981.

[30] D.Y. Kim, "A New Approach in the Synthesis and Analysis of Elliptic Filters," Ph.D. Thesis, University of Manitoba, 1984.

[31] 김형갑, 회로망 분석 및 합성(전기전자 필터 설계), 대한전기협회, 1992.

[32] S.W. Choi, "Improvement on Characteristics of the Modified Chebyshev and Inverse Chebyshev Filter Functions with Progressively Diminishing Ripples," Ph.D. Thesis, Chonbuk National University, 1994.

[33] C.H. Yun, "The Design of DDA Lowpass Filter using the Modified Elliptic Filter Function with Progressively Diminishing Ripples," Ph.D. Thesis, Chonbuk National University, 1995.

B. 필터 함수 및 제자형 회로망

[1] G.C. Temes and H.J. Orchard, "First-order sensitivity and worst case analysis of doubly terminated reactance two-ports," *IEEE Trans. Circuit Theory*, vol. CT-20, pp. 567-571, Sept. 1973.

[2] H.J. Orchard, "Loss sensitivity in singly and doubly terminated filters," *IEEE Trans. Circuits Systs.*, vol. CAS-26, pp. 293-297, May 1979.

[3] H.K. Kim, "A formula for equivalent bandpass networks and their comparison," *Proc. IEEE*, vol. 67, pp. 678-680, April 1979.

[4] H.K. Kim and E. Kim, "Generation of equivalent Cauer-type canonic ladder networks," *IEEE Trans. Circuits and Systems*, vol. CAS-28, no. 10, pp. 1004-1006, Oct. 1981.

[5] H.J. Orchard, G.C. Temes and T. Cataltepe, "Sensitivity Formulas for terminated lossless two-ports," *IEEE Trans. Circuits Systs.*, CAS-32, pp. 459-466, May 1985.

[6] S.W. Choi, D.Y. Kim and H.K. Kim. "A Modified Low-Pass Filter with Progressively Diminishing Ripples," *Analog Integrated Circuits and Signal Processing*, vol. 6, no. 2, pp. 95-103, Sept. 1994.

C. 능동 *RC* 필터

[1] R. Tarmy and M.S. Ghausi, "Very high-Q insensitive active RC networks," *IEEE Trans. Circuit Theory*, vol. CT-17, pp. 358-366, August 1970.

[2] A. Budak and D. Petrela, "Frequency limitations of active filters using operational amplifiers," *IEEE Trans. Circuit Theory*, vol. CT-19, pp. 322-338, July 1972.

[3] G. Wilson, Y. Bedri and P. Brown, "RC-active methods with reduced sensitivity to amplifier gain bandwidth product," *IEEE Trans. Circuits Systs.*, vol. CAS-21, pp. 618-626, September 1974.

[4] A.S Sedra, "Generation and classification of single amplifier filters," *Int. J. Circuit Theory Appl.*, vol. 2, pp. 51-67, March 1974.

[5] J. Friend, "SAB: Single amplifier biquad," *1970 IEEE Symp. Circuit Systs. Dig. Pap.*, pp. 179; J. Friend, "STAR: an active biquadratic filter section," IEEE Trans., Circuits Systs., vol. CAS-22, pp. 115-121, February 1975.

[6] S.A. Boctor, "A novel second order canonical RC-active realization of high-pass notch filters," *IEEE Trans. Circuits Systs.*, vol. CAS-22, no. 5, pp. 397-404, May 1975.

[7] W.B. Mikhael and B. Bhattacharyya, "A practical design for insensitive RC-active filters," *IEEE Trans. Circuits Systs.*, vol. CAS-22, pp. 407-415, May 1975.

[8] L.T. Bruton, "Multiple-amplifier RC-active filter design with emphasis on GIC realizations," *IEEE Trans. Circuits Systs.*, vol. CAS-25, pp. 830-845, October 1978.

[9] H.K. Kim and J.B. Ra, "An active biquadratic building block without external capacitors," *IEEE Trans. Circuits Systs.*, vol. CAS-24, pp. 689-694, December 1977.

[10] J.R. Brand and R. Schaumann, "Active-R filters: Review of theory and practice," *IEEE J. Electron Circuits Systs.*, vol. 2, no. 4, pp. 89-101, July 1978.

[11] G.S. Moschytz, "Second order, pole-zero pair selection for nth-order minimum sensitivity networks," *IEEE Trans. Circuit Theory*, Vol. CT-17, pp. 527-534, November 1970.

[12] A. Antoniou, "Gyrators using operational amplifiers," *IEEE Trans. Circuit Theory*, CT-20, pp. 533-540, 1973.

D. 스위치드 커패시터 필터

[1] K. Hirano and S. Nishimura, "Active RC filters containing periodically operated switches," *IEEE Trans. Circuit Theory*, CT-19, pp. 253-260, May 1972.

[2] J.T. Caves, M.A. Copeland, C.F. Rahim and S.D. Rosenbaum, "Sampled analog filtering using switched capacitors as resistor equivalents," *IEEE J. Soild-State Circuits*, SC-12, no.6, pp. 592-599, Dec. 1977.

[3] B.J Hosticka, R.W. Brodersen and P.R. Gray, "Sampled data recursive filters using switched capacitor integrators," *IEEE J. Solid-State Circuits,* SC-12, no. 6, pp. 600-608, Dec. 1977.

[4] D.J. Allstot, R.W. Brodersen and P.R Gray, "MOS switched capacitor ladder filters," *IEEE J. Solid-State Circuits*, SC-13, no. 6, pp. 807-814, Dec. 1978.

[5] R.W. Brodersen, P.R. Gray and D.A. Hodges, "MOS switched capacitor filters," *Proc. IEEE,* vol. 67, no. 1, pp. 61-75, Jan. 1979.

[6] G.C. Temes and R. Gregorian, "Compensation for parasitic capacitances in switched capacitor filters," *Electron. Lett.*, vol. 15, pp. 377-379. June 1979.

[7] K. Martin and A.S Sedra, "Strays-insensitive switched-capacitor filters based on the bilinear Z-transform." *Electron. Lett.*, vol. 15, no. 13, pp. 365-366, June 21, 1979.

[8] R. Gregorian and W.E. Nicholson, "A switched-capacitor high-pass filter," *IEEE Trans. Circuits Systs.*, (Corresp.), CAS-27, no. 3, March 1980.

[9] T.C. Choi an R.W. Brodersen, "Considerations for high-frequency switched-capacitor ladder filters," *IEEE Trans. Circuits Systs.*, CAS-27, no. 6, pp. 545-552, June, 1980.

[10] M.S. Lee and C. Chang, "Low-sensitivity switched-capacitor ladder filters," *IEEE Trans. Circuits Systs.*, CAS-27, no. 6, pp. 475-480, June 1980.

[11] G.C. Temes, "Finite amplifier gain and bandwidth effects in switched-capacitor filters," *IEEE J. Solid-State Circuits*, SC-15, no. 3, pp. 358-361, June 1980.

[12] S.O. Scanlan, "Analysis and synthesis of switched-capacitor state-variable filters," *IEEE Trans. Circuits Systs.*, CAS-28, pp. 85-93, Feb. 1981.

[13] C.F. Lee and W.K Jenkins, "Computer-aided analysis of switched-capacitor filters," IEEE Trans. Circuits Systs., CAS-28, no. 7, pp. 681-692, July 1981.

[14] M.S. Lee G.C Temes, C. Chang and M.B. Ghaderi, "Bilinear switched-capacitor ladder filters," *IEEE Trans. Circuits Systs.*, CAS-28, pp. 811-821, Aug. 1981.

[15] R.L. Geiger and E. Sanchez-Sinencio, "Operational amplifier gain-bandwidth effects on the performance of switched-capacitor networks," *IEEE Circuits Syst.*, CAS-29, no. 2, pp. 96-105, Feb. 1982.

[16] R.L. Geiger, P.E. Allen and D.T. Ngo, "Switched-resistor filters-continuous time approach to nonlithic MOS filter design," *IEEE Trans. Circuits Systs.*, CAS-29, no. 5, pp. 306-315, March 1982.

[17] S.M. Farugque, M. Vlach, J. Vlach, K. Singhal and T.R. Viswanathon, "FDNR switched-capacitor filters insensitive to parasitic capacitance," *IEEE Trans. Circuits Systs.*, CAS-29, no. 9, pp. 589-595, Sept. 1982.

[18] M.J. Hasler, M. Saghafi an A. Kaelin, "Elimination of parasitic capacitances in switched-capacitor circuits by circuit transformations," *IEEE Trans. Circuits Systs.*, CAS-32, pp. 467-475, May. 1982.

[19] I.E. Elmasry and H.L Lee, "Low-sensitivity realization of switched-capacitor filters," *IEEE Trans. Circuits Systs.*, vol. CAS-34, pp. 510-523, May. 1982.

E. 연산증폭기

[1] G.E. Tobey, J.G. Graeme, and L.P. Huelsman (Eds.), *Operational Amplifiers-Design and Applications*, McGraw-Hill Book Co., New york, 1971.

[2] John I. Smith, *Modern Operational Circuit Design*, John Wiley & Sons, Inc., New York, 1971.

[3] J.G. Graeme, *Operational Amplifiers: Third-Generation Techniques*, McGraw-Hill Book Co., New York, 1973.

[4] E. Moustakas and S-P. Chan, *Introduction to the Applications of the Operational Amplifier*, Academic Cultural Co., Santa Clara, Calif., 1974.

[5] John V. Wait, Lawrence P. Huelsman and Granino A. Korn, *Introduction to Operational Amplifier Theory and Applications*, McGraw-Hill Book Co., New York, 1975.

[6] James K. Roberge, *Operational Amplifiers*, John Wiley & Sons, Inc., New York, 1975.

[7] D.E. Johnson and V. Jayakumar, *Operational Amplifier Circuits: Design and Application*, Prentice-Hall Inc., Englewood Cliffs, N.J., 1982.

[8] D.J. Dailey, *Operational Amplifiers and Linear Integrated Circuits*, McGraw-Hill Book Co., New York, 1989.

F. 연산 트랜스콘덕턴스 증폭기

[1] P.R. Gray, "Basic CMOS operational amplifier design - An overview", in *Analog MOS Circuits*. New York: IEEE Press, 1980.

[2] National Semiconductor Corporation, *Linear Applications Handbook*, 1980.

[3] National Semiconductor Corporation, LM 13600, LM 13700, *Linear Data Book*, 1982.

[4] H. Malvar, "Electronically controlled active-C filters and equalizers with operational transconductance amplifiers, *IEEE Trans. Circuits Systs.*, vol. CAS-31, pp. 645-649, 1984.

[5] A.P. Nedudngadi and T.R. Viswanathan, "Design of linear CMOS transconductance elements," *IEEE Trans. Circuits Systs.* vol. CAS-31, pp. 891-894, Sept. 1984.

[6] R.W. Newcomb and K. Zaki, "MOS voltage-controlled OTA for Fukahori realizations" in *Proc. 1984 Midwest Symp. CAS*, pp. 55-58.

[7] K.D. Peterson and R.L. Geiger, "CMOS OTA structures with improved linearity," in *Proc. 1984 Midwest Symp. CAS*, pp. 63-67.

[8] P.R. Gray and R.G. Meyer, *Analysis and Design of Analog Integrated Circuits*, New York: Wiley, 1984.

[9] R. Torrance, T.R. Viswanathan, and J.V. Hanson, "CMOS voltage-to-current transducers," *IEEE Trans. Circuits Systs.*, CAS-32, Nov. 1985.

[10] F.J. Fernandez and R. Schaumann, "Techniques for the design of linear CMOS transconductance elements for video frequency applications," in *Proc. 28th Midwest Symp. Circuits Systs.*, pp. 499-502, 1985.

G. DDA

[1] A. Nedungadi and T.R. Viswanathan, "Design of linear CMOS transconductance elements," *IEEE Trans. Circuits and Systems*, vol. CAS-31, no. 10, pp. 891-894, Oct. 1984.

[2] R.R. Torrance, T.R. Viswanathan and J.V. Hanson, "CMOS voltage to current transducers," *IEEE Trans. Circuits and Systems*, vol. CAS-32, pp. 1097-1104, Nov. 1985.

[3] B.S. Song, "CMOS RF circuits for data communications applications," *IEEE J. Solid-State Circuits*, vol. SC-21, no. 2, pp. 310-317, April 1986.

[4] E. Säckinger and W. Guggenbühl, "A versatile building block : the CMOS differential difference amplifier," *IEEE J. Solid-State Circuits*, vol. SC-22, pp. 287-294, april 1987.

[5] Z. Wang and W. Guggenbühl, "A voltage-controllable linear MOS transconductor using bias offset technique," *IEEE J. Solid-State Circuits*, vol. SC-25, no. 1, pp. 315-318, Feb. 1990.

[6] Z. Wang, "Novel linearisation technique for implementing large-signal MOS tunable transconductor," *Electronics Letters*, vol. 26, no. 2, pp. 138-139, Jan. 1990.

[7] 윤창훈, 김동용, 유철로, "CMOS DDA와 DDA 차동적분기의 설계," 한국통신학회 논문지, vol. 18, no. 4, pp. 602-610, April, 1993.

[8] S.C. Huang, "Systematic design solutions for analog VLSI circuits," Ph. D. Dissertation, The Ohio State University, 1994.

[저자약력]

최석우 전북대학교 전기공학과

윤창훈 우석대학교 전기자동차공학부

방준호 전북대학교 IT응용시스템공학과

정가 35,000원

회로망합성과 필터 설계 개정판

2017년 12월 29일 초 판 발행
2023년 11월 20일 개정판 발행

저　　　자 : 최 석 우 · 윤 창 훈 · 방 준 호
표지디자인 : 신 윤 경
발　행　자 : 박 주 옥
발　행　처 : 휴먼싸이언스
주　　　소 : 서울시 도봉구 시루봉로 291 B1
　　　　　　(도봉동 613-14 숙진빌딩)
등 록 번 호 : 제2008-20호
등　록　일 : 2008. 10. 13
전　　　화 : (02) 955-0244
팩　　　스 : (02) 955-0245
e-mail : humansci@naver.com
I S B N : 979-11-89057-39-8 93560

저자와의
협의하에
인지생략

* 이 책의 전체 내용이나 일부를 무단으로 복사 · 복제 · 전재하는 것은 저작권법에 저촉됩니다.
* 낙장 및 파본은 구입처나 본사에서 교환하여 드립니다.